# MEMOIRES

## DE PHYSIQUE

### SUR

# L'ART DE FABRIQUER LE FER,

D'en fondre & forger des canons d'artillerie ;

### SUR

# L'HISTOIRE NATURELLE,

## ET SUR DIVERS SUJETS PARTICULIERS DE PHYSIQUE

## ET D'ÉCONOMIE.

[illegible]

# MEMOIRES

## DE PHYSIQUE

### SUR

# L'ART DE FABRIQUER LE FER,

D'en fondre & forger des canons d'artillerie ;

## SUR L'HISTOIRE NATURELLE,

### ET SUR DIVERS SUJETS PARTICULIERS DE PHYSIQUE ET D'ÉCONOMIE :

Avec une Table analytique des matieres en forme de Dictionnaire, pour servir à l'intelligence des termes techniques.

*Ouvrage orné de treize Planches en taille-douce.*

PAR M. GRIGNON, Maître de Forge, Correspondant de l'Académie Royale des Sciences, & de celle des Inscriptions & Belles-Lettres de Paris, Associé de celle des Sciences, Arts & Belles-Lettres de Châlons.

---

Usus, & impigræ simul experientia mentis,
Paulatim docuit . . . . . . . . .          LUCR. *Lib. v.*

---

# A PARIS,

Chez DELALAIN, Libraire, rue & à côté de la Comédie Françoise.

## M. DCC. LXXV.

### AVEC APPROBATION, ET PRIVILEGE DU ROI.

# A MESSIEURS

DE

## L'ACADÉMIE ROYALE DES SCIENCES.

# MESSIEURS,

*Vous avez bien voulu accorder votre suffrage à mes Observations, & juger dignes de l'impression les Mémoires que j'ai eu l'honneur de vous adresser & de lire dans vos Assemblées depuis seize ans, sur la Métallurgie, particuliérement sur les travaux des Forges à fer, sur l'Artillerie & sur l'Histoire Na-*

a

turelle. *Vous avez eu la bonté, pour m'encourager à poursuivre mes recherches, mes observations & mes expériences, de m'accorder le titre honorable de Correspondant de votre illustre & savante Compagnie ; vous m'avez permis de réunir, en un volume séparé de ceux des Savants Étrangers, mes Opuscules, & de les publier sous vos auspices, si propres à les faire recevoir favorablement du Public. J'ai l'honneur, MESSIEURS, de vous les offrir ; je vous supplie d'agréer cet hommage, comme le tribut de ma juste reconnoissance, comme une preuve authentique de mon attachement & du très profond respect avec lequel je suis,*

## MESSIEURS,

Votre très humble & très
obéissant serviteur.

GRIGNON.

# PRÉFACE

## SERVANT D'INTRODUCTION.

L'ouvrage que je préfente au Public eft le réfultat de vingt-fix années de méditations, d'obfervations & d'expériences, particuliérement fur *l'Art du Maître de forge* que j'exerce depuis ce temps avec des principes de Chymie, & le goût de l'Hiftoire Naturelle. Il n'étoit pas poffible, qu'imbu des Eléments de ces fciences, je puffe exercer fi longtemps un Art qui y a de fi grands rapports & avec la Phyfique en général, fans faifir les occafions d'obferver les phénomenes nombreux qui fe préfentent fréquemment dans les différentes opérations des forges; ou j'euffe été l'homme-machine.

J'avoue que lorfque j'entrai dans les Forges, je ne connoiffois pas les premiers rudiments des opérations des travaux en grand du fer. Ceux que j'entreprenois devoient être le véhicule de mon exiftence & de celle de ma famille naiffante. Il falloit donc combiner & fpéculer avant que d'analyfer. Uniquement occupé des opérations du commerce, j'abandonnai d'abord à la routine des ouvriers le fuccès des travaux. Mais enfin il fallut raifonner pour approfondir la caufe & les accidents qui font fi fréquents, lefquels, en diminuant le produit, intéreffent la fortune du Manufacturier. Je commençai par confidérer les manipulations & les procédés des ouvriers. Je m'efforçai de découvrir la bafe & le principe de leurs pratiques. Je ne vis qu'une routine en but à tous les accidents, & toujours impuiffante pour y remédier. Je me familiarifai avec les termes, les outils, les machines & le travail; c'étoit un premier pas néceffaire. J'entrai en converfation avec mes Forgerons; mais

a ij

ces ouvriers n'ont qu'un langage barbare ; ils expriment tout avec les mêmes termes ; fans principes ils ne peuvent rendre compte de leurs opérations. Si on leur demande pourquoi ils procedent de telle ou telle maniere, l'on obtient d'eux pour toute réponfe : — C'est qu'il faut faire comme ça. Si l'on infifte fur le pourquoi : — Pourquoi ! c'est que fi on ne faifoit pas comme ça, cela n'iroit pas bien. Voilà le dernier terme de leur folution. Je compris alors qu'il falloit étudier leur manœuvre, & que leurs mouvements feroient pour moi le truchement de leur langage. Je m'armai de patience, & je redoublai d'attention ; enfin je compris quelque chofe. J'apperçus de la juftefle dans quelques opérations, & de l'inconféquence dans beaucoup d'autres ; ces nouveaux progrès ne fervirent qu'à me faire connoître que je ne favois encore rien. La perfuafion de cette trifte vérité redoubla mon ardeur. Je fentis qu'il étoit néceffaire d'acquérir les connoiffances de l'Architecte, du Maçon & du Charpentier, pour conftruire & réparer les ufines & les machines ; qu'il falloit devenir Mineur, Charbonnier, Fondeur, Affineur & Marteleur, dans toute la force du terme, pour fentir & redreffer les torts de l'ignorance de ces différents ouvriers, & pour les diriger dans leurs opérations, ou plutôt s'en fervir comme de fimples inftruments, pour opérer par moi-même. Enfin après avoir voyagé dans plufieurs Provinces pour y obferver la Nature & les Arts, je devins Maître de forge. Je travaillai pendant onze ans dans le filence. J'ai enfuite communiqué mes Obfervations à l'Académie Royale des Sciences qui y a attaché fon fuffrage. Cette favante Compagnie m'honora, en Décembre 1768, du titre de fon Correfpondant. Je confidérai ce brevet moins comme une récompenfe, que comme un engagement que je contractois d'en remplir les obligations. Je lui ai adreffé depuis neuf Mémoires fur différenrs objets qui font compris dans ce volume, avec fix autres que j'avois auparavant foumis à fon jugement : j'en ai joint encore fix que j'ai tirés de mon porte-feuille.

L'Académie Royale des Sciences, chargée de ſes propres travaux, avoit ſuſpendu l'impreſſion des Mémoires des Savants Etrangers, dont ceux que je préſente aujourd'hui devoient faire partie. Accumulés depuis quinze ans, ils euſſent fait ſeuls un volume, ou ils n'auroient été publiés que de loin en loin, en les inſérant parmi d'autres Mémoires, dans chaque volume des Etrangers que l'Académie publie ſucceſſivement. Pluſieurs perſonnes de la plus grande diſtinction, dont les avis & les deſirs ſont pour moi une loi impérieuſe, le vœu & le conſeil de mes amis & de mes confreres, m'ont déterminé à prier l'Académie de me permettre de publier ces Mémoires en un volume ſéparé; & pour ce, ſur l'avis de M. Cadet & de M. Deſmarêts, Membres de cette Compagnie, qu'elle a nommés Commiſſaires pour les réviſer, elle m'a accordé la faveur de ſon Privilege.

Les objets que je traite, plus particuliérement ceux qui ont un rapport aux travaux du fer, ſont de deux ſortes. Les Mémoires qui en traitent ſont l'expoſé des découvertes phyſiques que j'ai faites à force d'expérience, de frais & de patience; les autres contiennent des principes théorie-pratique de quelques parties de l'Art du Maître de forge. C'eſt un champ vaſte dans lequel peu de Savants ſe ſont exercés, excepté M. Bouchu dans l'Encyclopédie, M. de Courtivron, & M. Bouchu dans les Arts, publiés par l'Académie, & Swedenbord, Auteur Suédois, dont l'Académie a publié la traduction. Les ouvrages de ces Savants ne ſont pas aſſez étendus pour avoir embraſſé l'univerſalité de l'objet : je n'en ai même qu'effleuré une partie, en attendant que je publie la *Phyſique des Forges* dans quelques années, ouvrage que j'ai entrepris de l'aveu & ſous la protection du Gouvernement.

Comme mon ſentiment ſur quelques points de Phyſique n'a pas toujours été adopté par l'Académie, d'après les rapports de MM. les Commiſſaires qui ont été chargés d'examiner mes différents Mémoires; que cette diverſion de ſentiment eſt conſignée dans les regiſtres de l'Académie; que j'ai ſenti la néceſſité de me réformer dans certains cas, & de ſoutenir mon fentiment dans d'autres, je ne puis me difpenfer d'entrer ici dans quelques détails, pour ne pas compromettre d'un côté le jugement de l'Académie, & de l'autre pour déduire les raifons qui me font adhérer à mon fentiment. C'eft pourquoi je vais mettre fous les yeux du Lecteur une courte analyfe de chaque Mémoire, avec des Obfervations détachées, ce qui fervira d'introduction à la lecture de ces opufcules.

Je débutai à l'Académie, en 1759, par lire le *Mémoire fur l'Amiante ferrugineux*, découverte qui parut importante aux yeux des Phyficiens qui cultivent la Chymie & l'Hiftoire naturelle. Je prouvai par des expériences, que cette fubftance eft le fquelette d'un fer décompofé, privé de tout principe inflammable; qu'elle eft inattaquable aux acides, irréductible par le contact du feu; qu'elle a enfin les propriétés de l'amiante naturel, & qu'elle lui eft analogue, puifqu'il eft facile de réduire en fer l'amiante naturel & l'amiante ferrugineux par le même procédé que je donne. D'après l'opération par laquelle je réduis le fer en amiante factice, dans le feu de nos fourneaux de fonderie, je conclus que l'amiante naturel foffile eft un fer décompofé par le feu des volcans, immenfe foyer de la Nature, qui font imités en petit par les fourneaux des fonderies des forges. J'annonce mes doutes fur le fer prétendu natif, fur lequel j'aurai occafion de m'étendre davantage dans d'autres Mémoires , fur le régule du fer, fur la cryftallifation duquel je donne des apperçues. Je finis par démontrer quelques propriétés de l'amiante ferrugineux.

L'on m'a obfervé que l'amiante foffile ne pouvoit être le réfultat d'un fer décompofé par le feu des volcans, puifque l'on en trouve dans diverfes fubftances qui ne pouvoient être réputées comme des récréments de volcans, tels le cryftal de roche, les pierres calcaires, enfin la pierre ollaire. Je réponds que l'amiante naturel peut avoir été porté au loin par l'explofion des volcans où elle a pris fon origine , ou par l'impulfion des eaux , & par des accidents quelconques, & enfuite être enveloppé par le fluor du cryftal de roche, ou le remoux qui a formé les pierres calcaires : enfin que l'eau peut avoir charié des particules d'amiante, entre des couches de pierres ollaires qui fe forment par parties additionnelles. Il peut être poffible auffi que l'eau opere, par une longue fuite de fiecles, ce que le feu opere en des temps plus courts. Mais il eft de fait que la plus grande partie des morceaux chargés d'amiante avec leur gangue en grande maffe que j'ai vus, étoient tous accompagnés de fer, & démontroient vifiblement l'action du feu.

LE fecond Mémoire, envoyé à l'Académie en 1761, eft une *Obfervation fur la Formation des mines de fer par dépôt, de la province de Champagne, & leurs analogues.* Je prouve, par des obfervations locales, que toutes les mines de fer de Champagne font le produit de la décompofition des pyrites qui font abondantes dans cette province, ou le ralliment des particules de fer difféminées dans les corps détruits qui en contiennent, ou du fer même décompofé : que ces mines ont été le jouet des eaux dont elles ont fuivi l'impulfion, & qui les ont accumulées ou étendues entre des couches de terre de diverfes qualités, ou les ont enfachées entre des fentes de rochers. Je décris enfuite les différentes formes de variétés & de qualités de ces mines. J'indique les diverfes efpeces de foffiles qui leur font affociés.

Je paffe enfuite à la defcription & à l'analyfe d'une efpece de mine de fer blanche-fpathique, qui n'eft décrite par aucun Minéralogifte. Cette mine a quelque reffemblance pour la forme avec le *folanum tuberofum efculentum.* C'eft pourquoi je définis cette mine fous le nom de mine de fer tuberculeufe-ifabelle-fpathique. J'en donne le produit qui eft de 63 pour 100.

Je paffe à mes Obfervations fur la poffibilité de compofer une mine de fer artificielle du genre des hematites, en calcinant des morceaux de moyeux de roue de voiture, bien pénétrés des parcelles du fer de l'effieu, que les fecouffes

& les frottements y ont accumulées au moyen de la graisse que l'on a employée pour adoucir les frottements, & qui a servi de véhicule au fer pour l'introduire dans les pores du bois, lequel, par la combustion, se trouve changé en mine de fer sans déplacement de ses parties organiques , tels ces morceaux de bois que l'on trouve dans la terre unis à du fer, lequel a été décomposé par la rouille, à la faveur de l'humidité qui a incorporé le fer fluide avec le bois, & en a composé un minerai. Je finis ce Mémoire par donner une description topographique de différents cantons de la Champagne, qui recelent des mines de fer exploitées en plus grande partie ; & je détaille leurs différents caracteres, leur situation dans la terre, enfin les procédés employés pour en tirer le minerai.

L'on pourra observer que M. Rouelle a dit dans ses cours, que les mines de fer de Champagne sont faites par transport & par dépôt. Je n'aurois pas manqué de rendre à ce Restaurateur de la Chymie en France, la justice qui lui étoit due, si j'eusse trouvé, dans les extraits de ses leçons que j'écrivois sous sa dictée, quelque chose qui ait eu rapport à cette observation. Ce Mémoire a été fait 17 ans après que j'ai cessé de fréquenter son laboratoire. D'ailleurs ce sentiment est le résultat de mes observations locales, qui m'ont indiqué l'origine & la propagation de ces mines, conséquemment il me devient propre & sert à confirmer le sentiment de M. Rouelle.

Dans le troisieme Mémoire envoyé à l'Académie avec le précédent , je traite de l'*Unité du fer* , en posant pour principe avec M. Geoffroy , qu'il n'y a qu'un seul fer dans le monde, parceque son essence est immuable ; que la variété des différentes especes de fer ne procede que des corps étrangers qui lui sont unis dans le traitement, Je prouve par des procédés que j'indique, que l'on peut dépouiller le minerai , la fonte de fer, même le fer , des substances hétérogenes

rogenes qui leur font unies , pour fabriquer un fer de la meilleure qualité , & par-là détruire un principe contraire à cette doctrine, qui eft configné dans l'Encyclopédie. Je jette un coup d'œil fur les différents procédés qui ont été employés par diverfes nations de l'antiquité la plus reculée pour purifier le fer. Je parle en détail des agents qui détruifent le fer & qui attaquent de préférence les parties les plus foibles.

Je prouve que les fubftances étrangeres minérales , foit métalliques , foit falines , vitrioliques ou fulfureufes , qui étoient unies au minerai du fer, entroient dans la compofition de la fonte, même d'un fer brut mal préparé, & qu'elles fubiffent une forte de métallifation. Enfin je conclus que l'on ne peut obtenir le fer dans fon dégré de perfection , qu'en le purifiant totalement de toutes les fubftances étrangeres à fon effence.

Je fais enfuite une comparaifon du fer ordinaire avec le vin, pour faire fentir que tous les vins de tous les cantons de l'univers different entre eux comme les fers de différents pays : que ces différences fenfibles dans ces deux fubftances ne font dues qu'à l'effet des différents principes locaux qui font unis accidentellement au vin comme au fer , & que le fer dans fon dégré de perfection & d'unité , extrait des minérais de différents caracteres , lefquels par des procédés ordinaires donnent des fers de qualités variantes , eft une fubftance homogene , tel l'efprit inflammable du vin féparé par des procédés appropriés , eft une liqueur toujours femblable , quoique produite par des vins de différente nature & qualité.

L'ON pourroit appercevoir dans ce Mémoire que le paffage que je cite , page 35 de la Matiere Médicale de M. Geoffroy, a un fens contraire à celui que je lui donne & au principe que je pofe. Je crois ne pas devoir m'arrêter à difcuter ce fait , je renvoie le lecteur à l'ouvrage même de M. Geoffroy , & il verra , comme j'ai vu , que cet auteur démontre l'unité du fer , & que les différentes qualités que l'on apperçoit dans certains fers , ne procedent que des matieres hétérogenes interposées entre les molécules.

J'ai dit que des portions & des matieres étrangeres au fer qui étoient unies au minerai, & des substances employées dans sa réduction, sont métallisées, & font partie plus ou moins des masses de fer qui en résultent : on pourroit regarder cette proposition comme une erreur en métallurgie ; mais, comme j'ai démontré dans le cours de cet ouvrage par les voies de l'analyse ces matieres étrangeres extraites de la fonte de fer & d'un fer grossier , sans qu'on puisse par aucun moyen les y appercevoir en nature , ma proposition est vraie dans toute son étendue.

L'on pourroit m'imputer à erreur d'avoir dit que la matte de fer & le fer le plus grossier contiennent des matieres salines, vitrioliques, sulfureuses, acides sulfureuses, toutes dénominations différentes. Je pense qu'il n'existe point de vitriol sans parties salines-acides ; que l'acide du vitriol uni à la matiere grasse du fer forme du soufre ; que le soufre contient un acide sulfureux volatil, que les dénominations de parties salines , acides , vitrioliques sont à peu près synonymes dans l'essence des choses. Ces différentes dénominations de la même substance sont appropriées aux différentes modifications. Ce seroit au contraire une erreur de soutenir que le fer grossier ne contient point de parties salines : elles y sont à la vérité combinées de façon qu'elles y sont masquées, mais pas assez parfaitement pour qu'elles ne soient pas sensibles à l'organe du goût, & je puis assurer qu'outre que je connois la qualité du fer par le tact, que je la distingue aussi en y appliquant la langue, comme je juge de la qualité d'une meule de moulin en la flairant après l'avoir frappé de quelques coups de marteau. Ces sensations, qui ne sont pas accordées à tous les individus, sont perfectionnées par l'habitude & par l'attention.

LE quatrieme Mémoire , envoyé à l'Académie avec les

deux précédents, traite des métamorphoses du fer. J'y confidere ce métal fous cinq points de vue différents. 1°. En fon état de mine, 2°. fa matte ou fonte, 3°. fon régule, 4°. comme métal, 5°. enfin en fon état de deftruction. Je m'arrête peu fur les mines de fer parceque j'en ai parlé dans les Mémoires précédents ; je m'étends davantage fur la matte & fur la fonte de fer, que je regarde comme un demi métal à certains égards ; je la divife en genres & en efpeces dont je donne la defcription & la configuration, ainfi que les moyens de l'obtenir plus ou moins pure. Je détaille les accidents qu'il faut éviter & qui tendent à changer la fonte de nature & à l'appauvrir. Je pofe pour principe qu'il n'exifte rien dans la nature qui n'ait une forme particuliere, individuelle & caractériftique : que la fonte de fer eft fufceptible de fe condenfer fous une forme qui lui eft propre ; je fais la defcription de fes cryftaux que j'ai deffinés & fait graver planche I, II, & XIII.

Je paffe enfuite au régule de fer qui eft une fonte épurée par une longue macération. Le régule de fer tient le milieu entre la fonte & le fer, il cryftallife & fe refond difficilement. J'ai deffiné la forme de fes cryftaux planche II, III, & XIII. Le régule de fer reffemble beaucoup au fer natif, dont je révoque en doute l'exiftence, adoptant l'idée de fer foffile : je démontre l'impoffibilité du premier, & je dis que le dernier eft l'ouvrage des volcans defquels le fer reçoit une métallité incomplette comme dans nos foyers de forge. Je parcours les différentes qualités de fer, & je démontre que tout fer qui n'eft pas compofé de parties charnues & fibreufes, eft d'autant plus éloigné de fa perfection, & qu'il eft plus ou moins régulin. Je jette enfuite un coup d'œil fur tous les accidents qui détruifent le fer & le réduifent en chaux, & je termine ce Mémoire par une définition complette du fer.

Quand je dis que la fonte de fer reffemble à un demi métal, je n'ai pas l'intention, comme je m'en fuis expliqué,

de lui affigner un rang parmi les demi métaux , puifqu'elle
en diffère par la propriété qu'elle a de devenir par l'affinage
un métal ; ainfi ma propofition n'eft point un principe ab-
folu , mais feulement une comparaifon de la fonte de fer
dans fon état actuel avec les demi métaux dont elle a toutes
les propriétés , pefanteur , éclat , fufibilité & fragilité. Le
terme de régule de fer dout je me fuis fervi pour exprimer
une fubftance qui tient le milieu entre la fonte de fer & le
fer , a répugné d'abord à quelques Savants : mais comme je
démontre que cette fubftance ferrugineufe a un commencement de malléabilité , & qu'elle fe fond très difficilement,
conféquemment que ce n'eft point de la fonte ; que lorfqu'elle
a acquis pendant la macération dans le bain un état de dépuration par le départ des parties hétérogenes les plus fufibles , qu'elle eft alors fluide & fufceptible d'être moulée :
conféquemment que ce n'eft point du fer : il faut donc prendre un terme moyen pour exprimer cette fubftance. J'ai cru
devoir lui donner le nom générique de régule adopté par
tous les Métallurgiftes , pour exprimer le produit d'une mine
dépouillée de la plus grande portion de fes minéralifateurs ,
tel le régule d'antimoine , le régule de cuivre. La mine
d'antimoine fondue donne l'antimoine en aiguille. Cette
fubftance fragile , fulfureufe , fufceptible d'être mife facilement en poudre , eft la fonte ou plutôt la matte de la
mine d'antimoine. Lorfque l'on enleve à l'antimoine, comme
à la matte de cuivre , fes foufres par la calcination ou par
des intermedes , on réduit ces fubftances en régule , alors ces
régules ont un commencement de malléabilité fans ductilité. Le régule de fer a les mêmes propriétés , donc il a de
l'analogie avec les régules , donc c'eft un régule comme
ceux des autres métaux puifqu'il n'eft ni fonte ni fer. M. de
Réaumur en a fait, fans s'en appercevoir , en adouciffant la
fonte de fer , mais perfonne avant moi ne l'a connu , ne l'a
décrit ; il falloit donc que je lui donnaffe un rang & un nom
parmi les matieres métalliques. L'Académie paroît avoir
adopté cette dénomination dans l'analyfe de mes autres Mémoires.

Le cinquiéme Mémoire adreffé à l'Académie fur la fin de l'année 1761 , eft un ouvrage didactique fur l'art de laver & de fondre les mines de fer avec l'économie d'un cinquieme de charbon. Ce Mémoire eft divifé en trois chapitres & en fections. Après avoir dit dans l'introduction que les opérations des forges font prefque entiérement abandonnées à l'aveugle routine des ouvriers , d'où il naît une confommation abufive des forêts, à laquelle il eft urgent de remédier , j'entre en matiere dans le premier chapitre par indiquer l'emplacement le plus favorable pour un fourneau de fonderie , les attentions que l'on doit apporter pour en établir les fondations , éviter la fraîcheur & en détourner toute humidité ; j'indique enfuite les formes extérieures des maffes des murs du fourneau & la divifion de fes différentes parties intérieures.

Je parle enfuite du feu & de fon action fur le minerai, de l'effet du phlogiftique des charbons, de la nature de la flamme , de la néceffité d'accélerer la vivacité du feu par des foufflets. Après avoir traité de l'augmentation de la chaleur par la réaction des parties intérieures du creufet , avoir analyfé la variété des effets produits par les différentes formes , je prouve que l'elliptique eft celle que l'on doit adopter de préférence pour celle de l'intérieur d'un fourneau de fonderie , & j'établis mes preuves.

Dans la fection fuivante je décris la proportion des différents foyers du fourneau ; je paffe à la démonftration de la théorie-pratique de la conftruction , je défigne la qualité des briques, la maniere de les former , même de compofer une terre réfractaire , je recommande d'employer les briques fans être cuites , principe que je démontre , & après avoir enfeigné une méthode facile de conftruire l'intérieur du fourneau, tant le creufet que les étalages & les parois , je paffe aux parties acceffoires. Pour faciliter ces conftructions , j'ai deffiné différents coupes & plans de fourneaux gravés dans les planches IV, V, VI, VII, & XI.

Je traite dans le deuxieme chapitre de la diete & de la

régie du fourneau. J'indique dans la premiere section les précautions que l'on doit observer avant de mettre en feu, pendant que l'on échauffe le fourneau, & lorsque l'on commence à charger en mine : dans la section seconde je traite du charbon, de son état au sortir des mains du Charbonnier, & lorsqu'il a séjourné dans les magasins, de sa qualité relative à son essence & à son état. Je passe dans la troisieme section à l'ordre & à la composition des charges, dont je donne le volume, le poids & le produit, & ensuite à l'administration du vent. Dans la quatrieme section, je m'occupe de tout ce qui est relatif à la coulée de la fonte en gueuse. Je donne dans la section cinquieme des régles pour connoître les maladies d'un fourneau, leur cause & pour y remédier. Dans la sixieme, je détaille les précautions que l'on doit apporter lorsque l'on veut ou que l'on est obligé de boucher un fourneau dont on se propose de continuer le fondage après un certain temps d'interruption. Enfin dans la septieme section, je prouve par une comparaison de produits, faites sur des masses considérables, qu'en établissant des fourneaux sur les proportions & les dimentions que j'ai détaillées, & dont je fais usage, on économise plus d'un cinquieme de charbon, ce qui produiroit dans la seule province de Champagne une économie annuelle de 1350 arpents de bois de l'âge de 25 ans.

Je traite dans le troisieme & dernier chapitre du lavage des mines. J'analyse dans la premiere section, les différents caracteres des minerais qui doivent être soumis au lavage. Je donne dans la seconde la description d'un bocard composé, qui réunit le bocard simple, le patouillet & le lavoir : je détaille les proportions des différentes parties pour en faciliter la construction. Je donne dans la troisieme section des observations de pratique pour conduire le travail d'un bocard; je conseille d'en appliquer l'effet à la préparation de la terre des Faïanceries. Je jette un coup d'œil sur les différentes méthodes de laver le minerai ; j'en apprécie les avantages & les abus ; je traite des cribles à l'eau de forme variée. Je donne enfuite des principes pour connoître fi un minerai quelconque a befoin d'être lavé, j'indique les fignes auxquelles on reconnoit qu'il l'eft fuffifamment. J'ai deffiné planche VIII & IX, la coupe, le plan & le développement du bocard compofé, & un crible à l'eau.

L'on pourroit dire que M. de Courtivron & M. Bouchu ont déja propofé de donner une forme elliptique à l'ouvrage d'un fourneau dans la troifieme fection de l'art des forges & fourneaux : conféquemment que mon plan n'étoit pas neuf, lorfque je foumis ce Mémoire au jugement de l'Académie. Je réponds pour ma juftification que la troifieme fection de cet art n'a paru que prefque deux ans après que j'ai fait ce Mémoire, & que je ne pouvois en avoir connoiffance lorfque je l'adreffai à l'Académie plus d'un an avant que cette fection des arts parût : d'ailleurs ces Meffieurs, page 8 de cette fection, s'expriment de façon à faire connoître qu'ils ne font que foupçonner l'avantage de la forme circulaire & de l'elliptique : ils donnent à l'ellipfe qu'ils défireroient que l'on obfervât, la forme d'une raquette de paulme fans déduire les raifons phyfiques fur lefquelles ils fondent cette nouvelle théorie. Au furplus fi M. Bouchu eut été bien perfuadé de l'avantage de cette forme, il l'eut pratiquée luimême dans fes fourneaux, dont l'intérieur formoit des pyramides octogones : au lieu que j'ai pofé les principes qui m'ont déterminé à adopter la forme elliptique réguliere, que j'ai obfervé invariablement depuis dix-fept ans, & j'ai développé toutes les caufes phyfiques de ma démonftration.

Partie de ce Mémoire & les planches qui y ont rapport, même la XI<sup>e</sup> planche du fourneau de macération, ont été employés dans le troifieme tome de l'explication des planches de l'Encyclopédie à l'article des groffes forges, depuis la page 5 jufqu'à la page 18 inclufivement. Il s'eft gliffé dans ces planches & dans leur explication dans l'Encyclopédie des erreurs qui ne peuvent m'être imputées, mais à celui qui a fait l'extrait d'une chose qu'il n'entendoit pas suffisamment. Je ne releverai pas ici ces erreurs qui n'existoient pas dans les pieces originales que l'on trouvera dans cet ouvrage.

En 1768, j'ai lu à l'Académie des Sciences un Mémoire contenant des observations sur l'Histoire Naturelle faites dans un voyage sur les montagnes qui délimitent les fronrieres de la Lorraine, de la Champagne, de l'Alsace & de la Franche-Comté. Ayant fait depuis dans ces provinces d'autres voyages, j'ai ajouté à ce Mémoire beaucoup d'autres observations qui pourront intéresser le lecteur.

Après avoir fait sentir qu'il n'est pas possible de connoître parfaitement la nature & ses productions sans l'aller consulter ; j'observe que les côteaux qui bordent toute la vallée de la riviere de Marne depuis Bayard en remontant vers sa source, sont composés de pierres calcaires disposées en couches horisontales entre lesquelles est un banc d'un marbre grossier composé de nautiles empâtés dans un spath coloré; que le parallelisme de ces couches est interrompu, particuliérement près de Joinville, où l'on observe l'effet d'une catastrophe qui a précipité le massif du côteau, ce qui semble annoncer une mine de charbon de terre. Je rapporte une observatiom sur une végétation de diverses plantes qui ne donne point de feuilles, parcequ'elles sont privées de la lumiere, & sur divers autres phénomenes de végétation. Je donne un apperçu sur les indices d'une ardoisiere près d'Is en Bassigny en tête des sources de la Meuse. Je donne une description du travail d'un Fondeur à la poche dont le fourneau, établi à Biel, a beaucoup de rapport avec les affineries des forges de Corse, du Dauphiné & de la Catalogne. Je suis dans ces cantons le passage des substances calcaires, aux séléniteuses & aux apyres. Je décris le physique des environs de Bourbonne-les-Bains ; sa chaux, son gyps, ses pierres rhomboïdales, une crystallisation de grès, des *fongus* de différente espece, & les cercles qu'ils décrivent sur

les

les pierres , dans les forêts & dans les patis ; des arbres
monſtrueux & des cailloux ſinguliers. Je fais des obſervations ſur ſes eaux thermales dont je donne l'analyſe , & ſur
la couleur rouſſe de toutes les petites rivieres qui avoiſi-
nent les thermes.

Je décris les diverſes opérations de la ferblanterie de
Bains ; je forme quelques obſervations ſur les eaux ſavonneuſes & thermales de ce bourg de Lorraine ; je décris les
mines de fer employées au fourneau de Saint-Loup ; un autre fourneau dans lequel on cuit continuellement de la
chaux avec le charbon de terre : je paſſe enſuite aux eaux
thermales de Luxeuil en Franche-Comté & à celles de Plombieres en Lorraine , deſquelles je donne une deſcription
ſommaire, ainſi que d'une blende qui ſe trouve près de Plombieres : je m'étends ſur le phyſique des environs de Remiremont , & ſur celui de la vallée de la Moſelle en remontant
vers ſa ſource juſqu'au village de les Trais ; je décris enſuite
la mine de cuivre & de plomb riche d'argent de Body, celles
des environs de Château-Lambert & de Buſſant, dont j'e-
xamine les ſources d'eaux gazeuſes : je donne l'analyſe de
ces eaux , & je fais part d'une cryſtalliſation ſinguliere que
ces eaux conſervées longtemps ont produite ; j'indique enſuite les mines du Pont-de-Lait, de Buſſant & d'Orbeil qui
ſont abandonnées ; je fais des obſervations ſur les matieres
qui contiennent & qui recouvrent les filons de ces mines ;
je paſſe enſuite à celles de Sainte-Marie ſur le Leber ; je
parle des laves de volcans que j'ai trouvées ſur les montagnes
qui les recelent , & je jette un coup-d'œil ſur les travaux de
forges qui ſe ſont trouvées ſur ma route.

Après avoir rapproché les différentes obſervations contenues dans ce Mémoire , je conclus que les maſſes de roche ,
qui contiennent les filons des mines, ſont compoſées d'une
matiere vitreuſe, analogue au laitier recuit des fourneaux de
fonderies des forges; que des volcans, dans des temps très
reculés , ont embrâſé ces montagnes dans leſquelles les
ſubſtances métalliques ſe ſont rapprochées par leur affinité

fuivant les loix de l'attraction ; que le foyer de ces antiques
volcans eft encore le principe de la chaleur des Thermes de
cette chaîne de montagne. Je révoque en doute le fyftême
des courants d'eau chaude.

Je remarque enfuite que toutes les productions des montagnes forment des angles plus aigus que celles des plaines
& des vallées ; & je termine ce Mémoire par faire fentir les
avantages que l'on tire de la fréquentation des montagnes.

LES nombreufes obfervations contenues dans ce Mémoire, & les conféquences que j'en tire, particuliérement
celles fur la nature des roches vitreufes, fur l'ancienne exiftence des volcans dans les Vôges, & ma remarque fur la
forme anguleufe des productions des montagnes, font des
nouveautés qui ne feront peut-être pas adoptées généralement. Mais l'Hiftoire des Révolutions des Sciences nous
apprend que fouvent une opinion, qui a paffé pour erreur
dans le temps, a été adoptée dans le fiecle fuivant pour une
vérité fondamentale.

JE lus à l'Académie, en 1769, le *Mémoire fur la Cadmie des forges*, dans lequel je prouve que nos mines de fer
contiennent beaucoup de zinc, contre le fentiment d'un
Minéralogifte qui a publié que ʼʼ les mines de fer ne con-
ʼʼ tiennent que du fer, les ouvriers des forges qu'il avoit
ʼʼ queftionnés l'en ayant affuré ʼʼ. Je pofe en fait que les différents métaux & minerais font ordinairement mélangés &
combinés dans le fein de la terre, dans les minieres qui les
recelent ; que les mines de fer ne font jamais pures. Je fais
part de la découverte de la cadmie que j'ai trouvée dans mon
fourneau de Bayard. J'en décris les formes, la caufe & les
accidents. Je rends compte de diverfes analyfes, & des
expériences que j'ai faites pour en connoître la nature, & en
retirer le zinc, foit feul, foit en le combinant avec le cuivre
de rofette pour en faire le laiton dont j'ai coulé des médaillons. Je détaille les phénomenes finguliers que cette cadmie

préfente dans fa diffolution, avec les acides minéraux avec lefquels elle forme une gelée tranfparente & confiftante; avec l'acide vitriolique concentrée, elle forme une efpece de pyrite, laquelle, expofée à l'air, fe gerfe & fleurit. Je prouve enfuite que le zinc, contenu dans les mines de fer, ne fe montre pas feulement dans la cadmie qui fe fublime dans l'intérieur du foyer fupérieur du fourneau de fonderie; mais encore que la chapelle, la poitrine, les marâtres & le gueulard du fourneau, font enduits d'une poudre fous diverfes couleurs, qui n'eft que de la tuthie & du pompholix ; que tout le zinc ne fe fépare pas du minerai dans la fufion; qu'il en refte encore une partie confidérable combinée avec le fer dans la fonte, ce que j'ai prouvé en démontrant le zinc contenu dans les grappes qui fe fubliment & s'attachent à la mérade des affineries. Je donne un moyen d'amaffer une grande quantité de cadmie pour en former une branche de commerce. Pour faire connoître que les mines de fer que je traite ne font pas les feules qui contiennent du zinc, quoiqu'il n'ait été apperçu par perfonne avant moi dans les diverfes Provinces que je vais citer, j'en ai reconnu dans tous les travaux que j'ai vifités en Champagne, Bourgogne, Franche-Comté, Alface, Lorraine & Luxembourg; & j'ai appris, depuis la lecture de ce Mémoire, que l'on en trouve dans plufieurs autres provinces : d'où l'on peut inférer que le zinc eft un demi-métal ami du fer, & qu'il entre peut-être effentiellement dans fa compofition.

DE l'avis de l'Académie, j'ai fupprimé de ce Mémoire différents détails qui n'y avoient pas un rapport immédiat, ce qui en défuniffoit l'enfemble.

J'ENVOYAI, en 1770, en Efpagne, à l'Académie Royale de Bifcaye, établie à Bergara fous le nom de Société des Amis de la Patrie, le *Mémoire fur les Soufflets des Forges*, pour concourir au prix propofé. Les papiers publics de France annoncerent que mon Mémoire avoit été couronné, & que

D. Joseph-Manuel de Goyri, Constructeur de forges, avoit obtenu *l'accessit* plus de six semaines avant que M. le Comte de Petra Floxida m'ait fait passer la lettre de D. Michel-Joseph-Alasso Zulamana, Secrétaire perpétuel de cette Académie, lequel me donnoit avis en langue espagnole, que dans l'assemblée du 8 Novembre 1770, l'Académie m'avoit adjugé le prix, qu'elle a négligé de me faire passer jusqu'à présent.

Quoique ce Mémoire ait mérité la préférence sur ceux qui avoient été envoyés au concours, j'ai cru devoir, avant de le publier, y retoucher & y faire des augmentations considérables. Après avoir donné quelques détails sur la nécessité, l'origine & le modele des premiers soufflets, j'en décris les différentes especes, de cuir, de bois, les trombes & les cloches. J'en analyse la dépense, les propriétés, les avantages & les abus. Je prouve que les soufflets de bois sont préférables à tous ceux des autres especes, parcequ'ils peuvent se construire par-tout, se prêter à toutes les circonstances; qu'ils sont plus puissants & moins dispendieux que ceux d'aucune autre espece. J'entre dans des calculs sur le volume, le poids & la vîtesse du vent. Je fais connoître, par un autre calcul additionnel des matieres employées pour faire une toise cube de fonte de fer, qu'elle n'en est qu'un quarante-troisieme du volume, & les sept vingt-quatriemes du poids. J'ai dessiné, d'après un croquis qui m'a été adressé de Châtel-Naudren, le plan des soufflets en cloche, que l'on trouvera dans la premiere partie de la Planche X, dont l'explication est page 230.

Je lus, en 1771, à l'Académie des Sciences, mon *Observation sur le Crapaud*. Je fais part d'une maladie épizootique particuliere aux crapauds, & qui leur est causée par des vers qui leur rongent la tête. Ces vers ont pour origine les œufs de la mouche bleue qui les dépose dans leur narrine. J'observe que les crapauds changent de peau plusieurs fois l'année; que leur peau est parsemée de glandes qui filtrent une humeur laiteuſe; qu'ils ne mangent point lorſqu'ils ſont enfermés; qu'ils vivent très long-temps ſans prendre de nourriture : que les animaux perdent leur férocité avec la liberté, j'en cite pluſieurs exemples; que l'urine & la bave du crapaud n'ont rien de venimeux, puiſqu'il eſt des hommes qui en avalent. Je cite un jeune homme qui mange impuné- ment tous les crapauds qu'il attrappe. Je jette un coup-d'œil ſur l'Hiſtoire Naturelle du Pipal, qui eſt un crapaud d'Amé- rique. Je fais ſentir les contradictions de quelques Auteurs Modernes qui en ont parlé, & je révoque en doute la ſin- guliere génération attribuée à cet animal.

Dans le même temps, je lus à l'Académie une *Obſerva- tion ſur un Chat monſtrueux à deux faces*, né d'une chatte noire très électrique, au point de communiquer des com- motions très douloureuſes. Je donne la deſcription anato- mique de ce monſtre, dont les deux gueules avoient le pha- rynx, le larynx & l'œſophage communs, les langues & les mâchoires confondues. Je rapporte une obſervation ſur un enfant né avec la difformité que l'on nomme gueule de bro- chet, qui avoit de l'analogie avec la gueule de ce chat. Je parle d'un taureau de l'âge de quatre ans, qui avoit la même monſtruoſité. Je finis par une obſervation ſur des œufs de poule d'eau que j'ai fait éclorre par la chaleur de la chatte qui a donnée lieu à l'obſervation principale.

Je lus la même année l'*Obſervation ſur les Sexdigitaires de différentes claſſes* : l'un avoit ſix doigts aux pieds & aux mains; un autre n'avoit un ſixieme doigt qu'à une main, & ces deux Sujets étoient begues & imbécilles : un autre avoit les dix doigts des mains légerement fourchus, & avoit dix ongles à chaque main. Je fais quelques réflexions ſur les cau- ſes qui produiſent les monſtres & qui troublent le ſyſtême organique, d'où il réſulte un défaut dans les ſenſations; ſur la ſerie des enfants, & la tranſmiſſion des monſtruoſités de de race en race.

Pendant l'impreſſion de cet ouvrage, j'ai eu occaſion de voir un nommé Bornen, Boutonnier à Paris, lequel a un pouce ſurnuméraire à chacune des mains. Ces pouces ſont très grêles, garnis d'ongle ; ils ſont ſans articulation ; ce ne ſont, comme le pouce de Jaqueau de Bure, que des excroiſſances oſſeuſes recouvertes de téguments & ſans mouvement. Cet homme m'a aſſuré qu'il n'avoit point de connoiſſance qu'aucun individu de ſa famille ait eu la même monſtruoſité.

DANS la même année, je lus à l'Académie le *Mémoire ſur la fritte des forges à fer.* Je commence par diſtinguer les différentes ſortes de laitiers qui ſont des récréments des forges. Je leur aſſigne des noms propres & particuliers à chaque eſpece. J'appelle lave ceux qui ſortent des fourneaux de fonderie ; & parmi ces derniers j'en diſtingue une que je nomme fritte des forges. C'eſt une lave blanche, poreuſe, crépitante, légere & friable.

Cette fritte, ſoumiſe à diverſes analyſes, a donné différents réſultats : diſſoute dans les acides minéraux, elle donne une gelée comme la cadmie & les zéolithes ; elle produit, avec l'acide vitriolique de l'alun, avec les acides nitreux & marin, des ſels colorés & déliqueſcents ; avec l'acide du vinaigre, une eſpece de terre foliée à baſe terreuſe ; conſéquemment la fritte des forges contient la terre alumineuſe & celle du zinc, puiſqu'elle donne une gelée comme la cadmie.

JE lus en 1772, à l'Académie, mon *Obſervation hippotomique ſur le coup de lance des chevaux.* Je rapporte divers paſſages des Auteurs qui en ont parlé. Je diſcute & réfute leur ſentiment. Après avoir fait l'hiſtoire & la deſcription du cheval qui portoit cette marque, je définis le coup de lance d'après un examen anatomique : je propoſe mon ſentiment ſur la cauſe de cet accident & de ſa propagation. J'en fais une comparaiſon avec d'autres monſtruoſités, tels que des chiens & des rats nés ſans queue, des hommes à

queue, des familles à bec de lievre, & avec des mains difformes dont je cite les exemples.

Je lus la même année à l'Académie le *Mémoire d'Artillerie, sur l'Art de fondre des canons de régule de fer.* Après
l'énumération des différentes matieres dont on compose ordinairement les bouches à feu, & en avoir fait connoître
les défauts & les accidents qui en résultent dans l'usage,
particuliérement des canons de fonte de fer pour le service
de mer, je propose une nouvelle matiere capable de soutenir
avec plus de succès les efforts du tir le plus multiplié : cette
matiere est le régule de fer. Je définis ce régule; & je fais
connoître les rapports qu'il a avec la matte & la fonte de fer
& le fer battu, & les propriétés par lesquelles il en differe.

Après être entré dans des détails sur les substances minérales qui sont unies au fer dans sa mine, & qu'une premiere
fusion n'en sépare pas, ensorte qu'elles se trouvent combinées
dans sa matte & dans sa fonte, je fais connoître que la fonte
de fer n'est pas uniformément de la même qualité pendant
un même fondage; même que la masse de fonte d'un bain
n'est pas toujours homogene : j'en cite des exemples, & j'en
déduis les raisons; d'où je conclus que la masse d'un canon
coulé avec la fonte produite par plusieurs fourneaux réunis
dans le même moule, ne peut être homogene, conséquemment qu'ils sont défectueux; même ceux qui sont coulés
d'une même goutte de fonte provenant d'un même fourneau
dont le creuset, formé sur de grandes dimensions, pourroit
contenir la quantité suffisante de matiere pour remplir le
moule d'une grosse piece d'artillerie.

Je critique divers procédés usités, par lesquels on compose
des canons avec de la fonte de fer combinée avec du fer
battu. Je démontre l'inconséquence & le danger de cette
pratique, parceque ces deux substances métalliques ont une
retraite particuliere & différente, ce qui les empêche de s'u-
nir intimement, & que la fonte de fer aigrit le fer, même le
rend quelquefois acier par l'abondance du phlogistique qu'elle

lui fournit, accident qui a également lieu dans le cuivre fondu. Après avoir posé ces principes, je conclus qu'il est nécessaire de purifier la fonte par la macération, pour l'amener à l'état de régule. Je décris le fourneau propre à cette opération : j'en donne les dimensions. J'indique les procédés & les moyens nécessaires pour réduire la fonte à l'état de régule, de la purifier avec le salpêtre, de l'introduire dans les moules avec succès. J'insiste sur la nécessité de laisser le canon coulé dans la fosse, jusqu'à ce que l'on soit obligé de l'en tirer pour y placer le moule d'une autre piece, & de l'introduire aussi-tôt qu'il sera dépouillé de sa chappe & de son armure, dans un four de réverbere pour y être recuit pendant douze heures par un feu de flamme, & dans lequel il doit réfroidir avant d'être porté au foret & à l'alézoir pour recevoir sa perfection dans ces atteliers.

J'ai dessiné, dans les planches XI & XII, la coupe & le plan du fourneau de macération & des fosses à couler.

Sur ce que je dis que le nitre, par la déflagration, enlevera à la fonte de fer une partie de ce principe surabondant qui l'approche de l'acier, & d'où elle tire en partie sa fragilité ; que la fonte aigrit le fer & lui donne une trempe qui l'approche de l'acier , l'on pourra m'objecter *que la fonte doit sa fragilité au soufre qui y est combiné avec le fer, & que ce sera le soufre que le nitre enlevera, & non le principe surabondant que je suppose être uni à la fonte de fer ; que l'acier ne contient point de soufre & qu'il ne doit sa qualité aigre qu'à la trempe ; que la qualité aigre que le fer acquiert en le plongeant dans la fonte de fer, est l'effet d'une combinaison du fer avec le soufre qu'il prend dans la fonte , & non une disposition à le rendre acier ; que cette derniere proposition est une erreur dans laquelle M. de Réaumur est tombé.*

J'oppose à ces objections, 1°. que la fonte de fer, outre le soufre qu'elle contient, est chargée d'une surabondance de phlogistique qui l'approche de l'état de l'acier dont elle a la dureté ; qu'elle est susceptible de former des tranchants, &

de

de recevoir l'effet de la trempe ; elle reſſemble donc à quelques
égards à l'acier ; 2°. que le nitre peut lui enlever, outre le
ſoufre, cette portion ſurabondante de phlogiſtique que je re-
connois dans la fonte de fer. Les réſultats des expériences que
j'ai commencées ſur la fonte de fer, & que je publierai, dé-
montreront ces vérités.

Quant à la ſeconde propoſition, je réponds à l'objection
par des expériences. La qualité aigre & dure que le fer prend
étant plongé dans la fonte de fer, n'eſt point une combinaiſon du ſoufre de la fonte avec le fer, mais une trempe
par laquelle le fer ſe ſurcharge du phlogiſtique ſurabondant
contenu dans la fonte ; & voici les faits de pratique qui appuient mon ſentiment. Le bout des ringards qui ſervent à
travailler la fonte de fer dans le fourneau, s'aciere quelquefois & s'aimante toujours, pourvu qu'on ne les laiſſe
pas aſſez de temps pour y être décompoſés. J'ai vu changer
en *acier à la roſe* un crochet de tuyere : c'eſt une groſſe verge
de fer recoubée par un bout, dont on ſe ſert pour dégorger
la tuyere & repouſſer dans le bain les ſtalactites & les encroûtements qui s'y attachent. La fonte en fuſion n'eſt pas
le ſeul métal qui communique au fer cette propriété acié-
rée ; le cuivre fondu produit, ainſi que je l'ai dit, le même
effet. Et ne ſait-on pas que l'on trempe dans le plomb fondu
le tranchant de certains outils pour leur donner de la dureté. Cette dureté, que le fer acquiert dans les métaux fondus, eſt l'effet du phlogiſtique dont ce métal eſt très avide, &
qu'il enleve aux autres métaux. Nul raiſonnement ne peut
prévaloir contre ces faits. D'ailleurs ſi l'endurciſſement,
l'état grenu & la fragilité que le fer acquiert par ſon immer-
ſion dans ſa fonte, étoit une combinaiſon du fer avec le ſoufre, le fer ne conſerveroit point ſa forme extérieure, ſes ſurfaces fondroient avec le ſoufre, & les parties du centre ne
ſubiroient aucun changement. Je ſais, & je l'ai déja dit, que
ſi on laiſſe du fer long-temps plongé dans un bain de fonte,
qu'il s'y conſommera en partie par l'effet d'une combinaiſon
avec le ſoufre de la fonte ; alors la partie décompoſée coule

*d*

dans le bain. Cette décompofition du fer & fon endurciffement, enfin l'état d'acier qu'il y acquiert, font des accidents
diftincts qui ne fe détruifent pas l'un l'autre.

Comme j'ai pofé pour principe que la fonte de fer, pouffée par la macération à l'état de régule, acqueroit la propriété d'être très difficile à fondre, parceque le régule de fer
étoit tout voifin de l'état de métal , on pourroit conclure
*que dans la fabrique des canons , le régule ne pourra
couler dans les moules, & lorfqu'il coulera librement comme
il convient, il ne fera que du fer de fonte comme à l'ordinaire.*

Je réponds que dans toute chofe il eft un terme moyen
entre les deux extrêmes; que fi dans la macération de la fonte
on fe contentoit de fondre en petite partie la fonte de fer, &
fi on la couloit auffi-tôt qu'elle entreroit en bain, il eft sûr
qu'elle n'auroit pas acquis un degré bien fupérieur de pureté
au-deffus de celui de la fonte ordinaire; que fi au contraire
on s'obftinoit à la tenir en bain un très long-temps, jufqu'à
ce qu'il ne furnageât plus de fcories au-deffus , qu'on l'agitât
avec des ringards & des croards de fer, on lui donneroit alors un
feu d'affinage, pour ainfi dire, qui la convertiroit en fer prefqu'infufible : mais j'ai prefcrit les précautions à apporter pour
éviter le dernier inconvénient, qui ne peut avoir lieu, lorfque l'on agitera la fonte en macération qu'avec des ringards de fonte ou des perches de bois; que l'on coulera les
canons lorfque les fcories diminueront, & qu'elles change-
ront de couleur & de confiftance; enfin que l'on s'appercevra, par la couleur du bain, que le régule eft à fon point.
Cette opération eft journalière en petit dans les carillonneries & dans les aciéries, & il eft rare que les ouvriers s'y
trompent. J'ai dit que le régule de fer étoit une fubftance
qui fondoit très difficilement; ce n'eft pas lorfqu'il eft en
bain pour la première fois; mais lorfque la fonte de fer, par
la macération, a été purifiée & convertie en régule, que ce
régule a été réfroidi en maffe, & qu'on veut le foumettre de
nouveau au feu, il ne refond plus ou très rarement, parce-

que ce fecond feu lui enleve le refte de fes foufres & des matieres métalliques qui lui font unies, & le convertit en fer infufible. Mais cet accident n'arrive pas dans la macération de la fonte, lorfque l'on conduit l'opération avec les précautions néceffaires, & avec lefquelles il eft facile de fe familiarifer. La crainte du défaut de réuffite n'eft fondée que fur ce que les travaux des forges ne font pas affez connus des Savants.

J'avois annoncé dans le Mémoire précédent que j'en donnerois un fecond d'Artillerie fur l'art de faire des canons de fer battu ; je l'ai préfenté cette année à l'Académie. Je commence par expofer la néceffité de compofer les canons d'Artillerie avec une matiere qui réuniffe la folidité à la légereté , afin d'un côté d'éviter les accidents, & de l'autre de faciliter la manœuvre. J'établis que le fer eft la matiere la plus propre à remplir ces vues indiquées par les Savants & les Artilleurs ; mais qu'il faut employer pour les canons un fer de la meilleure étoffe, exempt de tout défaut. J'analyfe enfuite tous les défauts dont le fer eft fufceptible lorfqu'il n'eft pas fabriqué par des procédés convenables, & les dégradations auxquelles il eft en but par l'ufage, & par l'effet des agents qui ont plus ou moins de prife fur fa fubftance : ces défauts & ces accidents font, l'aigreur, les pailles, les gerfures, les fendilles ou éventures, les travers, les grillots, les chambres & la rouille. Je donne les moyens d'éviter ces défauts & de les corriger, & à l'occafion de la rouille je fais une digreffion fur le pierrier de S. Dizier, dont je donne la defcription. Je paffe enfuite aux principes de théorie-pratique pour la fabrication du fer dont je détaille les opérations ; puis aux moyens de reconnoître la qualité du fer, & aux épreuves qu'il doit fubir avant d'être employé à la fabrique des canons. Je diftingue deux efpeces de qualités de fer pour y être employé, je nomme l'une *fer de noyau* & l'autre *fer de mife*. Le fer de noyau peut être de moindre qualité que celui de mife : ce dernier doit réunir tout ce qui concourt à fa perfection, parceque c'est ce fer de mife qui compofe l'étoffe du canon , & que le foret enleve celui de noyau. Je donne la defcription des foyers , des machines , & des opérations pour procéder à la fabrique d'un canon de douze livres de bales que je prends pour le modele de tous ceux que l'on voudra faire ; j'indique les précautions qu'il convient d'apporter dans les opérations que je conduis par gradation jufqu'à ce que le canon foit en état d'être tranfporté au foret & à l'alézoir, où il recevra fes dernieres formes. Je paffe enfuite aux moyens de l'éprouver avec fuccès par le feu & par le tir , avant de le dépofer au parc ; je fais des obfervations fur la différence de la denfité , & conféquemment de la réfiftance des métaux forgés d'avec les métaux fondus. Je réponds aux objections que l'on pourroit faire fur ce que les canons de fer étant plus légers , ils feront fujets ou à fauter ou à reculer ; que lorfqu'ils feront hors de fervice, leur matiere fera en pure perte ; qu'ils feront en but à la rouille & à l'effet de la liqueur corrofive de la poudre ; enfin que n'ayant pu réuffir jufqu'alors à forger des canons de fer , que probablement ce métal n'y eft pas propre. Je détruis ces objections par des principes de phyfique & de pratique. Je paffe aux avantages d'une artillerie légere, fur-tout pour le fervice de campagne , par la facilité que l'on aura de rétablir à neuf des pieces de fer battu fatiguées par le fervice en les forant fur un plus gros calibre. Je prouve que le fer battu peut être employé avantageufement à faire des balles & des boulets qui produiroient un plus grand effet & plus certain que ceux que l'on fait de fonte de fer.

On pourra me faire une objection qui paroîtra d'abord fans réplique : il eft de principe que le fer qui a acquis par des opérations fucceffives de départ & d'affinage le dernier degré de pureté , étant foumis alors au feu, fe décompofe & fe dénature ; conféquemment il eft à craindre : même, cet accident doit avoir lieu dans la fabrique des canons

d'Artillerie que je propofe, puifque j'exige que par les plus
fortes épreuves on s'aſſure de la qualité du fer. J'ai prévu
cette objection qui eſt fondée ſur la pratique & ſur la théorie
de pluſieurs Savants modernes qui ſe ſont occupés des travaux du fer : j'ai même établi ces principes dans mes différents Mémoires, & je ſais que pour éviter cet accident dans
la fabrique des canons de mouſqueterie, l'on marie au fer
d'une étoffe charnue & fibreuſe, un fer qui a la pâte grenue &
qui s'émiete : parceque ce dernier dans le feu de la ſou-
dure perd l'alliage qui le rend grenu & le tranſmet au fer
nerveux pour réparer la perte de ſubſtance que ce dernier
feu lui enleve. Ce travail eſt des plus conſéquents & fondé
ſur une ſaine phyſique ; mais j'obſerve que dans la fabrique des gros canons d'Artillerie, on entretient le nerf du
fer en les baignant dans le laitier en fuſion dans le fond du
creuſet de la chauferie ; en poudrant de temps en temps les
chaudes avec du laitier de ſtoch & avec de l'herbu : le laitier rend au fer ce qu'il pourroit perdre par l'action du feu,
& l'herbu qui ſe vitrifie à la ſurface, forme un vernis liquide, qui ſans s'oppoſer à l'action du feu qui pénetre &
ramolit les parties intérieures des maſſes de fer, empêche
que ſes principes vivifians ne s'exhalent. Ces moyens ne
peuvent s'employer que ſur de grandes maſſes : conſéquemment ne ſont pas pratiquables dans la fabrique de la
mouſqueterie, mais avec le plus grand ſuccès dans celle
des canons d'Artillerie, comme dans les travaux en grand
du fer pour toutes ſortes d'ouvrages qui exigent des pieces
ſous un gros volume.

J'ai lû l'année précédente le Mémoire ſur les cryſtalliſations métalliques, pyriteuſes & vitreuſes artificielles formées
par le moyen du feu. Je commence par démontrer, contre
le ſentiment de quelques Naturaliſtes, que le feu peut produire des cryſtaux parfaits ; j'avois déja ébauché cette matiere dans mon Mémoire ſur les métamorphoſes du fer.
Une cryſtalliſation plus parfaite de fonte de fer que j'ai ob-

tenue dans un dernier fondage, m'a donné lieu de revenir
fur cet objet, & j'y ai été d'autant plus déterminé, que j'ai
trouvé des cryftaux très variés par leurs groupes compliqués;
je décris ces cryftaux; je parle de ceux de régule de fer dont
je détaille les formes.

Je dis que les fourneaux de fonderie des forges font
les inftruments avec lefquels l'art peut approcher le plus
des opérations de la Nature; je le prouve par des cryftallifations vitreufes qui approchent des grenats par la couleur,
& de la topaze par les formes. La bafe de ces cryftaux eft
un compofé de fer, de laitier recuit, & des fubftances employées à la maffe du creufet, lefquels font combinés; je
décris la forme de ces cryftaux, j'en développe les éléments.

Je parle enfuite d'une cryftallifation implantée fur une
craffe de chaufferie: elle approche beaucoup par les formes
& la couleur, des cryftaux vitreux dont je viens de parler:
la couleur en eft plus exaltée, parcequ'il y eft entré plus de
fer dans leur compofition.

Je décris enfuite une cryftallifation cubique de couleur
jaune; la fubftance de cette cryftallifation pourroit être une
pyrite artificielle, elle en a tous les caracteres excepté qu'elle
ne répand point d'odeur fulfureufe lorfqu'on la fait rougir;
elle eft attirable à l'aimant. Je réponds aux diverfes objections
que je me fuis faites à moi-même, & je concluds que ces crif-
taux jaunes cubiques que j'ai obtenus par le feu, font des
pyrites martiales ou marcaffites attirables à l'aimant, qui
font colorées par un peu de foufre qui y eft intimement uni.
Je finis par faire fentir que toutes les cryftallifations que j'ai
obtenues par le moyen du feu, ne doivent point être attribuées entiérement au hafard, j'indique les précautions que
j'ai apportées pour les obtenir. Si tous ceux qui emploient le
feu en grand comme inftrument, obfervoient avec attention,
l'on verroit bientôt groffir la maffe des connoiffances & diminuer le nombre des fyftêmes hydrogeneres.

J'ai deffiné dans la planche XIII ces cryftallifations, les

formes particulieres des cryſtaux & de leurs éléments ; j'ai
eu occaſion , depuis que j'ai donné ce Mémoire , de trouver
une cryſtalliſation de cuivre-laiton , je l'ai fait graver dans
la même planche : quelques perſonnes en ont déja apperçu
dans les travaux de Saint-Bel , mais comme elles ne les ont pas
fait connoître , j'ai cru devoir en publier la forme avec celles
des cryſtaux de fonte de fer avec leſquelles elles ont un ſi
grand rapport.

On pourroit m'objecter que les Chymiſtes ont des fourneaux dans leſquels ils parviennent à fondre toutes ſortes
de matieres , conſéquemment que le féu de nos fourneaux de forges n'eſt pas plus puiſſant que celui des fourneaux des Chymiſtes. Je n'admets pas cette preuve comme démonſtrative : ce qui démontre la grande chaleur de
nos fourneaux de fonderie & leur ſupériorité ſur tous les
autres fourneaux des arts , eſt leur action ſur des maſſes
conſidérables qu'ils fondent ou vitrifient , ce qui permet des combinaiſons qui ne peuvent s'opérer dans des
eſſais ; c'eſt le même dégré de chaleur continué pendant
un terme quelquefois de trois ans qui accumule une maſſe
de parties ignées dans le maſſif de toutes les parties du fourneau qui réagiſſant ſur les corps ſoumis à leur action augmentent encore le dégré de chaleur ; c'eſt enfin le réfroidiſſement lent & prolongé par des maſſes embraſées qui
conſervent longtemps leur chaleur , ce qui facilite aux matieres en fuſion une condenſation paiſible & prolongée : au
lieu que les Chymiſtes ne peuvent opérer avec leurs fourneaux que ſur de petites parties ; leur réfroidiſſement eſt
momentanée , parceque l'air ambiant abſorbe bien vîte
la chaleur de leurs fourneaux qui ont au plus quatre pouces
d'épaiſſeur : quelle différence de fuſibilité & de chaleur
entre un bain de deux à trois milles de fonte de fer dans
nos fourneaux, & quatre ou huit onces dans le creuſet d'un
Chymiſte ! Il feroit auſſi ridicule de ſoutenir que la chaleur

des fourneaux des forges eſt auſſi violente & auſſi puiſſante que celle des volcans , que de croire que le feu des fourneaux des Chymiſtes eſt auſſi actif que celui des fourneaux des forges : quoique ces derniers produiſent des effets qui approchent le plus de ceux des volcans, leur action n'eſt pas comparable à ces immenſes foyers de la nature, dont il n'eſt pas poſſible de calculer l'action , la puiſſance & l'expanſibilité.

Pour completter le volume de mes opuſcules, j'ai tiré de mon portefeuille les Mémoires ſuivants, dont je vais donner un détail ſuccint. La réfutation de l'uſage de la ſcie pour l'abattage des arbres de futaie , fut imprimé dans les journaux économiques & encyclopédiques en 1763 ; comme l'idée de l'auteur du Mémoire que je combats avoit fait ſenſation ſur les Officiers foreſtiers , & qu'il y avoit lieu de craindre que ſon ſyſtême ne fût adopté au déſavantage des propriétaires des bois, & des négociants qui les font exploiter, je me crus obligé par état de m'oppoſer à l'accréditement d'une erreur. Je fais donc voir que le partiſan de la ſcie poſe ſes principes ſur une baſe défectueuſe , conſéquemment que ſes calculs ſont faux, que l'avantage prétendue que la ſcie procure eſt chimérique & nul , qu'au contraire celui qui réſulte de l'uſage de la coignée appliquée à l'abatage des futaies , eſt réel & poſitif : je le démontre par des faits de pratique , & je conclus que la coignée eſt l'outil le plus propre pour la conſervation des forêts, & pour tirer le plus grand parti poſſible des arbres : conſéquemment que l'on doit rejetter pour cette opération l'uſage de la ſcie qui eſt proſcrite des forêts par l'Ordonnance de 1669.

J'adressai en 1762 au Conſeil de l'Ecole Royale Militaire mes réflexions ſur la pourriture prématurée des poutres de cet Hôtel. Je les ai relues depuis & j'y ai ajouté une obſervation ſur une forme avantageuſe d'équarir les poutres dans les forêts,

Après des obſervations ſur le mouvement de la ſeve &
ſur

fur la marche variée qu'elle affecte dans les arbres de différente effence, j'analyfe l'aubier & le bois dur du chêne,
je m'étends, fur les caufes de leur deftruction, fur les accidents qui alterent différemment les bois coupés dans différentes faifons. Je définis les trois efpeces de pourriture,
leur caufe phyfique : j'avertis des précautions que l'on doit
apporter dans le choix & l'emploi des arbres équarris deftinés aux charpentes de différente nature par leur emplacement ; je démontre que les bois qui doivent être compris
dans des murs & enduits de mortier ou de vernis, doivent
être non feulement très fecs avant d'être employés, mais
même que l'on doit laiffer leur bout expofé à l'air pour
qu'ils puiffent fe dépouiller non feulement du refte de leur
humidité radicale, ou de celle qu'ils ont reprife dans le flot,
mais encore de celle qu'ils repompent des mortiers.

Je démontre que l'on ne doit point attribuer la pourriture prématurée des poutres de l'École Royale Militaire à
l'Entrepreneur qui auroit pu employer des bois viciés; mais
uniquement à la précipitation avec laquelle on a élevé ce
monument de la bienfaifance de Louis XV, & aux enduits
de différents mortiers dont on a cuiraffé les poutres qui
n'ont pu pouffer au dehors par leur furface & par leur extrémité leur humidité propre & celle qu'elles avoient repompée. Conféquemment, cette humidité a occafionné une
fermentation qui a précipité leur ruine, étant l'unique caufe
de leur pourriture. Je détaille les moyens de connoître les
défauts dont les charpentes qui font expofées fur les ports
pourroient être affectées, & qu'il eft néceffaire de bien connoître pour ne point employer de bois qui contienne un
principe de deftruction.

Je jette enfuite un coup d'œil fur la forme quarrée que
l'on donne aux poutres dans les forêts pour l'équarriffage;
j'en fais connoître l'abus : je propofe une forme octogone
à quatre grandes faces & quatre petites : je démontre l'a-
vantage qui réfulteroit de cette méthode fi elle étoit adoptée, & qui donneroit un excédent de produit de plus d'un

tiers, ce que je démontre par un calcul de comparaison des deux formes quarrée & octogone.

Je donnai dans le Mercure de France il y a 8 ans une observation isolée sur la morsure de la vipere, & sur le moyen de la guérir par la succion. J'ai cru que cette observation méritoit d'être publiée de nouveau ; j'y ai joint d'autres observations que j'ai eu occasion de faire depuis, tant sur la vipere que sur l'aspic, l'orvert & la couleuvre, pour détruire les préjugés que l'on a sur ces reptiles, en prouvant par ma propre expérience que ces trois derniers serpents d'Europe, ne font point venimeux, qu'il n'y a que la morsure de la vipere qui le soit, & qu'il est facile de prévenir, par la succion de la plaie, les fâcheuses suites du venin qu'elle injecte dans la plaie qu'elle fait à ceux qui l'irritent & aux animaux dont elle se nourrit.

Une circonstance dont je rends compte dans le Mémoire sur les vinaigres frelatés, me fournit l'occasion de faire l'analyse de différents vinaigres pour découvrir la nature & la quantité de l'acide que les Vinaigriers emploient pour augmenter celui de leur vinaigre. Par des expériences chymiques, je trouvai que c'étoit l'acide vitriolique qu'ils emploient : c'est un acide qui est à bas prix & qui n'a point d'odeur, conséquemment très propre à remplir les vues de cupidité des Vinaigriers. Par l'hydrostatique, je découvris la quantité de cet acide qu'ils y emploient, qui va à deux gros soixante-huit grains par pinte, ce que j'ai démontré dans un tableau, page 491, où je présente le poids spécifique de quinze liqueurs mises en comparaison avec le vinaigre surard de Châlons : on verra par ce tableau qu'il y a des vins plus pesants que l'eau. Après avoir démontré la qualité & la quantité d'acide minéral que les Vinaigriers mêlent aux vinaigres faits avec des vins foibles ou vappides pour en augmenter l'acidité, je jette un coup d'œil sur les usages auxquels on emploie le vinaigre dans la médecine, la cuisine &

les arts, même fur l'abus que les jeunes filles en font dans les temps critiques qui précedent celui de leur maturité. Je fais fentir le danger d'employer dans tous ces cas un vinaigre vitriolifé. Je rappelle des moyens connus & faciles d'augmenter l'acide du vinaigre, foit en le concentrant par la gelée, foit en y ajoutant de l'efprit de vin ou des fubftances qui contiennent la matiere fucrée, feule fufceptible de la fermentation fpiritueufe & acéteufe, & je finis par infifter fur la néceffité de punir les Vinaigriers pour réprimer une manœuvre auffi pernicieufe à la fociété.

Quoique j'aie fait imprimer en 1770 le Mémoire fur la néceffité & la facilité de rétablir la navigation fur la riviere de Marne, depuis St. Dizier jufqu'au deffus de Joinville, j'ai été confeillé de le publier de nouveau dans ce Recueil qui paroît dans un temps où le Miniftere s'occupe férieufement d'ouvrir des canaux de communication avec cette riviere, & de faire des travaux pour faire fleurir fa navigation. J'ai retouché ce Mémoire, j'ai fondu dans le texte une partie des notes pour mieux lier les objets. Je prouve la néceffité de reculer les limites de la navigation de la Marne, parceque la confommation de Paris a ufé en plus grande partie les bois qui font fitués à portée des ports navigables de cette riviere. Conféquemment l'on eft forcé de remonter dans les cantons où elle prend fa fource pour en tirer des bois de fciage de qualité. Je prouve que la traite qui fe fait par terre, tant des bois de fciage, que des fers de cette province, d'un côté augmente confidérablement le prix de ces objets; d'un autre occafionne une confommation de fourrage que l'on ne fe procure qu'en y employant des terres qui produiroient des grains; enfin que les Laboureurs qui s'occupent de ce roulage, négligent leur terre, ce qui ruine l'agriculture de cette province : je démontre ces faits par des calculs.

Je prouve la facilité de rétablir cette navigation & d'en multiplier les avantages, par l'hiftoire du commerce antérieur dans cette partie de la province de Champagne : avant qu'elle fut percée de grandes routes, on defcendoit les fers de Joinville à St. Dizier dans de petits batelets ; mais comme cette branche de commerce a pris des accroiffements, il faut y employer des bateaux pour le fer, & conduire les bois en flotte. Rien ne s'oppofe à l'exécution de ce projet, le canal de la riviere & fon volume font fuffifants ; les feuls obftacles font les éclufes des forges & des moulins ; mais ces motifs qui ne concernent que l'intérêt des particuliers, ne peuvent être confidérés comme férieux, lorfqu'il s'agit du bien général, & ce n'eft point une nouveauté d'obliger les propriétaires des forges fituées fur la Marne d'établir des vannes à leurs éclufes pour paffer les flottes & les bateaux ; puifque non feulement je prouve qu'il y en a eu jadis fur cette riviere, mais encore que tous ceux qui poffedent des forges & des moulins fitués fur des rivieres navigables, font aux termes de la loi obligés de conftruire des pertuis dans leurs éclufes pour la liberté de la navigation.

J'ai rapporté dans ce Mémoire plufieurs traits hiftoriques qui y ont rapport, pour en conferver la mémoire, parceque la plupart ne font confignés dans aucuns ouvrages publiés jufqu'à préfent.

Je me fuis étendu fur le commerce de bois & de fer de cette partie de la province de Champagne. J'ai fait mention des différentes rivieres & des grands chemins qui facilitent le tranfport des marchandifes ; j'ai prouvé enfin, que fans que l'Etat foit obligé de faire aucune dépenfe, l'on pouvoit établir depuis Donjeu jufqu'à St. Dizier une navigation qui ameneroit l'abondance à Paris, qui feroit augmenter le prix des biens fonds du pays, & rendroit à l'agriculture les cultivateurs qui négligent leur charrue pour s'occuper du tranfport par terre des objets des différentes branches du commerce local, qui fe tranfporteroient par le moyen de la navigation. Ceux qui voudront fe procurer ce Mémoire feul, publié en 1770, le trouveront chez Delalain Libraire, rue & près la Comédie Françoife.

COMME ces Mémoires peuvent tomber entre les mains de Savants qui n'auroient pas une connoissance exacte de tous les termes techniques, & d'Artistes qui n'entendent pas les termes chymiques ou d'histoire naturelle, j'ai cru devoir donner à la fin de cet ouvrage une Table analytique en forme de Dictionnaire, dans laquelle seront définis tous les termes usités ou qui me sont propres, afin de faciliter l'intelligence des opérations que je décris, & des expériences & des observations que j'ai détaillées. J'ai préféré cette forme à celle de mettre au bas du texte des notes auxquelles j'aurois été obligé de renvoyer chaque fois que le même terme auroit été employé.

Si le lecteur s'apperçoit que sur différents objets des découvertes que je lui présente, j'ai pris un parti sur différentes causes physiques sur lesquelles mon sentiment paroît ne pas s'accorder avec divers systêmes reçus, je lui dirai avec Montaigne : *je donne mon sentiment, non parcequ'il est bon, mais c'est qu'il est le mien.*

*Fin de la Préface.*

# TABLE
## DES MEMOIRES
### Contenus dans ce Volume.

# TABLE DES MÉMOIRES.



Fin de la Table des Mémoires.

---

# A V I S   A U   R E L I E U R

## *Pour placer les Planches.*



MÉMOIRE

# MÉMOIRE,

## CONTENANT

## DES EXPÉRIENCES ET DES RÉFLEXIONS

## SUR L'AMIANTE FERRUGINEUX

## ET L'AMIANTE NATUREL,

## LES EFFETS DES VOLCANS,

## LE PRÉTENDU FER NATIF.

......... Juvat integros accedere fontes,
Atque haurire ; juvatque novos decerpere flores. LUCRETIUS.

LES VOLCANS, ces terribles & immenses foyers qui semblent devoir un jour embraser & confondre l'univers, donnent naissance à des phénomenes étonnants & singuliers :

A

ils ont produit des corps qui seroient encore inconnus, parceque leur composition demande une chaleur aussi violente que celle de ces vastes fourneaux de la Nature. Rien ne résiste à l'action de ces feux formidables ; tout ce qui contient un principe inflammable en devient l'aliment : les corps purement passifs y sont détruits radicalement ; & leurs principes confondus forment de nouvelles substances. Ces nouveaux composés (a) sont poussés au loin dans la campagne par des efforts proportionnés à la résistance qu'ils sont à l'immense expansion des vapeurs qui sortent des corps qui leur ont succédé dans l'embrasement, & répandent à plusieurs lieues alentour l'effroi, la terreur, la mort & la destruction.

Les fourneaux, qui servent à fondre les mines de fer, ont bien de l'analogie avec les Volcans : ce n'est que par des précautions, que l'on éloigne ou que l'on évite les éruptions & les explosions : la violence du feu n'est modérée que par la quantité mesurée d'aliments, & la proportion de l'air qui en est l'agent & la puissance.

Les Naturalistes distinguent, avec raison, les minéraux en fusibles & vitrescibles, en calcaires & en apyres. Dans nos fourneaux, comme dans les Volcans, ces distinctions n'ont plus lieu ; tous les corps y sont vitrescibles : la tuile, qui sert impunément de support aux expériences du miroir ardent, est confondue dans nos fourneaux avec le caillou & le sable, ils se fondent, se vitrifient : les pierres calcaires se fondent & donnent un verre transparent. Dans les autres fourneaux, tels ceux de verreries, ceux où se cuisent la faïence, la porcelaine, les différentes chaux employées donnent un verre opaque & laiteux : ce qui vient de ce que les chaux, extrêmement divisées, ne sont que distribuées dans le verre produit par les autres matieres qui les accompagnent, ou

---

(a) La lave, la pierre-ponce, le soufre vif, les différents soufres natifs, l'amiante, l'asbeste, l'alun de plume, & beaucoup d'autres tirent leur origine de ces feux.

qu'elles n'ont pu prendre qu'une demi-vitrification. Il n'en
est pas de même dans nos fourneaux à fer, toutes proportions admises (a). Les corps les plus réfractaires au feu, se
fondent, se décomposent, & donnent un verre plus ou
moins transparent ; d'où je concluds, qu'après les volcans,
le feu des fourneaux à fondre (b) la mine de fer est le plus
violent ; & je ne doute point que la platine n'y devienne
presque aussi docile que la mine de fer, sur-tout en lui ad-
ministrant un fondant approprié.

Un fourneau à fondre la mine de fer, ne reçoit pas toute
la chaleur qui lui est nécessaire, & dont il est susceptible,
dans les premiers instants auxquels les soufflets agissent sur
le feu, quoiqu'il ait été échauffé pendant trois jours par un
feu préliminaire, excité par le seul concours de l'air libre.
Pour lors, un fourneau à peine est-il en état de fondre un
peu de mine & de tenir en bain une petite quantité de métal fondu, la masse énorme de son creuset qui a jusqu'à
vingt-quatre pouces d'épaisseur, & souvent plus, enchâssé
dans un mole de maçonnerie d'une toise d'épaisseur, forment un obstacle à la chaleur en raison des masses & de
leur humidité ; ensorte qu'il faut au moins quinze jours &
quelquefois vingt pour établir un degré de chaleur capable
de fondre la mine avec avantage : pour lors le métal reste
en bain sur le fond du creuset sans que l'on craigne qu'il
ne s'y fige, pourvu qu'il n'y arrive point d'accident, soit
par fraîcheur, soit par dérangement de travail.

Le feu ne peut parvenir à recevoir & à communiquer
un degré de chaleur aussi supérieur, & se soutenir pendant
plusieurs mois, sans attaquer le creuset & l'endommager ;

---

(a) L'on sent la nécessité des proportions, si dans les fourneaux l'on ne sou-
mettoit au feu que des corps réfractaires,
ils y soutiendroient bien plus long-temps
leur caractère : mais le mélange des différents corps, le métal en fusion, augmentent considérablement la chaleur qui
est déja excessive par l'immense quantité

de charbons & par l'action des soufflets.
(b) Les fourneaux à fondre la mine de
fer, sont des fourneaux à manches ; ce
sont des espèces d'athanor, dont la tour
est perpendiculaire au foyer : les aliments du feu se présentent enflammés
au centre de l'action, à mesure de la
consommation.

A ij

il le dégrade d'autant plus que les parties qui le composent cedent plus facilement à son action ; ensorte qu'après un certain temps, souvent fort court, le creuset, que nous nommons l'ouvrage, est élargi en tous sens (a). Le fond de l'ouvrage, en s'exfoliant ou se rongeant, donne lieu à une excavation au-dessous du niveau de la coulée, de façon qu'après que l'on a fait sortir la fonte par l'issue ordinaire, dont la base est fixée à une certaine hauteur, ce qui est contenu dans cette excavation reste en bain, & successivement après chaque coulée. Le fer n'est jamais un instant exposé à l'action du feu qu'il n'y acquierre un degré de perfection ou qu'il ne s'y détruise. La fonte de fer ne parvient à l'état de fer, qu'en passant par bien des degrés. Je me propose de parcourir les différents états du fer & de la fonte dans d'autres Mémoires. Je dirai seulement ici que la fonte, en restant long-temps en bain, comme en macération, se dépure & se condense en une espece de crystallisation ferrugineuse, un peu ductile, mêlangée de différentes matieres vitrifiées, lesquelles forment ensemble une masse plus ou moins considérable, souvent énorme, & à laquelle on donne différentes dénominations triviales : je lui conserve celui de loup (b).

C'est dans les entrailles d'un de ces loups que j'ai découvert le phénomene qui fait le sujet de ce Mémoire. Avant d'entrer en matiere, je crois devoir donner la description de cette masse.

Le 15 Novembre 1759, je fis cesser le feu au fourneau de Bayard (c), parceque les pluies continuelles donnoient

---

(a) L'ouvrage ou creuset se fait ou en maçonnerie de grès ordinaire, ou de grès ferrugineux, ou de pierres à feu, ou enfin avec une espece de sable qui tient du grès, unis à une terre onctueuse, jaune, mêlangée de mine de fer très pauvre & réfractaire. Le sable prend au feu la dureté, la couleur du pot à beurre de Normandie. Toutes ces matieres, quoique très fixes au feu, en font cependant entamées plus ou moins.

(b) L'on donne à ces masses les noms de *truie*, de *bête*, de *sarrazin*, d'*horniau*, de *loup*, & autres, suivant les pays. Je lui ai conservé celui de *loup* par préférence, parcequ'il dévore une partie du produit.

(c) Forge en Champagne, sur la Marne, entre S. Dizier & Joinville.

lieu de craindre la fuite des accidents dont le fourneau étoit fortement menacé. Sur la fin de Décembre, je fis rompre le fourneau; à force de travail, l'on en tira un loup qui avoit cinq pieds & demi de longueur, quatre pieds de largeur fur vingt-cinq pouces d'épaiffeur. Sa forme, convexe deffus & deffous, l'approchoit beaucoup d'un rhomboïde. La partie fupérieure étoit compofée d'une couche de fix pouces d'épaiffeur, d'un laitier recuit, mêlé de charbon, qui repofoit fur une plaque de fonte de dix-huit lignes d'épaiffeur, vingt-quatre pouces de largeur fur trente pouces de longueur. Cette plaque étoit formée par la fonte qui n'avoit pu fortir du fourneau lors de la mife-hors, & étoit pareille à celle qui forma la derniere gueufe du fondage. Une couche légere & fort inégale de matiere vitrifiée & recuite, compofée des débris de l'ouvrage, & de laitier, féparoit la plaque de fonte d'une maffe anguleufe de fix pouces & demi d'épaiffeur, vingt-fept pouces de longueur & vingt & un pouces de largeur, compofée d'une fonte de fer fort mêlée de fable vitrifié, depuis fix lignes jufqu'à dix-huit lignes d'épaiffeur : cette couche étoit fort adhérente à une table de fer d'environ quatre pouces d'épaiffeur, dans des fituations différentes. Un fegment elliptique irrégulier, compofé de la fubftance de l'ouvrage, vitrifiée, terminoit cette maffe qui contenoit à-peu-près vingt-quatre pieds cubes, & pefoit environ fept milliers.

À force de bras armés de maffes pefantes vigoureufement rabattues fur les angles du loup, je fuis venu à bout de l'étonner dans toutes fes parties, de le dépouiller des matieres vitrifiées qui en formoient le contour, & de découvrir les différentes maffes de fer & de fonte que je cherchois.

Parvenu à la troifieme & derniere couche de fer, après en avoir féparé tout ce qui l'environnoit, elle étoit de prefque toute l'étendue du loup : la partie inférieure n'étoit pas abfolument plane ; ce qui donnoit lieu à quelques inégalités dans fon épaiffeur : fa furface formoit une ligne horifontale, comme tout liquide en repos.

L'épaiſſeur de cette maſſe, l'adhérence de ſes partiés, me laiſſoient à peine l'eſpérance de la rompre, lorſqu'après des coups redoublés ſur un ſeul point, il s'en détacha un morceau peſant environ dix livres : ce fut pour lors que je jouis d'un ſpectacle auſſi agréable que ſurprenant. J'apperçus une matiere blanche, ſoyeuſe, dont partie fut détachée d'un fer brillant par les ſecouſſes ; d'autre étoit encore adhérente au fer & étoit logée à ſa partie ſupérieure dans les alvéoles où elle s'étoit formée.

Voyez Pl. III,Fig. 19.

L'éclat, la beauté, l'arrangement du fer, captiverent mon attention : je crus y reconnoître une cryſtalliſation métallique, confuſe, telle que celle d'un ſel dont on a trop concentré la liqueur ; les cryſtaux inférieurs étoient très petits, ceux de deſſus étoient très gros, ayant juſqu'à un pouce de hauteur, compoſés de lames très déliées & appliquées les unes ſur les autres parallelement. Leur couleur étoit d'un blanc éclatant, ayant le coup-d'œil de l'étain : quelques endroits avoient des iris aurifiques. Deux de ces morceaux, chauffés & forgés, m'ont donné une barre, preſque poids pour poids, d'un fer nerveux d'une qualité ſupérieure. Je ſupprime les autres expériences que j'ai faites ſur ce fer analogue au prétendu fer natif. Je reprends la ſuite de l'hiſtoire de la matiere blanche.

Cette ſubſtance eſt légere, ſouple, douce au toucher, d'un blanc éblouiſſant, compoſée de filets déliés, ſoyeux & diſpoſés en rayons divergents, ayant un centre commun, unis à leur ſommet, formant une eſpece de champignon logé dans un alvéole dont elle occupe exactement tout l'eſpace. Chaque alvéole eſt formé par une cloiſon compoſée de lames de fer dans leſquelles ſont imprimés les filets voiſins. Ces alvéoles ſont des polygones irréguliers, dont quelques-uns ſont confondus entre eux ; d'autres très diſtincts ; les plus réguliers & les mieux conſervés donnent l'idée d'un godet renfermant une ſubſtance qui s'eſt conſolidée à la fin de l'action d'un bouillonnement, à cauſe de la convexité des ſurfaces. Mais en examinant l'intérieur, l'arrangement de ces filets me fit foupçonner une fublimation des parties hétérogenes volatiles qui étoient contenues dans la fonte de fer, & dont la féparation l'avoit changé en fer un peu malléable ; que cette fublimation n'a pu être inftantanée, mais fucceffive & interrompue, puifque l'on obferve plufieurs féparations qui coupent tranfverfalement les filets, ce qui permet de féparer chaque couche.

Je trouvai tant de reffemblance entre cette fubftance & l'Amiante ordinaire, que je l'appellai dès lors Amiante ferrugineux. Telles furent mes premieres idées.

A mefure que mes ouvriers avançoient dans le pénible ouvrage pour rompre le loup, je recueillois avidement les morceaux de mon nouvel Amiante que les coups de marteau détachoient, & les maffes de fer rompues qui en contenoient. J'examinai avec attention les alvéoles où il étoit niché ; j'en trouvai d'épars dans l'épaiffeur des maffes de fer, & l'Amiante qu'ils contenoient en occupoit exactement toute la capacité. Parmi ceux qui étoient à la partie fupérieure, les cloifons des uns étoient beaucoup plus épaiffes que celles des autres ; les plus minces étoient en partie percées à jour. Le haut des uns étoit taillé en rateau, ayant des dents aigües ; par-tout on voyoit fur le fer l'impreffion de l'Amiante ; chaque filet du contour y étoit appliqué & logé : j'apperçus dans d'autres comme de petits rochers de fer qui s'élevoient : leur furface étoit inégale, hériffée de pointes, dirigées en tous fens, & leur fubftance comme ufée par un diffolvant.

En froiffant entre les doigts quelques houpes d'Amiante, je reconnus que la réfiftance que je fentois venoit de parcelles de fer qui y étoient unies & que l'aimant attiroit ; & en examinant plufieurs de ces petits rochers détachés, je vis différents lits d'Amiante, féparés par des lames de fer formant des lignes concentriques.

Il eft naturel de penfer que ces lames de fer n'exiftent que parcequ'elles n'ont pas eu le temps elles-mêmes de devenir Amiante ; que les féparations qui coupent les filets,

& que j'attribuois à une sublimation interrompue, n'ont lieu que parceque les lames concentriques ont été métamorphosées ultérieurement ; que la différence de l'épaisseur des cloisons qui forment les alvéoles, ne vient que du plus ou du moins de changement, & que celles qui manquent ont été entiérement converties en Amiante.

Enrichi de ma petite moisson, je ne pensai plus qu'à tenter par différentes expériences à découvrir le principe & la nature de ce phénomene, & j'y procédai dans l'ordre qui suit.

Une meche du nouvel Amiante, mise dans un lampion rempli d'huile d'olive & alumé, a donné une très belle flamme : toute l'huile a été consommée sans fumée, la flamme ayant noirci à peine une carte exposée au-dessus. La meche brilloit dans les angles extérieurs pendant que l'huile brûloit : lorsque la flamme a cessé, la meche est restée noire : je l'ai exposée au feu ; le charbon de l'huile qui la noircissoit s'est dissipé, & l'Amiante a recouvré sa couleur primitive.

L'Amiante ferrugineux, trituré dans un mortier, n'a pu être réduit en poudre subtile ; ses filets se sont légérement brisés, ont pris le double de leur volume, & ont formé une poudre grossiere, cotonneuse, légere, prenant de la consistance en la pressant entre les doigts.

Bouillie dans l'eau pendant une heure, elle ne lui a communiqué aucune saveur ni couleur : les parties les plus légeres y ont été suspendues pendant douze heures.

Les acides minéraux & le vinaigre, versés sur l'Amiante ferrugineux, n'ont produit aucun mouvement d'effervescence.

L'Amiante trituré long-temps dans un mortier avec du mercure, l'un & l'autre sont restés dans leur état primitif.

L'Amiante ferrugineux, exposé au feu de l'Émailleur sur le têt & sur le charbon, y a été pénétré vivement de la matiere du feu, au point d'être très éclatante, sans néanmoins produire de fumée ni aucune étincelle : refroidie, elle a

reparu

reparu en fon premier état : le feu du miroir ardent n'y a pas eu plus d'accès.

Un morceau d'Amiante ferrugineux, mis au milieu d'un mêlange de partie égale de nitre & de foufre, eft refté fans avoir été altéré par la violence du feu dans la détonation.

Une partie d'Amiante, mêlée avec partie égale de nitre & de foufre, ayant été détonnée dans un creufet par l'approche d'un charbon ardent, eft refté mêlée fous fa forme naturelle dans la maffe réfultante.

Le même mêlange, projetté dans un creufet rougi au feu, a donné le même réfultat.

Une partie d'Amiante, une partie de nitre & deux parties de charbon, mêlées exactement & détonnées, ont donné une matiere noire femée de filets d'Amiante dans fon entier.

Une demi-partie d'Amiante fur une partie de nitre & une partie de charbon, détonnées enfemble, ont donné un réfultat à-peu-près femblable au précédent : j'ai pulvérifé la maffe, & ajouté une partie de nitre, & détonné ; le réfidu étoit brun & l'Amiante avoit prefque difparu : j'ai encore pilé cette maffe brune, & ajouté une demi-partie de nitre, & détonné ; pour lors il n'a plus paru d'Amiante, & le réfultat a formé une maffe blanche, femée de taches de couleur cuivreufe (a).

Partie égale d'Amiante, de nitre, de foufre, de fciure de bois, ont détonné enfemble avec beaucoup de vivacité ; il eft refté une maffe brune raréfiée fans aucun veftige d'Amiante ; & il a paru, comme dans la précédente expérience, des taches cuivreufes.

L'Amiante ferrugineux, mis dans une capfule de fonte de fer, lutée & expofée à l'action du feu de la forge du Maréchal, en face de la tuyere, pendant une demi-heure, eft refté dans fon état naturel, à la réferve que les filets

_________________

(a) Cette maffe blanche eft tombée en *deliquium* & eft devenue très noire à caufe du fer qu'elle contenoit.

B

ont paru plus roides & plus difposés à être mis en poudre.

L'Amiante couvert de foufre, pouffé au feu dans un creu-fet couvert, eft refté dans fon état naturel : le foufre s'eft confommé. J'ai projetté enfuite fur l'Amiante un mêlange de foufre, de nitre & de poudre de charbon, il s'eft fait une violente détonation, l'Amiante a paru fe fondre, & a été diffous par l'*hepar fulphuris* qui s'eft formé. Après un feu violent de douze minutes, j'ai retiré le creufet au fond duquel il s'eft trouvé un peu de verre de couleur d'un gros verd foncé, femblable au laitier du fourneau de fonderie, lorfqu'il a fuffifamment de mine, qu'il n'en eft pas fur-chargé, & que la fonte eft d'une bonne nature.

Sur de l'Amiante ferrugineux, rougi long-temps au feu de la forge du Maréchal, j'ai jetté du plomb, lequel s'eft évaporé en partie, partie a été vitrifié pendant l'efpace d'une demi-heure ; j'ai retiré enfuite le creufet & l'ai verfé ; il en eft coulé une dragée de fer couvert d'une fubftance vitrifiée : j'ai remis le creufet au feu & donné un feu vif : j'ai projetté du nitre & de la poudre de charbon : après la détonation, j'ai pouffé le feu pendant vingt minutes ; jufqu'à faire amol-lir le creufet qui s'eft rompu. Tout étant froid, j'ai trouvé fur le culot un petit lingot de fonte, & à côté un autre lingot qui avoit un degré au-deffus de la fonte, & telle qu'on la prépare pour l'acier. Il s'eft trouvé dans le creufet un petit bouton de plomb revivifié & fur lequel étoit un grain de fonte. Les parois en dehors du creufet étoient en-duites d'un verre noirâtre martial ; en dedans, le verre dont elles étoient enduites étoit rempli d'une infinité de petites dragées de fonte femblables à des globules de mercure.

J'ai répété cette expérience avec le flux noir, la réfine, le borax ; j'ai retiré le creufet après avoir donné un feu très vif & avoir obtenu une belle fufion, il ne s'eft trouvé dans le creufet que de très foibles veftiges de fonte de fer, mais beaucoup de fcories jaunâtres très cauftiques (*a*).

---

(*a*) Amiante, . . . . . deux gros.      Borax, . . . . . . . . . un gros.
Réfine, . . . . . . . deux gros.      Flux noir, . . . . . . quatre gros.

J'ai traité l'Amiante naturel, de même avec le borax, la réfine & le flux noir, je n'ai obtenu qu'un très foible grain de fer, de deux gros d'amiante, & beaucoup de fcories noires.

J'ai enfin recommencé la réduction de l'Amiante ferrugineux avec le nitre, la poudre de charbon & le plomb granulé ; j'ai obtenu un bouton de fonte de fer recouvert des trois quarts du plomb que j'avois employé (a).

Il paroît, par toutes les Expériences que je viens de citer, & par l'examen des cloifons des alvéoles qui contiennent l'Amiante, & des couches concentriques qui traverfent les filets, que l'on peut conclure que l'Amiante ferrugineux eft formé des débris du fer dont il eft la terre principe, dépouillé totalement de fes foufres groffiers, bitumineux, & de fon phlogiftique ; que cette féparation eft d'autant plus exacte, qu'elle fe fait fucceffivement par une chaleur long-temps foutenue à un degré affez violent pour opérer cette défunion ; que les principes paffent de proche en proche aux parties métalliques fupérieures, & qui ne fe trouvent pas auffi purifiées que les cryftaux qui occupent la partie inférieure, lefquels on peut regarder comme un véritable régule.

La forme convexe de chaque champignon, pour ainfi dire, d'Amiante ferrugineux, eft l'effet du bouillonnement léger, ou plutôt d'un mouvement inteftin, qui paroît à la furface des métaux en fufion, & fur-tout de la fonte de fer. Ce mouvement eft excité par l'impreffion que fait le feu fur les matieres hétérogenes qui font unies à la fonte de fer, & qui cherchent à s'en dégager par une force centrifuge.

La difpofition en filets de l'Amiante eft telle qu'elle doit être ; cette fubftance eft le fquelette du fer. Tout fquelette doit repréfenter la fituation & le rapport des parties folides du corps dont il étoit la charpente, de quelque regne qu'il

---

(a) Amiante, . . . . . . deux gros.  Charbon, . . . . . . quatre gros.
Nitre, . . . . . . . deux gros.  Plomb, . . . . . . . une once.

puisse être : comme je me propose de prouver dans un autre Mémoire que le fer, pour être dans son état de perfection, doit être composé de parties nerveuses, disposées en filets plus ou moins alongés, rangés en différents faisceaux réunis sous une enveloppe commune. L'Amiante doit donc être disposé en filets. Si ces filets ne sont point entre eux dans une situation parallele, mais au contraire en rayons divergents, c'est l'effet du bouillonnement de la fonte qui a pris l'état d'un fluide en repos, lorsque les soufres surabondants dont elle tire sa disposition à la fluidité, l'ont abandonnée.

La couleur de l'Amiante ferrugineux, sa disposition en filets soyeux, souples, doux & légers, son incombustibilité, sa propriété à servir de meche en faisant l'office de siphon, son insolubilité dans l'eau & dans les acides, me déterminent à croire qu'il est analogue au véritable Amiante fossile, & avec d'autant plus de raison, 1°. que Vallérius, dans sa *Minéralogie*, en parlant de l'Amiante ou asbeste naturel, en décrit une espece qu'il définit, *asbestus fibris fasciculatis, e centro vario radiantibus*, qui est la définition la plus convenable à l'Amiante ferrugineux ; 2°. qu'il se durcit un peu au feu, propriété que le même Vallérius attribue aux différentes especes d'Amiante ; 3°. qu'un morceau d'Amiante naturel, que j'ai, est semé de particules de fer qui n'ont pas été converties en Amiante (*a*) ; 4°. que par la voie de la réduction j'ai obtenu, de l'Amiante naturel, un grain de fer (*b*).

La couleur blanche de l'Amiante ferrugineux ne doit faire naître aucun soupçon sur la généalogie que je lui attribue. Quoique le fer dans presque toutes les gangues, guhrs, terres & autres minéraux où il se rencontre, se montre sous une couleur noire, brune, & plus souvent rouge,

---

(*a*) J'ai vu nombre de morceaux considérables d'Amiante dans des Cabinets qui étoient unis confusément avec des morceaux de fer.

(*b*) M. Roux a répété la réduction de l'Amiante naturel en fer avec succès.

ſur-tout lorſque ces corps ont été expoſés au feu, l'on ne doit pas conclure que le nouvel Amiante ne ſoit pas un débris du fer. Il y a pluſieurs mines de fer, blanches, ſpatiques & quartzeuſes : d'ailleurs cette couleur blanche de l'Amiante ferrugineux eſt un phénomene commun à preſque tous les métaux & demi-métaux décompoſés par des procédés convenables.

Le zinc, tenu en fuſion, donne une ſubſtance blanche, lanugineuſe & volatile. La mine d'arſenic brûlée fournit abondamment une matiere blanche cryſtalline, qui forme l'arſenic. L'étain, expoſé au foyer du miroir ardent, après avoir été privé de ſon phlogiſtique, eſt réduit en cryſtaux diſpoſés en filets blancs, qui reprennent une forme métallique par la voie de la réduction. L'étain & le fer, combinés au foyer du miroir ardent, donnent une fumée blanche qui prend de la conſiſtance.

Le biſmuth, le plomb, l'argent, le mercure, privés de phlogiſtique par des diſſolvants analogues, peuvent être précipités par des *medium* (a) en des ſubſtances blanches. L'antimoine, privé par la détonation avec le nitre de ſon ſoufre groſſier & de ſon phlogiſtique, eſt réduit en une maſſe très blanche. Toutes ces chaux métalliques, de même que l'Amiante ferrugineux & l'Amiante naturel, ne ſont point ſolubles dans l'eau, ſont inaltérables par les acides ; la plûpart ſont immuables au feu, & toutes reprennent une forme métallique lorſqu'on leur reſtitue le phlogiſtique qui leur avoit été enlevé ſoit par le feu, ſoit par d'autres diſſolvants appliqués ſuivant la nature du métal & les vues que l'on s'eſt propoſées.

L'Amiante ferrugineux n'a point été altéré par le feu ſeul ; tel actif qu'il ait été, il ne pouvoit l'être, puiſqu'il ne tient ſon état que de l'extrême violence du feu longtemps ſoutenu dans le grand fourneau.

---

(a) J'entends par *medium* tout corps qui intervient pour former ou pour rompre l'union des autres corps qu'il rencontre.

Lorſque l'Amiante a été mêlé avec le ſoufre & le nitre, il a ſoutenu la détonnation ſans recevoir aucun changement, parceque le nitre & le ſoufre étoient plus capables de lui enlever du phlogiſtique, s'il en avoit eu, que de lui en fournir.

Il n'en a pas été de même lorſque l'Amiante a été traité avec le charbon, ou la ſciure de bois mêlée avec le nitre & le ſoufre, ou le nitre ſeul. La poudre de charbon & la ſciure de bois réduites en charbon, lui ont rendu du phlogiſtique, tandis que le nitre enflammé opéroit la réunion & la réduction. Si dans le réſultat de ces différentes opérations le fer s'eſt montré ſous une couleur cuivreuſe & aurifique, cela n'eſt dû qu'à l'abondance du phlogiſtique. L'acier dans le recuit prend différentes couleurs, ſuivant les degrés de chaleur qu'il a ſoufferts.

Le plomb ſeul n'a opéré la revivification que d'une très petite partie de fer, parceque la violence du feu en a diſſipé la plus grande partie, & que l'Amiante ferrugineux, étant une ſubſtance rare & ſpongieuſe, lui a préſenté peu de ſurfaces.

Le nitre & le charbon détonnés avec l'Amiante ferrugineux, rougis dans un creuſet, imbus du verre de plomb, l'ont fait reparoître ſous ſa forme métallique primitive, en lui reſtituant le phlogiſtique qu'une longue calcination lui avoit enlevé. Les globules du fer adhérentes au creuſet ſont dues à l'élévation de la matiere par la force de la chaleur.

Il y a lieu de préſumer que dans le procédé fait avec le borax, la réſine, le flux noir & l'Amiante ferrugineux, ſi je n'ai pu parvenir à retirer un bouton de fer revivifié de l'Amiante, c'eſt qu'il s'eſt trouvé une trop grande abondance d'alkali fixe qui a détruit le fer. L'acide de la réſine, en s'uniſſant au phlogiſtique du charbon du flux noir, a formé du ſoufre, lequel en s'accrochant à une portion d'alkali fixe, a donné un *hepar ſulphuris* qui a attaqué auſſi le fer. Le principe alkali, qui eſt la baſe du borax, a dû contribuer auffi à détruire le fer revivifié. C'eft à ces accidents que l'on doit auffi attribuer la deftruction prefque totale du fer que j'aurois dû retirer de l'Amiante naturel, puifque le peu que j'en ai obtenu étoit comme rougi dans toute fa furface.

Le foufre, le nitre & le charbon, projettés fur l'Amiante ferrugineux, rougis au feu dans un creufet, l'ont diffous & détruit, parceque l'*hepar fulphuris*, qui s'eft formé, étant le diffolvant de toutes les fubftances métalliques le plus actif, le fer n'a pu lui réfifter ; l'aggrégation de fes parties a été rompue ; & il a été revivifié à la faveur d'un peu d'alkali fixe & de phlogiftique : car pour pouvoir vitri-fier une fubftance quelconque, il faut qu'elle contienne encore une portion légere de phlogiftique & d'alkali fixe : la furabondance de ce dernier eft fouvent caufe de la def-truction du verre.

La vitrification de l'Amiante ferrugineux, dont le pro-duit eft fi femblable au laitier du grand fourneau, fait naî-tre une réflexion naturelle. Si le fer fe décompofe & fe vitrifie à la faveur de l'alakli fixe & d'un feu violent con-tinué, combien dans le traitement des mines de fer ne doit-on pas craindre de laiffer trop long-temps la fonte de fer & le fer même expofés à un feu vif, dans lequel l'al-kali fixe & le phlogiftique des charbons agiffent continuel-lement fur les corps qui les touchent. L'immenfe quantité de laitiers qui fort des fourneaux à fondre la mine, des chauf-feries, renardieres & affineries, n'emporte-t-elle pas une partie du produit qui pourroit beaucoup augmenter par des précautions raifonnées & par des *medium* adaptés aux cir-conftances.

Après avoir prouvé que l'Amiante ferrugineux eft vérita-blement du fer appauvri par la perte de fes principes actifs, fon analogie avec l'Amiante naturel minéral foffile, je crois être autorifé à dire que ce dernier eft le produit d'une dé-compofition du fer, opérée par le feu des Volcans.

Rien n'eft plus naturel à penfer que les pyrites ont porté

l'incendie dans le sein de la terre : elles sont composées de soufre & de fer. Le fer, après avoir, de concert avec le soufre, allumé le feu, en devient la victime : il est dépouillé de la surabondance du soufre qui le minéralisoit ; il passe à l'état primitif de métal ou de fonte de fer ; il coule & se loge au-dessous du foyer dont il reçoit une chaleur suffisante pour le faire passer successivement à l'état d'une ductilité légere. Telle est la crystallisation arrivée au fer qui est immédiatement au-dessous de l'Amiante ferrugineux. Ensuite il décroît en perfection à mesure que la chaleur lui enleve de ses parties intégrantes, au point de le dépouiller de tous ses principes actifs : il reste la terre principe disposée en filaments. S'il arrive une révolution dans l'intestin du Volcan, cette matiere se trouve confondue avec d'autres : elle est poussée au dehors & souvent ensévelie sous des déblais immenses : on la retrouve plusieurs siecles après. Si l'Amiante fossile se trouve en plus longs filets & en plus gros flocons, c'est que les masses de fer étoient plus grosses, le foyer plus considérable, & le feu plus long-temps continué que dans nos fourneaux.

Le fer qui, avant la révolution du Volcan, n'a pas eu le temps nécessaire pour être converti entiérement en Amiante, a subi les effets de l'explosion : il a été lancé au loin & enséveli sous des montagnes de ruines. Dans la suite des temps, un tremblement de terre, un ravin, des fouilles découvrent un rocher de fer, auquel on donne le nom de fer natif très gratuitement.

L'Amiante ferrugineux n'est pas sans vertu ni propriété ; étant broyé sur le porphire il peut servir dans la peinture à fresque & à l'huile. Il peut être employé pour nettoyer les dents par la douceur de son tissu ; il ne déchirera pas les gencives ; & ses filets imiteront avec avantage les brosses, éponges & racines préparées, à l'effet d'enlever l'humeur visqueuse qui, en se durcissant, infecte la bouche & carie les dents, meubles si précieux.

L'Amiante ferrugineux est très propre à former les meches des chauffrettes à esprit-de-vin,                    Les

Les lampes deftinées à faire des diftillations, digeftions, diffolutions & évaporations lentes & continues, pour lefquelles on fe fert d'huile d'olive, ou autre équivalent, avec des meches de coton, font fujettes à s'éteindre ou par le champignon formé de la meche, ou parceque la meche en cet état ne peut plus remplir l'office de fiphon : cet inconvénient, qui retarde ou fait manquer l'opération, ceffera fi on fubftitue aux meches de coton celles d'Amiante qui, ne contenant point de matiere charbonneufe, peut faire une meche perpétuelle.

La Médecine qui emploie des chaux métalliques pourra découvrir dans l'Amiante ferrugineux des qualités avantageufes au fecours de l'humanité.

Je ne doute point que des Artiftes intelligents & adroits ne puiffent parvenir à filer l'Amiante ferrugineux comme l'Amiante naturel, foit feul lorfqu'il fe trouvera en longs filaments, foit en le mariant à une longue filaffe pour lui prêter de la ductilité.

Des recherches plus amples pourront découvrir dans la fuite du temps beaucoup d'autres propriétés effentielles à l'Amiante ferrugineux.

Les forges font des laboratoires immenfes dont le travail en grand fourniroit tous les jours fujet à des découvertes intéreffantes, fi cette efpece de travail étoit traitée dans des vues de perfection : mais l'innombrable variété des mines de fer qui s'y traitent eft confondue fans choix. La connoiffance des matieres employées pour aider leur fufion eft très vague. Il feroit néceffaire de donner des principes juftes pour ufer beaucoup moins de matériaux pour un même produit, pour accélérer le travail & pour économifer même le fer : car en le traitant il s'en confomme en pure perte une partie confidérable, faute de connoiffances certaines & d'une manipulation éclairée.

Ces inconvénients, qui intéreffent la fociété comme le particulier, ont deux caufes générales. La premiere eft que le travail des forges eft abandonné prefque totalement à la

C

routine aveugle & incertaine des ouvriers qui ont souvent
beaucoup d'autres défauts que l'ignorance craffe. La feconde
eft que, pour tendre à perfectionner la Traite des mines &
leur choix, leur fufion, l'affinement des fontes, la qualité
du fer, fa fabrique, la cuiffon des charbons, l'économie
des machines, la dépenfe de l'eau, l'adminiftration du
vent, l'art du feu, les recherches néceffaires font immenfes, les expériences couteufes & au-deffus des forces d'un
particulier : elles demandent des fonds confidérables, l'étude
de l'hiftoire naturelle minéralogique, de la phyfique, de
la chymie, de la géométrie, de l'hydraulique & de la méchanique.

Quelques perfonnes ont cru que l'Amiante ferrugineux
étoit le produit d'une matiere étrangere au fer contenu
dans les mines que je traitois au fourneau de Bayard, &
qui lui étoit particuliérement unie : mais cette hypothefe
eft deftituée de fondement, & eft radicalement détruite
par diverfes obfervations que j'ai faites depuis la lecture de
ce Mémoire, puifque j'ai trouvé de l'Amiante ferrugineux
dans les loups des fourneaux de prefque toutes les forges
de Champagne où j'en ai cherché, de celles de Franche-
Comté, de Bourgogne & du Luxembourg. D'ailleurs la
réduction facile à faire de l'Amiante ferrugineux en fer,
par l'addition du phlogiftique, eft une preuve fans réplique qu'il eft produit par le fer dont il eft le fquelette. M.
de Lamoignon de Malesherbes, voyageant *incognito* dans
le pays de Foix, trouva dans une forge de ce canton une
très grande quantité d'Amiante ferrugineux ; l'obfervation
de cet illuftre Savant eft du plus grand poids, & prouve
que le fer produit par toutes fes efpeces de mine, donne
l'Amiante ferrugineux lorfqu'il a fubi un degré de chaleur
d'une grande intenfité & long-temps foutenue.

Jufqu'ici l'on n'avoit pas tenté heureufement par aucune
voie analytique, à découvrir la nature de l'Amiante naturel : fon caractere, jufqu'ici indeftructible, avoit fait regarder fon analyfe comme impoffible ; & l'on rangeoit parmi

les pierres apyres cette ſubſtance qui doit tenir ſon rang
parmi le produit des métaux & les récréments des Volcans,
puiſque c'eſt un fer dépouillé de ſes principes par le feu
des Volcans. La découverte de l'Amiante ferrugineux,
ſubſtance ſi analogue à l'Amiante foſſile par ſa forme &
par ſes principes, m'a fait prendre dans Lucrece l'épigra-
phe de ce Mémoire, en faiſant alluſion aux fleurs que les
Chymiſtes tirent des métaux par la calcination & la ſubli-
mation, puiſque c'eſt véritablement une découverte qui
m'eſt particuliere.

# MÉMOIRE

## SUR LA FORMATION

## DES MINES DE FER DE CHAMPAGNE,

### ET LEURS ANALOGUES;

#### CONTENANT

### DES OBSERVATIONS

### SUR UNE NOUVELLE MINE DE FER

### ISABELLE SPATHIQUE,

### ET DES EXPÉRIENCES SUR UNE MINE DE FER FACTICE.

*Dicam etiam variæ quanta fit inconftantia formæ.*

Sɪ le fer eft le métal le plus néceffaire à la fociété, il eft auffi le plus commun & le plus abondant. Le fer fe trouve au fond des abîmes de la terre & dans tous les degrés au-deffus jufqu'à fa furface; il accompagne les mines de tous les métaux & demi-métaux; il leur fert à toutes de chapeau; il s'unit avec elles; il leur fert de bafe; il pénetre toutes les efpeces de terres, de pierres & de fables; il accompagne les eaux dans leur courfe; il circule avec la feve dans les plantes, & avec le fang dans les animaux; il eft préfent par-tout.

Le fer ne peut être auffi généralement répandu qu'il ne fe montre fous des formes différentes, & lié à des matieres qui alterent fa compofition. Ces variétés font produites par les divers accidents qui ont préfidé à fa génération, ou qui l'ont accompagné dans fa propagation; foit enfin par les fubftances qui lui ont fervi de matrices pour le recevoir & laiffer opérer en elles les digeftions & tranfmutations néceffaires à la perfection de fa mine. En effet la mine de fer eft de toutes les mines celle qui varie le plus en forme & en qualité. Je vais effayer de donner la raifon de ces phénomenes d'après le travail de la Nature dont j'ai fuivi la gradation des opérations qui fe font faites fous mes yeux.

L'acide principe, qui circule dans la Nature, concourt à la formation des fubftances dont la variété de l'efpece dépend des circonftances qui environnent le point où il fe fixe. Lorfque cet acide rencontre une vapeur graffe, ferrugineufe, il la faifit ; ils fe lient enfemble étroitement, & s'affocient une terre vitrifiable. Si dans cet état ils fe trouvent fous une température convenable & dans un lieu affez fpacieux, ils prennent pour lors une forme & une difpofition naturelle comme tous les corps fufceptibles de fluidité, avant leur fixation, je veux dire une forme cryftallifée, plus ou moins réguliere, fuivant le temps qu'ils y ont employé. Si au contraire ils font gênés par les fubftances qui les environnent, ils forment des corps d'une compofition confufe & d'une forme gênée, indéterminée, dont les furfaces ferrent étroitement les corps qui les touchent, même les pénetrent, & fe moulent dans les efpaces donnés. Les différents accidents n'apportent aucun changement à leur effence, mais feulement à leur nomenclature. Les premieres fe nomment *pyrites ferrugineufes cryftallifées*, & les fecondes *pyrites ferrugineufes en gâteau*. C'eft cette derniere efpece qui a donné lieu à mon obfervation.

En examinant les falaifes de la riviere de Marne fous S. Dizier, j'apperçus, fur le gravier, des morceaux de pyrites éparfes, dont les unes, entiérement fondues, n'avoient laiffé de preuves de leur exiftence que par quelques taches noires fur le gravier ; d'autres étoient fleuries de vitriol ; d'autres enfin, couvertes d'une boue ochrale, étoient intactes. Perfuadé que l'origine de ces pyrites n'étoit pas éloignée, je fouillai dans toutes les couches des différentes substances qui composoient le massif de la falaise. Parvenu à la base d'un lit de sable aride qui reposoit sur un rocher de grès friable, dans une situation dirigée du Sud au Nord, & inclinée à l'Est, d'une surface très inégale, je sentis de la résistance ; je trouvai une couche de pyrites en gâteau qui posoit exactement sur le rocher, & s'étoit moulée sur ses inégalités ; j'en détachai un morceau de quinze pouces de largeur & vingt-deux pouces de longueur, percé à jour où le rocher avoit des éminences : le sable adhéroit à sa surface supérieure. Je ne doutai point que le lieu où je la trouvois étoit celui où elle s'étoit formée ; que s'étant trouvée à l'étroit, elle n'avoit pu prendre qu'une forme gênée, sans avoir à l'extérieur une forme réguliere crystallisée.

Plus loin je trouvai des morceaux de bois totalement pénétrés de pyrites ; d'autres seulement incrustés en partie ou en totalité. Dans les environs, je rencontrai beaucoup de géodes, de pierres de toutes especes, couvertes d'une couche ferrugineuse plus ou moins épaisse, molles ou solides; des graviers formant des ætites adhérents les uns aux autres ; des pierres à demi couvertes & à demi pénétrées de la matiere ferrugineuse.

Au-dessus de toutes ces substances l'on découvroit des vestiges de pyrites entiérement fondues ; dans quelques endroits il y avoit sur un lit de glaise des suintements d'une eau de couleur vive de sang, & les pierres sur lesquelles tomboit cette liqueur minérale, étoient teintes de sa couleur superficiellement, & plus ou moins intérieurement.

D'après cet examen je me confirmai dans l'idée que toutes nos mines de Champagne, ainsi que leurs analogues, sont produites par la destruction des pyrites martiales. L'air & l'eau, mettant en jeu l'action de l'acide-sulfureux-volatil sur le fer dans la pyrite martiale, operent la dissolution & l'action des parties constituantes : le phlogistique & la portion de l'acide surabondant quittent prise : l'autre partie de l'acide, la matiere graſſe ferrugineuſe, & la terre vitri-fiable qui étoit entrée dans la compoſition de la pyrite, ſont entraînées par les égoûts, & ſe dépoſent ſur les corps qu'ils rencontrent.

Les eaux minérales, ſulfureuſes, aigrelettes, vitrioli-ques, ſavonneuſes, martiales, ſoit chaudes, ſoit froides, ne doivent leur qualité & leurs vertus métalliques qu'à la décompoſition des pyrites qui ſe ſont trouvées ſur leur paſ-ſage dans des ſituations différentes, & dont elles ont en-traîné avec elles les parties les plus ſolubles.

Si les ſubſtances, ſur leſquelles ſe dépoſe la liqueur mar-tiale, ſont d'une compoſition légere, poreuſe, elles en ſont pénétrées au point de s'y unir intimement & de ne former qu'un enſemble. Si au contraire le dépôt ferrugineux ren-contre un corps dur & compaĉte, il s'applique autour, ſe ſeche & ſe durcit. Et comme, en ſe conſolidant, les parties ſe ſont rapprochées les unes des autres, & qu'il a dû prendre de la conſiſtance, premiérement à la ſurface extérieure, né-ceſſairement en ſe retirant du centre à la circonférence, il eſt dans l'ordre que le corps dur qui s'eſt trouvé enve-loppé, ne faiſant point de liaiſon avec la croûte ferrugi-neuſe, ſe trouve logé dans un eſpace qui excede ſa capa-cité : ce qui forme des ætites ou pierres d'aigles.

Si enfin le dépôt ferrugineux rencontre des corps dont les molécules, trop ſerrées, ne lui laiſſent aucun accès en-tre elles, & que les maſſes ſoient remplies de différentes cavités, alors il s'introduit dans les interſtices, s'y condenſe, ne forme plus qu'un tout compoſé de parties hétérogenes.

Le premier accident forme les mines que l'on appelle communément groſſes mines, mines en pierres, que l'on nomme improprement en roche (a), qui ſe trouvent ou iſolées ſur la ſurface de la terre, ſuite de l'effet des eaux, ou par couches dans les montagnes, à différents degrés de

---

(a) Fer de roche, parcequ'il ſe tire d'une mine en rocher, & non pas par-cequ'il s'en fabrique dans la forge du village de Roche, ſur la petite riviere d'Ognon en Champagne.

profondeur, ou conglomérées parmi des rochers rompus & brifés. Si le principe lapidaire de ces mines eft calcaire, l'on eft fûr d'en obtenir un bon fer nerveux ; fi au contraire la bafe de ces mines eft une fubftance fufible, elle donne un fer caffant, à raifon de l'abondance du principe fulfureux ; fi enfin la matrice de ces mines a été une roche réfractaire, non-feulement le fer que l'on en tire eft très caffant, foit rouge, foit froid, même la lime à peine peut-elle l'entamer ; enforte que la qualité du fer eft analogue à celle de la matrice de la mine par un travail ordinaire.

Le fecond accident donne communément les menues mines dont il y a trois efpeces principales ; les premieres font très rondes & très petites ; elles reffemblent à la graine de navette. Ce font pour l'ordinaire des grains de fable qui leur fervent de noyaux, ou fe font des oolithes minéralifées, & fe trouvent dans la terre ou accompagnées d'un fable brun, ou d'une terre douce, grife, brune, jaune ou rouge, ou enfin elles fe trouvent feules. Ces dernieres, qui fe trouvent feules, font très riches ; les fecondes, qui font accompagnées d'une terre douce, font moins riches, mais donnent un meilleur fer. Les premieres, qui font mêlées avec du fable, font beaucoup moins riches, & donnent un fer caffant, mais forgeant bien à chaud.

La feconde divifion de ces menues mines font celles qui ont pour bafe & pour noyau des molécules de glaife pénétrées & enveloppées du dépôt ferrugineux. Elles font un peu plus groffes que les précédentes, mais déprimées & anguleufes, luifantes au dehors. Cette efpece de mine eft ordinairement mêlée confufément avec une glaife grife ou rougeâtre. Ce minerai rend peu au lavoir, mais produit autant que les mines précédentes, d'un fer un peu meilleur.

Les mines de ces deux divifions font fufceptibles de perfection & de maturité ; car plus on les fouille profondément, plus elles ont de qualité ; & celles qui font au-deffous font amalgamées enfemble par un *gluten* fpathique qui en forme des maffes confidérables, lefquelles, dans le

traitement,

traitement, donnent plus abondamment d'un fer d'une qualité supérieure à celui qui est produit par les mines en grains détachés.

Toutes ces especes de mines ne se fouillent point dans le lieu de leur origine ; elles ont été roulées & conduites dans les vallées élevées au-dessus du niveau des rivieres ; elles sont, par différents lits, les unes sur les autres, séparées par des couches de coquilles (a) de mer ou de rivieres, par des lits d'argille, de sables blanc & rouge (b), & par des falunieres.

La troisieme division des menues mines comprend celles dont le dépôt ferrugineux a été reçu par une terre douce, lesquelles mines ont reçu une forme ronde par un mouvement imprimé par les eaux, & sont de la grosseur des pois (c) & de leur forme : ces mines donnent un fer doux, liant & facile à travailler.

Enfin le troisieme accident par lequel le dépôt ferrugineux ne fait point de liaison avec les parties intégrantes des pierres qu'il a rencontrées, donne des mines aigres, pauvres, réfractaires, qui ne valent pas le traitement. Tels sont les guhrs ferrugineux qui tiennent, presque tous, des différentes especes de grès ou de mauvaises hématites.

D'après l'examen des mines que je viens de citer, & de l'innombrable variété de leurs analogues, il semble qu'il est de l'essence des mines de fer d'être jaunes dans leur principe, & d'acquérir une couleur rouge graduée par les degrés de la chaleur qu'elles ont soufferte dans les entrailles de la terre, & par l'atténuation que leurs parties subissent par l'union du soufre & des acides surabondants, comme dans l'hématite en aiguilles, qui ressemble beaucoup au cinnabre & autres hématites plus communes, où

---

(a) Ces coquilles sont ordinairement des huîtres, des moules, des crêtes de coq, des cames, des belemites, &c.

(b) M. Maliet a fait la même observation du côté de Thionville.

(c) Les mines du Comté de Bourgogne & du Berry sont ordinairement de cette forme, & donnent le fer de France de la seconde qualité. Il y en a dans la Brie Champenoise.

D

la couleur rouge n'a été exaltée que par l'abondance de l'acide préfent ou abfent; ou enfin de paffer au brun plus ou moins foncé. Ce dernier accident eft naturel à la diffolution des pyrites par l'eau, qui fe dépofe lentement par infiltration, & entraîne avec elle les parties des corps qu'elle pénetre, les plus atténuées & qui lui font le plus analogues. Ce dépôt acquiert fouvent avec le temps une confiftance & une folidité qui approchent de la vitrification, par la liaifon intime de fes parties condenfées par le rapprochement de fes molécules du centre refpectif à la circonférence; ce qui fait que les mines brunes, en telle maffe qu'elles puiffent être, renferment en elles beaucoup de cavités; ces cavités font vuides ou remplies en partie ou en totalité de matieres étrangeres; elles font vuides lorfque le dépôt a été abondant dans un efpace qu'il a occupé feul; elles font remplies en totalité lorfque ce dépôt s'eft appliqué fucceffivement par couche autour d'un corps étranger quelconque; enfin ces cavités font remplies en partie feulement, lorfque les corps étrangers, qui fervent de noyau à la mine, ont été inondés par l'abondance du dépôt, lequel en fe condenfant, les parties fe font rapprochées du centre à la circonférence, & ont laiffé du jeu au corps renfermé: lorfque ce corps eft détaché il forme un grelot.

Il eft cependant diverfes efpeces de mines de fer blanches, de plufieurs nuances. Ces mines font formées par un fpath qui fert d'entrave & de matrice au fer. Dans ces mines, l'acide a été entiérement abforbé dans la compofition du fpath; & le fer, totalement privé de phlogiftique, eft tellement lié à la matrice, qu'il ne paroît aucunement dans l'état auquel il fe trouve dans les entrailles de la terre. Telles font les mines blanches de Sainte-Marie dans les Vôges, de Strasbourg, du Dauphiné, celles que M. Lehman a trouvées dans le Hartz, & celles que j'ai découvertes dans le territoire de Nancy, en Champagne. Cette derniere mine fe trouve ifolée & maronée dans une couche de terre à foulon, au-deffus des mines en grains elle eft de couleur isabelle ; par sa grosseur & sa forme extérieure, elle approche de la figure des racines de la pomme de terre, *solanum tuberosum esculentum* ; intérieurement elle est concave, sans noyaux, tranchée par des découpures irrégulieres, occasionnées par la retraite de la matiere ; elle est brute & opaque au dehors, luisante & à demi transparente quelquefois en dedans. Cette mine ne m'a paru décrite par aucun Minéralogiste : elle pourroit être appellée mine de fer tuberculeuse isabelle spathique.

Quelquefois les tubercules de cette mine sont petits & multipliés au point de lui mériter le surnom de *botrydes*, ou mine en grappe. Cette mine est attaquée par tous les acides minéraux séparés & combinés. L'acide vitriolique la dissout avec une effervescence considérable. Les bouillonnements de l'action élevent à la surface de la dissolution une espece de crême composée d'une terre extrêmement divisée & onctueuse, d'une couleur d'un gris cendré. La dissolution est troublée & épaissie par des parties terreuses qui se soutiennent long-temps dans la liqueur, & qui se déposent sous la forme d'une fécule blanche. Il reste enfin une légere portion de ce minerai qui ne cede point à l'action du dissolvant.

Après le dépôt exact, la liqueur est limpide & sans couleur ; évaporée, elle donne des cryståux transparents, disposés en prismes très déliés. Leur extrême petitesse ne m'a pas permis de reconnoître leur figure géométrique. Ce sel est d'une saveur fade ; perd en séchant sa transparence ; & en forçant l'exsiccation, l'acide se dégage ; il reste une terre d'un gris blanc, sans aucune saveur, & qui proprement est une sélénite composée d'une petite portion de l'acide vitriolique & de la substance calcaire qui est unie au minerai qui a été dégagé du principe métallique par l'action du dissolvant.

Le magister édulcoré & séché est très blanc ; a assez de consistance pour être un peu sonore ; il s'attache à la langue ; il perd au feu son adhérence & sa blancheur ; il passe au rouge, au brun, au noir, & donne du fer. C'est cette partie que je considere comme le principe métallique du minerai ; c'est cette substance qui s'est précipitée, qui a troublé la dissolution, parcequ'elle n'a point été pénétrée & dissoute par l'acide, au point de former une liqueur homogene. La portion que l'acide a attaquée, étant unie au principe métallique en cédant à l'action du dissolvant, s'est échappée d'entre les molécules de cette terre principe martiale, laquelle, par le mouvement rapide de l'effervescence, a été soutenue dans la liqueur, y est restée suspendue pendant un certain temps, à cause de la ténuité de ses parties, & par l'équilibre de son poids spécifique avec celui de la dissolution.

Cette substance ferrugineuse n'est point dissoute par l'acide ; elle suit la loi de presque toutes les mines de fer qui ne peuvent l'être, parcequ'elles ne contiennent point assez de phlogistique pour faire une union exacte, susceptible de l'accès des acides.

La portion, qui demeure en résidu au fond de la dissolution, est composée de parties étrangeres à la composition de cette mine : ce sont des molécules de glaise & de sable, ou de quartz, sur lesquels les acides n'ont point de prise.

Ce minerai mis en son entier au feu entre les charbons, rougit sans étinceler. Refroidi, il a acquis, par ce premier degré de chaleur, une couleur d'un rouge pâle. Remis au feu & poussé par le soufflet, il passe à un rouge plus vif, au brun, ensuite au noir ; enfin il se fond sans autre *medium* que le contact des charbons.

La couleur rouge, que cette mine acquiert au feu, est occasionnée par la calcination du spath qui donne prise sur le fer à l'acide sulfureux volatil des charbons ; & par la continuité du feu, le fer se charge de phlogistique, paroît sous une forme minérale, qui devient enfin métallique, & suit la loi générale des minerais ferrugineux qui rougissent & brunissent en raison de la pureté de leurs ma-

trices & de l'atténuation de leurs parties, par le foufre &
par le feu : & l'on peut conclure que toute fubftance qui,
par la calcination, acquiert une couleur tirant au rouge,
contient du fer.

Ce minerai, traité avec les flux réductifs, la fuie, la
poudre de charbon & le fel marin, donne à l'effai environ foixante & cinq par quintal d'une fonte très bonne, ce
qui excede le produit ordinaire en grand de nos mines par
dépôt d'un tiers environ. Je dis d'environ ; car les effais
docimaftiques du fer font très ingrats & fujets à erreur,
parceque, ou tout le fer n'eft pas extrait, ou une partie eft
détruite.

Le fer contenu dans les plantes & dans les animaux vivants, eft foupçonné n'y être pas paffé par la voie de la nu-
trition, mais être une fuite de l'action des parties falines
& fulfureufes fur la terre vitrifiable qu'ils contiennent, par
l'effet du feu, dans l'incinération & la calcination, & préparée par la difpofition des organes de ces deux regnes. Ce
fentiment, qui a beaucoup d'empire fur mon efprit, n'eft
pas encore appuyé d'expériences affez heureufes pour dé-
cider. Celles de Becher & autres rapportées dans les nombreux Mémoires polémiques de MM. Geoffroi & Lémeri
fils, & tant d'autres fur cette matiere, ne fuffifent pas ;
mais il n'y a pas lieu de défefpérer de percer à la lumiere,
fi l'on remonte à la fource des chofes & que l'on confidere
que le fer eft pour ainfi dire le premier élément des fubftances métalliques ; qu'avant de parvenir au degré de fixation
& de condenfation néceffaires à fon exiftence, il a fallu
que fes principes fubiffent des arrangements entre eux qui
leur fiffent changer de forme & de fituation ; que par leur
altération ils ont acquis de l'accès les uns fur les autres ;
& par une continuité d'actions & de réactions, ils ont dû
former, en fe liant étroitement, un corps que les circonftances ont favorifé : néceffairement donc par-tout où les
principes du fer, les plus fimplifiés, fe font trouvés, à l'aide
des circonftances favorables, ils ont dû former du fer. Les

corps des regnes végétal & animal contiennent effentiellement une terre vitrifiable, des parties graffes bitumineufes,
des falines & fulfureufes, & des portions élémentaires du
fer, lefquelles combinées & modifiées par l'action du feu,
doivent former un corps qui effentiellement eft compofé
de parties femblables. Le feu, en un efpace de temps très-
limité, peut opérer des liaifons pour lefquelles la Nature
emploie des fiecles nombreux. Les mines de fer croiffent
& fe multiplient; c'eft un fait trop conftaté pour le révoquer en doute; elles ne peuvent croître que par un nouvel
arrangement de parties entre elles, ou par la fécondation
d'un corps pénétré des vapeurs élémentaires du fer, ou par le
ralliement des parties ferrugineufes provenant de la deftruction des corps qui en contiennent, & du fer détruit.

L'on peut imiter les mines de fer comme celles des autres métaux. Si je n'ai pas été affez heureux pour former
une mine de fer artificielle fans le fecours du fer, du moins
je fuis venu au point d'imiter fes mines avec fon fecours,
& de le fixer dans une nouvelle matrice du regne végétal,
fans déranger pour ainfi dire la fituation des parties.

J'ai mis à feu ouvert des morceaux de moyeu de roues
de voiture, fatigués par un long fervice; dans l'inftant
le feu les a embrafés vivement & avec pétillement. Lorfque
la plus grand partie de la matiere graffe a été détruite, la
flamme s'eft ralentie par défaut d'aliments; j'ai excité le
feu avec un foufflet à main ordinaire, jufqu'à ce qu'il ne
parût plus le moindre veftige de flamme; tout étoit rouge;
j'ai ceffé de fouffler; le rouge s'eft obfcurci quoiqu'environné d'un brafier ardent formé par les charbons du foyer.
J'ai retiré du feu les morceaux de ma nouvelle mine. Après
être refroidis, ils font reftés dans leur entier, durs, folides,
pefants, de couleur d'un rouge brun, telles que les fanguines terreufes. L'on diftinguoit encore les coches de l'en-
rayage. Le bois qui avoit été fortement comprimé par le
tenon du rais, s'étoit feulement un peu dilaté en écartant
fes couches, telle qu'une éponge comprimée reprend par

fon élafticité fon volume lorfqu'elle eft en liberté.

J'ai remis au feu un morceau de ce minerai artificiel, je l'ai entouré de charbons ardents, & ai excité le feu par le foufflet à main ; il a rougi de nouveau jufqu'à briller dans les angles & aux endroits où le feu avoit le plus d'action. J'ai enfuite retiré du feu, & ai trouvé que les endroits de cette nouvelle mine, qui avoient paru les plus embrafés, étoient paffés du rouge au brun foncé jufqu'au noir, & étoient entrés en fufion.

Dans cette expérience, qui eft à la portée de tout le monde, & pour laquelle il n'eft befoin d'emprunter aucun laboratoire, j'obferve que la nature du bois, le temps de fon fervice, l'efpece de graiffe ou des différentes réfines & afphalte dont on fe fert pour diminuer les frottements de l'aiffieu & accélérer la vîteffe, peuvent apporter quelques changements. Les morceaux du moyeu, qui a fervi à mon effai, étoient de bois de hêtre, *fagus Dodonei*, & graiffés d'axonge de porc, appellé dans le commerce vieux-oing.

Réfléchiffant fur ce phénomene, j'ai cru que par le frottement multiplié & continu, les furfaces du fer de l'aiffieu ont été fenfiblement ufées. Les parcelles du fer, extrêmement divifées, s'uniffant à la graiffe, ont fait une efpece d'amalgame, lequel par la chaleur, née du frottement, a été entretenu dans un état de molleffe fuffifant pour être introduit dans les pores abondants du bois, à la faveur de la preffion des fecouffes. Cette matiere graffe ferrugineufe s'eft unie aux parties graffes intégrantes du bois ; même à remplacé celles qui ont été perdues par une fermentation néceffairement arrivée, & s'eft liée avec toutes les parties du bois, de façon à cimenter une union inféparable.

Le feu dans l'embrafement a enlevé les parties aqueufes, a développé les falines & fulfureufes du bois, de la graiffe ; lefquelles fe font unies à celles du fer, & fe font liées à la partie terreufe du bois, l'ont pénétré fans en déranger la fituation. Chaque partie, s'uniffant à fa voifine, a laiffé fubfifter la forme primitive du bois, lequel n'a pu devenir

charbon, parceque le phlogiftique eft entré dans la compofition de la nouvelle mine, qui eft, à proprement dire, une
efpece de pierre végétale & métallique. Le bois minéralifé
eft produit par le même méchanifme : la feule différence eft
dans les agents.

Ce minerai n'eft point foluble dans les acides, quoi qu'il
contienne une partie alkaline & terreufe, parceque la liaifon eft fi étroite, qu'il en a réfulté un nouveau compofé
abfolument femblable à nos mines par dépôt, lefquelles ne
font point folubles dans les acides.

Il n'eft pas poffible de fupputer fi cette mine artificielle
contient effentiellement plus de fer qu'il n'en eft entré
dans fa compofition ; je n'en ferois pas furpris : une caufe
peut en déterminer une autre & fuivre enfemble une loi
commune. La terre vitrifiable du bois, aidée des foufres &
des fels qui font de l'effence de la graiffe & du bois, peut
être métallifée par le cément du fer, qui n'a point été diffipé dans le frottement, & a fait partie de la combinaifon
du total. Un fuc lapidaire pétrifie des maffes de terre. La
Nature fe copie fouvent. D'ailleurs des réflexions, que j'aurai lieu de faire fur le travail du fer en grand, pourront
donner du poids à cette hypothefe.

Il n'eft pas hors de propos de donner ici une defcription
fommaire des mines de fer de la Champagne. Cette province n'eft pas enrichie de mines de fer dans toute fon étendue, mais feulement depuis S. Dizier, en remontant les
fources de la Marne, de la Blaife & de l'Aube.

Les premieres mines les plus confidérables font celles de
Narcy, village riverain de la Lorraine. Son terroir eft rempli d'excellentes mines de fer en grains. Ce font, à proprement dire, des mines de marais en oolithes. Pour la plus
grande partie elles font par couches dilatées ; quelques-unes
font éparfes & conglomérées : elles fe fouillent depuis la
furface de la terre jufqu'à cinquante pieds de profondeur.
Leurs couches font toutes fur un plan incliné fuivant les
irrégularités du terrein, mais plus particuliérement du Couchant

chant au Levant. Voici l'ordre des différentes couches de terre les plus ordinaires.

1 *Humus*, ou terre végétale, . . . . . . . . . . 14 p°.
2 Glaife, ou tahon, . . . . . . . . . . . . . 12 p°.
3 Terre à foulon, ou fmectis mêlée de pierre, . 12 p°.
4 Coquillages : *voyez* la note *a*, page 25, . . . 6 p°.
5 Mines rouges fablonneufes en grains, . . . . 12 p°.
6 Terre jaune mêlée de fable, . . . . . . . . 8 p°.
7 Mine en petites pierres, mêlée de moules de
    riviere, . . . . . . . . . . . . . . . . . 3 p°.
8 Mauvaifes pierres ferrugineufes, . . . . . . 15 p°.
9 Mine noire en pierres, très bonne, . . . . . 12 p°.
10 Terre glaife très fine, de couleur veinée de
    blanc, de rouge & de gris, . . . . . . . 15 p°.
11 Sable maigre gris & blanc, . . . . . . . . 6 p°.
12 Sable fin mêlé de glaife, . . . . . . . . . 8 p°.
13 Sable jaunâtre chargé de mine en pierre, . . 6 p°.
14 Sable jaune & rouge mêlé, durci en pierre &
    femé de paillettes talqueufes, . . . . . . 8 p°.

<u>137 p°.</u>

Enfuite l'eau de fond, ce qui fait en tout onze pieds cinq pouces jufqu'aux fources d'eau vive : ce n'eft pas que fous l'*humus* il ne filtre fur le tahon des eaux provenant de l'égoût des pluies, que l'on eft obligé de puifer avec des baquets.

Dans certains endroits la mine eft fous l'*humus*. Cette mine eft des plus riches. Avant que l'on ait fouillé avec autant d'affiduité les mines de ce territoire, on trouvoit fous l'*humus* une mine en grains, prefque fans mêlange, tantôt rouge, tantôt grife, tantôt noire, ou couleur de fer. L'abondance de cette mine, qui étoit en couches depuis 12 juf-

E

qu'à 36 pouces d'épaiſſeur, & ſa richeſſe faiſoient négliger celle qui étoit immédiatement deſſous en grains anguleux, mêlés dans une glaiſe de diverſes couleurs. Quand la première couche a été épuiſée, on a retiré à voie ouverte cette ſeconde couche; mais la diſette a fait pénétrer plus avant où l'on trouve ſous une couche de ſable une mine en grains, tapée, qui ſe tire en maſſes conſidérables, & que l'on nomme mine en pierre aſſez mal-à-propos, parcequ'elle n'a qu'un foible caractere de mine en pierre. Cette mine tapée eſt fort riche & donne un meilleur fer que les lits ſupérieurs.

Autrefois tous les fourneaux de la Marne, tant ceux qui exiſtent que ceux qui ſont détruits & ceux ſur tous les ruiſſeaux affluents, tiroient leur mine de Narcy; même les forges de S. Jouard & de Nais en tiroient. Mais l'épuiſement des minieres a fait recourir à d'autres cantons, comme à Bétancourt, qui eſt une mine pauvre, partie en grain & partie en pierre, qui eſt fort ſupercifielle, de même que celle d'Ancerville qui eſt fort ſablonneuſe, en grande abondance, & approche beaucoup du caractere de celle de Bétancourt.

La monticule de Montgerard, près Trois-Fontaine-la-Ville, & une partie de la forêt du Val, contiennent une mine tapée, compoſée d'oolithes empâtés, dépoſée ſous l'*humus* en deux couches ſéparées par des lits de ſable. L'on n'y trouve point de coquilles; mais cette mine contient de la calamine plus que celle de Narcy, & cependant eſt employée par tiers ou par moitié avec celle de cet endroit pour donner de la qualité au fer & plus particuliérement à la matte de fer que l'on deſtine à faire des ouvrages moulés, comme marmites, chauderons, tuyaux, contre-cœur, bombes & boulets.

Cette mine eſt fort reſſemblante à celle qui ſe tire dans la forêt de Vaſſy & dans le finage de Ville-en-Blaiſois, pour l'uſage des fourneaux ſitués ſur la riviere de Blaiſe.

Les mines de Maraux ſont des mêmes mines en oolithes, d'un jaune obſcur, qui ſe trouvent à peu de profondeur ſous la surface de la terre, & donnent un fer caffant. Cette mine est employée dans les fonderies de la Marne supérieure.

Les mines de Poiffon, Noncourt & Montreuil, font les mines les plus abondantes, les plus riches & les meilleures de la province. Ces trois territoires font continus, difpofés en côteaux affez élevés, dans le fein defquels fe creufent ces mines à des profondeurs confidérables : on va jufqu'à 150 pieds fans les épuifer.

Ces mines font appellées mines en roche, parceque 1°. elles font en pierre & fe tirent fouvent en volume confidérable ; 2°. c'eft qu'elles fe fouillent dans les fentes des rochers compofés d'une pierre calcaire. Il faut que ces contrées aient effuyé quelques cataftrophes terribles ; car il y a de fes minieres épuifées qui laiffent voir des abîmes entre des rochers qui ont été rompus depuis la furface de la montagne jufques dans le plus profond de fa bafe. Ces efpaces forment des fentes qui font ou longitudinales, fans direction affectée, ou quarrées, ou irrégulieres, ou circulaires. Quelques-unes, fort confidérables, laiffent voir au centre un ou plufieurs piliers du rocher ifolés. Un de ces piliers, qui a plus de 140 pieds, n'ayant pas affez de bafe pour foutenir fa maffe, s'eft incliné fur un des côtés de l'abîme depuis que l'on a enlevé toute la mine qui remblayoit l'efpace qui l'en féparoit.

Ces mines en roche font formées, comme nous l'avons dit plus haut, par le dépôt de la deftruction des pyrites. Ce fuc ferrugineux s'eft condenfé & a formé des pierres de figures les plus irrégulieres & les plus bifarres qu'il foit poffible d'imaginer ; tantôt fe font des feuillets appliqués les uns fur les autres, comprimés ou féparés par des vuides ou par des corps étrangers, comme de la terre ou du fable des rivieres ; tantôt c'eft une plication de croûte pofée en tous fens, formant des interftices de toutes fortes de dimenfions ; tantôt ce font des morceaux reffemblants à des fruits concaves qui renferment des pierres de différentes natures dans leur capacité intérieure ; quelquefois, & même fort ordinairement, les creux encroûtés font adoffés l'un à l'autre avec la plus grande régularité, & forment des cafes parfaitement quarrées. Ces mines en pierres font encore mêlées avec d'autres mines en grains qui font auffi des oolithes, caractere général de toutes les parties conftituantes de toutes les pierres de ces cantons, fur plus de 20 lieues d'étendue.

Les mines, dont nous avons parlé plus haut, c'eft-à-dire de Narcy, Bétancourt, Mongerard, & autres, fe tirent à voie ouverte lorfqu'elles font fuperficielles, ou en puits, avec des galeries fouteraines lorfqu'elles font profondes ; & le minerai fe remonte dans une tine fufpendue à une corde qui fe file fur l'arbre d'une efpece de cabeftan mû avec deux manivelles. Les Miniers ne font éclairés dans leur fouterrain que par le jour qui pénetre perpendiculairement par le puits & fe refrange dans l'intérieur des galeries ; & pour faire une plus grande réflexion, les ouvriers mettent un linge blanc fur un petit piquet au centre perpendiculaire du puits, ou fimplement ils écorcent un morceau de bois blanc qu'ils fichent au centre de l'aire de la galerie, & par ce moyen, inconnu fans doute dans la catoptrique des Écoles, ils reçoivent affez de lumiere pour fe diriger dans leurs opérations fouterraines.

Les mines en roche des territoires de Montreuil, de Noncourt & de Poiffon, ne fe tirent pas du fein de la terre avec les mêmes procédés, parceque fouvent l'efpace entre les roches qui recelent le minerai & forment la miniere, eft très oblique ; enforte qu'il feroit trop difpendieux de percer le rocher. Lorfque les ouvriers s'apperçoivent de l'obliquité de l'efpece de filon de la mine, ils le fuivent dans fa direction, & pofent des échelles qui fe coupent dans tous les angles des finuofités ; ils remontent les déblais & le minerai dans des hottes fur leur dos. Il arrive fouvent que l'efpace entre les roches eft très ferré ; les ouvriers alors font dans la plus grande gêne, parcequ'ils font obligés de monter les échelles en graviffant d'échelon à autre. Lorf-

que les efpaces font confidérables , il y en a qui ont jufqu'à 15 & 20 toifes, ils pratiquent des efcaliers, des rampes , & fe fervent de leurs échelles dans les endroits qui
approchent le plus de la perpendiculaire. Souvent ils font
obligés dans les puits étroits & percés d'à-plomb de monter
leurs échelles pofées prefque perpendiculairement. Ce métier eft des plus pénibles , puifque fouvent ils montent
200 marches avec 150 livres pefant de minerai fur leur dos.

Il y a beaucoup de ces minieres fur lefquelles on pourroit établir à peu de frais une charpente pour foutenir un
treuil pour remonter le minerai ; mais les bornes de l'en-
tendement de ces ouvriers, qui travaillent à leur tache, font
circonfcrites dans un efpace fi refferré , qu'ils ne veulent
pas abjurer les erreurs de leur routine.

Ces mines en roches, qui produifent le meilleur fer de
la Champagne, & qui portent le nom de leur mine, c'eft-
à-dire fer de roche, ont été, comme toutes les autres mines
de la province, charriées par les eaux & précipitées dans
les cavernes qui les recelent. Actuellement l'on ne fouille
aucune mine dans cette province dans le lieu où elle s'eft
formée. Il en eft de même des mines de Latrée qui avoifinent la Bourgogne, & de celles qui fe tirent dans le voifinage de ce territoire, pour les forges fituées vers les fources de l'Aube ; elles font très fuperficielles, mêlées à beaucoup de coquillages , fur-tout de belemnites. Dans la vallée
du Sur-Melin, petite riviere qui coule dans la Brie Cham-
penoife depuis l'Abbaye de la Charmoife jufqu'au deffous
de Paroy, il y a eu autrefois plufieurs forges qui ufoient des
mines en pifolithes, qui fe tiroient dans les bans fitués fur
les côteaux d'alentour, fur-tout du côté de Montmort ,
d'Orbay-l'Abbaye & d'Orbay-la-Ville.

# MÉMOIRE
## SUR L'UNITÉ DU FER;
### CONTENANT
## DES OBSERVATIONS ET RÉFLEXIONS
### SUR LES CAUSES DE SA MAUVAISE QUALITÉ,
### LES MOYENS EMPLOYÉS COMMUNÉMENT POUR LE PURIFIER;
### QUELQUES PROCÉDÉS DE L'ANTIQUITÉ,
### LES ACCIDENTS QUI LE DÉTRUISENT.

*Denique fit quod vis , simplex duntaxat & unum.* Hor. *de Art. Poet.*

LE FER est de tous les métaux celui qui varie le plus en apparence dans sa qualité. Nous l'adaptons aux usages auxquels ses différents degrés de bonté actuelle permettent de l'appliquer.

Ces différentes qualités du fer d'un royaume, d'une province, d'un canton, d'une forge enfin, à une autre, ne doivent point être attribuées à l'élément du fer, mais aux matieres hétérogenes qu'il contient plus ou moins : accident qui dépend de la variété des matrices & de la fabrication.

Il est incontestable que dans le traitement des mines de fer, partie de la substance des différentes matrices du minerai & des corps employés à leur fusion, est enveloppée dans la métallisation, & fait partie plus ou moins des masses de fer qui en résultent ; conséquemment un fer grossiérement fait, c'est-à-dire par les voies ordinaires & les plus communes, doit participer des qualités du minerai dont il a été extrait. C'est un fait que, dix forges travaillant dans un quarré de quatre lieues de pays, ufant chacune des mines à leur proximité, font du fer de dix qualités différentes; la même forge fabrique même fouvent différentes qualités de fer, fuivant les circonftances. L'on ne doit cependant pas inférer de ces variétés, qu'il y a du fer de différentes natures.

Il n'y a qu'un fer dans le monde (a). Ses différentes imperfections lui font tranfmifes par la furabondance des matieres hétérogenes qui lui font unies dans le traitement préliminaire. C'eft pourquoi l'on ne peut dire fans errer qu'il y a autant de différentes efpeces de fer qu'il y a de diverfes efpeces de mines, & que nous ne fommes pas les maîtres de les perfectionner (b).

Je vais déduire des preuves capables de détruire ce fentiment, également oppofé aux principes de phyfique & de métallurgie, qu'aux progrès de la fiderotechnie & à l'avantage de la fociété.

Tout corps dont on peut extraire une partie qui ne lui reffemble plus, & dont la féparation le laiffe fubfifter dans fon état naturel, eft fenfé être perfectionné par la perte de cette matiere qui étoit furabondante à fon effence. Or fi on repaffe au feu, à plufieurs reprifes, une barre de fer commun, & qu'après l'avoir roulé fur elle-même, & malaxé ou corroyé fous le marteau, on lui rende fa premiere forme, cette barre fera diminuée en volume & en poids, & fera augmentée en qualité: fon déchet fera une fubftance à demi-vitrifiée, fragile & obfcure: cette matiere étoit donc furabondante à la compofition du fer, puifque non-feulement il ne ceffe d'être fer par la perte de cette fubftance; mais même devenu plus homogene, il a été perfectionné.

Il eft de principe en fidérotechnie, que le fer ne peut devenir meilleur qu'en perdant par le départ les matieres hétérogenes interpofées entre fes molécules, & qu'il ne peut devenir pire qu'en recevant des matieres furabondantes qui empêchent la liaifon de fes parties effentielles.

----

(a) M. Geoffroy, *Matiere médicale.*    (b) Encyclopédie.

Je parcourrai les accidents les plus ordinaires dans le traitement des mines de fer, qui font des conféquences des principes que je viens de déduire. Je commencerai pa. ceux qui tendent à perfectionner le fer.

Le grillage eft très avantageux à toute efpece de mine pour en obtenir un bon fer & en plus grande quantité, furtout des mines pyriteufes & quartzeufes (a). Ce feu préliminaire les ouvre, diffipe les foufres qui ne font point liés au fer dans fa mine, développe les fels vitrioliques qui fe naturalifent, détache les parties quartzeufes furabondantes. Tous ces corps font entraînés par les lavages fubféquents, foit par leur diffolution, foit par la différence de leur poids fpécifique avec celui du minerai. Lorfque toutes ces fubftances n'ont point été féparées par les préparations ordinaires, & qu'elles fe trouvent confondues avec le minerai dans le fourneau de fonderie, elles forment des combinaifons nouvelles, dont les unes attaquent la fubftance du fer, & privent d'une portion du produit ; les autres s'uniffant au fer, diftendent & énervent fes parties, lui communiquant une qualité aigre & réfractaire.

Les mines de fer de Champagne & leurs analogues, qui font produites par érofion, c'eft-à-dire par le dépôt condenfé de la diffolution des pyrites, n'ont pas un befoin urgent du grillage, parcequ'elles font rarement trop quartzeufes & qu'elles contiennent moins de foufre que celles qui font formées par des vapeurs ferrugineufes, condenfées dans des matrices fulfureufes ; d'ailleurs elles reçoivent une efpece de grillage par la forme de nos fourneaux & la façon de les y introduire. Je fuis cependant perfuadé que le grillage leur feroit très avantageux. Le prix fi modique du fer, qui fouvent eft au-deffous des frais les plus communs,

---

(a) Les Suédois font de très bon fer avec des mines fort aigres & réfractaires. Ils n'y parviennent que par le grillage. J'ai comparé leur mine avec les nôtres, & leur fer avec celui de ce royaume. De cette obfervation il réfulte qu'avec des mines plus ingrates que les nôtres, ils font de meilleur fer ; le grillage & la qualité douce de leurs charbons operent cette différence fi avantageufe.

eft

eft un obftacle à la perfection du travail, & un frein cruel au zele des manufactures.

Sur le principe, connu généralement, que les mines de fer, les plus riches en chaque genre, donnent le plus mauvais fer dans le traitement, l'on mêle dans des proportions relatives les mines riches avec les pauvres, parceque ces dernieres, contenant des principes plus analogues au fer, vont attaquer le fer même dans les plus riches, & font trancher bande aux matieres aigres qui fe fcorifient, parcequ'elles ne communiquent plus à une quantité fuffifante de parties ferrugineufes pour fubir la métallifation.

Si une mine manque de fondant, on lui en fubftitue un en mêlant proportionnellement des parties fufibles. Ce fondant ajouté, non-feulement augmentant la chaleur, détermine la fufion de la mine; tel qu'un métal fondu fait entrer en fufion un autre métal à un degré de chaleur au-deffous de celui qu'exige ce dernier pour être fondu feul; mais auffi la grande difpofition de ce fondant à la vitrification, lui fait entraîner avec lui les parties de terre bolaire unies à la mine réfractaire, & en les vitrifiant les diftrait du fer qui en devient meilleur.

Quand une mine eft trop fufible, ce qui vient ordinairement de l'abondance des parties fulfureufes & fablonneufes, l'on y joint une terre douce abforbante, des pierres calcaires, lefquelles faififfent avidement les foufres & les fels furabondants à la mine, & fe vitrifiant enfemble, féparent du fer toutes les matieres hétérogenes.

Lorfque l'on veut obtenir de bon fer avec toute efpece de mine, l'on néglige à un certain point le grand produit d'un fourneau de fonderie, en proportionnant le volume de mine à la chaleur qu'il reçoit de la quantité & qualité de charbons que l'on emploie, au-deffous de ce qu'il pourroit en fondre, pour obtenir par un moindre produit une fonte grife. Par cette précaution, la chaleur devenant fupérieure en raifon du moindre volume de matiere qu'elle a à pénétrer, agit avec plus d'énergie, fait entrer en vitrification

F

tout ce qui en eſt ſuſceptible , & dépouille par ce moyen la
fonte d'une grande partie des matieres hétérogenes. La
grande quantité de ſel & de cendres qui ſortent de la deſtruction du volume énorme de charbon employé , ſont les
matieres les plus propres à déterminer la vitrification des
corps qui en ſont les moins ſuſceptibles ; conſéquemment
plus le volume de ſel , de cendres & le degré de chaleur,
ſurpaſſeront les maſſes de matieres hétérogenes contenues
dans la mine, plus ils auront d'aſcendant & de priſe, plus
le départ qui ſe fera ſera exact, & néceſſairement la fonte
qui réſultera ſera d'une qualité louable.

Si l'on refond la fonte de fer & qu'on la laiſſe en bain de
macération à un degré de chaleur, & pendant un temps
ſuffiſant , la fonte ſe couvre de ſcories que l'on extrait & qui
font un déchet conſidérable. Le fer que l'on obtient de
cette fonte macérée eſt d'une qualité ſupérieure à celui que
l'on fait par le procédé ordinaire dans les affineries. Dans
cette opération le feu agit également ſur toutes les parties
de la fonte en fuſion : les plus métalliques ſont moins fuſibles, plus peſantes. Les matieres étrangeres , qui ſont des
demi-métaux, des ſoufres & des ſels, ont plus de diſpoſition
à la fluidité , & ſont les plus légeres. Quelques molécules de
ces dernieres, dégagées par la force du feu & leur facilité à
ſe réunir , s'approchent de leur voiſine analogue, par une
affinité & une impulſion propre. Les unes évacuent, les autres ſe pelotonnent & ſe condenſent ; enfin chacune ayant
acquis une qualité différente , prend une ſituation relative.
La fonte purifiée devient plus peſante ; elle occupe le fond
du creuſet ; la ſcorie, plus légere , ſurnage, s'écoule par
l'iſſue qu'on lui procure. Ces ſcories, que l'on nomme laitier tranchant, ſont compactes , peſantes , de couleur de
fer , en contiennent un peu, ſoit détruit, ſoit entraîné.

L'on jette dans les affineries des graviers de rivieres pour
adoucir le fer. Cette ſubſtance calcaire fait les mêmes fonctions dans l'affinerie que dans le fourneau de fonderie ; elle
abſorbe les ſoufres & les ſels ſurabondants , & entraîne les

demi-métaux, facilite le travail d'un fer nerveux & plus confiftant. C'eft fur ce principe que les charbons de côteaux
& cuits fur la pierre, aident beaucoup à donner de la qualité au fer.

Un Affineur doit donner le temps à la fonte de prendre
le degré de chaleur fuffifant pour faire le départ du laitier : ce degré eft toujours relatif à la qualité de la fonte. La
fonte blanche veut être plus preffée que la fonte grife, &
plus elle l'eft, plus elle doit être au feu long-temps fans la travailler, parceque les principes font plus combinés. Un Affineur qui connoît ce degré, qui, en avalant fon fer, le ra-
mene également au vent, partie l'une après l'autre, qui pique à propos pour condenfer le fer, lui faire prendre corps
& faciliter l'écoulement du laitier, fera du fer de qualité :
au lieu qu'un ouvrier qui tourmente mal-à-propos fon fer,
le rompt au lieu de le rallier, le laiffe tomber au contre-
vent au lieu de le conglomérer au vent ; ce dernier fait un
fer caffant, dur, mal-forgeant, parcequ'il n'eft pas épuré.
Ce fait eft fi conftant, que quatre ouvriers travaillant à une
même affinerie avec même matériaux, chacun fait ordinairement un fer de différente qualité, l'un plus doux, l'autre
dur, un pailleux & l'autre aigre.

Les renardieres font une efpece d'affinerie qui different
des affineries ordinaires, en ce que l'on y affine la fonte, &
que l'on y chauffe le fer qui en fort, pour le forger dans
la perfection de la forme qu'il doit avoir pour le commerce.
Ces renardieres donnent un fer fupérieur à celui qui fort
des affineries ordinaires, parceque le creufet de ces feux
eft plus ferré, la chaleur, étant plus concentrée, a plus
d'action, les laitiers font plus fluides, baignent le fer ; en
forte que lorfqu'on cingle le renard, le fer étant très chaud,
& le laitier qu'il contient en fufion, la preffion du marteau le fait fortir de toute part, & le fait couler comme du
lait fur l'enclume ; car le marteau fert, non-feulement à
forger le fer, mais auffi par fon poids énorme à le purifier, en rapprochant fes parties homogenes, & pouffant au-

dehors les parties fluides étrangeres, renfermées dans fa maffe. Lorfque l'on cingle les loupes des différents feux, ou que l'on forge le fer, les fecouffes du marteau font détacher des différentes maffes des morceaux bruts, des pailles, des grenailles, qui ne peuvent fouder. Ces débris, que l'on nomme grains du ftoch, & ceux que l'on retire par le moyen du triturement & des lotions du bocard à craffe, étant repaffés au feu, donnent en fe foudant un fer beaucoup meilleur que celui dont ils faifoient partie auparavant, ainfi que les fers qui fe font avec les vieilles ferrailles, parceque, par un fecond travail, ce fer a été plus épuré, & porte le nom de fer de loupe par excellence dans les forges, & de fer d'étoffe dans le travail en petit. On dit que le meilleur fer des Efpagnols eft fait avec de vieux fers de mulet, corroyés & forgés. Bofwel, dans fa *Relation de Corfe*, dit que les fers de cette Ifle font prefque auffi doux que les fers efpagnols ainfi fabriqués.

Le fer, que l'on paffe par les cifailles & cylindres des fenderies, fe chauffe dans un four à un feu de bois dont la flamme eft reverbérée fur le fer rangé en pile croifée à jour pendant environ quatre heures ; pendant ce temps le fer rougit au blanc & fe couvre en tous fens d'une croûte de laitier plus ou moins épaiffe, qui fuit la forme du fer, & qui eft à-peu-près de même qualité que celui qui fort de l'affinerie. Le fer, après cette épreuve, eft ordinairement meilleur, parcequ'il a fué fon laitier qui étoit corps étranger, & en étant féparé, il en eft devenu meilleur. J'ai dit ordinairement, parcequ'un feu trop violent, trop continué, qu'on fait avec des bois aigres, gommeux ou falins, loin de donner de la qualité au fer, attaque fa propre fubftance, la détruit & l'appauvrit; mais un feu de bois doux, comme les efpeces de peupliers, faules, & analogues réfineux, lui donne toujours de la qualité. L'ufage du bois de chêne, & la négligence des ouvriers, font perfides dans cet appareil d'opération, qui eft une des belles du travail des forges.

Il eft néceffaire d'obferver que dans l'effet de tous les

moyens connus de purifier le fer en le féparant des matieres
étrangeres à fon effence, il y a une perte confidérable de
fa propre fubftance, qui eft entraînée & fcorifiée par les
fels, les foufres, le feu & les demi-métaux. Si cette perte
des parties du fer eft onéreufe pour le produit, elle eft du
moins avantageufe dans l'ufage, puifqu'il ne refte que les
parties nerveufes du fer, qui eft d'un fervice affuré. Cependant il feroit très avantageux de trouver des tempéram-
ments pour retenir du fer tout ce qu'il peut fournir. Ce ne
fera que par un bon traitement bien réfléchi & analogue
à fon caractere. Il y a quelques perfonnes habiles dans la
fidérurgie, qui obtiennent, par une refonte des laitiers, un
fer très bon, même des laitiers plufieurs fois fondus, ce
qui iroit à l'infini, & qui prouve combien il eft néceffaire
d'acquérir la connoiffance des corps, dont l'interpofition
facilite le départ des matieres hétérogenes, en confervant
les parties ferrugineufes.

J'ai décrit à-peu-près tous les moyens ufités qui tendent
à obtenir un meilleur fer & le purifient, & qui fe réduifent au grillage des mines ; leur mêlange ; l'addition des
fondants pour les mines glaifeufes ; le correctif des mines
fabloneufes & fulfureufes ; la pureté des fontes grifes ; la macération des fontes ; l'addition des abforbants dans les affineries ; les charbons montagnards & calcaires ; le degré de
feu vif dans les affineries ordinaires ; la chaleur concentrée,
& le bain de laitier dans les renardieres ; un fecond travail
du fer en grand, ou le corroi en petit ; la recuite au feu de
flamme à feu nud, ou enveloppée de matieres capables d'abforber toutes les parties aigres du fer. Tous ces moyens,
qui contribuent à perfectionner le fer dans les travaux les
plus connus, prouvent conftamment, contre le fyftême qu'il
eft important de réfuter, que le fer eft fufceptible de perfection ; & je fuis perfuadé que, par des procédés combinés,
réfléchis & adaptés aux circonftances, l'on peut réduire
tout le fer du monde au niveau, pour convenir, avec tous
les favants Métallurgiftes, de l'unité du fer.

Si nous sommes encore éloignés de cette perfection de connoissance, c'est que nous n'avons pas encore porté dans les travaux du fer une théorie fondée sur de nombreuses expériences. Il semble même que pour perfectionner la qualité du fer, nous avons moins à acquérir qu'à recouvrer en étudiant l'antiquité ; car les sciences ont leurs révolutions.

» Diodore de Sicile dit que les épées à deux tranchants » des Celtibériens ou Espagnols, étoient d'une trempe ad- » mirable ; que la qualité de ces armes venoit de la ma- » niere singuliere dont ils les travailloient, en inhumant » des lames de fer jusqu'à ce que l'humidité de la terre » ait rongé par la rouille les parties les plus foibles de ce » métal ; que ne restant plus pour lors que les parties les » plus fermes & les plus nerveuses du fer, ils en fabri- » quoient tous les instruments de guerre & leurs excellen- » tes épées qui entamoient tout ce qu'elles rencontroient , » bouclier, casque, & qu'aucuns os du corps humain ne » pouvoient résister à leur tranchant «.

Ces peuples connoissoient donc la nécessité des bonnes armes, l'inutilité d'en exécuter avec le fer tel qu'ils l'obtenoient d'une premiere fabrique, mais aussi la possibilité & les moyens de perfectionner le fer.

M. Mailliet rapporte qu'en Dalmatie, une ancre trouvée sous des déblais énormes, rongée de la rouille, avoit acquis tant de souplesse, qu'elle souffroit d'être pliée comme du plomb.

Sthal assure que les Chinois & les Japonnois avoient l'art d'amollir le fer, au point de le rendre susceptible de toutes impressions, mais de lui rendre son état primitif. Quel sujet de regret & d'émulation ! Dira-t-on que le fer du Japon & de la Chine étoit susceptible de cette perfection dans les temps reculés ; que le fer des Espagnols pouvoit subir seul cette espece d'affinage? il y auroit bien de l'aveuglement. Je vais rapprocher d'ailleurs des faits qui se passent dans le familier, qui nous convaincront au moins combien le procédé des Celtibériens étoit juste, & qu'il en devoit résulter l'effet proposé.

Le fer, à moins qu'il ne foit dans fon état de perfection qui doit le rapprocher de fon point d'unité, eft un corps chargé de plus ou moins de matieres hétérogenes ; foit qu'elles foient généralement interpofées entre les molécules, foient qu'elles foient cantonnées en plus grande quantité, & laiffent des veines de fer plus parfaites; ce qui fait qu'un fer impur, par ce dernier accident a inégalement des parties plus folides, plus foibles, plus folubles, & différemment nuées ; ce qui donne différents accès à fes diffolvants.

L'humidité, les fels, & le feu agiffent fur le fer, le diffolvent plus ou moins avec des modifications différentes, fuivant les circonftances, & dans des temps différemment efpacés.

Le fer qui eft expofé à l'humidité à l'air libre, fe couvre d'une rouille qui eft une diffolution de fes parties. Je dis à l'air libre, parceque le phlogiftique qui eft l'ame de la matiere, ne la quitte qu'à l'air libre ; & il n'eft pas étonnant que la barre de fer, qui s'eft trouvée dans la pierre du frontifpice du Louvre, n'ait point été rongée de la rouille, puifqu'elle étoit fcellée hermétiquement par l'enveloppe de la pierre.

Si l'on enleve exactement la rouille & que l'on examine avec attention la furface du fer, on la voit corrodée plus ou moins profondément, fuivant la durée de l'action. Si le fer eft généralement d'une mauvaife conftitution, les impreffions de la rouille font comme ponctuées, plus ou moins uniformément. Mais s'il y a des veines de meilleur fer, la rouille fe fera cantonnée & aura fuivi les veines les plus imparfaites du métal, laiffant intactes, jufqu'à un certain point, les parties les plus douces, parceque les fels furabondants, contenus dans le fer, ayant plus d'affinité avec l'eau, s'y feront liés; & augmentant la qualité rongeante du diffolvant, ont fuivi enfemble les veines les plus falines & fulfureufes du fer, obfervant leur marche fur les lignes que les matieres hétérogenes occupent fuperficiellement. De

même qu'une teigne, attachée à une étoffe, saisit d'abord
le duvet de la corde, qui lui paroît plus sapide & qui roule
mieux sous sa dent; elle ne passe aux parties moins délica-
tes que lorsque la disette & le besoin l'y contraignent. De
même aussi les ferrements sur lesquels la rouille, par humidité, a fait de grands progrès, sont sillonnés par la perte
de la substance : ce sont les parties les plus mauvaises qui
se détachent par efflorescence. Celles qui sont d'une méil-
leure qualité, quoique dissoutes & détruites, conservent de
l'adhérence. Enfin les parties les plus généreuses qui ont
résisté au rongeant, malgré la durée de l'action, ne peuvent
se rompre qu'avec effort : elles souffrent plusieurs plis &
replis avant de se désunir. Si l'on repasse au feu les débris du
fer, échappés à la dent de la rouille, l'on en obtient un fer
souple, nerveux & solide.

Un fer commun exposé à une chaleur capable seulement
de le faire rougir obscurément, mais par des actes répétés
& dans de longs espaces, tels que les instruments des feux
domestiques, & ceux des ouvriers qui emploient le feu, les
bouchoirs des fours des boulangers, les étouffoirs & les
poëles de tôle, tous ces différents instruments, par un long
service, sont plus ou moins corrodés, suivant leur qualité
intrinseque, mais toujours inégalement. La plûpart, dans
leur caducité, sont sillonnés, même rustiqués, si l'on peut se
servir de ce terme, suivant que les parties impures du fer
étoient diversément rangées dans son ensemble, lesquelles
sont toujours les premieres attaquées & détruites par le feu.
Si dans quelques-uns de ces instruments & vaisseaux exposés au feu, il se trouve quelques grumeaux de matiere étrangere qui ne fassent pas corps avec le fer, quoiqu'ils aient
subi l'épreuve de la forge & du travail en second, pour
leur donner la forme relative à leur usage, ces grumeaux,
dans le service, sont bientôt attaqués par le feu sous l'enveloppe même du fer qui reste intacte jusqu'à ce que l'effet
du feu, ayant altéré l'union grossiere de ces corps étrangers, ait grossi considérablement leur volume par la raréfaction

faction de leurs parties salines : il se fait une tumeur : la pellicule de fer qui l'enveloppe, ne pouvant plus souffrir d'extension, creve par l'effet de la fermentation de cette espece d'abcès : de même qu'une petite pierre calcaire ensévelie dans l'argile d'une tuile ; pendant la cuisson la pierre devient chaux, l'eau de la pluie s'insinue par les pores de la terre cuite, pénetre jusqu'à la chaux, rompt les cellules du feu, s'insinue dans les parties de la chaux, grossit le volume qui fait des efforts continuels pour rompre les obstacles qui cessent par l'éclat de la tuile. Si cet accident arrive aux outils ou instruments faits de tôle ou de fer battu mince, les parois de la cellule qui renferme ces grumeaux étrangers, étant égales en résistances, cedent l'une & l'autre à l'effort commun, il se fait un trou à jour. La rouille qui dégrade le fer blanc est occasionnée autant par cet accident que par le défaut du tain. Le même inconvénient est fréquent dans les bouches à feu de fer battu. Je l'ai remarqué dans un pierrier énorme, dont l'intérieur de la volée est crevé à différents endroits.

Si l'on traite de nouveau à la forge les fers qui ont subi cette espece de dissolution par un feu lent, il y a un déchet considérable : mais le fer qui en résulte est d'une qualité beaucoup au-dessus de leur primitive.

Si l'on plonge un morceau de fer dans de l'esprit de nitre, il se fait, suivant les degrés de concentration du menstrue, une action plus ou moins vive ; dans tous les cas il s'éleve des bulles qui forment des colonnes perpendiculaires qui ont leur base sur le point du fer attaqué par la molécule de l'acide qui l'approche. En observant avec attention, l'on voit la base de ces colonnes rangées non indistinctement sur la surface du fer, mais dans des situations dont les directions sont celles d'une partie distincte du fer qu'elles attaquent de préférence. Si après un temps suffisant l'on décante le dissolvant & qu'on lave le fer, l'on verra les parties nerveuses, brillantes & saillantes, ayant conservé leur situation droite, torse, ou inclinée, suivant

G

les différentes circonſtances lors de la formation de leur maſſe.

Le même accident arrive à un fer qui reçoit un frotte-ment doux & continu, comme par le mouvement de la main d'un ouvrier ou de l'agitation dans l'eau. Après un long ſervice, les parties ſuperficielles deviennent inégales; l'on y découvre des ſillons par la perte d'une ſubſtance, qui a été ſans doute diſſoute & diſtraite du fer eſſentiel, ſoit par le ſimple frottement des milieux, ſoit par une diſſolution occaſionnée par la ſueur ou par l'eau, quoiqu'il n'y ait point eu de rouille apparente.

L'examen des cauſes des différents accidents que je viens de détailler, prouvent conſtamment qu'un fer, qui n'a reçu l'exiſtence que par une manipulation ordinaire, contient intrinſéquement des parties hétérogenes qui lui ont été unies, ſoit par la liaiſon qu'elles avoient primordialement avec lui dans les matrices du minerai, ſoit auſſi qu'elles procedent des ſubſtances employées dans le traitement : le tout à l'aide de la violence du feu.

Les différents moyens employés, tant de nos jours que par ceux qui nous ont précédés dans l'art de la ſiderotechnie, pour purifier le fer, nous prouvent palpablement que le fer groſſier contient des parties qui ne ſont point de ſon eſ-fence, pas même métalliques ; que leur liaiſon au fer eſt un obſtacle à ſa perfection ; que l'on ne peut en faire le départ ſans faire une ſouſtraction relative à la maſſe des impuretés ; enfin que les moyens les plus propres à opérer cette ſéparation ſont ceux qui contribuent le plus à appro-cher le fer de ſon degré de perfection & d'unité.

Je paſſe aux accidents qui communiquent par addition une mauvaiſe qualité au fer. L'inexactitude du grillage & du lavage des minerais qui les exigent, donne lieu à des ſubſtances ſulfureuſes, métalliques & glaiſeuſes, ſurabon-dantes, qui accompagnent ces mines, d'être préſentes à la métalliſation du fer au foyer du fourneau ; elles y reçoi-vent l'action d'un feu véhément qui en combine une portion avec les molécules ferrugineuses, & produisent enfemble une fonte blanche, pultafée, aigre & caffante. Le fer fabriqué avec cette efpece de fonte, conferve fa mauvaife qualité. Même accident arrive fi l'on furcharge un fourneau dans lequel l'on ne proportionne pas le volume de mine au charbon employé. Pour lors la chaleur néceffaire à une fufion exacte eft diminuée par la furabondance des matieres à fondre ; la fcorification n'eft point complette ; partie des corps qui accompagnent certaine mine, au point de n'en pouvoir être féparés que par la fufion, & qui auroient dus être vitrifiés, entrent confufément dans la compofition de la fonte, qui n'a fouvent ni la forme ni l'effence métallique, & qui ne peut donner qu'un fer analogue à fon état de pauvreté.

Si dans l'affinage des fontes l'on ne fe fert que de charbons violents, foit par l'effence du bois, comme de chêne ou autres bois gommeux crus dans des terreins arides, foit par la cuite ; l'abondance de leurs parties fulfureufes forme avec le fer un fel vitriolique qui, fe combinant avec les cendres des charbons, entre dans la compofition du fer qui eft dur, fragile, & brûle plutôt que de chauffer.

Lorfque les charbons font chargés des débris du fol fur lequel ils ont été cuits, comme des terres bolaires, glaifeufes, fablonneufes des parties de grès, des fragments de différentes mines, tous ces corps fe combinent avec le fer, le gorgent de leurs mauvaifes qualités, & le rendent intraitable à chaud & à froid, ce qui double la dépenfe & le travail dont il ne réfulte qu'un fer propre à lefter un vaiffeau. Lorfque les charbons font furchargés de ces corps étrangers, même des pierres calcaires en furabondance, l'on eft obligé de les en féparer par l'immerfion. Jean-Baptifte Porte donne ce confeil ( qui eft fuivi) en parlant des mauvaifes qualités du fer, qu'il attribue toutes aux corps étrangers mêlés aux charbons par mal-propreté.

Une petite partie du cuivre, mêlée accidentellement à une groffe maffe de fer, l'empêche de fe rallier & de fe

G ij

fouder au point de ne pouvoir être forgé. Ce fait, qui eft conftant, prouve combien connoiffent peu l'effence du fer des Auteurs qui avancent que les fers les plus doux ne doivent cet heureux caractere qu'à l'abondance du cuivre qu'ils contiennent ; mais la Médecine ne doit point s'alarmer de cette abfurdité. Les Poëtes font tous d'accords que le commerce de Mars avec Vénus eft adulterin. Cette idée leur eft venue de la difficulté d'unir le cuivre au fer, & de l'imperfection du métal mal combiné qui en réfulte.

Tous ces faits, & tant d'autres accidents qu'il feroit trop long de citer, prouvent que toute fubftance unie par addition au fer, même celles qui ont avec lui de l'analogie, l'appauvriffent ; que l'on ne peut obtenir de fer, dans fon degré de perfection, qu'en le privant totalement de toutes les parties étrangeres à fon effence.

Le vin dont la douce ivreffe nous fait goûter délicieufement la jouiffance des chofes actuelles, imprime fur nos organes différentes fenfations, dont les modifications procedent de la variété des fubftances, plus ou moins abondamment mêlées avec l'efprit, & dont la jufte proportion opere la meilleure qualité & les fenfations les plus agréables. Nous ne buvons pas tous les vins avec le même plaifir & en même quantité ; mais l'excès proportionnel de tous les vins occafionne l'ivreffe par l'érétifme des folides, la raréfaction & l'engorgement des fluides, opérés par l'efprit qu'ils contiennent, & qui dans fon principe eft uniforme.

Le vin, que je compare au minerai du fer, eft une des fubftances qui varient le plus. Les caufes de la variété dépendent d'un nombre infini de circonftances qui augmentent ou diminuent les acteurs de la fermentation ; le climat ; le fol ; l'afpect ; la qualité de la terre végétative, fon ameublement ; les labours ; les engrais ; la tranfpiration des plantes environnantes ; la feve filtrée & élaborée par les organes de la vigne, différemment difpofés, qui conftituent les innombrables efpeces de raifin ; la culture du bois, fon éducation ; l'abondance du fruit, fes degrés de maturité, les accidents qu'il essuie des différents météores, rosée, pluie, vents, grêle, neige, frimats, chaleur concentrée, la sérénité du temps de la récolte ; la pression prompte, ménagée, violente ou rallentie ; la concentration du moust ; le volume, la qualité & l'état des vaisseaux ; le degré de fermentation, légere, vive, longue, interrompue, interceptée ; le dépôt exact des parties féculentes ; la séparation des corps intégrants, surabondants ; la perfection de la combinaison, des principes qui s'operent dans des temps différemment limités, puisqu'il y a des vins qui ne peuvent subsister un an, tandis que d'autres bravent des siecles. Tous ces accidents cooperent à la bonté ou à l'imperfection, & font sensibles à un palais gourmet qui sait apprécier les causes & les suites des sensations qu'il reçoit.

Les vins d'Asie n'ont pas la même seve que ceux d'Europe. Les vins des divers pays d'Europe qui en produisent, font tous caractérisés par un terroir national. Ceux de Hongrie ne ressemblent point à ceux d'Espagne ; & ceux-ci different de ceux de France qui font les délices de l'univers.

Parmi tant de vins que la France produit, quelle variété, quelle disparité ! Combien de gradations de nuances de qualité n'y a-t-il pas entre les vins de Brie & ceux de Champagne & de Bourgogne, qui les rendent détestables, mauvais, petits, médiocres, jolis, bons, agréables, excellents, exquis, merveilleux, délicieux ; enfin tous ces vins qui ne font différents que par l'arrangement & la combinaison des parties substantielles du vin, que je regarde à l'instar des mines, comme la matrice de l'esprit qu'il contient, fous les enveloppes d'un mucilage, de la partie colorante & d'un phlegme abondant, donnent tous par la premiere distillation un esprit ardent en plus ou moindre quantité. Les vins plats, vapides, durs, austeres, froids, aigrelets, en donnent très peu ; les vins légers, agréables, en donnent plus ; mais les fumeux, pétillants, capiteux, généreux, moëleux & violents, en donnent beaucoup. Cet esprit ne se sépare pas également dans son degré de perfection. Dans les vins vifs & dépouillés, la féparation eft prompte à un feu léger, & l'efprit qui réfulte d'une premiere diftillation a un degré de concentration. Les vins couverts, enveloppés, chargés de parties extractives, féculentes, tartareufes, demandent un feu violent & continué, ce qui force l'afcenfion de beaucoup de phlegme & d'huile qui entrent dans la compofition d'un efprit foible & favonneux, fouvent empyréumatique ; tel particuliérement celui que l'on tire des marcs du raifin & des lies du vin ; mais toutes les efpeces d'efprits de vin qui ont confervé des parties étrangeres de leurs matrices, peuvent en être dépouillés entiérement par une diftillation lente, par l'élévation de la colonne qu'ils parcourent avant leur condenfation ; l'efprit n'entraîne pour lors avec lui que l'eau de fa compofition. Par l'intermede des terres abforbantes, des alkalis fixes, d'une grande abondance d'eau, on le dépouille de toute fon huile étrangere, & on réduit l'efprit inflammable de tous les vins du monde à une liqueur homogene, une, dans laquelle fe perd la fcience du gourmet.

C'eft ainfi que, par des procédés appropriés, en dépouillant le fer des fubftances hétérogenes qu'il retient des matrices de fon minerai & des matériaux employés à fon traitement, l'on parvient à le perfectionner & à le réduire à l'unité en le rendant homogene.

La France, riche particuliérement en bois & en mines de fer, devroit être dans le cas de fe paffer de toutes efpeces de fer exotique ; même d'en fournir à tous les Etats voifins, comme elle leur fournit fes vins que l'art a perfectionnés ; mais le défaut de connoiffance, le peu de fecours que nous ont laiffé ceux qui nous ont précédés, & la difficulté de la matiere, forment des obftacles aux progrès de la fidérurgie & à l'avantage d'un commerce étendu d'un fer fupérieur en qualité à celui de nos voifins.

Quoiqu'il foit indifpenfable de parvenir à la fabrique du fer par les voies les plus fimples & les moins coûteufes, pour pouvoir en établir le prix à un taux affez modique pour qu'il puisse se prêter à tous nos besoins, nous ne sommes point dispensés de chercher à grands frais le moyen de perfectionner le travail des forges. Lorsque les causes seront connues, que les principes seront certains, les procédés invariables, il sera facile de simplifier le traitement, de remplacer les substances précieuses & difficiles à acquérir, qui seroient nécessaires à perfectionner les découvertes dans la Docimacie, par d'autres substances analogues, communes, qui suppléeroient avec avantage dans le travail en grand. La terre herbue ne remplace-t-elle pas dans la soudure du fer la résine & le borax? la chaux, les alkalis; les cailloux, les différents fondants?

Des vues si avantageuses à l'Etat & aux progrès des sciences, doivent intéresser les personnes qui ont la puissance & l'autorité en main, & les Savants à concourir avec les Artistes au bien commun.

# MEMOIRE

## SUR LES MÉTAMORPHOSES DU FER,

### OU

### RÉFLEXIONS CHYMIQUES ET PHYSIQUES,

### SUR LES DIFFÉRENTES SITUATIONS DU FER

### DANS LA TERRE,

### DANS SON TRAITEMENT

### JUSQU'A SA PERFECTION ET SA DESTRUCTION;

### PARTICULIÉREMENT

### SUR LES CRYSTALLISATIONS MÉTALLIQUES

### DANS LE FEU,

### SPÉCIALEMENT SUR LA CONFIGURATION DU FER,

### DE SA MATTE ET DE SON RÉGULE;

### SUR DIFFÉRENTS PHÉNOMENES DE SIDÉROTECHNIE,

### ET AUTRES PARTIES DE MÉTALLURGIE.

*Non hic vana tenet suspensam fabula mentem.* GEORG. FABR.

LE FER est un métal d'un genre singulier, en ce qu'il se trouve dans des situations où on peut le regarder comme demi-métal, dans d'autres comme métal, enfin dans d'autres il ne ressemble ni aux uns ni aux autres.

La fonte de fer ressemble à un demi-métal (*a*), en ce

(*a*) Je ne prétends pas dire que la fonte de fer soit un demi-métal, au point de faire un genre particulier parmi les demi-métaux. Le reste du paragraphe prouve que je ne lui donne ce nom que par comparaison, & qu'on ne la fait point changer d'état.

qu'elle

qu'elle est opaque, pesante, sonore, fusible & fragile ; elle differe des demi-métaux en ce que par un travail approprié elle change d'état, devient métal en devenant malléable ; & qu'il n'est point de procédés counus qui donnent de la ductilité au bismuth, au zinc, au régule d'antimoine, & aux autres demi-métaux.

Le fer doit son rang parmi les métaux, à son poids, à sa solidité & à sa ductilité ; mais il differe des autres métaux & demi-métaux en ce qu'il n'est point fusible lorsqu'il a acquis son degré de parfaite métallité, sans se décomposer.

Le fer, proprement dit, dans son état de perfection, doit prendre facilement à la lime un beau poli, de couleur d'un gris sombre ; rompre très difficilement ; sa cassure doit être très inégale, obscure, sans brillant ni facette, paroître composée de différents faisceaux de filets recouverts d'une enveloppe commune, bien dépouillée, sans crevasses ni gerçures ; se chauffant également sans grand déchet & sans scintiller par cantons ; se couvrir enfin d'une sueur dorée ; y prendre intérieurement une couleur d'un blanc jaune, tirant sur celle de l'or pâle & non rougeâtre ; forger sans crever ; s'étendre soit en feuilles soit en fil, sans se rompre ; souffrir le marteau à froid, & y prendre du ressort.

Le fer n'acquiert cette perfection qu'en passant par beaucoup de situations différentes les unes des autres, & toutes relatives au temps, à la quantité & qualité des matériaux, & aux degrés de feu employés à sa perfection : c'est le Protée des métaux.

L'on peut considérer le fer sous cinq points de vue différents. Le premier en son état de mine ; le second en celui de fonte ou matte ; le troisieme comme régule ; le quatrieme comme métal ; & enfin le cinquieme en son état d'appauvrissement ou de destruction.

Le fer dans sa mine est ou minéralisé ou sous une forme de dépôt, crystallisé, ou confus, ou incorporé avec d'autres substances terreuses ou pierreuses.

Le fer minéralisé seulement avec le soufre qui constitue

H

les pyrites martiales, est de tous les états qu'il a dans les entrailles de la terre celui qui lui donne la forme la plus métallique ; il est dur comme l'acier & très pesant.

Le fer minéralisé avec l'arsénic, le cuivre & le soufre, forme aussi des pyrites qui different peu des premieres par le tissu. Le fer uni aux autres métaux dans leurs mines, y est toujours sous la forme de guhrs ferrugineux, de pierres incrustées, de cryftallisations minérales ferrugineuses, de dépôts condensés ; & le fer qui accompagne les masses d'or ductiles dans les mines du Pérou, est un dépôt ochral condensé, qui n'a du métal que la possibilité de le devenir, de même que les sables ferrugineux qui roulent avec les paillettes d'or dans le sein des fleuves auriferes.

Les mines de fer par dépôt de la dissolution des pyrites, sont plus ou moins pures & plus ou moins riches, suivant les accidents qui les ont accompagnées. Il en est de même des substances pierreuses & terreuses & de tous les sidérolithes. Je ne m'arrêterai pas sur cette matiere : j'en ai déja parlé, & il faudroit encore plusieurs volumes pour l'éclaircir. Je passe à la fonte de fer, qui est le second état de ce métal.

Pour obtenir le fer sous la premiere forme sous laquelle il figure dans le commerce & les arts, l'on pose le minerai, suffisamment nettoyé, sur le charbon (a) que l'on jette dans le fourneau de fonderie par distances périodiques d'environ quatre-vingts minutes de durée. Pendant la premiere période, ou le temps que dure la consommation d'une charge, le minerai perd son humidité & descend environ trentesix pouces. Pendant la seconde, le minerai reçoit une chaleur que l'on peut regarder comme un grillage qui lui enleve quelques parties étrangeres les plus volatiles ; il descend de trente pouces. Pendant la troisieme période, le minerai rougit, ainsi que les matieres calcaires & fusibles

---

(a) Je donnerai les dimensions intérieures d'un fourneau à fondre le fer dans le Mémoire sur l'art de laver & fondre avec économie des mines de fer.

qui l'accompagnent ; il defcend de vingt-deux pouces. Pendant la quatrieme, le minerai fue une matiere qui eft la
partie la plus fufible des corps étrangers qu'il contient, &
qui en colle les morceaux les uns aux autres ; il defcend
de dix-huit pouces. Pendant la cinquieme période, il s'amollit, prend du phlogiftique ; & fans changer de forme extérieure, il reçoit le premier degré de métallifation ; & il
defcend de quinze pouces. Pendant la fixieme, il entre en
une fufion pultafée, épaiffe, qui le pelotone & l'amalgame
avec la caftine, qui eft devenue chaux ; & defcend de douze
pouces dans le grand foyer du fourneau, qui eft l'endroit où
les deux cônes des parois & de l'ouvrage s'uniffent par leur
bafe, où fe fait le mêlange des matieres, & où réfide la
plus grande chaleur ambiante. Pendant la feptieme période,
l'union des matieres fe fait plus exacte ; la fufion augmente,
les foufres fe développent ; partie agit fur le minerai & le
fond ; partie eft abforbée par les matieres calcaires & les
terres abforbantes plus ou moins ; le minerai defcend de
huit pouces. Pendant la huitieme période, la dépuration
commence à fe faire ; la fufion vient au point de former
des globules qui s'échappent en gouttes fcintillantes ; & la
charge defcend de quinze pouces ; elle fe trouve au-deffus de
la tuyere. Enfin pendant la neuvieme & derniere période,
le minerai defcend infenfiblement de la trémie à mefure de
la confommation des charbons, vis-à-vis la tuyere où il eft
intimement pénétré du feu qui fait agir le phlogiftique
qu'il a reçu fur fes molécules, les divife au point de le
rendre fluide. L'action du feu eft fi véhémente au centre du
foyer, que la vitrification des matieres eft inftantanée ; la
fonte pour lors entre dans fon degré de fufion, pénetre la
maffe vitrifiée ou de laitier, qui eft au-deffous, y dépofe
celui qui lui eft attaché, & refte en bain au fond de l'ouvrage ; elle y eft dans un mouvement inteftin continuel,
d'où réfulte la dépuration. Enfin après douze heures qu'a
duré la réduction des neuf charges, on lâche la fonte, ou

H ij

on la puife avec des cuillers, fuivant les différents ouvrages auxquels on la deftine (a).

La fonte de fer, ou plutôt la matte de fer, qui eft le nom qui lui eft propre (b), fort du fourneau fous différents degrés de pureté, de confiftance, de couleur & de propriété. L'on en diftingue ordinairement deux efpeces différentes, une blanche & une grife; chacune fe fubdivifant en différentes nuances de couleur & de qualité.

En général la fonte de fer n'eft que le minerai fondu qui a retenu une partie des foufres & des autres fubftances qu'il contenoit, & qui s'eft chargé furabondamment du principe fulfureux volatil des charbons dans la fufion; ce qui la réduit dans un état plus ou moins pyriteux. La fonte de fer differe autant du fer, que l'antimoine differe de fon régule.

La fonte de fer blanche, qu'un Auteur a dit être la meilleure (c), eft au contraire la plus mauvaife, parcequ'elle eft la plus chargée de matieres hétérogenes. La fonte blanche fort telle du fourneau, pour plufieurs caufes.

La premiere, lorfque l'on furcharge un fourneau de minerai relativement à la chaleur qu'il peut fournir, foit que le défaut de chaleur vienne d'une conftruction vicieufe, de l'impuiffance des foufflets, de la mauvaife effence des charbons, foit qu'ils aient été énervés dans la cuiffon, foit qu'ils aient été pourris dans les magafins (d); accidents qui

---

(a) La durée d'une charge, l'efpace qu'elle occupe dans le fourneau, & les changements qu'elle y reçoit, font à-peu-près & relatifs à la conftruction du fourneau & à la façon de le conduire.

(b) Des Auteurs donnent à la fonte de fer la dénomination de *fer fondu*. Cette expreffion eft d'autant plus impropre, que le fer, proprement dit, ne fond point; que lorfqu'il a été fondu, il n'eft ni fer ni fonte, & que la fonte n'a pas encore acquis l'état de fer & fes propriétés.

(c) M. de Réaumur a pris la partie réguline du fer pour la fonte du fer. Le travail en petit, dans la métallurgie,

fait fouvent prendre l'ombre pour la vérité.

(d) La pourriture n'eft pas prife au ftrict phyfique, pour exprimer la deftruction des molécules du charbon, mais pour exprimer l'accident qui lui arrive par l'abondance de l'humidité dont il peut être pénétré; ce qui le rendant très maffif, rallentit le développement des parties ignées. J'ai des charbons enveloppés d'un *fongus* fingulier. Ce n'eft point ici l'occafion d'analyfer toutes les caufes qui font capables d'étonner les Phyficiens, le charbon étant réputé indeftructible par autre agent que le feu.

s'oppofent tous à l'exactitude du départ des matieres étrangeres qui reftent unies intimement à la fonte.

La deuxieme caufe eft, lorfqu'un Fondeur n'eft pas attentif à travailler fon ouvrage, pour faire defcendre les
charges doucement, il arrive que les matieres font une
voûte au-deffus de la tuyere, & lorfque les parties, qui
en formoient les vouffoirs, viennent à fe détacher, les
charges culbutent, defcendent confufément. La fufion ne
peut être exacte, parceque la chaleur eft trop divifée ; les
matieres font précipitées dans le bain avant d'y avoir été
fuffifamment préparées, & entraînent avec elles les corps
hétérogenes qui n'ont pu être féparés. Le même accident
arrive lorfque les étalages font trop bombés ; il s'amaffe, dans
les angles des fourneaux carrés (a), des matieres qui s'y accumulent jufqu'au point d'y former des maffes dont le poids
les précipite foudain dans le bain. Il réfulte pareil inconvénient de la vétufté d'un ouvrage trop élargi, qui ne peut
plus foutenir l'équilibre de la colonne des matieres ; tout fe
confond alors ; enfin toutes les caufes qui peuvent diminuer la chaleur du fourneau en interrompent les opérations
& appauvriffent la matiere qui en réfulte. C'eft un eftomac
bien ou mal conftitué, & qui agit différemment fur les
matieres qu'il reçoit. Lorfque les aliments lui parviennent
fans être préparés par le choix, la maturité, la cuiffon, la
maftication, trop précipitamment, en trop grande abondance, d'une qualité nuifible, ou que par caducité, les
mufcles ont perdu leur reffort, la digeftion pour lors ne
peut être qu'imparfaite ; le chile qui en réfulte eft vicieux.
Un Fondeur, ou plutôt un Maître de forges, doit être attentif à bien régler la diette d'un fourneau, pour prévenir fes
maladies & parer aux accidents nombreux qui furprennent
les plus vigilants. Il n'eft pas de mon objet actuel de traiter
des pronoftics & diagnoftics de l'état d'un fourneau : cela

______

(a) Pour prévenir cet accident, je
fais les étalages de mon fourneau très
rapides, & l'intérieur de tout l'ouvrage
eft conftruit fur des lignes elliptiques,
contre le fentiment d'Orchal. Voyez les
Planches IV & V.

fera partie d'un autre Mémoire. Je dirai seulement que tous les accidents cités ci-dessus, donnent tous de la fonte plus ou moins blanche, dont il y a trois sortes.

La premiere vient des dérangements violents du fourneau; elle en sort dans un état pultasé, troublé intestinement par l'effort que font les matieres étrangeres pour en sortir, formant des bulles dont il sort des lances de feu; elle est pesante, fragile, obscure au dehors, souvent rougeâtre, blanche en dedans, sans éclat ni arrangement, rougissant à la cassure lorsqu'on la rompt encore chaude, elle a un son aigre & dur. Cette fonte, qui doit porter particuliérement le nom de *matte de fer*, n'est propre dans cet état à aucun ouvrage : à l'affinerie, elle demande beaucoup de travail pour faire un très mauvais fer.

La deuxieme sorte de fonte blanche est celle qui est telle, à cause de quelques légers accidents, ou que les proportions de la mine & du charbon sont entretenues de façon à ne pas faire une dépuration plus exacte. Cette fonte, en raison de la grande quantité des parties métalliques étrangeres & des sulfureuses qu'elle contient, attaque & ronge le creuset qui la reçoit; elle sort du fourneau ardente, avec impétuosité; bouillonne; lance des gerbes de feu très agréables à voir pendant la nuit; se fige très promptement; est inégale à sa surface; se couvre d'une croûte dure, noire, fragile, qui se détache par écailles (*Pl.* I, *Fig.* 1, 2, 4). Intérieurement cette fonte est très blanche, disposée plus ou moins réguliérement en rayons, comme la pyrite martiale cryftallisée, comme l'antimoine, ou plutôt comme toutes les substances métalliques unies intimement à beaucoup de soufre, cette fonte casse avec éclat en refroidissant, lorsqu'elle est en volume qui n'a pas une épaisseur proportionnée à son étendue, comme plaques, contre-cœur de cheminées, poteries, & autres de ce genre; & lorsqu'elle est en masses considérables, elle casse dans l'usage à proportion des efforts qu'elle reçoit, comme marteaux, enclumes & autres. Cette fonte a un son clair & argentin qui pourroit la faire appliquer à l'ufage des cloches avec avantage ; elle eft pefante, dure & fragile ; la lime ne l'entame point ; à peine les tranches les plus dures & à gros grains d'orge , ont-elles un léger accès pour l'éclater ; l'abondance des matieres étrangeres & fulfureufes la rend tendre au feu ; elle eft très fufible, affez aifée à travailler à l'affinerie ; mais donne un fer fuyard , caffant, dur , rouverin & compact. En général l'ufage des fontes blanches devroit être profcrit dans les travaux des forges. La fonte blanche eft fufceptible d'être purifiée , ce qui double le travail & la dépenfe. Elle eft blanche & d'un tiffu ferré , à caufe de l'intermiffion des corps étrangers entre fes molécules ; c'eft cette contiguité de parties qui la rend fonore. Ses rayons font des prifmes tétragones , très déliés, compofés de rhombes pofés les uns fur les autres ( *Voy. Pl. I. Fig. 3.* ).

La troifieme efpece de fonte blanche, eft celle qui a reçu un degré de dépuration au-deffus de la précédente ; elle eft un peu plus parfaite, contient encore des matieres fulfureufes , hétérogenes , & participe de la qualité des fontes grifes : ce qui fe connoît par les parcelles de cette derniere, plus ou moins abondamment répandues dans fes maffes, & qui forment des taches étoilées grifes, qui ref-femblent affez aux taches de la rouffette & de la truite ; ce qui lui a fait donner le nom de *fonte truitée* , ou *mêlée.* Cette efpece appartient plus aux fontes blanches qu'aux gri-fes ; parceque cette derniere efpece y domine toujours moins.

La fonte truitée fort du fourneau plus fluide que la pré-cédente & plus tranquillement ; cependant elle lance des étincelles éclatantes (*a*) qui décelent fa qualité & fon im-perfection. Cette fonte , lorfque le travail du fourneau n'a pas été trop précipité , peut fervir à faire de gros ouvrages ;

---

(*a*) Ces étincelles font des globules de fonte , lancés par la raréfaction des corps étrangers , & de l'air dégagé par la grande chaleur. Ces globules étin-cellent, parceque fe trouvant dans l'air libre, leur phlogiftique les quitte comme il arrive lorfqu'on bat le briquet.

comme poids de balances & autres semblables ; elle est très propre aux enclumes des forges , & à toute espece de chose dont le volume concourt à la solidité. Les affineurs la préferent à toute autre, à cause de sa facilité à se travailler ; elle donne un fer meilleur que les précédentes, même par proportion.

L'on peut mettre au rang des fontes blanches une quatrieme sorte, qui ne l'est qu'accidentellement , laquelle doit tenir place ici, parceque ses causes jetteront beaucoup de lumieres sur la nature des fontes blanches en général.

Lorsque la fonte de fer, *grise de nature*, est reçue dans un corps froid , humide, compact, elle se fige précipitamment , devient blanche , dure & cassante ; ensorte que si une piece est moulée de façon qu'elle soit inégale dans son épaisseur, quoique coulée d'une même goutte de fonte grise ; la partie la plus mince est blanche ; celle qui est un peu plus épaisse est truitée ; & celle qui a le plus de volume est grise : phénomene singulier dont je vais tâcher de développer les causes (a).

L'on ne peut révoquer en doute que la fonte de fer, en quelque situation qu'elle se trouve , même la plus parfaite, ne contienne beaucoup de parties sulfureuses surabondantes ; que plus elle en retient, moins elle est parfaite ; & plus on en facilite l'écoulement, plus elle est pure. La chaleur, en général, travaille toujours efficacement à cette séparation dans des degrés proportionnés.

Un poële de fonte de fer, qui n'est échauffé que par le brasier qu'il contient, répand dans l'étuve, qu'il échauffe, une odeur sulfureuse incommode : son effet est d'autant plus violent que le feu est ardent, que le poële est neuf, & que le lieu est clos ; puisqu'un poële de terre ne produit pas le

---

(a) M. de Réaumur n'a pas compris ce phénomene, & parcequ'il assignoit aux fontes blanches la supériorité, il a considéré ce défaut essentiel comme une perfection, & y fait cadrer son raisonnement.

même

même effet, & au même degré ; il faut attribuer cet accident à l'écoulement des principes sulfureux que contient la fonte de fer dont le poële est composé.

Cette exhalation du principe sulfureux est si considérable dans la fonte en fusion, que lorsque dans la même fosse on enterre plusieurs moules de terre de différents objets, tous sans communication, même séparés par une cloison de sable de dix à douze pouces d'épaisseur, comprimé fortement, l'on a introduit la fonte de fer dans un des moules, les voisins sont si pénétrés de la matiere sulfureuse, qui s'écoule de la fonte en fusion, & l'air y est si raréfié, que lorsqu'on approche un boute - feu près d'un des soupiraux des moules vuides, l'air s'enflamme avec explosion, & la flamme sort continuement. Cette précaution de faire feu aux moules est absolument nécessaire ; car si l'on introduit la fonte sans cette attention, l'explosion est si considérable, qu'elle fracture la chappe & fait éclater la fonte avec danger.

Lorsque l'on coule de grosses plaques sur le sable, l'on pratique sous le moule des courants d'air, que l'on nomme *évents :* quand la fonte est coulée, l'on fait feu & il en sort un air enflammé, souvent étincelant. Sans ces évents l'air & le principe sulfureux volatil, trouvant des obstacles à leur écoulement dans la masse & la compression du sable, sont contraints de se faire jour à travers la fonte, y font des trous & des soufflures, ou la plaque casse avec bruit en se réfroidissant.

Enfin toutes les masses de fontes de fer, coulées dans des moules dont la matiere poreuse permet l'écoulement de ce soufre surabondant, sont environnées d'une atmosphere enflammée, bleuâtre, qui dure long-temps après la fixation de la fonte.

Il n'en est pas de même lorsque la fonte est introduite dans des moules dont la substance, trop compacte, trop froide, ou trop humide, s'oppose à l'écoulement du principe sulfureux contenu dans la fonte ; tels que tous les

I

moules de fonte de fer, comme coquilles à boulets, les moules de terre mal recuits, les moules d'un fable trop humecté : la fonte grife que l'on y introduit en fort blanche, parceque dans les moules mal recuits & trop humides, les parties extérieures de la piece coulée, font fubitement figées ; lorfque la piece eft mince, comme chaudieres, marmites, poëles & autres de ce genre, l'intérieur l'eft bientôt auffi ; le principe fulfureux refte uni à la fonte qui, au lieu d'être douce & grife, eft dure, d'un blanc d'étain, & fi fragile, qu'elle caffe d'elle-même ; elle fe chambre en dedans : accident contre lequel il eft de la derniere importance de prendre les précautions les mieux réfléchies, particuliérement pour les pieces d'artillerie ( *Voy. Pl. I. Fig. 5* ). Une bombe creve dans le mortier, parce que l'explofion de la charge détermine quelques ouvertures, qui communiquent le feu à l'intérieur de la bombe : elle ne décrit pas une parabole néceffaire à fon émiffion, parcequ'elle n'eft pas du poids fpécifique à fon diametre, à caufe des chambres répandues dans fa maffe. Les canons de fonte de fer crevent par la même caufe : ces derniers doivent toûjours être coulés fans noyau, & forés ; parceque le noyau eft fujet à fe déplacer, conféquemment caufe des erreurs dans l'épaiffeur ; ou ce noyau n'étant pas bien cuit, ou contenant des corps fur lefquels la chaleur ou la fonte ont de l'action, il en réfulte une raréfaction qui chambre le vif de la piece. Les boulets qui fe coulent ordinairement dans des coquilles de fonte de fer, font fujets à être creux, parceque le froid & le tiffu ferré de la coquille ne permettent pas l'écoulement du principe fulfureux & de l'air fixe : ils agiffent dans l'intérieur au centre de la maffe, y occafionnent un bouillonnement qui écarte & raréfie la fonte, ce qui produit des chambres. Un tel boulet emplit fon calibre & n'a pas le poids fpécifique à fon diametre ( *Voy. Pl. I. Fig. 4.* ).

Je ne prétends pas attribuer tous ces défordres uniquement à l'écoulement du principe fulfureux ; l'air dégagé des matieres qui reçoivent la fonte, & raréfié par la grande chaleur, y a auffi beaucoup de part : c'eft de l'air fixe combiné avec l'humidité & une très grande abondance de matiere fulfureufe.

Ce feroit ici le lieu de parler des fêlures & fractures des pieces de fonte de fer, accident qui leur arrive long-temps après avoir été coulées, fouvent par un petit rayon de foleil qui fuccede à une pluie orageufe; des tintements des contre-cœur, des âtres, des poëles, lorfqu'ils font fort échauffés pendant un grand froid; de la fracture du bout des gueufes de fonte blanche au feu d'affinerie, & du moyen d'empêcher cet accident qui tient beaucoup au fyftême de l'électricité : mais ces détails, qu'il eft néceffaire d'approfondir dans d'autres Mémoires, me jetteroient dans de longues réflexions éloignées de mon objet actuel. Je terminerai l'hiftoire des fontes blanches, en difant qu'elles ne le font que parcequ'elles contiennent beaucoup de matieres étrangeres, hétérogenes, furabondantes, & particuliérement de fulfureufes, en plus ou moindre quantité, fuivant qu'elles ont reçu plus ou moins de chaleur dans le fourneau; qu'elles fe font figées plus rapidement; que les fontes grifes qui ont blanchi par accident, ont acquis cette mauvaife qualité par le refroidiffement fubit qui a intercepté l'écoulement du principe fulfureux, & leur a donné une trempe qui a troublé l'ordre de l'arrangement fymétrique de leurs parties, & leur a acquis quelque chofe de commun avec l'acier, outre la dureté & la fragilité; qu'en général les fontes blanches cryftallifent en rayons concentriques, comme toutes les fubftances métalliques combinées avec le foufre; que l'on peut leur enlever & leur rendre ce foufre, conféquemment que les fontes blanches ne font qu'un fer minéralifé de la feconde efpece, en prenant les pyrites martiales pour un fer minéralifé de la premiere efpece.

La fonte de fer grife eft celle que l'on obtient, par une jufte proportion du minerai, des fondants, des correctifs & de la chaleur; d'où il réfulte le départ des matieres hétérogenes qui font vitrifiées, & une fufion exacte des parties métalliques. C'eft cette efpece de fonte qui produit le meilleur fer, enforte qu'il eft poffible de tirer de bon fer des plus mauvaifes mines, en obfervant de les réduire en fonte grife.

Il y a en général deux efpeces de fonte grife, l'une d'un gris cendré, & l'autre beaucoup plus foncée, tirant plus ou moins au noir. La premiere eft celle qui eft dans fon degré de perfection, en la confidérant comme fonte de fer utile aux arts. Elle fort du fourneau auffi fluide que de l'eau prenant fon niveau. Ce n'eft pas à cette fonte de fer que l'on doit appliquer la définition de Geber, *non fufibile fufione recta ;* car des trous faits par le *lâche-fer*, & dirigés par le hafard en ajutage, donnent des jets de feu qui remontent prefque au niveau du bain, & font un merveilleux effet pendant la nuit. Cette fonte eft tranquille, d'une belle couleur d'un jaune doré, miroitant au foleil ; fait flux & reflux lorfqu'elle eft verfée dans un moule horifontal ; exhale quelques vapeurs blanches jaunâtres ; prend toutes fortes d'impreffions, même de la cifelure la plus déliée, entre les mains d'un habile mouleur ; fait une retraite très confidérable (*a*), fe couvre à fa furface extérieure d'une pellicule de fcories très légere ; fa couleur extérieure eft d'un gris ardoifé, éclatant lorfqu'elle eft brute, & argentin lorfqu'elle eft polie ; elle rouille très difficilement extérieurement, & très promptement intérieurement ; quand qu'elle eft caffée ; elle eft au dedans d'un gris cendré vif, lorfqu'elle eft dans le jufte point de fa perfection, qu'elle n'a pas reçu un degré de trempe par un refroidiffement fubit, & qu'on lui a facilité l'éruption des foufres furabondants, raréfiés par la chaleur ; elle eft limable, caffe difficilement, a même un peu d'élafticité, le cifeau y a de l'accès, & le marteau y fait des impreffions en comprimant fes molécules. La

(*a*) Les Auteurs qui ont avancé que la fonte de fer ne faifoit point de retraite, ont été duppés par la fufion imparfaite dans leurs fourneaux d'effais.

forme & l'arrangement de fes parties intérieures dépendent des circonftances qui ont précipité, ralenti ou prolongé fon refroidiffement. Lorfque quelque caufe a troublé l'ordre, l'arrangement eft confus d'un grain d'acier plus ou moins gros, moins arrondi ; un refroidiffement très lent procure à fes molécules un arrangement fymétrique : c'eft ce que je vais examiner.

Il n'eft rien dans la Nature qui ne fe caracterife par une forme effentielle individuelle, fur laquelle le hafard n'a aucun empire. Chaque être a une figure déterminée, caractériftique, qui, de concert avec la qualité de fa fubftance & auffi invariable qu'elle, détermine fa propriété. C'eft une *trimonie* dans laquelle je conçois que la figure procede de l'effence de la fubftance, & la propriété des deux ; elles ont reçu l'exiftence dans le même inftant ; car la matiere n'a pu exifter fans forme ; & la matiere formée a eu dès le premier inftant une propriété.

Tous les corps qui font fufceptibles de recevoir de la Nature ou de l'Art une confiftance fluide, en fe condenfant prennent refpectivement une forme fymétrique effentielle. Chaque molécule, femblable à fa voifine, l'approche, s'y unit, & fucceffivement : à mefure que le fluide qui les divifoit, fe diffipe, elles fe dérobent de leurs entraves & referrent les nœuds d'une affinité invariable ; elles s'appliquent les unes fur les autres en nombre toujours refpectif à celui des faces & à l'ouverture des angles de chaque molécule. C'eft pourquoi, lorfque je vois un corps naturel cubique, je conçois que chaque molécule de ce corps eft un cube ; un corps rhomboïdal eft compofé de rhombes, ainfi des autres ( *Pl. I. Fig. 6, 7, 8 & 9*). Le fpath & le quartz, qui jouent de fi grands rôles dans le regne minéral, nous donnent des preuves de ce que je viens d'avancer. Toutes les pierres précieufes, qui font pour la plûpart des cryftaux métalliques, ne fe trouvent-elles pas ordinairement fous une forme concrete, réguliere ?

Toutes les fubftances falines, acides, alkalines, diffoutes

dans l'eau, les bitumes dans les huiles, les métaux même dans les esprits acides, se condensent sous des figures régulieres, essentielles, invariables. Toutes ces configurations ont été décrites, mais il n'a encore été rien dit des crystallisations métalliques dans le feu.

Les métaux, qui sont les parties nobles des entrailles de la terre, seroient-ils donc privés d'une propriété commune à tous les êtres? La figure de leurs parties subiroit-elle le caprice du hasard & de l'ouvrier qui les manie? Non, sans doute, ils ont une forme générique, différentielle, suite du principe que j'ai posé ci-devant, & sont soumis à toutes les loix qui en sont des conséquences.

Tous les métaux, dissous par les acides, donnent des crystaux d'une figure déterminée, combinée, qui participe de celle de l'acide & de celle du métal, lesquels on peut appeller crystaux *metis*, pour les différencier des crystaux naturels. Quelques-uns ont très bien décrit plusieurs de ces crystaux métis; d'autres manquant de termes & d'attention, ont dit qu'ils étoient en aiguilles.

Nous avons vu, par une suite nécessaire de l'essence des choses, que les fontes blanches crystallisent en prismes déliés & disposés en rayons convergents. Cette situation peut être variée par le refroidissement, parceque le point où se refroidit premiérement la fonte, est celui où s'attache la premiere molécule condensée; ainsi de suite ( *Voy. Pl. I. Fig. 2* ).

Un boulet commence à se refroidir à sa circonférence; les molécules les plus voisines s'y fixent; & à mesure que la chaleur se retire au centre, les molécules s'accumulent les unes sur les autres, en suivant les progrès du refroidissement, enfin jusqu'au centre, qui est le point de la tendance commune. Si une cause a fait refroidir plutôt un côté que l'autre, tous les rayons se dirigeront par des angles respectifs à la position de leurs bases; enforte que ceux du côté le plutôt froid seront les plus longs, & les opposés les plus courts ( *Fig.* AB ). J'ai présumé que la forme des cryſtaux de la fonte blanche étoit déterminée en partie par le ſoufre qu'elle contient. Que l'on ſe rappelle la figure intérieure de la pyrite, de l'antimoine, du cinnabre. A meſure donc que la fonte ſe dépouillera de ſes ſoufres ſurabondants, elle doit prendre dans ſa cryſtalliſation une diſpoſition différente : le fait confirme le raiſonnement.

La fonte de fer griſe, dans ſon degré de perfection, donne une cryſtalliſation très réguliere, chaque cryſtal étant diſtinct & iſolé ; mais pour l'obtenir, il faut que la fonte ſe refroidiſſe très lentement pendant pluſieurs jours, que la retraite ſoit conſidérable, & que rien ne trouble l'ordre : pour lors chaque cryſtal eſt une eſpece de pyramide dont la baſe eſt un rhombe, le long de chaque face de laquelle ſont appliquées à angle droit & continuement d'autres pyramides dont la baſe eſt égale au diametre du point d'incidence de la pyramide principale à laquelle ils ſont attachés ; & comme les diametres diminuent ſucceſſivement, les pyramides du bas ſont plus groſſes & plus longues, celles d'en haut plus courtes & plus déliées, y ayant une juſte proportion entre le diametre de la baſe & la longueur de la colonne. Les quatre pyramides oppoſées crucialement, ſont en tout égales entre elles, & ſucceſſivement viennent aboutir, par gradations de diſtances, de longueur & de groſſeur, ſur une ligne ſuppoſée droite & oblique au haut de la pyramide centrale, dont la pointe très aiguë eſt un point de mire, d'où s'apperçoivent toutes les pointes des pyramides inférieures, ce qui conſtitue chaque cryſtal de fonte, groupé réguliérement. Les petites grottes où ſe ſont formés des amas de ces cryſtaux, offrent à l'œil armé d'une loupe le ſpectacle d'une petite forêt métallique, compoſée d'arbres à branches quaternes oppoſées. Chaque pyramide eſt compoſée d'une ſuite de rhombes dont les côtés ſont inclinés, ce qui donne une ſurface plus large qui s'applique ſur la plus petite du rhombe qui le ſupporte ; ainſi de ſuite. Ces cryſtaux ſont plus gros, plus déprimés que ceux de la fonte blanche ; ils ſont iſolés, parcequ'ils procedent d'une fonte plus homogene, & que fa fufion parfaite a favorifé l'arrangement exacte de fes molécules. *Pl. II. Fig.* 11, 12, 13, 14.

La fonte grife eft beaucoup moins fonore que la fonte blanche, parceque fes parties font bien plus continues, & qu'elles font plus fouples ; c'eft pourquoi les marchands charlatans, qui ont de mauvaifes pieces de fonte blanche, les font fonner pour en avoir le débit ; c'eft un trébuchet auquel font pris prefque toutes les ménageres & les ignorants :

*Ferro fufuræ, nimium ne crede fonoro.*

Les petites cloches font plus fonores, relativement à leur maffe, que les groffes, même proportion admifé dans le mêlange de leur matiere, parceque le moindre volume des petites, entretient moins de chaleur lorfqu'elles font coulées : les molécules de la matte fe condenfant plus promptement, plus confufément, font moins continues ; en conféquence font plus fufceptibles de commotion : au lieu que l'on eft furpris que les monftrueufes cloches de Pékin, & tant d'autres en Europe, ne rendent pas le fon que l'on a droit d'exiger du volume énorme de leur maffe. J'en trouve la caufe dans le refroidiffement prolongé de leur matte. Pendant le long efpace de temps qu'il faut pour fixer quarante à quatre-vingt milliers de matte en fufion, les molécules, particuliérement celles de l'intérieur du métal, fe lient étroitement & continuement, en prenant leur configuration naturelle. Chaque cryftal de métal fe trouve plus ou moins féparé de fon voifin, parcequ'étant d'un tiffu plus ferré, plus compact, que lorfque la matte étoit fluide, néceffairement il y a une infinité de petits vuides, enforte que la commotion eft moins prompte & moins générale, puifque chaque molécule faifant l'office d'un martinet à reffort, lorfqu'elle eft ébranlée, elle heurte fa voifine ; fi elle porte à faux, non-feulement fon choc ceffe, parcequ'il n'a point de réaction, mais auffi ne tranfmet aucun mouvement, parcequ'elle n'a rien rencontré dans fa chute :

c'eft

c'eſt un ſemi-ton. L'intelligence de l'ouvrier doit lui ſug-
gérer les moyens de trouver, ſoit dans la forme de la cloche, ſoit dans les proportions du mêlange de ſa compoſition, un remede à cette eſpece de défaut; mais la plûpart des Fondeurs qui courent les campagnes, m'ont paru
ſi peu inſtruits & ſi peu exacts, que je ne ſuis point ſurpris
ſi ſouvent leurs travaux n'ont pas plus de ſuccès. Je reviens
à mon ſujet.

Lorſque dans un fourneau la mine a été trop économi-
ſée, ou que le degré de chaleur a été augmenté par un
vent plus véhément, ou par des charbons plus généreux,
ou enfin que la fonte eſt reſtée trop long-temps dans un
bain chaud, elle eſt pour lors d'un gris très foncé, ſouvent noirâtre, qui eſt la ſeconde eſpece de fonte griſe.
Cette fonte ſort du fourneau avec gravité, parceque ſa trop
grande concentration eſt un obſtacle à ſa fluidité. Elle eſt
triſte, elle ſe couvre de rides formées par les replis d'une
pellicule, qui eſt compoſée de ſa propre ſubſtance, qui
perd promptement ſa fluidité à la ſuperficie, & dont le
mouvement de l'air, excité par la chaleur, entraîne des
particules qui flottent & brillent dans l'atmoſphere. Ces
petits corps, qui ne ſont qu'une fonte très atténuée, ſe
nomment *limaille*, d'où la fonte qui la produit ſe nomme
*fonte limailleuſe*. Son tiſſu eſt rare, ce qui la rend moins
peſante; elle eſt douce à la lime; les tranches y ont de l'accès : mais elle s'égraine plus facilement que la fonte griſe.
Elle ſouffre un effort violent avant de caſſer; elle eſt très
dure au feu, demande une attention pénible à l'affinerie;
mais elle donne un fer nerveux & conſiſtant. La configuration de ſes cryſtaux eſt la même que de la fonte griſe;
mais ils ſont plus courts & groupés irrégulierement à cauſe
de la confuſion qui naît de ſa fixation trop prompte.

Cette fonte donne un très gros déchet dans le produit d'un
fourneau. Les pieces que l'on en coule ſortent rarement
bien réuſſies en petit volume, parceque la limaille qu'elle
forme, l'empêche de prendre les impreſſions des moulures,

K

& de se réunir parfaitement : ensorte que les pieces sont galeuses, ridées & souvent percées. Les tuyaux pour la conduite & l'élévation des eaux n'en doivent point être coulés, car l'eau cribleroit à travers. Cette fonte est très propre à couler des pieces d'épaisseur, qui ont besoin d'une grande résistance, comme collier d'arbre, tourillons, empoéses, manivelles des grosses machines, & toutes pieces auxquelles on voudra donner du poli au tour, ou en rechercher au ciseau les rondes bosses, après avoir donné un recuit approprié à cette fonte.

La limaille est un accident lorsque l'on veut couler des pieces dont elle fait ordinairement manquer la réussite : pour le reparer, un Fondeur intelligent qui en est averti par la couleur & la consistance du laitier, même par la limaille qui s'attache à ses outils dans le travail, une heure avant la coulée, introduit avec précaution des morceaux de fonte blanche en plus ou moindre quantité, suivant le besoin, ou un peu de plomb. Ce dernier moyen réussit très bien en le mettant dans les cuilliers avec lesquels on puise le fer. Dans l'un & dans l'autre cas, la limaille se revivifie, & les ouvrages réussissent, parceque les moyens employés lui rendent du soufre & du phlogistique. La limaille est donc une fonte qui a perdu presque tous ses soufres surabondants & un peu de phlogistique, & n'est plus fusible sans leur restitution. Tout ce qui en contient lui fait recouvrer son état naturel. Plus une fonte est soufflée, plus elle donne de limaille. Lorsqu'après une mise-hors (*a*) il reste quelques charbons & un peu de fonte, & que l'on fait souffler à froid (*b*) pour accélérer le refroidissement du fourneau, la fonte qui se trouve logée dans quelques masses confuses de laitier & de charbons, se convertit en limaille, qui est un amas de petites lames très déliées, d'un noir brillant plus ou moins atté-

---

(*a*) Lorsque l'on a fini le travail du fourneau.

(*b*) C'est faire mouvoir les soufflets sans matériaux.

nué ; les plus minces & les plus petites d’entre elles font foyeufes, graffes au toucher, noirciffent les doigts en fe brifant ; fe foutiennent quelque temps dans l’air, réfléchiffant agréablement la lumiere d’un rayon traverfant une chambre obfcure. Elle reffemble à un *mica ferrugineux*, que l’on pourroit appeller *fer de chat*, en fuivant les dénominations vulgaires ; elle a auffi beaucoup de reffemblance à une mine de fer noire brillante, de l’ifle d’Elbe, traitée en Corfe. Ces petites lames font autant de parcelles atténuées du régule du fer, qui eft le troifieme point de vue fous lequel je confidere le fer.

Lorfque la fonte de fer refte long-temps en bain fous une couche de matiere capable d’empêcher la perte de fes principes effentiels, & qui permet l’écoulement des matieres hétérogenes qu’elle contient, même les abforbe, la fonte pour lors fe condenfe en une matiere compacte, dure, brillante, argentée, cryftallifée en rhombe hexaedre, en cube, en parallélipipedes compofés d’un tiffu de couches appliquées les unes fur les autres, qui fe rompent avec effort rhomboïdalement, comme fait le fpath d’Iflande, chaque feuille étant compofée de molécules rhomboïdales, intimement unies, & dont la féparation par le feu forme la limaille dont je viens de parler. Cette efpece de cryftallifation eft très difficile à obtenir réguliere ; elle eft ordinairement confufe ; elle tient le milieu entre l’état de fonte & celui de fer : c’eft proprement fon régule qui eft très peu malléable, & ne fe fond plus totalement ; car s’il eft pouffé au feu, il paffe par différents états ; ou il fe minéralife, devient mâche-fer, ou il fe convertit en amiante ferrugineux, comme je l’ai démontré (*Voy. Pl. III. Fig. 19. RO*).

Je me fers de ce terme en le généralifant. J’adopte le fentiment de Becher qui définit le régule, *chaos feu medium inter mineram & metallum ; quod nec corpus nec fpiritus eft, fed quoddam mirabile quod fe ad metalla habet, ut mater.* Je n’ai point trouvé de nom qui convînt mieux à cette fubftance dans laquelle la partie ferrugineufe n’eft point affociée au foufre pur comme dans la pyrite, n'eft point dé-compofée comme dans les mines par érofion & par dépôt, n'eft point minéralifée comme dans les diverfes efpeces de fontes de fer au point d'être fufceptible de fufion ; mais qui, par une dépuration occafionnée par une fufion prolongée, a été réduite au point de fixité de n'être plus fufceptible de fufion, *nec fpiritus ;* mais qui contient encore des parties hétérogenes interpofées entre fes molécules qui s'opofent à la ductilité, *nec corpus.*

Lorfque ce régule eft refroidi promptement, fes cryftaux font fi petits, qu'ils prennent un grain d'acier, & pour lors il eft analogue au prétendu fer natif d'Allemagne, dont j'ai vu plufieurs morceaux caffés & non rompus.

Le régule de fer paffé à l'affinage donne un fer doux, nerveux & confiftant ; tandis que le fer fait avec la fonte ordinaire, produite par le même minerai, donne un fer caffant, aigre, dur à la lime. C'eft fur ce principe que, lorfque l'on veut purifier la fonte pour en obtenir un meilleur fer, on la paffe au feu de macération, où, après être reftée pendant un temps fuffifant en bain, on lâche par le chio la matiere purifiée, qui eft reçue dans un efpace limité par un cordon de frafin, formant un parallélograme ; l'on jette de l'eau fur le fer pour en féparer le laitier qui le couvre : l'eau durcit le laitier, raréfie le fer, fait coin entre les deux fubftances & les fépare ; l'on coupe ce macéré par des traits tirés tranfverfalement avec un morceau de bois ; c'eft à peu près le travail des gâteaux de Rofette.

La fonte de fer qui a effuyé cette refonte, approche par un degré de pureté plus ou moins exact, de l'état de régule, n'eft plus fufible exactement, même à peine peut-elle être introduite dans des moules, fur-tout lorfqu'elle a été trop épurée. C'eft ce qui fait que ces petits Fondeurs à la poche, qui refondent la fonte pour en faire quelque poterie, nomment *fonte enragée* celle qui, ayant déja été refondue plufieurs fois, n'eft plus fufceptible de fufion ; car plus ils lui donnent un feu vif & continué pour la faire mettre en fufion, plus elle fe grumelle, parceque ce dernier feu, qu'ils s'efforcent en vain de lui donner, eſt un feu d'affinage qui la métallife.

Dans le travail en grand, l'ébullition occaſionnée par la fraîcheur de l'arene ſur lequel ce macéré a coulé, & de l'eau dont il a été arroſé, rend cette fonte réguline plus acceſſible au feu par les trous nombreux dont elle eſt percée; ce qui la rend ſemblable en tout au prétendu fer natif du Sénégal, qui a abfolument le caractere de la fonte macérée qu'il a reçue d'un volcan actuel ou éteint. Les certificats des hommes, nés pluſieurs milliers d'années après cet accident, ne peuvent prévaloir contre l'expreſſion de la Nature. Les principes du fer font ſi groſſiers, qu'il faut un feu violent pour les pénétrer; leur aggrégation métallique ne peut être opérée par les actes répétés des imbibitions des fucs terreſtres, ſoit aqueux, ſoit ſalins, ſoit fulfureux, ou par la pénétration lente & ſucceſſive des vapeurs mercurielles qui n'y ont aucun accès. D'ailleurs les fucs qui condenſent preſque tous les autres corps fouterrains, feroient plus capables de détruire l'état métallique du fer que de le lui procurer, puiſque les aqueux, en chariant les particules martiales, compoſent les ochres & les mines par dépôt; les ſalins, les vitriols; & les fulfureux, les pyrites. Les vapeurs mercurielles, qui vivifient preſque tous les autres métaux dans leurs matrices (lorſque les circonſtances le permettent) ne font point de l'eſſence du fer, ne font pas même fufceptibles d'union avec la fubſtance du fer : donc tous ces agents généraux ne peuvent contribuer à la formation d'un fer vierge. La confommation de cette opération, préparée par la Nature, eſt réfervée au feu le plus véhément des volcans, ou de nos fourneaux conſtruits à leur imitation.

Je fuis perfuadé de la poſſibilité de trouver du fer foſſile, comme du bois. Mais conclura-t-on de ce dernier, que la végétation peut avoir eu lieu dans une ſituation inverſe ou horiſontale, & fans le concours de l'air libre, pour former des forêts fouterraines; que la Nature, pour un phénomene unique, fe fera écartée de fes loix immuables? L'abfurdité d'un tel raifonnement feroit auffi monftrueufe, que la preuve que le requin & la baleine font androgénes eft que l'on trouve des hommes entiers dans les cavernes de leur eftomac.

Dans la fabrique du fer en général l'on ne purifie pas la fonte du fer par la macération avant que de l'appliquer à l'affinage. Ce travail eft réfervé pour les ouvrages de martinet, foit pour l'acier, foit pour les fers deftinés aux ornements. Dans prefque tout autre travail en grand du fer, l'on foumet immédiatement la fonte à l'affinage pour en faire le fer par une feule opération; enforte que le feu lui étant appliqué par des actes moins répétés & en des temps plus courts, il a moins de prife fur les matieres hétérogenes qu'elle contient, & dont il paffe une portion plus ou moins abondante dans les maffes de fer qui fortent des affineries: plus ces maffes font confidérables, plus elles contiennent proportionnellement de matieres étrangeres, parcequ'elles ont préfenté moins de furface à l'action du fer.

Le fer, au fortir de l'affinerie, n'eft donc qu'une louppe d'une matiere ferrugineufe, plus ou moins pure, dont les parties font écartées les unes des autres par une matiere vitrifiée, dont une portion eft pouffée au dehors par la preffion du marteau, qui rapproche les molécules du fer, lefquelles prennent différentes formes, & fe foudent plus ou moins exactement, fuivant qu'elles font plus ou moins homogenes. Celles qui contiennent encore un corps étranger furabondant, fe grumellent & fe cryftallifent plus ou moins réguliérement. Celles qui font entiérement privées de toutes parties étrangeres à l'effence du métal, font atténuées au point de former des filets flexibles : chaque molécule de métal fe rapproche de fa voifine analogue, & fe cantonne.

Si l'on caffe une barre de fer, elle eft brillante dans toute l'étendue de la caffure, ou par partie, ou enfin elle ne l'eft point du tout, au contraire elle eft d'une couleur fombre. Lorfqu'elle eft brillante dans toute l'étendue, c'est par la réflexion d'un nombre infini de facettes qui occupent tout l'espace circonscrit. Ces facettes sont ou très petites & millionaires, ou plus étendues & moins nombreuses, ou enfin elles sont très considérables, se nombrent & font paroître leurs dimensions. Ces trois situations des molécules du fer sont trois degrés d'imperfections qui l'éloignent proportionellement de l'état d'une parfaite métallisation, & prouvent qu'il est plus ou moins régulin. Plus les facettes sont considérables, plus le fer est régulin & imparfait; plus elles sont petites, plus elles s'éloignent de l'état de régule, plus elles ont d'adhérence & tendent à la perfection.

Une observation va prouver que le fer grossier n'est qu'un régule, puisque ces facettes ne sont que des crystaux de régule rompus.

Lorsque le bout d'une marquette d'encrenée, qui est un fer crud, est soumis à la chaufferie à un degré de chaleur assez vif pour faire entrer en fusion le laitier qu'il contient intérieurement, & que les molécules du fer qui lui étoient unies ont pu se rapprocher, elles prennent une forme réguliere dans ce laitier, qui étoit son dissolvant, & qui sert de véhicule à sa crystallisation; si la chaude est forcée & qu'elle creve sous le marteau, il s'échappe des groupes de ces crystaux, que les Forgerons nomment *grumillons*. (*Pl. III. Fig.* 20). Si au contraire la chaude est ramassée adroitement, le laitier sue à travers les pores, les crystaux deviennent irréguliers par la pression qu'ils reçoivent dans leur état de mollesse, & s'unissent en tous sens pour former la barre, laquelle étant cassée, présente des faces brillantes, des angles & des cavités qui ne sont que les surfaces de ces crystaux vus en différents sens.

J'ai trouvé dans des masses de laitier de chaufferie, des groupes considérables de ces crystaux formés par des parties de fer qui s'étoient échappées avec lui par le *chio*, & qui avoient crystallisés dans le laitier (qui avoit tranché bande), comme dans leur dissolvant naturel. Le laitier est aux crystaux de fer ce qu'est l'eau aux crystaux salins; c'est le dissolvant dont ils se précipitent sous leur forme essentielle, duquel ils retiennent une portion qui lie leur arrangement symétrique : & de même que les eaux meres qui restent après les crystallisations salines contiennent une portion des acides ou des alkalis & de leur basses altérées par les solutions multipliées & par l'atténuation que leurs molécules ont subie par la chaleur répétée ; de même aussi le laitier contient un résidu des parties du fer qui ne peuvent plus faire une union métallique, quoiqu'attirables à l'aimant.

Ces crystaux de fer font rarement bien réguliers, parceque le feu qui leur donne naissance les soude ensemble, mutile leurs angles par l'action qu'il a sur leur substance. Les plus réguliers m'ont paru des polygones, hexaedres, formés de plusieurs rhomboïdaux unis par leur grande face. (*Voy. Pl. III. Fig.* 17).

Si l'on casse une barre de fer plus épuré que celui dont je viens de parler, c'est-à-dire qui ait acquis un degré de perfection au-dessus d'un fer régulin, la cassure sera semée par canton de très petites facettes, que l'on nomme grains, & de houpes nerveuses qui prouvent que le fer touche au point de perfection ; que ce qui la retarde est le plus ou moins d'abondance de ces petits grains qui sont encore imprégnés de matieres étrangeres, & dont le départ fait un fer généreux qui est hérissé dans toute l'étendue de sa cassure, d'inégalités de couleur grise obscure ; ces inégalités sont formées par un tissu de fibres nerveuses qui, appliquées les unes sur les autres, forment des muscles dans le fer qui lui donnent la force & le ressort. Ces fibres sont plus ou moins épurées. On apperçoit quelquefois de petits grumeaux, qui interrompent le parallélisme de la situation des fibres du fer, & qui sont autant de petites parties imparfaites.

Ce sont ces fibres qui, dans leur état de perfection, m'ont paru capillaires, c'est-à-dire tubulées, qui sont les

parties

parties effentielles homogenes du fer. Tout fer qui, dans une fituation naturelle, n'eft point compofé totalement de fibres, n'eft point fer, mais un fer régulin plus ou moins éloigné de fa perfection. Je dis dans une fituation naturelle; car le travail par lequel on parvient à rendre le fer acier, ne tend qu'à intercepter la continuité de ces fibres, & à leur donner de la roideur; ce qui me fait dire, en attendant que j'ai acquis plus de lumieres fur la nature de l'acier, que ce dernier eft un fer difpofé dans une fituation contraire à la naturelle.

Le fer en général, & plus encore dans fon état de perfection, a, pour ainfi dire, les propriétés d'un corps organifé; puifqu'il contient en foi une matiere fluide, fubtile, qui eft fufceptible de circulation, lorfqu'on lui a imprimé le mouvement, foit naturellement par la pofition dirigée au pôle, foit par un frottement mutuel de deux morceaux de fer, en fuivant la direction de fes fibres, foit par le frottement d'une pierre d'aimant; il a auffi la propriété d'attirer fortement, de contenir & de tranfmettre le fluide électrique, d'anéantir les effets du tonnerre; enforte qu'il eft inoui que la foudre foit jamais tombée fur une forge à fer.

Après avoir obfervé avec attention toutes les nombreufes fituations du fer depuis fon exiftence dans le fein de la terre, & les différentes formes qu'il prend par l'effet du feu, duquel il tient fes différents degrés de pureté, je conclus qu'il n'y a point de métal qui varie plus que le fer dans les opérations de la Nature, & de celles de l'art qui le conduifent à fa perfection; que les parties du fer, en fuivant l'ordre naturel des chofes, ont une forme réguliere, fymétrique, effentielle & caractériftique; que tous les métaux doivent de même prendre une forme diftincte & relative; qu'il ne s'agit pour s'en convaincre que de les faire entrer en fufion exacte & rallentie par une longue gradation.

Je fuis perfuadé qu'ayant acquis une connoiffance exacte

L

de la figure des cryftaux, où plutôt des molécules de chaque métal, l'on pourroit découvrir, par la forme que prendroient les cryftaux de plufieurs métaux confondus, & fufceptibles d'union, l'efpece de métal qui feroit alliage, & les proportions du mêlange, en fupputant l'ouverture & le nombre des angles, les faces plus ou moins allongées des cryftaux métis, des métaux alliés; car deux corps unis prennent enfemble un terme moyen de configuration, fuivant les proportions entre eux.

C'eft l'idée de ces proportions moyennes & relatives, qui découvrit au favant Archimede, par les loix de l'Hydroftatique, la qualité & la quantité d'alliage dont un Orfevre avoit altéré l'or de la couronne d'Hiéron II. Nous connoiffons par la feule infpection, par le goût, même par le tact, quelle bafe & quel acide concourent à la formation de prefque tous les fels neutres : fi nous n'avons pas les mêmes connoiffances fur les métaux, c'eft que nous y fommes moins exercés.

Je paffe à la deftruction du fer que je parcourrai rapidement. Le fer eft de tous les métaux celui qui fe foutient le moins dans fon état. Son principe terreux, abondant, n'eft lié qu'imparfaitement avec fon phlogiftique, à caufe d'une portion confidérable de fubftance faline qui eft de fon effence, & qui le décele par la faveur qu'il imprime fur la langue; c'eft pourquoi tous les fluides, excepté le mercure, l'attaquent & le rongent, mais dans des proportions différentes.

L'air fait à la furface du fer une rouille légere qui, en durciffant, fait l'effet d'un vernis fondu, impénétrable, & reffemble aux vernis précieux des bronzes antiques.

L'eau agit fur le fer avec plus d'action que l'air, parcequ'elle a beaucoup d'affinité avec les parties falines du fer; elle s'y unit, dégage les molécules terreufes qui fe condenfent fous la forme d'une mine ochrale fi c'eft à l'air libre, parcequ'il perd fon phlogiftique, & fous une couleur noire, lorfque cette diffolution fe fait fous l'eau.

Plus le fer contient de parties salines sulfureuses, c'est-à-dire plus il est imparfait, plus l'eau a de facilité à le détruire.

Toutes les substances salines ont beaucoup d'accès sur le fer, & le réduisent plus ou moins vîte en rouille; & toute espece de rouille de fer est entiérement analogue aux mines par érosion & par dépôt.

Le soufre a une très grande affinité avec le fer, l'attaque à froid, lorsqu'il se trouve de l'humidité pour faciliter le mouvement: à chaud, le soufre fond le fer dans l'instant & le réduit dans un état de pyrite.

Le feu agit toujours sur le fer; & lorsqu'il contient des parties sulfureuses, surabondantes, il l'en dépouille, & par là le perfectionne; mais lorsqu'il a acquis son degré de parfaite métallisation, le feu attaque sa propre substance & la détruit. Un feu véhément pénetre intimement le fer, écarte ses molécules, les divise: la partie saline du fer se combine avec son propre phlogistique & celui des charbons; il se forme du soufre qui fond & vitrifie la partie terreuse. Ce que j'avance se prouve par une expérience commune: lorsque l'on interpose de l'eau entre le fer bien chaud, prêt à fondre, & l'enclume, que subitement l'on frappe du marteau, il se fait une explosion très violente qui répand une odeur sulfureuse: chaque molécule d'eau très divisée s'est chargée d'une molécule du soufre factice qui l'a suivie dans sa course rapide.

Si le feu est moins violent, mais continué, il réduit le fer en une poudre rouge très atténuée, c'est proprement un colcothar formé par la terre principe du fer, très atténué par les soufres, dépouillé des parties salines, & chargé encore de phlogistique. La vitrification n'a pas eu lieu, parceque le feu n'a pas été assez vif.

J'ai eu une vitrification de ce colcothar, faite dans un feu très violent & éteint lentement; elle étoit crystallisée sous une forme réguliere, & la couleur du rubis-spinelle. Comme elle n'étoit apparente qu'à des yeux intéressés, & qu'elle portoit fur une très groffe craffe, l'on m'en a privé par l'excès d'une fauffe propreté.

Enfin le fer, expofé à un feu moins vif, en perdant infenfiblement fes principes actifs à la furface, fe couvre de feuillets formés par fes parties détruites, & qui fe multiplient en tendant au centre, relativement à la durée de l'action. Le fer en cet état approche beaucoup de celui des fanguines brunes & dures, qui font fouvent des minerais fort riches.

En général le feu, tel vif qu'il foit, ne peut fondre le fer qui eft dans fon état de perfection fans le dénaturer & le minéralifer. L'étincelle qui fort du fufil eft un petit globule de fer qui a été détaché par le choc, rougi & fondu par le frottement vif, au point de perdre fon phlogiftique, par le contact de l'air avec explofion qui fait crever cette petite bombe.

Par la continuité de l'action, le feu & l'eau détruifent l'aggrégation du fer, mais par des voies différentes. L'un lui enleve, & l'autre lui fournit. L'eau en attaquant le fer s'attache d'abord à la partie la plus foible, lui enleve la partie faline & fulfureufe furabondante; ce qui fait que d'un fer expofé à l'impreffion de l'eau pendant long-temps & qui n'eft pas totalement détruit, ce qui a échappé à fon défaftre, eft un fer nerveux & d'une qualité fupérieure. Au contraire, le feu attaque la propre fubftance du fer immédiatement en s'introduifant entre fes molécules, les diftend, les gonfle, fouvent les vitrifie; enforte qu'un barreau de fer qui a été long-temps expofé à une grande chaleur, le contour eft environné d'une croûte dure & fragile, femi-vitrifiée, femblable à du laitier; l'intérieur qui n'a pas été totalement détruit, a été pénétré des parties les plus actives du foufre qui s'eft formé, & eft devenu fi fragile, qu'il eft hors de fervice, n'ayant que la figure du métal.

Il y a des mines de fer qui fe rouillent & s'appauvriffent,

d'autres qui se perfectionnent, suivant les substances dont elles sont pénétrées ultérieurement à leur formation.

La fonte de fer est aussi susceptible de destruction ; l'eau n'a pas autant d'accès sur la fonte que sur le fer, parcequ'il faut considérer encore la fonte embarrassée par une matiere à demi-vitrifiée, & que de tous les états des corps, la vitrification est celui qui les rend les moins accessibles, parceque les parties vitrifiées sont si atténuées, qu'elles font une union si parfaite qu'elles deviennent homogenes & diaphanes.

Moins les fontes sont parfaites, moins l'eau y a d'accès; mais le feu les entame toutes & les détruit plus ou moins exactement, suivant qu'il lui est appliqué. Le premier effet du feu sur la fonte est de lui enlever les soufres surabondants, & l'approche d'autant de l'état de métal en la régulisant; c'est en quoi consiste l'art d'adoucir la fonte de fer & de la rendre limable; mais si le feu est continué, le principe sulfureux que le feu développe, est détaché des parties les plus intérieures de la fonte, repasse dans les parties situées à la circonférence, &, par une espece de palingénésie, il lui rend son état primitif; ou par la surabondance & par les actes répétés du feu, il la détruit & la scorifie. J'ai un morceau de fonte de fer qui a subi ces trois degrés d'altération, & dont le centre est une fonte grise, entourrée d'un cordon brillant blanc, qui est régulin, & enveloppé d'une croûte noire, dure, fragile, composée des débris de la fonte qui s'est minéralisée. (*Voy. Pl. III. Fig.* 21).

Lorsque l'action du feu est aidée par quelques alternatifs d'humidité, la destruction de la fonte est plus prompte & plus totale; parceque l'eau s'insinuant dans les pores ouverts par l'action du feu, fait coin, souleve les parcelles altérées par le feu auquel elles découvrent de nouvelles surfaces; d'ailleurs il se fait une combinaison des parties salines de la fonte avec l'eau qui forme un véhicule d'autant plus puiſſant qu'il eſt plus analogue, & que la chaleur lui donne de l'action.

Les contre-cœurs des cheminées dans les appartements à rez-de-chauſſée, donnant ſur cour ou ſur rue, périſſent en très peu de temps, parceque l'humidité du dehors, ſouvent chargée de parties nitreuſes ou ammoniacales, attirée par le feu intérieur, travaille de concert avec la chaleur du foyer à la deſtruction de la fonte de la plaque, la réduiſent en une ſubſtance brune, friable, & compoſée de couches appliquées les unes ſur les autres, d'épaiſſeur meſurée par les périodes de l'action, ayant d'ailleurs un coup-d'œil réſineux, tel que ces gros tartres rouges du Rhin (a). Les vapeurs ſoûterraines détruiſent le fer. J'ai un morceau des rampes des caves de l'Obſervatoire qui a pris dix fois ſon volume.

Toutes les obſervations répandues dans ce Mémoire conduiſent naturellement à définir le fer : un métal d'un tiſſu rare, dur, & d'une ductilité bornée; d'une couleur griſe, ſombre à la caſſure, & ſon poli tirant à celle de l'eau du diamant ſourd; qui ne parvient à ſa perfection qu'après avoir paſſé par nombre de différents états; de qualité, dont chacune a ſa propriété dans les arts; qui reçoit aiſément la chaleur par le mouvement, & la conſerve long-temps; qui demande le feu le plus véhément dans ſon traitement; qui ſe dilate conſidérablement & s'amollit au feu; ſe concentre & ſe durcit au froid; qui ne peut rougir au blanc ſans perdre de ſa ſubſtance; qui ne fond jamais au feu, qu'après avoir perdu ſon état de ductilité, qui eſt diſſous & détruit par tous les fluides, excepté le mercure; il eſt compoſé d'une terre vitrifiable abondante, d'un ſel ſulfureux, de beaucoup de phlogiſtique mal combiné,

---

(a) Les plaques de fonte qui couvrent la voûte ſous l'ouvrage des fourneaux de fonderie, ſont ſouvent détruites en un an ou deux : elles deviennent plus fragiles que le verre.

affectant enfemble la figure du rhombe, groupés différemment, fuivant leurs proportions, lorfqu'ils n'ont pas encore
acquis le degré de la parfaite métallifation, après laquelle
ils paroiffent arrangés en fils qui m'ont paru tubulés, réunis par faifceaux fous une enveloppe commune.

Tous les récréments des forges, qui portent indiftinctement le nom de laitier, font nombreux; ils different beaucoup entre eux. Leur analyfe pourroit répandre des lumieres dans la fidérotechnie, tant pour leur nomenclature
que pour la connoiffance phyfique des caufes, & pour perfectionner les procédés des manufactures.

# EXPLICATION

## DE LA PLANCHE PREMIERE.

*FIGURE* 1. repréfente le fegment d'un boulet dont le centre de la cryftallifation a été déplacé & poufté en B, à caufe d'un refroidiffement accidentel arrivé à la partie oppofée fur la ligne ponctuée A.

*Figure* 2. Segment d'un boulet de fonte blanche dont la cryftallifation s'eft faite naturellement en rayons convergents au centre.

*Figure* 3. Forme d'un cryftal de fonte blanche.

*Figure* 4. Segment d'un boulet coulé d'une fonte agitée tumultueufement, ce qui a occafionné des chambres E, & autres répandues dans la maffe ; lefquelles diminuent le poids fans diminuer le volume. La partie C s'eft condenfée confufément fans arrangement : les vuides & le mouvement ayant troublé l'ordre, ont changé la direction naturelle en D.

*Figure* 5. Segment d'une bombe chambrée dans fon épaiffeur. Souvent une couche légere de fonte couvre les chambres, & la partie F, qui eft celle qui pofe fur la charge du mortier, étant foible, eft fendue par l'effort de l'explofion, alors le feu fe communique à la poudre qui occupe l'intérieur, & fait crever la bombe : fi les chambres font nombreufes, le poids de la bombe eft d'autant diminué, d'où naiffent des erreurs dans fon ufage. Ses anfes G doivent être de très bon fer, parce que la fonte communique une qualité aigre au fer.

*Figure* 6. Cube compofé de petits cubes (7) entaffés. Si la bafe d'un cube, que l'on peut fuppofer d'une ligne de diametre, eft compofée d'une rangée de 1000 molécules de matiere, chaque couche en contiendra 1 million, qui donneront au total un cube compofé d'un milliard de molécules, conféquemment un cube d'un pouce de diametre

metre en contiendra un billiard, 728 milliards, ainsi du rhombe.

*Figure* 8. Rhombe qui est la figure des molécules du fer, composé d'une infinité de petits rhombes ( 9 ).

## PLANCHE DEUXIEME.

*Figure* 10. Morceau de fonte de fer, dont la surface est jonchée de crystaux de fonte grise ; lesquels sont jettés confusément, & ont des angles mousses, parceque la retraite n'a pas été assez considérable & qu'ils ont été trop portés à la surface.

*Figure* 11. Cryftaux de fonte, vus dans leur situation naturelle sous différents points de vue, & d'une grosseur triplée.

*Figure* 12. Cryftal de fonte grise grossi considérablement & vu en face.

*Figure* 13. Le même cryftal vu perpendiculairement.

*Figure* 14. Le même cryftal vu obliquement. L'opposition cruciale y paroît à la base de la principale pyramide L.

*Figure* 15. Cryftal de régule de fer régulin en rhombe.

*Figure* 16. Cryftal de régule de fer, groupé par des prismes triangulaires M N, qui sont des sections du rhombe.

## PLANCHE TROISIEME.

*Figure* 20. Groupe de petits cryftaux hexaedres de fer régulin & grossi considérablement sous la *figure* 17.

*Figure* 17. Cryftal de régule de fer faisant un décatétraedre - exagone. Quoique la base des cryftaux de fer soit un rhombe, il n'est pas étonnant qu'ils affectent le poly-hexaedre, qui n'est composé que de plusieurs rhombes & sections de rhombe, ainsi qu'il est démontré en la *figure* 18.

*Figure* 18. Décatétraexadre-hexagone composé de rhombes & de sections de rhombes. Le trapézoïde O, qui tra-

verse diagonalement le segment supérieur de l'hexaedre,
est composé de deux rhombes & d'une section d'un rhombe, ainsi que l'opposé Z. Les triangles P & les autres
sont autant de sections du rhombe, appliqués sur le premier, & qui, s'unissant tous par leur surface rectangle,
donnent un poly-edre hexagone.

*Figure.* 20 Morceau de régule de fer, où l'on voit différents
rhombes R groupés bisarement; S présente un exa-
edre; X un prisme triangulaire; O feuillets du régule
rompus à force de bras; Q est une crystallisation confu-
se, parceque la matiere a été moins purifiée & refroidie
promptement; T fait voir une houpe d'amiante logée
dans l'épaisseur du régule. Dans la partie supérieure l'on
voit plusieurs alvéoles A, remplis d'amiante ferrugineux,
séparés par des couches concentriques X; les cloisons des
alvéoles sont rayées par l'impression de l'amiante V; le
haut de quelques unes est taillé en dents aiguës Y; ces
dents sont autant d'angles de crystaux.

*Figure* 21. Morceau de fonte dont le premier contour extérieur B a été détruit & scorifié par la continuité de l'action. Le deuxieme, qui est brillant, est une partie de la
fonte qui s'est régulisée, tandis que le centre est resté en
sa nature de fonte, n'ayant pas subi assez long-temps
l'action du feu pour passer à l'état de régule, comme le
cordon brillant qui l'enveloppe, ni pour être détruit
comme le contour extérieur.

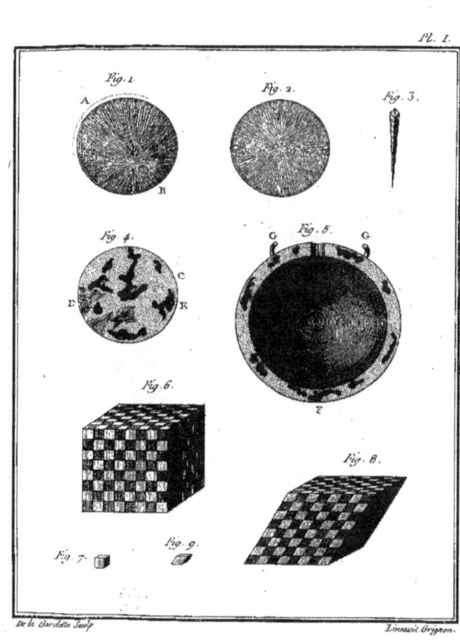


Fig. 1.
Fig. 2.
Fig. 3.
A
B
Fig. 4.
C
D
E
Fig. 5.
G
G
F
Fig. 6.
Fig. 8.
Fig. 7.
Fig. 9.
De la Gardette Sculp
Linassit Grignon.

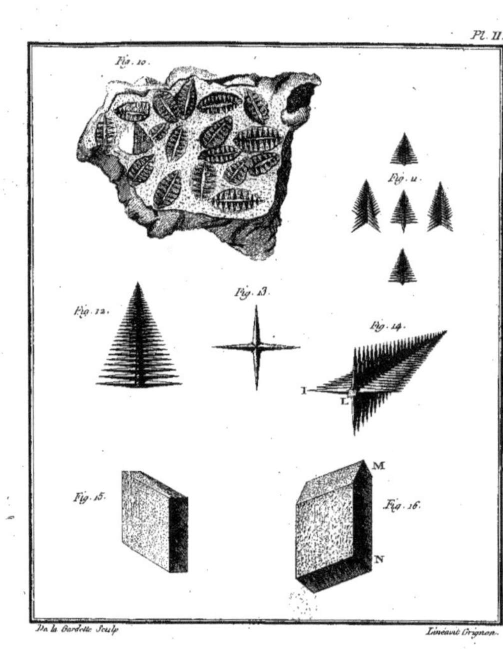

Pl. II.
Fig. 10.
Fig. 11.
Fig. 12.
Fig. 13.
Fig. 14.
I
L
Fig. 15.
Fig. 16.
M
N
De la Gardette Sculp
Linéant Grignon.

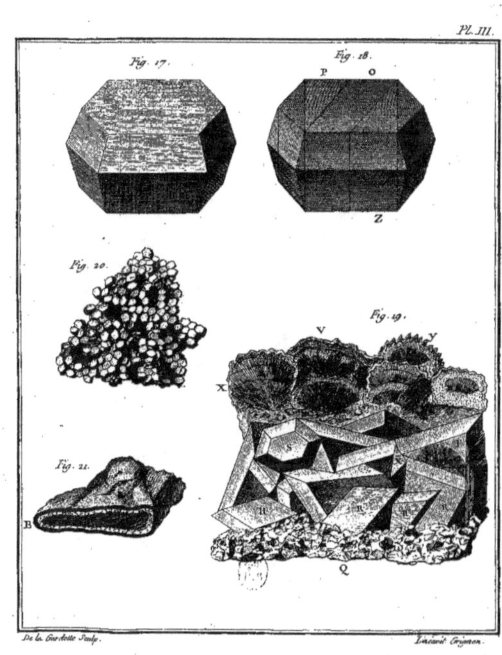
Pl. III.
Fig. 17.
Fig. 18.
P   O
Z
Fig. 20.
Fig. 19.
V   y
X
Fig. 21.
B
Q
De la Gardette Sculp.
Lucard Crignon.

# MÉMOIRE

## DE SIDÉROTECHNIE,

### CONTENANT

## DES EXPÉRIENCES, OBSERVATIONS

## ET RÉFLEXIONS

SUR LES MOYENS DE LAVER ET DE FONDRE LES MINES DE FER.
AVEC ÉCONOMIE.

*OUVRAGE DIDACTIQUE.*

> . . . . . . . . si quid novisti rectius istis,
> **Candidus** imperti : si non, his utere mecum.

## AVANT-PROPOS.

DE toutes les opérations de la Sidérotechnie, l'art de
fondre le minerai avec économie, est celle qui demande
le plus de connoissance, & le plus d'attention ; cependant
nous voyons avec douleur cette partie abandonnée presque entiérement à des ouvriers sans principes, & toujours
incertains dans la pratique de leur routine. C'est à ces
gens, dénués de connoissances, que l'intérêt de la société,
la fortune du Commerçant sont livrés. Par leur ignorance,
souvent par leur inconduite (a), ces dissipateurs consom-

___

(a) Il y a cependant des Fondeurs qui, par leurs connoissances locales & par
leur conduite, sont au-dessus du commun des Fondeurs.

ment vainement le produit des forêts, dont la perte irré-
parable énerve les reſſources de l'État. Le défaut de produit prive la ſociété d'un bien néceſſaire ; & le Maître de
forges qui a fourni à des dépenſes énormes, pour raſſem-
bler de prodigieux magaſins de matériaux, voit anéantir
ſes juſtes eſpérances, & ſent ébranler ſa fortune juſque
dans ſes fondements. L'art de fabriquer le fer, les travaux
de nos manufactures ſeront-ils donc toujours incertains &
infructueux par le défaut de lumiere des ouvriers qui en
dirigent les opérations ?

Les forêts s'appauvriſſent & ſe détruiſent par l'excès d'une
conſommation abuſive. Quel intérêt la ſociété n'a-t-elle pas
de découvrir des moyens de conſerver un bien ſi précieux,
ſi néceſſaire & indiſpenſable à nos Manufactures ? L'on y
peut parvenir par une ſage adminiſtration ; mais plus efficacement en économiſant le charbon dans les travaux qui
ont pour objet la réduction des mines & leur métalliſation,
par la juſte application des loix de la pyrotechnie dans la
conſtruction des fourneaux qui en conſomment immenſé-
ment ; puiſqu'un ſeul fourneau conſomme ordinairement en
une année le produit de deux cents arpents de bois de l'âge
de vingt-cinq ans : il y a en France près de ſix cents fourneaux de fonderie, c'eſt cent vingt mille arpents par an.

C'eſt dans ces vues d'économie, que je propoſe les moyens
qui m'ont réuſſi, & qui m'ont paru les plus propres à concentrer la chaleur du charbon, & à l'appliquer totalement
au minerai ; travail dans lequel j'ai eu à ſurmonter les obſtacles de la dépenſe, des tentatives, & ceux du préjugé ;
car quelques principes de Chymie & de Phyſique étoient
les ſeules connoiſſances que j'apportai en entrant dans l'ex-

ploitation des forges, dont je n'avois nulle idée des opérations. Je fus obligé de fuivre d'abord le torrent de la routine ; de donner ma confiance aux ouvriers qui fe préfen-
terent ; de croire que le réfultat de leurs opérations étoit
tout le produit que l'on pouvoit efpérer des matériaux employés ; qu'il n'y avoit point enfin d'autre route pour tendre à la perfection , puifque mes confreres ufitoient les
mêmes voies.

Après avoir débrouillé le cahos d'idées vagues, dans lequel m'avoit plongé le défaut d'ufage, je commençai à calculer & à réfléchir. Peu fatisfait des mauvais raifonne-
ments des différents Fondeurs dont je m'étois fervi ; rebuté
par leur négligence & par leurs vices, je jurai leur exil, qui
n'a point eu de rappel : enfin après diverfes tentatives, fur
différentes proportions que j'avois vu pratiquer à mes myf-
térieux ignorants ; y en avoir joint d'autres qui m'avoient
été communiquées , & avoir fait divers changements, qui
m'avoient femblé parer à certains défauts, j'ai abrogé toute
ancienne pratique , & je me fuis fait un plan entiérement
neuf, qui a eu tout le fuccès que j'ofois en efpérer.

Pour répandre plus d'ordre dans les réflexions diftribuées
dans ce Mémoire, je le partagerai en trois Chapitres di-
vifés en plufieurs Sections.

Le premier aura pour objet principal la conftruction intérieure d'un fourneau qui économife plus d'un cinquieme
de charbon. Après des obfervations générales & de particulieres fur les effets du feu , & fur la nature de la
flamme relativement à mon objet, je poferai des principes
dont je tirerai des conféquences , je décrirai enfuite les
proportions intérieures d'un fourneau , les moyens de les
exécuter, le défaut des conftructions contraires.

Dans le deuxieme Chapitre je propoferai mes réflexions fur la diete & fur la régie d'un fourneau.

Dans le troifieme & dernier, je traiterai du lavage des minerais, de la conftruction d'un bocard compofé, propre à toutes efpeces de minerais.

Je m'eftimerai heureux, fi mes expériences & mes réflexions peuvent être de quelque utilité à la fociété.

# CHAPITRE PREMIER.

*De la construction d'un fourneau, de la description de ses proportions intérieures, & des effets du feu.*

## SECTION PREMIERE.

La Pyrotechnie des forges consiste à développer, multiplier, & administrer le feu aux matieres passives qui lui font soumises ; à écarter toutes les causes qui énervent la chaleur, & à concilier toutes celles qui concourent à son développement, à sa concentration, & à son intensité. La réduction des minerais du fer est, sans contredit, l'opération qui demande le feu le plus actif, le plus véhément & le plus considérable : il est donc de la derniere importance d'y apporter l'attention la plus scrupuleuse. Rien n'est indifférent dans la construction d'un fourneau à fondre les mines ; la position de l'usine, la qualité des matériaux, l'art de les employer, la solidité des masses, les coupes, les pentes, les proportions, toutes ces choses doivent concourir à la perfection d'un fourneau, dont le défaut de produit dépend souvent de leur défectuosité.

Je suis toujours étonné de voir dans presque toutes les forges le fourneau situé dans le lieu le plus bas de l'emplacement, parcequ'étant d'une élévation considérable, on cherche à rendre sa partie supérieure plus accessible aux chargeurs, en diminuant par cette position le nombre des degrés de l'escalier, & l'étendue du rampant qui y conduisent, enfin la hauteur de la roue qui fait agir les soufflets.

De cette position défectueuse il résulte les accidents les plus fâcheux ; car le gonflement des eaux dans les débordements, l'égoût des pluies, & les filtrations des eaux de la riviere, de l'étang, ou des canaux qui fournissent à la dépense de la roue gagnent dans les temps fâcheux le fond de l'ouvrage, le refroidiffent, & fi la crife qui en eft la fuite ne force pas fubitement à une mife-hors onéreufe, au moins elle diminue confidérablement le produit, par-ceque les fraîcheurs détruifent une grande portion de la chaleur. Alors le départ des matieres devient moins exact, la fonte s'appauvrit fouvent au point de fe figer dans fon bain; l'on eft forcé de diminuer la quantité du minerai, pour que la proportion du charbon, devenant fupérieure, augmente la chaleur pour liquéfier la fonte pâmée ou figée; fouvent même un fourneau, après avoir long-temps langui, avoir fait un faux produit, & avoir donné des fontes très défectueufes, s'embarraffe au point de ne pouvoir être fe-couru : le travail ceffe de lui-même, & la perte eft inef-timable.

Pour prévenir ces funeftes accidents, il eft néceffaire, pour fonder un fourneau; de choifir un lieu un peu élevé & ifolé au moins du côté du biez; il faut conftruire au centre du maffif une voûte de fix à fept pieds de longueur & quatre de largeur dans œuvre, naiffante de la fondation des murs & piliers; que la clef du ceintre de cette voûte à anfe de panier, foit élevée au moins d'un pied au-deffus du niveau des eaux les plus hautes dans les débordements, & qu'il y ait une iffue acceffible pour la vifiter. Cette voûte doit être conftruite avec des briques pofées à bain de mortier, par-ceque la brique ménage l'efpace, qu'elle réfifte à la chaleur *Voy. Pl. V & VI*). Quelques Fondeurs, en place de cette voûte, pratiquent un petit fouterrain couvert de plaques de fonte; cette dépenfe demande à être répétée fouvent, par la prompte ruine des plaques de fonte qui fe calcinent; cette pratique d'ailleurs ne remplit pas l'indication avec le même fuccès que la voûte qui eft à préférer à tout autre moyen.

Lorfqu'un fourneau eft conftruit de façon que l'on ne peut pratiquer une voûte fous l'ouvrage, il faut au moins y ménager un efpace vuide le plus profond poffible; dont le fond cependant foit au-deffus de la furface ordinaire des eaux environnantes; que cette foffe foit formée par deux

canaux

canaux de quinze à seize pouces de largeur, dont l'un soit
tiré diagonalemnt de l'angle entre la rustine & la tuyere,
au pilier entre le contrevent & la tympe ; l'autre canal
doit être tiré du pilier de cœur, & joindre l'autre dans son
milieu, ce qui forme Λ, dont le point de section se trouve
sous le centre du foyer : l'on recouvre ce canal avec des
pierres les plus réfractaires ; l'on scele toute la maçonnerie
avec une couche de deux à trois pouces d'épaisseur d'un
mastic fait avec du sable, du ciment, de la chaux, & du ha-
mecelac de bache, qui prend une consistance très dure ; on
pratique aux trois extrémités de ce canal des ouvertures sur
lesquelles on adapte des tuyaux de fonte, ou de fer battu,
que l'on nomme soupiraux, pour servir d'issue aux vapeurs
humides, & éviter l'explosion qui, sans cette précaution,
naîtroit de leur prodigieuse expansion : il faut en user de
même avec les voûtes.

Si un fourneau est adossé à une monticule pour la facilité
de son service, il est absolument nécessaire de pratiquer autour une petite galerie de dix-huit pouces au moins de largeur, bien murée, ayant une issue pour l'écoulement des
filtrations ou des sources, & dont la voûte soit élevée au niveau des terreins contigus à la tour. J'ai fait construire un
fourneau dans une pareille situation, il y avoit plusieurs
sources abondantes que je détournai par une galerie circulaire qui régnoit au pourtour des fondations, laquelle fournissoit à la boisson des ouvriers & au service du fourneau.

L'on ne doit rien négliger de ce qui peut éloigner d'un
fourneau l'humidité qui est si contraire à l'intensité de la
chaleur, de laquelle dépend la perfection de son produit.

L'élévation du fond & de la totalité d'un fourneau ne doit
point inquiéter sur la hauteur de la roue, parceque, 1°. plus
elle est élevée, plus sa puissance devient supérieure en raison de la longueur de son lévier, & moins elle dépense
d'eau ; 2°. on peut diminuer la hauteur de la roue en la di-
visant par l'engrenage d'un hérisson & d'une lanterne qui
communiquent le mouvement de la roue aux soufflets ;

N

le jeu en eſt plus uniforme, le travail néceſſairement plus exact, & la dépenſe de l'eau beaucoup moindre.

Je n'entrerai point, dans ce Mémoire, dans le détail des fondations de la batiſſe des murs extérieurs, & des piliers d'un fourneau : je dirai ſeulement que l'on ne peut trop prendre de précautions pour la fondation, ſoit ſur bons fonds, ſoit ſur pilotis ; que la pierre de taille, le grès, la pierre de meuliere, & généralement toutes les pierres poreuſes, ſolides, ſont préférables à toutes autres ; que les pierres ſchiſteuſes n'y ſont point propres ; qu'il eſt néceſſaire de donner aux murs & piliers quatre pouces de fruit par toiſe, depuis la ſemelle juſqu'à l'entablement où commencent les batailles, qui ſont des murs qui s'élevent perpendiculairement tout autour ; que les marâtres du côté des tympes & de la tuyere, coupées en abat-jour, compoſées de parements-parpaings, de pierres de taille ſoutenues de 18 pouces en 18 pouces ſur des longrines de fonte de fer, ou des gueuſes poſées horizontalement d'un bout ſur le pilier de cœur, & de l'autre ſur les piliers qui lui font face, ſont très coûteuſes ; &, comme les longrines de fonte, augmentent par la chaleur dans toutes leurs dimenſions, elles occaſionnent des pouſſées, accident qui n'a pas lieu avec les voûtes coupées. L'on pratique une cheminée au centre de celle des tympes, pour paſſer les fumées & les étincelles, ce qui empêche qu'elles ne portent le feu dans les toilures de l'hangard du coulage. ( *Voy. Pl. XII* ). Dans tout le maſſif, l'on doit pratiquer des courants qui ſe communiquent & qui aient une iſſue à l'extérieur pour diſſiper les vapeurs, ſans quoi la violence du feu, en écartant les murs par ſa force expanſive, occaſionneroit des lézardes & des pouſſées qui précipiteroient la ruine du fourneau.

Je reviens à l'intérieur du fourneau qui eſt la partie la plus eſſentielle, & l'objet principal de ce Mémoire.

L'on diviſe l'intérieur d'un fourneau en trois parties, qui ſont le foyer inférieur, le grand foyer & le foyer ſupé-

rieur. Le foyer inférieur comprend le bas du creuſet juſqu'à la baſe des étalages : le grand foyer eſt formé par les
étalages, depuis leur baſe juſqu'à leur partie ſupérieure : le
foyer ſupérieur eſt formé par le grand cône appuyé ſur la partie ſupérieure des étalages, & eſt terminé par la bure. Des
proportions de ces trois parties d'un fourneau, dépend le
produit qui eſt relatif au développement & à la juſte application de toute la chaleur que peut produire la quantité de
charbon ſur le minerai employé, & à tous les déſordres
qui naiſſent d'une conſtruction vicieuſe. Pour tirer des conſéquences ſur la néceſſité de certaines proportions de l'intérieur d'un fourneau, il eſt néceſſaire d'entrer dans des
détails ſur le feu & ſes effets, dans la réduction des mines.

---

# SECTION II.

*Du développement du feu & de ſon action ſur le minerai.*

LES molécules du minerai ne ſe déſuniſſent que par l'action du feu pouſſé avec activité. Elles ne ſe métalliſent que
par la fécondation du phlogiſtique des charbons; le phlogiſtique des charbons ne produit d'effet qu'autant qu'il eſt
appliqué immédiatement; c'eſt un eſprit vivifiant dont la
vertu eſt énervée, même anéantie par la diſtance qui le
ſépare de l'objet qu'il quitte, & de celui qu'il doit animer; il eſt donc eſſentiellement néceſſaire que le minerai
ſoit mêlé avec le charbon pour qu'il reçoive ſon phlogiſtique à meſure qu'il quitte les entraves qui le retenoient
dans le charbon : première conſéquence.

La chaleur eſt produite par la flamme plus ou moins
pure.

Je conſidere la flamme comme une maſſe fluide & liquide : elle eſt formée des parties charbonneuſes les plus
atténuées, rendues viſibles par la réflexion du principe de

la lumiere fur leurs furfaces : ces molécules charbonneufes font extraites du principe bitumineux du corps embrafé, portées fur les ailes d'une fubftance fluide : cette fubftance fluide eft toujours de l'eau dans fon principe, laquelle eft ou unie aux autres parties conftituantes du corps embrafé, ou lui eft adminiftré par un moyen quelconque.

Lorfque le principe aqueux eft furabondant, la flamme eft précédée d'une vapeur blanche, abondante, qui n'eft que l'eau raréfiée, entraînant avec elle une portion des parties de feu néceffaire à fon expanfion; cette vapeur eft fuivie d'une fumée noire qui eft compofée de ces molécules charbonneufes éteintes par l'abondance de l'eau unie à une portion du principe huileux qui n'eft point entiérement décompofé, parceque l'embrafement n'eft point affez total, & font entraînées par le torrent de la réfraction : fi dans la route qu'elles parcourent elles rencontrent des corps folides plus froids qu'elles, elles s'y condenfent & s'y fixent fous une forme bitumineufe qui conftitue la fuie. Cette fumée noire, fi effrayante dans les incendies publiques, eft fuivie d'une autre d'un rouge obfcur; elle eft telle, parceque la fubftance charbonneufe, moins noyée d'eau, eft plus pénétrée du principe du feu; enfin il paroît une flamme qui a des nuances graduées; le rouge qui fuccede au brun eft la fuite d'un dépouillement plus exact de la partie humide qui laiffe appercevoir ces molécules elles-mêmes embrafées & fe décompofant. Le blanc pâle eft l'effet de ces parties plus atténuées, plus liées au principe aqueux, faifant pour ainfi dire un corps diaphane, parcequ'il devient plus homogene à caufe de la ténuité de fes molécules.

La flamme, dans ces degrés & dans ces nuances infinies, eft molle, énervée, n'a qu'une action bornée, la main la traverfe impunément; il n'en eft pas de même lorfque la flamme eft compofée d'une jufte proportion d'eau feulement fuffifante au développement & à l'effor des parties du feu; elle eft alors d'un blanc vif, mêlé de traits bleus azurés, gorge de pigeon, formée par ces molécules charbonneufes atténuées au dernier période, combinées avec la jufte proportion d'eau néceffaire à leur développement, à leur expanfion, & unie au phlogiftique qui la colore en bleu; le phlogiftique lui eft d'autant mieux uni & plus abondamment, que les molécules charbonneufes qui le contenoient font plus atténuées & plus décompofées.

Rien ne réfifte à l'action de cette flamme pure & multipliée; elle défunit les parties conftituantes des corps, les décompofe, les fond & les vitrifie. Or comme le minerai du fer eft un corps très réfractaire, il faut lui oppofer une flamme de cette nature, puiffante; nous ne pouvons la trouver que dans le charbon végétal ou minéral, qui font les fubftances qui contiennent le plus de parties de feu, & les moins embarraffées, fous un moindre volume.

Le charbon végétal dans fon état de perfection ne contient point effentiellement d'eau, auffi ne produit-il point de flamme fi on ne lui en procure par un courant d'air qui lui en porte; il eft donc important de lui en fournir pour accélérer le développement du principe du feu qu'il contient; il n'eft que deux moyens d'adminiftrer l'air au feu, foit par machines ou par des ventilateurs qui font des courants qui, dérangeant l'équilibre de fes colonnes, le force de paffer à travers le foyer d'un fourneau par un orifice plus petit que celui de leurs embouchures. Le volume de nos matieres & la chaleur qu'elles exigent ne nous permet pas d'ufer de fourneaux à grilles; nous ne pourrions recourir qu'au réverbere; mais comme il faut que le minerai touche immédiatement le charbon, il n'eft pas poffible de conftruire des fourneaux de réverbere pour fondre le minerai du fer, comme l'a avancé un Anonyme à l'Académie de Befançon. Il eft cependant poffible de fe fervir de réverbere pour la fonte de fer, en combinant le minerai avec du charbon de bois, pour lui donner du phlogiftique & lui appliquer le feu du charbon de terre. M. de Genfanne a donné un très bon travail fur cet objet; & je fuis perfuadé qu'il tirera de fes connoiffances des moyens de perfectionner fon fourneau à réverbere, afin que le minerai ne tombe pas crud dans la fonte en bain. Il faut que nos fourneaux contiennent dans la même capacité le principe actif & passif de notre opération, & conséquemment l'air ne peut y être administré que par des soufflets de nature quelconque. Deuxieme conséquence.

Le bois seché à l'air libre le plus qu'il est possible, même à un degré de chaleur beaucoup plus fort que celui de l'atmosphere, contient encore une portion d'eau surabondante qui énerve la chaleur de son feu; mais le charbon, par la raison contraire, procure la chaleur la plus énergique; il faut donc employer nécessairement le charbon à la réduction du minerai de fer. Troisieme conséquence (a).

Le charbon de terre ordinaire, tel qu'on le tire de ses mines, n'est pas propre seul à la réduction du minerai du fer, pour deux raisons; la premiere, en ce que son phlogistique est uni à un acide vitriolique, abondant, qui forme du soufre; l'abondance de ce soufre rendroit la fonte de fer trop pyriteuse, si l'on ne se servoit point d'intermede pour absorber une partie du soufre que ce charbon contient; la deuxieme, est que le charbon fossile contient ordinairement trop de principe terreux qui ne pourroit être vitrifié qu'avec une perte considérable de sa chaleur, laquelle feroit une soustraction trop grande, peut-être totale, à celle que l'on se proposeroit d'appliquer à la réduction du minerai : l'abondance de ce principe terreux & des intermedes ou correctifs pour désoufrer le charbon fossile, faisant un volume trop considérable, diminueroient l'intensité de la chaleur au point de causer des embarras sans remedes; inconvénients qui ne permettent pas l'usage du charbon fossile sans être préparé en coak, suivant la Méthode Angloise, ou selon les procédés de M. de Gensanne. On peut consulter les Mémoires de M. Jars, de l'Académie

---

(a) Quelque peu de bois sec, ou plutôt des flammerons qui ne font que du bois qui n'a pas été suffisamment cuit par le charbonnier, ne nuisent pas à la fusion, au contraire ils donnent de l'activité au feu.

des Sciences, & de M. Genſanne, Correſpondant de la
même Académie.

La vivacité du feu n’eſt ſoutenue qu’en multipliant ſon
action; mais l’action du feu ſeroit bientôt anéantie par les
parties cadavereuſes des corps embraſés, ſi on ne les éloi-
gnoit continuellement, en dépouillant la ſurface du charbon
de ſa partie terreuſe privée de ſes principes, & ſi l’on ne
forçoit continuellement l’introduction des parties aqueuſes
pour ſervir de véhicule aux parties ignées à meſure qu’elles
rompent leurs cellules. Or comme un corps ne peut être déplacé que par un autre, il faut néceſſairement en fournir un
qui, par la ténuité de ſes parties, puiſſe s’introduire dans les
retraites du feu, entraîner la cendre du charbon pour découvrir continuellement de nouvelles ſurfaces, & y porter la
quantité d’eau néceſſaire à l’expanſion de la chaleur; l’air,
par la ténuité de ſes parties toujours accompagnées d’eau,
eſt l’agent le plus propre à cette fonction. Il eſt donc inutile de tenter d’exciter un feu violent ſans un grand concours d’air qui ne peut être fourni dans nos fourneaux que
par le moyen des ſoufflets. Or, comme le feu néceſſaire à
la réduction des minerais du fer ne peut être trop véhément, il faut y proportionner le nombre & le volume des
ſoufflets ſoit de cuir, ſoit de bois, ſoit des trompes, ſoit
des cloches. Or, comme nous avons prouvé la ſupériorité
des ſoufflets de bois ſur toutes autres eſpeces, il faut donc
les employer de préférence. Quatrieme conſéquence.

La chaleur ſe conſerve dans les vaiſſeaux dans leſquels
s’eſt opéré l’embraſement, après la conſommation des principes inflammables dont elle eſt émanée; elle ſe multiplie auſſi pendant l’action, le tout en raiſon du volume
des matieres, de la denſité des maſſes, & de la moindre
communication avec l’air libre. La chaleur lance ſes rayons
par une force centrifuge; la pointe de ſes rayons s’affoiblit à meſure qu’ils s’éloignent du centre d’où ils partent;
de là naît la néceſſité d’anguſtier les foyers; mais ſi ces
rayons rencontrent des corps aſſez ſolides, aſſez denſes

pour les réfléchir, loin de les abforber, alors leurs pointes repliées & comme doublées, formeront des cylindres ou des prifmes de force égale ; fi leur pointe eft réfléchie juf-qu'au centre, alors on peut donner plus d'étendue aux foyers en oppofant à ces rayons des matieres qui, par la denfité du tiffu, leur maffe & leur pofition refpective au centre du foyer, loin d'abforber la chaleur, la réfléchif-fent au centre de l'action.

Quant à la denfité des matériaux, ceux qui approchent le plus de l'état de vitrification, font ceux à préférer ; telles que les pierres à feu, les ardoifes, les grès, les fables mêlés de parties fablonneufes, talqueufes, quart-zeufes & métalliques : l'hétérogénéité de ces derniers les rend très réfractaires. Il paroîtroit que la pofition la plus avantageufe feroit en forme circulaire, puifque cha-que rayon de feu étant d'égale longueur, & réfléchi en même temps, il doit en réfulter une chaleur plus forte & plus uniforme. J'euffe adopté par cette raifon naturelle cette figure circulaire ufitée en Saxe (*a*); mais la néceffité de prolonger en avant la bafe du creufet, pour avoir au dehors un accès libre, tant pour introduire les outils né-ceffaires au travail du fourneau, que pour y puifer la fonte & lui donner iffue, m'a contraint d'adopter la forme ellip-tique (*Voy. Pl. IV*); & j'y ai été d'autant plus déterminé, que le vent de deux foufflets, dirigés au même point, ne pouvant expirer que l'un après l'autre, la colonne d'air qu'ils fourniffent alternativement, ne peut être dirigée fur la même ligne, & ne pas excéder le point de la tendance com-mune ; au contraire le vent fe croifant au centre du foyer, eft prolongé de côté & d'autre, ce qui, à bien dire, forme trois efpeces de foyer, l'un au centre qui eft le point de fection de leur tendance commune, & le centre principal

---

(*a*) M. de Buffon a fuivi cette forme pour fon fourneau de Buffon. Nous at-tendons avec impatience la publication du réfultat des nombreufes expériences que ce Savant fait depuis plufieurs an-nées dans fes forges. Un génie de cette trempe marche à grands pas vers la per-fection.

de

de l'ellipfe ; la prolongation de leur vent, joint à la divergence qu'éprouve l'air au fortir du mufle du foufflet, les porte l'un à droit & l'autre à gauche, vers les foyers des petits diametre de l'ellipfe ; ce qui fait en total un centre ovoïde, dont les parties extérieures font refpectivement éloignées des points du cercle elliptique (a).

De la forme circulaire, naît l'inconvénient dont j'ai déja parlé, à caufe de la prolongation de l'ouvrage fur les tympes ; ce qui occafionne un canal trop long depuis la tympe jufqu'à la bafe de l'étalage de fon côté dans les fourneaux ronds ; au lieu qu'en dirigeant le grand axe de l'ellipfe de ce côté, je diminue de fix pouces au moins cette maffe, par là j'évite les embarras, & je procure la facilité de porter des fecours dans le fourneau par le travail des croards & des ringards ; d'ailleurs en découvrant cette partie, je procure plus de chaleur à la fonte qui vient baigner la dame, fans négliger l'intenfité de la chaleur.

L'ufage le plus général eft de conftruire les parois intérieures du fourneau, de façon que le vuide qu'elles laiffent entre elles, fuppofé folide, foit un obélifque qui a deux faces égales oppofées, plus larges d'environ fix pouces que les deux autres, c'eft-à-dire que leur bafe eft un parallélogramme dont le côté de la ruftine & celui de la tympe, ont environ quatre pieds fix pouces, & ceux du contre-vent & de la tuyere environ cinq pieds. L'on obferve auffi de rendre plus ou moins curviligne l'angle entre le contrevent & les tympes. Le quarré de la bure, qui forme le gueulard, eft de vingt-deux pouces fur vingt-fix environ ; les plus grands côtés répondant aux plus grand du bas, fans néanmoins que les proportions relatives foient obfervées ; car la diffé-

---

(a) MM. de Courtivron & Bouchu, dans la troifieme fection de l'*Art des Forges*, publié deux ans après la lecture de ce Mémoire à l'Académie des Sciences, ont propofé de donner une forme ovale aux fourneaux des forges, mais en forme de raquette, & dirigée dans un fens contraire à celle que je propofe ici. Nous ne pouvons approuver cette direction, parceque le contrevent fe trouveroit trop éloigné de la tuyere.

O

rence de 22 à 26 n'eſt pas corrélative avec celle de 54 à 60. Cette différence, qui a lieu dans la conſtruction de preſque tous les fourneaux quarrés, me paroît un défaut; il ſe fera ſentir dans les obſervations ſubſéquentes. Je viens à l'analyſe des raiſons qui m'ont fait rejetter l'uſage des fourneaux quarrés.

L'on précipite dans un fourneau pour chaque charge beauboup de charbon; le haſard en diſtribue les brins; dans l'étendue qu'ils occupent, ils ne ſont point rangés dans des ſituations paralleles, enſorte qu'ils rempliſſent les angles des fourneaux quarrés comme le reſte du vuide; au contraire, ils ſe croiſent plus ou moins réguliérement dans les angles; il reſte donc un vuide entre les charbons & les côtés des angles dont ils forment la baſe; l'air, pouſſé avec violence dans le fourneau, trouvant des vuides, monte rapidement, s'échappe ſans avoir eſſuyé des réactions ſur la maſſe totale, d'où il réſulte moins de chaleur, premier défaut. Le minerai, continuellement agité par ces quatre torrents, ſe précipite dans ces angles vuides, tombe tout crud dans le grand foyer, & vient ſurcharger une maſſe de charbon qui ne peut réduire cette quantité de minerai ſurabondant. Ce minerai que l'on voit mouliner avec fracas dans ces angles, s'accumule ſur les étalages qui ne peuvent être auſſi rapides dans les coins que dans les flancs, & après avoir formé des maſſes qui ne peuvent ſoutenir leur équilibre, à cauſe de la proclivité de la baſe qui les ſupporte, elles ſe précipitent dans le foyer inférieur, en troublent l'ordre par des accidents ſouvent funeſtes. (*Voy. Pl. VII*).

Si l'on coupe, comme M. Robert, ſon ouvrage ſur huit pans, les angles en ſont encore trop vifs & cauſent les mêmes accidents, que l'on ne peut éviter qu'en détruiſant totalement les angles.

L'air, chargé des parties de feu continuellement preſſées par un nouvel air introduit, cherche ſans ceſſe à s'élever; s'il ſe trouve des iſſues telles que celles qu'occaſionnent les angles des fourneaux quarrés ou polygones, il s'échappe & fait

une fouftraction confidérable de la maffe de la chaleur néceffaire : fi dans toute l'étendue de l'efpace qu'il parcourt, il
trouve une égale réfiftance, les fpires qu'il forme en s'élevant pour fortir du fourneau, font multipliés ; leur gradation
eft lente, la chaleur eft concentrée & recourbée continuellement, elle eft toute mife à profit, parcequ'elle eft entiérement & également appliquée à toutes les parties de la
maffe ; l'ordre des charges n'eft point interrompu, le minerai ne fe fépare point de la maffe de charbon qui lui eft
départi. Il eft donc de la derniere importance de détruire
ces angles, fource de tant d'accidents ; & comme il n'eft pas
avantageux de faire ufage de la forme circulaire pour les
raifons que j'ai déduites, il eft donc néceffaire de conftruire
un fourneau fur des lignes elliptiques : cinquieme conféquence.

J'ai fuivi pendant quelques années une méthode très vicieufe, quoiqu'accréditée dans l'efprit de nos Fondeurs, par
laquelle on brife l'axe de la colonne d'un fourneau par les
pentes des parois différentes entre elles, la retraite de la
tuyere & de la partie inférieure du creufet ; enforte que le
centre du foyer inférieur eft à l'à-plomb du tiers au plus de
l'ouverture de la bure, & que le centre de la bure tombe
prefque fur l'étalage du contrevent ; il m'arrivoit, comme à
nos Fondeurs, de brûler fouvent la tuyere, parceque les matieres y étoient continuellement précipitées par la cafcade de
l'étalage du contrevent ; d'ailleurs la retraite de la tuyere
obligeoit de donner beaucoup moins d'épaiffeur à fon étalage ; ce qui lui donnoit plus de roideur & moins d'épaiffeur,
d'où naiffoit une prompte ruine. (*Voy. Pl. VII, Fig.* 4).
Frappé de ces défordres, je réfolus d'établir le centre du
foyer dans le centre du fourneau, & d'en diriger toutes les
parties intérieures à une égale diftance de l'axe perpendiculaire ; j'y fus encore déterminé par le fait que je vais détailler. *Pl. IV.*

En examinant mes vieux ouvrages ruinés, je trouvois que
l'étalage du contrevent étoit toujours fpacieufement excavé,

qu'un plomb defcendu du centre de la bure fe trouvoit prefque toujours au centre de la dégradation totale. Je penfai que le minerai, prêt à fondre, tombant par la perpendiculaire fur l'étalage du contrevent en plus grande quantité, & y féjournant plus long-temps que fur les autres, à caufe de la moindre inclinaifon, déterminoit la fufion des parties conftituantes de cet étalage : d'ailleurs celui de la tuyere étant à couvert & éloigné de la colonne perpendiculaire, les matieres qui y étoient précipitées par la cafcade du contrevent y féjournoient, parcequ'elles n'étoient point preffées par le poids de la colonne, elles devenoient *fer de nature* & formoient des *mufeaux* monftrueux, qui caufoient des obftructions auxquelles le travail ordinaire, pour la réparation de la tuyere, ne pouvoit remédier. Ces accidents arrivoient à prefque tous les fondages.

Voilà les confidérations qui m'ont fait abroger cette coutume pernicieufe, qui eft oppofée à toute regle de pirotechnie; car puifque l'on doit forcer la réaction du feu par la réflexion de la chaleur fur les furfaces intérieures du fourneau, il eft conftant que la chaleur augmentera d'autant plus, que les rayons tendront dans leur premiere route, à des diftances égales, & par leur retour, à un centre plus commun; il eft donc effentiel de placer le centre de l'action du foyer au centre total du fourneau. Je vais encore en donner une raifon bien frappante. Un fourneau de fonderie eft un fourneau à manche dans les principes d'un athanor, dont l'intérieur de l'élévation de la tour eft deftinée, non-feulement à augmenter la chaleur, mais auffi à contenir une quantité confidérable des aliments du feu qui fe préfentent au foyer au fur & à mefure de la confommation de ceux qui les ont précédés. Il eft de la derniere importance que le mêlange proportionel de charbon, de minerai, de fondant & de correctif dont chaque charge eft compofée, parvienne au foyer inférieur dans l'ordre avec lequel ils ont été introduits par la bure du fourneau, enforte que l'intérieur fe trouve rempli d'une maffe compofée de parties hétérogenes diftribuées également. Cet ordre ne peut être exactement observé que par un juste équilibre, ou l'équilibre n'a lieu que par le secours de la perpendiculaire ; il faut donc, pour entretenir l'équilibre de la colonne des matieres contenues dans le fourneau, que l'axe de son cône intérieur, soit perpendiculaire au centre du foyer. Sixieme conséquence qui détruit toute autorité de briser l'axe du cône d'un fourneau, soit par les pentes des parois, différentes entre elles, soit par le bombage ou l'élévation de l'étalage du contrevent, soit enfin par la retraite de la tuyere.

Etablir une grande chaleur avec le moins de matériaux possible dans un fourneau, est ce que nous devons nous proposer dans sa construction. L'on ne peut, dans tous les cas, réunir trop de circonstances favorables à l'intensité de la chaleur, conséquemment la différence de hauteur & de proportions pour des mines froides ou chaudes, font des distinctions puériles qui n'ont aucun fondement. Dans un fourneau bien construit, qui développe & concentre toute la chaleur possible, les mines faciles à fondre y donneront un gros produit : les mines plus réfractaires recevront toute la force du feu qu'il est possible de leur faire subir ; elles donneront un produit moindre, relatif à la proportion du charbon, & en raison des parties métalliques qu'elles contiennent ; il ne doit y avoir qu'une espece de fourneau pour fondre les mines de fer que l'on veut réduire en fonte : septieme & derniere conséquence.

---

# SECTION III.

*Description des proportions de l'intérieur d'un fourneau, & méthode pour les observer.*

Après avoir parlé des principes généraux de construction, il est nécessaire de décrire les proportions relatives de l'intérieur d'un fourneau, & les moyens de les observer.

Il eſt très avantageux d'avoir des fourneaux très élevés, parceque les pentes ſont plus inſenſibles dans les hauts fourneaux; que les matieres deſcendant plus lentement, elles ſont mieux digérées; que l'on peut donner plus de capacité aux différents foyers, dût-on multiplier les ſoufflets en volume ou en nombre, pour adminiſtrer un volume d'air proportionnel : de ces circonſtances il réſulte une plus grande chaleur.

J'ai fait conſtruire un fourneau de 24 pieds de hauteur, dont le produit étoit très avantageux. Ceux d'Allemagne ſont ordinairement de cette élévation, mais en France ils ſont plus communément de dix-ſept à vingt pieds. Je n'ai pu élever qu'à dix-huit pieds celui dont je vais donner les dimenſions par des raiſons étrangeres à mon objet. Pour l'intelligence de ce qui eſt contenu dans cette Section, il faut étudier les Planches IV & V, & leurs explications.

Le fond du creuſet a douze pouces d'épaiſſeur depuis le deſſus de la voûte juſqu'au niveau de l'aire; à ſix pieds au deſſus de l'aire du creuſet eſt poſé le cône ſupérieur : ſa baſe eſt une ellipſe dont le grand axe eſt de ſix pieds de la ruſtine au tympe, & le petit axe de cinq pieds de la tuyere au contrevent; il s'éleve perpendiculairement ſur des lignes paralleles concentriques juſqu'à la hauteur de douze pieds où il eſt tronqué. La coupe de ſon ſommet eſt une ellipſe dont le grand axe a trente pouces, & ſon petit ving-cinq; ayant une correſpondance de proportion avec ſa baſe : puiſque 25 eſt à 30, comme 60 eſt à 72.

Sur l'aire du creuſet, à ſept pouces & demi de diſtance de l'axe prolongé du cône, s'élevent ſur deux lignes paralleles, les côtés de la tuyere & du contrevent, de dix-huit pouces de hauteur, formant les deux grands côtés oppoſés du fond du creuſet; la ruſtine coupe ces deux côtés à angle droit, elle eſt éloignée de huit pouces de l'axe commun, & s'éleve également de dix-huit pouces; ſes angles ſont arrondis, enſorte qu'ils forment la portion de l'ellipſe du ſommet du cône qui lui répond.

La tuyere eſt poſée horiſontalement en face de l'axe, à dix-huit pouces au-deſſus de l'aire ou du fond du creuſet; la baſe de l'étalage du côté des tympes eſt éloignée de dix-huit pouces de l'axe, à quinze pouces au deſſus de l'aire, & trois pouces au-deſſous de la tuyere; il coupe auſſi en angle droit ceux du contrevent & de la tuyere; ſes angles inférieurs ſont également arrondis comme ceux de la ruſtine, il couvre de vingt pouces de longueur la partie du creuſet, qui eſt prolongée juſqu'à la dame; laquelle eſt éloignée de dix pouces de la tympe compriſe dans le maſſif de l'étalage, l'affleurant au dehors, enſorte que le parallélipipede du creuſet a cinquante-ſix pouces de longueur ſur quinze pouces de largeur. Les quatre étalages s'élevent ſur des lignes elliptiques, en s'éloignant également de l'axe ſur une ligne oblique de cinq pieds de longueur; ils vont s'unir à la baſe des parois, ce qui donne à l'intérieur du fourneau la forme de deux cônes tronqués, unis par leur baſe. Pour faciliter les perſonnes qui voudront adopter mes principes, je vais détailler les opérations par leſquelles je parviens à conſtruire l'intérieur de mon fourneau.

Il faut avant toute choſe commencer par examiner l'état des contre-parois qui s'élevent obliquement le long des contre-forts, qui ſont des murs qui contiennent le maſſif entre eux & les gros murs extérieurs; y faire les réparations néceſſaires. Elles doivent former intérieurement un quarré long, au moins de ſept pieds ſur ſix, aſſis ſur la baſe du fourneau du côté du contrevent & de la ruſtine, & ſur un ceintre, ou ſur des planches de fonte, ou ſur les deuxiemes gueuſes des marâtres des côtés de la tuyere & des tympes.

Je ſuppoſe que ces contre-parois ont été conſtruites de façon que le point de ſection de leur diagonale ſoit le centre du fourneau, & que ſept pieds au-deſſus de la voûte, la retraite de ces contre-parois forme un repos de ſix pouces au moins de largeur pour aſſeoir la baſe du cône des parois. Si l'on bâtit les contre-parois exprès pour un fourneau elliptique, il fera néceffaire de les conftruire ou elliptiques ou polygones, pour éviter les rempliffages des angles.

Toutes chofes étant en état, fi l'on n'eft pas familiarifé avec les outils, l'on fera faire une table folide de trente pouces de longueur fur trente de largeur, l'on en cherchera le centre, qui fera le point de fection de deux diagonales ti-rées du fommet des quatre angles droits; l'on tirera enfuite une perpendiculaire & une horizontale, dont le point de fection foit commun avec celui des deux diagonales, & ce fera le centre principal de l'ellipfe.

Sur la perpendiculaire du grand axe, à fix pouces & demi près de fes extrémités, ou à huit pouces & demi de chaque côté du centre, l'on marquera des points qui feront les deux foyers de l'ellipfe; l'on attachera fur ces points de petits clous, auxquels on fixera les extrémités d'une petite corde de trente pouces de longueur, terminée par deux œillets, l'on promenera la pointe d'un compas fur la furface de la table, dans toute l'étendue que fouffrira la corde, & l'on aura par le trait du Jardinier l'ellipfe cherchée, divifée par huit rayons, formant des angles de quarante-cinq degrés; l'on fciera enfuite la table avec un tourne-fond fur la ligne circonfcrite, pour en abattre les angles; l'on en marquera le centre par un trou fait avec la mêche d'un vilebrequin; l'on marquera les extrémités des lignes par des crenelures perpendiculaires, à un pouce près defquelles, fur chacun des huit rayons correfpondants, l'on fixera à demeure un petit clou dont la tête excédera d'environ trois ou quatre lignes la furface de la table que je nomme un *patron*. Sur la furface & au milieu de la bure, l'on pofera de niveau deux barreaux de fer de même calibre pour fupporter le pa-tron; l'on paffera le cordeau d'un plomb dans le trou du centre; il y reftra fufpendu; l'on promenera le patron juf-qu'à ce que le plomb qui defcendra le plus bas poffible fe foit arrêté au centre, & fixera le centre de l'axe de l'inté-rieur du fourneau; alors on attachera un plomb à chaque

bout

bout du grand axe du patron ; l'on décidera de leur justesse ; l'on observera que les barreaux ne se trouvent point à l'à-plomb des crénelures du patron ; on affermira les barreaux & le patron d'une façon à les rendre stables.

Descendu dans l'intérieur du fourneau, l'on posera sur l'appui des parois une regle de six pieds, dont le milieu sera marqué d'une ligne perpendiculaire sur laquelle tombera sans gêne le plomb central, les deux autres plombs affleureront le même côté de la regle : sûr de la juste position de la regle, on l'assujettira solidement, & on retirera les plombs.

Sur l'angle supérieur de la regle du côté de l'affleurement des plombs, à vingt pouces & demi de chaque côté de son centre, ou à quinze pouces & demi de ses extrémités, l'on attachera des clous pour y passer les extrémités d'une petite corde de six pieds de longueur, terminée par des œillets ; l'on tracera avec la pointe d'une cheville de fer l'ellipse sur le repos formé par la retraite des fausses parois : après avoir vérifié l'opération, l'on posera un rang de briques à l'affleurement de la ligne, puis, les levant l'une après l'autre, on les posera à bain de mortier clair ; l'on vérifiera encore sur ce premier rang l'exactitude de l'ellipse en promenant le cordeau.

Du milieu de la regle qui désigne le grand axe, l'on tirera à retour d'équerre avec une autre regle, le petit axe dont les extrémités seront marquées avec du charbon sur les briques, ainsi que celles du grand axe ; l'on divisera les distances entre les extrémités de ces axes par quatre rayons ; & l'on marquera aussi sur les briques l'extrémité de ces rayons : l'on placera ensuite sous les briques, aux endroits marqués par le charbon, huit chevilles, auxquelles on assujettira l'extrémité inférieure des cordeaux qui descendront des huit clous attachés sur le patron, & noyés dans ses crénelures ; les cordeaux seront tendus fermes, & d'un coup d'œil du haut en bas l'on vérifiera la justesse de leur exacte correspondance en les mirant alternativement. Tout étant

P

ainſi diſpoſé, l'on élevera la maçonnerie intérieure à la regle, obſervant le ceintre entre les cordeaux, & ſuivant exactement leur direction, ſans les gêner juſqu'à l'affleurement du patron.

Au lieu de l'opération précédente, on pourra conſtruire au niveau de l'appui des parois un échaffaud bien dreſſé, ſur lequel on tracera le grand ellipſe par la même opération que j'ai indiquée pour le patron ſupérieur, en obſervant les proportions des grandeurs relatives marquées ſur la regle : des chaſſis briſés & à jour pourront être d'une grande utilité pour le haut comme pour le bas, & ſerviront toutes fois que l'on en aura beſoin.

Il eſt néceſſaire d'obſerver qu'il eſt très onéreux de ſe ſervir de pierres calcaires pour la conſtruction des parois intérieures de l'ouvrage d'un fourneau, puiſqu'à chaque fondage, l'on eſt contraint de les reconſtruire de nouveau. Cette dépenſe répétée, jointe aux frais des déblais du vieux ouvrage, eſt non ſeulement très diſpendieuſe, mais auſſi il arrive quelquefois qu'au milieu d'un fondage un peu continué, les pierres calcinées ſe dérangent au point de forcer à une miſe-hors. Si l'on eſt contraint de mettre un fourneau hors de feu, parceque l'ouvrage du creuſet eſt ruiné par un long ſervice ou par des accidents, l'on ne peut (pour peu que les parois ſoient dégradées) riſquer de refaire l'un ſans l'autre, malgré le beſoin urgent de précipiter la réparation d'un fourneau ; cette réparation abſorbe au moins trois ſemaines d'un temps ſouvent très précieux. Il eſt un moyen d'éviter cette dépenſe & ces retards, c'eſt de conſtruire les parois en briques. Toute eſpece de brique n'eſt pas également bonne à ſoutenir un feu auſſi violent, & auſſi continué que celui d'un fourneau ; celles qui ſont d'un ſervice plus aſſuré ſont compoſées d'une terre glaiſe, blanche, d'un ſable blanc, talqueux, & un peu ferrugineux ; cette terre rougit légérement au feu. On a vu des parois de cette brique ſoutenir vingt ans le feu d'un fourneau. Cette brique eſt employée avec un grand ſuccès pour les réver-

beres des fenderies, des ferblanteries, & des verreries. Il
y a un ban confidérable de cette terre dans une forêt appellée Verd-Bois, qui fépare, près de S. Dizier, la Champagne d'avec la Lorraine ; il fe fait une exportation de cette
terre à plus de vingt-cinq lieues ; la terre blanche de Champagne dont on fait les pots de verrerie eft d'un excellent
ufage pour les fourneaux.

Il faut que la pâte des briques ait été bien corroyée pour
en lier exactement les parties, qu'elles foient féchées à l'ombre, & employées fans être cuites, comme toutes celles qui
doivent être expofées à une grande chaleur : je vais en analyfer la raifon.

La terre qui compofe une brique, reçoit par le feu de
la cuiffon un degré de vitrification qui donne de la roideur
à fes molécules en raifon de la violence & de la continuité du feu ; la chaleur qu'elle fubit en exprime alors entiérement l'eau & l'air, enforte qu'une brique cuite eft une
fubftance fpongieufe altérée qui faifit avidement l'humidité ; lofqu'on l'emploie dans la maçonnerie, elle happe
avidement l'eau du mortier qui la baigne & s'y colle, ce
qui rend les maçonneries en briques excellentes. Cette perfection de la brique dans les murs expofés à l'air, eft un
défaut dans les foyers, parceque le feu pénétrant les maffes
de maçonnerie, fur-tout celles qu'il touche immédiatement,
raréfie vivement & immenfément l'air & l'eau qu'elles contiennent ; la roideur des cloifons des cellules qui les renferment dans la brique cuite ne fe prêtant point aux efforts de la raréfaction, la preffion devient fupérieure à la
réfiftance, elle brife les obftacles ; alors il arrive à la brique
l'accident de la larme batavique, mais moins total, & plus
paffible. Il n'en eft pas de même, lorfque l'on emploie pour
les grands foyers les briques fans être cuites, elles foutiennent pour lors impunément les efforts du feu, parceque
leurs molécules n'ayant point été collées & durcies par un
feu antérieur, l'effet de celui auquel elles font actuellement expofées, raréfie fans obftacles l'air & l'humidité

qu'elles contiennent, & les perfectionne. Les mortiers qui les entourent leur servent de véhicule & successivement se cuisent l'un & l'autre au point de faire corps, les molécules charbonneuses de la flamme devenant des cendres extrêmement subtiles, se collent à leur surface, y sont vitrifiées, &, dans cet état, les couvrent d'un vernis vitreux impénétrable à l'humidité, qui feroit inutilement des efforts pour y rentrer dans l'intervalle de l'extinction des feux.

Dans les forges qui ne sont point à portée d'avoir des terres de la premiere qualité, propres à former des briques à feu, on pourroit (il me semble) y suppléer en composant une pâte de trois parties de glaise bien pure, une partie & demie de sable aride, ou de grès pilé, ou autre équivalent, une demi-partie de ciment, & autant de hameselac de bâche criblé. L'on sait que les parties métalliques sont de puissants liens.

Les briques, pour l'ouvrage que je viens de décrire, doivent avoir douze pouces de longueur, six pouces de largeur à la queue, cinq pouces sur la face, & deux pouces d'épaisseur, toutes seches. Il est à propos de construire les contre-parois aussi en briques sechées; si on les fait en pierre calcaire, il peut arriver que ces pierres calcinées, recevant de l'humidité par quelqu'accident, ruineroient par leur poussée les parois intérieures : pour éviter cet inconvénient, & la dépense d'une nouvelle construction, j'ai employé des briques de trois pouces d'épaisseur, douze pouces de longueur sur six pouces de largeur à chaque bout. Pour cette brique, toute espece de terre glaiseuse, même toute terre qui a du corps & qui prend de la liaison, y est propre; l'argille, ou herbue, dont on se sert à la chaufferie ou au fourneau, seroit excellente, en la mêlant avec du sable. La terre, que l'on nomme sable d'ouvrage (parcequ'il y est employé), est ce que je connois de plus propre à la composition de ces briques; c'est de cette terre dont j'ai fait faire les briques dont je me suis servi : l'on a assez d'emplacement dans les forges, pour que les Maîtres de forges qui sont éloignés des briqueteries, les fassent faire sous leurs yeux.

Il est essentiel, dans la construction des parois, d'employer un mortier composé, autant qu'il est possible, d'une terre de la même nature que celle des briques ; que ce mortier soit assez liquide pour souffler dans tous les joints, & n'y laisser aucun vuide ; de ne point employer de briques voilées : pour éviter les irrégularités, il sera facile de redresser les briques qui se seroient déformées en séchant, en les frottant sur une plaque de fonte un peu galeuse. Lorsque l'on aura besoin de portion de brique, il faudra les scier, & non les casser ; l'on ragréera les jointures avec la pointe de la truelle sans crépi ; on réparera avec scrupule les trous des supports des échaffauds ; on couvrira enfin la sommité tronquée du cône avec une plaque de fonte, dont le milieu soit percé d'une ouverture elliptique des mesures données ; cette plaque peut être remplacée par deux autres ceintrées intérieurement, se rapprochant par le petit axe de l'ellipse ; l'on aura l'attention de les poser sur une couche de mortier liquide, pour empêcher la flamme de pénétrer par-dessous.

Après l'entiere construction des parois, on laissera en place le patron supérieur ; l'on formera l'aire du creuset, soit totalement de sable battu à la demoiselle & au maillet, soit partie de sable & d'une pierre à feu ou de grès, soit totalement en pierre ; l'on observera de mettre sur la voûte une couche de sable calcaire, tel celui composé en partie des détrimens des coquilles que les inondations rassemblent ; cette précaution est nécessaire pour empêcher la formation de ces loups monstrueux, formés par la vitrification de la masse totale de la base du creuset, pénétrée de régule & de fonte de fer, & dont l'extraction si pénible entraîne souvent la destruction d'une portion des parties inférieures du fourneau : ce sable calcaire ne formant point d'union intime, fait corps à part, conserve la voûte, & facilite le déblaiement de l'ouvrage : depuis que j'ai pris cette précaution, je n'ai plus de loups.

La surface de l'aire sera bien dressée de niveau, alors on descendra les plombs du centre & des deux extrémités du grand axe du patron supérieur ; l'on couchera sur l'aire une regle, dont un des côtés s'ajuste avec les plombs, c'est-à-dire que son alignement fasse l'horizontal à la perpendiculaire des trois plombs; on trace avec une pointe sur l'aire la ligne qu'elle donne : à sept pouces & demi de distance de cette ligne, l'on tirera de chaque côté, des paralleles, pour poser les côtés du contrevent & de la tuyere ; à huit pouces de distance du centre commun ou de l'axe du grand cône, l'on coupera les deux lignes à angle droit, par une transversale qui tracera la base de la rustine ; l'on enlevera alors les plombs pour construire.

Soit que l'on se serve de sable, de briques, de différentes pierres à feu, même calcaires, pour construire le creuset, l'on observera de maçonner sur les lignes tracées à la hauteur de 18 pouces perpendiculairement, sur la longueur de 26 pouces, depuis la rustine jusqu'à la base de l'étalage du contrevent, & de quinze pouces de hauteur depuis cet étalage, jusqu'à dix pouces au par-delà de l'à-plomb de l'angle supérieur du premier gueusat de la marâtre, observant de ceintrer la rustine, comme je l'ai indiqué, de remplir tous les vuides intérieurs du fourneau, du côté des murs, avec le dernier scrupule. Si l'on se sert totalement de sable, l'on formera avec des planches un chassis prismatique de 18 pouces de hauteur & 15 pouces de largeur hors d'œuvre, & de 60 pouces de longueur : l'on appuiera contre ce chassis le sable bien serré au maillet & à la demoiselle, de façon qu'il fasse corps massif. Lorsque ce sable est trop sec, il ne se lie pas; lorsqu'il est trop humide, il est indocile, parceque ses parties glissent l'une sur l'autre, il leve dans l'endroit auprès duquel on le comprime, ce que l'on appelle *souffler :* l'usage fait connoître ses défauts & sa perfection, que l'on connoît en le comprimant fortement dans la main; lorsqu'il s'y réduit en masse avec résistance, il est dans son degré de qualité.

Des Fondeurs, par un faux préjugé enfant de l'ignorance, déclinent le bas du creuset pour donner la qualité à la fonte,

& ils annoncent qu'ils feront de la fonte grife lorfqu'ils la retirent du côté de la roue, & blanche à l'oppofé : mais comme ce font ordinairement de faux Prophetes, que le hafard feul donne fouvent lieu à l'événement qu'ils ont annoncé, & qu'ils fe trouvent encore plus fouvent menteurs, je fuis perfuadé que le bas du creufet doit être dans le centre de l'ouvrage fans aucune déclinaifon; la qualité de la fonte procédant uniquement de la proportion relative du feu & du minerai & des accidents en général qui accompagnent l'opération.

La bafe du creufet étant achevée, on defcendra le plomb de l'axe du grand cône, l'on pofera en face du côté des fouf-flets une plaque de fonte, formant un trapeze, dont le petit côté eft formé par une ligne de 6 à 8 pouces; fa furface fera exactement de niveau & à la hauteur de 18 pouces, encaftrée dans le maffif; fur cette plaque, on pofera la tuyere dont le mufeau doit avoir une ouverture de trois pouces de hauteur fur quatre pouces de largeur; les angles fupérieurs étant légérement arrondis, fon milieu fera exactement coupé par l'axe du cône, obfervant que du côté des oreilles elle ne décline en aucun fens; dans cet état on l'affermira à demeure; l'on placera enfuite la tympe de pierre à 26 pouces du fond de la ruftine. Si l'on fe fert de fable, l'on pofera fur les côtés du creufet, joignant les retranchements, une plaque de fonte de vingt pouces en quarré, ou des planches dont les bouts foient enfoncés de leur épaiffeur dans le maffif, afin qu'étant brûlées, l'ouvrage n'ait toujours que quinze pouces de hauteur fur cette partie : il faut enfuite pofer la tympe de fer fur le bout de l'ouvrage, de façon que fon centre foit à l'à-plomb de l'angle inférieur du gueufat de la marâtre; fes bouts feront appuyés par deux *pages*, qui font ordinairement deux poids de cinquante, pofés en fens inverfe, & à l'affleurement de l'à-plomb de l'ouvrage.

Dans tous les fourneaux, l'on pofe fur la tympe une plaque de fonte épaiffe, qui eft appuyée à fa partie fupérieure contre le gueufat de la marâtre. L'expérience m'ayant fait connoître les défauts de son usage, je l'ai supprimée depuis quelques années; il arrive que cette plaque s'échauffe bien plus vîte que le sable; elle desseche promptement celui qui lui est adossé, l'oblige à une retraite, souvent à s'é-gréner, ce qui laisse un vuide, qui donne prise au feu in-térieur qui le détruit, & ruine cette partie très prompte-ment. Comme la résistance dépend de la liaison exacte des parties des corps, il est essentiel de procurer à un *ouvrage* toute la solidité dont il est susceptible, par la liaison la plus complete & la plus intime; c'est pourquoi je supprime le *taqueret* & les *muraux*, & je monte ordinairement les quatre étalages ensemble; j'en prolonge les masses totales, depuis le niveau du dessous de la tympe jusqu'à l'à-plomb de l'angle supérieur & extérieur du gueusat de la marâtre, le-quel y étant enclavé, en est mieux soutenu. L'ouvrage étant ainsi formé d'une seule piece, a bien plus de solidité & de résistance, que lorsqu'il est composé de différentes parties en différents temps, & de matériaux dissemblables.

La tuyere & les tympes étant posées, on monte ensuite les étalages, suivant les matériaux dont on se servira, de façon qu'ils aillent joindre la racine des parois par une ligne oblique de 5 pieds de longueur; si les étalages sont en sable, l'on courbera cette ligne de façon qu'elle décrive un arc dont le rayon soit de deux pouces, afin qu'après que le sable aura reçu l'impression du feu, sa retraite le réduise presque à la ligne droite.

Les étalages bombés retardent la descente des matieres qu'ils reçoivent, alterent la gradation des charges, & en précipitant soudain dans le bain des masses qu'ils ont rete-nues, causent les désordres les plus fâcheux; raison qui m'a forcé à leur donner de la rapidité. Il y a à-peu-près autant de différence entre la coupe des étalages de mon fourneau & ceux que construisent la plûpart de nos Fondeurs, qu'il y en a entre la coupe d'un pavillon & celle d'une mansarde.

J'ai été fort surpris de voir, dans le modele d'un ouvrage usité en Saxe, le haut de ses étalages, formant une coupole,
qui

qui eſt coupée dans ſon milieu par l'orifice d'un canal perpendiculaire, au milieu duquel eſt poſée la tuyere. Nature
des minerais, qualités des fondants, eſſence des charbons,
adminiſtration du vent, attentions, ſoins relatifs, rien de ces
choſes, ſuppoſées concourantes au bien, ne peuvent me
perſuader que cette forme puiſſe avoir aucun avantage; je la
regarde au contraire comme très défectueuſe. (*Voy. Pl.
VI. Fig.* 1 & 2.

L'ouvrage étant conſtruit, on le déblaie des rognures que
l'on a enlevées avec un outil tranchant; je n'en trouve point
de plus commode que le hoyau à bois; l'on en affermit la
ſurface au maillet; on répare les négligences, on le polit
avec attention; cela s'entend de la partie qui eſt en ſable,
ou de la totalité s'il en eſt entiérement compoſé; l'on taille
à la partie antérieure & extérieure de l'ouvrage, une petite
*chapelle*, dont la baſe affleure la tympe entre les deux pages,
& vient ſe terminer à la naiſſance de la marâtre.

J'ai abrogé l'uſage de ces monſtrueuſes dames, formées
de vieilles enclumes du ſthoc : leur poids énorme contribue
ordinairement à leur mauvaiſe poſition; elles ſont ſujettes à
s'échauffer au point de fondre, & à laiſſer échapper la fonte
de l'ouvrage. Dans les cas d'accidents, leur remplacement eſt
très pénible, par la difficulté de les manier ſi près d'un feu
auſſi actif. Au lieu d'une enclume, je fais ſervir de dame une
plaque de fonte, épaiſſe d'environ trois pouces; j'y emploie ordinairement des vieux fonds d'affinerie en rebut; ſi l'on en
manque, on en peut couler exprès de 30 pouces de longueur,
ſur 15 pouces de largeur, & trois pouces d'épaiſſeur. Il faut
poſer cette plaque ſur un maſſif du ſable dont on ſe ſert pour
l'ouvrage, ou ſur une maçonnerie; lui donner l'inclination
d'un angle de ſoixante dégrés; que ſon extrémité ſupérieure
ſoit éloignée de dix pouces de l'à-plomb de la tympe, & à
trois pouces & demi au-deſſous du niveau de ſa partie inférieure, ou ſix pouces & demi au-deſſous du vent : la dame
doit être retenue, à ſon extrémité inférieure, par un piquet
de fer, enfoncé au-deſſous de ſa ſurface, & recouvert de

Q

terre battue, pour qu'il ne forme aucun obftacle à la manœuvre.

La dame doit être inclinée pour faciliter l'écoulement du
laitier; elle doit être au-deffous de la tympe, pour que le
laitier ne faffe point d'obftruction fous la bafe de l'étalage,
& ne remonte point à la tuyere : elle doit être éloignée de la
tympe, pour faciliter le travail & pour puifer la fonte au
befoin.

Dans le premier cas, la dame trop inclinée attire trop le
laitier, en diffipe une trop grande quantité, ce qui intéreffe
le produit & la qualité de la fonte; lorfqu'elle eft trop peu
inclinée, elle rend le laitier pareffeux, ce qui multiplie le
travail.

Dans le fecond cas, la dame trop furbaiffée occafionne
une grande diffipation de la chaleur, une trop prompte & trop
totale effufion du laitier; fi elle eft trop élevée, elle rend le
fourneau trifte & froid, conféquemment dur & d'un travail
pénible; dans le troifieme cas enfin, la dame, trop éloignée
de la tympe, donne lieu à la fonte de fe pâmer dans cette
extrémité de fon bain; lorfqu'elle en eft trop proche, elle
rend l'accès du fourneau difficile, tant pour y travailler, que
pour y puifer la fonte. D'ailleurs la dame, trop avancée dans
l'ouvrage, eft fujette à fondre. Les mefures ci-deffus qui la
concernent, m'ont paru, par l'ufage, conftamment les meilleures.

Pour empêcher le laitier de porter le feu dans le magafin de frafin, qu'il eft néceffaire d'entretenir pour l'ufage du
fourneau, l'on enfonce, de champ & perpendiculairement,
une plaque de fonte qui regne le long de la dame, lui eft con-
tiguë; cette plaque, que je nomme *garde-feu*, doit fur-
paffer la dame de cinq à fix pouces.

Entre la dame & l'extrémité oppofée de l'ouvrage, il doit
y avoir un efpace vuide de quatre pouces de largeur, communiquant à l'intérieur pour l'effufion de la fonte hors du
fourneau. Cet efpace eft élargi d'un pouce par un bifeau
que l'on fait en émouffant l'angle de l'ouvrage, pour donner

de l'évafement à cette ouverture, qui eft formée dans fa longueur, d'un coté par le corps de la dame, & de l'autre par le
*frayeux*; le frayeux eft une plaque de fonte de dix à douze
pouces de largeur, & de vingt-fept à trente pouces de hauteur, enfoncée dans le maffif de l'aire prolongé du creufet,
huit à dix pouces au-deffous de fon niveau; il s'éleve perpendiculairement, & fa direction fuit celle du bifeau dont il fait
la continuité, ce qui forme une fection conique d'environ
cinquante degrés. Le frayeux contient & dirige la fonte dans
fa route lorfqu'elle fort du fourneau, & fert de points d'appuis aux ringards pour le travail. Entre le frayeux & la dame,
l'on pofe la coulée, qui eft une pierre formant un trapeze
qui emplit exactement cet efpace : elle doit être pofée à
l'affleurement du fond de l'ouvrage fur une pente d'un pouce
en dehors. Les pierres calcaires font propres à cet ufage; les
apyres font meilleures, mais les pierres qui décrépitent n'y
font pas propres. (*Voy. les Planches* IV, V, VI, VII, &
leurs explications).

Je paffe aux précautions à apporter dans l'adminiftration
du feu, & aux proportions des aliments du fourneau.

# CHAPITRE II.

## De la régie & de la diete d'un fourneau.

## SECTION PREMIERE.

### De la mise en feu.

IL ne suffit pas de posséder l'architecture d'un fourneau, de savoir lui donner des dimensions bien conséquentes, de bien sentir le méchanisme des opérations des machines destinées à son service; il faut aussi, pour se procurer du travail d'un fourneau un produit considérable avec économie, connoître l'essence, le caractere des matériaux que l'on doit lui confier; combiner l'action des uns sur les autres, leurs rapports respectifs; prévoir les accidents, les parer, & savoir sur-tout entretenir la liberté de toutes ses fonctions par une diete bien réglée. Cette science si nécessaire ne s'acquiert que par beaucoup d'observations, de réflexions & d'expériences réitérées. Je vais parcourir ces différents objets, & faire les réflexions que l'expérience m'a suggérées.

Après la construction complette d'un fourneau, l'on peut le laisser sécher pendant quelque temps avant de l'emplir de charbon : même quelques personnes ont l'attention de le fumer, c'est-à-dire d'allumer du feu dans l'intérieur avec du bois, pour sécher les parois, sans néanmoins les faire rougir. Il faut supprimer ce feu préliminaire pour les ouvrages en sable, car il les gerseroit & les dégraderoit; mais on pourra l'employer avec avantage, après avoir construit les parois avant de former le creuset, & dans les ouvrages en pierre, prêts à mettre au feu. Tout étant disposé, on l'emplira de charbon : le mien en contient deux cents douze pieds cubes, ce qui revient à deux muids & demi marchands, ou deux muids un minot bourgeois; ou quarante-deux vans de Bourgogne, ou enfin à soixante-trois feuillettes & demie environ, mesure de la Marne, ou de Bar-Sur-Aube : quantité qui est le produit d’environ douze cordes & demie de bois à la petite mesure, contenant chacune cinquante-un pieds & un tiers cubes.

L’on bouche alors la tuyere avec du mortier d’herbue; & par l’issue de la coulée qui est libre, l’on introduit une pelle de charbon embrasé. Le feu gagne insensiblement la masse, & perce jusqu’au haut de la bure : plus la maçonnerie est seche, plus il fait de progrès; plus elle est humide, les charbons menus & l’athmosphere tranquille, plus il est de temps à percer la colonne entiere. Lorsque le charbon de la bure commence à être embrasé, plusieurs maîtres, qui n’aiment pas à voir une consommation sans un produit actuel, font charger en mines aussi-tôt que le fourneau est avalé d’une charge. Je rejette cet usage, parceque l’on ne doit point mettre un fourneau en mine, que lorsqu’il est en état de la bien digérer, & que dans ce moment le fond de l’ouvrage n’est point assez chaud pour recevoir la fonte en bain. Il arrive toujours de l’embarras, lorsque l’on se précipite trop. Je laisse écouler au moins trente-six heures, entre le temps que le feu a gagné le haut, & la premiere charge en mine, pendant lequel temps je fais faire fréquemment des grilles pour échauffer la partie inférieure de l’ouvrage où l’air ne peut donner d’action au feu, pour détacher & enlever les matieres vitrifiées qui distillent sur le bord inférieur de l’étalage des tympes, où le feu est plus actif, parceque l’air extérieur fait en cet endroit plus d’effort pour monter dans le fourneau. Enfin lorsqu’après nombre de grilles répétées, je vois blanchir & étinceller l’ouvrage à la rustine & sur le fond, je fais charger en mine lorsque le fourneau est bas d’une charge : la jauge de ma charge est de trente-six pouces, qui est le quart de la hauteur du grand cône; elle contient dix-huit pieds un tiers cubes; elle est remplie par cinq rasses de charbon, fur lefquelles je mets deux conges de mine : avant ce temps, j'ai grand foin que les Chargeurs aient l'attention de mettre du charbon au fur & à mefure de la confommation d'une charge à-peu-près, pour que la partie fupérieure des parois ne foit pas frappée d'une trop grande chaleur, ce qui les dégraderoit.

Après douze à quinze heures que le fourneau eft en mine, on voit fcintiller dans l'ouvrage des globules de fonte imparfaite, qui éclatent en brûlant à l'air libre; alors je fais faire, fuivant l'ufage général, la derniere grille, nettoyer exactement l'ouvrage, couvrir le fond, dans toute fon étendue, de plufieurs couches de frafin féché, que je laiffe embrafer fucceffivement avant que de les recouvrir d'une nouvelle couche, lefquelles font enfemble une épaiffeur de trois à quatre pouces (a); ces frafins étant deftinés à recevoir la premiere fonte, il eft néceffaire qu'ils foient bien fecs, & conféquemment embrafés, pour lui conferver fa chaleur & l'empêcher de fe figer. Les ringards, formant la grille, étant retirés, on met le bouchage pour fermer la coulée; l'on bouche le devant des tympes avec des braifes tirées du fourneau, & des frafins mouillés, pour empêcher la diffipation du vent, puis l'on tire la pale pour faire agir les foufflets.

Il eft néceffaire que les mufles des foufflets foient éloignés de l'orifice intérieur de la tuyere au moins de dix pouces dans les premiers huit jours, & qu'ils foient toujours écartés l'un de l'autre, de façon que leur vent fe croife au centre du foyer. Les ouvrages en fable veulent être très ménagés dans le commencement du feu; c'eft pourquoi il faut modérer l'action des foufflets, & les éloigner pour en augmenter par gradation le mouvement & l'action, lorfque l'on jugera que l'ouvrage eft affermi & plombé. Les ouvrages en grès peuvent être plus brufqués.

_______________

(a) C'eft ce que l'on nomme en Allemagne & en terme de minéralogie, *brafque légere.*

Depuis la premiere charge de minerai, l'on augmente sur chacune de vingt-cinq livres de minerai ou d'une demi-conge, ensorte qu'il se trouve à cinq conges lorsque l'on tire la pale. On le soutient pendant quatre charges à ce nombre; on augmente ensuite d'une conge par huit charges, jusqu'à ce qu'il en ait pris huit; alors on n'augmente plus, quel'on ne s'apperçoive qu'il en puisse soutenir, ou plutôt qu'il n'en demande, ce qui se connoît aisément par la couleur de la flamme, des laitiers & leur consistance, & la qualité de la fonte. Par une obstination contraire, il ne faut pas au commencement négliger de mettre du minerai; car la grande chaleur dont on a besoin est considérablement augmentée par la fonte en fusion : l'usage apprend la nécessité de s'écarter de ces deux extrémités.

Il faut en général tenir en fonte grise un fourneau dans le commencement d'un fondage, ne lui donner de minerai qu'à proportion que la chaleur augmente relativement à la durée de l'action & de la qualité des charbons, pour n'être pas obligé d'en retirer subitement. Au bout de douze à quinze jours, un fourneau bien construit est en état de porter toute la proportion de minerai relative à la charge de charbon, alors il faut en déterminer la quantité, qui peut cependant varier, à cause des différents états & qualités de charbon.

Des charbons nouveaux, trop menus, pourris, de mauvaise essence de bois, mal cuits, ne produisent qu'une foible chaleur qui ne peut opérer qu'une action très bornée; au lieu que des charbons de bonne essence, conservés dans des magasins secs & aérés, qui sont d'une grosseur médiocre, qui n'ont point été avariés par l'humidité, qui sont produits par des bois compacts & salins, & qui ont été bien cuits, operent une digestion prompte, abondante par l'énergie de la chaleur qui naît de leur embrasement. Il est nécessaire de jetter un coup-d'œil sur ces différentes situations du charbon.

# SECTION II.

## *De la qualité du Charbon.*

LES charbons nouveaux font très contraires au produit d'un fourneau & à la durée du fondage, parcequ'ils fe confomment trop promptement, & que le principe de leur chaleur eft trop fugace.

Le charbon, au fortir des mains du charbonnier, eft une fubftance qui n'a confervé du bois que la matiere fubtile, électrique, phlogiftique, le principe du feu, le feu lui-même, lié très légérement à la bafe terreufe par les entraves d'une fubftance bitumineufe, fixé par les fels qui ne font point développés, enforte que le charbon eft un pyrophore dont le feu, affoupi pour ainfi dire, eft prêt à fe développer & à reparoître au premier ébranlement. Lorfqu'il a repris fon mouvement, c'eft une fufée rapide qui précipite fon anéantiffement; parceque la chaîne des parties ignées eft entiérement continue, & que rien n'en modere l'activité.

Il n'en eft pas de même lorfque le charbon eft repofé, c'eft-à-dire lorfqu'il n'eft confommé qu'après un certain temps écoulé depuis fa cuiffon. L'air eft chargé de parties aqueufes qui s'introduifent infenfiblement dans les pores du charbon nouvellement cuit, & enveloppent les parties du feu : cet effet eft fenfible dans les magafins, où l'on entend le charbon pétiller. Ce font ces parties aqueufes qui s'introduifent dans les pores du charbon nouveau; fouvent font coin en écartant les molécules avec bruit & éclat, car les brins du charbon nouveau font dans le cas de l'éolipyle, que l'on a fait chauffer au point d'en faire fortir tout l'air groffier, pour qu'en la plongeant dans une liqueur, la colonne d'air, faifant effort pour y rentrer, force le fluide de s'introduire dans la capacité par le trou capillaire de fon bec.

L'eau

L'eau que l'air a portée dans les parties les plus intimes du charbon, en bouche les pores ; elle interpofe fes molécules entre celles du feu, enforte que lorfque ce feu vient à être mis en action par une caufe extérieure, l'eau arrête la rapidité de l'éruption de fes particules, tant parceque par fon interpofition elle rallentit la progreffion de l'embrafement, que parceque par fa liaifon & par fa réfiftance elle modere l'effor des parties ignées. Il n'eft point d'ouvrier qui emploie le charbon, qui ne mouille la partie extérieure de fon feu ; ce n'eft pas pour éteindre feulement la furface du charbon qui brûle fans un effet qui ait rapport à fon objet, mais c'eft pour augmenter la chaleur ; le charbon de terre ne s'emploie qu'en bouillie ( pour ainfi dire ) ; les deux opérations tendent à donner aux parties ignées des entraves, & à adminiftrer l'eau néceffaire à la multiplication de fon action.

L'air ne porte point dans le charbon une quantité d'eau furabondante & nuifible. Lorfque la réaction de l'élafticité de l'air dans le charbon eft épuifée, & que le charbon, relativement au degré d'humidité, eft en équilibre avec l'air, il ne s'en charge plus. Il n'en eft pas de même lorfque le charbon eft fubmergé ou expofé long-temps fur un terrein humide : alors c'eft une éponge qui abforbe un volume d'eau confidérable qui anéantit, pour ainfi dire, le développement du feu. L'on appelle, affez improprement, charbon pourri celui qui a été long-temps expofé à l'humidité. L'on conçoit aifément que des charbons, dans cet état, font peu propres au travail d'un fourneau. Les charbons trop menus, c'eft-à-dire brifés, font maffe avec la mine, fe pelotonnent enfemble & font obftacle à la circulation de l'air ; les charbons pas affez cuits, ou qui ont trop flambé, ceux produits par des bois viciés ou ufés par fermentation ou par pourriture, ou qui contiennent peu de fubftance fous un gros volume, font peu propres à la réduction du minerai du fer. Ces aliments foibles occafionnent de mauvaifes digeftions.

R

Je fens que toutes les réflexions qu'il feroit néceffaire de faire ici fur le charbon, relativement au produit du fourneau, me conduiroient au-delà des bornes que je me fuis prefcrites. L'on peut confulter l'*Art des Forges*, de l'Académie ; celui du *charbon*, de M. Duhamel ; & l'*Encyclopédie*. On trouvera dans ces Ouvrages des détails fatisfaifants, & auxquels dans la fuite on pourra ajouter.

# SECTION III.

## *De la Compofition & de l'ordre des Charges.*

Une charge eft compofée d'une quantité déterminée de matériaux qui doivent opérer & fubir les effets de la digeftion, & qui s'introduit dans le fourneau dans des temps à-peu-près également efpacés, au fur & à mefure de la confommation. Le charbon qui contient le principe actif en eft la bafe ; fon volume doit être invariable ; je le fixe à cinq raffes, comme je l'ai dit, pefant 230 livres, terme moyen, parceque le poids du charbon dépend de fon effence & de fon état actuel. Le minerai, qui eft le principe paffif de la charge, fe proportionne fuivant fon caractere : les minerais réfractaires doivent être économifés ; les fufibles doivent être employés avec plus d'abondance, & toujours relativement à la qualité du charbon. J'emploie par charge cinq cents de mine de Narcy & du Mont-Gérard ( qui font des minerais en grain ) ; la caftine fert de fondant & de correctif ; elle doit être mefurée proportionnellement à la quantité, & relativement à la qualité du minerai. La caftine n'eft point abfolument un corps naturel particulier ; tout corps qui a pour bafe une fubftance calcaire, une terre abforbante qui n'eft point faturée d'acide, y eft propre ; je dis qui n'eft point faturée d'acide, parceque l'effet de la caftine, par un premier degré de chaleur, de-

venue chaux, abforbe les parties fulfureufes du minerai ;
elle fait alors la fonction de correctif ; cette chaux, unie
aux parties quartzeufes, fulfureufes & terreufes du miné-
rai, aux parties argilleufes de l'herbue, aux cendres des
charbons, compofe une maffe de matieres hétérogenes qui
fe fervent mutuellement de fondant, & fe réduifent en
une fubftance vitreufe qui perfectionne la fufion, couvre
le métal en bain, par là le préferve de la trop grande action du feu. Cette couche de matieres vitrifiées en fufion,
que l'on nomme laitier, eft un filtre à travers lequel fe
purifie le métal au fur & à mefure qu'il diftille, pour ainfi
dire, en globules de la maffe expofée à l'action du vent ; il
y dépofe les parties hétérogenes qui lui font unies ; fe précipite au fond du creufet par la différence de fa pefanteur
avec celle du laitier qui le couvre. Si la caftine, contenoit
une fubftance calcaire, chargée d'acide, ainfi que le plâtre,
outre qu'elle ne rempliroit pas l'office d'abforbant, l'acide
fourniroit un corps étranger qui appauvriroit le métal plutôt que de le purifier. On emploie avec fuccès pour caftine, la marne, la craie, les teftacées foffiles & vivants,
& le gravier calcaire de riviere. Ce dernier eft le plus
commode de tous, par la facilité de s'en procurer & par
fon état de comminution ; car il ne faut pas fe fervir de caftine dont les morceaux font fous un gros volume, 1°. parceque l'on ne peut trop multiplier les furfaces, 2°. parceque les gros marons de caftine contiennent néceffairement dans l'intérieur de l'humidité qui, étant raréfiée par
la chaleur, fait une explofion qui dérange l'ordre des
charges qui ne peut être trop paifible. En général toute
efpece de pierre calcaire brifée eft une bonne caftine. Il
eft des minerais qui portent avec eux leurs fondants. Celui
que je traite exige un dixieme de fon volume de caftine ;
l'un & l'autre font de poids égal, pefant cent vingt livres le pied cube.

L'argille herbue, qui eft une terre onctueufe, mélée à
la terre animale & végétale très atténuée & chariée par

les eaux, eſt employée pour conſerver les parois contre la
trop grande impreſſion du feu, en ſe répandant le long de
leur ſurface en forme d'un vernis noirâtre qui empêche le
minerai de s'y attacher ; elle ſert de fondant à la chaux,
elle rafraîchit la tuyere, elle fournit auſſi une portion de
phlogiſtique. L'argille ſablonneuſe n'eſt pas propre, parcequ'elle eſt trop fuſible, ce qui fait qu'elle détruit plutôt
l'ouvrage que de le conſerver, & aigrit le métal loin de
l'adoucir. Il eſt des minerais dont le caractere doux permet de les traiter ſans herbue ; ceux que j'emploie en
exige un vingtieme de leur volume ; enſorte que chaque
charge de mon fourneau eſt compoſé de

| Nombre. | Eſpece. | Poids particu-lier. | Poids de chaque charge. | Poids général d'une coulée. |
|---|---|---|---|---|
| 5 | raſſes de charbon p. | 46 liv. | 230 | 2070 |
| 10 | conges de minerai, | 50 | 500 | 4500 |
| 1 | conge de caſtine, | 50 | 50 | 450 |
| $\frac{1}{2}$ | conge d'herbue, | 20 | 20 | 180 |
|  |  |  | 800 | 7200 |

Voici l'ordre que j'obſerve dans l'adminiſtration des
charges, lorſque la jauge de trente-ſix pouces de longueur, introduite perpendiculairement dans différents points
de la bure du fourneau, y entre toute entiere à fleur des
taques qui en forment la ſurface. L'on jette trois raſſes de
charbon, puis une demi-conge de caſtine, enſuite deux
raſſes de charbon dont la derniere eſt remplie des plus menus qui ont paſſé dans les dents de la harque, afin qu'ils
s'introduiſent dans les vuides des autres, & *enrimés* de façon, avec l'*eſtocart*, qu'ils faſſent une ſurface égale, unie
& inclinée du côté des tympes ſur un angle de trente degrés ; ou, ce qui revient au même, qu'elle ſoit à fleur des
taques de la ruſtine, & ſept pouces & demi environ au-
deſſous de celles des tympes. Cette inclinaiſon eſt néceſſaire
pour pouvoir enrimer les charbons avec facilité, & parceque la mine, que l'on va mettre du côté de la ruſtine, fai-

fant un poids confidérable, furbaiffera bien vîte le charbon au niveau de l'autre côté. La pente, trop rapide, fait culbuter les charges, parceque toute la mine fe porte à l'endroit le plus incliné. Lorfque la charge eft dreffée, on verfe le refte de la caftine dans le centre de la bure : cette façon de la mettre en deux temps, la mêle plus exactement. Dans les ouvrages à pente irréguliere, on jette la caftine fur le contrevent; on brife enfuite l'herbue qui a été amoncelée de part & d'autre de la bure pour y fécher; enfuite on la coule fur la tuyere & au contrevent où font les plus violents effets du feu; l'on met enfuite les dix conges de minerai fur la ruftine. Pour n'être point trompé dans le nombre des conges, il faut obliger le chargeur d'avoir dans une tuile courbe, ou autre chofe équivalente, dix petites pierres, afin qu'il en déplace une par chaque conge qu'il a mife dans le fourneau. Il faut que le minerai foit humecté de façon à ne pas mouiller la main, mais affez pour fe foutenir en maffe, afin qu'il ne crible pas à travers le charbon.

Au fur & à mefure que le minerai defcend, pendant que le chargeur remplit fes raffes de charbon & qu'il prépare la charge fuivante, il faut qu'il pouffe dans le fourneau le minerai avec un rable de bois, fans attendre qu'une partie foit beaucoup defcendue, parceque la chûte élevée de la derniere dérangeroit celle qui grille fur le charbon; c'eft particuliérement pour ce dernier effet que l'on pofe toute la mine fur tout le charbon de chaque charge.

Pour que chaque charge fe faffe avec toute l'attention poffible, il faut obliger le chargeur de les fonner, afin d'avertir le fondeur ou le garde, & qu'il tinte après le carillon, des coups en nombre égaux à la quotité des charges par 1, 2, 3 & 4, dont fa tournée doit être compofée; par ce moyen le Maître eft averti de ce qui fe paffe, & le fondeur ou les gardes montent pour contrôler & eftoquer eux-mêmes les charges.

Je parlerai plus au long, dans d'autres parties, de la police qui doit régner sur les ouvriers : ce détail, quoique nécesceffaire, eſt trop minutieux relativement à mon objet actuel.

Toutes les charges doivent ſe succéder, & être faites avec le même ordre & la même attention. Plus les charbons ſont nerveux, plus elles durent, indépendamment de l'action des foufflets rallentie ou accélérée. Je ne peux trop m'élever contre ceux qui font leurs charges trop éloignées les unes des autres, pour y employer plus de matériaux, car il en réfulte de très grands inconvénients, 1°. expérience faite, il ſe fait une plus grande confommation de charbon; 2°. le mélange de beaucoup de matieres eſt plus difficile à faire; 3°. l'on eſt forcé de laiffer defcendre le fourneau très bas, ce qui occaſionne une perte confidérable de la chaleur; 4°. les matériaux ſont précipités dans le grand foyer, prefque auffi-tôt qu'ils ſont introduits dans le fourneau, conféquemment ils y arrivent cruds; 5°. le haut des parois ſe brûle bien plus promptement : au lieu que faifant des charges d'une juſte proportion à la capacité du fourneau & d'un volume bien moins confidérable, l'on eſt sûr de bien mêlanger les matieres, de les confommer avec plus de profit, de les faire parvenir au grand foyer très embrafé, de leur donner un feu préliminaire qui leur vaut en partie le grillage, de contenir la chaleur, parcequé le fourneau étant prefque toujours plein, elle trouve bien plus d'obſtacles, elle eſt mife toute à profit par la concentration. L'on ne peut efpérer de parer tant d'inconvénients, & de ſe procurer les mêmes avantages, en couvrant la bure d'un fourneau avec un couvercle fufpendu à cet effet à une potence, & qui defcend & remonte par le jeu d'une poulie; car en interceptant totalement le courant de l'air par la bure, on le force de paffer par les tympes & d'y entraîner une grande partie de la chaleur, fouvent de faire gorger & déflagrer la myera.

Les foufflets ne fauroient être en trop bon ordre bien fcélés & huilés, munis de reſſorts flexibles; il faut qu'ils ſoient poſés horiſontalement & parallelement à l'aire du creuſet, que les balanciers ou baſcules ſoient chargés de façon que la caiſſe ſoit entiérement élevée, lorſque la came vient ſaiſir la baſſe-conte; que l'élévation de la caiſſe ne ſe faſſe pas avec précipitation, par contre-poids trop peſant, qui retarderoit la preſſion ſuivante; enfin que l'extrémité des balanciers ne retombe pas ſur un corps ſans réaction, parceque la ſecouſſe qui naîtroit du choc briſeroit bientôt les caiſſes, cremaillleres & crochets; c'eſt pourquoi il faut mettre ſur le chapeau de la chaiſe de rechute, un faiſceau de branches, ou un reſſort de bois qui en adouciſſe le choc & le rende inſenſible.

Il eſt néceſſaire que la preſſion des cames ſoit égale & totale; totale afin que les ſoufflets expriment tout l'air contenu dans la capacité de leur caiſſe ſupérieure; égale afin qu'un ſoufflet, n'expirant point trop tôt, le vent ne coupe pas, c'eſt-à-dire qu'il n'y ait point d'intervalle entre les deux expirations; cette diſtance qui, par l'inattention des Souffleurs, cauſe des hoquets dans les jeux d'orgues, eſt un défaut dans les fourneaux, parceque, 1°. cette diſcontinuité fait une ſouſtraction à la maſſe totale du vent néceſſaire, d'où il réſulte une lenteur dans le travail; 2°. la chaleur interrompue cauſe un refroidiſſement qui uſe inutilement une portion du vent pour la rétablir; 3°. la déflagration de la tuyere eſt plus à craindre dans ce moment: trois ſoufflets répareroient cet accident difficile à éviter avec certains ſoufflets; & c'eſt le ſentiment de Mr. Bouchu, dans l'*Art des Forges*; mais je voudrois un magaſin d'air commun aux trois ſoufflets, dont une ſeule iſſue communiquât le vent au fourneau comme les trompes.

L'on doit examiner fréquemment & avec beaucoup d'attention, la tuyere qui eſt l'œil (*a*) du fourneau; elle doit être tou-

---

(*a*) Le fourneau eſt monoculaire, parcequ'il n'a qu'un œil qui eſt la tuyere; ce qui a fait feindre aux Poëtes que les Cyclopes ( Compagnons de Vulcain,) n'avoient qu'un œil. Par une métaphore auſſi ſinguliere, ils ont dit que

jours éclatante fans étinceler; il faut enlever fréquemment, fur-tout aux approches de la coulée, les égoûtures du laitier & de l'herbue, qui font des ftalactites au devant, & qui empêche le vent de paffer; de même que celui qui y remonte du deffous, quelquefois du fer de nature, que le travail du crochet de la tuyere détermine à la métallifation.

Il faut contenir la tuyere toujours dans la même largeur, en la réparant avec du mortier d'herbue, porté fur la fpatule, ou torchette. C'eft par la tuyere que l'on voit en partie ce qui fe paffe dans l'intérieur du fourneau, fi la fufion fe fait exactement, ou fi les charges culbutent; les Gardes doivent apporter beaucoup d'attention à la bien gouverner, & à la fecourir dans les accidents caufés par le gonflement du laitier, & à la rafraîchir dans les déflagrations : on peut l'alonger & la tourner au befoin avec du mortier d'herbue.

Lorfque deux Chargeurs ont fait chacun une tournée de quatre charges chacune, ils en font une neuvieme en commun, pendant laquelle on prépare le moule. Je ne parlerai point ici du travail des ouvrages figurés, moulés, & coulés dans le fable, ou fur le fable, en chaffis ou en terre; la defcription des opérations nombreufes qu'exige l'exécution de ces ouvrages, pour les faire réuffir avec économie, demande un Mémoire entier. Cet Article eft traité avec intelligence dans l'*Art des Forges*, publié par l'Académie. Je ne parlerai que du fondage en gueufe, même fommairement.

---

Vulcain étoit boiteux, parcequ'un Ferronnier, qui tire un foufflet avec le pied, fait le mouvement de claudication dans l'élévement & l'abaiffement du balancier qui met en jeu le foufflet.

SECTION

# SECTION IV.

*Des opérations avant, pendant & après la coulée.*

PENDANT que les Chargeurs font la derniere charge, le Garde, nommé communément petit Fondeur, ce qui revient à Fondeur *Aide-Major*, prépare le moule en bêchant le fable fuffifamment humecté; enfuite le Fondeur fillonne le fable avec la charrue, qui eft un rable de bois triangulaire; il affermit le fable, formant les côtés du moule avec une pelle ronde. Le moule, fait en plus grande partie & numéroté, le fous-Fondeur enleve une partie du bouchage; il prépare avec du fable neuf l'entrée du moule, qui comprend l'extrémité extérieure de la pierre que nous nommons *coulée*, il l'affermit avec la pelle & le pied, puis il perce avec le ringard, nommé lâche-fer, le refte du bouchage, jufqu'à ce qu'il ait fait une iffue à la fonte, qui coule fur une pente douce dans le moule, pour former une gueufe de dix-huit à vingt-quatre pieds, fuivant l'emplacement & la quantité du produit du fourneau.

Lorfque toute la fonte eft fortie du fourneau, on détache des côtés de l'ouvrage fous la tympe & d'auprès de la dame, les laitiers endurcis qui peuvent y être collés; l'on remet de nouveau bouchage: il eft néceffaire auffi de rapporter du charbon fur les tympes, pour remplir le vuide; de les couvrir de frafins mouillés, & de petites craffes, afin de contenir l'air; l'on fait enfuite agir les foufflets, dont l'action a été interrompue pendant le temps qu'a duré la coulée. Toutes ces opérations demandent des attentions particulieres & d'économie; il faut qu'elles fe faffent toutes avec diligence, pour que le fourneau foit moins de temps fans le fecours des foufflets.

Le moule qui eft tracé dans le fable, doit être tiré en ligne droite, pour que les gueuses puissent s'entasser également; qu'il soit ouvert de façon que la gueuse forme un prisme, dont la coupe soit un triangle isocelle, dont le sommet soit émoussé, & que sa base ait soixante & quinze degrés d'ouverture. Si cette base étoit celle d'un angle équilatérale, ou que son sommet fût trop obtus, la gueuse tiendroit trop de place dans l'affinerie dans laquelle l'angle de la gueuse, du côté du contrevent, seroit trop éloigné de l'action du feu; si le sommet étoit celui d'un angle trop aigu, il exigeroit trop de charbon pour le couvrir. Cette crainte a fait tomber des Maîtres de Forges dans un accident tout contraire, en faisant si fort émousser le sommet de l'angle de leur gueuse, que leur coupe formoit une portion de cercle dont la corde étoit très longue & le rayon très petit : ces défauts donneront lieu à des observations sur le travail du fer.

La qualité du sable pour le moule de la gueuse n'est point indifférente. Les sables quartzeux n'y sont point propres; ils aigrissent le fer dans le travail de l'affinerie : les sables chargés de trop de parties terreuses, s'ameublissent mal; ils se durcissent & se collent après la fonte; leur poids devient onéreux, puisqu'il fait partie de celui de la gueuse sur lequel le Fermier jouit du droit domanial qui lui est concédé. Le menu gravier de riviere passé à la claie, est ce qu'il y a de mieux; il donne un laitier doux à l'affinérie qui épure le fer. Il y a des forges dans lesquelles on se sert de laitier de fourneau, passé sous les pilons du bocard pour mouler la gueuse; il n'y a que la disette des meilleures matieres qui puisse autoriser cet usage; car ce laitier rend le travail de l'affinerie pénible.

La préparation du sable du moule consiste à l'humecter également & suffisamment, pour qu'il se soutienne dans la forme qu'on lui donne. On doit être attentif avec scrupule à ce qu'il ne se cantonne point d'eau dans quelques parties du moule, particuliérement à l'endroit où l'on fouille pour placer le levier ou la chaîne avec lesquels on enleve la gueufe ; car il en réfulte une explofion qui fait éclater la fonte, met la vie des ouvriers en danger, occafionne la perte d'une infinité de grenailles, & caufe une perte confidérable par la quantité de matieres étrangeres qui font confondues dans les maffes informes de fonte, que l'on ne brûle à l'affinerie qu'à grands frais & à perte.

Les premieres mottes de bouchage que l'on détache de la coulée, peuvent être employées pour fervir d'herbue pour les charges ou pour la chaufferie. Lorfqu'un fourneau eft bien en train, il eft inutile d'enlever entiérement le bouchage ; il faut feulement y faire un trou fuffifant au niveau du fond pour couler la fonte. De cette attention il réfulte quatre avantages principaux : le premier eft d'accélérer l'opération ; le deuxieme d'employer moins d'herbue ; le troifieme eft qu'en employant moins de bouchage, l'on fournit moins d'humidité à la bafe du fourneau, dont il eft intéreffant de conferver la chaleur ; la quatrieme enfin, eft lorfque l'ouvrage eft élargi, & qu'outre la fonte qu'il contient & qui doit former la gueufe, il y a beaucoup de laitier, par ce moyen on empêche ce laitier abondant de fortir du fourneau ; il y entretient la chaleur du bain, & conferve l'ouvrage. D'ailleurs ce laitier, coulé fur la gueufe, s'y colle de façon qu'il eft difficile de l'en détacher totalement ; il la durcit & fait poids. Cette précaution, quoique très avantageufe, doit être fupprimée lorfque l'on s'apperçoit de quelques dérangements dans le fourneau, auxquels il fera difficile de remédier fans le fecours de cette ouverture : mais dans tous les cas il eft effentiel de ne pas trop avancer le bouchage dans l'ouvrage, & de couler en dedans une couche de fraifin fec, de même que devant la dame.

Comme il eft néceffaire de remplir le devant de l'ouvrage vuidé par la fonte coulée, & qu'il n'eft pas poffible d'y attirer avec un crochet des charbons embrafés de l'intérieur du fourneau en fuffifance, il faut y en apporter de menus noirs. Il eft une économie à obferver fur cet article, qui eſt d'ordonner aux Gardes d'amaſſer tous les char-bons qui ſortent de l'ouvrage dans les différents travaux, afin de les employer à boucher. Cette petite économie réitérée, devient un avantage aſſez conſidérable pour ne la pas négliger. Après la coulée, on retire la pale de la roue des ſoufflets, ou l'on débouche la tuyere qui avoit été condamnée pendant la coulée, à cauſe que le feu, qui paſſeroit par les tympes, incommoderoit les ouvriers occupés à l'opération de la coulée ; on repare la tuyere avec la ſpatule, & l'opération recommence. Il eſt eſſentiel de modérer un peu l'action des ſoufflets dans cet inſtant, juſqu'à la deuxieme charge, ſur-tout dans les fourneaux dont le creuſet eſt fort rétréci, & ceux dont la tuyere eſt baſſe, parceque le fourneau étant alors ſans laitier, le feu porte une partie de ſon action ſur l'ouvrage & le dégrade : mais lorſque les étalages commencent à s'évaſer depuis la tuyere, & qu'elle eſt élevée au-deſſus du bain, cette précaution devient moins néceſſaire, je l'obſerve cependant.

Entre la deuxieme & troiſieme charge, le laitier commence à emplir le fourneau ; c'eſt le temps de relever, c'eſt-à-dire de faciliter la ſortie du laitier en détachant & en enlevant de devant la dame & de deſſous les tympes les craſſes & les matieres dont on s'eſt ſervi pour le boucher, comme auſſi pour travailler avec le croard & le ringard dans l'intérieur du fourneau, afin de faciliter la deſcente des charges & de mettre le laitier en mouvement ; alors il commence à couler ſur la dame, & il continue juſqu'à ce que l'on coule une nouvelle gueuſe.

Il eſt des fourneaux triſtes & mornes qui n'ont point de chaleur ſur le devant, deſquels on ne peut arracher le laitier ; cela dépend de la poſition de la tuyere trop près de la ruſtine, de l'éloignement du centre du fourneau, de la poſition reſpective des tympes & de la dame, qui ne laiſſent pas entre elles aſſez de jeu à l'air, & d'autres circonſtances dépendantes des dimenſions de l'intérieur, même des mauvaiſes combinaiſons du minerai, des fondants & des correctifs.

Ces fourneaux font toujours durs fur le devant ; il en faut enlever les laitiers à la pelle ; d'où il réfulte un travail pénible qui détruit une partie du produit. Au contraire, celui dont je donne ici les proportions, eft toujours gai, il fe releve aifément, quelquefois feul , & eft d'un travail aifé.

# SECTION V.

*Des Maladies d'un fourneau ; des Pronoftics qui les annoncent, & de ceux par lefquels on juge de la perfection de fes fonctions.*

Il eft néceffaire de parcourir légérement les différents états d'un fourneau, les fignes qui les annoncent, & ceux qui les manifeftent, les accidents qui en font les fuites, les précautions à prendre, & enfin les fecours que l'on y doit porter.

L'on eft certain qu'un fourneau eft en bon train lorfque fes fonctions font aifées & périodiques, c'eft-à-dire que les charges fe confomment dans le même efpace de temps, que le produit eft à-peu-près égal, que les coulées fe répetent à douze heures de diftance. L'heure la plus commode pour couler eft à fix heures du matin & du foir l'été, & à huit heures l'hiver. Par ce moyen en été les deux coulées fe font de jour & à des heures commodes pour le Maître ; en hiver, l'on a une coulée de jour. L'on connoît, dis-je, qu'un fourneau eft en bon train lorfque les laitiers coulent gravement jufqu'au pied de la dame, qu'ils font d'une couleur verdâtre , mêlés légérement de quelques veines lactées, fi l'on veut des fontes mêlées ; ou d'une couleur de gris-de-lin lavé, tirant fur le jaune, fi l'on veut des fontes grifes (a). Lorfque l'impreffion du vent des foufflets occa-

____

(a) Les couleurs différentes des laitiers font locales & procedent des différentes fubftances minérales & métalliques combinées avec le minerai & les fondants.

sionne un mouvement d'ondulation sur la couche intérieure du laitier; ce qui se manifeste au dehors par une
espece de reflux doux que l'on nomme la *pousse de la
taupe*, parcequ'effectivement ce mouvement ressemble à
celui que la taupe communique à la terre qu'elle pousse à
différentes reprises; que la flamme du haut & du bas est
vive; celle du bas d'un blanc net avec quelques traits jaune aurore; que celle du haut est vive, courte, bleue,
mêlée de blanc & de traits rouges éclatants; que les bords
de la bure & son intérieur blanchissent; que l'intérieur du
fourneau retentit d'un bruit caverneux continuel; tel un
volcan aux approches d'une légere éruption : si tous ces
symptômes se soutiennent, que les laitiers s'épaississent &
deviennent d'un gris de lin plus foncé, l'on peut augmenter d'un peu de mine : cette couleur gris de lin est l'effet
d'une portion de fer vitrifié : telle est la couleur des verres
trop chargés de mangaleze.

Lorsque la flamme qui sort du haut du fourneau est d'un
jaune mourant, mêlé de rouge obscur, accompagné de
fumée, que la bure est livide & noirâtre, que les charges
ne descendent point également, que la tuyere étincelle,
qu'elle est trop ardente, qu'elle se rogne, ou qu'elle est
obscurcie, parcequ'elle est gorgée de laitier, que la flamme
du bas est pâle-obscure, mêlée de fumée, que les laitiers
sont noirâtres, qui sont les pires de tout, d'un verd-ob-
scur-variant, qu'ils coulent trop abondamment par trop de
fluidité, qu'ils forment des bulles d'où il sort des lances
de feu, que le fourneau est morne, tous ces signes annoncent de tristes accidents actuels ou prochains.

Lorsque le laitier est verriant, c'est-à-dire qu'il est comme
poli, qu'il réfléchit la lumiere étant encore rouge, que sa
masse s'entretient assez chaude intérieurement, pour que
dans le centre il y ait un courant qui perce le bout de sa
traînée, c'est un signe qui annonce que le fourneau commence à être surchargé de minerai, que la fonte change
de qualité, qu'il faut retrancher par chaque charge un demi

bache de minerai, à moins que l'on n'ait des charbons mieux conftitués à employer. Les charbons chauds font fujets à donner cette efpece de laitier ; & cet accident eft prefque toujours à imputer au défaut de charbon. Les laitiers qui coulent avec trop d'abondance, parcequ'ils font trop fluides, annoncent une indigeftion. La couleur noire la conftate ; ce qui eft occafionné ou par le défaut des charbons qui ont été mouillés, ou d'une mauvaife effence ; enforte que la mine entre dans le bain fans avoir effuyé un départ exact, & que par le défaut de chaleur le laitier n'a pas été fuffifamment cuit ; que partie du minerai n'a été métallifé qu'imparfaitement, & que l'autre, fondu feulement, refte uni au laitier, & lui donne cette finiftre couleur de jus de reglifse (a). Il faut encore alors retirer du minerai, fi l'on veut éloigner des accidents fâcheux.

Des charbons trop gros, qui occafionnent entre eux des vuides confidérables, laiffent cribler le minerai, lequel fe précipite dans le bain, étant à peine rougi ; la raréfaction qu'il y occafionne fait foulever le laitier qui jaillit par la tuyere, s'y durcit, intercepte le vent, brûle fouvent les foufflets, donne un laitier noirâtre ; la fonte devient épaiffe, pultafée, s'attache après les outils. Il eft néceffaire dans ce cas critique d'être continuellement à la tuyere ; de retirer d'un quart de minerai ; de vuider le plus exactement qu'il eft poffible le bas du creufet, lorfque l'on coule ; d'accélérer le mouvement des foufflets & de faire brifer les charbons, ou d'en employer de moins gros, pour qu'ils foutiennent le minerai dans l'ordre des charges. Souvent une charge mal faite, qui culbute, caufe ce dérangement ; alors il n'eft pas néceffaire de retirer du mi-

---

(a) La couleur du laitier varie fuivant la nature des matieres qui font mêlées avec le minerai. Il y a des provinces où leur couleur dominante eft le bleu, d'autre le verd, d'autre le noir. J'aurai occafion de donner des éclairciffements fur ces accidents qui procedent des fubftances métalliques étrangeres unies aux mines de fer.

nerai ; le fourneau fe rétablit avec l'équilibre des matieres qu'il contient.

L'humidité des minerais que l'on précipite dans un fourneau au fortir des lavoirs, celle que l'égout des pluies porte
au fourneau mal conftruit, & celle qu'il reçoit par les crues
d'eau, rallentiffant confidérablement la chaleur, caufent des
barbouillages : la fonte fe fige dans l'ouvrage, les laitiers ne
peuvent en fortir, enforte que fouvent l'on eft obligé de
mettre un fourneau hors de feu, parceque l'ouvrage n'a pas
affez de chaleur pour contenir la fonte en bain. Si un fourneau n'eft pas embarraffé au point de forcer à une mife-hors,
il faut redoubler l'action des foufflets, déboucher continuellement la tuyere, employer les meilleurs charbons, & un
moindre volume de minerai, enlever à force de travail les
maffes de fonte qui fe font attachées, fans cependant trop
tourmenter un fourneau. Mais en général je confeille de ne
jamais s'obftiner à vouloir rétablir un fourneau qui languit
depuis long-temps, ou qui a des crifes violentes & fréquentes : il y a bien plus d'avantage de le mettre hors de feu, de
reconftruire un ouvrage neuf, fi les défauts viennent de fa
dégradation, ou d'attendre une faifon moins fâcheufe, fi les
fraîcheurs font la fource de fon dérangement. Il n'eft pas
douteux que la dépenfe d'un nouvel ouvrage eft bien au-
deffous de la perte occafionnée par un faux produit continué.

# SECTION VI.

## *Des Bouchés.*

SOUVENT des circonftances imprévues interceptent la
traite des matériaux néceffaires à l'entretien d'un fourneau
actuellement en feu, ou une féchereffe trop conftante réduit
le cours d'eau au point de ne pouvoir fuffire à la dépenfe de
la roue ; alors fi le fourneau n'eft point trop endommagé,

&

& qu'il foit en bon train, on fe contente de le boucher, & il y a quatre façons de le faire.

La premiere eft, après la coulée, de le nettoyer autant qu'il eft poffible, & de le boucher haut & bas avec des frafins, de l'herbue, & du fable, & ce, dans l'état qu'il fe trouve. Cette façon ne peut être utile que pour un bouché de deux ou trois jours, parceque les laitiers, le peu de fonte qui refte, le minerai à demi fondu, fe durciroient au point de former des embarras infurmontables, s'ils reftoient long-temps fans le fecours des foufflets.

La deuxieme façon eft de laiffer confommer entiérement les matieres contenues dans le fourneau, de le vuider exac-tement, & de le boucher dans cet état.

La troifieme eft de l'emplir de charbon après qu'il eft en-tiérement vuidé, comme lorfqu'il a été rempli pour la pre-miere fois, & enfuite le boucher.

La quatrieme enfin, qui eft celle que je préfere, eft de faire autant de charges de charbon feul, fans minerai, que l'on fait que le fourneau en contient; de laiffer aller les fouf-flets, jufqu'à ce que l'on s'apperçoive qu'il ne tombe plus de minerai; de couler alors ce que le fourneau contient de fonte, de le bien nettoyer, & de le boucher bien exactement. Par cette méthode je ménage, 1°. aux parois la chaleur vio-lente qu'elles fouffrent dans une mife-hors; 2°. je ne refroi-dis point l'ouvrage par une maffe totale de charbon noir précipité dans le fourneau.

Lorfque l'on retire la pale après un bouché, il faut faire une grille comme pour *une mife en feu*, pour pouvoir vifi-ter les parties inférieures de l'ouvrage, le nettoyer, l'échauf-fer, & prendre, relativement à cette opération, les mêmes précautions qu'à un ouvrage neuf.

Les bouchés ne doivent avoir lieu que dans la belle fai-fon; les fraîcheurs, qui font une fuite de temps fâcheux de l'hiver, font des accidents qui détruifent l'efpérance de pro-fiter d'un même ouvrage pour un fecond fondage : j'ai vu avec furprife donner un avis contraire.

T

# SECTION VII.

*Démonſtration de l'avantage & de l'économie de plus d'un*
*cinquieme de charbon, produite par la forme elliptique*
*d'un fourneau.*

Il me reſte à démontrer la ſupériorité de l'avantage qu'un
fourneau elliptique a ſur ceux qui ſont angulaires & à colonnes briſées, dont j'ai fait uſage pendant long-temps, &
qui ſont uſités généralement dans la Champagne, & preſque par-tout le Royaume.

Je pourrois faire l'analyſe de mes fondages anciens ſur des
dimenſions quadrangulaires, mais le temps écoulé pourroit
rendre douteuſes des obſervations ſur des circonſtances; c'eſt
pourquoi il eſt néceſſaire de faire cette comparaiſon ſur des
objets actuels, pour rendre plus évidente la vérité de ma démonſtration, & pour prouver qu'avec une portion qui tient
le milieu entre le quart & le cinquieme de moins de charbon, je produis plus de fonte dans un fourneau elliptique
dont je me ſers depuis 1758, qu'il n'eſt poſſible d'en tirer dans
les fourneaux angulaires. Je prends pour acte de comparaiſon le dernier fondage du fourneau d'Urville, qui eſt la forge
la plus voiſine de Bayard, qui uſe les mêmes minerais pa-
touillés, les charbons des mêmes contrées, de la même forêt.

Le fourneau d'Urville a été mis en feu le 30 Avril 1761,
a continué ſon fondage ſans interruption juſqu'au 15 Août,
ce qui fait cent huit jours, a produit quatre cents deux mille
ſix cents quarante-ſix livres de fonte en deux cents vingt-
deux coulées, c'eſt mille huit cents treize livres & demie par
chaque coulée, compoſée de neuf charges, qui donnent
chacune deux cents une livre quatre onces de fonte.

Mon fourneau a été mis en feu le 1er Avril, le fondage a
été continué au 2 Juin, repris le 15 Juillet, & fini le 12

Octobre courant, ce qui fait cent cinquante-un jours de travail, qui a produit cinq cents cinquante-un mille neuf cents de fonte, en trois cents quatre coulées, qui ont donné chacune mille huit cents quinze livres & demie, c'est deux cents une livre une once quatre gros par chaque charge; il y a donc sept onces quatre gros par charge d'excedent; foible avantage que je néglige abfolument.

Mais chaque charge du fourneau d'Urville est compofée de fept raffes de charbon, pefant chacune quarante-deux livres & demie, ce qui fait deux cents quatre-vingt-dix-fept livres & demie par charge, & deux mille fix cents foixante-dix-fept livres & demie par coulée, ce qui revient à une livre fept onces quatre gros vingt-deux grains, un cinquieme de grain pour livre de fonte.

Chacune de mes charges est compofée de cinq raffes de charbon, pefant chacune quarante-fix livres, au total deux cents trente livres; les neuf produifent par coulée deux mille foixante-dix livres, qui donnent une livre deux onces deux gros trois grains un dix-feptieme de grain par livre de fonte. Ces calculs font faits fur les maffes totales des fondages pour plus de jufteffe, à caufe des fractions. D'après ce calcul, il est évident qu'Urville confomme, par livre de fonte, cinq onces deux gros dix-neuf grains de charbon plus que moi, ce qui est plus d'un quart de ce que j'en confomme.

Pour rendre les chofes plus fenfibles, il est néceffaire de rapprocher les maffes totales. D'après l'examen de la différence de la confommation & du produit tiré des regiftres de la marque des fers, au bureau de S. Dizier, & le poids des matieres qui en a été fait entre le Maître de forges d'Urville & moi, il est conftant, qu'à produit égal, même fupérieur, le fourneau elliptique de Bayard a confommé, avec la même quantité de minerai, foixante-fept livres & demie de charbon par chaque charge, moins que le fourneau quadrangulaire d'Urville, ce qui fait une raffe & demie par charge, & vingt-fept par vingt-quatre heures communément, ce qui donne fur un fondage de cent cinquante-un jours, quatre mille foi-

T ij

xante-dix-fept raffes ou feuillettes, produifant cent feize
bannes. Si tous les fourneaux de la Province de Champagne
étoient conftruits fur les mêmes proportions, ils feroient une
économie annuelle de plus de mille trois cents cinquante arpents de bois, de l'âge de vingt-cinq à trente ans, qui augmenteroit la fabrication des fers de plus de trois millions.

Je ne peux me difpenfer d'obferver, en faveur de mes
principes & de l'avantage du produit d'un fourneau elliptique,
que la comparaifon que je viens de faire de fon dernier fondage avec celui d'Urville lui eft défavorable, en ce que celui
d'Urville a été continué du 30 Avril au 15 Août fuivant fans
interruption, & que le fondage du mien a été interrompu
depuis le 2 Juin jufqu'au 15 de Juillet, par des circonftances
qui me forcerent de faire un bouché de fix femaines pour des
réparations, après lequel temps il a été néceffaire d'employer
beaucoup de charbon pour le réchauffer, ce qui a occafionné
un foible produit pendant plus de dix jours; ce qui fe prouve
par le travail du mois de Mai, qui a produit cent vingt mille
quatre cents cinquante livres de fonte, pour laquelle il n'a
été confommé qu'une livre une once neuf grains un cinquieme, ce qui me fait croire qu'avec des circonftances favorables, il eft poffible de faire la livre de fonte avec une livre de charbon bien conditionné.

Le produit abondant d'un fourneau ne dépend pas feulement de fa bonne conftitution, de la qualité des charbons,
& de fon adminiftration, il faut auffi que le minerai que l'on
emploie foit purgé de toutes parties étrangeres autant qu'il
eft poffible. Comme le lavage eft le moyen le plus ordinaire,
& qu'il eft néceffaire d'y apporter des attentions, je vais
propofer mes obfervations dans le Chapitre fuivant.

# CHAPITRE III.

*Du lavage des mines.*

## SECTION PREMIERE.

*Du caractere des minerais.*

La connoiffance fuppofée des meilleurs minerais, il eft néceffaire de les rendre dans l'état le plus avantageux, c'eft-à-
dire le plus pur, pour être foumis au feu, foit en les brifant
feulement pour les divifer, afin que, préfentant plus de furface, ils foient plus intimement & plus promptement pénétrés par le feu, foit en féparant de leurs maffes des corps
étrangers qui abforberoient vainement une partie de la chaleur, & fruftreroient d'une partie du produit, ou qui, alté-
rant leur effence, communiqueroient une mauvaife qualité à
la fonte.

Nous avons en général deux efpeces de minerais de fer :
l'une en maffes compactes, dites mines groffes : l'autre en
grains plus ou moins gros, dites mines menues ou minettes.

Les mines groffes, en pierres ou en roches, font ou pures
ou fulfureufes, ou quartzeufes, ou fpathiques, ou terreufes :
les mines pures, c'eft-à-dire qui ne contiennent rien au-delà
de la fubftance métallique, n'ont befoin, pour être admifes
au fourneau, que d'être brifées, au fortir de la miniere, en
morceaux, dont les plus gros n'excedent pas un pouce cubique. Il eft néceffaire de griller, concaffer & laver les minerais fulfureux, ou mélangés d'autres fubftances : les mines
groffes purement terreufes, c'eft-à-dire qui font enveloppées,
& qui renferment dans leurs cavités des parties terreufes,
n'ont befoin que des dernieres opérations fans être grillées.

Les mines menues ou minettes font en grains globuleux, ou déprimées, détachées ou en maffes, agglutinées par un peu de fpath, ou empâtées dans des terres bolaires; les filons ou les amas de ces mines font environnés ou traverfés par des lits de fable, de glaife, de pétrifications ou de caftine, dont la féparation ne peut fe faire que par un lavage approprié. Il eft auffi une efpece de minerai en général, qui eft compofé de mines groffes & de mines menues réunies, plus ou moins mélangées de matieres hétérogenes. Un même fourneau confomme fouvent de toutes ces efpeces de minerais; il eft donc effentiel de trouver une machine qui puiffe s'appliquer à leur différent caractere, c'eft l'avantage de celle que je vais décrire, qui eft un groupe de plufieurs ufitées, & qui rend toute efpece de minerai dans le dernier degré de pureté poffible.

# SECTION II.

## *Defcription du Bocard compofé.*

L e bocard que je propofe eft une machine compofée d'un bocard fimple, d'un patouillet, d'un lavoir ou baffin, & d'un crible à l'eau, féparé de la machine principale du bocard. Je n'en donnerai qu'une defcription fommaire, me réfervant d'en parler plus amplement dans d'autres Mémoires concernant la phyfique des Forges.

Le bocard eft compofé (a) de deux jumelles perpendiculaires de bois de chêne, affemblées & arcboutées fur une femelle de même bois. Elles font féparées entre elles par un efpace de vingt-fix pouces pour recevoir cinq montants mobiles, de bois de hêtre ou de charme, de cinq pouces d'é-

_______________

(a) Il eft néceffaire, pour l'intelligence de tout ce qui va être dit fur la conf-truction du bocard, de jetter les yeux fur les Pl. VIII & IX & leur explication.

quariſſage, auxquels ſont aſſemblés à angle droit des mentonnets de fonte ou de bois, qui répondent à trois rangs
de cames de fer, eſpacées à tiers points & alternativement,
leſquelles ſont affermies dans le maſſif d'un cylindre horiſontal de bois, mû par l'effet d'une roue verticale, qui reçoit ſon impulſion d'un courant d'eau; enſorte qu'il y ait
toujours un montant levé entre un qui s'éleve, & un qui
retombe; ces montants ſont garnis chacun d'une frette de
fer à leur baſe, & d'une plaque de fer percée de cinq trous,
pour recevoir cinq fiches forgées ſur l'eſtampure des trous;
cette plaque eſt ſouvent remplacée ( ſur-tout pour les mines groſſes ) d'un pilon quarré de fonte de fer, du calibre du
montant de quatre pouces de hauteur, pénétré d'une queue
de fer battu qui en occupe le centre, & qui eſt terminée
en pointe, laquelle s'enfonce perpendiculairement dans le
montant de bois; ces montants retombent ſur une plaque
de fonte de fer de trois pouces d'épaiſſeur, encaſtrée de ſon
épaiſſeur dans la ſemelle, & qui occupe tout l'eſpace qui eſt
entre les deux jumelles, leſquelles doivent être garnies à
leur baſe intérieurement de deux plaques de fer battu, de
douze pouces de hauteur perpendiculairement, pour éviter
leur prompte ruine, qui naîtroit des frottements continuels.
Les montants ſont entretenus perpendiculaires par quatre
traverſes qui pénetrent les jumelles haut & bas, & ſont affermies par des clefs & des coins : les traverſes du haut ſont
de bois, & celles d'en bas ſont de fer.

Un courant d'eau d'environ trente pouces de baſe, pouſſe
ſous les pilons le minerai que l'on précipite dans une auge
qui a la figure d'un cône tronqué, formé par deux joyeres de
bois, boutiſſantes aux jumelles, ſe reſſerrant du côté d'amont.
Le minerai briſé, pêtri, & délayé par la chûte alternative
des montants, eſt entraîné par le courant d'eau, & forcé de
paſſer à travers une grille, avant de parvenir dans la huche
du patouillet. Cette grille ne doit point être formée de barreaux aſſemblés & ſoudés ſur un cadre. J'ai trouvé un grand
avantage de la former de barreaux qui n'ont aucune liaiſon

entre eux, parcequ'ayant différentes efpeces de minerais à travailler, il faut efpacer différemment les barreaux; pour les mines groffes, il faut fix à fept lignes de diftance, & trois à quatre pour les menues, ce qui obligeroit d'avoir nombre de grilles de différent calibre; d'ailleurs un barreau d'une grille foudée qui reçoit un accident, met la grille totale hors de fervice.

Pour parer à ces inconvénients, je fais pratiquer une mor-taife d'un pouce de profondeur, d'un pouce de largeur, & de quinze pouces de hauteur à la partie inférieure de cha-que jumelle du côté de l'aval, depuis le deffous de la tra-verfe inférieure jufqu'à l'affleurement de la plaque horifon-tale : je fais ouvrir du côté de l'aval, à la partie intérieure de la jumelle, une mortaife qui a deux pouces d'entrée, & fe ter-mine à un pouce fur une profondeur égale qui fe joint à la partie fupérieure de la couliffe dont je viens de parler. C'eft par cette mortaife que l'on introduit les barreaux, qui font des bouts de carillon de vingt-huit pouces de longueur, de fept à huit lignes de groffeur, bien dreffés, & dont les bouts refoulés font forgés de façon que portant à plat, le refte foit fur fa diagonale. Il faut les introduire dans la couliffe les uns après les autres, & les féparer par de petites calles de bois, d'une épaiffeur proportionnée à la diftance que l'on veut donner entre chaque barreau, qui eft celle qu'exige chaque efpece de minerai. Le dernier barreau eft affujetti à chaque bout par une petite clef chaffée de force dans la mortaife. Lorfque le cas exige que l'on change de grille, un quart-d'heure fuffit au plus pour la rétablir.

La huche du patouillet eft une efpece de cuve hemi-cy-lindrique, de cinq pieds de longueur & de cinq pieds de diametre, formée de douves faites avec des cartelages de bois, de quatre à cinq pouces quarrés, bien dreffés & joints, affermis fur une charpente, dont chaque bout forme un demi-cercle : les deux bouts de la huche font fermés par des enfonçures faites de madriers, d'environ trois pouces d'é-paiffeur.

Dans

Dans la huche il y a trois ouvertures, l’une au centre de
la partie fupérieure à mont-eau, qui eft l’orifice de la goulette, qui apporte l’eau chargée du minerai fortant de la
grille ; une autre fe pratique à l’un des bouts de la huche
près l’angle d’amont, dans l’enfonçure ; elle fert à dégorger
l’eau bourbeufe chargée des impuretés du minerai ; elle eft
à quelques pouces au-deffous du niveau de la précédente.
Plus les mines font pefantes, quartzeufes ou fablonneufes,
plus il faut la defcendre : l’ufage fixe cette regle. La troifieme ouvertute eft pratiquée dans le centre du fond de la
huche, elle fert à conduire le minerai, fuffifamment lavé,
dans un baffin inférieur. Je donne à ce baffin la forme de
deux cônes unis par leur bafe, & le nomme *lavoir à grain
d’orge*. Il a dans œuvre douze pouces de hauteur dans toute
fon étendue, feize pieds de longueur, un pied de largeur
en bas, cinq pieds dans fon milieu, deux pieds du côté de
la huche lorfqu’il n’y en a qu’une, & quatre pieds lorfqu’il
y en a deux ; il eft foncé d’un plancher en bois de chêne
bien joint & très uni, pofé fur des traverfes folides, &
dreffé fur deux pouces de pente. Le bout inférieur eft bouché par une petite pale mobile. Sur le grand diametre de la
huche eft pofé horifontalement fur fes tourillons & empoefes un cylindre de bois, de quinze pouces de diametre ;
fur un bout de ce cylindre eft affemblée une roue mue par
l’effort de l’eau, foit qu’elle reçoive fon impulfion de l’eau
dans un courcier particulier, ou par l’eau qui fort de deffous
la roue du bocard par l’effet d’une cafcade dans le même
courcier, ou que la roue du bocard lui communique le
mouvement par l’engrenage d’un hériffon & d’une lanterne :
Je préfere, pour ménager l’eau, la place & la dépenfe, de
faire mouvoir cette roue dans le même courcier de celle du
bocard ; & pour lui communiquer plus de mouvement, je
tire un aquéduc fous le courcier de la premiere roue, qui
aboutit fur le plongeon de la deuxieme ; alors l’eau fortant
de deffous la premiere roue, vient encore fur la feconde,
qui a befoin d’un effort plus confidérable que celle du bo-

V

card : cette économie ne peut avoir lieu que pour les roues à aubes. Les roues à cuvier doivent avoir chacune un courant d'eau particulier, où la roue du bocard recevant une forte impulsion, peut communiquer une partie de son mouvement à l'arbre de la huche par l'engrenage d'un hérisson & d'une lanterne.

Le cylindre de la huche est garni de barreaux de fer, dont les bouts le pénetrent crucialement, dans la même direction que les bras de la roue : ces barreaux, de dix-huit lignes de grosseur, sont repliés à angle droit, ensorte que la partie qui forme une parallele avec l'arbre, est éloignée de son centre de vingt-neuf pouces & demi hors d'œuvre, pour que dans les mouvements de rotation, ils descendent jusqu'à un demi pouce près du fond de la huche ; les angles des coudes de ces barreaux doivent être presque vifs pour entrer dans les angles circulaires de la huche. Il faut, pour que les quatre barreaux puissent produire les mêmes effets, que ceux qui sont plus éloignés de la perpendiculaire des bouts de la huche, soient coudés en crosse, de façon que leurs angles supérieurs soient prolongés jusqu'à l'à-plomb des bouts de la huche, afin qu'il ne séjourne point de minerai entre eux & l'enfonçure.

Chacun des quatre espaces qui se trouvent entre les barreaux, peut être garni de trois cuillers, qui sont des especes de spatules, dont la branche est un barreau de dix-huit lignes de grosseur, & est emmanchée dans le cylindre : l'autre bout est applati de six pouces en tous sens ; il est tors, courbé, & fendu en trois parties, ce qui forme une espece de main tridactyle qui s'avance à l'affleureur des barreaux. Le bout de ces cuillers est tors, pour que la mine coule dessus en biaisant ; il est courbé pour que la mine qu'il rapporte en montant ne soit point jettée hors de la huche ; il est fendu enfin pour multiplier la collision, & que la cuiller pénetre la masse de minerai avec moins de résistance.

Il est essentiel que les barreaux, les cuillers, & conséquemment les huches, n'excedent pas les mesures données.

Lorſque les huches ſont plus profondes, les barreaux & cuillers étant néceſſairement plus longs, ont moins de force,
parceque le centre de l'action eſt trop éloigné du point d'appui; l'opération eſt plus lente & moins exacte. Lorſque le cylindre hériſſé de douze cuillers & de quatre barreaux eſt mis en
mouvement, il naît un tumulte inteſtin dans la huche qui
agite tout le minerai, au fur & à meſure qu'il y eſt précipité ;
les cuillers occupent plus le centre, ſoulevent la maſſe du
minerai toujours prêt à ſe précipiter; les barreaux, en paſſant exactement dans tout le contour, empêchent, par le
frottement, que le minerai ne ſe cantonne dans les angles; le
frottement qui naît de ce mouvement général, détache les
corps étrangers, délaie les terres glaiſeuſes ou argilleuſes
qui ſont éconduites, unies à l'eau, par la goulette de décharge
qui évacue autant d'eau qu'il en entre; les ſables fins ſont
auſſi ſoulevés & entraînés avec l'eau bourbeuſe.

Le patouillet à cuillers ſans barreaux ne ſuffit pas, parceque les cuillers ne peuvent aller dans les angles, &
qu'elles ne forment qu'une tranchée dans la maſſe de minerai qui ſe comprime dans le fond de la huche. Les barreaux
ne préſentent pas aſſez de ſurfaces pour des minerais difficiles
à décraſſer, & conſéquemment ne déplacent pas un aſſez
gros volume de minerai; mais ils paſſent & repaſſent ſur
toute la ſurface intérieure de la huche. L'utilité néceſſaire &
diſtincte des barreaux & des cuillers m'a déterminé à les
unir, lorſque les minerais l'exigent.

Dans le lavage, lorſqu'on s'apperçoit que le mouvement
de la roue de l'arbre de la huche ſe rallentit, l'on fait ceſſer
le mouvement des montants du bocard, parceque la huche
eſt ſuffiſamment chargée de minerais. On laiſſe continuer celui de la roue du patouillet juſqu'à ce qu'on s'apperçoive que
l'eau s'éclairciſſe : alors on débouche l'ouverture du fond de
la huche, en tirant une eſpece de bonde, formée d'un morceau de bois de figure priſmatique-quadrangulaire, dont un
bout eſt garni d'un manche; l'autre eſt coupé en biſeau échancré en portion de cercle, afin qu'il prenne le contour intérieur
de la huche.

V ij

Pendant que le minerai se précipite dans le bassin infé-rieur, un ouvrier, placé obliquement au courant, tire avec un rable de fer le minerai dans le centre du bassin en le sou-levant; l'eau, que fournit la goulette de la grille, continue de donner, jusqu'à ce que l'ouvrier ait amoncelé tout le minerai dans le bassin. Pendant cette opération, l'eau qui tient en-core en dissolution des parties étrangeres, coule par une échancrure faite à la partie supérieure de la serge du bassin du côté de l'aval, au-dessus du petit empalement; & lorsque tout est amassé, l'ouvrier leve la pale du bout du bassin dont j'ai par-lé, pour en évacuer entiérement l'eau. Sil reste quelque peu de sable, il se cantonne dans les angles du pourtour; alors le bocqueur l'enleve avec une pelle de bois, le conduit par le petit empalement, ensuite il replace la bonde de la huche : alors un autre bocqueur fait travailler le bocard, tandis que le premier enleve du bassin le minerai lavé, & le dépose dans une place ménagée à côté de la machine.

Lorsque l'on veut doubler le travail d'un bocard pour de plus amples provisions, l'on fait deux huches placées bout à bout sur la même ligne; le cylindre est garni à l'endroit de chacune, de barreaux & de cuillers, comme je l'ai dit; pour lors le jeu des montants du bocard n'est jamais interrom-pu, parceque quand une de ces deux huches est suffisamment remplie de minerai, l'on détourne l'eau bourbeuse chargée de minerai sortant de la grille, pour la conduire dans l'autre huche par le moyen d'une planche placée au centre du sous-glacis, en face de la grille du bocard; un bout de cette plan-che est fixé à une charniere mobile, au sommet de l'angle de séparation des deux goulettes; l'autre bout vient s'appuyer obliquement & alternativement contre une des joyeres de ce sous-glacis, par ce moyen force l'eau, chargée de minerai, de se précipiter dans l'une ou l'autre des huches.

Pour ce double travail, il faut ménager des goulettes par-ticulieres pour fournir de l'eau pure dans la huche, où celle venant de la grille ne se précipite plus; il ne faut pour ces deux huches, qu'un bassin placé au-dessous & au centre des

deux, & dans lequel chacune dégorge alternativement le minerai lavé ; il faut pour lors multiplier la force en raison de la
résistance que la seconde huche oppose.

Je donne une longue étendue au lavoir ou bassin inférieur,
pour empêcher que le minerai ne soit emporté hors de la
goulette par la premiere impulsion de l'eau qui sort avec force
de la huche ; ce qui arrive presque toujours dans les bassins
quarrés qui n'ont qu'une toise en quarré : la forme conoïde
que je lui donne favorise l'expulsion des sables plus légers que
le minerai, parceque celui-ci s'accumulant en comble au centre du bassin, il se forme deux goulettes de part & d'autre le
long de la base des serges qui forment les contours du bassin
où l'eau se porte ; elle y forme deux courants qui entraînent
les impuretés par le petit empalement du bout inférieur du
lavoir. Dans le lavage des mines légeres, on peut construire
deux pareils bassins posés bout à bout pour recueillir dans le
second, posé plus bas que le premier, le minerai qui seroit
entraîné par la force de l'eau.

Il est aussi d'autres moyens de multiplier le travail, en multipliant les piles du bocard ; l'on peut en mettre deux, même
quatre, & quatre huches, en plaçant les roues dans le milieu
des arbres, les bocards & huches de chaque côté des roues ;
mais il faut avoir une masse d'eau suffisante.

---

# SECTION III.

*Observations sur la conduite du travail d'un bocard.*

IL est nécessaire d'observer qu'indépendamment de la bonne
construction d'un bocard composé, il faut, 1°. beaucoup
d'attention de la part des ouvriers qui le conduisent. Un
bocqueur doit avoir soin de ne jamais laisser aller *à vuide* les
montants ; car outre la perte de temps & la ruine des pilons
qui frapperoient à nud sur la plaque, le minerai se trouvant

en trop petite quantité fous les pilons, feroit atténué au
point d'être délayé & entraîné par l'eau; c'eft ce que l'on
appelle *ufer la mine*. Cette inattention caufe une perte quelquefois confidérable pour les manufactures éloignées des
minieres, fur-tout fi ces forges confomment des minerais
légers, friables, & très folubles. 2°. Pour éviter ce premier
accident, il ne faut pas gorger de mine un bocard, car il en
réfulte deux inconvénients : le premier eft que les pilons ne
retombant plus d'affez haut, ils n'ont plus d'effet, ou très
peu; la grille fe bouche, le travail eft interrompu : le fecond,
l'eau ne pouvant plus s'échapper par la grille qui eft obftruée,
devient trop abondante, paffe par-deffus les joyeres du glacis fupérieur, entraîne en pure perte le minerai le plus aifé
à détacher. 3°. Il eft néceffaire de nettoyer de temps en
temps la grille pour détacher les maffes du minerai qui fe
compriment au devant, & pour ôter les pierres, les herbes,
les morceaux de minerai qui s'accrochent entre les barreaux
& qui l'obftruent. 4°. Il eft effentiel de ne pas furcharger les
huches de minerai, parceque non feulement l'opération feroit très rallentie, mais auffi le minerai feroit bien moins purifié, le mouvement étant d'autant moins multiplié. 5°. Il
ne faut pas s'obftiner à continuer le travail des cuillers &
des barreaux dans les huches, jufqu'à ce que l'eau s'éclair-
ciffe, parceque le frottement multiplié, après avoir dépouillé
le minerai de toutes parties terreufes, agiroit fur lui-même,
& fes parties atténuées feroient foulevées & entraînées par
l'eau. 6°. Pour prévenir en partie ce dernier accident, il faut
éviter d'employer aucun ferrement dans la conftruction de la
huche, parceque le minerai ne réfifteroit pas à l'action du
frottement du fer contre fer. Dans la vue de cette perfection,
j'affemble mes bois de façon qu'il n'y a pas une feule broche
de fer pour contenir les douves & les enfonçures, tant je
crains ce frottement recommandé par d'autres très mal-à-
propos.

Je fuis furpris que dans les Manufactures confidérables de
faïance, l'on ne fe ferve pas, pour la purification des terres,

d'un patouillet au lieu d'un tamis de crin que l'on agite à
grands frais & affez mal-à-droitement. L'on feroit sûr, par
la *décantation*, d'avoir toujours la terre réduite à fes plus petites molécules & entiérement purgée de toute matiere étrangere & nuifible; au lieu qu'un trou à la toile du tamis, caufe
des erreurs, rend vain & inutile un travail pénible d'une longueur immenfe, & fouvent difcrédite une manufacture par
les défauts dans les pieces qui ont leurs principes dans les
grumeaux paffés par un trou du tamis, dont on a négligé un
examen fcrupuleux. J'ai fuivi les opérations de la préparation de la terre des Manufactures de faïance de Rouen, je les
ai trouvées bien imparfaites.

Le grillage néceffaire aux minerais fulfureux & quartzeux,
accélere beaucoup le travail de leur lavage. Cette opération,
moins indifpenfable dans nos mines par dépôt, doit être remplacée par une préparation préliminaire & naturelle qui fe
fait en tirant les mines long-temps avant de les laver. L'alternative des effets de la gelée, de la chaleur, des pluies & de la
fécherefle, les ouvre, attenue les terres bolaires, argilleufes,
vitrioliques & glaifeufes, les pulvérife au point de céder
facilement aux premieres impreffions du bocard & du patouillet.

Dans le lavage des minerais, l'on fupprime dans plufieurs
forges différentes parties de ce bocard le plus propre à nettoyer toutes les efpeces de mines qui font venues à ma connoiffance. Ceux qui n'ont que des mines menues, unies à des
terres argilleufes, aifées à détacher, les lavent au panier ou
au chauderon percé, dans un baffin traverfé d'une rigole d'eau
courante, & agitent enfuite ce minerai avec des rables de
fer. Je trouve ce travail de longue haleine & peu exact; les
pierres & autres corps étrangers, folides & d'un volume qui
excede celui de la mine, reftent, il eft vrai, dans le panier ou
le chauderon; mais ou le minerai fouffre un déchet confidérable, ou il refte chargé d'impuretés.

Je préférerois de jetter ces minerais feulement dans le
patouillet, mais en les paffant rapidement fous les pilons du

bocard : le dépouillement en est bien plus exact; elles par-viennent continuellement dans la huche, où ils reçoivent plus exactement l'effet d'un frottement nécessaire pour les dé-pouiller des terres qui les enveloppent.

Les minerais qui sont unis à une terre bolaire, compacte, ne peuvent en être débarrassés que par le mouvement des pilons du bocard qui, en pêtrissant la glaise, la mettent en dis-solution avec l'eau.

Quelques Artistes, au lieu de grille de fer, se servent d'une planche criblée de trous de six à sept lignes de diamettre; mais les trous de cette planche sont continuellement bou-chés, ensorte qu'un ouvrier est suffisamment occupé à les déboucher avec la pointe d'un fuseau. L'usage de la grille mobile est bien supérieur à cette mauvaise économie.

Quelques Maîtres de Forges, se contentant de laver les minerais gros dans des bassins traversés d'une eau courante, en les roulant sur le fond du bassin avec des rables de fer, les font ensuite casser à coups de masse, pour les admettre en cet état au fourneau.

Ces Maîtres de Forges prétendent que s'ils soumettoient le minerai au bocard, le frottement de la trituration occa-sionneroit un déchet. Je leur réponds, 1°. que leur éco-nomie est mal entendue, en ce qu'il n'est point de minerai gros par dépôt qui ne renferme en soi des cavités, qui sont remplies de parties hétérogenes dont il est nécessaire de les dépouiller.

2°. Qu'il vaut mieux perdre une légere portion de minerai, que de consommer une partie considérable de charbon à fondre vainement des matieres étrangeres.

3°. Que les masses à bras ne peuvent briser assez exacte-ment le minerai, sur-tout les mines en roche, pour le met-tre en état d'être appliqué au feu avec avantage ; & je con-clus que leur lavage extérieur est insuffisant, que ces mine-rais exigent un lavage intérieur, conséquemment qu'ils doi-vent être soumis au bocard & au patouillet à barreaux & cuillers unis ou séparés.

Le

Le lavage à bras dans un baffin avec des rables de fer, eft très lent, & ne peut être exact, même pour les minettes chargées de fable; le frottement n'eft point affez vif & n'eft point égal : les hommes appliqués, comme inftruments, aux mouvements des machines fimples, ne rempliffent jamais leurs fonctions avec égalité; la fatigue, la nonchalance, la pareffe, s'oppofent prefque toujours à la perfection de leurs opérations : le travail des machines eft toujours conftant & uniforme.

Il eft peu de méthodes ufitées pour laver les mines dont je ne me fois fervi; nulle n'a rempli mes vues, comme l'ufage du bocard & du patouillet à barreaux & cuillers ; c'eft pourquoi je conclus que toute efpece de minerai de fer doit être foumife au bocard & au patouillet, afin de les brifer & nettoyer au point qu'elle exige pour être traitée avec avantage : il eft cependant des mines fi pures que les minerais que l'on en retire peuvent être traités dans l'état qu'ils en font tirés.

Les minerais gros & menus, qui ne font unis qu'à de l'argille légere, ou de la glaife, après avoir fubi le lavage du bocard & du patouillet, ont acquis leur dernier degré de pureté; mais lorfque ces minerais font unis à des fables quartzeux, des pierres, des foffilles compacts & pefants, il eft néceffaire d'en faire le départ par le crible à l'eau, qui eft une grille formée par des vergettes de fer en forme de prifmes triangulaires, dont les intervalles qui les féparent, ont une diftance proportionnée au volume relatif du minerai & des corps étrangers, de façon que ces vergettes ne s'approchent que par leurs angles. Les petits corps qui pourroient faire obftruction, échappent facilement par l'évafement inférieur des diftances coniques; cette grille eft contenue par deux montants qui forment une auge, dont la grille fait le fond, & eft inclinée proportionellement à la célérité de l'opération qu'exige le minerai.

Un courant d'eau tombe fur la grille, & entraîne avec elle le minerai qui defcend d'une trémie au fur & à mefure

X

qu'il eſt entraîné. Si le minerai eſt gros, & que ce ſoit un ſable quartzeux qui lui ſoit uni, ce ſable paſſe à travers la grille, & eſt entraîné par l'eau, tandis que la mine purifiée reſte au pied de la grille, dont elle eſt enlevée par un ouvrier à meſure qu'elle y eſt précipitée.

Si le minerai eſt menu, & qu'il ſoit chargé de caſtine ou de coquilles au-delà de la portion qui lui eſt néceſſaire pour aider la fuſion, alors les pierres & les autres foſſiles tombent aux pieds de la grille, tandis que le minerai bien dépouillé eſt entraîné par l'eau dans un baſſin où il ſe raſſemble ; ſi le minerai eſt partie gros ou partie menu, il faut ſe contenter de le bien nettoyer au bocard & au patouillet, car le crible à l'eau ne peut lui être d'aucun avantage.

J'ai ſouvent fait paſſer des minettes mélangées avec de gros ſable, au crible de fil de fer à main, & à celui que l'on appelle communément *crible d'Allemagne*, qui ſert à nettoyer le bled ; mais comme il faut pour cette opération que le minerai ſoit ſec pour couler ſur la grille, je ne pouvois m'en ſervir que pendant les beaux jours de l'Été. Le crible à l'eau eſt bien plus commode, en ce que l'on peut en faire uſage en tout temps, & qu'il eſt bien plus expéditif.

Il eſt une autre eſpece de crible dont M. de Buffon fait uſage, qui eſt très commode & très exact ; il eſt compoſé d'une trémie qui introduit le minerai dans une cage longue de ſix à ſept pieds, de figure conique, formée de gros fil de fer ; cette cage eſt ſoutenue par pluſieurs croiſées qui traverſent un axe qui porte ſur deux empoeſes à ſes deux extrémités ; le bout ſupérieur eſt garni d'une manivelle par le moyen de laquelle un homme imprime le mouvement à la machine. Le minerai étant agité dans la cage paſſe à travers les fils de fer, & les parties quartzeuſes & autres ſont conduites par l'inclinaiſon de la machine au bout inférieur d'où ils ſortent par une ouverture pratiquée à deſſein. Cette opération ſe fait à ſec avec beaucoup de frais, de peine & de perte ; j'eſtime qu'elle ſeroit plus avantageuſe & plus ex-

péditive en faifant mouvoir la cage dans un baffin rempli
d'eau. Il faut obferver que, fuivant le volume refpectif des
grains du minerai & celui des corps étrangers, ou c'eft la
mine qui paffe par la grille de la cage, ou ce font les corps
étrangers ; dans tous les cas ce font les corps qui ont le
plus de volumes qui reftent dans la cage & n'en fortent
qu'à la partie inférieure, comme le fon fort du bluteau d'un
moulin à farine.

En général un minerai eft bien dépouillé de terre, non
feulement lorfque l'œil n'y en découvre point, ni rien d'é-
tranger, mais encore lorfque l'eau jettée deffus, y paffe rapidement ; comme auffi lorfqu'il *jure* fur la pelle, c'eft-à-dire
que quand il eft lancé avec la pelle, il fait une efpece de
cri, ou enfin lorfque le ferrant dans la main, elle n'en
refte point falie.

S'il n'eft pas douteux que le lavage des minerais ne peut
être pouffé avec trop de fcrupule, pour fe procurer un produit confidérable, & une fonte de qualité, il faut avouer
auffi que leur mêlange eft une chofe très avantageufe dans
leurs traitements : les minerais argilleux doivent être mêlés avec les fablonneux ; ceux qui contiennent des parties
calcaires doivent concourir à la perfection des deux précédents, tant pour faciliter leur fufion, que le départ des
parties hétérogenes refpectives. Les minerais qui participent
du fable & du grès, aident la fufion de ceux qui font argilleux ; les calcaires corrigent les deux efpeces, & purifient les argilleux, en liant leurs parties trop fufibles, &
en fe fervant mutuellement de fondants.

Les gros minerais, mêlés avec les minettes, operent un
excellent effet, en ce qu'ils foutiennent ces dernieres, & les
empêchent de cribler à travers les charbons.

On doit apporter beaucoup de précautions dans le mêlange des minerais.

La premiere eft de les *parquer* féparément, & de les laver de même, pour enfuite en faire le mêlange dans les
proportions qu'elles exigent ; fuivant les connoiffances que

l'on a acquifes de leurs qualités, foit qu'on les mêle dans le parc en tas, foit en les introduifant dans le fourneau par nombre refpectif des mefures proportionnelles.

Si les minerais de différente qualité font d'un volume femblable, ils n'exigent pas pour leur lavage particulier un changement dans la grille, alors ils fe mêleront parfaitement bien, en faifant une ou deux ou plufieurs lavées de l'une, & une de l'autre, fuivant qu'on le juge néceffaire.

Cette méthode eft une des plus exactes, mais lorfque l'on amoncelle enfemble dans un même parc des minerais de différente qualité, il eft bien difficile que le mélange en foit exact; l'on trouve ordinairement des erreurs dans le produit du fourneau : cependant lorfqu'il eft poffible de les mêler bruts en proportions convenables, ils ne fe préparent que mieux enfemble, & s'entr'aident les uns & les autres à fe dépouiller des matieres étrangeres dans l'opération du bocard.

Il eft très avantageux d'avoir beaucoup de mine préparée avant de mettre un fourneau en feu, afin que l'on ne foit pas obligé ou d'ufer les minerais à mefure qu'ils fortent des lavoirs du bocard, ou de précipiter leur lavage. Du premier accident, il réfulte fouvent un grand dérangement dans un fourneau, à caufe que l'humidité qu'y apportent des minerais qui ne font point affez épurés, diminue beaucoup l'intenfité de la chaleur; moins les minerais font bien lavés, plus ils retiennent d'humidité : enfin lorfque l'on précipite le lavage, il eft rare que les minerais foient bien nettoyés, parceque l'on fupprime fouvent quelques précautions qui dérangent le produit d'un fourneau, rendent vaines & inutiles les attentions que l'on a apportées pour lui donner les proportions les mieux réfléchies & les plus conféquentes.

# EXPLICATION

## DES PLANCHES DES FOURNEAUX.

**L**A Planche IV repréſente la coupe horiſontale des parties intérieures du fourneau elliptique, vues à vue d'oiſeau ſur toutes les proportions relatives.

**A.** Point central général, qui eſt celui de ſection des axes des ellipſes ; celui de la tendance commune des huit rayons & du vent, le ſommet & la baſe de l'axe de tout l'intérieur du fourneau.

**BB, A, BB.** Ligne perpendiculaire, ou grand axe des ellipſes.

**B, AB.** Ligne horiſontale, ou petit axe des ellipſes.

**BB, B, BB, B.** Ligne elliptique qui forme la baſe du cône des parois intérieures.

**C, C, C.** Ligne elliptique du ſommet du cône des parois intérieures, formant l'ouverture de la bure.

**D, D.** Maſſif de l'étalage de la tuyere, ou coſtiere de l'ouvrage du côté des ſoufflets, qui ſe prolonge en E.

**G, G.** Maſſif de l'ouvrage du contre-vent, ou coſtiere de l'ouvrage au contre-vent, qui ſe prolonge en F.

**H, 2.** Naiſſance de l'étalage de la ruſtine, qui eſt arrondi par une arc, coupant les lignes perpendiculaires ponctuées G, D.

**I.** Naiſſance & maſſif de l'étalage des tympes, échancré comme celui de la ruſtine.

**K, K.** Tuyere poſée ſur la plaque L.

**L.** Plaque trapézoïdale, ſervant de ſupport à la tuyere K, K.

**M, M.** Buzes des ſoufflets, dont le vent ſortant de leurs mufles N, N, eſt dirigé ſur les lignes ponctuées, O, O, au centre commun A, par l'orifice T de la tuyere K, K.

**P.** Tympe de fer qui termine au dehors l'étalage des tympes.

**Q, Q.** Pages de la tympe, qui ſont des poids de cinquante renverſés, pour appuyer la tympe P & ſervir de points d'appuis aux ringards dans le travail.

R. Pierre de la coulée qui eſt ſerrée entre le frayeux S & la dame V, ſur laquelle paſſe la fonte lorſqu'elle ſort du four-neau pour entrer dans le moule de la gueuſe.

S. Frayeux, qui eſt une plaque de fonte qui contient l'ou-vrage, retient la coulée, & ſert de point d'appui dans le travail.

T. Centre de l'orifice de la tuyere.

V. Dame ſur laquelle coulent les laitiers.

X, X. Prolongation de la baſe des étalages.

Y, Y, Y. Soupiraux communiquant à la voûte pour la diſſi-pation des vapeurs.

Z. Garde-feu qui empêche les laitiers de tomber ſur les fra-ſins que l'on amoncelle en 17.

&, &. Fuite des piliers.

3, 4, 5, 6, 7, 8, 9, 10. Huit rayons formés par les huit cordeaux lorſqu'ils ſont tendus, leſquels doivent s'accorder tous entre eux, & tous enſemble avec celui du centre A.

11. Prolongation du petit axe BAB des ellipſes, qui doit divi-ſer en deux parties égales la diſtance qui ſépare les caiſſes des ſoufflets.

12, 12. Maçonnerie en brique qui s'éleve à la hauteur de la baſe des parois pour les ſupporter. Il y en a autant du côté des tympes, au-deſſus de 12 B, 12 B.

12 B, 12 B. Maſſif de l'ouvrage prolongé au devant en XX par deſſous les marâtres des tympes; la baſe BB de l'ellipſe étant appuyée ſur le gueuſat.

13. Pilier de cœur qui ſupporte le bout des gueuſes des deux marâtres où la naiſſance de la demi-voûte eſt en encorbel-lement.

14. Pilier oppoſé à celui de cœur ; il ſe pratique ordinaire-ment à côté de ce pilier un eſcalier ou un rampant, pour l'accès de la bure du fourneau.

15. Pilier oppoſé à celui de cœur, du côté des marâtres des tympes, lequel eſt le commencement de la groſſe maçon-

nerie qui forme le contour extérieur du fourneau par un retour d'équerre en 16 qui rejoint le pilier de cœur 14.

16. Angle extérieur sur l'extrémité de la diagonale du pilier de cœur.

17. Place où l'on tient en magasin des frasins pour le service du fourneau.

## EXPLICATION DE LA PLANCHE V.

Cette Planche présente la coupe perpendiculaire du fourneau elliptique dans toutes ses parties intérieures & extérieures dans ses justes proportions.

A. Base du fourneau qui forme un entablement sur toute l'étendue, & dont la surface est au niveau B des eaux basses.

B. Niveau des eaux basses du dessous de la roue.

C. Niveau des eaux les plus hautes, lorsqu'elles refluent sous la roue.

D, D. Semelle du fourneau, dans le massif de laquelle est pratiquée au centre la voûte E, & sur laquelle est appuyée la maçonnerie des piliers, des murs, & de toute la masse du fourneau.

E. Voûte pour recevoir l'égoût des filtrations des humidités qui sont dissipées en vapeurs par les soupiraux, au moyen de la chaleur qui lui est communiquée par le fond du creuset.

F. Coupe du bas du creuset ou du foyer inférieur sur la longueur, depuis la rustine 19 jusqu'à la dame R.

G. Marâtre des tympes, formée par cinq longrines de fonte, qui sont des gueuses 9 coupées de mesure, lesquelles posent d'un bout sur le pilier de cœur H & de l'autre sur le pilier de retour qui lui fait face.

H. Pilier de cœur qui supporte les deux marâtres & arcboute tout le môle de la maçonnerie du fourneau.

I. Massif des étalages de l'ouvrage qui posent sur le fond L, & vont s'unir à la base 5 , 5 du cône des parois 7, 7.

L. Fond de l'ouvrage qui se fait de sable ou de pierre, & regne dans toute l'étendue de l'intérieur du fourneau, en
forme l'aire, & repose sur la voûte E; sa partie inférieure
est composée d'un sable calcaire.

M, M. Mur extérieur en grand carodage, qui forme le contour du fourneau.

N, N, N, N. Contre-forts, ou mur qui contient le massif P
entre eux & les murs extérieurs.

OO. Remplissage en moîlons entre les contre-forts N & les
fausses parois 7, 7.

P. Massif de maçonnerie en moîlons, qui remplit l'espace entre les gros murs extérieurs M & les contre-forts N.

Q. Massif qui remplit l'espace entre les contre-forts & les
marâtres G.

R. Dame, qui est une plaque de fonte inclinée, sur laquelle
coulent les laitiers ou *la laye* du fourneau; elle bouche la
partie extérieure de l'ouvrage F.

S. Tympe de fer qui termine la base de l'étalage de l'ouvrage
de son côté.

T, T, T. Grand foyer formé par les étalages qui composent
un cône renversé, dont le sommet tronqué est appuyé sur
le foyer inférieur F à la hauteur de la tuyere V, & va re-
joindre, par sa base renversée, celle du cône supérieur &,
&.

V. Tuyere posée en face de l'axe du grand cône &, &, au
niveau de la naissance des étalages I, I.

X, X. Murs de briques, adossés aux contre-forts N pour supporter les parois 6 & les contre-parois 7.

Y. Maçonnerie en brique, assise sur les marâtres 9, G, pour
supporter la base des parois 6 & contre-parois 7, qui leur
répondent.

&, &. Cône supérieur, dont l'axe est perpendiculaire à la
tuyere V, est formé par les parois 6, dont le sommet couvert d'une plaque de fonte 2, 2, forme la bure du fourneau.

2, 2. Plaque de fonte cintrée qui termine le centre de la
bure

bure 3, 3, 3, coupée à huit pants 4, 4, dont quatre grands égaux & quatre petits alternatifs au pourtour extérieur.

3. Bure du fourneau.

4. Pans du maffif de la bure du fourneau.

5. Bafe des parois, affifes fur la retraite de la bafe des contre-parois.

66. Élévation des parois compofées de briques réfractaires, féchées à l'ombre & employées fans être cuites.

7, 7. Fauffes parois formées de groffes briques, compofées d'argille féchée.

8, 8, 8, 8. Batailles ou murs qui font affis fur les gros murs extérieurs; ils font élevés perpendiculairement au-deffus de la bure pour empêcher, dans les gros temps, que le vent ne pouffe la flamme fur les ouvriers pendant qu'ils chargent. Il eft d'ufage, dans les mines bien montées, d'élever fur ces batailles un comble de charpente couvert d'une bonne toiture, au centre de laquelle s'éleve une cheminée appuyée fur la bure du fourneau au moyen de quatre piliers : alors la maffe du fourneau eft à couvert des pluies qui fourniffent toujours des humidités nuifibles & des vents qui, réverberant la flamme fur les ouvriers, les empêchent de manœuvrer exactement ; d'ailleurs la flamme les incommode fi fort, que fouvent elle les épile jufqu'au cils (*Voyez Pl. XIII*).

Au défaut de couverture, j'ai élevé fur la bure du fourneau (depuis le deffein que j'en donne dans cette cinquieme Planche) une cheminée de fept pieds de hauteur & de trois pieds d'ouverture, fermée entiérement du côté des tympes de la tuyere & au contre-vent; elle eft ouverte de trente pouces à la ruftine, qui eft le côté du fervice : deux raifons m'y ont déterminé; la premiere pour mettre les ouvriers à l'abri des accidents qu'ils reçoivent de la part de la flamme; la deuxieme pour donner plus d'élévation au foyer fupérieur dont la cheminée forme une continuité, & par-là réparer (quoique foiblement) le peu d'élévation du fourneau.

9, 9, 9, 9, 9. Bouts des longrines de fonte de fer.

10, 10, 10. Canaux expiratoires.       Y

## EXPLICATION DE LA PLANCHE VI.

*La Figure I<sup>re</sup>*. repréſente la coupe horiſontale à vue d'oiſeau d'un fourneau, dont on fait uſage en Saxe. Je l'ai tiré ſur un modele exécuté en bois, qui m'a été communiqué par M. Maneſle, Officier d'Artillerie au ſervice d'Eſpagne.

A, A, A. Cercle de l'orifice de la bure ou du foyer ſupérieur de 24 pouces de diametre.

B, B, B. Cercle qui forme l'ouverture de la baſe du grand cône ou foyer ſupérieur, de 5 pieds 10 pouces de diametre.

C, C, C. Maſſif des étalages formant des rayons concentriques curvilignes.

D, D, D, D. Ouverture du creuſet ou foyer inférieur depuis les étalages juſqu'à la ſurface du fond du creuſet qui eſt prolongé juſqu'à la dame H.

D, D, D. Canal depuis la ruſtine juſqu'à la dame qui forme le creuſet ou le foyer inférieur dans lequel la fonte reſte en bain.

E. Baſe de la partie de l'étalage qui eſt appuyée ſur les tympes.

F. Prolongation du maſſif de l'ouvrage.

G. Tympes.

H. Dame.

I. Frayeux.

L. Tuyere fort éloignée de la ruſtine, élevée de 21 pouces au-deſſus du fond & dont le vent eſt dirigé au centre.

M, M. Buſes des ſoufflets.

N. Pilier de cœur, portant les émeütes des encorbelements des deux marâtres.

O. Pilier ſoutenant l'arcade de la marâtre des tympes & faiſant l'angle des murs extérieurs.

P. Partie extérieur du pilier de cœur du côté des tympes.

Q. Pilier du côté des ſoufflets, portant & arc-boutant l'arcade de la marâtre de la tuyere, & faiſant l'angle des murs extérieurs.

R. Angle des murs extérieurs arc-boutant le môle de la maçonnerie.

*Nota* J'ai réduit les mesures de cette figure, & de celles de la précédente à la Françoise, sur le rapport de l'aune de Dresde, composée
de 21 pouces de France ; pour éviter l'embarras que laissent presque
tous nos Traducteurs qui ne se donnent pas la peine de traduire la
valeur des choses.

# EXPLICATION DE LA FIGURE II
## PLANCHE VI.

*La Figure 2ᵉ* présente la coupe perpendiculaire d'un fourneau dont on se sert en Saxe & dont on vient de voir la
coupe horisontale.

A. Ouverture de la bure, formée par l'extrémité du cône du
foyer supérieur, formant un cercle de vingt-quatre pouces
de diametre, dont le centre est l'extrémité supérieure de
la perpendiculaire, de laquelle son extrémité inférieure
est le centre du cercle B, B de la base du cône.

BB. Base du cône ou du foyer supérieur S, S, S, formant un
cercle de cinq pieds trois pouces de diametre, concentrique avec le centre du sommet A, sans y avoir un juste
rapport ; car 63 n'a point de proportion juste avec 44, pas
même avec la mesure de Dresde ; la base du cône ayant
trois aunes & le sommet une aune un septieme.

C, C, C. Étalages arrondis en portion de cercle, formant
une coupole qui doit suspendre les charges.

D, D. Creuset ou foyer inférieur, coupé sur des lignes perpendiculaires depuis le fond jusqu'à trois pieds au-dessus
de la tuyere E : cette ouverture est excessivement large.

E. Évasement extérieur de la tuyere du côté des soufflets.

F. Orifice intérieur de la tuyere.

G. Fond de l'ouvrage de dix-neuf pouces de largeur.

H, H. Massif de l'ouvrage dont la surface intérieure forme
le foyer inférieur & le grand foyer.

I, I. Base des parois du côté du contre-vent.

L, L. Parois formants le foyer supérieur, élevés circulairement.                                            Y ij

M. Demi-arcade, ou encorbelement qui foutient le maffif
R & le mur extérieur O du côté du foufflage, y en ayant
une pareille du côté des tympes.

N. Clef de l'arcade qui eft la bafe du mur O.

O. Mur extérieur du côté des foufflets, fupporté dans fon
milieu par l'arc-doubleau de l'arcade; fes extrémités font
affifes fur la bafe T du fourneau.

PP. Murs extérieurs du côté du contre-vent.

Q, Q. Maffif entre les murs extérieurs & les parties dans lefquelles font comprifes les contre-forts & les fauffes parois, leur épaiffeur n'étant pas réduite fur l'échelle qui ne
concerne que les parties intérieures.

RR. Maffif du côté des foufflets.

SSS. Grand cône ou foyer fupérieur, ayant pour bafe les étalages arrondis, & pour fommet la bure V élévée de 15
pieds 10 pouces.

T. Bafe du fourneau.

V. Maffif extérieur du quarré de la bure.

# EXPLICATION DE LA PLANCHE VII.

*La Figure* 3ᵉ préfente la coupe horifontale d'un fourneau
quadrangulaire tel que celui d'Urville, & dont je me
fuis fervi jufqu'en 1759.

A,A,A,A. Quarré long qui forme l'ouverture de la bure qui
n'eft pas concentrique avec les foyers.

B,B,B,B. Quarré long qui forme l'ouverture de la bafe du
foyer fupérieur; fes angles n'ont point une correfpondance exacte avec le quarré de la bure. Cette ouverture
eft compofée de deux triangles unis par leur bafe, defquels un eft rectangle & l'autre curviligne.

C,C,C. Ouverture du foyer inférieur formée par la bafe des
étalages à la hauteur de la tuyere.

D. Centre de la bafe des parois, qui forment le foyer fupérieur & qui eft le point de fection du vent des foufflets M.

E. Tuyere qui eſt trop éloignée du centre D & de la ruſtine C,A.

F. Extrémité antérieure du creuſet, qui paſſe ſous l'étalage des tympes & eſt prolongé juſqu'à la dame N, ſur deux paralleles à retour d'équerre de la ruſtine. Pluſieurs Fondeurs le déclinent tantôt du côté du pilier de cœur P, tantôt du côté de l'autre pilier Q pour donner une prétendue qualité à la fonte.

G. Pierre de la coulée.

H. Tympe de fer poſée ſur l'extrémité de l'ouvrage L : les bouts ſont enfermés dans les mureaux que j'ai ſupprimés.

I. Taqueret qui poſe ſur la tympe H & eſt appuyé à ſon extrémité ſupérieure contre la marâtre : j'ai ſupprimé auſſi cette piece.

L. Extrémité extérieure de l'ouvrage prolongé à la hauteur de la tuyere, pour porter les mureaux, & appuyer la dame N & le frayeux O.

M, M. Buſes des ſoufflets.

N. Dame qui eſt ordinairement une groſſe enclume de ſtoch : je la remplace par une groſſe plaque de fonte.

O. Frayeux

P. Pilier de cœur.

Q. Pilier de retour des marâtres des tympes.

R. Pilier de retour des marâtres de la tuyere.

S. Pilier angulaire du gros mur extérieur.

*Nota.* Ces quatre piliers, ainſi que les maçonneries qui les alignent, ne ſont pas deſſinés dans toute leur étendue extérieure.

T. Centre de la baſe des parois au contrevent, qui forment un arc, B,T,B. dont le rayon eſt de trois pouces & demi.

V. Centre de la baſe des parois du côté des tympes qui forment un arc B,V,B, dont le rayon eſt d'un pouce & demi. Cette façon d'excaver inégalement les deux côtés ſe nomme vulgairement, cuver les parois ; l'angle qu'ils forment eſt curviligne irrégulier.

X. Maçonnerie en brique qui ſoutient l'ouvrage & les marâtres, ayant une ouverture pour la conſtruction du canal de la tuyere.

# EXPLICATION DE LA FIGURE IV
## PLANCHE VII.

Cette *Figure* préſente la coupe perpendiculaire d'un fourneau quadrangulaire.

A. Perpendiculaire qui eſt la ligne centrale de l'intérieur du foyer ſupérieur y y, laquelle tombe ſur la naiſſance de l'étalage du contre-vent.

B. Perpendiculaire qui eſt la ligne centrale du grand foyer formé par les étalages, laquelle ſe rapproche de la tuyere à cauſe de la pente conſidérable que les parois ont de ce côté, excédant de quatre pouces celle des parois du contre-vent.

C. Perpendiculaire qui tombe ſur la tuyere D, laquelle eſt retirée du centre du total, ce qui rend l'étalage F de ſon côté bien plus rapide que l'étalage G du contre-vent.

D. Tuyere qui eſt très baſſe, poſée à l'à-plomb & au centre du côté de la bure qui lui répond.

E. Foyer ſupérieur, formé par les étalages élevés ſur des lignes différentes; celui des tympes eſt le plus bas & le plus rapide; celui de la ruſtine qui lui eſt oppoſé eſt à-peu-près de la même hauteur & plus convexe; celui de la tuyere eſt plus élevé que les deux autres, plus rapide que celui des tympes, & moins convexe que celui de la ruſtine; celui du contre-vent eſt plus élevé que celui de la tuyere; il s'avance juſqu'à l'à-plomb du centre du foyer ſupérieur, regagne le bas des parois par une courbe très convexe.

F. Etalage de la tuyere.

G. Etalage du contre-vent.

H, H. Murs extérieurs juſqu'à la baſe des batailles qui ne ſont point deſſinées ſur cette Planche.

I. Mur extérieur du côté du ſoufflage, portant ſur les marâtres.

L. Pilier de retour, à côté duquel on pratique ordinairement un escalier, suivant l'emplacement, pour gagner la partie supérieure du fourneau lorsqu'il est construit sur un terrein plat.

M. Parois construites en pierre calcaire.

N. Base des parois & fausses parois, assises sur la fondation, au contre-vent & à la rustine.

O. Mureau que l'on pratique ordinairement du côté de la tuyere, entre les deux piliers, pour construire l'ouvrage.

P. Base des parois bâties sur les gueusats des marâtres, du côté de la tuyere & des tympes.

R. Marâtre construite avec des gueuses qui supportent des paremens qui sont appuyés obliquement sur lesdites gueuses.

S. Massif de maçonnerie, entre les fausses parois & les murs portants les marâtres.

T. Massif entre la maçonnerie des gros murs & des contreparois.

V. Fond de l'ouvrage, ou creuset.

X, X, X, X. Massif des étalages de l'ouvrage.

Y, Y, Y. Grand foyer, ou vuide intérieur formé par les parois.

## EXPLICATION DE LA PLANCHE VIII.

*La Figure premiere* représente le plan d'un bocard composé, vu à vue d'oiseau.

A, A. Biez qui contient l'eau en magasin pour la dépense de l'usine.

B, B. Murs des joyeres du biez.

C. Queue de la petite pale qui pousse le minerai sous les pilons du bocard en passant par l'auge F.

D. Queue de la vanne qui fournit l'eau pour faire tourner la roue Q du bocard & celle *9* du patouillet dans le même courcier 15.

EE. Les Queues des petites pales des goulettes & &, pour donner de l'eau pure dans les huches 3 & 4 alternativement. On a placé différemment les queues de ces pales pour faire connoître les diverses façons de les emplacer. C est dans une coche pratiquée à la partie antérieure du chapeau AB ; celle D est dans une lumiere percée dans l'épaisseur du chapeau, & les deux petites E, E, sont simplement appuyées contre le chapeau.

F. Auge conique dans laquelle on précipite le minerai : elle est foncée d'un plancher, & les côtés sont formés par deux pieces de bois G, G : le minerai est poussé par l'eau qui vient de la pale C sous les pilons de la pile R, R.

G. Joyeres de l'auge F.

H. Arbre du bocard ; il est garni en I de quinze cames de fer qui soulevent les pilons en P ; d'une roue Q posée dans le courcier 15, & chacun de ses bouts porte sur ses tourillons, empoëses & plumeseuils L, L.

I. Partie de l'arbre du bocard garni de cames de fer : cet arbre est cerclé de six frettes de fer pour empêcher qu'il ne se fende.

LL. Plumeseuils qui soutient les bouts de l'arbre du bocard.

M. Patte d'oye contre l'angle de laquelle la planche mobile est assujettie.

N, N. Massifs qui soutiennent les jumelles R, R & qui bordent les sous-glacis des auges inférieures qui reçoivent l'eau bourbeuse chargée du minerai.

O. Crampon de fer dont les extrémités sont pliées en angle droit & appointées pour entrer dans le bout de l'arbre H, pour empêcher que l'arbre ne frotte contre le minerai qui s'accumule en cet endroit.

P. Anneau de la roue terminée par les aubes Q, Q.

Q. Aubes de la roue du bocard H ; elles ne sont appuyées que par un bracon.

R, R. Jumelles qui contiennent les pilons & qui sont entretenues par les clefs & les traverses S, S.

S, S. Clefs de bois qui passent dans les lumieres des traverses de bois qui contiennent les pilons.

T. Partie du sous-glacis en face de la grille ; elle communique

nique alternativement aux deux goulettes V & X en changeant la planche Y sur la ligne ponctuée Z.

V. Goulette qui reçoit l'eau bourbeuse & chargée du minerai qui sort de la grille, & le conduit dans la huche 3 par l'ouverture I.

X. Autre goulette destinée au même usage que la précédente pour conduire le minerai dans la huche 4 par l'ouverture 2 : elle est fermée par la planche Y, lorsque la huche 4, à laquelle elle répond, est suffisamment chargée de minerai, & elle reçoit de l'eau fraîche par le petit courcier &, qui le dégorge en X.

Y. Planche mobile qui sert à boucher les goulettes des sousglacis V X alternativement : cette planche s'appuie d'un bout contre la patte d'oye M, d'autre sur la base des jumelles R, & sur les côtés des massifs N.

Z. Ligne ponctuée qui marque l'emplacement de la planche mobile Y, lorsque l'on ferme la goulette V.

&. Deux petits courciers qui portent de l'eau nette dans les huches 3 & 4 alternativement pendant que le minerai patouille; elles sont recouvertes de planches ou de pierres tant en haut qu'en bas pour qu'elles ne gênent pas les ouvriers dans le travail & qu'il ne s'y précipite rien.

1. Ouverture pratiquée à la partie supérieure de l'enfonçure de la huche 3 pour passer l'eau chargée de minerai.

2. Même ouverture pour la huche 4.

3. Huche du patouillet dans laquelle se précipite le minerai qui vient du bocard par la goulette V : l'on y voit les barreaux dont deux sont dans un sens horisontal, & les deux autres perpendiculaires & les cuillers 6, 6.

4. Huche du patouillet dans laquelle se précipite le minerai qui vient du bocard par la goulette X; elle est dessinée au moment de l'opération qui acheve de laver le minerai; les barreaux y sont représentés obliquement pour faire voir comme ils sont coudés.

5, 5. Les six pieces de charpente qui sont taillées circulairement pour soutenir les fourures & enfonçures des huches.

Z

6, 6. Les cuillers qui font emmanchées dans l'arbre 7.

7. Arbre du patouillet; il pofe fur fes tourillons empoefes & plumefeuils 8, & eft garni d'une roue 9 9 à aubes, portées chacune fur deux bracons. Cet arbre eft fretté de fept liens de fer, dont un fort entre les deux huches.

8, 8. Plumefeuils de l'arbre du patouillet.

9. Roue du patouillet qui tourne dans le même courcier que celle du bocard.

10. Goulettes qui fervent à conduire le minerai des huches 3, 4 dans le baffin 11; ces goulettes font bouchées pendant que le minerai patouille chacune avec une bonde de la forme A, figure 2, dont le manche C eft appuyé par une traverfe, comme on le voit en 10, pour empêcher que le poids de l'eau & du minerai, qui font dans les huches, ne pouffe la bonde avant que l'opération du lavage ne foit achevée.

11. Baffin à grain d'orge; il reçoit l'eau & le minerai par les goulettes 10, 10, & fe vuide en 13 par une petite pale que l'ouvrier leve; il eft foncé d'un plancher & terminé en fon pourtour par des madriers 12 taillés fur une ligne courbe.

12. Madriers qui forment le pourtour du baffin 11; ils ont deux à trois pouces d'épaiffeur & douze pouces de hauteur; ils font appuyés par derriere avec du conroi & des remblais bien affermis.

13. Petite pale qui eft plus baffe que la furface des madriers 12. Pour écouler l'eau furabondante qui coule de la huche pendant que l'ouvrier agite & amoncele le minerai dans le baffin 11, l'ouvrier leve cette petite pale entiérement lorfqu'il a fini d'amaffer le minerai pour faire écouler toute l'eau & le fablon qui s'eft féparé du minerai & s'eft cantonné dans la partie inférieure du baffin 11.

14. Maffif en pierre ou en terre contenu par des madriers ou autres pieces de charpente pour foutenir la bafe des huches.

15. Courcier commun aux roues du bocard & du patouillet; on le conftruit en pierre ou en bois; il reçoit l'eau de la vanne D.

# FIGURE DEUXIEME.

A. Bonde pour boucher la bafe des huches par les goulettes 10, 10 : fa maffe eft coupée à fa furface fur la courbure des huches ; fes côtés font perpendiculaires ; la partie antérieure eft plus étroite que la partie poftérieure
qui eft garnie d'un manche C.

B. Rable de fer avec un manche de bois C. C'eft avec cet
inftrument que l'ouvrier agite, amaffe & accumule le minerai, lavé dans le baffin 11, Fig. 1re.

# FIGURE TROISIEME.

E. Pelle de bois formée d'un ais de hêtre ou autre bois léger
& folide : cet inftrument eft formé de trois pieces, qui
font l'ais qui forme la piece principale, ou la pelle proprement dite, le manche F qui entre dans une mortaife
d'un plan quarré & oblique dans fa profondeur, & d'une
cheville G qui affujettit le manche à la pelle.

# EXPLICATION DE LA PLANCHE IX.

Cette Planche repréfente fur le devant la coupe d'un bocard
compofé. L'on a tiré le derriere en perfpective pour faire
voir la liaifon & l'enfemble des pieces repréfentées dans
le plan deffiné à vue d'oifeau dans la Planche VIII.

A. Bout de l'arbre du bocard, où l'on voit l'emmanchure des
cames B.

B. Cames de fer qui entrent de cinq pouces dans l'arbre
A & s'élevent à onze pouces ; elles font courbées par leur
extrémité en épicicloïde.

C. Plancher ou glacis de l'auge dans lequel on jette le minerai qui eft pouffé fous les pilons G par un courant
d'eau qui vient de la petite vanne E.

D. Petite pale garnie de fa queue 24. & qui y eft affermie
par des chevilles de bois.                          Z ij

E. Petite vanne qui est fermée par la pale D. C'est par cette ouverture que l'eau du biez passe pour pousser le minerai sous les pilons, & l'entraîne par la grille P dans la huche A B.

F. Jumelle qui est garnie de deux liens de fer 33, l'un au dessus de la traverse & des clefs 31 en bois & au-dessus de la traverse de fer 32 ; elle est affermie dans la semelle M par un fort tenon O à queue d'aronde & est arrêtée par un bras boutant 35.

G. Montant garni d'un pilon de fonte de fer L, d'un mentonnet H, dont la queue I pénettre l'épaisseur du montant & y est retenue par derriere par deux fortes chevilles de bois.

H. Mentonnet du montant, qui lui est fortement assemblé par tenon & mortaise, lequel cédant à la pression de la came B, souleve le montant qui retombe par son propre poids.

I. Tenon du mentonnet.

L. Pilon de fonte de fer, qui a une queue pyramidale de fer battu, laquelle s'enfonce dans le centre du montant.

M. Semelle qui est établie sur une mise Q, & y est arrêtée par une entaille : pour la rendre encore plus solide on les joint par un mord de chien.

N. Plaque de fonte de fer qui est encastrée de son épaisseur dans la semelle M; c'est sur cette plaque que les montants G, garnis de leurs pilons L, triturent & pêtrissent le minerai.

O. Queue d'aronde de la jumelle F qui l'affermit dans la semelle M & y est retenue de force par une clef.

P. Grille composée de barreaux de fer mobiles, qui sont établis les uns sur les autres dans une coulisse pratiquée dans le plat de la jumelle F.

Q. Mise qui supporte la semelle M & est posée de niveau sur trois loirs R.

R. Loirs qui portent la mise Q de la semelle M.

S. Plancher du sous-glacis entre la pile & la huche,

**T.** Bras du chaſſis qui contiennent l'enfonçure **V** de la huche ; ils ſont cintrés en dedans , ſur le cercle que doit
décrire le dehors de la huche AB.

**V.** Douves de la huche ; elles ſont compoſées de membrures dreſſées & aſſemblées comme les douves d'une fu-
taille.

**X.** Chantier du chaſſis de la huche ; il eſt ſolidement établi ſur trois loirs Z.

**Y** Arbre du patouillet ; il eſt garni de fortes frettes & liens
de fer I à ſes bouts , & joignant les inſertions des barreaux.

**Z.** Loirs qui ſupportent le chantier X de la huche.

AB. Huche du patouillet.

1. Liens & frettes de fer qui fortifient l'arbre du patouillet.

2. Barreaux qui ſont emmanchés dans l'arbre du patouillet
Y & ſont coudes, les uns à angle droit & les autres en
croſſe.

3. Cuillers du patouillet ; on les a ſupprimés dans la perſ-
pective pour éviter la confuſion & pour faire voir un patouillet ſans cuillers.

4. Bonde conique qui ſert à boucher l'ouverture inférieure
de la huche AB pendant l'opération ; elle ſe retire par
le moyen de ſon manche 5 qui eſt adhérent à ſa partie
poſtérieure.

6. Fond de la goulette qui ſert à dégorger le minerai de la
huche AB dans le baſſin 7.

7. Baſſin à grain d'orge qui reçoit le minerai patouillé ; il
eſt compoſé de madriers poſés en travers 8 , leſquels ſont
cloués ſur des loirs 34.

8. Madriers du fond du baſſin 7.

9. Serges ou bordures du baſſin.

10. Petite pale pour écouler entiérement l'eau du baſſin 7
après que le minerai eſt amoncelé.

11. Echancrure à la ſerge 9 du baſſin 7 pour écouler l'eau
qui vient de la goulette S pendant que le bocqueur ramaſſe le minerai.

12. Entrée de la goulette de la huche par laquelle ſort l'eau

bourbeufe pendant que le minerai eft dans le patouillet.

13. Enfonçures de la huche compofée de madriers bien joints.

14. Courbés de l'anneau du patouillet.

15. Bras de la roue du patouillet.

16. Aubes de la roue du patouillet.

17. Plumefeuil qui fupporte l'empoefe & le tourillon de la roue du patouillet.

18. Roue de l'arbre du bocard.

20. Courbes de l'anneau du bocard.

21. Chapeau de l'empalement du biez.

22. Queue de la pale de la vanne 26 du courcier des roues du bocard 20 & du patouillet 14.

23. Queue de la pale d'une rigole qui fournit de l'eau pure à la huche en perfpective pendant que le minerai patouille: on a fupprimé celle pour la huche coupée.

24. Queue de la pale de l'auge B qui fournit l'eau pour pouffer le minerai fous les pilons.

25. Potilles de l'empalement.

26. Vanne du courcier des roues.

27. Petite vanne de la goulette 16.

28. Bras-boutant de l'empalement.

29. Crampon de fer attaché fur le bout de l'arbre du bocard pour empêcher qu'il ne s'ufe en cette partie par le frottement fur le minerai.

30. Mortaife conique pratiquée dans la jumelle F pour introduire les barreaux mobiles de la grille P dans la couliffe.

31. Traverfes du haut en bois qui affermiffent les jumelles F, & entretiennent les montants G perpendiculairement ; elles s'introdüifent dans les jumelles par des coches 36, & font retenues de part & d'autres par des clefs & des coins ; elles fe démontent pour faire les réparations journalieres.

32. Traverfes du bas ; elles font compofées de groffes bandes de fer retenues par des goupilles.

Pl. IV.

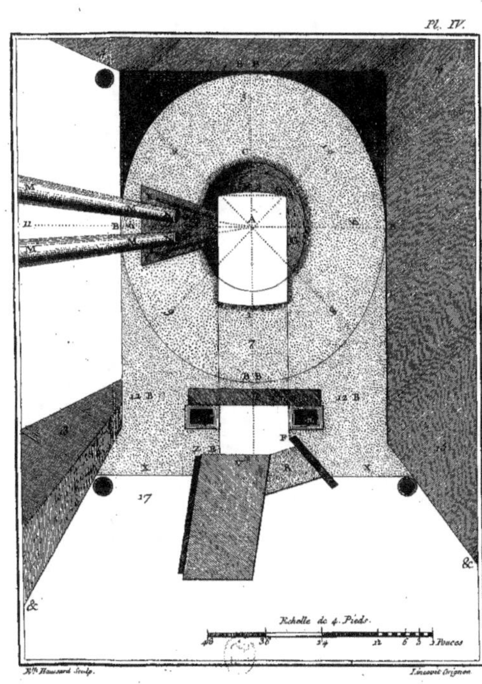
Echelle de 4 Pieds.
Pouces
Hausard Sculp.
Lucovit Crignon

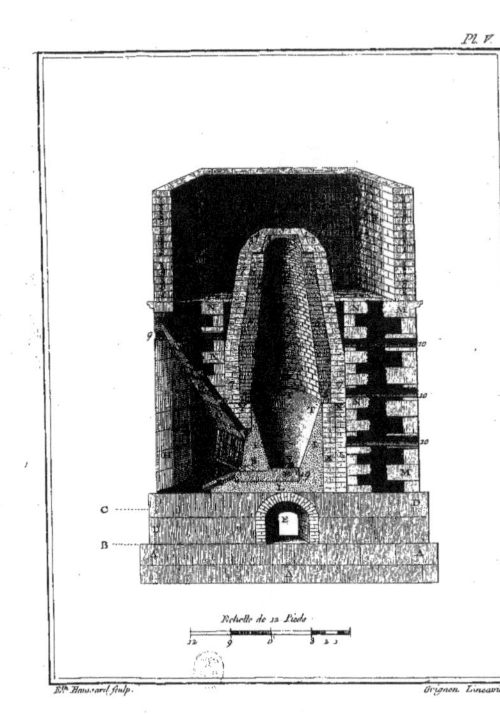



Eth. Haussard sculp.                    Grignon Lineavit.

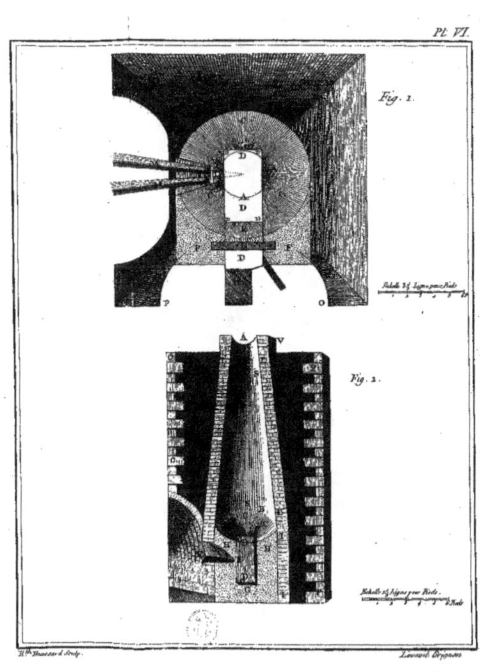
Fig. 1.
Echelle 3 ½ Lignes pour Pieds.
Fig. 2.
Echelle 2 ½ lignes pour Pieds.

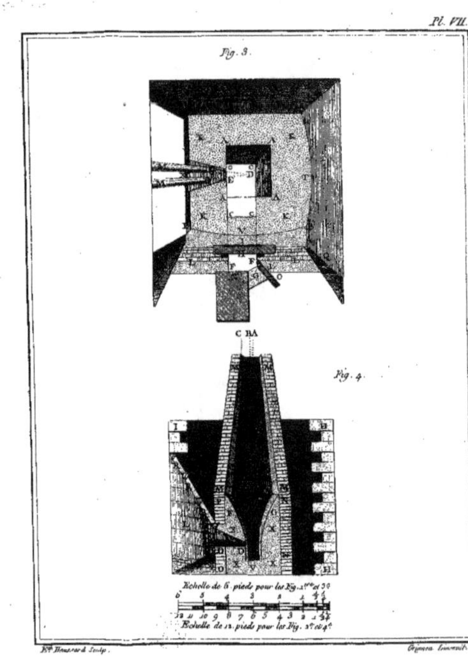


Pl. VII.
Fig. 3.
C BA
Fig. 4.
Echelle de 6 pieds pour les Fig. 1.re et 3.e
Echelle de 12 pieds pour les Fig. 2.e et 4.e
Et. Boucard Sculp.
Cajmea. Invenit.

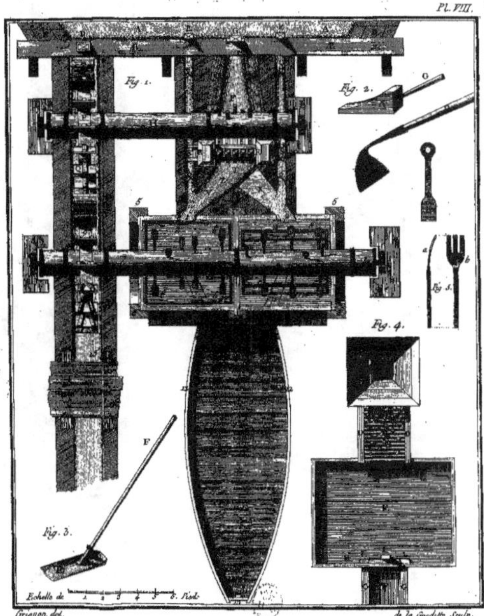

PL. VIII.
Fig. 1.
Fig. 2.
G
Fig. 3.
Fig. 4.
F
Echelle de
Grignon del.
de la Gardette Sculp.

Pl. IX.

33. Liens de fer qui embraſſent les jumelles pour empêcher qu'elles ne ſe fendent & que le frottement des montants ne les creuſe.

34. Goulette qui dégorge l'eau pure dans la huche pendant que le minerai patouille.

35. Bras-boutant qui ſoutient la jumelle : on a ſupprimé celui de la coupe.

36. Coches pratiquées dans l'épaiſſeur des jumelles pour placer le corps des traverſes en bois.

# MÉMOIRE

## SUR

## LES SOUFFLETS DES FORGES A FER,

Qui a remporté le Prix proposé par la Société Royale de Biscaye, établie à Bergara en Espagne, sous le nom de Société *des Amis de la Patrie*; sur la question :

*Quelle est la meilleure des trois especes de Soufflets employés dans les forges à fer; ou de ceux de cuir, ou de ceux de bois; ou des trompes, nommées communément Aysarcas.*

> . . . . . . . . . . Geminos folles aptare memento,
> Qui motu assiduo cava per spiracula ventos
> Accipiant, reddantque focis, animasque ministrent.
> *P. la Sante Musæ Rhetorices.* Liv. I.

## INTRODUCTION.

1. **L**a Sydérotechnie, ou l'Art du fer, est de tous les Arts celui qui fait un plus grand usage du feu; ses opérations sont immenses, & le minerai qu'elle traite est, de tous, celui qui exige dans sa réduction & dans son affinage, le feu le plus véhément, le plus actif, & d'une intensité la plus soutenue.

La chaleur des fourneaux de verrerie, de ceux où l'on réduit les minerais d'or, d'argent, de cuivre, même ces immenses fourneaux des arsenaux & ceux où l'on tient en bain

une

une si prodigieuse quantité de bronze pour couler ces cloches énormes, n'approche pas de celle qui est nécessaire pour la réduction du minerai du fer, qui est après la platine le minerai le plus réfractaire : d'ailleurs la continuité de l'action augmente beaucoup l'intensité de la chaleur.

2. Les matieres qui continenent le principe du feu & qui lui servent d'aliment, cessent d'être embrâsées ; le feu même ne peut agir ni se développer s'il ne respire pour ainsi dire dans une atmosphere étendue, même si son action ne reçoit son impulsion d'un courant d'air : le pyrophore qui, à proprement parler, n'est qu'un charbon salin, si prompt à s'embraser, que la moindre communication avec l'air en ressuscite le feu, ne donne pas le moindre signe d'action lorsqu'il est dans une bouteille bouchée. Si l'on expose à l'air libre un charbon embrasé, seul & isolé, il s'éteint en se couvrant de la cendre qui se forme à sa surface & qui lui sert de tombeau (a) ; au lieu que si dans le même emplacement on approche deux charbons embrasés, il se forme entre les deux un courant d'air qui excite l'incendie, lequel est augmenté par l'action mutuelle que ces deux charbons ont l'un sur l'autre ; il faut donc un courant d'air pour exciter le feu, en dépouillant continuellement la surface des charbons de la cendre qui se forme de la destruction des substances inflammables, réduites à leurs parties cadavereuses.

3. L'homme sans expérience sentant l'utilité du feu pour satisfaire ses besoins, chercha à en multiplier l'action. L'air agité

---

(a) Les bonnes ménageres n'ont pas besoin d'un étouffoir pour éteindre les plus gros charbons d'un brasier : elles les posent seulement isolés autour du foyer, pour servir ensuite au besoin pour le potager de la cuisine.

A a

par quelques corps en mouvement près d'un foyer lui fit connoître l'avantage de l'employer pour en augmenter l'action & en accélérer les effets ; le jeu de la respiration, près d'un corps embrasé, lui fit connoître qu'il pouvoit l'employer avantageusement à cet effet, & sa bouche fut le premier soufflet dont l'homme se servit pour exciter le feu ; donc celui qui eut alors la poitrine la plus dilatée & les poulmons les plus sains & les plus élastiques, posséda le meilleur des soufflets (a). Incommodé de l'ardeur du feu, de l'âcreté de la fumée & du tourbillon de cendre qui s'éleve en soufflant, l'homme chercha un moyen d'opposer à ces inconvénients un corps intermédiaire qui porta au feu l'air poussé par ses poulmons, sans éprouver tant de sensations désagréables & dangereuses. Il employa un tube formé sans doute d'un bout de Roseau qui fut le premier modele de tous les tubes.

Et leve cerata modulatur arundine carmen.

Pan en forma sa flûte & ses pipeaux avant que le Luthier fut les imiter avec toutes sortes de bois, à l'aide de la tariere, du tour & du ciseau. L'homme imita ensuite le roseau, en ôtant la moelle des jeunes brins de bois, comme le sureau ou autres. Ces tuyaux, ou porte-vent adaptés à sa bouche, ont modelé la douelle des soufflets artificiels qui ne sont venus que long-temps après, sans détruire ces deux premieres sortes qui sont si naturelles ; car nous voyons dans nos campagnes, où la Nature est encore brute, les Paysans n'avoir d'autres

---

(a) Des Voyageurs & des Naturalistes nous apprennent que *l'ourang-outang*, espece de grand singe, qui est la premiere nuance du passage de l'homme à l'animal, fait du feu qu'il allume en soufflant avec sa bouche.

ſoufflets que leurbouche (a), & parmi les moins infortunés, un canon de fuſil qui paſſe en héritage du pere au fils, & que toute la famille ſucceſſivement embouche au beſoin pour allumer le feu & l'attirer. Le célebre Bouchardon qui deſſinoit ſi ſupérieurement la Nature, a rendu heureuſement les *Rudiments des ſoufflets* dans un des cartouches qui ſont ſous les figures ſymboliques qui repréſentent les quatre ſaiſons de la Fontaine de la rue de Grenelle à Paris. Cet Artiſte a placé ſous la figure qui repréſente l'hiver un groupe d'enfants près d'un feu champêtre : un de ces Génies détaché du groupe, mais pas hors de la draperie qui les garantit des injures de la ſaiſon rigoureuſe, ſouffle le feu avec un tube qu'il porte d'une main à ſa bouche, gonflée par l'effort des poulmons, & de l'autre main il en dirige le bout au foyer. Le méchaniſme de ce premier ſoufflet naturel fut le modele ſur lequel on conſtruiſit le premier ſoufflet artificiel.

4. Deux ais paralleles joints à charniere imiterent le jeu des mâchoires, garnies ſupérieurement du palais & de ſon voile, & inférieurement de la langue & de ſes muſcles. Pour joindre ces ais, l'on attacha ſur leurs bords des peaux d'animaux qui remplirent les eſpaces, & produiſirent les effets des teguments & des muſcles des joues, par leur reſſort & leur flexibilité dans la dilatation & la compreſſion de l'air aſpiré & expiré, par l'élévation & l'abaiſſement de ces ais, auxquels on joignit une douelle, & le premier ſoufflet artifi-

---

(a) Le vulgaire & les enfants ſoufflent ſur leur ſoupe pour la réfroidir, & ſur leurs doigts pour les réchauffer. Jacques Jordans, Peintre célebre de l'École Flamande, a rendu ſupérieurement, dans un tableau original gravé par Worſterman, l'indignation du ſatyre qui quitte bruſquement un Payſan, pour l'avoir vu ſe ſervir du même moyen pour deux effets ſi oppoſés. *Fables d'Eſope.*

ciel fut conftruit. Si ce premier foufflet n'eut pas l'élégance de ceux que l'on trouve dans les foyers des cabinets de jour de nos palais faftueux, il fatisfit également le befoin de nos premiers ayeux. Ce foufflet (*a*) brut fut perfectionné dans la fuite, & proportionné aux ufages auxquels il devoit être appliqué.

5. Le defir de fimplifier les chofes, d'économifer la dé-penfe, de fe prêter aux circonftances & aux pofitions locales, a fait inventer différentes efpeces de machine qui rempliffent plus ou moins exactement la même indication, qui eft d'animer le feu par un courant d'air plus ou moins accéléré. La meilleure fans doute de ces machines, & celle que l'on doit

---

(*a*) Soufflet *Follis* vient du mot fouffle, qui eft l'expiration plus ou moins forte de l'air afpiré par les poulmons : l'on en a fait le verbe *fouffler*, & la machine qui a imité le jeu de cette action a reçu le nom de *foufflet*. Les Hébreux, les Grecs, & les latins ont confidéré l'air agité par quelque caufe que ce foit, comme un efprit, une ame, car le mot *rovah*, qui exprime ame en hébreux, fignifie auffi le fouffle de la vie; en effet la refpiration & le fouffle de la vie font fynonimes, puifque les animaux ne tirent le principe de leur mouvement que de la refpiration qui produit l'effet d'une pompe qui force, par la compreffion de l'air, les humeurs de fe porter dans toutes les parties de leurs corps jufqu'aux extrémités, pour y entretenir la foupleffe & la chaleur néceffaire.

Le Texte facré dit *Spiritus Dei ferebatur fuper aquas*, pour dire que les eaux étoient agitées par le fouffle de Dieu: dans un autre endroit, pour exprimer l'approche d'un ouragan, il eft dit *tanquam advenientis vehementis fpiritus*.

L'on dit d'un foufflet qui ne rend point de vent que c'eft un foufflet fans *ame*, & ce mot ame eft tiré ici du mot grec ἀνεμὸς, qui veut dire vent, haleine, air, dont l'anémone appellée coquelourde a tiré fon nom *herbe du vent*, auffi le Pere la Sante, en parlant des foufflets & de leur effet, a dit, avec autant de jufteffe que de grace, *animafque miniftrent*. Enfin du mot πνεῦμα, qui exprime air, fouffle, vent, efprit, ame, nous en avons compofé le mot pneumatique, adjectif que nous appliquons à toutes les machines qui fervent de véhicule à l'air, & nous appellons Art pneumatique la fcience de les compofer & de les diriger.

Les poulmons, qui font les foufflets qui excitent la chaleur des animaux, tirent leur nom du mot πνεύμων, qui vient de πνεῦμα, dérivé de πνέω, je fouffle, je refpire.

préférer à toute autre, est celle, 1°. qui produit un plus grand effet, toutes proportions admises, 2°. qui peut s'exécuter dans tous les pays & s'adapter à tout local, 3°. celle qui est la moins dispendieuse à construire & à entretenir, 4°. enfin celle dont l'effet est certain, égal & continuel; tâchons de la trouver & de la démontrer.

# PREMIERE PARTIE

*Contenant la description des quatre especes générales de Soufflets usités dans les Forges.*

6. L es forges à fer font usage de quatre sortes de soufflets, savoir, 1°. les soufflets de cuir qui sont les plus anciens; 2°. les trompes qui sont venues après; 3°. les soufflets de bois qui sont plus récents; 4°. enfin les cloches qui sont à peine établies en très peu d'endroits. Chaque sorte de ces soufflets a ses especes particulieres; analysons-les séparément.

7. Les soufflets de cuir dont l'antiquité est très reculée, puisque l'on peut fixer leur origine à la naissance des Arts liés à la pyrotechnie, sont encore en usage pour les forges dans quelques cantons de la France, comme dans le Clermontois, le Luxembourg, la Lorraine, & quelques parties d'autres provinces : mais leur usage se proscrit. Ceux de bois ont été introduits par Befort en Franche-Comté, de là en Bourgogne, en Champagne & le Nivervois, & vont être adoptés généralement par-tout. Les soufflets de cuir se divisent en quatre especes dans chaque grandeur; les uns sont composés de deux tables de bois d'une forme fort allongée & presque triangulaire, dont les angles du côté de la base sont arrondis. L'on attache sur les bords de ces tables un cuir fort, bien corroyé, avec des clous dont les têtes sont doubles, fort alongées & étroites, pour qu'elles appuient sur une plus grande étendue du cuir & de la courroie qui regne au pourtour des tables, afin de diminuer par là les dégradations que les tiges des clous occasionneroient au cuir & aux tables, par les trous trop fréquents. Ce cuir est coupé de façon qu'étant étendu il a la

forme de deux trapezes unis par leur bafe ; & lorfque le foufflet eft dans fa plus grande élévation, chaque côté de ce cuir forme un triangle dont le fommet eft joint à la têtiere, dans laquelle eft affermi un tuyau conique, qui fe nomme *la bufe*, & fert de porte-vent. Cette efpece de foufflet eft mis en mouvement par l'effet d'une bafcule ou d'un balancier qui éleve la table fupérieure & tend le cuir dans la plus grande extenfion poffible. Cette élévation eft facilitée par une ouverture garnie de fa foupape ou ventau. Cette ouverture eft pratiquée dans la table inférieure qui eft immobile. L'air entre dans le foufflet dans le moment de l'afpiration ou de l'élévation de la table fupérieure qui détermine celle du ventau, lequel preffe exactement fur l'ouverture dans le moment de l'abaiffement de la table fupérieure, qui eft déterminé par la preffion de la came de l'arbre d'une roue mue par une chûte d'eau ou par tout autre agent ; ce qui force l'air de paffer par la bufe & d'aller au foyer par la tuyere.

8. Une autre efpece de foufflet eft compofée comme ceux de la précédente ; mais ils font munis intérieurement d'un reffort qui tend continuellement à relever la table fupérieure, & à tendre le cuir comme dans les foufflets des bouchers ; enforte que pour fouffler, il faut feulement preffer fur la table fupérieure.

9. Au lieu de mettre dans les foufflets un reffort pour les relever, quelques artifans fe contentent d'attacher à la caiffe fupérieure le bout d'une corde ; l'autre bout de cette corde eft attachée à un brin de bois élaftique, planté perpendiculairement derriere le foufflet, lequel produit en dehors l'effet du reffort intérieur des autres foufflets : ces deux efpeces font en ufage parmi les enclumiers (*a*). Ces ouvriers, pour

( *a* ) Le fieur Brefin, Taillandier à Paris, a, dans fes atteliers de l'Arfenal, un pareil équipage de foufflets, pour la fabrique des enclumes qu'il traite fupérieurement. Cet habile ouvrier poffede dans un degré éminent l'art de travailler le fer, fur-tout en groffes pieces. Il fe joue de tous les obftacles ; & le fer en fes mains eft une cire docile à recevoir toutes efpeces de formes. Il doit monter inceffamment un équipage de Martinet dont nous lui avons donné l'idée pour travailler fes plus fortes pieces.

tirer un vent continué de ces soufflets, en emploient deux à chaque foyer; ils montent deux, trois ou quatre perſonnes deſſus, ayant un pied appuyé ſur l'un des ſoufflets, & l'autre pied ſur l'autre ſoufflet; ils preſſent tous enſemble & alternativement en cadence (*a*); tandis qu'ils appuient tous ſur un ſoufflet, le reſſort de l'autre l'éleve, & ainſi de ſuite; lorſque le fer eſt chaud, il deſcendent pour prendre le marteau & forger leur piece (*b*). Ce travail pénible rappelle les rudiments du travail du fer avant que l'homme ait appellé à ſon ſecours la force de l'eau, du feu ou des animaux, pour ſervir

---

(*a*) *Alii taurinis follibus auras Accipiunt redduntque.* VIRG. GÉO.

Il ſemble que du temps de Virgile, qui a comparé l'ardeur & la diſtribution du travail des abeilles à l'activité & à l'ordre des travaux des Cyclopes, l'on ne ſe ſervoit pas d'autres ſoufflets que de ceux de nos Enclumiers. L'épithete de *taurinis* eſt purement poétique ; car le cuir de taureau n'eſt point propre à faire des ſoufflets, parcequ'il eſt mou, qu'il eſt *creux*, pour parler le langage des Corroyeurs ; ce qui fait qu'il ne retient pas bien l'apprêt, qu'il échappe l'air & qu'il dure peu de temps. Le cuir de bœuf eſt de beaucoup à préférer, parcequ'il eſt plein, moëlleux, ſolide, & qu'il tient l'air & l'eau.

(*b*) *Illi inter ſeſe magna vi brachia tollunt In numerum, verſantque tenaci ſorcipe ferrum.* Idem.

Dans les forges où l'on ſe ſert encore de marteau de fer, on renouvelle ce travail à la main des premiers Forgerons & de ces anciens Cyclopes, pour faire & raccommoder les gros marteaux d'Ordon & les martinets, & pour faire les enclumes. En ſoudant les miſes, ſouvent ſix ouvriers frappent enſemble ſur la même chaude, en faiſant faire la roue à leur marteau qu'ils rabattent en cadence avec une égalité de meſure

néceſſaire, & qui ſatisfait l'œil & l'oreille du ſpectateur.

La manufacture de tapiſſerie en baſſeliſſe établie à Beauvais en Picardie, dont ils ſort des ouvrages ſi admirables, a pris pour ſujet d'une piece, Vulcain forgeant avec ſes Cyclopes par ordre de Vénus les armures de Mars. Rien de ſi bien exécuté que l'enſemble de ce morceau précieux qui perd beaucoup de ſon prix à l'œil d'un zelé ſuppôt de Vulcain, parceque les attitudes des Cyclopes ont été manquées par le Peintre qui a fait le modele. Parmi ces Cyclopes qui ſont repréſentés, les uns ſaiſiſſent le manche de leur marteau trop près de la maſſe ; d'autres ſe préſentent donnant des coups à faux. Dans la réalité les uns caſſeroient la tête & les bras de leurs compagnons ; d'autres n'attraperoient pas le point de percuſſion. Les Peintres n'étudient pas aſſez la Nature.

L'on a vu un Acteur ( le ſieur Cailleau ) de l'Opéra Comique, jaloux de rendre ſupérieurement le rôle de Forgeron dans la piece du Maréchal, paſſer près d'un mois dans toutes les boutiques des Maréchaux Groſſiers de Paris, pour copier la raucité de leur voix, leurs attitudes, leurs geſtes, leurs grimaces & leurs *rebus*, afin de mettre dans ſon jeu toute la vérité poſſible ; ſeul moyen d'intéreſſer le ſpectateur qui favoure délicieuſement la magie de l'illuſion.

de

de puiſſance au mouvement des machines qu'il a inventées pour accélérer ſes opérations.

10. Une troiſieme eſpece de ſoufflets de cuir, en uſage dans les forges, eſt mieux compoſée & reſſemble à ceux employés dans les jeux d'orgues. Les tables qui compoſent ces ſoufflets ſont des trapezes allongés; le cuir qui les unit enſemble ne fait point un ſac flaſque (a) qui abſorbe une partie du vent, comme dans les autres ſoufflets, malgré les cercles qui contiennent intérieurement le cuir; parceque dans les ſoufflets de cette eſpece, le cuir eſt appuyé ſur des ais très minces qui forment des plis réguliers qui s'étendent en ſe développant preſque verticalement & ſe replient horiſontalement; opération qui exprime tout l'air contenu dans la capacité du ſoufflet. Cette eſpece que j'ai vu employer dans les forges en cuivre (b), eſt à préférer à ceux des précédentes eſpeces; ceux-ci ſont enfermés dans des caiſſes qui leur ſervent de ſurtout pour les garantir des accidents qui pourroient les dégrader.

11. Il y a une quatrieme eſpece de ſoufflet de cuir, qui eſt d'une forme cylindrique : chaque ſoufflet eſt compoſé de deux tables rondes, plus ou moins élevées l'une au-deſſus de l'autre; l'eſpace qui les ſépare eſt rempli par une ſerge de bon cuir ſouple bien couſu, lequel eſt contenu intérieurement par des cercles de bois eſpacés de pied en pied, pour aſſujettir ce cuir & en fixer les plis. La table inférieure eſt poſée horiſontalement ſur une charpente ſolide, & y eſt affermie à demeure. D'un côté cette table eſt percée d'une ouverture,

---

(a) Le mot *ſoufflet* s'exprime en grec par le mot φυσα, qui veut dire auſſi ſac, bourſe, veſſie, parceque l'intumeſcence des flancs des ſoufflets de cuir les fait reſſembler à des veſſies enflées, comme celle de la muſette qui porte l'air aux chalumeaux & aux flageolets dont elle eſt compoſée.

(b) Dans la forge en cuivre d'Eſſone, au-deſſus de Corbeil, tous les ſoufflets ſont de cette eſpece; ils ſont des mieux conditionnés, produiſent un très grand effet; & ils ſont preſque tous mis en action par le mouvement d'une ſeule roue, au moyen d'une cignole emmanchée au tourillon de l'arbre de la roue : cette cignole imprime un mouvement d'oſcillation à une *banbelle*, laquelle, au moyen de pluſieurs renvois, fait mouvoir pluſieurs paires de ſoufflets.

B b

pour aspirer l'air; cette ouverture est garnie d'une soupape pour
empêcher le retour du vent : au côté opposé il y a une autre
ouverture qui communique à un canal qui lui est scellé exactement & par lequel le soufflet exprime le vent qui est conduit à la tuyere : ces soufflets s'élevent perpendiculairement
& se replient de même, comme les lanternes de papier cylindriques; & de même que les autres soufflets des forges, tandis que l'un aspire l'air par son élévation, l'autre l'exprime
par l'effet de la compression de la machine à laquelle ils sont
soumis. Ces soufflets sont très simples & d'un très bon service; ils sont employés au fourneau de la roulette, dans le
Fauxbourg du Temple à Paris, où l'on repasse les litharges,
cendres & grenailles de la Monnoie. Ils sont mus par des
chevaux attelés à des leviers enabrés dans un pilori qui est
au centre d'une roue en rochet, dont les dents en échape-
ment pressent le bout d'une bascule qui éleve alternativement chaque soufflet.

12. Enfin pour les petites forges & les travaux de la fe-
ronnerie, de la métallurgie en général, & de tous les artisans qui se servent du feu comme instrument, l'on a mis en
usage une cinquieme espece de soufflet de cuir que l'on appelle à deux ames; c'est-à-dire que pour éviter la dépense &
l'emplacement de deux soufflets qui agissent alternativement,
cette espece réunit les deux opérations en une seule, appellée communément soufflet à *double-vent*, & auquel je donne
le nom de *soufflet à vent continu*, parceque le vent ne coupe
point à la tuyere.

Cette espece de soufflet approprié au travail de l'émailleur
lui est très nécessaire, parcequ'il faut que la flamme soit lancée
continuellement sur son ouvrage; car si la flamme coupoit
& que le soufflet haleta, l'ouvrier manqueroit les opérations qui demandent une continuité d'action pour parfondre
exactement les émaux, sans les confondre & sans altérer
leur juste dégradation. Le soufflet à double-vent est composé
de trois tables, savoir, une supérieure qui s'éleve par la pression de l'air, une inférieure qui descend par son propre poids

& par celui d'un corps quelconque que l'on y suspend ; enfin d'une table intermédiaire qui partage le soufflet en deux parties ; cette derniere, qui est cachée dans l'intérieur du soufflet par le cuir qui est cloué autour de ces trois tables, est immobile ; de ses côtés sortent deux tourillons de fer pour suspendre le soufflet dans son chassis. Cette table intermédiaire est le diaphragme du soufflet ; elle est percée d'une ouverture garnie de sa soupape. Le soufflet aspire l'air par l'ouverture de la table inférieure, quand elle descend, & remplit la partie inférieure du soufflet ; lorsqu'on releve le soufflet, l'air de la partie inférieure passe par le diaphragme dans la partie supérieure, en souleve la table, &, par la résistance que cette table oppose, tant par son propre poids que par celui dont on la charge, elle opere une compression de l'air qui passe en partie par la tuyere ; le surplus de l'air est poussé dans le foyer par la pression totale de la table supérieure, pendant que la table inférieure descend par son poids pour aspirer un nouvel air. Ces soufflets sont mis en mouvement par une branloire tirée à la main, ou au pied par une pédale ; c'est ce que les ouvriers appellent communément *tirer la vache* (a). Souvent ces soufflets ont pour moteur une roue dont la puissance est un petit filet d'eau, sur-tout dans les pays montueux ; dans d'autres endroits, c'est un chien comme pour les tourne-broches, que souvent des canards, des lievres ou des oies, font mouvoir en attendant qu'ils soient eux-mêmes mis en broche (b).

13. Les soufflets de la seconde espece sont les trompes : ce sont des machines composées de tubes perpendiculaires qui reçoivent des colonnes d'eau, qui entraînent avec elles

---

(a) Le cuir de vache est celui qui reçoit mieux l'apprêt de la tannerie & du courroi ; c'est pourquoi tous les cuirs sont appellés vaches par les Tanneurs ; ce qui a donné lieu au proverbe, *tout est vache à la tannerie, & bœuf à la boucherie.*

(b) L'éducation multiplie l'instinct des animaux, l'on est parvenu à leur faire exécuter des opérations qui semblent demander des réflexions profondes. L'homme ne doit-il pas aussi à l'expérience qu'il acquiert dans l'histoire des actes multipliés de la société, la plus grande partie de la perfection de ses opérations : celui qui voit peu de choses a bien peu d'idées.

des courants d'air qui s'en féparent dans leur chûte par l'effet de la collifion occafionnée par un corps pofé à deffein, fur lequel fe précipite l'eau; alors l'air dégagé de l'eau eft obligé de fe porter à la tuyere du foyer, qui eft l'iffue par laquelle il trouve le moins de réfiftance. Les trompes furent inventées en Italie environ l'an 1640 : elles fe font répandues depuis chez diverfes Nations.

14. Nous connoiffons en France quatre efpeces de trompes, qui font celles du Comté de Foix, celles du Dauphiné, celles des Pyrennés, enfin celles qui font employées dans les travaux des mines comme ventilateur.

Les trompes du Dauphiné font compofées de cylindres formés avec des poutres de chêne ou de fapin, creufées intérieurement, liées fortement à l'extérieur avec des frettes de fer pour fceller exactement les jointures des deux parties qui les compofent. Ces cylindres qui font, à proprement parler, des tubes, ont de vingt-quatre à vingt-huit pieds de hauteur, ils font pofés verticalement; leur partie fupérieure eft creufée en cône renverfé dont le fommet, tronqué à un neuvieme de fa hauteur, eft de quatre à cinq pouces de diametre, & en a trois fois autant à fa bafe qui eft la partie fupérieure ou l'entrée; c'eft cette partie que l'on nomme *l'entonnoir*, & le bas fe nomme *l'étranguillon*. Cet entonnoir reçoit l'eau d'un magafin qui eft commun à plufieurs tubes ou trompes femblables : ce magafin qui reçoit l'eau d'un aqueduc qui l'apporte de la montagne, eft foutenu par une charpente folide. Les tubes des trompes font percés obliquement de haut en bas, au-deffus de l'étranguillon, de plufieurs trous de vingt à vingt-quatre lignes de diametre, pour recevoir l'air que l'eau attire & entraîne avec elle dans fa chûte. Le refte de ces tubes, au-deffous de l'entonnoir, eft creufé fur un diametre au moins double de celui de l'étranguillon. Ces trompes font fupportées à leur bafe chacune fur le fond d'une cuve conique renverfée, formée avec des douves de bois liées enfemble avec des cercles de fer; chacune de ces cuves a environ fix pieds de hauteur fur autant de largeur à fa bafe, & porte fur un baffin de pierre ou de bois ou d'autre matiere folide. Sur l'aire & au centre de ce baffin eft fixé un chevalet qui s'éleve à la moitié de la hauteur de la cuve; ce chevalet fupporte une table de pierre ou de fer d'une figure ronde & d'un diametre qui double celui de l'ouverture inférieure du tuyau de la trompe, lequel tuyau defcend dans l'intérieur de la cuve au tiers de fa hauteur, & dégorge l'eau qui fe précipite fur cette table, fur laquelle elle eft éparpillée de façon que l'air s'en fépare par la force de la collifion & par la différence de fon poids fpécifique d'avec celui de l'eau qui tombe fur le baffin. Cet air féparé devenu libre occupe la partie fupérieure de la cuve, & étant continuellement preffé par un nouvel air introduit, il s'échappe par l'iffue qui lui oppofe moins de réfiftance : cet air eft conduit par un canal dans le porte-vent, qui eft un tube commun aux cuves qui compofent enfemble la trompe de chaque feu. Le porte-vent eft fermé à l'un de fes bouts, l'autre eft terminé coniquement & s'avance jufque dans la tuyere, pour porter le vent dans le foyer : l'eau fort par une coche pratiquée au bas de la cuve; cette ouverture eft garnie d'une petite pale qui regle, par le plus ou moins de fon élévation, le volume d'eau qui doit fortir, afin que la furface de celle qui doit refter fur le baffin dans la cuve, foit toujours à un fixieme de la hauteur de chaque cuve, pour former une réfiftance fuffifante à l'air, pour que, ne pouvant s'échapper avec l'eau de la cuve, il foit forcé de fe porter dans le foyer.

16. Les trompes du Comté de Foix font compofées à-peu-près fur les mêmes principes que celles du Dauphiné; elles produifent plus d'effet, parcequ'elles reçoivent des colonnes d'eau plus confidérables; elles font d'une conftruction plus fimple & d'une exécution plus facile. Les tuyaux des trompes du Comté de Foix font quarrés, formés avec des madriers bien joints & unis fortement les uns aux autres avec des liens & des colliers. Le haut de ces tuyaux qui reçoit l'eau du réfervoir eft divifé en deux branches, qui forment une fourche qui pénetre dans le réfervoir où l'eau eft entretenue à la même hauteur par un petit empalement : l'eau entre dans le tuyau de

la trompe par l'aisselle de la bifurcation qui forme une ouverture conique, laquelle fait l'office de l'étranguillon : l'air entre dans la trompe par la partie supérieure des deux branches de la fourche qui sont déprimées & élevées au-dessus de la surface de l'eau. L'eau dans ces trompes tombe de même que dans celles du Dauphiné, sur des tables de fonte de fer, ou de pierre ou de bois; ces tables sont posées sur des blocs dans des caisses de bois qui sont basses, mais fort allongées, ayant jusqu'à dix-huit pieds de longueur sur six à sept pieds de largeur & trois à quatre pieds de hauteur : cette caisse qui remplit l'office de la cuve des trompes du Dauphiné est commune aux tuyaux de la trompe; elle est de la même hauteur jusqu'à la moitié de sa longueur, puis elle s'éleve obliquement jusqu'à six à sept pieds. C'est à cette partie qui est opposée à celle dans laquelle descendent les tuyaux, qu'est pratiquée une espece de trémie quadrangulaire, du fond de laquelle il sort une buse qui reçoit l'air & le porte dans le foyer : l'eau sort de la caisse de la trompe comme de la cuve du Dauphiné, par une coche garnie d'une petite pale qui en regle l'évacuation. Cette espece de trompe est bien à préférer à celle du Dauphiné, en ce que celle du Comté de Foix est moins composée, moins compliquée, conséquemment d'une construction plus facile, moins dispendieuse, moins embarrassante, & qu'elle produit plus d'effet.

17. La troisieme espece de trompes est celle que l'on construit dans les forges des Pyrennées; elle ne differe des precédentes qu'en ce qu'elle est bâtie en pierre au lieu de bois, mais toujours sur les mêmes principes, & elle produit à-peu-près le même effet que celles du Dauphiné & du Comté de Foix.

18. Les trompes (a) de la quatrieme espece sont celles

---

(a) Les trompes ont tiré leurs noms de ces météores qui portent le même nom, & dont il y a deux sortes, l'une marine & l'autre terrestre : celle qui se forme sur mer est une colonne d'eau immense, enlevée par la violence du vent; & celle que l'on voit sur terre est formée par un tourbillon de vent dont le mouvement est déterminé par les montagnes : ce tourbillon enveloppe un nuage, le comprime

dont on fait ufage dans plufieurs mines pour porter de l'air
pur dans le fond des galeries, & forcer l'air contagieux à
fortir au dehors : ces trompes font beaucoup moins compofées que les précédentes, parceque l'on en exige moins d'effet. Ordinairement l'eau qui fort des galeries eft conduite
par un chéneau dans un tube de bois de fapin qui a quinze
à dix-huit pieds de hauteur ; l'air que l'eau entraîne avec elle
s'en fépare comme dans les autres trompes, lorfqu'elle fe
précipite fur la pierre placée au centre d'un tonneau de la
forme de ceux que l'on appelle *pipe*. Dans l'enfonçure de la
partie fupérieure de ce tonneau on fait un trou, dans lequel on ajufte une efpece d'anche compofée d'un bout de
tube de bois, d'un diametre plus petit que celui de la trompe ;
cette anche communique l'air à un tuyau horifontal qui regagne la galerie, & y eft ordinairement fufpendu à la partie
fupérieure : ce tuyau fe prolonge à mefure que la galerie
prend de la profondeur dans le fein de la montagne. J'ai vu
de ces trompes dont le vent pouvoit à peine éteindre la lumiere d'une lampe, & qui étoit cependant fuffifant pour faciliter la refpiration des ouvriers qui travailloient dans des
mines de cuivre, de plomb & d'argent, au fond des galeries percées à la bouffole fur deux cents cinquante toifes d'é-
tendue horifontale. Cette trompe eft de la même efpece
que celle qui eft employée dans la forge à cuivre, établie
dans le fauxboug de Caffel, en Allemagne : l'on doit fentir
que les trompes en général fourniffent d'autant plus d'air,
que la chûte d'eau eft plus élevée, & que la colonne en eft
plus confidérable.

19. Les foufflets de la troifieme efpece font ceux de bois ;
ils ont été inventés en Allemagne (*a*), & apportés en France

---

& en forme une colonne compofée d'air
& d'eau qui fe précipite fur la furface de
la terre ou fe brife contre un rocher. En
Juin de l'an 1768 je fus témoin de la formation d'une trompe de cette efpece,
qui paroiffoit avoir 150 pieds de hauteur ;

lorfqu'elle toucha terre, elle s'affaiffa
infenfiblement & fe diffipa.

(*a*) L'Allemagne eft la patrie des machines. En général les Allemands diminuent la manœuvre confidérablement
par des machines appropriées à toutes

fur la fin du dernier fiecle : ce font des machines fimples, d'un fervice conftant, uniforme & affuré, dont tout le méchanifme confifte à comprimer l'air entre deux caiffes, dont une fixe & une mobile qui s'emboîtent l'une dans l'autre, & qui font unies enfemble par une charniere appropriée. Pour donner une idée des différentes parties de ces foufflets, je vais faire fuccinctement la defcription de ceux employés pour un fourneau de fonderie.

30. Chaque foufflet eft compofé de deux parties principales ; l'une fe nomme le gifte, l'autre le volant ; le gifte eft une efpece de caiffe plate dont le fond eft compofé de gros madriers de trois pouces à trois pouces & demi d'épaiffeur, affemblés à plats joints & à goujons. Cette caiffe a quatorze à quinze pieds de longueur, quatre pieds & demi de largeur d'un bout, & un pied de l'autre bout, ayant la forme d'un trapeze, compofé d'un triangle fcalene oxygone, dont le fommet eft tronqué pour former la têtiere du foufflet. L'aire de cette caiffe eft coupée de façon que l'angle intérieur de la bafe du trapeze a quatre-vingt-quatre à quatre-vingt-cinq degrés d'ouverture, & celui que l'on nomme extérieur qui eft oppofé au précédent à quatre-vingt à quatre-vingt-un degrés auffi d'ouverture ; par ce moyen le côté extérieur a plus de longueur que le côté intérieur, afin que les deux foufflets fe préfentent parallelement entre eux & perpendiculairement à l'arbre de camage. Sur les bords autour de cette table l'on attache folidement des membrures de trois pouces & demi d'épaiffeur, & de pareille hauteur du côté du culeton, s'élevant jufqu'à fix pouces du côté de la têtiere (a) où il y a une traverfe qui les

---

fortes de mouvements : ce n'eft pas que nous n'ayons de célebres Machiniftes, nous avons le talent de perfectionner les machines inventées par nos voifins. Schlutter, Tome II, dit que c'eft un Evêque de Bamberg en Bohême qui a inventé les foufflets de bois en 1626 : les Comtois travaillent fupérieurement dans cette partie. Le nommé Caffel, à Chaumont en Champagne, conftruit fes foufflets avec tout l'art & la précifion poffibles ; il a même donné de la perfection à ces machines, & ne cede en rien aux Goucherots fes maîtres, dans *l'Art du Souffletier*.

(a) La têtiere du foufflet eft le petit bout où viennent fe réunir toutes les parties.

réunit

réunit & qui supporte une piece de bois de la largeur du gîte, les deux côtés & le dessus formant avec le gîte un canal dans lequel on place la buse ou porte-vent. Ce canal est le gosier du soufflet : il n'y a point d'épiglotte comme dans les soufflets des orgues ; il seroit cependant bien avantageux d'y en adapter une, c'est-à-dire une petite soupape pour empêcher que le soufflet n'aspire des charbons ou du laitier embrasés qui portent l'incendie dans l'intérieur. Ces accidents sont très frequents, sur-tout dans la déflagration de la tuyere ou l'intumescence des laitiers.

21. La buse est un tube conique formé ordinairement d'une lame de fer battu, roulée & bien jointe ; les buses sont d'un meilleur usage lorsqu'elles sont en cuivre battu & soudé, ou en cuivre fondu ; celles de cette matiere sont rares à cause du prix : mais celles de fonte de fer réunissent trois avantages essentiels qui les font préférer à toute autre ; elles sont solides & durables, elles ne laissent point échapper d'air, enfin elles sont moins dispendieuses. Les buses des soufflets doivent avoir cinq pouces à cinq pouces & demi d'ouverture au gros bout, vingt-deux à vingt-quatre lignes au petit bout du côté du foyer, & quatre pieds six pouces de longueur, dont on enferme huit pouces dans la têtiere du soufflet : elle y doit être scellée exactement & affermie de façon à ne pouvoir être ébranlée dans les différentes manœuvres qui concernent l'administration du vent. Je donne à ces buses de fonte de fer à-peu-près la forme d'un canon : la partie qui s'enferme dans la têtiere du soufflet & aboutit au gosier est taillée à seize pans ; le reste est rond avec plusieurs renforts terminés par des listels & astragales : le bout à la tulipe est renforcé sur trois pouces de longueur, parceque c'est toujours en cet endroit que les buses s'usent par l'effet du frotement inévitable sur la plaque de fer qui les supporte : on pratique un trou à la gorge de la buse pour la clouer dans la têtiere afin de la fixer.

22. Les trous des buses des soufflets doivent être proportionnés en général, non-seulement à la grandeur des soufflets,

C c

c’eft-à-dire à la quantité d’air qu’ils doivent adminiftrer, ayant égard à la fomme de la puiffance qui les comprime, mais auffi à l’efpece d’opération pour laquelle ils font defti-nés. Les chaufferies demandent un feu plus mou que les affineries qui exigent toute la force du vent pour obtenir une chaleur puiffante. Lorfque l’on combine dans un même feu les opérations de ces deux feux, comme dans les renardieres, on préfente le fer fuivant fon état aux différents degrés de chaleur, c’eft-à-dire la fonte à affiner fe met au point d’in-terfection des cônes du vent des deux foufflets, qui eft l’en-droit du creufet où la chaleur eft la plus violente; le fer qui eft affiné & qui n’a plus befoin de chaleur que pour fuer & forger fe place dans le foyer au-deffus de la tuyere où il reçoit une chaleur plus modérée & qui lui fuffit.

Pour les fourneaux de fonderie il faut proportionner la quantité & la rapidité du vent, à la capacité en général des fourneaux, il en eft de bien plus confidérables les uns que les autres, & à la qualité des charbons & des minerais. Il y a des cantons où les minerais font refractaires & les charbons durs, ce qui exige un degré de chaleur bien fupérieur à celui qu’il faut employer pour les mines fufibles & pour les char-bons doux; c’eft ce degré de connoiffance qui conftitue le talent du Fondeur.

Dans tous les cas, la dépenfe du vent des foufflets preffés par la même puiffance, eft d’autant plus confidérable, que les trous des bufes font plus ouverts. Une bufe qui a vingt-deux lignes de diametre à fon orifice, pouffe une colonne d’air dont la bafe a trois cents quatre-vingt lignes deux cinquiemes, & une dont l’ajutage a vingt-quatre lignes de diametre, fournit une colonne d’air de quatre cents cinquante-deux lignes quatre feptiemes de bafe, ce qui fait un cinquieme de plus: conféquemment le mouvement des foufflets eft accéléré d’un cinquieme, mais le vent en eft d’autant plus mou. Cet affaiffement plus ou moins multiplié & accéléré des foufflets proportionnellement à la dépenfe du vent, eft bien fenfible dans ceux qui fervent aux jeux d’orgues; car lorfqu’il n’y a que les flageolets, la musette & la voix humaine qui résonnent, à peine voit-on les soufflets s'abaisser; mais lorsque le tremblement, les gros bourdons, & que tous les jeux complettent la simphonie, les soufflets sont aussi-tôt bas que relevés : à peine le souffleur peut-il fournir.

23. Les rebords & les parties extérieures du gîte sont dégraissées d'un pouce par le bas, c'est-à-dire coupées en biseau ou en dépouille, pour écarter tout frottement désavantageux; tout autour de ces rebords on attache intérieurement des mentonnets espacés de dix-huit pouces en dix-huit pouces; ils sont composés d'une tige perpendiculaire ouverte d'un trait de scie pour recevoir un ressort, de l'usage duquel il sera parlé : sur ces tiges sont assemblées à angle droit des têtes qui ressemblent à des marteaux, dont la panne est tournée en dehors pour appuyer sur les liteaux & empêcher qu'ils ne s'élevent. Les liteaux sont des alaises de bois doux de trois pouces à trois pouces & demi de largeur, & dix-huit lignes d'épaisseur; ils sont posés à plat sur le rebord de la caisse du gîte, & sont continuellement pressés par l'effet des ressorts au-delà de l'étendue du gîte en tous sens : ces ressorts sont des lames de fer bien écrouis, décrivant une parabole ou une portion d'ellipse du côté du grand diametre, & dont les deux bouts sont recourbés sur la ligne de la corde de l'arc qu'ils décrivent, afin d'appuyer parallelement sur les côtés intérieurs des liteaux. Dans les angles du culeton qui est le côté large du gîte, il y a des oreillers qui servent à contenir fortement les rebords avec lesquels ils sont assemblés; & comme ils s'élevent à la hauteur des mentonnets, ils servent à poser un lévier ou autre piece faisant une traverse pour soutenir la caisse supérieure lorsque l'on démonte ou qu'on remonte les soufflets pour y faire les réparations ordinaires : ces oreillers servent en même-temps de porte-ressort : ce sont des morceaux de bois de quinze pouces de longueur, six à huit pouces de hauteur, & trois pouces d'épaisseur; ils sont taillés quarrément; le haut seulement est arrondi : quelques ouvriers les remplacent par des planches, desquelles on ne tire pas le même avantage.

24. La caiſſe ſupérieure ou le volant forme un trapézoïde de même ouverture que le gîte; mais plus dilaté en tous ſens d'un pouce & demi. Cette caiſſe n'a que trois côtés fermés, les deux coſtieres & le fond, ſans avoir égard à l'enfonçure ſupérieure : le bout du côté du foyer reſte ouvert pour recevoir la têtiere & s'appuyer deſſus : les deux côtés du volant ſont prolongés au-delà de l'enfonçure, pour recevoir la cheville qui forme avec les agraffes de fer qui contiennent les bajoues, une charniere dont cette cheville eſt le centre du mouvement d'oſcillation, lequel ſe communique au volant ſeulement. Cette caiſſe ſupérieure a quatorze pieds de longueur, quatorze pouces ſeulement de largeur à la charniere, & juſqu'à cinq pieds à l'autre bout, ſur quarante pouces de hauteur en cet endroit, où la coupe de cette caiſſe décrit un arc d'un cercle qui a pour centre la cheville ouvriere, & pour rayon la diſtance du centre de cette cheville, juſqu'à la ſurface intérieure de la caiſſe, afin que les liteaux appuient continuellement contre la ſurface intérieure de toutes les parties de la caiſſe en cet endroit, dans ſon abaiſſement & dans ſon élévation, pour ne permettre aucune iſſue à l'air, ſur-tout dans la compreſſion. Cette caiſſe ou volant eſt formée de très larges madriers de bois joints de champ, à plat joint, & à goujons dans leur longueur, & à queue d'aronde par les bouts. On obſerve de faire excéder le bout des côtés pour pouvoir pouſſer, dans tous les ſommets des angles des queues d'aronde, des chevilles triangulaires bien collées qui s'appuient ſur les madriers du fond. La partie ſupérieure de ces caiſſes forme l'enfonçure; elle eſt compoſée de madriers de bois de vingt lignes d'épaiſſeur, joints entre eux à plat joint, collés ſans rainures ni languettes, & brochés par leurs bouts ſur les madriers des coſtieres avec des broches de fer à tiges minces & larges têtes. Autrefois l'on tiroit au bouvet des rainures dans les fourures pour y paſſer des languettes collées; cet uſage a été proſcrit comme abuſif. L'on a auſſi ſupprimé les chevilles de bois avec leſquelles on attachoit les fourures ſur les coſtieres: on y emploie des broches de fer.

25. A vingt-six pouces de distance du bord du culeton est posé une chape de fer de six à sept pouces d'ouverture, dont les deux branches pénetrent la fourure & sont affermies en dedans par des clavettes, contre une planche qui coupe à angle droit la direction de celles qui composent la fourure : cette chape qui se nomme *le pont* sert à passer la queue de la *basse-conte* qui est une espece de pelle de fer un peu courbée qui reçoit la pression de la came ; ces cames sont des especes d'aluchons ou dents taillées en épycicloïde, espacées à tiers points, adhérents à un cylindre ou arbre mu par l'effet d'une roue, qui reçoit son action d'une puissance quelconque, soit par l'effet d'un courant ou d'une chûte d'eau, ou de tout autre agent. Lorsque la came échappe de dessus la basse-conte ou salicorne, qui reçoit & communique la pression à la caisse supérieure, cette caisse est relevée par l'effet d'une bascule ou manigau, qui est une piece de bois taillée en obélisque avec des renforts ; elle est posée sur une double potence en charpente que l'on nomme chaise des bascules ; elle se meut sur des tourillons & empoezes, comme un canon sur son affût. Le petit bout de cette bascule qui répond à la tulipe du canon & qui est tourné du côté & au-dessus des soufflets, est ouvert perpendiculairement dans son épaisseur, par une mortaise d'un pouce de largeur, & de deux pieds de longueur, pour recevoir une crémaillere de fer qui y est suspendue, au moyen d'un boulon qui traverse la bascule. Cette crémaillere est une lame de fer d'environ trois pieds de longueur, & de deux pouces de largeur ; son bout inférieur est arrondi & recourbé en crochet ; l'autre bout qui est plat est percé de trous espacés également de pouces en pouces, pour recevoir le boulon ou goupille qui la suspend aux degrés nécessaires au bout de la bascule sur laquelle il roule dans une coche pratiquée à la partie supérieure. Cette crémaillere suspend par son crochet inférieur une agraffe de fer pliée en chevron brisé dont les deux bouts inférieurs sont recourbés, pour recevoir d'autres crochets adherents à la caisse contre laquelle ils sont ap-

pliqués, & font recourbés en deſſous pour la foulever; l'autre
bout des baſcules qui répond à la culaſſe du canon & qui eſt
la baſe de l'obéliſque eſt renforcé pour lui donner du poids.
Souvent on charge ce bout avec des pierres ou des maſſes de
fer, en raiſon de la longueur du lévier & de la peſanteur des
caiſſes; car ces baſcules font, à proprement parler, des balanciers qui doivent céder à la preſſion de la puiſſance qui
fait écraſer les foufflets & qui, lorſque cette puiſſance ceſſe
d'agir, doivent relever les caiſſes doucement & aſſez promptement pour que la came ne la ratrape pas en route, c'eſt-à-
dire avant que la caiſſe ne ſoit entiérement relevée, ce qui
diminueroit l'effet & briſeroit les foufflets.

26. Lorſque les caiſſes des foufflets ſe relevent, elles aſpirent fortement l'air par un trou pratiqué au gîte vers ſa baſe:
cette ouverture quarrée a ſeize à dix-ſept pouces de longueur
ſur quinze à ſeize de largeur & ſe nomme *ventau* : cette ouverture ſe ferme exactement dans le moment de la compreſſion par le moyen d'une ſoupape que l'on nomme ventillon,
qui eſt une planche attachée ſur le gîte du côté de la buſe
avec deux bouts de courroie, qui font l'office de charniere:
cette planche, du côté qu'elle s'éleve, eſt dégraiſſée pour
faciliter ſon élévation du côté du culeton; elle eſt garnie ſur
ſes bords avec des bandes de peau de mouton en laine, pour
qu'elle s'applique plus exactement ſur les bords du ventau;
& crainte qu'elle ne s'éleve trop au point de ſe renverſer, ce
qui rendroit nul l'effet du foufflet, elle eſt contenue par une
longue courroie, laquelle eſt attachée d'un bout ſur le gîte,
vient enſuite traverſer par-deſſus le ventillon, & l'autre bout
tourné en cône paſſe par un trou juſqu'au dehors du gîte en
deſſous & y eſt fixé par une cheville que l'on y ſerre plus ou
moins. Quelques fouffletiers compoſent le ventau de deux
ouvertures & de deux ventillons, ce que l'on appelle lunettes
dans les foufflets d'orgue. Mais cette pratique eſt vicieuſe; ils
ne la mettent en uſage que pour empêcher que l'on ne puiſſe,
ſans leur miniſtere ou ſans démonter les foufflets, remédier
aux déſordres qui peuvent arriver. Il faut au contraire que ce

ventau soit formé d'une seule ouverture pour qu'un homme puisse s'introduire dans le soufflet au besoin, soit pour les graisser, soit pour remettre quelques ressorts déplacés. J'ai coutume, dans l'intervalle du fondage, d'y entrer avec de la lumiere pour voir si rien ne se dérange & y porter du remede. Cette possibilité d'entrer dans les soufflets a sauvé la peine de galere à un homme poursuivi par les Employés des Fermes pour quelques livres de sel. Ce Faux-Saunier s'étant glissé dans une forge demanda du secours aux Forgerons qui l'enfermerent par la soupape dans un soufflet du fourneau; il étoit là comme Diomede dans le cheval de Troyes. Les Employés, sûrs de l'avoir vu entrer dans la forge, ne s'imaginerent pas de le trouver dans les flancs des soufflets.

Du côté de la tuyere, le fond du gîte & les côtés sont garnis intérieurement de feuilles de fer blanc ou de tôle, clouées avec beaucoup de clous dont les tiges sont petites & les têtes larges : ces feuilles de fer empêchent que les charbons ardents qui entrent quelquefois par les buses ne brûlent les soufflets. Lorsque l'on s'apperçoit de cet accident, l'on introduit de l'eau dans le soufflet par un trou pratiqué à la caisse supérieure près de la têtiere; on bouche ce trou avec une cheville. On se sert quelquefois de ce trou pour diminuer la force du vent, mais il est plus ordinaire de le modérer en rallentissant le mouvement de la roue.

27. L'épiglotte dont j'ai parlé plus haut seroit une soupape qui empêcheroit le retour du vent par la buse & s'opposeroit à l'introduction des charbons & du laitier; il faudroit que sa charniere fût à la partie supérieure pour ne point gêner le vent.

Quelques souffletiers, pour les mêmes vues, posent de champ, à un pied près de la têtiere, une planche de quatre à cinq pouces de hauteur dont les bouts s'appuient contre les rebords du gîte : mais cet usage ne remplit qu'une partie de l'indication & brise la colonne d'air, ce qui me détermine à le rejetter.

Tous les joints des pieces qui composent les soufflets sont

couverts & calfeutrés avec des lanieres de peau de mouton mégiffée, que l'on appelle bafannes; elles font collées avec de la colle forte mêlée de fleur de froment. Quelques perfonnes, au lieu de bafanne, ont effayé par économie d'employer du papier brouillard, mais fans fuccès, parceque le papier n'a pas affez de foupleffe pour fe prêter au travail inévitable des pieces qui fubiffent des altérations par le fec & l'humidité.

Toutes les parties qui doivent fubir des frottements font imbues d'huile d'olive, telles que les parties de toute la furface intérieure de la caiffe fupérieure & les côtés des liteaux qui gliffent contre elle. De toutes les huiles que l'on emploie pour graiffer les foufflets, celle d'olive eft préférable parcequ'elle ne fait point de cambouis, ou très peu; on emploie celle de *colfa* & de lin avec affez d'avantage au défaut de celle d'olive qui ne peut être remplacée.

28. Le frottement des liteaux contre les côtés des caiffes, les ufent fenfiblement l'une & l'autre. Le bois eft une matiere dont toutes les parties n'ont pas la même folidité; les plus dures, tels les nœuds & les cloifons des utricules, font celles qui font le plutôt ufées par le frottement qui agit fur tous les points des furfaces refpectives des caiffes & des liteaux; enforte que lorfque des foufflets ont travaillé un certain temps, il fe fait des rainures dans les caiffes, & les liteaux qui ont une direction corrélative & concentrique avec l'arc du bout le plus éloigné du centre du mouvement, alors les élévations des rainures des liteaux entrent dans les enfonçures de celles des caiffes, & refpectivement celles des caiffes dans celles des liteaux, comme on voit les os du crane des animaux, fur-tout de celui de l'homme, fe joindre dans leur future. L'on fait que les os du crane ont leur germe dans leur centre, qu'ils croifent dans le fœtus par des augmentations excentriques, que lorfque les bords de ces os fe rapprochent, & font au point de s'unir, les parties qui ont le plus de confiftance font impreffion dans les parties les plus molles & fe moulent refpectivement fur ces inégalités, c'eft ce qui forme l'engraînage

nage des futures du crâne fur lefquelles les jeunes Anatomif-
tes s'exercent pour les féparer & les rejoindre : de même les
furfaces des liteaux s'engraînent dans celles des côtés des caiffes. Dans les réparations que l'on fait aux foufflets de temps
à autre, il faut avoir égard à cet accident; car lorfque ces
rainures font trop profondes, il faut remettre des liteaux
neufs & redreffer les furfaces intérieures des caiffes avec le
cifeau & la varlope, ce qui peut arriver tous les quinze à
vingt ans, quand les foufflets font bien entretenus.

29. Les foufflets font pofés chacun fur un chevalet dont le
chapeau qui en lie l'affemblage regne le long du ventau;
les pieds font chevillés dans une traverfe qui pofe fur une
piece de bois d'environ dix-huit à vingt pouces d'équarriffage,
& y eft fortement attachée; cette piece de bois fe nomme
*belfaire*. Le belfaire eft ordinairement enfoncé de fon
épaiffeur dans la terre pour être plus folide. Quelquefois
au lieu de belfaire on pofe les chevalets fur des chaffis traî-
nants pofés horifontalement fur le fol; il faut éviter de mettre un chevalet fous le milieu du gîte  parceque ce troifieme
point d'appui eft fujet à faire balancer les foufflets.

De chacun des pieds droits du chevalet il fort un bras qui
y eft affemblé à tenon & à mortaife, &, par une ligne oblique, va fupporter le deffous du gîte auquel il eft joint par une
coche en bifeau; l'autre bout du gîte du côté des bufes eft
pofé fur un bloc de pierre, & pour pouvoir élever ou baiffer
cette partie au befoin, on pofe entre le foufflet & le bloc
de pierre un ou plufieurs bouts de planches plus ou moins
épaiffes : l'on affujettit fortement la têtiere de chaque foufflet par un bidet bandé avec des coins contre la voûte & les
parements de la marâtre de la tuyere afin que les mouvements ne dérangent point la direction du vent.

30. L'effet du méchanifme des foufflets en bois dépend
de la jufte application & de la preffion des liteaux contre la
furface intérieure des caiffes fupérieures. Pour opérer cet
effet, il faut que ces caiffes foient bien dreffées, qu'elles
montent & defcendent par une ligne bien perpendiculaire,

Dd

que le bois dont elles font compofées foit doux, exempt de
nœuds. Les liteaux font d’autant plus parfaits, qu’ils font compofés d’un bois très fec pour qu’ils ne fe coffinent point, bien
doux pour que les frottements foient uniformes; qu’ils foient
bien dreffés, pour qu’ils s’appliquent exactement par toutes
leur furface contre celles des caiffes; qu’ils coulent fans fecouffes fur les rebords des caiffes & fous les mentonnets;
qu’ils foient fuffifamment pouffés par les refforts; & pour que
la preffion fe faffe en tous fens, il faut que les liteaux de chacun des côtés foient coupés, c’eft-à-dire compofés de trois
ou quatre parties, & ceux du culeton & de la têtiere de deux
parties feulement, & qu’ils foient tous pouffés dans la direction de leur longueur par des refforts décrivant des demi-
cercles, lefquels font attachés fur les commiffures des liteaux dont les joints font faits à mi-bois & à languette : ces
refforts pouffent les liteaux dans les angles des caiffes. Sans
cette précaution il y auroit toujours un petit vuide à la bafe
quarrée entre les caiffes & les liteaux dans les quatre angles,
ce qui laifferoit échapper une quantité d’air qui feroit une
fouftraction confidérable du total.

31. Il ne fe fait en grand que deux efpeces de foufflets de
bois, favoir, ceux de fourneau qui viennent d’être décrits, qui
fervent auffi pour les chaufferies, affineries, batteries, &
dans des grandeurs différentes & proportionnées; ceux des
fourneaux de fonderie étant les plus confidérables.

Les foufflets en bois de la feconde efpece font ceux à vent
continu qui rempliffent l’effet de deux foufflets. Cette derniere efpece eft fort en ufage pour les petits feux, comme
aciérie, tôlerie, quarillonerie, fourneaux d’effai, de maréchaux groffiers & autres; ces foufflets font ordinairement mus
par une cignolle & une banbelle; ils font compofés fur les
mêmes principes que les précédents, avec la combinaifon
du diaphragme des foufflets de cuir à vent continu.

32. Les foufflets de la quatrieme & derniere efpece font
ceux que l’on appelle cloches, qui font employés dans quelques fonderies; ils font ainfi nommés parceque ce font des

tubes dont la partie ſupérieure eſt jointe à une calotte hemi-
ſphérique qui les couvre comme le cerveau des cloches. Il y
en a de quarrées & de rondes; les rondes ſont les plus ordinaires. Je vais faire la deſcription de celles qui ſont employées dans le fourneau à manche de la fonderie de *Châtel-
Naudren* en Bretagne, d'après les notes & le plan eſquiſſé qui
m'ont été envoyés par le Directeur (*a*) de cette fonderie.

33. Chaque cloche eſt un tube de huit pieds de hauteur &
de quatre pieds de diametre, formé de douves de bois
d'aulne ou autre, d'un pouce au moins d'épaiſſeur, aſſujetties par ſept à huit cercles de fer, ce qui forme une eſpece de
tonne ſans fond ni bouge : la partie ſupérieure de ce tube eſt
terminée & couverte par une calote hemi-ſpherique de plomb
fort épaiſſe, & que l'on eſt obligé ſouvent de charger de
barres & de ſaumons d'autre plomb pour régler le mouvement du méchaniſme dont il ſera parlé. La calotte ou la
partie ſupérieure de la cloche finit par une ance de fer qui ſert
à ſuſpendre la cloche au moyen d'une forte chaîne de fer.
Elle eſt percée de deux trous : l'un, de forme trapézoïdale
d'environ trente pouces quarrés de ſurface ſert à aſpirer l'air ;
il eſt garni en dedans d'une ſoupape à charniere qui s'ouvre
dans l'élévation & ſe ferme dans la compreſſion, ainſi que
toutes celles des autres eſpeces de ſoufflets : l'autre ouverture
eſt circulaire de trois à quatre pouces de diametre ; elle ſert
à paſſer le vent dans le moment de la compreſſion, & à cet
effet ſur ſon orifice, eſt appliquée & ſcellée exactement l'embouchure d'un boyau de cuir de douze pieds environ de longueur ; cette cloche ſe place dans un récipient plein d'eau.

34. Le récipient eſt une tonne ou cylindre creux de neuf
pieds de hauteur ſur quatre pieds ſix pouces de diametre intérieur, formé de douves de bois aſſujetties avec de forts cercles de fer ; ſa baſe eſt garnie d'un fond comme une cuve ; il

---

(*a*) Monſieur d'Ivry, Directeur de la
mine de Châtel-Naudren, près Saint-
Brieux en Bretagne, a eu la complaiſance
de me communiquer ſes *Obſervations ſur
les Cloches* dont il s'eſt ſervi.

Dd ij

est posé sur un plan horifontal & folide. Ce récipient est toujours rempli d'eau dont la diminution est entretenue par un petit cheneau qui en apporte du magafin fupérieur qui fournit à la dépenfe de la machine qui met la cloche en mouvement.

35. Le méchanifme de cette efpece de foufflet s'opere par l'élévation & l'abaiffement de la cloche, laquelle dans fon élévation afpire l'air par fon orifice fupérieure garnie de fon ventau ou foupape, laquelle ferme exactement le trou dans l'abaiffement forcé par la pefanteur de la cloche dont le poids excede fouvent trois milliers, alors l'air contenu entre la furface de l'eau du récipient & la capacité intérieure de la cloche comprimé en raifon du poids & de la vîteffe, est forcé de paffer dans le porte-vent &,y est conduit par le boyau de cuir qui est appliqué à la partie extérieure du cerveau de la cloche; & cette preffion qui est toujours en raifon de la pefanteur de la cloche s'opere par fon feul mouvement perpendiculaire de gravitation; ce mouvement finit lorfque le bord inférieur de la cloche est près de toucher le fond du récipient, alors elle est enlevée par un contre-poids des plus finguliers appliqué au bout d'un levier du premier genre.

36. Le levier qui fert à élever la cloche est un balancier formé d'une piece de bois de quarante pieds de longueur & de dix-huit à vingt pouces d'équarriffage, terminé à chacun de fes bouts par un affemblage de charpente formant une portion de cercle. Ce balancier est pofé fur des tourillons dans le point qui le divife en deux parties qui font inégales dans le rapport de deux à trois. La partie antérieure, c'est-à-dire celle qui fufpend la cloche, est la plus courte; elle a feize pieds de longueur depuis le tourillon jufqu'au centre extérieur de la portion de cercle qui est taillée fur la courbe de l'arc que décrit cette partie dans le mouvement d'ofcillation, afin que le point fupérieur où est fixée l'extrémité de la chaîne qui fufpend la cloche ne quitte point la ligne perpendiculaire dans l'abaiffement, & que la partie inférieure fur laquelle s'appuie la même chaîne dans l'éléva-

tion ne pousse point la cloche hors du centre de son récipient; cette portion de cercle, formée par une espece de
jante, est assemblée dans le bout du balancier & lui est assujettie par deux barres de fer qui s'appuient d'un bout sur ses extrémités, & de l'autre sur le corps du balancier comme deux
arc-boutants opposés.

37. Du centre de l'extrémité du balancier sort une grosse
barre de fer de six pieds de longueur, soutenue par deux
bras de fer brochés contre la jante; cette barre est terminée
par une masse de plomb formant une rotule hemi-sphérique
dont le poids sert à rapprocher l'équilibre du balancier & à
déterminer son abaissement; souvent même on pratique sur
l'extrémitité du balancier, derriere la jante, un encaissement
dans lequel on met des barres & des saumons de plomb, ou
autre corps quelconque pesant, pour donner plus d'activité
au vent & le régler avec plus d'uniformité.

38. Le bout postérieur du balancier, qui est le plus grand,
a vingt-quatre pieds de longueur; il est terminé comme le
précédent par un assemblage de charpente qui forme deux
portions de cercles paralleles & d'un diametre en raison de
la longueur du rayon, ce bout devant décrire dans les mouvements d'oscillation une portion de cercle plus excentrique
que l'autre bout, dans la proportion de la différence de leur
longueur respective. Cette partie est terminée par un double
quart de cercle, parcequ'ils doivent supporter chacun une des
chaînes qui suspendent les contre-poids qui se renouvellent
à chaque mouvement, ainsi qu'il sera expliqué.

39. La piece qui supporte les empoeses sur lesquelles roulent les tourillons du balancier est une espece de fourca ou
pas d'écrevisse; elle est formée d'une poutre de vingt-deux à
vingt-quatre pouces d'équarrissage; sa base est une grosse cu-
lotte qui s'enfonce de six pieds dans la terre; elle y repose
sur un plan solide & y est affermie par une croisée de charpente, par des pierres & de la terre bien battue, & à la surface du sol par quatre patins ou semelles disposées en croix
assemblées d'un bout au corps du pied d'écrevisse sur chacune

de fes faces, à fa bafe & de l'autre bout ils fupportent des jambes de force, butant contre la partie élevée de cette piece principale, & l'entretiennent folide & perpendiculaire comme le pivot d'un moulin à vent. Ce pas d'écreviffe s'éleve d'environ vingt-fix pieds au-deffus du fol; fa partie fupérieure eft divifée en deux branches entre lefquelles fe place & fe meut le balancier fur fes tourillons qui pénetrent de part & d'autre refpectivement chacune des branches dans des lumieres qui contiennent les empoefes fur lefquelles roulent les tourillons : ces deux branches du pas d'écreviffe font folidement affemblées par des amoifes de bois & des liens de fer qui en empêchent l'écartement.

40. La puiffance qui fait mouvoir le balancier eft une chûte d'eau entrecoupée qui fort d'un magafin par un petit empalement fermé d'une vanne mobile; elle eft élevée à douze pieds au-deffus de la ligne horifontale du balancier. L'eau tombe dans un baffin fufpendu par les deux chaînes qui font attachées aux extrémités fupérieures des jantes des deux portions de cercles qui terminent le balancier.

41. Le baffin qui forme le poids capable d'enlever, par le moyen du balancier, la cloche de fon récipient eft une caiffe platte quarrée de fix pieds de face & de dix-huit pouces de profondeur, formée de forts madriers de bois qui compofent fon fond & fes quatre coftieres, le tout bien affemblé & fcelé, affermie par des barres de fer dont celles des quatre coins font repliées en agraffes pour recevoir chacune le bout des chaînes de fer & y être fufpendue comme le baffin d'une balance l'eft à fon fléau; les deux chaînes du même côté fe réuniffent à huit à neuf pieds de hauteur, enforte que les quatre n'en forment plus que deux qui s'attachent refpectivement aux deux parties du quart de cercle du balancier, lequel en s'élevant entraîne avec lui le baffin dont les rebords rencontrent deux léviers au point de leur plus haute élévation : ces léviers ouvrent la vanne de l'empalement dont il a été parlé; alors il s'échappe de l'empalement un torrent d'eau qui emplit le baffin d'environ quarante-cinq à cinquante

pieds cubes d'eau : ce baſſin devenu plus peſant que la cloche, entraîne le bout du balancier qui lui correſpond ; au moment qu'il commence à deſcendre, il ceſſe de ſoulever les leviers de la vanne de l'empalement qui ſe ferme par ſon propre poids. La cloche ſort alors de ſon récipient ; elle aſpire l'air dans ſon élévation, dont le période eſt fixé au terme du plus grand abaiſſement du baſſin plein d'eau qui lui eſt op-poſé en contre-poids : ce baſſin deſcend dans un autre baſ-ſin plus grand pratiqué en terre en forme de réſervoir, il reçoit l'eau qui ſort du baſſin mobile par deux petites vannes dont l'ouverture ſe fait au moyen de la tenſion de deux cor-des dont chaque bout inférieur eſt attaché à la queue de cha-cune des vannes qui ſe referment par leur propre peſanteur ; les bouts des cordes ſe réuniſſent à une certaine hauteur où elles ſont fixées à l'extrémité d'une baſcule.

42. La baſcule qui détermine l'ouverture des vannes du baſſin pour en évacuer l'eau eſt une pièce de bois brut de vingt-quatre pieds de longueur ſur huit à neuf pouces de groſ-ſeur ; elle eſt fixée à ſon centre ſur un roulet à demeure dont les bouts pénetrent les jumelles d'une double potence à quinze pieds environ de hauteur ; à l'un des bouts de cette baſcule ſont fixées, comme il a été dit, deux cordes réunies qui s'é-loignent pour ouvrir les vannes du baſſin auxquelles elles ſont attachées ; l'autre extrémité de la baſcule eſt aſſujettie par une autre corde dont le bout inférieur ſe roule ſur un treuil contenu dans les ſupports d'une chaiſe en charpente. Ce treuil de quatre pieds de longueur & de dix-huit pouces en-viron de diametre eſt garni d'un cric avec ſon arrêt & d'une manivelle ; il ſert à donner une juſte étendue à la corde & proportionnée à l'abaiſſement du baſſin dans ſon réſervoir, afin que ces vannes s'ouvrent à la fin de chaque oſcillation iſo-chronique & que ſon étendue qui change en raiſon des va-riations de l'atmoſphere ſoit alongée dans les temps humides qui la raccourciſſent, & raccourcie dans les ſéchereſſes qui la relachent afin d'opérer un travail uniforme ; ce mécha-niſme eſt réglé par le Fondeur qui file ou renvide la corde par

le moyen de la manivelle & la fixe par l’arrêt du cric comme la foupente d’une voiture, fuivant que l’exige fon opération.

43. Le vent qui s’échappe de la cloche dans le moment de la compreffion eft reçu par le boyau de cuir de dix à douze pieds de longueur; il eft lâche & mobile pour obéir au mouvement de la cloche qu’il doit fuivre dans fon élévation, & à laquelle il eft appliqué d’un bout: l’autre bout communique à un tube de bois goudronné d’environ quatre toifes de longueur, porté fur des chevalets; ce tube de bois qui eft le porte-vent eft terminé par une bufe en fer qui aboutit à la tuyere du fourneau. (*Voy. Pl. X*).

44. Il faut pour chaque fourneau deux cloches, conféquemment une double machine, & pendant qu’une cloche s’abaiffe, l’autre fe releve pour donner de la continuité au vent; chaque cloche foule au plus deux fois par minute, ce qui fait quatre pour les deux. Si elles fe relevoient entiérement & qu’elles plongeaffent dans leur récipient jufqu’à la calotte, elles donneroient chacune 100 $\frac{4}{7}$ pieds cubes d’air par chaque preffion, ce qui feroit par minute, pour quatre preffions, 402 $\frac{4}{7}$ pieds cubes; mais comme elles ne peuvent s’élever totalement, ni s’abaiffer entiérement, il faut prélever $\frac{1}{8}$, refte 350 pieds cubes, fur quoi il faut faire attention qu’il eft rare que chaque cloche s’abaiffe deux fois en une minute; il faut ftatuer fur 300 pieds cubes de vent qu’elles adminiftrent au plus par chaque minute enfemble.

L’établiffement de ces cloches coûte environ dix-huit cents livres; leur entretien eft confidérable à caufe de la complication de l’enfemble de la machine qui eft fujette à des chocs & à des fecouffes qui défuniffent les affemblages & brifent les parties dont ils font compofés. Le vent de cette efpece de foufflet n’eft ni uniforme, ni égal, il eft coupé & tremblant; la gelée en intercepte l’ufage dans les pays froids, même tempérés, pendant les rigueurs de l’hiver qui glacent l’eau des récipients. Cette machine n’a guere été d’ufage en France qu’à Châtel-Naudren en Bretagne, où M. Danican, premier Conceffionaire de cette mine, l’a établie; on lui en

attribue

attribue l'invention : cependant on préfume qu'il en a puifé l'idée dans un Auteur Efpagnol fort ancien, où il l'a trouvé gravée. Quoi qu'il en foit, elle a été rejettée comme trop difpendieufe & d'un mauvais fervice ; on y a fubftitué des foufflets en bois. M. Danicau avoit pris tant de paffion pour cette machine, qu'il en avoit appliqué le levier au mouvement d'un bocard qui n'a pas réuffi. On pourroit beaucoup fimplifier cette machine en confervant les cloches, & appliquant à leur mouvement une roue mue par une chûte d'eau qui, faifant tourner un arbre fur fon axe, comprimeroit par des aluchons alternativement les cloches qui fe releveroient par l'effet d'un balancier commun, de même que les foufflets en bois. (*Voy. Pl. XII, Fig.* 2).

Ee

# SECONDE PARTIE.

*Comparaison sommaire des différentes especes de soufflets décrits dans la premiere Partie de ce Mémoire, où les avantages des uns & des autres & les désavantages qui résultent de leurs usages respectifs sont analysés ; d'où l'on tire la conséquence, qui est la solution de la question proposée.*

45. **Parmi** les soufflets en cuir l'on doit donner la préférence à ceux qui sont d'une forme quarrée, dont les flancs se replient régulierement au moyen des ais de bois attachés sur le cuir. Mais en général les soufflets de cuir sont d'un prix trop considérable, & d'un entretien trop dispendieux; ils sont très susceptibles d'être dégradés par le feu qui les desseche, & trop sujets à être crevés par les chocs inévitables dans des usines comme les forges, où tout ce qui est en mouvement est dur, roide, tranchant & brûlant. Tous ces inconvénients ont attiré tant de discrédit sur les soufflets de cuir, qu'on les a abandonnés aussi-tôt que l'on a connu les soufflets de bois; & à mesure qu'ils se sont usés, on les a remplacés par ces derniers qui sont adoptés avec succès par-tout où ils sont connus.

46. Quoique les trompes aient un air de simplicité, elles ne laissent pas d'être composées & de former un attirail très embarrassant près des foyers : indépendamment de cet inconvénient, elles sont d'une nature à ne pouvoir être adoptées généralement, parcequ'elles ne sont pratiquables qu'au pied des monts sourcilleux à cause de l'élévation du magasin d'eau qu'elles exigent; conséquemment les mines dés pays plats & celles des côteaux arides ne peuvent être traitées avec cette espece de soufflets, parceque dans le premier cas la

pente néceſſaire manque ; & dans le ſecond il y a de la pente ſans eau. Deux autres accidents inévitables dans l'uſage des trompes découragent leurs partiſans les plus zélés, tels la gelée & l'humidité du vent. L'on ſait que l'eau acquiert un degré de froid d'autant plus conſidérable que ſa chûte eſt plus élevée parcequ'elle communique dans ſa chûte avec de nouvelles ſurfaces d'air frais qui abſorbent les parties de feu qu'elle contient & dont elle tient ſa fluidité. Dans les grandes gelées l'eau s'épaiſſit inſenſiblement à meſure qu'elle ſe coagule, alors il en paſſe une moindre quantité qui produit conſéquemment moins d'effet en raiſon de ſon moindre volume : 2°. ſes parties étant plus rapprochées, l'eau entraîne avec elle une moindre quantité de parties d'air & qui s'en ſépare plus difficilement, conſéquemment il y a moins d'activité dans le travail : 3°. enfin la forte gelée arrête tout à coup & ſans reſſource l'effet des trompes.

47. Dans tous les temps le vent des trompes eſt ſurchargé d'une humidité ſurabondante qui détruit une partie de l'intenſité de la chaleur des foyers ; car il eſt inconteſtable que l'air qui ſe ſépare d'une chûte d'eau diviſée à l'infini par une forte colliſion, entraîne avec lui une partie conſidérable de cette eau qu'il a diſſoute pour ainſi dire ; chargé d'ailleurs de l'humidité de l'atmoſphere, il les porte l'une & l'autre dans le foyer, tel un vent du midi qui ſouffle pendant un temps humide. Il eſt très aiſé de ſe convaincre, par la machine pneumatique, de cette ſurabondance d'humidité contenue dans le vent des trompes, l'on verra que cet air dépoſe plus du double d'humidité contre les parois du récipient, que l'air libre de l'atmoſphere dans un temps ni trop ſec, ni trop humide. L'on ne peut révoquer en doute cet accident de l'humidité ſurabondante unie au vent des trompes ; car indépendamment de l'expérience que je viens de citer, on conviendra qu'il en eſt du vent des trompes comme de l'air extérieur proche des chûtes d'eau conſidérables, & l'on peut conſidérer ces trompes comme des cataractes dont l'eau eſt diviſée dans ſa chûte par le frottement avec l'air, & par le choc qu'elle re-

çoit des corps sur lesquels elle est précipitée, & des parois des tubes dont elle reçoit des frottements ; aussi voit-on auprès des plus petites chûtes d'eau, & à plus forte raison près des cataractes considérables, un brouillard (*a*) qui affecte les personnes qui sont dans les environs, lesquelles se sentent couvertes d'une rosée qu'un vent adverse a poussé sur elles. Or comme il est très intéressant dans les travaux des forges d'avoir un vent exempt d'une humidité trop abondante, il faut donc employer les moyens les plus propres à dépouiller l'air d'une humidité qui lui est étrangere & qui est un principe destructif de la chaleur ; & ce moyen doit être opposé au méchanisme des trompes. Aussi observe-t-on que les foyers, excités par le vent des trompes, n'ont ni la même activité, ni la même intensité que ceux dont le feu est animé par des soufflets de bois ou de cuir dont on peut accélérer le mouvement à volonté, suivant l'exigence des opérations.

48. La description des soufflets en cloches nous a fait voir combien est immense l'ensemble des équipages nécessaires à leur mouvement : la dépense qu'elles exigent pour leur établissement & celui de leur entretien est prodigieuse, leur service est inquiétant par les désordres continuels qui y arrivent & qui apportent des dérangements inappréciables dans le travail ; la chaleur de leur vent tremblant & entrecoupé n'a point une intensité soutenue ; & dans les pays froids, même les tempérés, l'on ne peut espérer d'en faire usage pendant les gelées qui, d'un côté, glacent l'eau du récipient ; & par cet accident empêchent la cloche de s'y plonger ; d'un autre côté la gelée entasse, tant autour des cloches que des bassins des contre-poids, glaçons sur glaçons qui en dérangent l'équilibre & le jeu. D'ailleurs ces cloches ont le même inconvénient que les trompes, relàtivement à l'élévation des eaux

---

(*a*) Les Voyageurs nous apprennent que dans le Canada de Niagara a une cataracte qui forme un brouillard qui s'apperçoit de plusieurs lieues, qu'i s'éleve jusqu'aux nues & forme, en réfléchissant les rayons du soleil, un arc-en-ciel. Les roues à aube de nos forges, particuliérement celles du marteau, en font de même, mais en petit.

du magafin : conféquemment dans les pays plats & près des côteaux arides il n'eft pas poffible de les y établir.

49. Après avoir prouvé que les trompes ne peuvent être d'un ufage général, à caufe de la chûte d'eau confidérable qu'elles exigent, qui ne peut avoir lieu dans les pays plats; que ces trompes ceffent d'adminiftrer leur fervice dans le fort de l'hiver, à caufe que la gelée en arrête le travail; que leur fervice n'eft pas uniforme, malgré leur modérateur; accident qui vient fouvent de la fituation de l'atmofphere & des différents météores qui le traverfent; que leur volume rend leur manœuvre difpendieufe & embarraffante, que les foyers, auxquels elles font appliquées, n'ont pas affez de chaleur pour accélérer certaines opérations qui demandent un feu véhément qui ne peut être excité que par une intenfité foutenue; ainfi, d'après ces obfervations concluantes, je penfe que l'on doit rejetter l'ufage des trompes foit en bois foit en pierre, ainfi que celui des cloches qui comportent avec elles à peu près les mêmes inconvénients que les trompes, & qui en ont encore de particuliers, tels la dépenfe & les accidents fréquents.

50. Une paire de foufflets de cuir coûte onze à douze cents livres d'acquifition; ils durent environ cinquante ans en les entretenant bien, pourvu qu'il ne leur arrive point d'accident confidérable; il faut les réparer deux fois l'an, comme ceux de bois; chaque réparation qu'on eft obligé de faire à ceux de cuir, coûte cinquante à foixante livres; pour les clous, le cuir, le fuif & l'huile de poiffon dont il faut abondamment : chaque réparation dure non feulement plufieurs jours à faire, mais il eft encore néceffaire de les laiffer autant de temps en repos avant de les faire travailler; afin que l'huile & le fuif aient le temps de pénétrer les pores du cuir & le nourriffent : ce retard eft un très grand inconvénient & d'autant plus préjudiciable, qu'il caufe des chômages fouvent très fâcheux, fur-tout lorfque l'on eft preffé de fonte pour le travail de la forge, ou que l'on eft obligé de faire cette réparation pendant le temps d'un fondage;

ce qui occafionne un bouché toujours très difpendieux. Au
lieu que ceux de bois coûtent de quatre à cinq cents livres
en principal tout montés ; ils durent foixante-dix à quatre-
vingts ans ; que les deux réparations que l'on eft obligé d'y
faire ordinairement par chacun an, coûtent au plus dix livres
chacune & ne durent au plus qu'un jour de douze heures ; enforte que cette réparation dans un fondage ne produit qu'un
retard très léger fans forcer à boucher le fourneau, puifque
cette réparation ne fufpend le travail que pendant dix à douze
heures.

51. Les Partifans des trompes, qui y font attachées par un
ufage invétéré & par défaut de connoiffance des autres efpeces de foufflets, pourront prétendre que des foufflets auffi
volumineux que ceux de bois dont on fe fert pour les fourneaux de fonderies, demandent une puiffance confidérable
pour les mettre en mouvement, puifque leur effet réfulte
d'un frottement général de toutes les parties agiffantes l'une
fur l'autre. Je réponds à cette objection, qui fe préfente naturellement, que les frottements des liteaux, preffés par des
refforts contre les caiffes fupérieures dans les foufflets de bois
font fi adoucis par le poli achevé des caiffes & des liteaux, &
par le peu d'huile dont leurs furfaces font imbues, & dont
chaque petite globule fait l'effet d'une poulie ou d'un rouleau,
que l'eau néceffaire pour un feul tube d'une trompe dont l'é-
tranguillon a quatre pouces de diametre, eft plus que fuffifante pour faire mouvoir tout l'équipage des foufflets de
bois d'un fourneau de fonderie & à une hauteur bien moins
confidérable que celle qu'exige les trompes, puifqu'une
colonne cylindrique d'eau de quatre pouces de diametre
donne un quarré de douze pouces $\frac{4}{7}$ de bafe fuivant les principes d'Archimede, & que je fais mouvoir les foufflets d'un
de mes fourneaux avec une lame d'eau de douze pouces & demi quarrés, tombante fur une roue de fix pieds trois pouces
de diametre fous une maffe d'eau de vingt-quatre pouces de
hauteur. Comme il faut pour un feul fourneau de fonderie
jufqu'à quatre trompes, les trompes exigent donc un volume

d'eau trois fois & quatre fois plus confidérable & une élévation quadruple. Or en multipliant le volume par la hauteur,
je trouve que la puiſſance néceſſaire pour faire mouvoir des
foufflets en bois n'eſt au plus que la douzieme partie de celle
qu'il faut pour le jeu des trompes. Quel avantage pour les
foufflets en bois ſur les trompes, dans les lieux où il y a diſette d'eau & peu d'élévation! Conſéquemment lorſque le
ruiſſeau deſtiné à la dépenſe de l'eau pour le mouvement
d'une forge ne produit que quelques pouces d'eau, il eſt impoſſible d'y pratiquer des trompes, & l'on peut y appliquer
des foufflets de cuir ou de bois & employer le ſurplus de l'eau
au mouvement d'un marteau & des foufflets des autres feux.

52. Tous les bois ne ſont pas propres à compoſer toutes
les parties des foufflets : les bois réſineux qui ſont blancs &
légers ſont les plus propres à cette eſpece d'ouvrage, tels (a) le
ſapin, le pin, la meleze, le peuplier, le tremble, l'aulne pour
en compoſer toutes les parties; mais les tables des gîtes &
leurs rebords peuvent être faites avec des bois durs & peſants,
tel le chêne, l'orme, le châtaignier & autres (b) de cette eſpece ſans nœuds, parceque ces pieces ſont immobiles & que
les tables reçoivent une preſſion de l'air comprimé par la
caiſſe ſupérieure ou volant, à laquelle elle doit oppoſer une
réſiſtance invincible. Les côtés des caiſſes ſupérieures doivent toujours être faits avec des bois légers; le peuplier y
eſt le plus propre, enſuite l'aulne, le ſapin & le tremble ſucceſſivement : les meilleurs liteaux ſont de tremble ou d'aulne,
les enfonçures doivent être en bois ſolide; ſur-tout débité
en planches extrêmement larges, pour éviter les joints. J'ai
vu employer des planches d'orme de vingt-quatre & de
trente pouces de largeur avec beaucoup de ſuccès.

53. Toutes ſortes de puiſſances peuvent être appliquées
au mouvement des machines qui doivent preſſer & élever
les foufflets; le vent ſeul ſemble en être exclu parcequ'il n'eſt

____

(a) *Abies, pinus, larix, populus, tremula, alnus.*
(b) *Quercus, ulmus, caſtanea.*

pas continu, conséquemment n'eſt pas ſuſceptible d'une action égale : les animaux de toute eſpece, même les hommes,
enfin tout ce qui peut faire agir une pompe peut faire agir
des ſoufflets (a). Je conçois un moyen qui ne coûteroit que la
conſtruction ſans aucune dépenſe pour la puiſſance; ce moyen
ſeroit de loger dans les flancs du fourneau la chaudiere de la
pompe à feu des Anglois, il y auroit action & réaction de la
puiſſance ſur l'effet & de l'effet ſur la puiſſance, puiſque la
chaleur du fourneau feroit agir les ſoufflets & que les ſoufflets augmenteroient la chaleur du fourneau.

54. Je penſe qu'il ſeroit poſſible d'abroger l'uſage où l'on eſt
de placer les ſoufflets & les machines qui les font mouvoir contre les fourneaux; car de cette poſition il réſulte un inconvénient qui oblige toujours de bâtir le fourneau dans le
lieu le plus bas, conſéquemment le plus humide de l'emplacement de la forge. Il en eſt de même des autres feux, afin
de donner plus d'élévation aux roues. L'on adminiſtreroit un
vent plus égal & plus continuellement ſoutenu au même degré que celui fourni par deux ſoufflets qui coupe quelquefois
& qui eſt toujours plus actif dans l'inſtant que la camme ne
preſſe que ſur un ſeul ſoufflet, inſtant qui ſuit immédiatement celui auquel l'autre camme échappe de deſſus l'autre,
parceque dans le temps que les deux cammes preſſent ſur

---

(a) Eſt agitare duos immani pondere folles
Hoc opus hic labor eſt, undis famulantibus uti
Preſtiterit. . . . . . . . . . . . . . . . . . .
. . . . . Trabs ipſa duos molimine magno
Tollit & exagitat folles, qui deinde viciſſim
Perpetuum irritant alternis flatibus ignem.

P. LA SANTE.

Virgile n'auroit pas mieux rendu que le P. la Santé cette puiſſance qui fait agir les ſoufflets d'un fourneau. Nicolas Bour- bon, fils d'un Maître de Forge de Cham- pagne qui, en 1500, s'exerça à décrire l'Art des Forges dans ſon Poëme, intitulé *Ferraria*, n'a pas approché du mérite du Poëme du P. la Sante ſur le même ſujet, imprimé dans le *Muſæ Rethorices*.

chacun

chacun des soufflets, la puissance a à vaincre une somme
double de résistance formée par le poids des deux bascules
élevées ensemble; alors le vent est mol & ne perce pas. Mais
lorsque la puissance exerce toute sa force sur un seul soufflet,
le vent est véhément, perce au contre-vent, & presse avec
tant d'activité sur la masse de matiere en fusion, qu'il y communique un mouvement de flux & reflux qui paroît au dehors
sur le laitier; mouvement que l'on appelle *la pousse de la
taupe* qui est un véritable flux & reflux occasionné par la
pression du vent. Il seroit possible de corriger ces défauts en
plaçant la soufflerie à l'endroit le plus avantageux aux machines hydrauliques, en ajoutant un troisieme soufflet, alors
il y en auroit toujours deux agissants & un en repos. En con-
duisant le vent par un porte-vent, tel le sommier d'un orgue;
ce porte-vent pourroit, comme les conduites d'eau, être
formé par des tuyaux de fonte de fer ou de bois bien scelés;
ils apporteroient le vent dans un réservoir situé près du fourneau, & de ce réservoir sortiroit un bout de buse qui iroit
aboutir dans la tuyere; ce réservoir ou magasin d'air seroit
formé à l'instar de la vessie de la musette; l'air entrant par un
trou garni d'une soupape l'enfleroit comme un balon & un
poids considérable qui le comprimeroit, lui feroit pousser un
vent puissant & continu dont on augmenteroit l'intensité en
augmentant la masse du poids dont seroit chargé le réservoir;
ce réservoir seroit lui-même une espece de soufflet quarré de
quatre pieds en tous sens de largeur, & de six pieds de hauteur, composé de deux tables dont une inférieure & immobile qui recevroit d'un côté le vent du sommier; de l'autre
qui seroit celui du foyer, il seroit percé pour recevoir une
espece de buse, ou porte-vent qui conduiroit le vent à la
tuyere; la table supérieure seroit chargée d'une pierre, d'un
poids proportionné à la roideur du vent dont on auroit besoin; l'espace entre les deux tables seroit garni par des ais de
bois de neuf pouces de largeur qui se couperoient par les
bouts sur un angle de quarante-cinq degrés & seroient joints
ensemble par des cordons de nerf intérieurement & par des

F f

bandes de basannes, lesquelles faisant l'office de charnieres, sceleroient exactement les jointures & ressembleroient beaucoup aux soufflets d'orgues pour la construction intérieure. Ces soufflets seroient contenus dans une espece de caisse qui les garantiroit de tous accidents. On dira qu'il faut que le vent croise, conféquemment qu'il n'est pas possible de le faire croiser avec une seule buse; je soutiens le contraire, car en applatissant le bout de la buse & lui donnant une étendue déterminée par le besoin, le vent en sortant se divergera & portera l'activité dans les différentes parties du foyer.

55. Les soufflets de bois d'un fourneau, dans la proportion que je les ai décrits, poussent chaque fois qu'ils expirent chacun 53040 pouces d'air environ ou 30 pieds $\frac{1}{7}$ cubes ou deux liv. six onc. deux gros deux grains d'air. Ils expirent 312 fois par heure, c'est 16,601,480 pouces cubes ou 9607 pieds $\frac{1}{7}$ cubes qui produisent 1,390,613,120 lignes cubiques qui donnent 159 pieds $\frac{13}{15}$ cubes par minute pour chaque soufflet, 319 pieds $\frac{11}{15}$ cubes pour les deux. Les trous des buses des soufflets, n'ont que vingt-deux lignes de diametre d'ouverture, qui donne un quarré de 380 lignes $\frac{1}{7}$, ou 2 $\frac{1}{2}\frac{1}{7}$ pouces $\frac{1}{7}$ de lignes. En réduisant la masse d'air contenue dans chaque soufflet en une colonne dont la base soit égale à l'ouverture de chacune des buses, cette colonne auroit 1675 pouces de longueur qui est poussée entiérement par chaque compression; conféquemment il passe par chaque minute une longueur de 8700 pouces de cette colonne ou 145 pouces par seconde, & comme chaque compression s'acheve en 11 secondes $\frac{1}{4}$, l'on peut donc dire que la rapidité du vent est, avec la situation naturelle de l'atmosphere, comme 1 est à 1703. M. de Réaumur dans l'*Art des forges*, & d'après lui M. Bouchu, a fait un calcul dont les résultats sont bien plus considérables, puisqu'ils donnent 57 pieds cubiques d'air contenu dans chaque soufflet qui s'écrase huit fois par minute, ce qui donneroit une somme de 456 pieds cubes d'air par minute, conféquemment une puissance trois fois plus forte que celle des souf-

fiets dont nous nous fervons dans ce pays-ci ( la Champagne ). Sans révoquer en doute les opérations de ces deux
Savants, je crois pouvoir dire que peut-être l'un a calculé
toute l'étendue de la caiffe fupérieure du foufflet, fans avoir
égard qu'il n'y en a qu'une partie qui comprime l'air ; car fuivant fa fupputation, qui monte à 98,280 pouces cubes, il faudroit que les foufflets euffent 16 pieds de longueur, 5 pieds
de largeur, & qu'ils foulaffent de 25 pouces : je n'en ai point
vu de ce volume. A l'égard de la vîteffe de leur action, il
n'eft pas poffible avec nos charbons, nos mines & les matériaux que nous employons pour la conftruction des fourneaux, de pouffer la violence du vent au point de faire écra-
fer les foufflets huit fois par minute, & pour y parvenit, toutes chofes admifes, il faudroit que l'ouverture des bufes
foit plus grande, fans quoi il faudroit tripler la puiffance,
d'où il réfulteroit des efforts qui ruineroient bientôt les foufflets.

Pour calculer & trouver au jufte la quantité du vent qui
entre dans un fourneau par le moyen des foufflets, il faudroit fouftraire du total la perte inévitable qui s'en fait &
qui a deux caufes ; la premiere, par le défaut de jufteffe de
la jonction des pieces dans les angles & les différents accidents qui peuvent furvenir & qui ne dérangent point affez
les foufflets pour obliger à des réparations ; la deuxieme eft le
reflet inévitable qui fe fait à la tuyere : l'air qui eft comprimé
dans la bufe & pouffé avec violence, en fortant paffe dans
un milieu qui ne le comprime point & l'attire par fon analogie, ce qui le fait diverger ; les parties latérales du cône
qu'il forme, dont la bafe eft à l'embouchure de la tuyere,
font repouffées par les parois de la furface de la tuyere, en
quantité d'autant plus confidérable que les bouts des bufes
font plus éloignés de la bouche de la tuyere : cet accident
eft fenfible par l'impreffion que le vent fait fur les mains
& fur le vifage de l'Obfervateur.

Comme l'on a calculé la quantité d'air en volume & en
poids , qui entre dans la compofition d'un mille de fonte de

fer, j'ai cru devoir faire cette obfervation, pour prévenir du réfultat ceux qui fe livreront dans la fuite à ces fpéculations, n'ayant égard qu'à l'air extérieur adminiftré pour animer le feu, fans avoir égard à l'air contenu eſſentiellement dans les fubſtances qui fervent à la compofition de la fonte de fer, tel la mine, le charbon, la caſtine & l'herbue. Je fuis entiérement perfuadé que le vent des foufflets qui eſt fugace n'entre pour rien dans la combinaifon de la fonte comme partie conſtitutive ; que l'air fixe contenu dans les matériaux que l'on emploie & qui eſt de leur eſſence, eſt le feul qui reçoive des entraves aſſez puiſſantes pour faire partie conſtitutive du fer, & même qu'il eſt furabondant dans un terme infini. Ce qui fonde ma certitude fur ce fait, c'eſt la grande difproportion qu'il y a entre le volume de matiere produite, d'avec celui des matieres employées ; car pour faire une toife cube de fonte de fer, qui eſt le produit le plus ordinaire d'un fourneau en trente jours de travail, l'on emploie communément

| | Toifes. | Pieds cubes. | | Poids. |
|---|---|---|---|---|
| | 54 | 128 | de charbon | 162000 |
| | 10 | 326 | de mine | 275000 |
| | 1 | 17 | de caſtine | 27500 |
| | | 116 | d'herbues | 13700 |
| TOTAL . . . . . . | 65 | 587 | | 478200 |

Sur quoi il faut prélever pour les matieres vitrifiées qui fortent du fourneau . . . . . . . . . . 22     18     54000

| RESTE . . . . . . | 43 | 569 | | 424200 |

En forte que la fonte de fer, qui eſt le produit des matieres employées, n'eſt que $\frac{1}{43}$ relativement au volume, & environ $\frac{7}{14}$ du poids.

# CONCLUSION.

Par l'examen de la dépenſe des différentes eſpeces de ſoufflets, tant en principal qu'en frais d'entretien, il eſt démontré, que les ſoufflets de bois ne reviennent par an qu'à trente livres, tant d'achat que d'entretien ; que ceux de cuir reviennent au moins à cent cinquante livres par chacun an, ce qui fait une dépenſe cinq fois plus forte que celle qu'occaſionnent les ſoufflets en bois ; ainſi il y a beaucoup d'économie à faire uſage des ſoufflets de bois. Cette économie feroit un foible avantage s'il n'y avoit pas d'autres cauſes de préférence : mais puiſque l'action des ſoufflets en bois eſt plus puiſſante, plus uniforme que celle des ſoufflets de cuir, des trompes & des cloches ; que leur manœuvre eſt bien moins embarraſſante ; qu'ils peuvent ſe conſtruire par-tout, convenir à tout local, ſe prêter à tout beſoin ; les ſoufflets de bois ont donc ſur toutes les autres eſpeces de ſoufflets des avantages qui leur méritent une préférence excluſive pour l'uſage des forges : c'eſt pourquoi je conclus que les ſoufflets de bois ſont ceux de la meilleure eſpece pour le ſervice des forges.

Comme dans les Sections des Arts publiés par l'Académie Royale des Sciences ſur les travaux des Forges, dans l'Encyclopédie & dans d'autres Ouvrages en ce genre, l'on trouve des Planches & des explications exactes des différentes eſpeces de trompes & de ſoufflets en bois, j'ai cru inutile de les répéter ici ; je donne ſeulement le plan du ſoufflet en cloche de Chatel-Naudren en Bretagne, qui n'eſt connu que de peu de perſonnes. *Voyez* Planche X & ſon explication page 230 & ſuiv.

# EXPLICATION

## DE LA PREMIERE PARTIE DE LA PLANCHE X.

A. Cloche fufpendue à une chaîne de fer : elle eft au moment de fon élévation.

B. Cuve pleine d'eau qui fert de récipient à la cloche A
lorfqu'elle eft abandonnée à fon propre poids.

C. Soupape par laquelle la cloche A afpire l'air dans fon
élévation.

D. Boyau de cuir qui reçoit le vent de la cloche A & l'introduit dans le porte-vent de bois E.

E. Tuyau de bois qui fert de porte-vent ; il le reçoit du
boyau de cuir D , & le dégorge dans la tuyere du
foyer F.

F. Tuyere qui entre dans le foyer ; elle reçoit le vent du
tuyau E.

G. Porte du foyer F que l'on démolit, lorfque le fourneau
eft hors de feu pour le vifiter & y faire les réparations
néceffaires.

H. Cheminée du fourneau.

I. Toîture du halage du fourneau.

L. Balancier compofé d'une groffe piece de charpente mobile fur les tourillons de fon axe.

M. Portion de cercle antérieur du balancier L.

N. Fleche de fer qui fort du balancier L pour fupportez
la maffe de plomb O ; elle eft foutenue par deux bras de
fer P.

O. Maffe de plomb emmanchée au bout de la fleche N pour
faire defcendre la cloche A plus promptement dans le récipient B.

P. Bras de fer qui foutiennent la fleche N.

Q. Bras de fer plus longs que les précédents ; ils foutiennent l'affemblage du quart de cercle M.

R. Deux quarts de cercle affemblés en charpente au balancier L, & auxquels font fufpendues deux chaînes a.

S. Bras de bois qui soutiennent les quarts de cercle R.

T. Branches de l'attache fourchue V, entre lesquelles se meut le balancier L.

V. Attache fourchue solidement établie; elle est affermie par quatre bras-boutants X.

Y. Courcier qui reçoit l'eau d'un magasin situé derriere le fourneau; il est fermé par un petit empalement mobile Z.

Z. Petit empalement mobile qui est levé par le bassin C, lorsque la cloche A plonge dans son récipient B.

&. Bras fixés à des charnieres; ils levent la pale du petit empalement Z lorsque le bassin C est entraîné par la cloche A.

a. Chaînes qui se divisent en deux branches; leur bout supérieur est fixé au haut des quarts de cercles R, & leur bout inférieur b à des anneaux qui sont placés aux angles du bassin C.

b. Bouts inférieurs des chaînes divisées en deux branches qui suspendent le bassin c.

c. Bassin mobile. Il est composé de madriers assemblés en forme de cuve plate; deux petites vannes d d, pratiquées vers le fond, se levent lorsque le bassin est à son plus grand abaissement, & ce par l'effet d'un lévier à ressorts f; alors il dégorge l'eau qu'il a reçue par le petit empalement Z qu'il ouvre lorsqu'il est entraîné par le poids de la cloche A.

d. d. Petites vannes du bassin c qui se ferment par leur propre poids, & sont ouvertes par le moyen du lévier à ressorts f, auquel est fixé une chaîne e, qui se divise en deux parties pour s'accrocher l'une & l'autre à chacune des petites vannes.

e. Chaîne suspendue au ressort f à son extrémité supérieure & par ses bouts inférieurs aux petites vannes d d.

f. Balancier à ressort fixé d'un bout à une chaîne i, qui se renvide sur le treuil l, de l'autre bout il éleve une chaîne e qui est fixée aux deux petites vannes d d. du bassin c; ce balancier porte dans son milieu sur la traverse h d'un chassis en bois g.

*g.* Chaſſis compoſé d'un aſſemblage en charpente pour ſupporter le balancier à reſſorts *f.*

*h.* Traverſe du chaſſis *g* qui ſupporte le balancier *f.*

*i.* Chaîne qui eſt arrêtée d'un bout au balancier *f*; l'autre ſe
renvide ſur le treuil *l* pour lui donner le degré d'étendue
néceſſaire.

*l.* Treuil par le moyen duquel on donne à la chaîne *i* l'é-
tendue dont elle a beſoin.

*m.* Manivelle du treuil *l* pour lui imprimer le mouvement:
lorſque la chaîne *i* eſt dans ſon degré d'étendue, on fixe
le treuil par le moyen d'un cric & de ſon arrêt.

*n.* Jambes du treuil *l.*

*o.* Semelle dans laquelle ſont aſſemblées les jambes *n* du
treuil *l.*

*p.* Mur qui ſupporte le courcier qui apporte l'eau du magaſin.

OBSERVATIONS

# OBSERVATIONS

## SUR L'HISTOIRE NATURELLE

## DU CRAPAUD.

1. Le Crapaud eſt réputé un animal hideux, nuiſible & ve-nimeux. Ces imputations, peut-être fauſſes, lui ont attiré le mépris, la crainte & l'animadverſion de la plûpart des hommes. Combien de perſonnes à ſon aſpect ſont ſaiſies d'ef-froi! Mais les Phyſiciens, qui ſavent apprécier le mérite des êtres, & reconnoître dans le plus petit puceron l'immenſe & merveilleuſe fécondité de la Nature, ne trouvent rien de mépriſable à leurs yeux. Pluſieurs Savants ont publié l'Hiſ-toire du Crapaud, mais peut-être que ceux qui m'ont pré-cédé ſur ce ſujet, n'ont pas eu l'occaſion de faire les obſer-vations ſuivantes qui pourront répandre du jour & détruire des préjugés & des erreurs.

2. Dans le mois de Juin de l'an dernier (1770), je trouvai le long des bords d'un ruiſſeau des Crapauds qui levoient ex-traordinairement la tête; les uns étoient immobiles, d'autres s'agitoient, d'autres ſe traînoient avec peine. J'en attrapai quelques-uns; je les examinai; je m'apperçus qu'ils étoient tous malades, les uns ayant les narines ſeulement rouges & gonflées, d'autres avoient une narine ouverte & comme rongée par un chancre, l'autre narine intacte; d'autres avoient les deux narines fort endommagées : il y en avoit enfin, & c'étoit les plus malades, qui avoient les yeux preſ-que hors de la tête, & cependant ils graviſſoient encore. Je reconnus aiſément la cauſe de cette eſpece de maladie épizootique, par l'examen des parties endommagées où j'ap-perçus un mouvement d'ondulation, & à l'aide de la loupe, j'y découvris des vers blancs qui avoient depuis le ſixieme d'une ligne juſqu'à une ligne de longueur, ſuivant les pro-grès de la maladie.

G g

3. Je rapportai à la maison plusieurs de ces Crapauds, j'en enfermai de sains avec des malades; mais la maladie ne se communiqua pas. J'en posai deux malades sous des coupes de verre à boire pour examiner les progrès de cette maladie. Les petits vers que j'avois vus grossirent en très peu de temps, en se nourrissant de la substance de la tête du Crapaud. Le premier, qui n'avoit qu'une légere inflammation à la narine gauche, restoit dans l'inaction; mais un second qui avoit les deux narines très endommagées & ouvertes, s'agitoit en élevant la tête, en la tournant en tous sens; les plaies se dilatoient; les vers en trois jours firent tant de progrès qu'ils vuiderent toute la substance de la tête, pénétrerent dans la gueule de l'animal après avoir rongé le voile du palais, la langue; une partie se porta dans les yeux sans en endommager le globe, mais seulement les nerfs & les attaches, de façon qu'ils sortirent de leur orbite, l'un suspendu à un filet en dehors, & l'autre entiérement détaché étoit tombé dans la gueule; alors le Crapaud s'affaissa & mourut; les vers avoient acquis trois lignes de longueur. J'ouvris la tête du Crapaud, je trouvai la cloison qui sépare le cerveau du cervelet très endommagée & leur substance détruite en plus grande partie. J'ouvris le ventre, je trouvai tous les intestins en bon état; les vers n'y avoient pas pénétré; l'estomac étoit presque vuide, il n'y restoit qu'un sédiment sablonneux. J'apperçus un point blanc presqu'imperceptible sur un des boyaux, j'y portai la loupe qui me fit découvrir distinctement un petit ver vivant pointu aux deux extrémités. Je détachai toutes les entrailles & les mis séparément sur un petit ais couvert d'une coupe de verre, & le corps du Crapaud sous une autre. Au bout de quelques jours je trouvai tous ces intestins desséchés sans avoir acquis une forte odeur; le petit ver blanc n'avoit fait aucun progrès, & il étoit mort sans avoir grossi; l'autre partie de l'animal étoit tombée en une dissolution noire des plus fétides. Les vers rongerent toute la substance des muscles, des nerfs, des vaisseaux sans toucher à la peau. Alors ils quitterent le cadavre faute d'a-

liment; ils avoient six lignes de longueur; leur corps est formé de treize anneaux; leur tête est pointue; l'extrémité inférieure est grosse & tronquée, garnie en dessous de deux especes de cornes qui lui servent de point d'appui pour avancer ou rétrograder; les cornes sont en dessous & rentrent ou sortent à la volonté & pour le besoin de ces vers: leur cul est dessus; il est formé par une ouverture qui se dilate plus ou moins; elle est circulaire dans la plus grande dilatation & ovale dans sa contraction; ses bords sont garnis de douze barbillons espacés de trois en trois. L'on voit un trou tantôt ovale tantôt triangulaire qui est l'anus pour l'éjection des excréments; cet anus est le bout du canal intestinal qui regne dans toute la longueur de l'insecte. L'on découvre aussi à la loupe, à côté de l'anus, deux stigmates soutenus de leurs pédicules par où ils respirent. La substance de ces vers étoit blanche & assez transparente pour voir à travers la nourriture sanglante dont ils se nourrissoient. Ayant abandonné entiérement le reste de leur curée, ils s'agiterent fortement en grimpant au sommet de la coupe qui les couvroit & retomboient ensuite : ils ne moururent tous qu'au bout de six jours.

4. L'autre Crapaud périt avant que les vers aient fait autant de progrès & causé autant de désordre que dans le premier. Je le portai dans un endroit fort ombragé, crainte que la chaleur qui avoit accéléré la putréfaction du premier, ne donnât lieu au même inconvénient, & je ne séparai point les entrailles de celui-ci : les vers alors pâturerent plus amplement; ils en attaquerent toutes les parties & les détruisirent à l'exception de la peau : ils y employerent neuf jours. Je voulois prolonger la vie de ces vers pour tâcher de suivre leur métamorphose, mais un accident culbuta le vase, & me priva alors de la suite de cette observation.

5. Les vers qui avoient détruit le deuxieme Crapaud, quoiqu'ils aient employé un temps bien plus long à ronger toute la substance, ce qui auroit pu leur faire acquérir une grandeur bien plus considérable, n'excéderent pas cepen-

dant celle des premiers , & ils étoient tous femblables. Je crois pouvoir attribuer l'origine de ces vers à des œufs de mouche , dépofés dans les narines des Crapauds ; quoiqu'elles femblent bouchées par un tégument qui fait l'office d'une foupape, qui s'éleve pour la refpiration & qui fe ferme au befoin de l'animal ; peut-être que les mouches font invitées à dépofer leurs œufs , plutôt fur certains Crapauds que fur d'autres, par l'infection qui peut naître de l'humeur muqueufe qui s'engorge plus dans certains individus que dans d'autres & fe corrompt dans les cornets du nez : le petit ver des inteftins n'étoit point de l'efpece des autres, c'étoit fans doute un acarite qui perdit la vie avec le Crapaud. Ma conjecture fur la nature du ver qui ronge les Crapauds eft devenue une certitude : car étant enfin parvenu à obtenir des chryfalides de ces vers, & les ayant expofés dans des boîtes à une douce chaleur, il en eft forti de groffes mouches bleu-azur qui font celles qui dépofent leurs œufs fur les parties cadavéreufes des animaux, foit qu'ils foient morts totalement ou qu'ils aient quelques parties en deftruction ; car j'en ai vu dans la plaie négligée qu'un homme avoit à la jambe. Ces mouches les dépofent auffi fur les végétaux qui ont une odeur approchante des chairs en putréfaction, telle la fleur de la plante que l'on nomme crapaudine : & c'eft fans doute parceque le Crapaud eft punais, que la mauvaife odeur de fes narines invite les mouches à y dépofer leur œuf que nous nommons affife ( *Voyez la Planche X* ).

6. J'ai ramaffé douze Crapauds de différente groffeur, je les ai mis dans un vafe de fer de douze pouces de hauteur & dix pouces de diametre avec un peu de terre légérement humectée, voulant tenter quelques expériences fur leur longevité, ce qui m'a fait obferver différents phénomenes.

7. Ayant ouvert d'autres Crapauds en différents temps, particuliérement un que j'ai trouvé en 1768 dans le cimetiere de l'Abbaye de Luxeuil en Franche-Comté, qui avoit 5 pouces de face ; j'avois trouvé dans fon eftomac des fcarabés dorés , de petits limaçons avec leurs coquilles &

des limaces. Je préfentai à mes douze Crapauds enfermés de ces infectes, je les comptai, je les laiffai huit jours ; & après ce temps je les trouvai en même nombre & dans leur entier : je les enlevai.

8. J'attrapai une couleuvre à collier ; elle avoit avalé depuis peu quelque chofe qui tenoit un volume confidérable dans fon inteftin ; j'agitai cette couleuvre & lui fis dégorger un gros Crapaud tout entier, qui étoit à peine légérement glaireux à la furface. Je dépofai cette couleuvre avec mes douze Crapauds, pour obferver fi elle les attaqueroit. Pendant huit jours qu'elle y refta je fis de fréquentes vifites, mais je n'apperçus que les Crapauds ne craignoient point leur ennemie ; que la couleuvre fe contentoit de fiffler lorfque les Crapauds s'approchoient d'elle. J'ôtai cette couleuvre, je l'ouvris & ne trouvai rien dans fes inteftins. Les douze Crapauds étoient entiers ; elle n'avoit touché à aucun : tant il eft vrai que les animaux les plus féroces, lorfqu'ils font enfermés n'exercent pas leur cruauté pour fatisfaire leur appétit.

9. Ce fait eft confirmé par la relation fuivante. Dans la forêt du Val, près S. Dizier, l'on avoit creufé une louviere ; c'eft une foffe profonde de 10 à 12 pieds, & à peu près cubique ; on la couvre de branches, de feuilles & de terre ; on y pratique une trape couverte d'une porte en baffecule, fur laquelle on attache du carnage. Deux loups affamés, attirés par l'appât, accoururent pour fatisfaire leur appétit & furent précipités dans la foffe. Un Chauderonnier colporteur, chargé de quelques pieces de fon métier, s'étant égaré de nuit, fe précipita dans la foffe où étoient les deux loups ; le bruit de la culbute de cet homme & de fes chauderons faifirent les loups de frayeur, leur fit pouffer des hurlements qui faifirent d'effroi le malheureux Chauderonnier. Le jour venu, ces trois prifonniers fe regardoient avec plus de crainte que d'envie ; lorfque les Gardes Foreftiers vinrent pour vifiter leur foffe, ils furent bien furpris de trouver une pa-

reille chaffe : les loups étoient tapis l'un fur l'autre dans un coin, grincoient les dents, jettoient des regards effroyables tantôt fur les Gardes, tantôt fur le Chauderonnier qu'ils n'oferent attaquer ; ils refterent immobiles pendant que l'on tira ce malheureux qui avoit paffé une terrible nuit. Les papiers publics ont donné la relation d'un pareil accident arrivé à un jeune homme de famille.

10. En vifitant de temps à autre mes Crapauds, j'apperçus que quelques-uns d'entre eux avoient changé de couleur, que ceux qui étoient moins rembrunis qu'auparavant paroif-foient malades & couverts d'une fueur froide. Je ne favois à quelle caufe attribuer cet accident ; lorfqu'un jour fixant un de ces Crapauds qui avoit changé de couleur depuis le matin & étoit pour ainfi dire rajeuni, je ne doutai point qu'il n'eût perdu une furpeau comme les ferpents. Je me confirmai dans cette idée, en découvrant au bout de fes pieds des fragments de fa dépouille, qui entouroient les ma-melons qui terminoient fes doigts. Je fis alors des recher-ches inutiles dans le peu de terre qui étoit dans le vafe, pour trouver cette dépouille ; mais je la trouvai enfin en pouffant mes recherches jufque dans l'eftomac de cet animal, d'où je tirai une matiere réticulaire, glaireufe & grenue, divifée en plufieurs lambeaux. Voulant me convaincre de la vérité de ces deux accidents, le premier que les Crapauds quittent leur peau, à la maniere des ferpents ; le fecond qu'ils avalent cette peau, je faifois de fréquentes vifites à mes crapauds. Enfin j'en trouvai un fur le fait : il travailloit à fe débarraffer. Sa furpeau s'étoit ouverte longitudinale-ment tant deffus que deffous depuis le menton jufqu'à l'a-nus, fur la ligne de la fymphife générale qui unit les deux moitiés dont tout animal paroît compofé ; la partie de cette peau du côté droit étoit encore appliquée en entier au corps de l'animal ; celle du côté gauche étoit en partie enlevée. Le Crapaud avec fon pied gauche la détachoit tandis qu'avec fa main droite il la pouffoit dans fa gueule. Lorfqu'il eut

fini d'enlever & d'avaler sa dépouille d'un côté, il recommença de l'autre en changeant de patte pour procéder à la même opération qui dura environ trois heures. J'examinai ensuite le Crapaud, je vis qu'il étoit foible, languiffant & couvert d'une fueur froide.

11. Dans les *Tranfactions philofophiques* de Philadelphie, année 1771, „ l'on trouve un Mémoire de M. Moyfe „ Bertrand, fur les vers à foie qui naiffent dans l'Amérique „ Septentrionale, dans lequel cet Obfervateur dit que ces „ vers quittent plufieurs fois leur peau, & qu'ils la dévo- „ rent enfuite; que cette mue les rend malades, mais qu'ils „ en fortent rajeunis & brillants des plus belles couleurs „ qu'auparavant ". Accident qu'ils ont de commun avec les Crapauds.

12. Beaucoup d'Auteurs, en parlant des bufonites ou crapaudines, ont dit que c'étoit des pierres que l'on trouvoit dans la tête des vieux Crapauds; c'eft un fentiment que Lémery & Pomet ont voulu accréditer, & qui a été détruit par des Obfervations modernes, par lefquelles on s'eft convaincu que ces bufonites ne font que des dents de dorade. J'ai voulu auffi contribuer à détruire l'ancien préjugé fur l'origine des bufonites, par l'expérience fuivante fondée fur ce raifonnement.

13. Quelques glandes durcies dans la tête des crapauds ont pu en impofer. On trouve dans la tête des poiffons cruftacés, particuliérement des écreviffes & des homards, lorfque ces poiffons quittent leur cuiraffe, des glandes qui filtrent l'humeur qui fournit la matiere propre à la formation de leur nouvelle croûte. La dureté de ces glandes, lorfque les poiffons font cuits, leur a acquis le nom de pierre : leur forme orbiculaire, & le lieu de leur fite a féduit ceux qui leur ont donné improprement le nom d'yeux; & comme les bufonites font, ainfi que ces pierres, convexes deffus & concaves deffous, cette fimilitude a fait confondre leur origine par le vulgaire peu éclairé & peu réfléchiffant. Il pourroit arriver

que lorſque les crapauds ſe dérobent, qu'ils aient dans la
tête des glandes gorgées d'humeur, capables de prendre par
la cuiſſon ou par la longueur du temps, de la ſolidité, ce
qui en auroit impoſé. Dans cette vue je jettai dans l'eau
bouillante un crapaud vivant qui venoit d'avaler ſa dépouille ;
dans l'inſtant il étendit, dans ſa plus grande longueur, ſes
membres qui ſe roidirent & reſterent tels ; l'eau ſe chargea
d'une légere écume qui ſortit de tout ſon corps, & particuliérement de ſa gueule, & fut très peu colorée. Après dix à
douze minutes, lorſque je crus le crapaud ſuffiſamment cuit,
je l'anatomiſai, j'enlevai d'abord facilement la peau, mais
par lambeau, parcequ'elle étoit comme de la colle en partie
délayée. Son corps exhaloit une odeur aſſez appétiſſante, tel
une fricaſſé de poulets. Je trouvai dans ſon eſtomac la ſur-
peau que je lui avois vu avaler, mais dans un état ſi glaireux
que je ne pus la réduire dans ſon étendue. Je cherchai exactement dans la tête de l'animal, en ſéparant les parties les
unes des autres, je n'y trouvai aucun glande durcie qui ait pu
fonder la chimere de l'origine [des bufonites dans la tête
des crapauds. La partie que j'ai trouvée dans le crapaud la
plus approchante des bufonites c'eſt l'œil. Ayant arraché celui d'un gros crapaud, & l'ayant mis auprès d'une bufonite
que j'avois tirée d'une pierre qui fait le lit de la riviere de
Marne au-deſſus de S. Dizier, la reſſemblance de la partie
poſtérieure de l'œil du crapaud avec cette pierre étoit frappante, mais il n'en avoit pas la dureté (a).

14. Ayant completté le nombre de douze des crapauds que
j'ai enfermés dans le vaſe de fer dont j'ai parlé, je les ai conſervés pendant un an & plus, ſans qu'ils aient pris aucune autre nourriture que les dépouilles de la peau ; le plus gros en a
changé ſix fois ; pendant l'hiver je les ai portés à la cave, &
après les gelées j'ai remis le vaſe qui les contient derriere une

---

(a) J'ai trouvé, près Montigny-le-Roi, en Champagne, dans une pierre ſablonneuſe un bout de mâchoire de dorade, ſur laquelle il y avoit ſix petites dents circulaires & déprimées qui étoient des bufonites.

charmille

charmille dans mon jardin. Trois des plus petits de ces crapauds n'ont pu foutenir la rigueur du jeûne, & font morts, l'un fur la fin de l'automne, l'autre pendant l'hiver, & le troifieme au printemps, faifon pendant laquelle ils fe font dépouillés plus généralement enfemble. J'ai obfervé qu'ils faifoient avec leurs pattes de derriere des trous dans la terre pour fe gîter à la maniere des lievres. Un de ces crapauds a été trois mois dans une même attitude très gênante; il étoit accroupi ayant les pattes de devant très tendues pour s'élever davantage; la partie antérieure du corps jufqu'au milieu du pli du dos, étoit tournée de côté fur un angle d'environ trente degrés. Un autre a été fix femaines fur le dos d'un autre crapaud fans prétendre à la copulation. Aucun de ces crapauds n'a été fortement engourdi pendant l'hiver. Lorfque je les allois vifiter, je les appercevois immobiles; mais fi je frappois avec quelque corps le vafe qui les contenoit, le fon les éveilloit & leur imprimoit le fentiment & le mouvement de la furprife; ils levoient la tête & clignottoient les paupieres. Les neuf crapauds qui avoient foutenu déja un an de jeûne ne paroiffoient point maigres & étoient affez vigoureux; je les ai laiffés dans le même vafe jufqu'à leur fin totale; ils y font refté vingt-deux mois; & un accident imprévu ayant culbuté pendant mon abfence le vaiffeau qui les contenoit, ils font fortis de prifon; les trois premiers, qui étoient morts, étoient fort maigris; leurs cadavres fe font moifis.

13. Plufieurs Auteurs ont rapporté des chofes prefque incroyables fur la longevité des crapauds, & fur la poffibilité qu'ils ont de vivre un temps prefque éternel fans prendre de nourriture : l'on en a trouvé dans de vieux murs , dans des trous d'arbres, dans des blocs de pierre, &c. (a). Je dois rapporter ce que je fais à ce fujet. En 1764, des ouvriers des carrieres de Savonieres en Lorraine, vinrent m'aver-

(a) MM. Guettard & Hériffant ont donné des Obfervations très intéreffantes fur les Crapauds, dans les *Mémoires de l'Académie des Sciences*

H h

tir qu'ils avoient trouvé un Crapaud dans un banc de pierre, à quarante-cinq pieds au-deſſous de la ſurface du ſol. Je me rendis ſur les lieux; je ne trouvai aucun autre veſtige de ſa priſon qu'une fente dans le lit de la pierre; mais l'impreſſion du corps de l'animal n'étoit point marquée, & le Crapaud que l'on avoit conſervé pour me faire voir étoit de moyenne groſ-ſeur, de couleur griſe, & paroiſſoit dans un état naturel. Sur ce que les ouvriers me dirent que c'étoit le ſixieme que l'on trouvoit depuis trente ans dans ces carrieres, je promis une récompenſe ſi l'on pouvoit m'en trouver un dans la pierre ſans en pouvoir ſortir. En 1770 on en a trouvé un autre dans la même carriere, que l'on porta à-un de mes amis dans deux écailles de pierre concaves, où l'on aſſuroit qu'il avoit été trouvé. En examinant les choſes de près, je reconnus que cette cavité étoit l'impreſſion d'un coquillage, & j'ai regardé le fait apocriphe. Mais pour découvrir quelque choſe de cer-tain ſur ce ſujet, j'en enfermerai dans des pierres creuſées avec diverſes précautions dont je rendrai compte dans le temps.

14. La faculté que les crapauds ont de ſoutenir le jeûne vient d'un côté d'une digeſtion très lente, d'un autre peut-être de cette ſinguliere nourriture qu'ils tirent de leurs dé-pouilles, enfin ceux que l'on croit avoir paſſé pluſieurs ſiecles ſans prendre de nourriture ont été dans une inaction ſi to-tale, dans une ſuſpenſion de vie, dans une température qui n'a permis aucune diſſolution, enſorte qu'il n'a pas été né-ceſſaire de réparer aucune perte, & que l'humidité du local a entretenu celle de l'animal néceſſaire ſeulement pour em-pêcher ſa deſtruction par le deſſéchement de ſes fluides.

15. L'on a dit que la bave & l'urine du Crapaud étoient venimeuſes & corroſives, & ce ſans beaucoup approfondir. Je peux aſſurer que j'ai beaucoup manié de Crapauds; ils ont répandu ſur mes mains de la bave & de l'urine en abon-dance, & qu'il n'en eſt jamais réſulté aucun accident. M. d'Au-tel, Seigneur de Lavoncourt, entre Juſſey & Gray, en Franche-Comté, m'a aſſuré qu'un enfant de cinq à ſix ans, nommé

Nicolas Bourgoin, de ce Village, mangeoit tous les Crapauds vivants qu'il pouvoit attraper, sans qu'il lui en soit jamais arrivé aucun accident. M. Duhamel du Monceau m'a même assuré qu'un homme mangeoit par gageure de la bave de Crapaud sur du pain. Il est de fait que les Crapauds sont dévorés par beaucoup d'animaux; les canards sauvages & domestiques en avalent, ils n'en sont point incommodés; peut-être que l'âcreté que l'on attribue à l'urine du Crapaud est un *stimulus* pour aider la digestion & donner plus d'action aux fluides; cependant je ne dois pas taire une observation que j'ai faite récemment.

16. Mon chien de basse-cour est un dogue de forte race (*a*); il attrape les couleuvres & les autres reptiles. Plus curieux de cette chasse que de celle des lievres, je transmets mes goûts à ceux qui m'entourent. C'est un divertissement de voir ce chien prendre les couleuvres; la crainte avec laquelle il les approche, les bonds qu'il fait quand il les a saisis par le milieu du corps, & la passion avec laquelle il les agite pour les mettre en piece sont autant de mouvements qui intéressent le spectateur. Ce chien attrapa dernierement un Crapaud dans une prairie au bord d'une riviere; le Crapaud se sentant saisi lacha par l'anus une liqueur âcre, laquelle inonda la gueule du chien, & fit assez d'impression sur les glandes salivaires pour exciter dans l'instant une bave blanche, mousseuse & abondante. Le chien devint inquiet, il faisoit des efforts pour expulser cette bave qu'il remouloit sans cesse entre ses mâchoires. Au bout de quelques minutes, craignant que cet accident n'eût des suites, je jettai dans l'eau un morceau de bois; le chien s'y lança pour l'attraper, par ce moyen il se lava la gueule, sortit de l'eau gai & ne bava plus. Cette liqueur que les Crapauds & les grenouilles lancent quand on les attrape n'est point positivement leur urine, mais je suis porté à croire que c'est une liqueur destinée par la Nature pour humecter la sur-peau de l'animal si susceptible d'exsic-

---

(*a*) Il se nomme *Cerbere*.

Hh ij

cation, soit que cette liqueur soit portée de l'intérieur au dehors par tranfpiration, soit par afperfion; l'on fait que les grenouilles que l'on attrape pendant les plus grandes chaleurs à la campagne font toujours humides. Si le poiffon volant avoit un pareil réfervoir pour humeéter fes nageoires qui lui fervent d'ailes, il pourroit s'élever beaucoup plus haut, & prolonger fon vol qui, à proprement dire, n'eft qu'un faut.

17. J'ai obfervé que les tubercules dont la peau du Crapaud eft remplie, ce qui forme une multitude d'inégalités, font autant de glandes qui filtrent une liqueur laiteufe, fouvent fi abondante, que cette liqueur en fort pour le peu qu'on preffe ces efpeces de puftules, fur-tout dans les gros Crapauds, tel celui que j'attrapai dans le cimetiere de Luxeuil. Si l'on foupçonnoit les Crapauds des êtres galaétophages, on fe perfuaderoit que ces glandes font autant de mamelles deftinées à la fecrétion du lait pour la nourriture des jeunes, ce qui pourroit accréditer l'Hiftoire de la geftation que l'on a publiée fur le pipal qui eft un véritable Crapeau d'Amérique, lequel doit produire fes petits comme ceux d'Europe, c'eft-à-dire que le mâle féconde fa femelle, la délivre du chapelet de fes œufs; que l'humidité délaie la glaire qui enveloppe les germes que le foleil fait éclorre en tétards. Ces tétards à queues font des efpeces de nymphes qui fe développent infenfiblement à mefure qu'ils prennent de l'accroiffement; la tête s'ouvre un paffage, les jambes fe déploient, la queue rentre, le refte de l'enveloppe difparoit, & le petit Crapaud eft né. Je n'ai pu encore faire des obfervations affez exaétes pour favoir fi le petit Crapaud fe nourrit de vers ou d'autres infeétes, ou fi, dans fon enfance, il fuce l'humeur laiteufe que filtrent les glandes répandues fur le dos de leur pere & mere; lefquels ont en Europe, comme le Crapaud pipal d'Amérique, deux groffes excroiffances en forme de verrues aux deux côtés de la tête, qui font les organes de l'ouie. Ces glandes, ainfi que celles qui font répandues fur le corps du Crapaud, font tranfparentes lorfque la peau détachée de l'animal eft féchée, enforte qu'en regar-

dant le foleil à travers cette peau on apperçoit ces glandes comme des veficules tranfparentes, de même que celles ré- pandues dans les feuilles de l'*hypericum*, appellée pour ce *mille pertuis*, ce dont je me fuis convaincu avec une peau que jai enlevée d'un Crapaud qui avoit quatre pouces de longueur & deux pouces neuf lignes de largeur; il pefoit vi- vant quatre onces quatre gros trente grains : la peau fraîche pefoit quatre gros cinquante-quatre grains; les entrailles une once fix gros dix-huit grains; les os & la chair deux onces un gros trente grains; la peau deffechée pefe un gros & demi un demi-grain; elle a d'étendue fix pouces trois lignes de largeur fur cinq pouces & demi de longueur non compris les pattes.

18. L'Auteur de l'article du pipal, dans l'Encyclopédie, dit : » La femelle du pipal, *ou le pipa*, a le dos fort élevé, » large & couvert de petits corps ronds comme des pois & » fort enfoncés dans la peau; ces corps ronds font autant » d'œufs dans leur coque pofés très proche les uns des autres : » entre ces coques on voit de petites tubercules femblables » à des perles : lorfque l'on enleve la pellicule qui les re- » couvre, on diftingue les petits Crapauds (*a*) «. Cette hif- toire eft contredite dans l'explication de la Planche XXVI, figure II du même ouvrage, dans laquelle on voit les petits pipals nichés dans des alvéoles fur le dos de leur mere, comme les petits de la farigue qu'elle réchauffe après leur naiffance dans une poche qu'elle a fous le ventre. L'Auteur de l'explication de la Planche dit » que le pipal femelle dé- » pofe fes œufs fur le dos du mâle, & que la matiere mu- » cilagineufe qui accompagne le frai de ces animaux forme » une pellicule qui recouvre fes œufs & les contient dans » les alvéoles (*b*) «. Voilà donc deux récits contraires en faits dans le même ouvrage, puifque l'Auteur du Difcours annonce la naiffance des petits pipals fur le dos de la femelle,

(*a*) MM. de Mairan & Seba.
(*b*) M. d'Aubenton le jeune.

car il dit qu'on découvre les petits formés dans les tubercules dont elles font couvertes à côté des œufs, autre contradiction avec lui-même; & l'Auteur de l'explication de la planche affure que c'eft le mâle qui eft chargé de la geftation.

19. Un autre Auteur moderne (*a*) très eftimable, dit » que la femelle procrée fes petits dans fa propre peau, & » fur fon dos, où éclofent les œufs enveloppés de leur coque » & enfoncés profondément dans la peau, recouverts d'une » croûte membranneufe, d'un roux jaunâtre; que la diffi-» culté eft de concevoir comment l'humeur prolifique du » mâle peut percer le dos offeux de la femelle pour la fe-» conder; que ce fait eft digne d'admiration «.

20. Je penfe que ces récits copiés, font des jeux fabuleux de l'imagination des Voyageurs peu inftruits qui configment dans les faftes des Nations des vifions populaires (*b*). J'ofe les révoquer en doute. Ce qui me détermine à dire auffi ouverte-ment mon fentiment, c'eft que le pipal eft un véritable Cra-paud, conféquemment il doit fe propager à la maniere des nôtres, en fuivant les loix ordinaires de la génération; avec les modifications qui leur font particulieres. 2°. Des Natu-raliftes ont vu de petits Crapauds fe jucher fur le dos de leur pere & mere, foit pour y fucer le fuc laiteux des glandes dont j'ai parlé, foit pour fe faire porter lorfqu'ils font fati-gués ou par forme d'amufement; enfin ayant vu dans l'ac-couplement de très petits Crapauds mâles fur de très groffes femelles, ce qui eft affez ordinaire; car j'ai vu des Crapauds

---

(*a*) M. Bomare,

(*b*) M. Maffé dit dans fon Diction-naire des Eaux & Forêts (in-12, chez Vincent 1772) » que la grenouille eft » un infecte qui naît dans les eaux crou-» piffantes; que celle que l'on nomme » *verdier* eft muette, *rana arborea*; » qu'elle a un venin très dangereux; » que la grenouille fraie avec le Cra-» paud en Mai; que l'on en mange, » mais avec des rifques à caufe du frai » avec le Crapaud; que l'on diftingue la » grenouille du Crapaud par la peau qui » en couvre les cuiffes & qui fe dé-» pouille aifément, au lieu que celle du » Crapaud eft adhérente aux os & ne » peut s'enlever «. Par ce beau raifon-nement erroné, M. Maffé fait voir qu'il n'eft pas Naturalifte. Les ignorants publient des erreurs que les Savants ont peine à détruire, & la multitude qui aime à être trompée faifit avidemment le faux.

mâles qui n'avoient pas le fixieme du volume de leurs femelles, qui étoient cramponés deſſus pendant pluſieurs jours
que duroit l'acte de la fécondation, pendant leſquels la femelle ſe promene en portant ſon mari dans tous les lieux où
le beſoin ou le caprice la conduit. De ces faits, des Obſer-
vateurs peu exacts & qui ſe livrent au merveilleux ont fait
peut-être l'*Hiſtoire de la Génération du pipal.*

21. EN RÉSUMANT tout ce qui eſt contenu dans ces obſervations, j'ai fait voir que les Crapauds étoient ſujets à être rongés tout vivants par des vers qui ſont produits par des œufs
ou aſſiſes de mouches, leſquelles donnent après leur métamor-
phoſe des mouches bleue azur; que les Crapauds ne
meurent que lorſque le cervelet eſt endommagé par ces vers
qui naiſſent des œufs dépoſés dans leurs narrines par des
mouches qui ſont attirées par l'odeur infecte de la liqueur
muqueuſe corrompue dans les cornets du nez du Crapaud.
J'ai démontré que le Crapaud étoit ſujet, comme le ſerpent,
à quitter ſa peau, mais pluſieurs fois dans le cours de l'année,
qu'alors ils étoient couverts d'une ſueur; que leur couleur
étoit plus nette, plus vive, & qu'ils avalent leurs dépouilles;
que dans cet état de mue ils étoient malades, accident général à beaucoup d'eſpeces d'animaux; car les cerfs qui poſent
leur bois, les oiſeaux qui quittent leurs plumes, & les animaux qui renouvellent leurs poils éprouvent dans ces temps
des maladies de langueur.

22. J'ai fait voir que les Crapauds n'ont point de pierre
dans la tête qui ait pu accréditer le ſentiment de ceux qui ont
donné à ces pierres la fauſſe origine des bufonites; que les
Crapauds étoient couverts de glandes laiteuſes deſtinées ſoit
à la nourriture des jeunes Crapauds, ce que je n'ai pu conſ-
tater, ſoit ſimplement pour filtrer une humeur ſurabondante
& excrémentitielle; que ces glandes ſont tranſparentes lorſque la peau du Crapaud écorché eſt deſſéchée; que le Crapaud d'Europe, comme le pipal qui eſt le Crapaud d'Amérique, a deux paquets conſidérables de tubercules aux deux

côtés de la tête, qui font les organes de l'ouie. J'ai fait voir par ma propre expérience que les Crapauds pouvoient vivre long-temps fans prendre de nourriture, puifque j'en ai confervé neuf qui n'ont pas mangé pendant vingt-deux mois, qui cependant étoient fains & bien portants.

EXPLICATION

# EXPLICATION

## DE LA DEUXIEME PARTIE DE LA PLANCHE X.

*FIGURE premiere.* Ver qui ronge les crapauds vivants ;
il eſt groſſi à la loupe.

A. Eſt ſa bouche.

B. Son cul. C'eſt un trou rond dont les bords ſont garnis de
douze barbillons eſpacés de trois en trois.

CC. Cornes, que le ver alonge pour s'aider à marcher.

DD. Stigmates par où le ver reſpire.

E. Anus du ver. C'eſt l'extrémité du canal inteſtinal qui
regne dans toute la longueur ſur une ligne droite.

*Fig.* 2. Ver dans ſa grandeur naturelle.

*Fig.* 3. Ver en contraction.

*Fig.* 4. Ver en chryſalide.

*Fig.* 5. Œuf du ver, groſſi à la loupe : il eſt cannelé.

*Fig.* 6. Ver vu de profil : il eſt groſſi à la loupe.

*Fig.* 7. Mouche ſortie de la chryſalide ; elle eſt très groſſe
par proportion de celle de la chryſalide ; elle eſt velue
par-tout le corps ; c'eſt la mouche bleue qui dépoſe ſes
œufs ſur la viande corrompue.

*Fig.* 8. Mouche groſſie à la loupe ; elle a deux aigrettes ſur
deux tubercules qu'elle a au devant de la tête.

# OBSERVATION ANATOMIQUE

## SUR

# UN CHAT MONSTRUEUX,

## A DEUX FACES.

1. L E 30 Juillet 1771, une chatte noire de moyenne taille, née d'une chartreufe, âgée de vingt & un mois, a fait de fa troifieme portée quatre chats, dont le dernier eft né monftrueux, ayant en apparence deux têtes unies enfemble par l'occiput, le fommet & les côtés; la mere l'a étranglé en naiffant.

2. Ce chat, femelle, né à terme, pefe deux onces quatre gros quarante-cinq grains; il a de longueur depuis le fommet de la tête jufqu'à l'anus quatre pouces deux lignes; le corps eft couvert de poils fort longs; il eft blanc à la partie antérieure de la tête, fous la gorge & le ventre & aux extrémités des pattes; le refte de fa robe eft jafpée de gris chartreux & de jaune aurore.

3. La tête de cet animal eft la feule partie monftrueufe; le refte de fon corps ne préfente rien d'extraordinaire, fi ce n'eft la racine du cordon ombilical qui eft un peu plus à gauche qu'à droite: tout le refte eft dans l'ordre naturel.

4. La tête, plus groffe que de nature, a dix-fept lignes de face, c'eft un fixieme de plus que celle des chats de la même portée; elle paroît au dehors compofée de deux têtes unies irréguliérement par *l'occiput*, le fommet & les côtés; on fent la direction de la fymphife marquée par une ligne approfondie entre la jonction des os du crane, tel eft la future des fruits à noyau.

5. A ne confidérer cette tête que comme une feule, elle eft compofée de deux parties principales; favoir, l'occiput

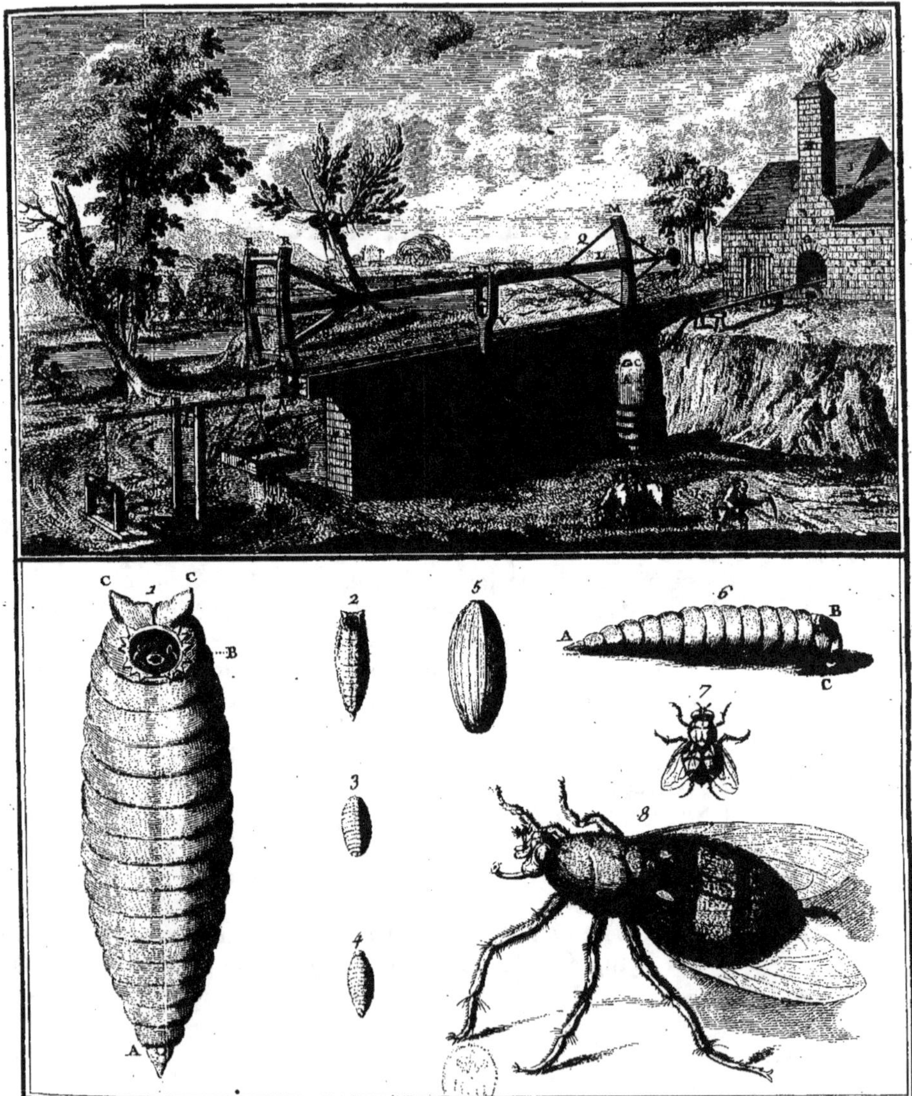
Fait par Grignon
de la Gardette Sculp.

qui paroît simple & commun, & la face qui est double ,
ayant deux museaux très distincts : chaque face a deux yeux,
une oreille, un nez, une bouche; l'ouverture de chaque
bouche du côté extérieur est dessinée & ouverte naturellement, mais la commissure de chaque bouche du côté de la
jonction est difforme comme ce que l'on appelle *bec de liè-
vre ;* la levre supérieure de ce côté étant coupée depuis la
narine jusque dans l'intérieur de la gueule, elle est détachée
de la partie charnue qui recouvre la mâchoire supérieure.
Les deux mâchoires supérieures de ce même côté intérieur
paroissent manquer en plus grande partie; ensorte que ces
deux gueules paroissent chacune n'avoir qu'une moitié de
mâchoire supérieure & extérieure, lesquelles étant réunies formeroient une mâchoire complette.

6. J'ai vu en 1761, à Saint Dizier en Champagne, un enfant mâle qui a vécu six semaines, lequel avoit comme ce
chat la levre supérieure fendue d'un côté jusque dans la narine & la voûte du palais séparée dans toute sa longueur.
Lorsque cet enfant ouvroit fortement la bouche pour crier ,
toutes ces parties se divisoient & se dilatoient considérablement, ce qui faisoit un spectacle hideux; cette difformité est
appellée vulgairement *gueule de brochet.*

7. Les yeux du chat dont les paupieres sont fermées sont
placés respectivement dans l'ordre naturel; ceux joignant la
jonction des faces se réunissent en une seule ouverture par
l'angle extérieur & supérieure des paupieres; ensorte qu'ils
ne paroissent en faire qu'un seul posé au milieu du front &
tel que l'on en a vus sur le front de certains beliers nés monstrueux.

8. Les oreilles sont situées de chaque côté extérieur des
faces un peu en arriere, pendantes & trop proches du col qui
est un peu plus gros que le naturel.

9. Les deux parties de la tête ne sont point unies symétri-
quement; celle du côté gauche est dans une position plus naturelle & plus conséquente au reste du corps, elle est la plus
grosse; la partie droite est retirée en arriere; elle est posée un
peu obliquement; elle est aussi sensiblement plus petite que
l'autre.                                        Ii ij

10. Ce chat monftrueux a beaucoup de rapport avec celui dont M. de Buffon donne la defcription & la figure fous le N°. DXL, Planche VIII, page 70, Tome XI de fon *Hiftoire Naturelle* in-12. Ces deux chats paroiffent avoir l'un & l'autre une double tête réunie par l'occiput, le fommet & les côtés ; mais celui dont il s'agit ici differe en apparence de celui du Jardin du Roi, en ce que fes bouches font difformes, qu'il leur manque une partie des mâchoires fupérieures ; que les deux portions de la double tête ne font point égales ; que l'une eft pofée obliquement à l'autre, & que le cordon ombilical eft attaché plus du côté gauche. M. de Buffon ne donne aucun détail des parties intérieures de ce chat monftrueux confervé dans le Cabinet du Jardin du Roi. J'ai cru devoir plutôt découvrir l'organifation intérieure de ce monftre, que de m'en tenir à une defcription des parties extérieures.

11. Par l'anatomie de ce chat monftrueux j'ai reconnu que tous les inteftins étoient bien conformés & naturels pour un feul individu. Le rectum étoit noir & très rempli de mœconium ; les inteftins grêles étoient blancs & ne contenoient rien ; une liqueur claire & gluante rempliffoit l'eftomac ; le foie & les reins étoient gros ; le cœur dans une fituation naturelle ; les poulmons petits & affaiffés fembloient n'avoir encore opéré aucune fonction vitale ; enfin il n'y avoit dans ces parties intérieures rien de frappant, rien d'extraordinaire ; mais par l'ouverture de la tête j'ai découvert des phénomenes dignes d'attention.

12. La partie poftérieure de la boîte offeufe de la tête eft fphérique ; elle eft compofée d'un occipital petit, & forme un demi-cercle, au centre du bord duquel vient aboutir la pointe du coronal qui forme un triangle dont le fommet eft un angle aigu ; les côtés font curvilignes, les angles de la bafe font mouffes, & au centre de cette bafe eft un cotiledon où devoit fe trouver l'œil commun aux deux faces, mais il eft entiérement oblitéré. Cet enfoncement, deftiné à fervir d'orbite à l'œil commun, eft pratiqué entre le coronal &

les deux frontaux ; il eſt formé des replis de ces trois os, d’une figure conique dans ſa profondeur, & elliptique dans ſa baſe. Les deux os pariétaux ſont bombés & très amples. Cette boîte n’eſt diviſée par aucune cloiſon oſſeuſe ; l’enfoncement que l’on ſentoit à travers la peau eſt ſeulement marquée, mais il n’y paroît point de ſutures ; celles des autres os du crane ſont tracées par des lignes ſaillantes.

13. Le cerveau eſt volumineux ; il peſe un gros ſoixante-quatre grains ; il eſt compoſé de deux parties principales, ſé-parées & diſtinctes, & chacune en deux portions unies à leur baſe ; ce cerveau paroît avoir été formé pour deux animaux. Le cervelet eſt petit & diviſé par une pellicule mince faiſant partie de la dure-mere, & communique à un ſeul canal qui contient la moëlle alongée.

14. L’œil commun aux deux faces n’exiſte que par la ſu-ture de la peau qui forme un demi-cercle compoſé des deux arcs des paupieres réunies ; l’organe de l’œil manque totale-ment ; l’orbite qui lui étoit deſtiné eſt petit & conique. Les yeux poſés à chaque côté extérieur des faces ſont bien con-formés ; ils ſont recouverts de pellicules qui les obſcurciſſent comme ceux de beaucoup d’animaux nouveaux nés, notam-ment les chiens & les chats.

15. J’ai ouvert les deux gueules : j’ai vu qu’elles ſe commu-niquoient par la partie intérieure ; que les deux langues étoient unies par leur baſe & n’en formoient qu’une, diviſée depuis les attaches en deux branches dont chacune s’avançoit au centre de chacune des gueules comme leur langue naturelle ; que les palais de ces gueules ſont diviſés depuis les foſſes na-ſales dans toute leur longueur par une ouverture qui com-munique tant au dedans qu’au dehors avec celle de l’intérieur du nez ; que cette ouverture eſt le long de la baſe de l’os per-pendiculaire du palais que l’on voit à découvert, & qu’elle s’éleve le long du vomer ; que le côté extérieur de chacune des gueules avoit une moitié de mâchoire ſupérieure bien conformée, mais que l’autre portion de ces mâchoires, du côté de la jonction, manquoit en plus grande partie, n’y en

ayant qu'une foible portion qui étoit ifolée à côté du conduit nafal qui eft ouvert dans toute l'étendue du palais; que l'on n'apperçoit d'arcade du palais que du côté extérieur. Les deux mâchoires inférieures font plus entieres; elles font unies enfemble & forment une figure trapézoïdale échancrée qui ne reflemble pas mal à un établi d'orfevre, de dix lignes & demie de largeur & de fix lignes deux tiers de profondeur ou longueur. Ces deux mâchoires inférieures font tronquées feulement dans l'endroit où elles s'uniffent au centre de la fymphife, où la preffion de la foudure a recourbé en avant les deux extrémités intérieures de ces mâchoires, ce qui forme un éperon qui faille obliquemènt, & fur lequel la peau étoit couverte d'un bouquet de poil plus long que l'autre & hériflé.

16. Ces deux gueules ont le pharinx, le larinx & l'œfophage communs; enforte que fi l'animal eût vécu, il eût été indifférent par quelle bouche il eût reçu la nourriture ; mais le mouvement des mâchoires eût été commun à caufe de l'adhérence des deux inférieures; cet animal eût été fujet à rendre par le nez les liqueurs dont il fe feroit nourri; mais il eft poffible qu'il eût vécu, puifque l'enfant dont j'ai parlé ci-deffus a vécu fix femaines, quoiqu'il ait eu dans la bouche la même difformité que ce chat avoit aux deux, c'eft-à-dire que le palais étoit ouvert longitudinalement & perpendiculairement depuis les foffes nafales jufqu'au dehors de la levre & de la narine, ce qui lui rendoit la fuccion du tetton pénible & imparfaite, & lorfque le lait couloit du fein de fa nourrice avec abondance, il le rendoit en partie par le côté difforme du nez. Depuis que j'ai donné à l'Académie cette obfervation, j'ai vu un taureau de l'âge de trois ans qui avoit, à peu de chofe près, la même difformité que ce petit chat; il avoit quatre cornes; les deux du milieu fe réuniffoient à leur bafe, ainfi que deux yeux qui n'en forment qu'un au centre du front; il avoit quatre narines, deux oreilles, & le mufle divifé crucialement, ce qui réfultoit de deux têtes confondues.

17. J'ajouterai une petite obfervation fur la mere de ce chat monftrueux.

18. J'ai élevé cette chatte & l'ai nommée Charbonnette à caufe de la couleur noire de tout fon poil; elle eft fingu-liérement carreffante fans perfidie; elle excelle dans les rufes de la chaffe aux oifeaux du jardin, & fur les pigeons. Ses deux premieres portées ont mal réuffi, parcequ'elle faifoit fes petits en courant & en fautant. Attaquée d'une efpece d'accès de folie caufée par les douleurs & l'épouvante que lui donnoient fes petits pendants à fa matrice, elle les dépo-foit dans tous les coins de la maifon fans leur donner des marques d'affection & de tendreffe. Sa premiere portée a été de quatre; fa feconde de cinq; cette troifieme eût été fans doute auffi de cinq, fi ce chat monftrueux n'eût abforbé une portion du germe du cinquieme.

19. Mais voici une obfervation plus intéreffante; c'eft que cette chatte eft fi facile à électrifer, fur-tout pendant l'hiver avec la main feulement, qu'au moindre frottement il fort de fon poil des étincelles abondantes & bruyantes, & que tenant une de fes pattes dans la main pendant que je l'élec-trifoit de l'autre, j'ai fentis plufieurs fois des fecouffes vives & douloureufes dans les articles des doigts, du coude & de l'épaule : commotions que je n'ai pu obtenir avec d'autres chats, quoiqu'ils produififfent des étincelles électriques.

20. Ayant trouvé dans un pré marécageux un nid de poule d'eau, dans lequel il y avoit cinq œufs, je les appor-tai à la maifon & les dépofai avec les petits chats dans la corbeille qui leur fervoit de berceau. Charbonnette ne les caffa pas; fa chaleur & celle de fes chatons firent éclorre les poulets d'eau au bout de neuf ou dix jours; mais elle fe paya des foins de l'incubation, en croquant les jeunes oi-feaux peu à près qu'ils furent éclos. Ne pourroit-on pas profiter de cette expérience pour faire couver des oifeaux étrangers, en prenant des précautions ?

# OBSERVATIONS
## DE PHYSIOLOGIE
### SUR DES SUJETS SEXDIGITAIRES.

1. Quoique la Nature femble être foumife à une loi générale & invariable, qui affigne à chaque individu d'une même efpece d'animaux, le même nombre de parties organiques, fituées toutes dans des pofitions femblables, régulieres & conféquentes aux fonctions qu'elles doivent remplir pour la confervation & la propagation de l'animal, il arrive cependant des accidents qui troublent fes opéra-tions & femblent la faire écarter de ces loix ordinaires : ce font ces accidents qui donnent l'exiftence à tous les ani-maux & végétaux monftrueux. Le phénomene dont je vais rendre compte femble être une végétation animale plutôt qu'une partie formée naturellement par la dilatation des germes animaux préexiftents.

2. Je paffois à cheval fur le finage de Bure (*a*), village fitué dans la Principauté de Joinville, fur la ligne qui fé-pare au Nord la Champagne du Barrois. Un jeune Pâtre, qui conduifoit au Village quelques vaches, me précédoit, il rappelloit fon chien ; j'apperçus dans fes attitudes, dans fes mouvements, & dans le fon de fa voix quelque chofe d'extraordinaire. Lorfque je l'eus atteint je le fixai ; fa dé-marche étoit vacillante, fon corps n'étoit point perpendi-culaire ; fes geftes étoient peu conféquents & le fon de fa voix étoit clapiffant : je vis qu'il avoit une efpece de fi-xieme doigt qu'il croifoit fur le bâton qu'il tenoit. Je lui

---

(*a*) Longitude 23ᵈ 12″ latitude 48ᵈ 54″.

demandai

demandai ce qu'il avoit à la main ; il me répondit en bégayant : *ha ! oui oui, il y a long-temps.* Je le fis approcher, & lui pris la main pour l'examiner. Je reconnus qu'il avoit un fixieme doigt à la main gauche ; que ce doigt, qui eft une bifurcation du pouce, prenoit fa naiffance à la bafe du premier os du métacarpe ; & que ce doigt eft, à proprement parler, un ergot ou une excroiffance en forme de branche de l'os, & non point un doigt prononcé & articulé, ayant fes attaches particulieres : tels ceux de ce fujet fexdigitaire fur lequel M. Morand a donné un excellent Mémoire. Ce doigt a la forme d'un pouce plus court & plus grêle que le pouce naturel auquel il eft adhérent ; il n'a pas d'articulation flexible, il a feulement deux plis dans le fens horifontal aux articles des phalanges qui font fans charnieres mobiles ; & le bout de ce doigt, qui eft garni d'un ongle court & étroit, eft tourné en dedans & vient prefque toucher le pouce , lorfque ces deux doigts font dans leur pofition naturelle.

3. Ce pouce furabondant n'a aucun mouvement par lui-même ; premiérement parceque les jointures des phalanges ne font point flexibles ; fecondement parceque ce doigt n'a point fes attaches propres, mais feulement quelques parties charnues recouvertes d'une prolongation des téguments ; troifiémement enfin parceque dans fa naiffance il eft foudé à l'os du métacarpe au-deffous de la premiere phalange du pouce naturel, au mouvement duquel il eft fubordonné ; & ces deux doigts ne peuvent être mis en mouvement l'un fans l'autre foit par des corps étrangers foit par les nerfs & les mufcles du pouce naturel.

4. J'examinai la main droite de ce jeune homme, je n'y trouvai point de fixieme doigt, mais elle n'eft pas bien conformée, étant torfe, déprimée & allongée. Je lui demandai s'il avoit quelque chofe aux pieds, il ne répondit pas à ma queftion ; je compris, par fes geftes & par fon clapiffement entrecoupé, qu'il vouloit me dire que fon fixieme doigt, qu'il me montroit avec plaifir, ne lui faifoit point de mal. Ce

K k

jeune homme a quatorze à quinze ans, eft petit pour fon âge; il eft très begue : je le jugeai imbécille; & étant très preffé, je le quittai fans plus d’examen.

5. Quelques jours après je rencontrai un Abbé (a) du village de Bure, d’où ce jeune homme fexdigitaire eft originaire, & qui le connoiffoit parfaitement. Sur l’empreffement que je lui témoignai d’avoir des éclairciffements fur ce phénomene, il me dit que ce jeune homme s’appelloit Claude Jaqueau, qu’il étoit fils d’un pere foible, petit, ragot & bazanné; que fa mere étoit grande & bien conftituée; qu’ils avoient eu cinq enfants, trois garçons & deux filles; que les filles étoient grandes, bien faites & bien conformées ainfi que leur frere aîné, qui étoit un bel homme, bien conftitué; mais que le fecond de leur frere étoit exceffivement noir, mal fait, petit & d’une fanté auffi foible que l’efprit, & qu’aucun autre enfant de cette famille n’avoit eu fix doigts, excepté Claude Jaqueau qui n’avoit pas les pieds difformes.

6. Je dois ajouter que dans ma jeuneffe j’ai connu un jeune homme qui a vécu environ vingt ans, qui avoit fix doigts aux mains & aux pieds; il fe nommoit Maulois; il étoit imbécille, muet de naiffance; n’articuloit d’autres fons que *guague, guague,* qui lui avoit fait donner le fobriquet *guague.* Il étoit de S. Dizier en Champagne, où il eft né dans le mois de Juin dernier un enfant qui avoit deux têtes fur un feul tronc, ayant quatre bras comme le Dieu Viftnou des Indiens, & trois jambes.

7. J’ai vu auffi à Châlons en Champagne un Particulier, âgé de trente-cinq ans, qui avoit le bout de tous les doigts des mains légérement fourchu, & avoit deux ongles à chaque doigt; lorfqu’il croifoit tous fes doigts enfemble par le bout, cette multiplicité d’ongles rendoit la vue incertaine & multiple tels les caracteres doublés d’une feuille d’impreffion mal tirée.

_______________________________________

(a) M. Paturet.

8. Les Obfervations détaillées ci-deffus, préfentent plufieurs fujets de réflexions & plufieurs conféquences à tirer.

9. Les germes, dans le principe de la génération, qui eft celui pour ainfi dire de leur développement par la chaleur & les fucs nourriciers de la matrice, font dans un état fi frêle, que le moindre choc trouble l'ordre de l'arrangement du type des corps qui en doivent réfulter. Si deux germes fe touchent ou fe confondent étant encore en état de liqueur, ou fi une partie de l'un eft amalgamée avec l'autre, ou fi les parties de plufieurs tronqués, font réunies dans leur état de moleffe, il en réfulte des monftres de différentes formes plus ou moins bifares qui s'écartent d'autant des formes naturelles. L'ordre du fyftême des parties organiques ne peut donc être troublé fans que le défordre ne foit communiqué aux principes de nos fenfations, de nos appréhenfions & de nos jugements ; puifque ces deux enfants fexdigitaires, dont je viens de parler, étoient tous deux begues & imbécilles ; c'eft donc que dans les germes les extrémités font fi proches du centre que le moindre ébranlement eft communiqué à toutes les parties, & que les commotions les plus légeres peuvent déranger tout le fyftême & l'économie de l'individu qu'ils doivent former, & changent par là les organes des fens qui perçoivent mal les objets & leurs rapports, d'ou il réfulte de fauffes idées & des jugements inconféquents ( *a* ); ce qui eft prouvé par ce principe de phyfique & de métaphyfique :

*Nihil eft in intellectu quod non prius fuerit in fenfu.*

10. Une feconde réflexion tombe fur la férie des enfants de différent fexe dans une même famille. Il eft affez ordinaire que les mâles retiennent plus les traits & les affec-

---

(*a*) Les coups à la tête qui dérangent l'organifation, troublent les opérations du cerveau, & produifent fouvent l'imbécillité, la folie, la manie. L'ivreffe, produit le même effet par trop de compreffion.

K k ij

tions du pere que de la mere, & que dans les femelles on reconnoiſſe les inclinations & les formes de la mere plutôt que celles du pere. Ne peut-on pas rapporter la conſtitution du genre & ce rapport de traits à l’appétit plus marqué & plus preſſant dans l’un que dans l’autre individu accouplé ? Le pere de Jaqueau eſt foible, mal conſtitué, il a fait deux garçons mal conſtitués & malvenants. Sa mere eſt grande & bien faite, elle a donné le jour à deux filles auſſi bien conſtituées qu’elle. L’on dira ſans doute, il ſe trouve un autre fils qui eſt grand & bien fait, qui n’a aucun vice radical du pere : mais je réponds, qu’il peut y avoir de l’incertitude ſur la proceſſion du pere, ſi l’on n’eſt aſſuré du contraire. Cet enfant d’une belle forme, ſenſé né d’un pere mal organiſé, peut être le produit d’une ſemence étrangere, car les Phyſiciens n’adoptent pas la loi *ille pater eſt quem nuptiæ demonſtrant*, publiée pour aſſurer l’état des enfants & le repos des familles ; mais ils ſoutiennent la vérité de cet axiôme *par parem generat.* Cet axiôme vient d’être démontré par la femme d’un Cabaretier du village de Faremont, entre Vitry & S. Dizier en Champagne, laquelle eſt accouchée en 1773 de trois enfants dont un blanc, probablement de ſon mari, & de deux negrillons, dont un negre lui avoit fait préſent pour payer ſa dépenſe. Cette même femme, deux ans avant, avoit donné le jour à un enfant bec de lievre, qu’un Chauderonnier, qui avoit cette difformité, lui avoit fait : elle s’eſt diſculpée de ſa facilité à ſe prêter à ſes hôtes ſur les frayeurs que les regards du Negre & du Chauderonnier lui avoient inſpirées dans les premiers inſtants de la conception : mais perſonne ne l’a cru.

# OBSERVATION

# HIPPOTOMIQUE,

## CONTENANT

## LA DESCRIPTION D'UN ACCIDENT PARTICULIER

## A CERTAINS CHEVAUX ÉTRANGERS,

Et que les Écuyers appellent *COUP DE LANCE.*

*Nunc ego nobilium venio spectator equorum.* Ovid. *Eleg.* 3.

1. J'avois besoin d'un cheval de monture : je fus, en Juillet de l'an 1760, à Bar-le-Duc, ville capitale du Barrois-Mouvant : cette ville fait un commerce considérable d'importation & d'exportation avec l'Allemagne, pays où les vins & les eaux-de-vie du Barrois sont en très grande réputation.

2. La France avoit alors une armée nombreuse en Allemagne pour soutenir, de concert avec les Impériaux, une guerre sanglante contre l'Angleterre, la Prusse & la Russie. Ce dernier Empire comprend dans ses provinces une partie de la petite Tartarie, qui est bornée au Nord par la Mer Noire : la Russie est aussi en relation de commerce avec la grande Tartarie (l'ancienne Scythie) qui confine avec la Chine.

3. Lorsqu'une Puissance a résolu d'entreprendre une guerre de plusieurs campagnes, elle fait faire des levées de chevaux chez tous ses voisins, ses vassaux ou ses alliés, pour remonter sa cavalerie. Les rigueurs de l'hiver suspendent les opérations de la guerre. Pendant cette saison, les troupes prennent des quartiers, & les Officiers, des semestres pour venir dans leurs familles régler leurs affaires domestiques.

Souvent après avoir perdu tous leurs chevaux & leurs équipages, ces Officiers font obligés d’en achetter d’autres pris fur l’ennemi. Ce font ces échanges forcés qui tranfplantent des chevaux d’un bout de l’hémifphere à l’autre.

4. Ayant examiné fur la foire de Bar un piquet de chevaux, j’en diftinguai un qui me plût par fes formes, par la couleur de fon poil, & fur-tout par fon air de fierté & de vivacité; il tranchoit fur tous ceux du nombre defquels il étoit. Je le fis détacher, & après en avoir confidéré les allures qui me prévinrent en fa faveur, je le fis arrêter pour faire l’examen de chaque partie, fuivant les confeils des meilleurs Ecuyers.

5. Ce cheval avoit quatre pieds fix pouces de hauteur depuis la bafe du quartier du fabot jufqu’à la naiffance du garrot, l’encolure forte pour un hongre, la tête médiocrement groffe, l’oreille courte & fixe, le chanfrein droit & bien perpendiculaire; l’œil gros, faillant & très tranfparent; le garrot élevé, le corps plein, bien traverfé & ramaffé, la côte ronde, les épaules plates, & leur jeu libre, beaucoup de reins, la croupe arrondie, les jambes d’une groffeur médiocre & hautes, ouvertes du devant & un peu ferrées à l’arriere-main; il avoit le nerf gras, le fabot petit, creux, la corne dure & rayée; il portoit tous fes crins, la queue longue & touffue, la criniere fournie; le poil de fon corps n’étoit pas ras, celui des jambes étoit plus long que celui du corps; fa couleur étoit l’alezan; il étoit zain; avoit alors fept ans; & j’ai reconnu depuis qu’il étoit bégu.

6. En cherchant fur le corps de ce cheval certaines marques qui font peut-être chimériques, mais que les Maquignons vantent beaucoup, & que les Ecuyers mettent au nombre des fignes de la bonté des chevaux, je trouvai des épis à plufieurs endroits, notamment un de chaque côté de la ganache, montant perpendiculairement fur le col; je découvris auffi *l’épée romaine* qui eft une autre efpece d’épi couché horifontalement fous la criniere du col du côté droit. Mais je ne fus pas peu furpris d’appercevoir un *cotiledon,* ou

enfoncement dans les chairs, sur la ligne centrale du col au milieu de l'encolure ; j'y portai le doigt, la peau cédoit, & le doigt pénétroit de plus d'un pouce dans la profondeur de cette fossette, qui formoit une espece de canal dont la direction étoit oblique de haut en bas & de la tête au poitrail. Cet enfoncement présentoit à l'idée l'effet de la cicatrice extérieure d'un abcès avec perte de substance; mais ayant examiné les choses de près, je ne découvris aucun poil blanc, accident ordinaire aux endroits où le cheval a été blessé, & où la peau a été entamée (*a*). Je tirai la peau en tous sens; je n'y reconnus ni adhérence, ni reprises, ni suture. Je passai sur ce prétendu défaut que le marchand me dit être *du naturel de l'animal*, sans pouvoir me donner aucun éclaircissement sur sa nature : il me jura avoir acheté ce cheval d'un Capitaine de Hussards qui revenoit de l'armée, & qui lui avoit assuré que ce cheval venoit de Tartarie. Je conclus marché à ma satisfaction, car les emplettes qui plaisent en ce genre sont toujours au-dessus de la valeur que l'on en a donnée : souvent, peu de temps après, des défauts que l'on n'avoit point apperçus, d'autres cachés qui ne se démasquent que par l'usage & le temps, donnent lieu de penser autrement : mais les bons services que j'ai tirés de ce cheval m'ont confirmé dans la haute idée que j'en avois conçue.

7. Ce cheval, malgré sa grande vivacité, étoit sage: j'en eus une preuve en revenant de la foire sur laquelle je l'avois acheté : car, ayant été surpris en route à dix heures du soir, près de Savoniere, par un orage terrible qui couvrit tout-à-coup la terre de l'obscurité la plus absolue qui inspiroit l'horreur, & qui n'étoit interrompue que par des éclairs dont les trop vives sensations nous ôtoient la faculté de voir ; le tonnere ne cessoit de répandre la terreur par la force de ses explosions continuelles & multipliées dans toute l'atmos-

---

(*a*) C'est de cet accident, que les Maquignons tirent parti, pour faire venir une pelotte aux chevaux zains. Pour y réussir, ils brûlent la peau au front à l'endroit de la rosette avec une pomme cuite brûlante, ou avec un fer chaud, pour faire blanchir le poil.

phere qui couvroit l’horifon; une pluie abondante, pouffée par un vent impétueux, nous inondoit; enforte que la maîtreffe de pofte de la Neuville, moi & mon domeftique, fûmes obligés de mettre pied à terre, de refter en pied, la bride de nos chevaux en main, pendant une heure & demie que dura la violence de l’orage & l’obfcurité, fans favoir où nous étions, quoique nous ne fuffions pas à une lieue de mon domicile; pendant tout ce temps, ce cheval ne fit aucun mouvement violent : accoutumé au bruit du canon & du tumulte des armes, le tonnere lui fit peu d’impreffion; il témoigna feulement, par quelques henniffements, fon impatience & le befoin de manger : nous n’en avions pas moins que lui.

8. Lorfque je fus de retour à la maifon, je m’empreffai, pour me tirer d’inquiétude, de m’éclaircir fur la nature & les fuites de cet enfoncement que mon cheval avoit au col. Je lus dans M. de Garfault le chapitre qui traite des fignes particuliers à certains chevaux. Cet Auteur dit, chap. 4, pag. 16, „ que quelques chevaux Barbes, Efpagnols & Turcs, „ naiffent avec une efpece de gouttiere qui va le long d’une „ partie du col fur le côté ; que cette marque paffe pour „ bonne; qu’elle fe nomme *coup de lance*, & qu’elle eft „ fondée fur l’hiftoire fabuleufe d’un cheval Turc, qui reçut „ un *coup de lance* à la jonction du col à l’épaule, & que „ ce cheval a tranfmis cette marque d’honneur à toute fa „ race „. Il paroît que M. de Garfault n’a jamais vu de chevaux qui portaffent le *coup de lance*. M. Bourgelat, dans fes *Eléments de l’Art Vétérinaire*, dit au dernier paragraphe, „ que le *coup de lance*, ou cavité fans cicatrice, que l’on re-„ marque quelquefois au bas du bras & quelquefois à l’en-„ colure, eft plus commun, felon quelques-uns, dans les „ chevaux Turcs, dans les chevaux Barbes & dans les che-„ vaux d’Efpagne, que dans d’autres, ce qui fembleroit fe „ concilier avec la fable ridicule qu’on a débitée à ce fu-„ jet „. Cette obfervation n’eft pas lumineufe.

9. Soleyfel entre dans un grand détail fur *le coup de lance*. Il dit, dans fon *Parfait Maréchal* : „ Il y a des chevaux „ Turcs,

» Turcs, Barbes & d'Efpagne, qui ont le *coup de lance*.
» Tout le monde fait grand cas de cette marque, & les che-
» vaux qui l'ont font extrêmement eftimés; elle eft fituée
» à l'épaule ou à l'encolure, aux uns plus haute, aux au-
» tres plus baffe, qui eft l'endroit où l'on dit que l'étalon
» l'a reçue autrefois; & tant pour la fatisfaction des Cu-
» rieux, que pour l'explication de cette marque, j'en rap-
» porterai l'hiftoire, qu'on eftime véritable : mais qu'elle le
» foit, ou fabuleufe, comme il y a beaucoup d'apparence,
» en voici les termes... Un cheval Turc, des plus excellents
» du Pays, fous un Général d'armée , d'autres difent que
» c'étoit un cheval Barbe, fous un Roi de Tunis, reçut
» dans une bataille, un coup de lance à l'épaule : étant ef-
» tropié du coup, on le mit au haras pour avoir race, comme
» d'un très excellent étalon; tous les poulains qui en font
» provenus ont eu la même marque du coup, qui s'eft tranf-
» mife à tous fes fils & petits-fils, & la marque a toujours paf-
» fé pour avantageufe. On connoît ce coup à l'épaule & au
» col, où il y a un creux fans aucune apparence de cicatrice ;
» il femble qu'il y ait eu une grande plaie, à caufe de la
» cavité qui eft reftée : ce coup fe voit quelques fois au de-
» vant de l'épaule , quelquefois au bas de l'encolure. Il
» y en a qui affurent que le coup traverfa. Voilà ce que j'ai
» appris du *coup de lance* , & je l'ai vu à des Barbes, à
» des Turcs & à des chevaux d'Efpagne tous très excel-
» lents «. Cette longue hiftoire ne m'apprenant rien de l'é-
tat intérieur du *coup de lance*, ni de pofitif fur fon effence,
je cherchai inutilement dans l'Encyclopédie des éclairciffements plus fatisfaifants : il n'eft fait mention du *coup de
lance* dans aucun article de ce Dictionnaire, dans lefquels
il en auroit pu être traité.

10. Je lus avidement l'Hiftoire Naturelle du cheval &
fa defcription par MM. de Buffon & Daubenton. Ce dernier, qui ne laiffe rien à défirer dans fes defcriptions, s'é-
tend plus que M. de Garfault fur le *coup de lance* , & dit
Tome VII, 2ᶜ Partie in-12, page 377, d'après Soleyfel &

L l

les Auteurs antérieurs, » qu'il y a des chevaux Turcs, Bar-
» bes & Espagnols, qui ont au col & à l'épaule, ou à la
» jonction du col avec l'épaule, tantôt plus haut, tantôt plus
» bas, un creux assez profond, que l'on appelle *coup de*
» *lance* «. M. Daubenton rapporte ensuite l'histoire de son
origine, citée par Soleyfel & M. de Garsault, & finit par
cette réflexion : » Je crois que cette histoire doit passer pour
» une fable, quoiqu'au fond il ne soit pas impossible qu'un
» étalon transmette aux chevaux qu'il engendre les mar-
» ques qu'il auroit, de quelque espece qu'elles fussent ; que
» le *coup de lance* est plutôt l'effet d'une conformation par-
» ticuliere à certains chevaux, *comme les falieres* ; au reste
» j'e n'en ai jamais vu qui aient cette marque ; & pour sa-
» voir ce que c'est, il faudroit au moins en avoir disséqué «.
J'ai rapporté ces descriptions de différents Auteurs, parcequ'elles ont chacune quelque chose de particulier, afin de
répandre plus de lumiere sur mon objet.

11. M. de Buffon, même volume, page 356, fait une
description des formes & des qualités des chevaux Tartares,
que je trouve très analogue au mien ; & d'après les observations de ces deux Auteurs célebres, je me persuadai que
mon cheval étoit Tartare, & qu'il avoit le coup de lance.
Nul Auteur que j'avois consulté n'ayant vu ou disséqué de
chevaux qui aient cette marque, je prévoyois qu'un jour je
pourrois donner des éclaircissemens sur la nature de ce
coup de lance. Ces réflexions ne contribuerent pas peu à
relever le mérite de mon emplette.

12. J'ai conservé douze ans ce cheval ; il m'a servi sept ans
de monture ; il étoit brillant sous l'homme, vif & courageux :
il n'attendoit pas pour partir que je sois en selle, à moins
qu'un palfrenier ne le tînt ferme en bride ; sans cette précaution, aussi-tôt que je posois le pied sur l'étrier du mon-
toir il partoit. Ses allures favorites étoient le trot & le galop ;
sur la fin il prenoit l'aubin. Il aimoit la compagnie des autres chevaux qu'il animoit en voulant toujours les précéder ;
& lorsque j'étois avec d'autres Cavaliers, qu'il m'arrivoit de
m'arrêter pour considérer quelque chose, alors impatient

d'être en arriere, il piaffoit, & en lui rendant la bride, il faifoit un petit henniffement perçant qui n'étoit qu'un feul cri, partoit comme un éclair, & voloit jufquà ce qu'il fût en tête des autres chevaux. Ses mouvements étoient doux. Il n'attendoit ni le fouet, ni l'éperon; les feules impreffions de la main, des cuiffes & des jambes fuffifoient pour le diriger. Auffi courageux que vif, j'ai fait avec lui fouvent dix & douze lieues d'une traite fans qu'il marquât d'impatience ni de laffitude. Il avoit la manie, lorfqu'il marchoit de conferve avec d'autres chevaux, de tirer toujours à droite. Il dormoit étendu de fon long fur le côté; il mangeoit avidement l'avoine; cependant étoit fobre dans fes repas : il n'a jamais été malade; toujours gai & gras malgré la fatigue; il a confervé jufqu'au bout de fa carriere toutes fes dents, & fes yeux fains & vifs, mais fes jambes fe font ruinées à quatorze ans. Après m'avoir fervi fept ans de monture, je fus obligé de le mettre à la charrue, parceque fes jambes s'étoient engorgées & redreffées au point qu'il bronchoit fouvent; enfin dans le mois d'Avril dernier (1772) je ne pouvois plus tirer de lui aucun fervice, parceque l'écoulement des eaux de fes jambes, & plufieurs javars, lui caufoient de fi vives douleurs, qu'elles l'empêchoient d'appuyer les pieds affez ferme pour pouffer le collier : malgré fes infirmités, il avoit encore l'air vif & fier.

13. N'ayant pas été élevé parmi les Mufulmans qui fondent des Hôpitaux dans lefquels leurs chevaux de diftinction font hébergés pendant leur vieilleffe jufqu'à leur mort naturelle, je me fuis contenté de faire paffer ce cheval par les armes pour honorer la nobleffe (a) de fon origine fuivant l'opinion vulgaire.

14. Par l'Anatomie, j'ai reconnu que ce creux, nommé *coup de lance*, étoit un petit canal de huit lignes de diametre environ, & de quinze lignes de profondeur, dont la direc-

---

(a) L'on fait avec quel foin fcrupuleux les Arabes confervent la généalogie des chevaux nobles, les attentions qu'ils ont, à leur naiffance, de configner leur état dans des actes fignés du miniftere public.

tion étoit oblique de haut en bas & de la tête au poitrail. Ce canal étoit situé au centre de l'encolure du côté droit, dans le milieu & au bord du muscle mastoïdien, du côté de la trachée-artere, formé par l'oblitération d'une portion de la partie charnue de ce muscle, sous l'aile droite de la quatrieme vertebre cervicale, à laquelle il répondoit. L'on appercevoit dans le fond des portions des aponévroses des muscles *splenius* & du sterno-angulaire qui s'épanouissoient sur la vertebre sans parties charnues ; & ces fibres tendineuses avoient au plus une ligne d'épaisseur. L'on découvroit l'attache aponévrotique d'un muscle qui communique avec le trapeze ; elle étoit soutenue au-dessus des précédentes par le corps charnu du mastoïdien, traversant perpendiculairement la ligne centrale du col, & formoit une espece de cloison qui fermoit le canal ; ensorte qu'en introduisant le doigt en sens contraire à sa direction, c'est-à-dire du poitrail à la tête, on sentoit alors de la résistance.

15. Mon fils, en examinant les parties qu'il anatomisoit, crut appercevoir un enfoncement à la surface du corps de la vertebre, au point qui répondoit au fond du canal ; mais ayant fait détacher cette vertebre, après l'avoir fait bouillir vingt-quatre heures dans de l'eau pour en détacher les parties charnues & tendineuses, je n'y ai rien apperçu d'assez marqué pour le consigner. J'ai observé seulement que les angles de toutes les vertebres cervicales étoient un peu arrondies comme dans tous les vieux sujets ; celui-ci avoit dix-neuf ans.

16. Il résulte de cette observation, que cette marque en forme de canal, que l'on nomme *coup de lance*, que certains chevaux portent dès leur naissance en diverses parties du corps, peut être, suivant le sentiment de M. Daubenton, l'effet d'une conformation particuliere à certains chevaux (*a*) ;

______

(*a*) Je n'ai pas adopté la comparaison que fait M. Daubenton du *coup de lance* avec les salieres, parceque ce *coup de lance* n'est qu'accidentel à quelques especes de chevaux, & qu'il s'apperçoit en diverses parties du corps ; au lieu que

que cette marque peut avoir pour principe un *coup de lance*
ou autre blessure, ou enfin une mutilation quelconque, guérie dans un étalon qui en auroit transmis l'impression à quelque individu de sa race. L'on peut même, sans avoir recours
à l'histoire du *coup lance* que reçut ce cheval Turc, au rapport de Soleysel qui l'a copié d'après d'anciens Auteurs,
trouver la cause de cet accident dans un fait commun à toutes les especes d'animaux. Mais en ne considérant ici que le
cheval, il est de fait que dans tous les endroits où le poil
fait la rosette ou l'épi, c'est-à-dire où il tournoie, où il se hé-
risse par l'opposition de poil à poil, il y a un vuide plus ou
moins considérable sous la peau dans cet endroit. M. de la
Fosse (*a*), qui est de ce sentiment, a reconnu, par l'anatomie des parties charnues situées sous les tourbillons de poil,
que les aponévroses des muscles plongeoient tout-à-coup,
& qu'il se trouvoit entre les tendons d'un muscle & la partie charnue du muscle voisin une séparation qui va jusqu'à
l'os qui y correspond. Il y a beaucoup d'endroits sur certains
chevaux sur lesquels on peut faire cette observation, particuliérement au col, au poitrail, au bras, au grasset, aux
hanches; & comme au centre du front il y aussi une rosette
à l'endroit de la pelotte, & qu'il n'y a point en cet endroit de
parties charnues, la peau y est bien plus adhérente que par-
tout ailleurs.

Je pense que les parties d'un fœtus ne prennent leur grosseur respective que par une expansion successive; que dans
leur principe elles ne sont pour ainsi dire que dessinées; qu'il
peut se trouver dans la matrice des causes qui empêchent le
développement total & l'extension de ces parties, leur ap-
prochement & leur liaison. Les accidents que l'on nomme

---

les salieres sont toujours situées au-dessus
de l'œil du cheval, & qu'elles sont de
l'essence de la construction de sa charpente en général, que le plus ou moins
d'affaissement de la peau & des parties
grasses dans cet endroit dépend de l'âge

de l'individu ou de ceux qui l'ont en-
gendré.

(*a*) M. de la Fosse ne parle dans aucun
endroit de ses Ouvrages du *coup de lance*,
& il m'a dit qu'il n'avoit point vu de
chevaux qui portassent cette marque.

bec de lievre, gueule de brochet, les fontanelles, la suppreſ-
ſion & l'oblitération de quelques portions des extrémités,
les exomphales dans les enfants dont les muſcles de l'abdomen ne ſont pas réunis ſous le nombril, ſont des preuves
ſur leſquelles j'appuie mon principe. Il peut donc être arrivé qu'un cheval ait eu au col un de ces enfoncements,
par défaut d'union des muſcles ſous la roſette de poil où il
ſemble que les parties conſtituantes ſe ſont heurtées en
s'approchant; que ce cheval ait tranſmis ce défaut de confor-
mité par gradation aux individus de ſa poſtérité, ce qui
auroit produit le même effet que le *coup de lance* ou le dépériſſement des chairs par un abcès cicatriſé, cauſes auxquelles on a recours pour expliquer ce phénomene. Ces diverſes opinions peuvent être fondées, & je vais les appuyer
par pluſieurs obſervations ſur des faits dont j'ai été témoin.

17. J'ai vu au Château de Ruetz, Commanderie en
Champagne, l'an paſſé, un petit chien qui étoit né ſans
queue, d'une mere à laquelle on avoit coupé, dans ſa jeuneſſe, la queue ſi près du coccyx qu'il n'en paroiſſoit aucun
veſtige. Une autre chienne à Joinville, n'ayant pas plus de
queue que celle dont je viens de parler, a fait trois portées
de chiens nés ſans queue (*a*). En mil ſept cent ſoixante-trois,

---

(*a*) Je ne peux mieux faire que de copier ici une bonne obſervation de M. de
Chalette, dont le goût pour l'hippiatrique lui a fait approfondir cette partie.
Dans ſa lettre du premier Août mil ſept
cent ſoixante-douze, parlant du *coup de
lance*, il dit : »Ce point d'hippiatrique, en-
» tiérement neuf & tout-à-fait intéreſ-
» ſant, n'avoit été éclairci par aucune
» perſonne avant vous; vous l'avez fait
» de façon à n'y plus revenir. Je ſuis de
» votre ſentiment ſur les cauſes de ces
» marques ſingulieres & ſur leur propa-
» gation. J'ai obſervé pluſieurs fois,
» ainſi que vous-même chez moi, des
» chiens ſans queue engendrer d'autres
» chiens ſans queue. La molette du front
» ſe perpétue dans toutes les races de
» chevaux. Le *coup de lance* n'eſt peut-
» être ſi rare parmi nous, que parce-
» qu'aucun de nos haras n'eſt fourni de
» chevaux qui portent cette marque :
» peut-être encore le climat influeroit-il
» ſur cette conformation particuliere
» que certaines circonſtances détermi-
» neroient dans quelques chevaux plu-
» tôt que dans d'autres; il ſeroit néceſ-
» ſaire, ce que nous ne pouvons pas,
» de ſuivre les premiers depuis leur naiſ-
» ſance juſqu'à leur parfait accroiſſe-
» ment. On ſait que les chevaux des
» pays chauds ont les os plus durs que
» ceux des pays froids; qu'ils ſont plus
» nerveux, plus ſecs, s'il eſt permis de
» le dire, ce qui pourroit peut-être con-
» tribuer à la formation du canal du *coup*

l'on avoit conſtruit à l'Hôtel des Invalides un hangard pour des Charpentiers. Des rats venoient manger le lard avec lequel les ouvriers graiſſoient leurs lacerets & leurs tarrieres : un jeune homme en attrapa un, lui coupa la queue & lui rendit la liberté. Quatre mois après on démolit le hangard, & l'on trouva une nichée de ratons qui n'avoient point de queue.

18. Pluſieurs familles conſervent de générations en générations des foſſettes au menton; d'autres dans d'autres parties du corps : l'on a vu ſe perpétuer des prolongations du coccyx (a) dans quelques-unes. Je connois une famille dont partie des individus porte des loupes à la tête qui ne ſe développent qu'à un certain âge.

19. Varinot, Tiſſerand à S. Dizier, avoit une difformité à la main droite dont il n'y avoit que le pouce & le petit doigt d'articulés, de bien prononcés & de ſéparés; les trois autres doigts intermédiaires étoient réunis en une maſſe molle, conique, ſans mouvement. Il avoit hérité cette difformité de ſon pere; il l'a tranſmiſe à un de ſes fils à la même main, & abſolument ſemblable; ſes autres enfants ont eu auſſi différentes difformités dans les mains, mais moins conſidérables.

20. Un particulier de Joinville, nommé Ballet, porte une gouttiere profonde qui pénetre dans la narine gauche, deſcend perpendiculairement juſqu'au bord de la levre ſupérieure où elle forme une petite échancrure anguleuſe : l'on croit y appercevoir la future d'un bec de lievre; cependant cet homme

---

» *de lance*, on à le rendre plus apparent. » La perte de la voix des chiens, le chan- » gement de la laine en poil dans les mou- » tons tranſplantés ſous les climats très » chauds, ſont des preuves bien ſenſibles » des influences de la tempéramre; au reſte » ces conjeȼtures ſont ſi vagues qu'elles » ne peuvent être regardées comme cauſe » efficiente, mais comme accident auxi- » liaire. Il faut toujours remonter avec » vous à la premiere formation «.

Cette réflexion eſt très ſage. M. de Monteſquieu, qui penſe de même ſur l'influence des climats, eſt fort mal-à-droitement relevé par M. de Voltaire qui n'eſt pas auſſi bon Naturaliſte qu'il eſt bon Poëte charmant, élégant & ſublime.

(a) L'on m'a aſſuré qu'à Metz il y avoit eu une famille d'hommes à queue, & qu'en 1736 il y avoit deux individus exiſtants avec cette produȼtion luxurieuſe de la Nature.

eſt né avec cette légere difformité qui peut venir d'un bec de lievre d'un de ſes ancêtres auquel on auroit fait l'opération : ce particulier a tranſmis à ſa fille aînée la même marque, qu'elle communiquera ſans doute à quelques-uns de ſes enfants; car ces tranſmiſſions ſautent ſouvent une ou pluſieurs générations.

21. Les chevaux Eſpagnols, Turcs & Barbes ne ſont donc pas les ſeuls qui portent *le coup de lance*, puiſque le cheval dont il eſt ici queſtion étoit Tartare. Les circonſtances de la guerre & de ſon théâtre au temps auquel je l'ai acheté, jointes à l'affirmation du Capitaine de Huſſards qui l'avoit vendu au marchand duquel je le tenois; ſes formes & ſon caractere ſi conformes à la deſcription que M. de Buffon fait des chevaux Tartares, levent tout doute ſur l'origine de ce cheval. L'on ſait que les peuples de la Tartarie cultivent beaucoup de chevaux, & qu'ils y apportent d'autant plus d'attention, qu'une partie de ces peuples qui ont encore pour arme l'arc & la lance, vivent avec leurs chevaux pour ainſi dire en ſociété; qu'ils en font un ſi grand uſage dans leurs courſes & dans la guerre, qui eſt leur élément, que les Hiſtoriens nous diſent que les chevaux Tartares firent la conquête d'une partie de la Chine; que les peuples de la Tartarie ſe nourriſſent, par un goût particulier, du ſang & de la chair des chevaux; qu'ils ſe déſalterent avec le lait de leurs juments, & s'enivrent avec la liqueur fermentée qu'ils ſavent préparer avec ce même lait, liqueur que l'on nous aſſure être auſſi violente que nos eaux-de-vie.

22. Il eſt étonnant qu'aucun Auteur d'hiſtoire naturelle, Ecuyer ou Maréchal, n'ait eu occaſion de décrire, *ex viſu*, ce coup de lance; puiſque nous tirons des chevaux d'Eſpagne, que l'on voit aſſez ſouvent en France des chevaux Barbes & Turcs. Dans la derniere ambaſſade que le Grand Seigneur envoya en 1740 au Roi, Mehemet-Effendi remit à Sa Majeſté, de la part de ſon Maître, de riches préſents, entre autres des chevaux Turcs des plus nobles races, & ce magnifique Ambaſſadeur avoit une nombreuſe ſuite d'Offi

ciers

ciers & de valets-de-pied montés fur des chevaux Turcs ; c'étoit fans doute une occafion bien favorable de voir des chevaux portant cette marque finguliere, & d'en faire une defcription anatomique.

23. Je finis par une obfervation qui m'a frappé depuis que j'ai été en poffeffion d'un cheval qui portoit le coup de lance. Dans un tableau d'un très grand détail, qui repré-fente la bataille que Conftantin livra à Maxence dans les en-virons de Rome, près du Pont *Milvius*,& au-deffous duquel Maxence avoit fait conftruire fur le Tibre un pont de ba-teaux, lequel devoit fe rompre par le milieu en retirant des chevilles de fer qui en arrêtoient les deux parties. C'étoit une embufcade que Maxence préparoit à fon ennemi, comp-tant, par une retraite feinte, attirer Conftantin fur ce pont. Mais ce ftratagême tourna à fa propre perte ; car en paffant deffus avec fon armée, ce pont furchargé fe rompit ; Ma-xence fut précipité avec la plus grande partie de fes Gardes dans le Tibre. L'on voit dans ce tableau un Chevalier Ro-main qui, croifant fa lance de droite à gauche, la plonge dans le col du cheval de fon ennemi, dans l'endroit où mon cheval portoit le ftigmate de cette bleffure.

M m

# MÉMOIRE
## DE METALLURGIE,
### CONTENANT
### DES OBSERVATIONS ET DES RÉFLEXIONS
### ANALYTIQUES
### SUR LA DÉCOUVERTE
### DE
### LA CADMIE DES FORGES A FER.

*Sudat in ardenti fervens fornace Pyracmon.*

1. Les métaux, les demi-métaux & toutes les matieres minérales, ne font point contenus dans le fein de la terre dans des mines particulieres à chaque efpece exclufivement, & leurs minerais ne font point des corps homogenes; au contraire prefque toutes les fubftances métalliques font confondues. L'on préfume même que quelques-unes réfultent du mélange de plufieurs autres; c'eft le fentiment de quelques Naturaliftes fur la *platine* & fur le *zinc*.

2. Le fer eft répandu dans toutes les mines des autres métaux; il leur fert de cadre, de chapeau, & fouvent de bafe; il eft d'un grand fecours dans leur traitement pour aider le départ. L'argent, le plomb, le cuivre, l'arfénic, le cobalt, fe trouvent très fouvent confondus dans le même filon de mine, en des quantités prefques égales. Cependant lorfqu'il arrive qu'un métal abonde plus qu'un autre dans une miniere, la mine prend la dénomination du métal le plus abondant, ou du plus riche.

3. Les mines de fer ne font point exemptes de contenir d'autres fubftances; mais comme ordinairement elles ne contiennent pas une quantité affez confidérable des autres métaux, on s'applique prefque uniquement à en tirer le fer : fi les autres fubftances métalliques qui y font unies en petites quantités font fixes comme l'or, elles reftent unies au fer; les autres qui ne peuvent foutenir l'intenfité & la durée de la chaleur des fourneaux à fondre les mines de fer, font ou diffipées en fumée, ou détruites par la vitrification. Dans ce dernier cas, elles fe trouvent confondues avec les laitiers vitreux dans lefquels elles ne font que peu ou point fenfibles. Cependant les minerais de fer de différentes contrées donnent différents laitiers, comme nous l'avons déja dit; par exemple ceux d'une partie de la Franche-Comté font laiteux; ceux d'un canton d'Alface font bleus; ceux de la Champagne font verds & gris de lin, &c.

4. Les vapeurs, ou plutôt les fumées qui émanent des matieres métalliques unies au minerai du fer lorfqu'elles font détruites par la violence du feu, ne font fenfiblement vifibles dans nos fourneaux de fonderie, que dans leur trajet dans l'athmofphere. Le moment auquel on peut mieux remarquer leur décompofition eft celui d'une *mife-hors*, c'eft-à-dire celui auquel on ceffe d'alimenter le feu d'un fourneau à la fin d'un fondage.

5. Lorfque l'on met un fourneau *hors de feu*, on ne fait ceffer le mouvement des foufflets que lorfque toutes les matieres font confommées & que l'on va percer le fourneau pour en faire fortir la derniere goutte de fonte. Depuis le moment auquel on a ceffé d'introduire des matieres dans le fourneau, jufqu'à celui de la mife-hors totale, il fort de toutes les parties de la capacité intérieure du fourneau des vapeurs qui s'enflamment au bord de la furface de la bure, c'eft-à-dire lorfqu'elles communiquent avec l'air libre, & s'élevent à une hauteur fi prodigieufe, que, lorfque l'air eft humide, le ciel couvert, & encore mieux lorfqu'il regne un léger brouillard, cette flamme prodigieufe & les vapeurs

enflammées qui la furpaffent, rempliffent l'atmofphere d'une
lueur qui reffemble à celle d'une *aurore boréale*, au point
d'en impofer, & de fe faire appercevoir à des diftances confidérables, parceque chaque molécule aqueufe du brouillard
réfléchiffant la lumiere à fa voifine, ainfi de fuite, forme
de l'atmofphere un miroir compofé d'une infinité de faces
qui multiplient la lumiere à l'infini, fuivant les loix de la
catoptrique. C'eft ainfi que l'on a fauffement cru jadis que
les aurores boréales étoient l'effet de l'incendie des plantes
aquatiques du Nil, que les peuples de l'Egypte brûloient
pour fertilifer leurs terres après la retraite des eaux de ce
fleuve.

6. Pendant le temps de la mife-hors du fourneau, l'Obfervateur attentif à tous les phénomenes qui accompagnent
fes derniers efforts, eft affecté d'une odeur tantôt d'acide nitreux, tantôt d'acide marin, & plus fouvent de ce dernier,
laquelle eft affez forte quelquefois pour exciter la toux. Il
voit les bords de la bure fe garnir d'une pouffiere blanche ou
jaune qui eft une matiere métallique décompofée & fublimée; & pour le peu qu'il foit preffé par l'ardeur de s'inftruire,
à l'exemple de Pline l'ancien, les flammes ne font point un
obftacle à fa curiofité; il les brave pour découvrir ce qui fe
paffe dans l'intérieur du volcan. Il faifit alors un moment
calme, & fe fourrant la tête dans une raffe, à travers les interftices obliques des ofiers qui la compofent il parcoure rapidement des yeux les flancs embrafés de la fournaife. Cette
curiofité m'a coûté fouvent la perte d'une partie des fourcils,
des cils & de la barbe; trop heureux encore de m'inftruire.

7. J'avois apperçu depuis plufieurs années une matiere
brune qui s'attachoit aux parois intérieures de mon fourneau, aux trois quarts de la hauteur de fon foyer fupérieur;
elle affectoit de décrire une ligne d'une courbure hyperbolique dont le fommet étoit à la partie inférieure du côté de
la ruftine. Cette couche étoit légere & fort adhérente aux
briques qui compofent les parois ou la chemife du fourneau.
J'en détachai peu, crainte de détériorer le foyer; & comme

j'y reconnoissois l'effet d'une sublimation, j'espérai que plus cette ceinture seroit de temps à se former, plus elle seroit considérable ; c'est pourquoi je la laissai se former pendant plusieurs fondages.

8. Le 28 Juillet 1767, je mis hors le fourneau de Bayard. En examinant son intérieur embrâsé, je fixai mes regards particuliérement sur l'endroit où s'étoient attachées les matieres sublimées dans les fondages antérieurs : je vis que ce cordon étoit saillant & considérable ; la base & le milieu étoient fort embrasés, mais ne réfléchissoient pas la lumiere comme la surface des briques des environs : la partie supérieure étoit plus éclatante & produisoit une flamme légere, d'un blanc verdâtre qui sortoit d'une substance ressemblante à des fleurs de soufre, mais elle n'en avoit pas l'odeur. J'y remarquai des points bien plus brillants les uns que les autres. La prodigieuse chaleur & le danger ne me permirent pas un plus long examen.

9. Lorsque la derniere gueuse fût coulée & que toute la fonte fût évacuée du fourneau, je fis continuer l'action des soufflets, démolir la partie antérieure de la base du fourneau, extraire le résidu des charbons & des laitiers, & jetter beaucoup d'eau pour accélérer son réfroidissement total, afin de renouveller promptement le fondage.

10. Le 3 Septembre tout étant réparé, l'ouvrage du foyer inférieur renouvellé, je descendis par la bure dans le foyer supérieur du fourneau, & malgré la chaleur des parois qui ne permettoit pas d'y appuyer la main, je m'y tins au moyen de deux échelles appuyées l'une par l'autre à la hauteur de la ceinture hyperbolique que décrivoit la sublimation. Ce cordon avoit environ huit pieds d'étendue, sur huit & dix pouces de largeur, & depuis un demi pouce jusqu'à deux pouces d'épaisseur. La partie la plus considérable & la plus saillante étoit au-dessus de la tuyere, puis descendoit par une ligne inclinée de deux pieds & demi au centre de la rustine où étoit le sommet du cône, & remontoit de deux pieds au contrevent ; il y avoit très peu de chose du côté des tympes.

11. Cette matiere fublimée étoit d'une couleur brune ferrugineufe , ayant des taches blanches & jaunatres ; fa furface étoit unie dans les endroits faillants, & inégale dans les renfoncements ; ftriée de lignes perpendiculaires, comme un ouvrage maillé du tricot. Les bords fupérieurs étoient blancs & jaunâtres ; l'on y découvroit dans des cavités une cryftallifation d'une finguliere beauté, compofée de cryftaux infiniment déliés, longs, fragiles, blancs, reffemblants aux belles fleurs du benjoin & du régule d'antimoine. En frappant avec un marteau fur cette fubftance, il en réfultoit un fon fourd qui annonçoit une folution de continuité.

12. Je commencai alors à détacher à force de coups de marteaux des morceaux de cette fubftance, que je ne pus dans ce moment examiner exactement à caufe de l'exceffive chaleur ; je m'empreffai de détruire tout le cordon, & d'en mettre les fragments dans un panier que j'avois fufpendu à l'échelle & qu'une perfonne retiroit de temps en temps. Pendant cette opération j'apperçus de nombreufes cryftallifations de ces filets blancs argentés, nichés dans des trous d'où il étoit très difficile de les tirer, à caufe de leur ténuité & de leur fragilité, de la folidité des matieres environnantes, & de la grande poufliere occafionnée par les coups de marteaux, laquelle étoit mife en un perpétuel mouvement par le courant d'air qui entroit par les ouvertures inférieures du fourneau ; en forte que je n'en pus amaffer que très peu & très mêlangés. J'employai une demi-heure à détacher cette matiere, dont je tirai environ cinquante à foixante livres ; négligeant tous les morceaux qui n'avoient pas au premier coup-d'œil un certain mérite. La chaleur du fourneau me procura une fueur des plus violentes dont je tirai parti pour une douleur de rhumatifme au bras droit, de laquelle je me trouvai foulagé, mais Forgeron ne fut jamais fi noir & plus fuant que j'étois en fortant de cette étuve.

Sudat in ardenti fervens fornace Pyracmon.

13. De retour à la maison, j'étalai dans mon cabinet ma nouvelle collection ; j'en examinai attentivement tous les morceaux, les parcourant avec la loupe. Je reconnus une substance métallique sublimée, dont la couleur brune ferrugineuse n'étoit qu'extérieure & superficielle ; que sa couleur primitive étoit le blanc, que le jaune lui succédoit, ensuite le verd ; que les morceaux les plus chargés de parties ferrugineuses avoient une couleur rouge rembrunie ; que cette matiere étoit produite par les fumées, lesquelles en se condensant avoient formé des crystallisations en éguilles longues & déliées ; que la continuité de la chaleur avoit fondu les éguilles & les avoit réduites en une crystallisation arborisée demi-transparente & d'une belle couleur de soufre ; que ces crystaux refondus avoient perdu leur couleur, leur transparence, avec leur forme réguliere, & s'étoient attachés aux briques des parois du foyer supérieur du fourneau en forme demi-sphérique ; que successivement s'étant groupées les unes sur les autres, elles avoient formé des grappes d'une couleur verte *merde-d'oie* & rouillées, sur lesquelles on voyoit les progrès & les degrés de la sublimation ; que dans quelques endroits, la sublimation s'étoit faite par couches ; mais que l'intensité de la chaleur & les différents périodes de sa durée avoient opéré des altérations à cette substance, dont une partie ayant acquis du phlogistique étoit à demi révivifiée & réduite en globules métalliques, solides, entassées les unes sur les autres : phénomene d'autant plus singulier que l'on ne connoissoit encore aucune substance autre que le mercure & le zinc qui se sublimassent sous une forme métallique.

14. Sept couleurs se font remarquer sur les morceaux de cette substance sublimée ; savoir le blanc, le jaune, le verd, le rouge, le brun, le gris & le bleu. Au bord supérieur de ces morceaux, j'observai des éguilles blanches produites par la crystallisation des vapeurs métalliques : ces éguilles font transparentes, fragiles, ayant très peu d'élasticité, l'air les soutient & les agite ; ensuite des grou-

pes de cryftallifation jaune, qui reffemblent à du foufre. La forme arborifée de ces cryftaux approche beaucoup de celle des cryftaux d'argent en métal, foit dans fes minieres, foit dans les creufets où on le fond en grand; tel que je l'ai obfervé dans les mines de S. Marie & les vieux creufets de fer de la Monnoie de Paris. Ces cryftaux font vitreux, n'ont aucune faveur, font folides, fe brifent difficilement fous la dent & réfiftent long-temps à l'action des acides. La maffe des morceaux de cette fubftance eft intérieurement de couleur verte, ou rouge-brune, ou grife, ou bleu-d'ardoife, ou rouillée; l'on y découvre dans les uns des couches uniformes, d'un tiffu ferré & compact; les autres font en grappes; les uns & les autres durs, un peu fonores, fe mettant difficilement en poudre. Je foupçonnai dès lors que cette matiere étoit la cadmie des fourneaux, *cadmia botrides fornacum*, *l'ofen galmen* des Allemands, *le brafs-oar* des Anglois : je tentai dès lors des expériences qui puffent me conduire à la vérité.

15 Un morceau de cette fubftance, contenant environ huit pouces cubiques, pefoit, à l'air libre, une livre quatre onces cinq gros foixante-trois grains ; & à l'eau, quinze onces cinq gros quarante-huit grains. Conféquemment elle perd près d'un quart de fon poids; c'eft-à-dire qu'elle eft en rapport avec l'eau comme 11,943 eft à 2,895. Elle prend en poudre la couleur du verd-brun.

16. J'ai commencé l'analyfe de cette cadmie par les acides. Cette fubftance en poudre, jettée dans l'acide vitriolique concentré ou l'huile de vitriol du commerce, s'eft coagulée à l'inftant en une maffe; j'ai remué, toute la poudre formoit alors une efpece de pierre. J'ai réitéré la même épreuve, qui a opéré le même phénomene avec un peu de chaleur. J'ai retiré un de ces morceaux, l'ai lavé dans de l'eau pure, il s'eft échauffé, & a exhalé une odeur fulfureufe de poudre à canon brûlée; je l'ai rompu avec peine. L'ayant confervé à l'air libre, il a fleuri comme une pyrite qui fe décompofe; la matiere faline qui s'eft

formée

formée à fa furface, avoit une faveur ftiptique défagréable & analogue aux fels vitrioliques.

17. J'ai affoibli l'acide vitriolique avec partie égale d'eau : pendant la chaleur que ce mêlange a fait naître, j'ai jetté de la cadmie en poudre, laquelle à l'inftant s'eft unie en une maffe poreufe & bourfoufflée, moins folide que dans l'acide concentré, & la chaleur a continué. J'ai brifé la maffe qui avoit pris la forme du fond du verre qui contenoit le mêlange ; elle eft reftée en morceaux ; la chaleur a été durable ; la liqueur s'eft troublée, & il s'eft formé à fa furface une écume comme fur une matiere muqueufe.

18. J'ai pris un thermometre de mercure, fcélé dans un tube de verre, je l'ai mis dans un vaiffeau de verre ; j'ai verfé à peu près une partie d'acide vitriolique concentré & deux parties d'eau commune, alors le mercure qui étoit à treize degrés au-deffus de o, degré de l'athmofphere de mon cabinet, a monté à 29 degrés. J'ai verfé de la poudre de cadmie, le mercure a monté à 34 degrés ; j'y en ai ajouté une plus forte dofe, il a monté à 49 degrés, exhalant une légere odeur vineufe. La liqueur ne s'eft pas beaucoup agitée ; elle s'eft réfroidie très lentement, eft reftée brune, trouble, couverte d'une écume grife. La liqueur étant encore tiede, j'apperçus, à la furface, des lignes en tous fens, comme tracées par une mouche, laquelle en marchant auroit rompu légérement la pellicule. J'examinai de près & je vis que c'étoit de petits cryftaux qui commençoient à fe former.

19. J'ai jetté de la cadmie en poudre dans l'acide du fel marin, elle y a occafionné une légere chaleur fans fe réunir en une maffe, comme dans l'acide vitriolique concentré ; la liqueur a blanchi légérement, eft reftée trouble fans agitation. Le lendemain la liqueur étoit claire, légérement blanche, fans être limpide. J'ai décanté & verfé quelques gouttes d'une liqueur alkaline, il s'eft formé à l'inftant un *coagulum* confiftant, d'une couleur gris-blanche & opaque.

N n

20. La poudre de la cadmie, verfée dans l'acide nitreux, ne s'eft point réunie en une maffe folide, comme dans l'acide vitriolique concentré. Il s'eft excité une légere chaleur avec de l'agitation. Une heure après il n'a plus paru de mouvement dans la liqueur, laquelle s'eft réduite en une gelée légérement grife, tranfparente, bien tremblante, & plus confiftante qu'une belle gelée de corne de cerf. J'ai délayé dans de l'eau cette efpece de colle ; elle ne s'y eft point diffoute entiérement ; elle eft reftée en partie fufpendue dans la liqueur. J'ai décanté, & verfé de l'alkali fixe ; il s'eft formé un *coagulum* d'un blanc jaune aurore ; couleur produite par une légere portion de fer diffoute par l'acide.

2 1. Le vinaigre, verfé fur la poudre de cadmie, en a diffous une partie fans exciter ni mouvement ni chaleur; il s'en exhaloit une odeur à-peu-près femblable à celle qu'exhalent les diffolutions de plomb dans le même acide. L'alkali fixe a précipité de cette diffolution un *coagulum* peu confiftant & de couleur blanche tirant au brun.

2 2. J'ai examiné le lendemain la diffolution par l'acide vitriolique ( 1 8 ) qui étoit en cryftallifation ; j'ai trouvé des cryftaux confus, formés en aiguilles très déliées, groupés en tous fens ; fe fondant avec beaucoup de facilité, & ayant le goût ftiptique du *gilla vitrioli*, ou vitriol blanc. J'ai fait chauffer & filtrer la liqueur ; j'ai verfé fur une partie de l'alkali fixe ; la liqueur ne s'eft point troublée, mais il s'eft fait un *coagulum* figurant comme une cryftallifation ifolée dans la liqueur limpide. Cette cryftallifation pâteufe étoit blanche , avoit la confiftance & le goût du vitriol blanc.

2 3. J'ai ajouté quatre parties d'eau au mêlange d'acide vitriolique avec partie égale d'eau ( 17 ) , dans lequel la cadmie s'étoit réunie en une maffe fpongieufe : cette maffe rompue ne s'eft point diffoute, quoiqu'il foit furvenu de la chaleur ; j'ai ajouté de nouvelle poudre de cadmie & ai agité ; alors il s'eft excité une chaleur très

considérable, sans qu'il paroisse de mouvement autre que celui que j'y déterminois : le tout s'est éclairci & la partie de la poudre qui ne s'est point dissoute, s'est précipitée sous un volume considérablement augmenté.

24. J'ai enfin mêlé toutes les dissolutions de la cadmie dans l'acide vitriolique ; je les ai étendues dans beaucoup d'eau & j'ai filtré. Sur une petite portion j'ai versé quelques gouttes d'alkali fixe ; la liqueur est devenue laiteuse, & il s'est formé un *coagulum* qui a flotté long-temps avant que de déposer sous une forme un peu mucilagineuse, blanche : les parties qui se sont précipitées les dernieres ont pris une légere teinte ochrale.

25. J'ai fait évaporer à feu doux les dissolutions de la cadmie dans l'acide vitriolique ; il s'est séparé pendant l'évaporation de petits floccons de matiere, qui nageoient dans la liqueur sans la troubler ; j'ai retiré du feu la liqueur réduite ; laquelle, en réfroidissant, est devenue de la plus grande limpidité, couverte d'une croûte très légere de crystaux infiniment petits & ayant déposé abondamment une substance blanche, légere & un peu onctueuse. J'ai remis sur le feu & ai poussé l'évaporation à siccité ; j'ai obtenu un sel blanc, qui étoit un vitriol blanc analogue à celui de Goslard. Persuadé que cette cadmie étoit à-peu-près semblable à celle que l'on tire des fonderies de cuivre, conséquemment qu'elle contenoit du zinc, j'ai tenté de l'en extraire par la voie seche, par différents procédés.

26. J'ai mêlé quatre onces de poudre de cadmie avec quatre onces de nitre & deux onces de poudre de charbon ; j'ai projetté dans un creuset ardent ; la déflagration a été très violente, la flamme considérable, éclatante, d'une couleur blanche, verte, tirant sur le bleu ; la fumée abondante, épaisse, blanche. J'ai poussé le feu, la couleur verte de la flamme a augmenté. Lorsque j'ai cru qu'il pouvoit y avoir une portion métallique revivifiée, j'ai tiré du feu le creuset, l'ai incliné sur un cône ; il n'en est rien sorti. J'ai remis au feu le creuset, j'y ai introduit quatre onces

N n ij

de cuivre de rosette ; j'ai donné un feu de fusion ; j'ai ensuite retiré le creuset & j'en ai tiré un bouton pesant quatre onces quatre gros trente-neuf grains : il étoie rouge au dehors ayant des taches jaunes ; je l'ai forgé sur l'enclume ; il a acquis une chaleur considérable, s'est rompu ; il avoit intérieurement un grain très fin, cendré & d'une couleur jaune ; c'étoit un vrai laiton qui avoit pris $\frac{1}{7}$ de poids plus que le cuivre employé.

27. Quatre onces de cadmie en poudre mêlée avec quatre onces de salpêtre & une once de poudre de charbon, ont déflagré violemment dans un creuset : j'ai poussé au feu de fusion le résidu ; il n'est resté dans le creuset qu'un peu de scories noires, un petit globule de métal blanc, dur, pesant $1\frac{1}{4}$ grain qui étoit du zinc. Le creuset étoit enduit intérieurement d'un vernis de verre couleur d'émeraude, provenant de la destruction du zinc.

28. J'ai mêlé deux onces de poudre de cadmie avec deux onces de cuivre de rosette en grenailles, & un peu de poudre de charbon dans un creuset couvert & luté. Après une demi-heure, j'ai obtenu un bouton de laiton pesant deux onces cinq gros trente six grains ; c'est $\frac{1}{3}$ d'augmentation du poids du cuivre employé.

29. J'ai mêlé deux onces de cadmie en poudre avec deux onces de poudre martiale de la forge, & j'ai placé dans un creuset deux onces de cuivre de rosette en lame lit par lit, avec le mélange de la poudre. J'ai couvert & luté le creuset ; j'ai poussé au feu de fusion ; j'ai obtenu un bouton de laiton pesant trois onces deux gros ; c'est près de $\frac{2}{3}$ d'augmentation : ce laiton étoit plus dur que le précédent.

30. J'ai fondu ensemble ces deux derniers boutons de laiton (28, 29) qui pesoient cinq onces sept gros trente-six grains ; j'en ai tiré un métal combiné pesant cinq onces cinq gros trente grains ; ce qui prouve une once cinq gros trente grains d'augmentation sur quatre onces de rosette employées, faisant près de $\frac{1}{7}$ d'augmentation, & dans la refonte

deux gros six grains de perte, faisant $\frac{2}{13}$ en déchet de l'aug-mentation.

31. J'ai présenté ce laiton à un Fondeur en cuivre de S. Dizier, lequel est fort intelligent; il l'a trouvé d'un beau grain, prenant bien le poli, doux au marteau, très propre à former des pieces qui doivent réunir la force & la soupleffe.

32. J'ai mêlé deux onces de poudre de cadmie avec deux onces de poudre martiale; j'ai pouffé au feu de fufion; je n'en ai obtenu qu'une matiere pultacée qui n'étoit autre chofe que des fcories ferrugineufes parmi lefquelles on voyoit des points blancs qui étoient des indices du zinc revivifié qui fe réduifoit en fleur à mefure qu'il recevoit du phlogiftique.

33. La poudre martiale dont je me fuis fervi eft une pouffiere noire, pefante, très fubtile, qui fe dépofe fur les charpente de cordon du marteau de la forge, particuliére-ment fur le drome qui eft une poutre très confidérable qui affermit la charpente de la machine du gros marteau. Cette poudre eft en partie attirable par l'aimant. Elle eft compo-fée de fer très atténué, de fcories de fer en poudre très fub-tile, & d'un peu de pouffiere de charbon; le fer y eft dans l'état de l'éthiops martial.

34. Enfin j'ai tenté la révivification du zinc contenu dans la cadmie, dans un fourneau qui donneroit moins d'intenfité au feu, mais une chaleur fuffifante pour fondre. Pour ce, je me fuis fervi du fourneau du fondeur en cuivre, dont le feu n'eft excité que par un courant d'air qui traverfe le cen-drier, & dont la rapidité eft accélérée par un tuyau élevé. J'ai placé dans ce fourneau un creufet recuit, contenant deux livres & demie de cadmie, une demi-livre de fuie graffe, & une demi-livre de flux noir : ce mélange a pris une confiftance pultacée après trois heures d'un feu affez vif; il n'eft entré en bain aucune partie métallique; tout le zinc s'eft diffipé en flamme & en fleur très abondante; le réfidu étoit compofé de fcories parmi lefquelles on voyoit quel-ques points blancs & brillants qui étoient des molécules de zinc qui fe détruifent à mefure qu'elles fe forment.

35. J'ai mis au même fourneau, dans le même creuset nettoyé, deux livres & demie de cadmie mêlée avec quatre onces de flux noir & une demi-livre de poudre martiale. J'ai disposé deux livres & demie de cuivre rosette en lame, lit par lit avec le mélange ci-dessus; j'ai obtenu après deux heures un bouton de laiton pesant trois livres. J'ai pilé les scories, & lavé; il s'y est trouvé deux onces de grenailles de laiton. J'ai refondu le tout, & en ai coulé des médaillons du Roi, lesquels ont pesé avec les jets & résidus trois livres une once deux gros, ce qui n'opere que $\frac{1}{9}$ d'accroissement: produit bien inférieur au $\frac{1}{7}$ d'augmentation que j'ai trouvé (30) au feu de la forge excité par le soufflet.

36. J'ai tenté la révivification du zinc suivant les procédés indiqués dans l'Encyclopédie, avec le creuset enduit de cire; premiérement, avec la poudre de charbon seule; secondement avec la suie & le flux noir, avec le même creuset luté, enduit de cire & couvert, & toujours sans succès.

37. Enfin j'ai suivi le conseil de M. Margraff. J'ai mis dans une cornue lutée huit onces de cadmie en poudre, mêlée avec une once & demie de poudre de charbon. Après trois heures d'un feu vif, j'ai laissé refroidir les vaisseaux; & ayant cassé la cornue, j'en ai tiré cinq onces un gros de zinc qui étoit attaché au col.

38. J'ai présumé que les parois intérieures du fourneau n'étoient pas le seul endroit où je pourrois découvrir des preuves de l'existence du zinc dans nos mines de fer, lequel se décomposoit, & étoit sublimé par la violence de la chaleur. Pour m'en convaincre j'ai amassé sur une plaque de fonte de fer, dont j'ai coutume de me servir pour boucher en plus grande partie la bure du fourneau, lorsque je le mets dehors, une poudre blanche très douce au toucher, qui est la même chose que la tuthie qui s'éleve dans les fourneaux des fondeurs en cuivre, & qui s'attache après leurs tenailles & autres outils. Cette tuthie martiale s'est dissoute en partie dans les acides, ne s'est pas durcie comme la cadmie dans l'huile de vitriol; mais elle a fait la gelée dans l'acide ni-

treux, & a donné, avec l'alkali, les précipités comme la cadmie & les mêmes phénomenes que la tuthie des boutiques.

39. J'ai observé des grappes à la chapelle du fourneau, c'est-à-dire en face du taqueret, espace qui est entre la tympe & le premier gueusat de la marâtre antérieure; j'ai reconnu que cette matiere contenoit une poudre grise mêlée avec beaucoup de parties vitrifiées. Je l'ai réduit en poudre, & en ai jetté dans l'acide de vitriol concentré; elle ne s'y est pas réduite en masse comme la cadmie; mais ayant affoibli considérablement l'acide vitriolique, il s'est fait une vive effervescence, & l'alkali fixe a précipité de la dissolution un *coagulum* semblable à celui provenant de la cadmie.

40. Dans l'acide nitreux, cette substance a donné une gelée un peu moins consistante que la cadmie; mais au surplus les mêmes phénomenes : elle contenoit conséquemment du zinc.

41. J'ai remarqué aussi qu'il s'attachoit aux marâtres des tympes du fourneau, c'est-à-dire depuis le gueusat jusqu'à l'entablemeut du fourneau qui en fait l'abajour, & plus particuliérement aux parements de pierre de taille qui sont rustiqués, de petites grappes d'une espece de suie grise, en poudre très subtile qui retombe quelquefois lorsqu'elle est abondante, & même qui prend feu lorsque les étincelles embrasées du fourneau s'y portent avec abondance, ce qui arrive cependant rarement. J'ai amassé de cette poudre adhérente à la poitrine du fourneau, pour parler le langage des Métallurgistes. J'en ai mis dans l'acide nitreux; elle a fait effervescence comme la cadmie, & la dissolution s'est coagulée en gelée, de laquelle dissolution l'alkali fixe a tiré un précipité blanc. Cette poudre s'est dissoute aussi en partie dans l'acide vitriolique, ne s'y est point durcie, & a produit les mêmes accidents que la cadmie en poudre.

42. Persuadé de la présence du zinc & de son abondance dans nos mines de fer, j'ai présumé qu'il n'étoit pas entiérement dissipé par le feu de fusion par lequel nous donnons

au minerai du fer une premiere préparation en le réduifant en matte. Des taches blanches à la furface de quelques pieces de fonte de fer réfroidie fans le contact de l'air, une couleur matte à la caffure d'autres, & une difpofition des parties régulines, m'ont fait foupçonner dans la matte du fer un mélange de fubftance métallique encore minéralifée. D'ailleurs le déchet confidérable que fouffre la fonte de fer dans fon affinage, les vapeurs qui s'exhalent pendant cette opération, les grouppes confidérables qui s'attachent en grappes au-deffus de la tuyere, tant au mureau qu'au mur fupérieur des affineries, ne font que le produit des corps étrangers unis à la partie métallique du fer dans fa matte. J'ai cru que le zinc entroit pour beaucoup dans tous ces accidents.

43. Pour démontrer le principe de mes foupçons, j'ai détaché des grappes de mes affineries, & les ai examinées; j'y ai trouvé une poudre extrêmement fine, rouge, femblable à du colcotar, des molécules grifes & jaunes vitrifiées, & beaucoup de globules ferrugineufes. J'en ai réduit en poudre groffiere. J'en ai verfé dans l'acide nitreux; elle y a fait effervefcence; il s'en eft diffous une petite portion qui a donné de la confiftance à la liqueur, laquelle étant étendue & mêlée avec la diffolution d'alkali fixe, a donné un précipité blanc abondant comme celui de la cadmie.

44. Dans l'acide vitriolique concentré, cette poudre s'eft diffoute avec chaleur fans grande effervefcence & fans prendre de confiftance. Mais en affoibliffant l'acide avec de l'eau, la chaleur & l'effervefcence ont augmenté confidérablement. La liqueur étant éclaircie & étendue de beaucoup d'eau, j'y ai verfé de l'alkali fixe qui a occafionné un précipité confidérable de couleur bleue d'ardoife foncée, prenant à fa furface, après quelques jours, une couleur ochrale ferrugineufe.

45. J'ai enveloppé le coagulum du papier fur lequel il a dépofé. Je l'ai fait fécher & mis dans un creufet couvert & luté. J'ai pouffé au feu de fufion; il n'eft refté dans le creufet qu'un enduit noir & bleu gorge de pigeon. Le zinc
qu'il

qu'il contenoit a été entiérement détruit & le fer qui, quoiqu'en petite quantité & dans l'état de celui qui colore en
bleu le dépôt de l'alun dans le bleu de Prusse, a formé ce
vernis ferrugineux.

47. De toutes les observations & expériences dont je
viens de rendre compte, l'on peut conclure que dans nos
mines de fer le minerai est uni à celui du zinc ; & comme
la réduction du minerai du fer demande un feu de la derniere
véhémence, que le zinc est un demi-métal imflammable &
volatil, ce dernier est continuellement détruit à mesure qu'il
reçoit du phlogistique, & porté en partie au dehors du fourneau par les issues par lesquelles la flamme s'échappe, c'est-
à-dire par la bure qui est l'ouverture du foyer supérieur, &
par les tympes qui est l'ouverture du foyer inférieur; que ce
zinc est dans différentes situations à raison des degrés de
chaleur qu'il a reçu ; que les parties qui ont reçu un feu
moins vif étant plus proches de l'état de métal, s'élevent
moins haut en raison de leur pesanteur spécifique & s'attachent à la surface des parois intérieures du fourneau où elles
reçoivent encore une portion de phlogistique, & elles y forment la véritable cadmie que quelques-uns ont appellé *verte
fraîche*, pour la distinguer de celle des anciens travaux.
Les parties du zinc, qui ont reçu un degré de feu plus
considérable, plus dépouillées de leur phlogistique & réduites à leur principe, sont portées dans les airs en vapeur blanche que l'on appelle *laine philosophique* par un
abus de termes, ce qui forme la tuthie que l'on ramasse à
l'ouverture supérieure du fourneau sur les plaques dont on
la couvre à dessein.

48. Les fumées qui passent par l'ouverture inférieure
du fourneau se fixent depuis les bords de cette ouverture
jusqu'à la partie la plus élevée du fourneau. Celle qui
s'attache en grappe sur la chapelle du fourneau, espace
que l'on pourroit appeller son *abdomen*, y est continuellement exposée à la pointe de la flamme pressée par la force
des soufflets, elle y reçoit comme un feu de lampe qui la

O o

vitrifie. Les vapeurs qui s'élevent plus haut, & qui s'attachent à la poitrine du fourneau que nous appellons marâtre, est en poudre très subtile. C'est une suie grise métallique qui contient encore assez de phlogistique pour s'embraser & fuser sans déflagration, lorsque mêlée au poussier du charbon, elle est frappée par un torrent d'étincelles
qui s'élevent des tympes quand on couvre les laitiers avec
du frasin sec, pour entretenir leur consistance fluide, cette
suie de zinc est le pompholix.

49. Les minerais de fer que je traite à Bayard, & qui
le font dans les forges voisines, ne sont pas les seuls
qui contiennent du zinc : les mines en roche de cette
province de Champagne en contiennent. J'en ai remarqué aussi des indices dans celles de Bourgogne, Franche-
Comté, Alsace, Lorraine & Luxembourg, lorsque j'ai
jetté un coup-d'œil sur leurs travaux ; de même que j'ai
reconnu dans le traitement des mines de ces provinces,
de l'amiante ferrugineux qui échappe aux yeux de la
plûpart des Maîtres de Forges qui les exploitent.

50. J'ai dit dans le *Mémoire sur l'Art de fondre les minerais de fer* » qu'un fourneau de fonderie étoit en bon
» ordre, lorsque la flamme supérieure étoit vive, courte,
» bleue, mêlée de blanc & de traits rouges éclatants ;
» lorsque les bords de la bure & de son intérieur blan-
» chissoient ; qu'au contraire, les accidents à craindre
» étoient annoncés par des signes sinistres, qui sont la
» flamme d'un jaune mourant, mêlée d'un rouge obscur,
» accompagnée d'une fumée abondante, qui imprime à
» la bure du fourneau une couleur livide & noire «. Je
ne savois pas alors que le zinc étoit l'agent de ces pro-
gnostics. Les fleurs du zinc qui viennent enduire les bords
du fourneau d'une poudre blanche annoncent que la chaleur du fourneau est proportionnée à la quantité de matiere & que le zinc est très dépouillé de son phlogistique.
Au contraire quand les vapeurs sont abondantes, qu'elles
sont noires & livides, c'est une preuve que la chaleur n'a

pas eu affez d'intenfité pour dépouiller ce métal de fon phlogiftique.

51. Si dans les fourneaux des forges voifines où font traitées les mêmes mines de fer qu'à Bayard, il ne s'y amaffe pas une ceinture de cadmie dans l'intérieur, comme il s'en eft amaffé dans le mien, ce n'eft pas une raifon de conclure que le minerai traité dans ces forges ne contienne pas du zinc; parceque la fublimation de la cadmie a été déterminée à fe fixer dans le mien par plufieurs caufes; la premiere eft que mon fourneau a une forme elliptique qui offre une continuité qui eft interrompue par les angles des fourneaux quarrés de mes voifins; la feconde eft la vitrification de la furface des briques dont mon fourneau eft conftruit, laquelle, s'amolliffant par la chaleur, retient plus aifément les corps qui cherchent à s'accrocher, ce que la furface dépouillée des pierres calcaires dont les autres fourneaux font conftruits, ne permet pas; la troifieme enfin eft la durée de l'action, puifqu'il y a quinze ans que les parois de mon fourneau fervent, au lieu qu'à chaque fondage des fourneaux voifins, qui dure cinq à fix mois, les parois intérieures font démolies & reconftruites : mais ces fleurs de zinc font auffi fenfibles à la bure, à la chapelle & aux marâtres de ces fourneaux, que dans le mien, donc les mines qui y font traitées contiennent de même les principes élémentaires du zinc. Les minerais de Mont-Gérard en contiennent plus que ceux de Narcy qui ne font éloignés que d'une lieue l'un de l'autre.

52. Dans les analyfes de la cadmie il s'eft préfenté différents phénomenes finguliers, dont le premier eft l'endurciffement de cette fubftance réduite en poudre & plongée dans l'acide du vitriol concentré. Je penfe que cet acide, avide de phlogiftique, a faifi rapidement celui contenu dans la poudre de la cadmie, & en a formé du foufre qui a comme fondu & amalgamé toutes les molécules de la cadmie & en a formé une efpece de pyrite. Le foufre,

qui s’eſt formé, n’a été ſenſible que par l’effet de la chaleur
occaſionnée par l’eau verſée ſur cette nouvelle pyrite qui a
exhalé une odeur ſulfureuſe, ſemblable à celle qu’exhale
la poudre à canon brûlée; & cette eſpece de pyrite a fleuri
un ſel vitriolique.

53. Le ſecond phénomene eſt la gelée conſiſtante &
tranſparente que forme la diſſolution de la cadmie dans l’a-
cide nitreux; phénomene que produit la zéolite. L’extrême
diviſion dont les parties du zinc ſont ſuſceptibles ſoit dans
les diſſolvants ſoit par le feu, la liaiſon de ſes parties, même
diſſoutes, prouvée par les vapeurs flottantes comme des
floccons de neige ou de coton, ces parties, dis-je, de la
cadmie, unies avec le phlogiſtique abondant contenu dans
l’acide du nitre, ont compoſé une matiere graſſe, mucilagi-
neuſe comme tous les corps capables d’une grande dilatation
dans les fluides dans leſquelles ils reſtent ſuſpendus.

54. Le troiſieme phénomene eſt l’odeur du ſel de Saturne de la diſſolution de la cadmie dans le vinaigre. Il
ſe pourroit que la cadmie contînt du plomb comme M.
Margraf en a trouvé dans la calamine qui eſt le minerai du
zinc, mais je n’en ai apperçu aucun autre indice & pas un
veſtige dans les expériences que j’ai tentées par voies ſeches.

55. Il eſt à préſumer que le zinc, diſſous par les acides,
y tient peu, puiſque leur diſſolution ſans aucun mêlange qui
puiſſe occaſionner un dépôt, laiſſe échapper un précipité
d’autant plus flottant & plus léger que la liqueur eſt plus étendue, ce qui fait qu’il eſt très difficile d’obtenir des cryſtaux
de vitriol de zinc; parcequ’à meſure que l’évaporation s’a-
cheve d’un côté, il ſe forme une croûte ſaline confuſe à la
ſurface de la liqueur, & d’un autre coté un dépôt conſidérable au fond du vaſe.

56. J’ai employé ſans ſuccès, pour revivifier le zinc contenu dans la cadmie, les matieres les plus réductibles, dans
des vaiſſeaux ouverts, même dans des vaiſſeaux clos. Il n’y
a eu que l’appareil de la cornue de terre lutée à laquelle on
adapte un balon empli à tiers d’eau, par lequel, en ſuivant le

procédé de M. Margraf, j'ai réuffi à tirer une certaine quantité de zinc de la cadmie des forges à fer, & en ftratifiant la cadmie avec le cuivre de rofette, j'en ai obtenu du laiton de la meilleure qualité. L'augmentation, par le feu de la forge, a été de $\frac{3}{7}$ ( 3 2 ) ; au lieu que par le fourneau de fufion des fondeurs ( 37 ), il n'a été que de $\frac{2}{9}$, conféquemment on ne peut employer un feu trop actif pour accélérer la fufion ; puifque le produit a été d'autant plus foible, que le feu a été moins actif & l'opération plus lente, ce qui a favorifé d'autant la diffipation du zinc en fleur, & a diminué le poids du laiton, réfultant de la combinaifon de la rofette avec la cadmie, laquelle n'a occafionné aucune altération à l'étain avec lequel je l'avois voulu fondre.

57. Si la cadmie des forges pouvoit former l'objet d'une branche de commerce utile à l'État, il feroit un moyen très facile d'en recueillir beaucoup, en conftruifant au-deffus de la bure du fourneau un canal oblique qui détermineroit la flamme, les vapeurs & les fumées à paffer dans une petite chambre voûtée qui feroit l'office d'un grand ballon, où, après avoir circulé, elles s'échapperoient par une cheminée. Comme il y a beaucoup de mines de fer en France qui contiennent une grande quantité de zinc, d'après les expériences dont j'ai rendu compte, il feroit poffible d'établir des fourneaux comme à Goflard pour l'en extraire, ce qui produiroit une matiere néceffaire à nos fabriques & que nous fommes obligés de tirer de l'étranger.

58. J'ai confulté quelques Auteurs (a) fur la nature de la cadmie & de fes analogues. J'ai trouvé dans les uns peu de lumieres, beaucoup de confufion dans d'autres. M. Geoffroy, dans fa *Matiere Médicale*, eft celui qui m'a paru avoir mieux traité cette partie avec plus d'ordre & de précifion en rapportant le fentiment des anciens. Depuis Pline &

---

(a) Pline, Becher, Schindlers, Henkel, Merret & Kunkel ; Lechman, Schlutter & M. Helot ; Lemeri, Pomet, Geoffroy, le Dictionnaire de Chymie, l'Encyclopédie & Vallérius.

Dioſcoride, l'on n'avoit pas acquis beaucoup de connoiſſance ſur cette matiere, juſqu'à ces derniers temps où le zinc a été reconnu pour un demi-métal. L'Auteur de l'article *tutie*, dans *l'Encyclopédie*, prétend que Pline a eu tort d'avancer qu'il y avoit une eſpece de cadmie rouge, & qu'il n'a point parlé d'une bleue citée par Dioſcoride, parceque ſans doute, dit-il, Pline aura pris le mot grec χυναρίζωσα qui exprime une couleur bleue, pour cet autre mot φοινίσσωσα qui exprime une couleur rouge. Mais il y a apparence que cet Auteur s'eſt trompé lui-même, puiſque nous trouvons de la cadmie rouge de pluſieurs nuances, & que Pline parle d'une eſpece, qu'il appelle *onichitis extra pene cærulea*, que j'ai trouvée auſſi. Mais au ſurplus toutes ces couleurs ne ſont que l'effet de différentes modifications de la ſubſtance du zinc altéré par diverſes circonſtances qui ne changent rien à l'eſſence des choſes. La ſuie qui s'attache à la poitrine du fourneau eſt cette eſpece de cadmie que Pline appelle *capnitis ſimilis favillæ*. Enfin les fleurs de zinc ont reçu des Arabes, des Grecs, des Latins & des François, des noms & des épithetes différentes qui caractériſent ou leur état actuel, ou les endroits différents des fourneaux où elles s'attachent, ou enfin la forme qu'elles affectent. M. Margraf a répandu beaucoup de lumieres ſur la nature de la cadmie.

59. J'ai commencé l'examen des minerais de fer que je traite à la forge de Bayard. Je n'y ai encore reconnu, par les procédés ordinaires, aucun veſtige de zinc. Mais cette matiere demandant des recherches exactes & plus étendues, ſera l'objet d'un autre Mémoire pour déterminer, parmi les minerais de fer traités dans cette partie de la province de Champagne, quels ſont ceux qui contiennent le plus de parties de zinc; & ſi leur traitement eſt avantageux ou nuiſible par les quantités reſpectives des différents métaux qu'ils contiennent.

60. Comme nous avons vu que le zinc, contenu dans le minerai du fer, n'eſt pas totalement détruit par le feu de fuſion, quelque véhément qu'il ſoit; qu'il entre encore une por-

tion confidérable de zinc dans la matte du fer, ce qui fe ma-nifefte par les analyfes des recréments de l'affinage des fontes , que je foupçonnois même que le régule du fer dont j'ai parlé dans le *Mémoire fur les Métamorphofes du fer*, contient encore du zinc; que je pouffe même mes doutes jufquà confidérer l'acier que l'on obtient par cémen-tation comme un fer entiérement dépouillé de zinc ou autre alliage de parties métalliques volatiles : je me propofe de faire fur ces objets des recherches qui puiffent me conduire à des connoiffances utiles.

# MÉMOIRE

## DE CHYMIE MÉTALLURGIQUE,

### CONTENANT

### DES OBSERVATIONS ET DES EXPÉRIENCES

### SUR LA FRITTE DES FORGES A FER.

1. Dans le traitement des mines de tous les métaux, l'on obtient, par la fufion, deux fubftances principales; l'une eft le métal extrait du minerai par la violence du feu, à l'aide des fondants que l'on y ajoute, ou qui lui font unis ; l'autre eft le réfidu de toutes les parties du minerai qui ne font point métalliques, des portions métalliques décompofées & vitrifiées, des fondants & même des aliments du feu : cette derniere fe nomme dans les forges, *laitier*, ce qui répond au mot générique *fcories*, employé par les Chymiftes.

2. L'on abufe dans les forges du terme de *laitier*, pour exprimer généralement toutes les matieres qui ne font point métalliques & qui fortent fluides, foit du fourneau de fonderie, foit de ceux de macération, foit de ceux d'affinage, foit enfin de ceux de chaufferie; quoique ces laitiers different beaucoup entre eux en nature, couleur, confiftance & en qualité.

3. Pour répandre plus d'ordre & de jour dans l'examen des travaux des forges, je nomme *laitier*, proprement dit, la matiere qui fort fluide des fourneaux d'affinage & de chaufferie. Cette efpece eft pyriteufe. Les fornes de ces feux font de la même qualité. Je donne le nom de *fcorie* à celle qui coule des fourneaux de macération. Cette efpece

efpece eft plus métallique que la précédente: enfin je donne le nom de *lave* à cette matiere gluante qui furnage la fonte en bain dans les fourneaux de fonderie. Cette derniere forte eft vitreufe. Ces trois fubftances ont chacune leur efpece particuliere. Je jetterai un coup-d'œil fur les efpeces de laves des fourneaux de fonderie, & je m'arrêterai à l'analyfe d'une feule.

4. Je donne le nom de *lave* aux matieres vitreufes qui fortent des fourneaux de fonderies, par analogie aux laves des volcans, avec d'autant plus de raifon qu'elles contiennent à-peu-près les mêmes fubftances, & que j'en ai qu'il feroit difficile de diftinguer fi elles font forties des bouches d'un volcan ou des creufets de nos fourneaux : & de même que parmi les laves de volcans, il y en a de différentes fortes, qualités & couleurs; de même auffi les fourneaux de fonderie des forges à fer, produifent des laves qui different entre elles en couleur, en confiftance, en poids & en folidité ; & ce, en raifon de l'état de perfection du travail du fourneau, de la combinaifon plus ou moins exacte des matieres minérales & métalliques, & de l'intenfité de la chaleur. Une efpece de ces laves approche beaucoup de la pierre ponce par fa porofité, fa légéreté & fa friabilité, mais elle en differe à certains égards : c'eft ce que nous verrons dans le détail de mes expériences.

5. En général les laves des fourneaux font des matieres vitreufes; même plufieurs font dans un état qui touche à la perfection du verre propre à être foufflé, ayant de la folidité, de la tranfparence, & un poids confidérable. Celles qui approchent le plus de ce degré de perfection, fur-tout en Champagne, font de couleur améthifte plus ou moins foncée à caufe d'un peu de fer qu'elles contiennent, tel le verre cryftal trop chargé de manganefe. Dans les forges où l'on ufe des mines de montagnes en galerie, comme en Alface, cette efpece de lave eft bleue à caufe d'un peu de fafre qui y eft uni. D'autres laves chargées de parties de chaux, foit

fpatiques ou métalliques, font moins tranfparentes ; elles font laiteufes, verdâtres, & en général ces efpeces de laves approchent beaucoup de la nature de l'émail : d'autres contiennent beaucoup de parties de minerai qui n'a pas fubi une fufion affez exacte pour faire le départ des fubftances métalliques ; alors elles font ou brunes & poreufes, ou noires & bourfoufflées, tantôt friables, tantôt folides. Celles-ci approchent beaucoup des laves, proprement dites, dont on pave les villes qui avoifinent les Volcans.

6. Lorfqu'enfin la lave du fourneau eft fimplement vitreufe, qu'elle contient une certaine terre dont nous tâcherons de découvrir la nature, que l'humidité raréfiée par la chaleur la faifit dans fon état de fluidité au fortir du fourneau, elle fe bourfouffle confidérablement : c'eft cette derniere efpece que j'ai pris pour fujet des obfervations & des réflexions contenues dans ce Mémoire.

7. Lorfque le fourneau eft en bon train, que toute la fubftance métallique du minerai fubit une fufion affez exacte pour paffer entiérement dans le bain fans fe décompofer, la lave qui furnage la fonte fort par les tympes fur la dame, en une confiftance épaiffe. Si l'on a jetté de l'eau fur la dame pour la rafraîchir, la vapeur de l'eau, raréfiée par la chaleur, pénetre la lave, augmente la faculté qu'elle a de fe bourfouffler, lui fait prefque centupler fon volume, alors cette fubftance eft blanche, exceffivement poreufe, & fi légere, qu'elle flotte fur l'eau. Elle a fur-tout, lorfqu'elle eft nouvelle, une odeur de leffive alkaline ; elle eft fi friable qu'elle fe réduit par un frottement léger en fablon blanc, tranfparent & brillant. C'eft un verre imparfait compofé d'un fable vitrifiable & d'une terre particuliere qui a fubi la vitrification à l'aide d'une grande quantité de cendres & d'alkali fixe produits par les charbons employés pour la réduction du minerai. J'ai donné à cette lave le nom de *fritte des forges à fer*, à caufe de fon analogie avec la fritte des Manufactures de verre, de porcelaine & de faïance.

8. La fritte des forges à fer eft donc une fubftance vi-

treufe, blanche, poreufe, légere & friable, laquelle étant
agitée, fait entendre le crépitement des corps électrifés
Cet accident eft caufé par des particules d'air enfermées entre les lames vitreufes qui la compofent & qui fe rompent
au moindre ébranlement, & produifent en petit & fucceffivement ce que la larme batavique produit tout d'un coup
en totalité : c'eft la même caufe phyfique.

9. Plufieurs Maîtres de forges prennent de cette fritte
réduite en poudre fine pour en faire du fable pour l'écriture ; mais ce fable eft d'un mauvais ufage, parcequ'il eft
rude & tranchant au toucher, qu'il s'attache fortement au
papier & à l'écriture, qu'il s'accumule au bec de la plume.

10. J'ai tenté de découvrir la nature de cette fubftance.
Pour ce, j'en ai réduit beaucoup en poudre en frottant deux
morceaux l'un contre l'autre & contre une plaque de fonte
de fer bien nettoyée.

11. J'ai mis de cette poudre fur ma langue ; je l'ai roulée
& mâchée ; &, contre mon attente, je l'ai trouvée infipide ;
car je croyois que fon odeur étoit l'effet d'un alkali fixe furabondant ; mais celui de fa compofition eft mafqué.

12. Huit onces de cette poudre, bouillie dans deux livres
d'eau, m'ont donné une liqueur qui, étant filtrée, étoit
lympide, teinte d'une nuance brune prefqu'imperceptible.
Cette liqueur, par évaporation, m'a donné trois grains &
demi d'un fel brun qui imprimoit de la fraîcheur fur la langue, fufoit fur les charbons ; c'étoit du nitre.

13. J'ai mis de cette fritte en poudre dans du vinaigre
diftillé ; il s'en eft diffout une partie ; l'autre s'eft précipitée
au fond du vafe ; la liqueur filtrée & évaporée, réduite aux
cinq fixiemes, a donné une gelée coulante couleur d'opale,
laquelle étant entiérement defféchée, a laiffé une matiere
brune faline qui imprime fur la langue une chaleur confidérable femblable à celle que produit la terre foliée de
tartre.

14. J'ai verfé de l'acide nitreux fur la fritte en poudre ;
elle s'eft diffoute entiérement avec effervefcence. J'ai faturé

P p ij

& filtré la liqueur qui, en réfroidiſſant, a produit une gelée très ſolide. En évaporant cette gelée au bain de ſable, elle a pris une légere couleur de ſoufre, a donné enſuite une cryſtalliſation confuſe, formée de cryſtaux grumeleux, blancs, empâtés d'un peu d'eau mere citrine, épaiſſe & gluante; le tout reſſembloit a du beau miel de Mahon ou de Narbonne un peu coloré. Ce ſel a un goût acide, ſtiptique, ne fuſe point ſur les charbons; au contraire il y perd ſon humidité, ſe bourſouffle, y acquiert une ſaveur très cauſtique; il ſe réſout facilement en attirant l'humidité de l'air. J'ai refondu ce ſel; la ſolution n'a point donné de gelée comme la liqueur premiere, & par l'évaporation, elle eſt devenue citrine très huileuſe, n'a point donné de cryſtaux; elle s'eſt deſſéchée ſous une forme ſaline blanche, & peu après qu'elle a été retirée du bain de ſable, elle s'eſt réſolue en liqueur citrine.

15. L'acide du ſel marin diſſout totalement la fritte, mais avec moins d'efferveſcence que l'acide nitreux. La liqueur ſaturée & filtrée donne auſſi une gelée moins ſolide qu'avec l'acide nitreux. Cette gelée a pris inſenſiblement, pendant l'évaporation, une couleur jaune dont l'intenſité a augmenté à meſure de l'effet de l'évaporation; lorſque la liqueur eſt devenue ſyrupeuſe, elle a pris une couleur aurore foncée, & a paſſée enſuite à celle du rubis de ſoufre, enſuite a donné une cryſtalliſation confuſe, grumeleuſe & ſans figure bien caractériſée. Ce ſel, en ſe deſſéchant, blanchit, mais il attire, comme le ſel nitreux, très promptement l'humidité de l'air; alors la liqueur reprend ſa couleur de rubis de ſoufre. Ce ſel ne décrépite point ſur les charbons; il y perd ſon humidité & la plus grande partie de ſon acide, après s'être gonflé, il ſe réduit très facilement en poudre.

16. La fritte en poudre a donné différents phénomenes avec l'acide vitriolique: d'abord j'ai verſé ſur cette poudre de l'huile de vitriol du commerce; elle n'a point été attaquée par cet acide; mais après avoir verſé ſur le mêlange autant d'eau commune que d'huile de vitriol, & remué promptement

avec une spatule de verre, il s'est fait un mouvement intestin si violent qu'il en est résulté une chaleur des plus forte, tel le bouillonnement pâteux & impétueux de la chaux très vive, humectée d'un peu d'eau, enfin la matiere s'est boursoufflée considérablement & s'est réduite en pâte; après que la chaleur en a enlevé toute l'humidité, il est resté une poudre blanche acide qui étoit cette fritte réduite à ses plus petites molécules, & qui avoit presque doublé son volume.

17. La fritte se dissout avec beaucoup d'effervescence dans l'acide vitriolique affoibli; lorsque la liqueur est saturée, le surplus de la fritte forme au fond du vase un sédiment blanc, lequel étant seché reste sous la forme d'une poudre blanche très subtile. La liqueur en réfroidissant donne une gelée transparente très blanche, plus solide qu'avec les autres acides; ensorte que cette gelée ne tombe pas du verre, quoi qu'on le renverse perpendiculairement. Si l'on verse, sur la dissolution de la fritte dans l'acide vitriolique, de l'huile de tartre par défaillance, il se forme des nuages qui s'épaississent en floccons : c'est une matiere blanche onctueuse & grumelleuse qui se précipite.

18. La dissolution de la fritte dans l'acide vitriolique filtrée, soumise à l'évaporation, donne d'abord des cryftaux en prismes déprimés, dont les bouts sont fourchus; ces cryftaux nagent d'abord sur la liqueur; ils se précipitent ensuite lorsqu'ils ont acquis un plus grand volume : en poussant l'évaporation, on obtient d'autres cryftaux qui sont des prismes quadrangulaires équilatéraux terminés par des piramides quadrangulaires tronquées. Ces cryftaux ont le goût stiptique & la forme de ceux de l'alun; ils attirent un peu l'humidité de l'air ; exposés sur des charbons ardents, ils se boursoufflent & se calcinent en perdant toute l'eau de leur cryftallisation, même leur acide ; car il ne reste qu'une poudre blanche friable & très peu acide ; la liqueur restante qui est une espece d'eau mere poussée par l'évaporation, donne des cryftaux confus, disposés en lames, ayant le goût stiptique de l'alun & l'odeur du résidu de la

matiere qui refte dans les cucurbites dans lefquelles on a fublimé le fel fédatif.

19. J'ai refondu ces fels; j'ai obtenu d'abord comme ci-devant des cryftaux quadrangulaires équilatéraux, terminés par des pyramides tronquées, c'étoit de l'alun; le refte de la liqueur, en fe defféchant, a laiffé une maffe faline de couleur tranfparente blanche, attirant légérement l'humidité de l'air, s'empâtant fous la dent; mais imprimant fur la langue une vive impreffion de feu & développant une faveur acide, acre & auftere alumineufe, des plus fortes & très défagréable. Ce fel fe bourfouffle fur les charbons ardents, y perd fon humidité & fon acide en plus grande partie, & ne laiffe qu'une maffe blanche, poreufe, friable, légere & prefque infipide.

20. De toutes ces expériences nous pouvons conclure que la fritte des forges à fer eft un verre mal combiné, qui n'a pas fubi un degré de cuiffon fuffifant pour acquérir le degré de perfection du verre qui ne doit être attaquable par les acides que lorfqu'on le réduit en poudre impalpable, ou que, lorfque les parties alkalino-falines, qui entrent dans fa compofition, ne font que mafquées & non parfondues. J'ai un exemple de ce fait dans mon cabinet: c'eft une bouteille de pinte de verre ordinaire, dans laquelle un Fondeur en cuivre avoit acheté d'un colporteur de l'eau forte : un jour voulant prendre fa bouteille qu'il avoit déja entamé, il la fentit fléchir fous fes doigts; il prit alors des précautions pour la furvuider; quelques jours après étant allé le voir travailler il me parla de fon accident, me donna la bouteille qui n'en étoit plus que le fquelette, l'eau forte en ayant pénettré & diffout prefque toutes les parties fans déplacement total. Cette bouteille faline eft un hygrometre; dans les temps humides elle fe diffout & dans ceux de fécereffe elle ne contient point d'humidité. Cette matiere faline eft une félénite nitreufe.

21. La fritte des forges à fer eft attaquable par tous les acides, mais n'eft point foluble dans l'eau; car le fel

nitreux que j'ai tiré de la liqueur résultante de la fritte bouillie dans de l'eau, doit être attribué à l'eau que j'ai employée, si la fritte eût contenu des principes attaquables par l'eau, c'eût été sans doute un sel alkalin; mais il n'y en a paru aucun vestige.

22. La dissolution de la fritte donne différents phénomenes dans l'acide nitreux : l'acide marin & l'acide vitriolique. Dans les deux premiers elle donne des sels acres, stiptiques contenant un acide sur-abondant , qui ne peuvent conserver leur forme seche & saline; ils attirent si fortement l'humidité de l'air, qu'ils tombent promptement en *deliquium*; même l'alun, qui résulte de la combinaison de la fritte avec l'acide vitriolique, attire aussi l'humidité de l'air, ce que ne fait pas l'alun ordinaire lorsqu'il a acquis son degré de perfection dans les fabriques, ce qui me fait penser que ces sels ont une base terreuse. Mais les sels que donne la fritte avec l'acide nitreux & l'acide marin sont accompagnés de circonstances singulieres; car avec l'acide nitreux, il se forme une liqueur mielleuse tenace, de couleur citrine; avec l'acide marin, cette liqueur est huileuse, de couleur du rubis de soufre, ce qui me fait présumer que ce font des parties métalliques qui donnent naissance à ces accidents. Mais une autre propriété contraire, c'est que l'espece de terre foliée à base terreuse qui résulte de la dissolution de la fritte dans le vinaigre distillé, laquelle, comme la terre foliée de tartre, imprime une saveur de feu sur la langue, n'attire point l'humidité de l'air comme les sels alumineux, même comme la terre foliée de tartre si susceptible de déliquescence : voilà un grand contraste; ce qui me fait croire que dans la combinaison de ces deux terres foliées, l'une de fritte, l'autre de tartre, la cohésion de l'acide du vinaigre est très foible avec l'alkali & la base terreuse, que les parties de ces sels ne se touchent que foiblement; en forte que les bases conservent leur propriété, savoir dans la terre foliée de tartre, l'alkali fixe, celle d'attirer l'humidité de l'air, & dans la terre foliée de fritte, la terre conserve sa propriété d'être seche.

23. Les gelées formées par la diſſolution de la fritte dans les acides, ſont un phénomene qui m’eſt déja arrivé dans l’analyſe de différents récréments des forges, particuliérement de celle de la cadmie des forges dont j’ai parlé dans le Mémoire précédent. J’ai attribué alors la cauſe de ces gelées au gluten métallique du zinc contenu dans la cadmie. La fritte des forges peut auſſi en contenir quelque portion. L’on me dira que les pierres zéolites donnent de même des gelées; mais l’analyſe de ces pierres n’a point démontré qu’elles ne continſſent pas du zinc ou quelques particules d’autres métaux capables de produire le même effet.

24. La ſubſtance alumineuſe eſt démontrée dans la fritte par les cryſtaux d’alun qui ont réſulté de ſa diſſolution dans l’acide vitriolique. La fritte contient donc cette terre ſinguliere de l’alun que l’on ſoupçonne être métallique, puiſque la ſaturant d’acide vitriolique, on en retire de l’alun qui n’attire l’humidité de l’air qu’en raiſon d’un acide ſurabondant dont on dépouille l’alun dans les travaux en grand par une manipulation particuliere. L’alun de la fritte, comme celui du commerce, ſe bourſouffle ſur les charbons, y perd l’eau de ſa cryſtalliſation & preſque tout ſon acide.

25. Nous avons apperçu dans le deſſéchement du ſel alumineux de la fritte, l’odeur du réſidu du ſel ſédatif qui ſe forme de la combinaiſon du borax décompoſé par l’acide vitriolique. La fritte a donc du rapport avec le borax à certains égards, ſoit par leur baſe alkalino-terreuſe, ſoit par les portions métalliques; car le borax eſt un ſel alkalin réputé contenir des parties métalliques. Il eſt bien difficile que la fritte des forges n’en contienne pas auſſi. Des expériences ultérieures, que je me propoſe de faire, pourront le démontrer. Je ſuis conduit à développer dans la ſuite cette préſomption, par les floccons gras & grumeleux que l’huile de tartre précipite de la diſſolution de la fritte dans l’acide vitriolique, par la couleur citrine de l’eau mere du ſel avec l’eſprit de nitre, & par celle de rubis avec le ſel marin, enfin par la cryſtalliſation feuilletée qui réſulte de l’évapora

tion

tion derniere de la liqueur de la fritte diffoute dans l'acide vitriolique.

26. J'obferve encore, relativement à la couleur que prend la liqueur concentrée de la fritte avec l'acide marin, qu'il y a dans le commerce une efpece d'alun qui a une légere teinte couleur de rofe; que cette différente couleur, que l'on doit attribuer à une faculté particuliere à la bafe de l'alun, prouveroit qu'il y a différentes combinaifons d'acide.

27. La caufe de la raréfaction de la fritte au fortir du fourneau, vient de la terre alumineufe qu'elle contient, qui donne à l'alun cette même propriété. Cet état poreux & raréfié de la fritte qui lui donne fa grande légéreté, l'approche de la pierre-ponce, de laquelle elle differe en ce qu'elle n'eft pas auffi folide, qu'elle fe diffout dans les acides, ce que ne fait pas la pierre-ponce; c'eft pourquoi je lui ai plutôt donné le nom de fritte, par rapport à fon analogie avec la fritte en général, & particuliérement celle de verrerie, que celui de pierre-ponce des forges, quoiqu'elle ait beaucoup de rapport avec celle des Volcans.

# REFUTATION
## DE L'USAGE DE LA SCIE,
### APPLIQUÉE
### A L'ABATTAGE DES ARBRES DE FUTAIE.

*Felices essent artes, si de illis soli artifices judicarent.*
QUINTILIEN.

LES papiers publics ont annoncé l'invention d'une scie pour l'abattage des futaies, par M. Genneté, qui veut proscrire la cognée des forêts; » parceque, dit ce Méchanicien, » la cognée détruit le dixieme du produit des futaies des » forêts « : perte effrayante dont il veut annéantir la cause. La scie, qu'il propose pour moyen, est, dans la spéculation, un présent à l'Etat, à l'Univers entier, qui augmentera d'un dixieme le produit des forêts existantes & futures, & qui lui eut mérité, jadis, un rang distingué parmi les Dieux fondateurs des Arts de premiere utilité. Mais comme les hommes s'égarent dans la profondeur de leurs méditations lorsqu'ils ne connoissent pas les premiers éléments des Arts qui en font l'objet, les systêmes, les machines, les projets qu'ils enfantent sont des chimeres qui disparoissent & s'anéantissent en sortant du cabinet de leurs Auteurs.

Les exploitations des bois, inséparables de mon état, m'ont fourni matiere à des observations de pratique qui détruisent totalement le systême de M. Genneté, & m'autorisent à désapprouver l'usage de la scie pour l'abattage des arbres de futaie; parceque, 1°. il est faux, contre l'assertion de l'Auteur du nouveau systême, que la cognée opere une perte notable dans le produit des arbres; 2°. le calcul de M. Genneté, portant sur une base défectueuse, le résultat

en eſt néceſſairement vicieux ; 3°. il eſt facile de prouver
que la nouvelle ſcie doit occaſionner une perte de bois que
la cognée ſeule peut éviter. Conſéquemment l'uſage de la
cognée eſt préférable à celle de la ſcie pour abattre les arbres de futaie. Je vais eſſayer de démontrer ces vérités.

M. de Genneté, par une hypotheſe, réduit la hauteur
des arbres de futaie à vingt pieds de ſervice, même à douze
pieds. Je trouve au contraire, par un relevé exaĉt de plus de
cinquante mille chênes que j'ai exploités dans les forêts du Roi
& des particuliers en différents cantons, qu'ils ont produit
chacun trente & un pieds un pouce réduits de bois de charpente de bon ſervice, non compris la longueur des récepes qui
leur ont été faites à la baſe du tronc pour les nettoyer des
roulures, ventures & pourritures ; ce que l'on peut évaluer au
moins à trois pieds pour chacun. Pluſieurs n'en ayant pas eu beſoin parcequ'ils étoient ſains de bout en bout ; d'autres ayant
été récepés de quatre, ſix, huit, dix & douze pieds pour les
rendre propres aux ouvrages de charpenterie & de menuiſerie. L'on ſait que les récepes que l'on fait aux arbres qui
ont quelques défauts, ſont débitées en bois de chauffage
lorſque le bois en eſt trop vicié : quand il eſt plus ſain, l'on
en fabrique des lattes, contre-lattes, merrains, douvelles,
échalas pour les vignes & autres ouvrages de fenderie. L'on
peut donc évaluer la hauteur commune des arbres de futaye
des forêts à trente-quatre pieds de ſervice, non compris les
branches. Je veux bien encore, en faveur du nouveau ſyſtême, ſuppoſer que la hauteur commune des futaies eſt de
trente pieds de bois de ſervice. Cette hauteur, réduite, excede encore de moitié & plus celle donnée par M. Genneté,
qui ſuppoſe gratuitement tous les arbres des forêts nains,
rafauts & rabougris, comme les arbres fruitiers d'un verger
mal entretenu.

Analyſons actuellement la prétendue perte occaſionnée
par la cognée dans l'abattage des futaies. Pour partir d'un
principe, il eſt néceſſaire de conſidérer les arbres en coupe
ſous le volume depuis un juſqu'à quatre pieds de diametre.

Q q ij

En négligeant la rigueur des loix d'Archimede, nous di-
rons qu'un arbre d'un pied de diametre donne trente-six
pouces de circonférence, & produira une piece de charpente
qui fera un prifme tetragone dont deux faces oppofées auront fept pouces, & deux autres huit pouces; ce que l'on
appelle, en terme foreftier, *bois meplat*. L'arbre de quatre
pieds de diametre donnant une circonférence de cent qua-
rente-quatre pouces, produira une poutre de trente pouces
de chaque face. L'on fent parfaitement que cette réduction
n'eft point le réfultat d'un calcul géométrique du rapport
du quarré à la circonference, mais qu'il eft la fuite des obfervations de ceux qui nous ont précédés dans l'exploitation
des bois, qui ont affigné pour regle invariable & qui fait loi,
que le fixieme déduit de la circonférence d'un arbre, le
quart du furplus, donne les dimenfions de chaque face de la
piece quarrée de charpente qui en provient. Ainfi fi de cent
quarante-quatre on retranche le fixieme qui eft vingt-quatre,
il reftera cent vingt, dont trente eft le quart. Dans quelques provinces, l'on prend fimplement le cinquieme de la
circonférence qui donne la groffeur demandée, mais avec
moins de juftefle; car dans l'efpece dont il s'agit ici, fi on
cherche le quarré de cent quarante-quatre par le cinquieme, on n'aura au quotient que vingt-huit, & il reftera
quatre pouces furnuméraires indivifibles. La réduction
au cinquieme du pourtour, eft cependant affez jufte pour
les groffeurs depuis fix pouces jufqu'à douze; il faut faire
ufage de la réduction au fixieme pour les arbres de treize
pouces jufqu'à trente; & quand ils paffent cette derniere
groffeur, on procede à leur réduction par d'autres principes,
parceque plus les arbres font gros, moins ils ont d'aubier
& d'écorce par proportion au volume de leur bois dur. Ce
n'eft pas ici le lieu d'entrer fur cette matiere dans de plus
grands détails : on peut confulter à ce fujet les ouvrages de
M. Duhamel du Monceau, qui ne laiffent rien à défirer fur
cet objet.

　Lorfqu'un Bucheron intelligent veut abattre un arbre dé

futaie, il l'attaque de deux côtés opposés avec sa cognée.
L'un de ces côtés sera celui de sa chûte qu'il aura jugée être ou
la plus naturelle par l'inclinaison de l'arbre, ou par le poids
de ses branches, ou qu'il croit être la plus avantageuse pour
empêcher la fracture du corps & des principaux membres
de l'arbre. Les deux ouvertures que le Bucheron fait avec
la cognée au pied de l'arbre pour l'affoiblir, & qui doivent
se réunir au centre de la souche, font chacun une angle de
quarante-cinq degrés d'ouverture, ce qui donne à l'éperon
de l'arbre la figure d'un angle curviligne de quatre-vingt
dix degrés; ensorte que pour des arbres d'un pied de diametre, ces entailles ont six pouces d'ouverture, & pour des
arbres de quatre pieds de diametre, elles en ont vingt-
quatre. Cette perte de bois seroit prise totalement sur le
corps de l'arbre au-dessus du sol, si l'abatteur ne creusoit
dans la souche à proportion de la grosseur des arbres, c'est-à-
dire d'un sixieme de diametre, suivant l'usage le plus ordinaire : ensorte que ces entailles sont réduites à quatre pouces
pour un arbre d'un pied de diametre, & à seize pouces pour
un arbre de quatre pieds aussi de diametre. Le terme moyen
de ces deux sommes est dix pouces d'entaille, qui semble
être en pure perte par chaque pied d'arbre : mais pour réduire
au quarré un arbre en grume, l'équarrisseur trace sur le
corps de l'arbre deux lignes droites également éloignées du
centre, lesquelles retranchent chacune plus du sixieme de son
diametre, ce qui le réduit à moins des deux tiers, puisqu'un
arbre de quatre pieds de diametre ne fournit, suivant l'u-
sage ordinaire d'équarrir, qu'une piece de trente pouces
d'équarrissage; car trente font les deux tiers de quarante-
huit moins un seizieme ; conséquemment l'équarrissage
prolonge la piece dans son quarré avivé de plus d'un tiers
dans l'éperon, en le supposant même d'une forme angulaire
rectiligne, ce qui réduit la perte de dix pouces sur chaque
pied d'arbre par l'usage d'abattre à la cognée à six un quart
de pouce; car six un quart est à-peu-près à dix comme trente
est à quarante-huit.

J'ai dit que l'angle de l'éperon d'un arbre abattu à la cognée étoit curviligne, parceque l'abatteur, pour économiser
le bois & diminuer son travail, donne une courbure hyperbolique au dehors, ce que l'on appelle *taille ronde*. Cette
économie prolonge le vif de la piece encore d'un tiers, ce
qui réduit la perte supposée à quatre pouces deux lignes; &
comme l'éperon de l'arbre est souvent entiérement de service, soit que le bout d'une piece de charpente soit destiné
à former une éguille ou un tenon, même une assiette sur
les faces que la cognée n'a point endommagé; en conséquence, dans le toisé le plus rigoureux, l'éperon se compte
pour moitié; il faut donc encore réduire la perte supposée
sur les arbres abattus à la cognée par l'usage ordinaire à
deux pouces une ligne, qui est un cent soixante-douzieme
de la hauteur commune des pieces de service qui se tirent
des arbres réduits à trente pieds de hauteur commune.

Il est nécessaire d'observer que la pourriture, venture
& la roulure dont j'ai parlé, qui sont des vices qui affectent
communément les gros arbres, sont plus fréquentes & plus
abondantes à leur base qu'en toute autre partie de leur
tige; conséquemment la prétendue perte, occasionnée par
la cognée, porte plus ordinairement sur un bois de peu de
valeur, ce qui doit faire encore une soustraction au moins
de moitié sur la destruction que l'on attribue à la cognée.
Je néglige cette circonstance, toute favorable qu'elle est.

Examinons actuellement les prétendus avantages de l'u-
sage de la scie, ou plutôt les inconvénients qui en résultent. L'on dit » que la scie rasera l'arbre à fleur de terre «.
Cela n'est pas possible dans presque tous les cas : car 1°. le
terrein qui entourre la souche des arbres dans les forêts n'est
jamais ou assez uni ou assez de niveau pour pouvoir espérer
cet avantage. Si on étoit obligé de se le procurer pour faciliter l'usage de la scie; ou il faudroit essarter les souches
des cepées de taillis qui environneroient les arbres, ou ni-
veler le terrein & l'épierrer pour faciliter la traction horisontale de la scie. Ces manœuvres sont dispendieuses &
contraires à l'emmenagement des forêts,

2°. Il est d'usage que les souches des arbres qui doivent être livrées à l'adjudicataire pour être abattus, soient frappés du marteau des maîtrises ou grueries, pour en représenter l'empreinte lors du récolement après l'exploitation des ventes. Dans ce cas, il arrive souvent qu'un arbre sort de terre d'une forme circulaire, sans avoir de grosses racines hors de terre, sur lesquelles on puisse asseoir l'empreinte du marteau. Pour lors, en se servant de la scie, on ne peut éviter au moins quatre à cinq pouces de perte de bois au-dessus du niveau du terrein, puisque l'on sera obligé de faire passer la voie de la scie au-dessus de l'empreinte du marteau, pour pouvoir la représenter au récolement; au lieu qu'avec la cognée, on laisse simplement une petite masse de bois qui soutient l'écusson du marteau pour en conserver l'empreinte, & ensuite on plonge profondément la taille dans la souche.

3°. Cette scie, dont on ne donne point la description, pour faire une voie *d'un bon demi pouce* (c'est ainsi qu'on s'exprime) & pouvoir scier des arbres de quatre pieds de diametre, doit être composée d'une lame d'environ six pieds de longueur, cinq pouces de largeur, & trois lignes d'épaisseur, ce qui donne quatre-vingt-dix pouces cubes de fer pesant environ trente livres: en supposant que la monture de la scie ne pese que six livres, la machine entiere pesera donc trente-six livres; conséquemment chaque ouvrier aura continuellement à supporter un poids de dix-huit livres, & sera obligé de faire de continuels efforts pour contenir la scie horisontalement afin d'empêcher les frottements. Joignez à toutes ces résistances la force nécessaire pour ouvrir une voie de six à sept lignes, au progrès de laquelle, loin que le poids de la machine coopere comme dans les scies à moulin ou les scies à bras verticales, elle est au contraire un obstacle. Si pour vaincre tant de résistances il faut augmenter la puissance par le nombre des ouvriers, la dépense décuplera le bénéfice proposé.

4°. Cette scie, d'après l'énoncé de l'Auteur, est censée

être compofée au point d'être une machine compliquée , difpendieufe dans fon principe & d'une grande fujettion dans fon entretien. Une cognée de trente fols peut abattre une forêt, & le prix commun de l'abattage eft de trois fols par pied d'arbre de futaie.

5°. Pour tirer un plus grand avantage des arbres de qualité, lorfqu'on les juge fains au pied, on les fait déraciner ou fimplement abattre à cul-noir s'ils font pivotés. Par ce moyen on obtient depuis un jufqu'à deux pieds de longeur fur une belle piece, avantage confidérable que l'on ne peut fe procurer qu'avec la cognée. La fcie ne pouvant au plus qu'égaler au fol, fruftre conféquemment de ce bénéfice important, & que l'on peut fe procurer à peu de frais par le moyen de la cognée , puifque les plus gros arbres ne coûtent pas plus à déraciner qu'à abattre.

6°. Dans le penchant d'un terrein efcarpé, la fcie ne peut être d'aucun ufage dans l'abattage des arbres à caufe de la difficulté de la faire manœuvrer, & parcequ'elle ne pourroit au plus couper qu'à la hauteur la plus élevée du collet de la fouche, conféquemment elle opéreroit alors une perte confidérable.

7°. Si dans l'intérieur de la fouche d'un arbre, des pierres ou des craffes des forges à bras, qui font répandues dans beaucoup de nos provinces, fe trouvent logées & recouvertes, ce qui eft affez ordinaire, pour lors la voie de la fcie fe trouvera arrêtée fans reffources. La cognée au contraire fe joue de tous les obftacles; elle évite les écueils, elle fe plie à tous les befoins & à la volonté de celui qui en fait faire ufage.

8°. Il n'eft pas poffible, en fe fervant de la fcie pour abattre les arbres, d'en diriger la chûte avec juftelle, parcequ'un arbre féparé de toute part de fa fouche cédera à toutes les caufes phyfiques qui lui donneront une impulfion quelconque; un coup de vent plus ou moins violent le fera pirouetter fur fa fouche , ou fon inclination naturelle le fera tomber fur des éminences, ou fur d'autres arbres déja

abattus

abattus; alors ou il se brisera en portant à faux, ou il écrasera dans sa chûte des baliveaux & des cadets destinés à repeupler la forêt : *corruit & multam prostravit pondere silvam :* au lieu qu'avec la cognée on attaque un arbre de façon à le faire tomber avantageusement pour la conservation des arbres sur pied qui l'entourent, & pour celle de toutes ses parties. L'usage des coins, que l'on propose pour diriger la chûte de l'arbre, est insuffisant; ces coins ne peuvent servir au plus qu'à empêcher foiblement la compression de la scie.

D'après ces observations, il résulte qu'à exploitation égale, la scie ne peut avoir d'avantages sur la cognée, que de procurer, par une dépense beaucoup plus considérable, un cent soixante-douzieme de la longueur des pieces que l'on peut tirer d'un arbre; que cette perte prétendue doit être diminuée de plus d'un tiers, en la supposant, avec M. Genneté, applicable à l'arbre total, dont les débris, tant en bois de chauffage ou à charbon provenant des houppiers, qu'en copeaux, font au moins un tiers du produit commun des arbres; ce qui réduit le bénéfice procuré par l'usage de la scie à un deux cent cinquante-neuvieme : avantage bien éloigné d'un dixieme comme l'a avancé M. Genneté, par un principe portant à faux. Mais cet avantage spécieux de l'usage de la scie sur celui de la cognée, devient au-dessous de zéro dans une infinité de circonstances dans lesquelles l'usage de la scie ne peut avoir lieu aucunement ou qu'avec une perte considérable, & l'on verra (en suivant le calcul de M. Genneté) que l'avantage du produit du dixieme des forêts, attribué à la scie, est totalement réversible à la cognée, si l'on fait attention à mon observation cinquieme, dans laquelle je fais voir qu'avec la cognée on peut gagner deux pieds de longueur de plus à une belle piece en coupant, sur ses racines, un arbre jugé d'une bonne constitution; opération pour laquelle la machine de M. Genneté devient impuissante. En supposant donc, comme ce Méchanicien, les arbres de vingt pieds de hauteur commune; dans

R r

ce dernier cas, la cognée donnera un dixieme de produit de plus que la scie. D'ailleurs l'incertitude de la chûte des arbres abattus par la scie, le danger de la vie des ouvriers, les délits des arbres voisins, la dépense & la longueur d'une exploitation pénible & ruineuse, toutes ces considérations doivent faire rejetter l'usage de la scie horisontale; car d'après l'expérience, je pose en fait qu'un ouvrier seul fera à la cognée ou à la hache, qui est la dénomination vulgaire de cet outil, plus d'ouvrage que deux avec la scie, dans le bois verd, qui est l'état de celui en exploitation.

L'on est donc forcé de conclure que le bénéfice, produit par la scie, est chimérique; que celui de la cognée est évident: conséquemment l'usage de la cognée est préférable à tous égards à celui de la scie qui est prohibée pour l'abattage des arbres, par l'article V, du titre XXXII de l'Ordonnance des Eaux & Forêts qui a prévu avec sagesse combien il est intéressant d'écarter les moyens de dévaster les forêts par des délits clandestins pour lesquels la scie est si favorable aux voleurs forestiers.

M. Genneté dit qu'on lui a objecté » que les arbres coupés » par la cognée peuvent repousser, & que ceux qui sont » sciés ne repoussent pas, *étant brûlés par la scie.* Per-» sonne n'ignore, dit cet Auteur, que de tous les gros arbres » coupés par la cognée, aucune de leur souche ne repousse, » & que les racines meurent toutes, ce qui fait tomber l'ob-» jection «. L'objection faite à M. Genneté est fondée sur la pratique & est en place; sa réponse est contraire aux faits, & démentie par la Nature. Ce n'est point parceque la scie brûle, que les souches des arbres, abattus par la scie, ne repoussent plus. Ce terme *brûler* est impropre & mal appliqué; mais c'est que la scie (instrument cruel qui déchire) ébranle, divise & rompt les fibres de l'écorce & du bois qui lui est contigu, faute de point d'appui pour résister à l'effort de ses dents, qui ne coupent qu'en arrachant. Cette désunion interrompt le cours de la seve, donne accès à l'air qui desseche les parties & empêche l'effet de la végétation. Cet effet pernicieux de la scie oblige le Jardinier de réparer, par un outil tranchant, la surface des plaies qu'il fait à un arbre lorsqu'il en retranche à dessein quelques membres avec la scie, afin, 1°. de polir la surface du membre récépé pour empêcher l'accès de l'air & de l'eau du ciel qui pourriroient bientôt de proche en proche la partie découverte & effrangée par les dents de la scie; 2°. pour raser les fibrilles déchirées & découvrir le vif du bois, que la seve puisse cicatriser la plaie & bourgeonner tout autour, ce qui n'arriveroit point sans cette précaution.

Puisque la scie empêche de repousser les souches, elle doit être proscrite pour l'abattage des arbres de futaie; car il est incontestable (malgré l'assertion contraire de M. Genneté) que les souches des gros arbres abattus avec la cognée, repoussent en plus grande partie, particuliérement celles qui ne sont point viciées totalement ou qui n'ont point passé l'âge de cent cinquante ans; quoiqu'il arrive que des souches de plus vieux arbres repoussent après l'abattage à la cognée. Ce fait est si vrai, que, 1°. j'ai vu souvent, dans des récollements après des exploitations, chercher des souches considérables cachées par des rejets abondants & vigoureux qu'elles avoient repoussés; 2°. qu'il est ordinaire de voir des arbres à grosses culottes, que l'on appelle communément *chênes sur étau*, parcequ'ils recouvrent en partie, ou en totalité, les anciennes souches qui les ont produits; 3°. qu'il est ordinaire de rencontrer dans les forêts des arbres jumeaux qui ont pris naissance de 2, 3, 4, 5, 6 brins & plus, provenants d'une ancienne souche; 4°. qu'il est très commun de trouver au centre de l'éperon d'un arbre abattu, du bois pourri qui n'est point un débri de sa propre substance, mais qui provient de l'ancienne souche qui lui a donné l'existence; 5°. que j'ai vu un très grand nombre de souches d'arbre anciennement abattus, enclavées & couvertes totalement par le nouvel arbre qu'elles ont produit; même depuis quelques jours, en allant surveiller mes exploitations, j'ai vu une souche ancienne dont l'aubier & l'écorce

R r ij

étoient entiérement pourris, ainsi qu'une partie du bois voisin de l'aubier, & qui avoit encore quinze pouces de diametre, ce qui me fit conjecturer que cette souche pouvoit avoir eu vingt-sept à vingt-huit pouces de diametre, conséquemment qu'elle provenoit d'un arbre de l'âge d'environ cent quarante-cinq à cinquante ans. Cette souche étoit élevée d'un pied au-dessus du sol, parceque l'arbre avoit été mal abattu anciennement; elle étoit logée & imprimée dans l'intérieur du chêne nouvellement abattu. Il n'est pas douteux que cet arbre qui contenoit cette souche n'avoit pas d'autre principe de son existence qu'une pousse nouvelle de cette souche : conséquemment il est évidemment faux de dire ,, que ,, toutes les souches meurent, qu'aucune ne repousse ". Je conviens que, quoiqu'une très grande partie des souches repoussent, elles ne réussissent pas toujours, mais assez fréquemment pour ne pas en négliger le produit, & pour écarter tous les moyens contraires. La scie, de l'aveu de M. Genneté & du consentement unanime des Forestiers, étant un des plus grands obstacles à la repousse des souches, ne doit-on pas conclure contre son usage, en faveur de la cognée pour l'abattage des chênes & autres arbres de futaie ?

Lorsque les arbres sont d'un âge si avancé que l'on ne peut espérer de nouvelle pousse de leurs souches, il n'y a point d'inconvénient de les déraciner; au contraire, on se procure, par cette manœuvre, deux avantages notables; le premier résulte du bénéfice du bois au-dessous du niveau du sol, si l'arbre est sain, & il tourne au profit de l'adjudicataire ; le second est de pouvoir ameublir le terrein pour recevoir du jeune plant ce qui augmente l'étendue de la forêt au profit du propriétaire qui en jouit par anticipation. La scie ne peut être appliquée à cette espece d'abattage, conséquemment elle est défavorable ou impuissante; elle doit donc être réservée pour d'autres usages que pour celui de l'abattage des futaies; & on doit conclurre avec Politianus. *Quercus & audaci fagus sonet icta securi.*

# REFLEXIONS

Sur la ruine prématurée des poutres des bâtiments de l'Ecole Royale-Militaire; sur les moyens de prévenir pareil accident, & sur des principes économiques pour équarrir les bois dans les forêts.

Le Roi, en fondant un asyle & une Ecole Militaire pour les jeunes Gentils-Hommes de son Royaume, a élevé un monument éternel à sa gloire & à sa bienfaisance : mais, par une fatalité attachée aux choses humaines, à peine une partie des bâtiments de ce vaste édifice est-elle achevée, qu'ils sont menacés d'une destruction prochaine, par la pourriture prématurée de toutes les poutres qui en soutiennent l'édifice. Cet accident est un événement extraordinaire aux yeux du vulgaire. Ceux qui se persuadent en connoître la cause sont divisés de sentiment ; les uns prétendent que l'Entrepreneur en est l'auteur, parceque, par cupidité, il a employé des bois viciés ou déja caducs ; d'autres essaient de persuader que ces poutres ne se sont si promptement détruites, que parcequ'elles ont été abattues & exploitées dans les forêts dans les mois pendant lesquels la seve des arbres est en action.

Fondé sur une longue expérience acquise dans des exploitations majeures & nombreuses que j'ai faites dans les forêts du Roi & des particuliers, & sur celle que j'ai acquise dans l'entreprise & la direction de constructions considérables, je vais essayer de détruire les principes de ces deux raisonnements, & prouver que la pourriture prématurée des poutres de l'Ecole Royale-Militaire est une suite nécessaire du défaut de précaution que l'on a apporté dans la construction ; qu'elle est dans l'ordre des choses. Je donnerai ensuite un moyen physique de prévenir à jamais pareil accident.

Les poutres que l'on a employées dans les bâtiments de

l'Ecole Royale-Militaire font formées chacune d'un feul gros arbre de chêne équarri fous une forme prifmatique quadrangulaire. Le chêne eft une effence de bois compofée de trois parties principales; qui font, 1°. le bois dur qui occupe le centre du cône; il eft d'une couleur rembrunie en général; 2°. l'aubier qui entoure le bois dur; il eft d'une couleur blanche; 3°. l'écorce qui eft compofée de plufieurs parties qui renferment l'arbre comme dans une gaîne.

Si dans les mois de Mai, Juin, Juillet & Août, l'on examine les fouches des chênes qui ont été abattus à la cognée pendant l'Automne, l'Hiver, & particuliérement au commencement du Printemps, on voit fortir la feve, comme des fources abondantes de tous les points de la furface de l'aubier qui forme un anneau entre l'écorce & le bois dur, tandis que l'on n'en voit fortir aucune larme de la furface du bois dur. Si au contraire on examine de pareilles fouches des arbres de hêtre & de charme, on remarque que la feve fort indiftinctement & avec la même abondance de toutes les parties de la furface, tant du centre que du contour. Pourquoi cette différence d'agir de la feve dans ces arbres de différente nature? C'eft que le hêtre & le charme font des effences de bois qui different de celles du chêne en ce qu'ils n'ont point de bois dur, & qu'ils font au contraire compofés entiérement d'aubier. De ce fait, qui eft inconteftable, puifqu'il eft pris dans l'effence de la nature, il faut conclurre que la feve ne monte & ne circule que dans l'aubier du chêne, & ne monte point dans le bois dur, qui eft d'une couleur brune, rougeâtre ou jaune noyée de gris, fuivant l'efpece de chêne & la conftitution du terrein dans lequel il eft planté. Ce bois n'eft pas plus humide lors du temps de la circulation de la feve, que dans les temps où elle eft dans l'inaction. Il n'en eft pas de même de l'aubier. Cette partie du bois eft rare, légere, fpongieufe & d'une couleur blanche : elle n'eft dans cet état fi différent de celui du bois dur, que parceque la *xulification* (*a*) ne s'acheve que lentement & par une

---

(*a*) N'ayant point trouvé de mot dans notre langue pour m'exprimer, j'en ai fait un de ξύλον, je change en bois, & de *fieri*, devenir.

gradation mesurée sur la qualité & la quantité de la seve condensée, & le nombre d'années employées à cette opération. L'état rare & spongieux de l'aubier donne un libre cours à la seve qui, en se desséchant & se condensant dans les tubes & les utricules, le fait passer successivement à l'état de bois dur, c'est-à-dire à celui de perfection. Conséquemment dans les mois de l'année pendant lesquels la seve est en action, cet aubier en est gorgé; & si un chêne est abattu dans ce temps, nécessairement son aubier contient une très grande quantité de seve susceptible d'une fermentation destructive : même si les chênes abattus dans les temps de l'année pendant lesquels la seve ne circule pas, restent long-temps dans leurs écorces, qui empêchent l'air de dessécher l'aubier; ou s'ils sont exposés à une alternative d'humidité & de sécheresse, quoique dépouillés de leur écorce, alors la partie de la seve qui est en liqueur ou qui n'est qu'en état d'extrait susceptible de dissolution, entre en une fermentation qui détruit non seulement l'aggrégation des parties constituantes, mais encore l'odeur de cette putréfaction attire des insectes qui y viennent déposer leurs œufs dont le développement fait naître une multitude d'autres insectes qui travaillent à completter la destruction de l'aubier en y cherchant le principe de leur subsistance jusqu'à leur métamorphose. Le ver, que l'on nomme tarriere, pénetre rarement dans le bois dur, à moins que ce ne soit dans celui des arbres roulés qui contiennent une seve extravasée dans les lames détachées des couches concentriques; mais ils font de grands ravages dans l'aubier qui est encore couvert de son écorce.

Le bois dur d'un chêne mort dans toutes ses parties sur pied par une cause quelconque, se conserve long-temps sain lorsqu'il se dépouille de son écorce, s'il n'est pas taré d'un vice local; mais si son écorce ne se détache pas & qu'il contienne une seve extravasé ou qu'une gouttiere y ait introduit de l'humidité étrangere, les vers de diverses sortes de scarabées le perforent jusqu'à des profondeurs qui pénetrent quelquefois jusqu'au cœur de l'arbre.

L'aubier des chênes pelards, c'est-à-dire de ceux dont on enleve l'écorce pour faire du tan, se durcit à l'air & se conserve, mais il se fendille. Cette propriété, que le bois écorcé a de durcir à l'air, a déterminé les Anglois à faire écorcer sur pied des chênes plusieurs années avant de les abattre, pour les employer à différentes constructions.

Les bois abattus dans la seve des mois de Mai, Juin, Juillet & Août, sechent promptement & se durcissent si on ne les laisse pas long-temps sous leur écorce, c'est-à-dire si on les équarrit aussi-tôt qu'ils sont abattus. Le seul accident qui leur arrive est une grande quantité de gerçures, même de fentes souvent profondes, parceque la chaleur excessive de cette saison raréfie la seve & l'humidité radicale du bois, & cause des écartements dans la direction des fibres. Il n'en est pas de même des arbres abattus dans le mouvement de la seve de Janvier, parceque le froid de la saison fixe la seve dans le bois dans un état d'inertie; mais la chaleur du printemps & de l'été mettant tous les fluides en action, agit sur la seve contenue dans les bois coupés en Janvier, & la fait entrer en une fermentation qui détermine une portion de cette seve à une végétation posthume & forcée qui détruit d'autant la substance de l'aubier, l'autre communique son action à l'humidité radicale du bois, & elles agissent de concert à la destruction de ses parties constituantes; ensorte que des bois, destinés à faire du charbon, qui ont été coupés en Janvier, quoiqu'ils aient été depuis exposés long-temps à l'air le plus hâleux, ne peuvent non seulement sécher au point d'être cuits avec avantage, mais même ces bois, sur-tout ceux de tremble, de tilleul, de saule & d'orme, poussent au printemps des jets qui énervent leur substance qui pourrit sans sécher; ces bois ne produisent plus qu'un charbon sans vertus. Ce même accident arrive à toute espece de bois plus ou moins sensiblement.

L'altération que reçoit le bois de chêne, soit sur pied, soit dans les chantiers, ou employé dans les bâtiments, se manifeste en général sous trois formes différentes. Ce bois

devient

devient fpongieux, léger, humide, blanc avec perte de fubftance, & donne un phofphore, c'eft *le pourri blanc.* Si le
bois de chêne eft atténué plus ou moins fenfiblement fous
une couleur rouge, fouvent rayée de lignes blanches divergentes fans perte de fubftance, cet accident fe nomme *pourri
rouge.* Lorfque ces deux accidents font combinés par des
caufes communes, le bois qui en eft vicié eft criblé de trous
tubulés dont les cloifons font veinées de rouges & de blanc,
c'eft ce que l'on nomme *pourri plume de geay.*

Le pourri blanc, qui eft une gangrene, eft occafionné
par une gouttiere faite à l'arbre fur pied, ou par une caufe
quelconque pour les charpentes, qui introduit dans l'un &
l'autre cas l'eau du ciel, & opere une fermentation lente
qui arrête, dans les arbres fur pied, l'action de la feve, &
détruit l'organifation des parties conftitutives. Le principe
huileux du bois fe diffipe par la communication avec l'air
libre. Cette pourriture fait fes progrès de la circonférence
au centre, ou des furfaces à l'intérieur.

Le pourri rouge, qui eft une maladie inflammatoire, fait
au contraire des progrès du centre à la circonférence. Il eft
occafionné par la fermentation intérieure d'une liqueur furabondante & ftagnante, foit qu'elle foit de l'effence du
bois, comme une feve dont la marche a été interrompue par
des engorgements, ou que cette humidité ait été adminif-
trée par une caufe étrangere, & que dans l'un & l'autre cas
elle ne puiffe furmonter les obftacles qui s'oppofent à fon
évaporation au dehors de la maffe de bois qui la renferme:
alors cette liqueur ftagnante eft difféminée dans les parties
organiques obftruées du bois, elle entre en fermentation,
agit fur les parties folides, les attenue & détruit l'organifation. La partie huileufe, exaltée par le mouvement de la
fermentation, colore les parties cadavereufes en rouge obfcur. Les trachées, que l'on nomme mailles en terme d'Architecture, font d'un tiffu plus ferré & plus compact que les
parties intermédiaires du bois; elles réfiftent plus long-
temps à l'action de cette fermentation deftructive: les par-

S f

ties qui leur font appliquées s'en féparent & laiffent un intervalle qui fe remplit quelquefois d'un fongus blanc, mince, qui occupe tous les interftices , & forme les lignes blanches divergentes que l'on apperçoit dans le bois pourri rouge, lorfqu'après une longue fuite d'années des accidents ont permis à la femence de ce fongus de s'introduire dans ce pourri. Ce fongus peut être détaché en feuilles minces , fouples & moëlleufes comme un cuir hongroyé : j'en ai des lanieres qui en impofent aux fens. Ce pourri rouge eft celui qui fait les progrès les plus rapides & les plus fâcheux.

Les arbres fur pied font affectés du pourri rouge, lorfqu'une caufe quelconque a interrompu la marche de la feve, foit par l'effet d'un membre mutilé, foit par celui d'un corps étranger introduit dans le corps de l'arbre, & que l'écorce recouvrant infenfiblement la partie découverte, en a cicatrifé la plaie ; ou enfin foit par l'effet d'une maladie, telle la paralyfie ou apoplexie qui ont arrêté la circulation des fluides dans les arbres affectés de gelivures, ou dans ceux qui font fur le retour & qui s'affaiffent fous le poids des années.

Dans les charpentes des édifices, le pourri rouge eft produit par une autre caufe d'où réfulte le même effet ; mais c'eft toujours une caufe quelconque qui empêche la defficcation de l'humidité radicale du bois ou de celle qui lui a été fournie par une caufe étrangere. Je le démontrerai plus bas.

Comme le pourri rouge plume de geai n'affecte que les arbres fur pied, je ne m'étendrai pas beaucoup fur ce fujet. Je dirai feulement qu'il a lieu, lorfqu'un accident découvre une partie de l'arbre qui eft affecté du pourri rouge qui n'eft pas à fon dernier période ; alors l'eau du ciel qui vient abreuver les parties des trachées & des cloifons des tubes qui ne font pas en dégradation totale, y occafionne l'effet du pourri blanc qui détruit la fubftance intérieure des tubes ; alors ils s'élargiffent & forment des tuyaux multipliés dont les parois, font blanchies par le pourri blanc combiné avec le pourri rouge. Le bois, en cet état, n'eft propre qu'à faire de la potaffe. Je reviens aux charpentes qui font l'objet principal de ce Mémoire.

Les bois, dont l'Architecte compofe fes charpentes, font dans des fituations différentes : ou ces bois font mis en œuvre au fortir des forêts, immédiatement après qu'ils ont reçu leur premiere forme dans l'exploitation : ou ces bois font à peine fortis du flot des rivieres, au moyen defquelles on les a exportés dans des ports plus ou moins éloignés des forêts, qu'ils entrent dans les conftructions : ou enfin ces bois ont été emmaganifés dans des chantiers un certain temps avant que de paffer dans les atteliers du charpentier.

Les charpentes civiles font, ou expofées au grand air comme les combles des pavillons & des manfardes, & toutes les parties des hangards & des hallages, fans que rien s'op-pofe au courant d'air qui leur enleve leur humidité; ou ces charpentes font couvertes d'eau ou d'un terrein qui en eft toujours abreuvé, tels les pilotis, les affemblages fous œu-vre des ufines & des machines hydrauliques, même leurs parties qui font continuellement imbibées de l'eau qui eft la puiffance de leur action, quoiqu'elles s'élevent au-deffus du fol; ou enfin les diverfes pieces de charpente font com-prifes dans des murs, enveloppées & couvertes d'enduit de chaux, de plâtre ou de peintures & de vernis, qui empêchent non feulement leur deffication, mais même fourniffent une humidité furabondante & étrangere, à l'évaporation de la-quelle ces enveloppes forment des obftacles.

Dans le premier & le fecond cas où fe trouvent placés ces charpentes, les bois, au fortir des forêts, y font em-ployés avec avantage. Parceque celles qui font expofées au grand air, à l'abri cependant des pluies & de l'ardeur du fo-leil, font bientôt dépouillées, par l'air paffant, de la partie la plus fluide de leur feve, & la portion la plus graffe de cette feve s'uniffant aux fibres du bois, leur donne du nerf & de la foupleffe.

Les charpentes qui doivent être placées fous l'eau, ou qui doivent compofer celles de toutes les machines hydrauliques qui font perpétuellement abreuvées d'eau, doivent être com-pofées de bois fortant des forêts ou du flot des rivieres, par-

S f ij

ceque l'humidité qui les environne dans leur établiſſement les entretient dans leur volume : il n'y a point de retraite ni de gonflement. Elles ſubſiſtent toujours dans les proportions & les dimenſions qu'elles ont reçues de l'art pour leur appropriation. L'on ſait que le bois de chêne réſiſte aux efforts du temps, pendant pluſieurs ſuites de ſiecles, ſans ſe décompoſer, lorſqu'il eſt ſous l'eau ou dans la terre, pourvu, dans ce dernier cas, que ce ſoit à des profondeurs conſidérables où l'air groſſier de l'atmoſphere ne puiſſe pénétrer. Si l'eau des rivieres tient en diſſolution un principe vitriolique ferrugineux, le bois de chêne y prend une couleur noire d'ébene & preſque ſa dureté. Si l'eau eſt chargée d'un principe calcaire, il ſe forme autour du bois une incruſtation qui remplace ſon écorce & en perpétue la durée. Enfin ſi le bois eſt mis en œuvre dans un terrein imprégné d'un ſuc ſpathique ou de ſilex, ce fluor lapidaire s'introduit dans les pores de ſon organiſation, & le transformant en pierres & en cailloux, en éterniſe l'exiſtence. Le fluor vitriolique des pyrites travaille ſeul à ſa deſtruction, en le convertiſſant en charbon.

Il n'en eſt pas de même des bois de charpente qui ſont deſtinés à être compris dans des murs, & enveloppés de couches de plâtre, de mortier, de peintures métalliques & de vernis huileux & réſineux, enfin auxquels on intercepte toute communication avec l'air libre : ſi ces bois ne ſont employés très ſecs, & ſi on ne ſeconde pas, par des précautions, l'évaporation de l'humidité qu'ils repompent des mortiers qui entrent dans les murs & les plafonds, ces bois ſont bientôt détruits par l'effet du pourri rouge dont j'ai développé la cauſe, & c'eſt cet accident qui a précipité la ruine des poutres de l'Hôtel de l'Ecole Royale-Militaire. Appliquons nos principes, & développons les vices de conſtruction qui ont donné lieu à cet accident, lequel a fait des progrès d'autant plus rapides & plus généraux, que l'on a d'un côté apporté moins d'attention dans la préparation des bois, & de l'autre que l'on a multiplié les cauſes deſtructives dans les appropriations des parties de l'édifice conſtruit.

Le Roi ayant réfolu de fonder une Ecole pour les jeunes Gentils-Hommes dont les peres ont immolé, à la gloire de fes armes, leur fang & leur fortune, le Confeil a donné des ordres pour élever rapidement ce monument de fa juftice & de fa bienfaifance, pour en former un féminaire de Héros. Les Architeétes & les Entrepreneurs, qui ont été chargés de l'exécution, ont fait des efforts pour accélérer les différentes opérations, & en préparant féparément chaque partie, les ont combinées de façon que toutes puffent s'achever enfemble fous l'efpace de temps le plus court. Pour remplir ces vues, l'on a employé des matériaux qui fortoient du fein des carrieres, des forêts & des rivieres, premiere caufe de deftruétion. Pendant que l'Architeéte faifoit élever la maçonnerie, les poutres, fufpendues aux cordes des engins, attendoient le moment d'être pofées à la hauteur des étages fur des murs très épais, & liés à force de mortier qui contient toujours une quantité immenfe d'eau, au-delà de celle qui eft néceffaire à la cryftallifation de fes parties féléniteufes; & par un excès de propreté & de décoration extérieure, on a mafqué le bout de ces poutres qui n'avoient nulle communication avec l'air extérieur; deuxieme caufe de leur dépériffement.

A peine les poutres & les folivaux étoient-ils en place, que les Plafonneurs & Carreleurs fe font empreffés de remplir leurs fonétions, & de charger tous les bois des mortiers néceffaires à exécuter les parties de leur art; troifieme caufe deftruétive.

Enfin pendant que l'on plaçoit les vitres dans les fenêtres & les portes dans leurs baies, les Peintres cuiraffoient à force de peinture métallique & huileufe, les poutres & poutrelles pour répandre plus de clarté & de propreté dans les appartemens; & de fuite l'on a introduit des poëles, des lumieres & des perfonnes en grand nombre, quatrieme caufe du dépériffement des poutres.

Les poutres de l'Ecole Royale-Militaire, employées au fortir du flot qui avoit fuivi de très près leur exploitation dans les forêts, étoient encore remplies d'une grande quantité d'humidité provenante de celle qui eſt de leur eſſence & de celle qu'elles avoient reçue dans le trajet par eau. On les a poſées ſur des murs gorgés de l'eau des mortiers, & on en a maſqué les bouts par une continuité de maçonnerie à l'extérieur ; quand même ces poutres auroient été des plus ſeches, elles auroient, dans cette ſituation, repompé l'eau des mortiers qui les a pénétrées dans toutes leurs parties, & qui y a porté un principe d'autant plus deſtructeur, que de tous les alkalis celui de la chaux eſt le plus corroſif & celui qui agit avec plus d'énergie ſur le bois. Cette humidité, concentrée dans l'intérieur de ces poutres par la peinture & le vernis, ayant été miſe en action par la chaleur des poëles, des lumieres & de la tranſpiration d'un grand nombre de perſonnes réunies dans un même endroit, même par ſa ſeule action ſur les parties les plus mucides du bois, n'ayant point d'iſſues, non-ſeulement par le bout des poutres, ſuivant la direction des fibres des tubes du bois, mais même par les ſurfaces extérieures par leſquelles les ouvertures des trachées ont un accès ainſi que les tubes des couches concentriques qui, étant coniques, ſont coupées en partie par des lignes paralleles entre leſquelles les pieces de charpente s'équarriſſent, il a fallu néceſſairement qu'elles périſſent, ſuivant les principes que j'ai poſés, par l'effet du pourri rouge qui a détruit toute organiſation, l'adhérence & la flexibilité des fibres de l'intérieur, & les a réduites dans un état pulvérulent.

Toutes les poutres de l'Ecole Royale-Militaire ſont actuellement dans un état de dépériſſement provenant d'une même cauſe. Ces poutres n'ont pas été toutes tirées de la même exploitation de la même forêt ; en ſuppoſant que quelques-unes aient été coupées dans le temps de ſeve par une prévarication contre l'ordonnance que les Officiers des maîtriſes ont grand ſoin de faire obſerver, il n'eſt pas à préſumer, & il eſt moralement impoſſible, que les arbres dont toutes ces poutres ſont formées aient tous été coupés dans le temps de feve. Toutes ces poutres ne proviennent pas d'arbres affez fur le retour pour avoir apporté en elles des forêts un principe de deftruction : mais toutes ces poutres font indiftnctement ruinées par le même accident & prefque dans toute leur étendue. Il faut donc conclure que c'eft une même caufe qui a fait germer le principe deftructif dans chacune de ces poutres, & il eft conftant que ce principe eft un pourri rouge.

J'ai prouvé que la feve ne circuloit dans le chêne que dans fon aubier ; que cette partie du bois, qui n'a encore que les premiers rudiments du bois parfait & dur, étoit fufceptible d'une prompte deftruction dans toutes fortes de fituations , foit que l'arbre dont il fait partie ait été coupé dans le temps de feve ou hors de feve ; que le pourri blanc & le ver font des agens de fa deftruction qui fait des progrès du dehors au dedans. Les poutres de l'Ecole Royale-Militaire ont été nettoyées de leur aubier par l'équarriffage dans les forêts ; il n'a donc eu aucune part à leur ruine : la fermentation qui les a fait périr a pris fon foyer au centre, & a pouffé fon action à la circonférence, puifque leurs faces extérieures paroiffent faines, tandis que leurs parties intérieures font détruites de bout en bout par le pourri rouge. Il ne faut donc point imputer la deftruction de ces poutres à la feve que les arbres dont on les a formées auroient pu contenir pour avoir été abattus en temps de feve, ni à l'infidélité de l'Entrepreneur qui auroit employé des arbres fur le retour : car il faudroit que tous les arbres, dont elles ont été formées, euffent été attaqués du même vice, puifqu'elles font toutes en dégradation ; d'ailleurs un arbre fur le retour & dont la fubftance fe dégrade, n'eft jamais vicié de bout en bout ; fes maladies font locales & non générales ; au lieu que ces poutres font dépéries dans toute leur longueur. Il faut donc fe dépouiller des idées de feve & de retour, & conclure que ces poutres ont fouffert généralement une ruine totale & prématurée, parceque l'on a concentré, par tous les moyens poffibles, l'humidité naturelle du bois qui ne peut s'en fépa-

rer, fur-tout dans de groffes pieces, que par un laps de temps
très long; que non feulement ces poutres contenoient une
humidité qui leur étoit propre, mais qu'elles en ont encore
confervé du flot; que quand elles auroient été defféchées fous
des hangards, les murs fur lefquels elles ont été pofées, les
plafonds & les enduits dont elles ont été recouvertes, leur en
ont communiqué une étrangere plus corrofive que celle qui
eft de leur effence; que fi on eût voulu travailler efficacement à leur confervation, il eût fallu les laiffer ifolées pendant un certain temps dans les bâtiments, & n'en point
obftruer les bouts; mais au contraire on les a claquemurées
de toute part; il ne leur reftoit qu'une foible reffource pour
tranfpirer au dehors leur humidité intérieure par les pores
extérieurs des furfaces; mais on les a cuiraffées avec des enduits & des vernis épais; il falloit donc qu'elles périffent.

Puifque la deftruction prématurée des poutres de l'Hôtel
Royal-Militaire ne peut être imputée à l'Entrepreneur pour
avoir employé des bois prétendus fur le retour ou coupés en
feve, & que l'unique caufe de cet accident procede des inat-
tentions de la conftruction, il faut donc prendre toutes les
précautions puifées dans les principes que j'ai déduits, afin
d'éviter à jamais un dépériffement auffi général & auffi
prompt des poutres qu'il eft néceffaire de remplacer dans
toutes les parties déja conftruites de ce monument, & de
celles que l'on emploira, non feulement pour le parachever,
mais encore pour tous les édifices, foit publics foit particuliers.

L'on doit veiller à l'exploitation des futaies de chêne
deftinées tant pour la marine que pour les édifices publics;
en interdire l'abattage dans le mois de Janvier (a), avec
plus de rigueur qu'en temps de feve. Les futaies deftinées

---

(a) Le Corps des Architectes de Paris, quelques mois après que j'eus envoyé ces réflexions au Confeil de l'Hôtel de l'Ecole Royale-Militaire, publia
une petite brochure dans laquelle ils re-
commandent de faire abattre les futayes
dans le mois de Janvier; nous les affu-
rons qu'ils ont tort, & que leur théorie,
à cet égard, n'eft pas fondée fur l'expérience qui eft la bafe de ces réflexions.

pour

pour être débitées en ouvrage de fcierie, n'exigent pas la même attention, parceque la fcie, en divifant le bois en parties minces, & coupant en grande partie le parallélifme de fes fibres & des tubes vafculaires, facilite la defficcation du bois; l'air ayant plus de prife fur fes furfaces multipliées, il en abforbe l'humidité en très peu de temps.

Il faut enlever tout l'aubier par l'équarriffage des pieces dans les forêts, parceque ce bois qui n'a pas acquis fon degré de perfection, eft fufceptible d'une fermentation qui non feulement en détruit les parties, mais encore attire des vers qui en précipitent la ruine, & que cet accident peut fe communiquer de proche en proche à l'intérieur des pieces.

L'on ne peut apporter trop de précautions dans l'examen des morceaux de bois deftinés à faire des poutres avant de les employer, pour reconnoître s'ils ne font point tarés de quelques vices effentiels : voici les plus ordinaires.

Un arbre, par l'inattention de l'ouvrier qui l'abat, eft en but dans fa chûte à deux accidents qui dégradent la piece pour laquelle il eft deftiné. Si un gros arbre tombe fur un autre arbre déja abattu, ou fur un terrein dur, ou des pierres plus élevées que le fol, ou fur fes plus groffes branches, lorfqu'il eft fourchu, alors la plus grande partie de fa maffe portant à faux, il fe fend ordinairement. Une fente confidérable dans une poutre eft un défaut qui l'affoiblit, fur-tout lorfqu'elle fe trouve dans une direction horifontale avec le fardeau. Si lorfque l'entaille, néceffaire pour féparer le tronc d'un arbre d'avec fa fouche, eft prefque achevée, le bûcheron n'a pas piqué au cœur de l'arbre avec fa cognée pour prolonger au-delà du centre de l'arbre fon entaille; l'arbre en rompant fa taille s'énerve, c'eft-à-dire que des faifceaux de fibres, plus adhérents à la fouche qu'à la partie centrale du tronc, fe détachent du centre & reftent perpendiculaires à la fouche, ce qui occafionne un vuide plus ou moins confidérable dans le centte de l'intérieur de la piece, fouvent de cinq à fix pieds de longueur. Ce vuide eft un magafin où fe raffemble l'humidité qui prépare la ruine de la piece.

T t

L'on connoît, dans un morceau de charpente, si l'arbre qui l'a produit étoit sur le retour, par la couleur d'un rouge rembruni, le tiffu rare, & la confiftance molle de fon bois dans différents cantons de fon étendue.

Un arbre qui eft mort fur pied par partie l'une après l'autre, & qui eft refté long-temps debout dans les forêts dans cet état, eft affecté ordinairement de pourri rouge d'efpace à autre, plus fouvent piqué de vers, & très ordinairement taraudé par le gros ver qui produit le fcarabé cornu que l'on nomme communément *cerf volant*.

Si dans une piece on apperçoit quelques nœuds pourris blancs ou noirs qui ne foient pas profonds, on doit les nettoyer avec la tarriere & la cuiller, & les remplir de bois neuf pour empêcher que la partie pourrie ne communique fa carrie au bois fain. Ces défauts ne font pas ordinairement effentiels, mais l'on doit rejetter tous les morceaux dans lefquels on apperçoit du pourri rouge ou plume de geai. On purge ordinairement les bois dans les ventes des vices de roulures, ventures & de cadran ; mais fi on en trouvoit dans les chantiers qui foient affectés de ces vices, il faudroit les mettre entiérement au rebut.

Les bois les plus fains & les mieux conftitués, qui font deftinés pour les parties intérieures des édifices, doivent avoir été, préalablement à leur emploi, expofés au grand air fur des chantiers, même fous des hangards ; il eft très dangereux de les mettre en œuvre au fortir des forêts, du flot, même des chantiers où ils font enrimés à plate terre fans être à couvert.

Enfin le feul moyen de procurer l'entier defféchement des poutres placées dans les édifices, & empêcher que l'humidité naturelle on accidentelle dont elles peuvent être imbues ne fermente & ne prépare leur ruine, il faut les établir de façon que leur bout communique avec l'air libre fans être expofé à la pluie ni au foleil, en laiffant en face de leur bout un carneau ouvert pendant plufieurs années. Il faut auffi laiffer aérer & deffécher toutes les parties de charpente avant que de les charger d'enduits, de plafonds, de peinture & de vernis, pour qu'elles puissent pousser au dehors, tant par les bouts que par les points de leurs surfaces extérieures, l'humidité dont elles peuvent être chargées.

Je conseille d'user de toutes ces précautions si l'on veut conserver les poutres des édifices & en prolonger, autant qu'il est possible, la durée. Ce n'est pas assez que de tirer d'un arbre une poutre de qualité, & de savoir en augmenter la durée; il est avantageux pour l'Etat de tirer d'un arbre tout le solide qu'il peut donner sans en diminuer la qualité : c'est l'objet des réflexions suivantes.

C'est un abus bien préjudiciable de réduire au quarré parfait ou légérement méplat le corps des arbres dans les forêts, en les préparant à être employés dans les différentes parties de la charpenterie. L'équarrissage dans les forêts, qui n'est que le travail brut & élémentaire, ne devroit être appliqué qu'au dépouillement de l'écorce & de l'aubier des arbres, particuliérement du chêne : ces deux parties d'un arbre forment deux cercles concentriques plus ou moins larges, suivant l'âge & la qualité du chêne. Les bois tendres ont beaucoup d'écorce & peu d'aubier; les chênes durs & rustiques au contraire ont beaucoup d'aubier & peu d'écorce. L'opération la plus naturelle qu'il faudroit employer pour séparer du corps des arbres ces deux parties qui ne font pas propres à entrer dans la charpente, feroit de les préparer dans les forêts fous une forme cylindrique, pour metre à profit toute la partie dure & de qualité du bois, c'est ce que pratiquent les Hollandois pour leur bois de sciage, même pour une partie de leur marine, & nous-mêmes lorsque nous faisons ébaucher, dans les forêts, les arbres tournants & autres pieces de bois cylindriques des usines & des grosses machines. Comme il faut que les poutres & les autres pieces destinées à porter des fardeaux, aient de l'assiette, il faut nécessairement les battre à pans; mais au lieu de quatre seulement qu'on donne ordinairement, je pense qu'on doit battre sur huit pans les arbres dans les forêts, & qu'il faut que ces pans foient inégaux, favoir, quatre grands & quatre petits alternatifs.

Je propofe quatre pans plus grands, parcequ'il eft très difficile de trouver des arbres qui n'aient, dans leur longueur, quelques inégalités, ou qui foient bien circulaires; car le cône, fous la forme duquel tout arbre s'éleve, eft bien rarement régulier. Il faut donc diriger les quatre grands pans fur les côtés méplats ou qui font finueux, ce qui oblige de rentrer dans le corps de l'arbre pour le dreffer fur des lignes plus régulieres : les quatre pans plus petits abattent feulement l'écorce & l'aubier des angles. Si on m'objecte qu'une poutre équarrie fous cette forme polygone ne fupportera le fardeau que fur la largeur de fes grandes faces, & que le poids de fon folide ne fera pas totalement fupporté par fes extrêmités fur fes points d'appuis; je répondrai qu'en fixant des calles de bois angulaires fur les faces des petits pans, on fera alors appuyer le fardeau fur toutes les parties de la poutre, & en fuivant ce principe, on tirera d'un chêne une piece dont le folide excédera plus du quart celui que l'on en peut tirer en le réduifant en prifme quadrangulaire. Pour convaincre de ce principe, je vais citer un exemple.

Soit un arbre en grume, c'eft-à-dire qui foit encore fous écorce, qui ait neuf pieds fept pouces de pourtour, donnant environ trois pieds deux pouces de diametre. Si on équarrit cet arbre fuivant l'ufage ordinaire, on ne pourra en tirer qu'une piece quadrangulaire de vingt-quatre pouces de face, ayant cinq cents foixante-feize pouces ou quatre pieds quarrés de bafe. Si j'exploite cet arbre pour en tirer toute la puiffance qu'il peut fournir, je le ferai battre fur vingt-huit pouces de face que je réduirai enfuite à dix-huit pouces, en abattant les angles de cinq pouces à chaque extrémité, ce qui donnera une diagonale de fept pouces de face; j'aurai alors une piece qui aura vingt-huit pouces de hauteur, taillée fur huit pans dont quatre de dix-huit pouces chacun d'étendue, & quatre de fept pouces, & dont la bafe du prifme octogone qu'elle formera, aura fept cents trente-quatre pouces quarrés, équivalent cinq pieds quatorze pouces quarrés, ce qui donne d'excédent un pied quatorze pouces de bafe. Un arbre de cette groffeur fur fix toifes feulement de longueur, équarri fur vingt-quatre pouces de face, ne donnera que cent quarante-quatre pieds cubes de bois, au lieu que je tire d'un pareil morceau de bois cent quatre-vingt-trois un douzieme pieds cubes en le battant à huit pans ; j'obtiens donc fur un feul arbre de moyenne groffeur & longueur un excédent de trente-neuf un douzieme pieds cubes, qui fait plus de treize quarante-huitieme du total. Je dois ajouter que la piece fera encore mieux nettoyée de l'aubier, & que cette façon de traiter les arbres, pour en compofer des poutres, eft bien plus avantageufe, parcequ'il eft de principe que la force du bois réfide dans l'application de fes fibres entaffées en fens perpendiculaires, & ne réfulte pas de leur adhérence latérale ; enforte que plufieurs madriers réunis, & contenus de champ, compofent une poutre auffi forte que s'ils ne faifoient qu'un feul morceau.

Par cette nouvelle façon de préparer les bois dans les forêts fous une forme polygone, je procure donc deux grands avantages ; le premier de fournir une poutre de vingt-huit pouces de hauteur avec un arbre dont on ne peut tirer, par l'ufage ordinaire, qu'une piece de vingt-quatre pouces, & par conféquent bien fupérieure en force quand même elle feroit réduite fur dix-huit pouces d'épaiffeur ; mais il y refte à fes côtés deux parties dont le folide a deux cents trente pouces de bafe. Le fecond avantage que je tire en équarriffant fous une forme polygone, c'eft de ne pas entamer les arbres fi près du cœur, ce qui diminue confidérablement la force du bois ; au furplus je conferve & mets à profit le bois le plus fain qui tombe, par l'équarriffage ordinaire, en pure perte dans les copeaux.

Il n'eft pas hors de place de faire connoître, par un tableau, l'avantage de cette façon de battre les bois à huit pans, relativement au produit d'une exploitation.

Le nombre d'arbres, néceffaires pour produire trois mille pieds cubes de charpente équarrie en prifmes quadrangulaires équilateraux fuivant l'ufage ordinaire , produifent trente-trois cordes de copeaux qui contiennent chacune environ cent foixante pieds cubes, & fe vendent communément trois livres chaque corde. Si je prépare la même quantité d'arbres & de même volume en les faifant battre fur huit pans, je tirerai trois mille fept cents foixante-douze un demi un quatorzieme pied cube de charpente, & je n'aurai que vingt-quatre cordes d'écailles ; c'eft donc fept cents foixante-douze un demi un quatorzieme pieds cubes de charpente que je gagne à l'avantage de l'Etat, & fept cents foixante-douze livres onze fols de bénéfice pour le propriétaire ou l'adjudicataire fur une très petite partie de bois, fauf à diminuer vingt-fept livres pour neuf cordes de copeaux de moins, qui produifent mille quatre cents quarante pieds cubes ; ce qui fait voir qu'un pied cube de charpente mis en copeau en produit environ deux par la comminution des parties.

Les futaies s'éclairciffant infenfiblement dans les forêts, on ne peut trop prendre de précautions pour, d'un côté, en diminuer la confommation ; de l'autre pour tirer tout l'avantage poffible de celles que l'on fait abattre annuellement pour les befoins de l'Etat. Je defire que l'on fente comme moi la néceffité d'abroger un ufage pernicieux & abufif qui fruftre de plus d'un quart du produit des arbres de futaies qui s'exploitent journellement dans les forêts.

# OBSERVATIONS
## SUR
## L'HISTOIRE NATURELLE,

Particuliérement fur la nature de certaines pierres ; fur l'arrangement de quelques métaux dans leurs minieres ; fur la caufe de la chaleur des eaux thermales de Bourbonne, de Bains, de Luxeuil, de Plombieres & de Remiremont ;

*Tirées de l'Itinéraire d'un voyage fait fur les frontieres des provinces de Champagne, de Lorraine, d'Alface & de Franche - Comté.*

Mobilitate viget, viresque acquirit eundo.

C'est de la Nature même, qu'il faut prendre des leçons fur l'origine de fes productions qui font répandues avec autant d'abondance que de variété fur la furface de la terre. C'eft dans fes entrailles qu'il faut pénétrer pour découvrir les fecrets & lever le voile qui couvre le méchanifme de fes opérations, & arracher de fon fein les fubftances minéralogiques dans leur propre matrice.

Le Naturalifte qui contemple les corps naturels claffés dans une collection, qui les confidere fuperficiellement pour en découvrir les parties intégrantes, leur tiffu, leurs propriétés ; qui identifie fes idées avec les fyftêmes des différents Auteurs de fa bibliotheque, & fe contente de promener fes regards dans l'efpace circonfcrit de fon cabinet, n'a que des idées bien foibles & prefque toujours fauffes des objets de fes méditations.

Il faut voir, toucher, fentir les chofes dans leur lieu natal ; confidérer l'origine, la filiation, l'enchaînement, les nuances, les gradations, les rapports, les difparités, la monotonie & l'uniformité des homogenes, & les cahos formés par des amas de corps hétérogenes confondus par des crifes. Des morceaux ifolés, mutilés, fouvent même falfifiés, entaffés dans une collection, ne peuvent procurer ces avantages. C'eft d'après ces principes que je me fuis décidé à faire des voyages, & à rédiger par écrit mes obfervations locales fur la defcription des lieux, les faits hiftoriques qui y ont rapport, les mœurs, les ufages des pays, la defcription des mines, de leurs travaux & ceux des manufactures, les objets d'économie rurale, enfin fur tout ce qui peut piquer la curiofité d'un voyageur, & ce à l'imitation de plufieurs Savants. Il ne fera queftion, dans ce Mémoire qui n'eft qu'un extrait de mes obfervations, que des objets d'hiftoire naturelle, de l'analyfe de quelques-uns, qui pourront me conduire à fonder fur leur origine des conjectures que j'appuierai par des probabilités.

Les côteaux qui délimitent de part & d'autres la vallée de la riviere de Marne, depuis Bayard en remontant, font compofés de pierres calcaires de différentes fortes. L'on découvre au midi un ban d'environ huit pouces d'épaiffeur, qui eft compofé de nautiles empâtées dans un fpath très dur & coloré, qui forme une efpece de marbre fufceptible de poli & qui n'eft pas fans agrément. Cette couche de pierre, après s'être inclinée de quarante-cinq degrés fous l'horifon, reprend fon parallélifme au-delà de Gourzon & s'obferve fur plufieurs lieues d'étendue. Le pavée de la ville de Joinville eft, en partie, compofé de cette pierre moins chargée de nautiles. Ce pavé eft très dangereux pour les chevaux, parcequ'il prend trop de poli.

Les côteaux oppofés fur les territoires de Fontaine, de Sommeville & de Chevillon, font compofés d'une pierre

blanche

blanche difposée en couches horifontales très épaiffes, fur-
tout dans l'enfoncement de ces plages élevées de leur fommet, où l'on trouve des carrieres exploitées depuis fept à
huit cents ans, à ciel découvert, & defquelles on tire des
quantités immenfes d'une très belle pierre de taille formée
d'oolithes compofées de couches concentriques, empâtées
avec des fragments de coquilles dans un fpath calcaire. Il fe
fait une exportation de cette pierre par toute la province de
Champagne, parcequ'elle joint la folidité & la beauté au
mérite d'être propre aux ouvrages hydrauliques.

On remarque dans l'Eglife Collégiale du Château de
Joinville, parmi les tombeaux des Princes de la maifon de
Guife, qui étoient Seigneurs de cette principauté, le mau-
folée magnifique de Claude de Lorraine, qui eft foutenu par
quatre figures caryatides qui repréfentent les quatre vertus;
elles font d'albâtre blanc d'une grande beauté ; elles ont
été exécutées à Paris par des ouvriers Florentins.

Le Château de Joinville eft bâti fur le pied d'un côteau
élévé & ifolé, quoique commandé par les côteaux d'alentour;
l'air y eft fi vif que plufieurs étrangers qui font venus y demeu-
rer, y ont été attaqués de maladies graves, de gratelles, & d'autres y ont éprouvé la chûte de leurs ongles. L'on avoit établi,
dans les dépendances de ce château, un hôpital pour les en-
fants-trouvés, à la charge du Seigneur; mais en très peu de
temps ils y font tous péris, parceque ces petites victimes de
l'ignorance & de la cupidité des fubalternes mercénaires,
n'ont pu foutenir la vivacité de l'air que l'on y refpire. Près
de Joinville, au Midi, on a fait une excavation pour le rem-
pan de la nouvelle route. L'on y remarque des couches de
pierres qui ont été inclinées par quelques cataftrophes; les
unes font précipitées perpendiculairement, d'autres obliquement fous différentes ouvertures d'angles; d'autres font des
zigzags multipliés, ce qui femble annoncer qu'elles recouvrent des mines de charbon de terre.

En remontant la riviere de Marne, les côteaux continuent
d'être compofés de pierres calcaires. Entre les fentes des ro-

V y

chers qui compofent ceux du territoire de Thonance, Montreuil, Poiffon, Noncourt & Saint-Urbin, on fouille une
mine de fer en pierre très abondante, fort riche & donnant
un fer d'une bonne qualité. J'ai déja parlé de ces mines,
c'eft pourquoi je n'en ferai pas ici de détail. En faifant une
percée dans les rochers des côteaux fur lefquels eft bâti le
château de Donjeu, l'on a trouvé des bancs d'une pierre argilleufe, dans l'intérieur de laquelle on trouvoit de petites
grottes tapiffées de grouppes de cryftaux de fpath rhomboïdal, fur lefquels on remarque beaucoup de petites pyrites
cubiques ifolées, lefquelles produifent un très bon effet.

Tout le phyfique, depuis Donjeu jufqu'à Vignori, préfente l'idée d'un très grand défordre caufé par les eaux ; des
rochers coupés perpendiculairement, d'autres culbutés,
grouppés & entaffés les uns fur les autres, d'autres ifolés ; des
bois languiffants fur des côteaux arides faute de fubfiftance,
& dirigés en tous fens, offrent le coup-d'œil d'un pays fau-
vage où les torts de la Nature n'ont point encore été réparés.

Le principe de la pierre calcaire des environs de la forge de
Fronque communique aux bois & aux charbons qui font crus
& cuits fur le fol, la propriété de donner une qualité douce
& nerveufe aux fers qui fe fabriquent dans la forge de ce village, & qui les rend fupérieurs à ceux des forges fituées fur
d'autres rivieres, quoiqu'ils ufent les mêmes mines.

L'on trouve, dans les environs de Vignori, dans une re-
coupe que l'on a faite pour adoucir la pente du chemin, des
roches qui renferment des cryftaux de fpath fufible, lequel
a la propriété du cryftal d'Iflande, de faire appercevoir les
objets doubles. Nous y avons trouvé auffi des pyrites cryftallifées en tombeaux, en décaedres. L'épine-vinette croît
abondamment fur les côteaux de Vignori, & y produit du
fruit : cependant je n'ai pas réuffi en la cultivant à S. Dizier
& à Bayard à en obtenir, quoiqu'il n'y ait que fept lieues
de diftance de Bayard à cet endroit fitué fur la même vallée.

Le territoire des environs de Chaumont eft très pierreux :

l'on en tire, à peu de profondeur, une pierre argilleuse calcaire difposée en couches horifontales d'un & deux pouces
d'épaiffeur, dont on fe fert pour couvrir les toitures. Il n'y
a point, dans ces cantons, de fources fur les hauteurs, où
l'on creufe inutilement des puits; le fol ne retient point les
eaux; il faut recourir à l'ufage des citernes; & dans les bois
voifins de Chaumont où je fais des exploitations, je fuis
obligé de faire conduire dans des futailles de l'eau à mes ouvriers. J'ai remarqué dans ces bois un chêne de neuf pieds
de circonférence, dont l'écorce doubloit en épaiffeur celle
des arbres voifins. Elle avoit deux pouces fept lignes depuis
l'épiderme jufqu'au liber.

Dans le coteau au Levant, qui eft féparé par la riviere de
Marne de celui fur lequel la ville de Chaumont eft fituée,
on exploite une carriere de pierre de taille qui eft employée
dans toutes les conftructions de cette ville. Nous avons parcouru toutes les galeries qui compofent l'étendue de cette
carriere divifée en différentes rues par des maffes & des piliers que les ouvriers laiffent pour en foutenir le toît. Nous
y avons obfervé particuliérement trois chofes, 1°. la pierre,
2°. une végétation finguliere; 3°. qu'il ne s'y forme aucunes
ftalactites ni ftalagmites.

La pierre de cette carriere en général eft très blanche &
d'un grain fin; elle eft compofée en plus grande partie de
petites oolithes, quoiqu'il fe trouve des bancs de pifolithes
qui n'ont prefqu'aucune adhérence. Cette pierre fe tire en
parpins de moyenne groffeur fous une forme alongée & déprimée. Les voitures vont l'enlever fous la main des ouvriers
qui y font à l'abri de toutes les injures de l'air, auffi font-ils
plus affidus à leur travail pendant l'hiver que dans la belle
faifon.

Les ouvriers fe rendent le matin dans cette carriere; ils
parcourent les différentes finuofités des galeries, & fe rendent à leur attelier par la force de l'habitude fans lumiere,
malgré l'obfcurité qui y regne : ils fe muniffent feulement,
pour fe guider dans ces routes ténébreufes, d'un bâton qu'ils

V v ij

laiffent le foir à leur retour à l'entrée de l'iffue de la carriere qui eft à mi-côté, pour le reprendre le lendemain. Nous avons trouvé, vers le milieu de l'intérieur de ce fouterrein, deux bâtons des ouvriers; c'étoient des plançons de faule de fix pieds de hauteur, & d'environ fix pouces de pourtour. Ces brins de faule avoient été coupés fur l'arbre avant la pouffe des feuilles, & avoient paffé dans la carriere le temps des récoltes des foins; faifon pendant laquelle les ouvriers quittent le travail de la carriere. Ces brins de faule étoient appuyés contre un pilier au pied duquel étoit un peu d'eau qui avoit diftillée de la voûte. Leur état verd, la fraîcheur & l'humidité du lieu, leur avoient facilité une abondante végétation de bout en bout, & dans toute leur circonférence : mais au lieu d'avoir produit des branches & des feuilles, ces brins n'avoient pouffé que des filets blancs étiolés, veinés de rouge. Ces filets formoient autour de ces brins des rayons divergents dirigés horifontalement dans leur plus grande étendue, & légérement inclinés dans leurs bouts : c'étoient, à proprement dire, des racines pouffées dans l'atmofphere. Ce n'eft pas le feul phénomene en ce genre que nous y ayons eu occafion de remarquer; car quelques années auparavant, nous avons vu dans la grotte d'Aufel, fur le Doux en Franche-Comté, à trois lieues de Befançon, un liferon (*convolvulus*) qui avoit pouffé des tiges abondantes le long de la rampe du pont fur lequel on traverfe une abîme profond : ce liferon n'avoit pouffé aucune feuille, toute la plante étoit en racine. Nous avons auffi remarqué pareil accident dans les tuyaux qui apportent à Paris les eaux d'Arcueil, defquels on eft obligé de retirer de temps à autre des entortillages volumineux de plantes en végétation qui les obftruent, & je n'ai apperçu aucune feuille fur ces plantes. D'après ces trois obfervations faites dans des lieux différents, nous faifons une réflexion. L'air n'eft donc pas un milieu, un véhicule fuffifant à la végétation pour que les plantes pouffent des feuilles complettes? il faut donc encore le concours de la lumiere? car dans cette carriere de

Chaumont, dans la grotte d'Aufel, il y a une maffe d'air confidérable, même quelquefois en mouvement. On ne peut pas douter que dans les tuyaux de la conduite d'Arcueil il n'y ait auffi un courant d'air qui accompagne la colonne d'eau qui eft courante; donc ce n'eft pas le défaut d'air qui a contribué au défaut du développement des feuilles de ce faule & du liferon. On peut même dire que ce ne font pas les parties folides de la terre qui, en comprimant les racines des plantes, empêchent le développement du parenchime des feuilles, puifque ces bâtons de faule n'étoient comprimés par aucun corps que par l'air ambiant. Cependant ils n'ont pouffé que des racines forties des parties deftinées à ne pro-duire que des branches garnies de feuilles.

Les remarques que plufieurs Savants ont faites fur le fom-meil des plantes qui s'endorment dans l'obfcurité naturelle & artificielle qu'on leur procure, vient à l'appui de mon fen-timent; & ces deux obfervations fe prêtent des fecours mu-tuels pour prouver que la lumiere agit vifiblement fur les plantes, & qu'elle eft abfolument néceffaire au développe-ment des feuilles & au complement de la végétation. Si l'on enferme des légumes pendant l'hiver, dans un caveau obfcur, la chaleur du lieu fait pouffer aux plantes des tiges étiolées qui font dégarnies de feuilles; s'il y a un car-neau par lequel une foible lumiere pénetre dans le fouter-rain, on voit les fomnités des tiges de ces plantes qui fe diri-gent toutes vers ce carneau, & celles qui en font plus près développent des feuilles plus ou moins complettes. La lu-miere eft donc néceffaire à la formation des feuilles.

Nous n'avons point trouvé de ftalactites ni de ftalag-mites, ni même aucunes concrétions pierreufes dans toute l'étendue des fouterrains de la carriere de Chaumont, qui fe prolonge un quart de lieue environ fous les terres culti-vées. L'eau qui diftille des fuintements de la toiture & à travers les rimes de la pierre, eft pure, bonne à boire, & ne dépofe aucune partie calcaire par l'intermede d'une diffolu-tion métallique. Nous avons cherché la caufe de ce phéno-

mene., & nous avons cru la trouver : car en parcourant avec
attention l'étendue du terrein qui couvre la carriere, même
celui des environs, nous n'y avons trouvé aucunes pyrites en
nature, pas même aucuns veſtiges de décompoſitions pyriteuſes : de-là nous avons penſé que l'eau de la pluie, en tra-
verſant le maſſif des terres, ne rencontrant dans ſon trajet
aucun corps compoſé qui contienne un acide vitriolique dont
elle ait pu ſe charger, elle n'avoit pu, par elle-même, dif-
ſoudre les parties de pierres calcaires, pour en former des
ſubſtances ſpathiques qui ſe ſeroient cryſtalliſées aux voûtes
de la carriere en ſtalactites ou en ſtalagmites dans les baſſins
creuſés dans le ſol, & qui contiennent un peu d'eau. Les
ſpaths & autres fluors que l'on trouve dans les grottes &
les autres ſouterrains, qui ſont formés d'une ſubſtance quelconque diſſoute dans l'humidité qui ſuinte & diſtille des
voûtes, ſont donc des eſpeces de ſels combinés d'un acide
avec une baſe terreuſe que les eaux pluviales & ſouterraines
dépoſent ſur les pierres à travers leſquelles elles filtrent,
après les avoir entraînés des maſſes de terres & bancs de
pierres qui ſont au-deſſus, & viennent meubler les grottes
& les cavernes de toutes ces magnifiques décorations que le
Naturaliſte admire avec tant de ſatisfaction.

En ſuivant la route qui conduit de Chaumont à Bourbonne-les-Bains, nous avons paſſé par le village de Biel,
où nous avons examiné le travail d'une Manufacture de poëles
& poélons de fer, qui eſt diviſée chez neuf différents Maî-
tres-Ouvriers qui ont entre eux trente-ſix compagnons. Ils
tirent, des batteries ſituées ſur la riviere du Rognon, les
platines de fer qu'ils emploient. Ce ſont des plaques minces,
rondes, de différent diametre, auxquelles le Marteleur de la
batterie a laiſſé une petite partie ſaillante hors la circonférence pour ſouder une queue à la poële lorſque ſon baſſin
eſt fini. Ces ouvriers ébauchent ces pieces à chaud dans une
coquille, les finiſſent à froid en les écrouiſſant, puis ils y
ſoudent la queue. Chaque ouvrier acheve par jour une douzaine de poélons qui ſe vendent de 6 à 7 livres, & ne font

qu'une demi-douzaine de poëles qui font du prix de quinze
à dix-huit livres la douzaine.

Nous avons vu dans ce même endroit un Fondeur en fer,
lequel, avec de vieilles fontes, couloit différentes petites
pieces, comme poids de balance, chauderons, marmites,
chenets, & de la dragée pour la chaffe. Comme fon travail
eft très différent de celui des petits Fondeurs ordinaires, &
qu'il eft analogue aux principes fur lefquels font fondés les
travaux des forges de Corfe, de Catalogne & de Gudane
en Dauphiné, je vais en donner une defcription fuccinte.

Son fourneau eft portatif, fe conftruit à chaque fondée
qui eft de quatre-vingt livres de fonte; elle dure une heure;
il y emploie trente livres de charbon. Le fond du fourneau,
ou le creufet, eft compofé d'une poële de fer ronde, d'un pied
de diametre, & de neuf pouces de profondeur, ayant deux
manches pour l'enlever & l'apporter fur les chaffis qui contiennent les moules des pieces qu'il veut couler. Il commence la conftruction de fon fourneau par faire, dans le
terrein, un enfoncement plus large que la poële : il range
dans le fond un lit de craffes pilées & mêlées de frafin pour
écarter l'humidité : il place enfuite fa poële de façon que fes
bords fupérieurs foient au niveau du fol : il l'emplit de menus charbons après l'avoir luté intérieurement avec du mortier d'herbue, mêlé de crotin de cheval & de frafin : il remplit exactement l'intervalle qui fe trouve entre la poële & les
parois du creux qui la reçoit, avec des craffes pilées mêlées
de frafin. Il eft approvifionné de morceaux de fonte de fer
provenant de vieux chauderons, marmites, contre-cœur de
cheminée & autres : il en fait un triage en féparant les plus
épais des plus minces. Il commence la feconde partie de fon
fourneau en élevant un petit mur demi-circulaire, de trois
pouces & demi d'épaiffeur, compofé de morceaux de fontes
qu'il a brifés, employant les plus épais pour le bas, & les plus
minces pour les parties fupérieures qui s'élevent à douze
pouces de hauteur. Il réferve, au centre intérieur de ce mur,
un efpace quarré de cinq pouces de largeur, fur fix pouces

de longueur dans la direction & en face de la tuyere, vers laquelle viennent se terminer les bouts de l'arc que forme ce mur. Il ferme son fourneau au contrevent par une plaque de fer battu d'un demi pouce d'épaisseur, & d'un pied en quarré d'étendue, qu'il pose de champ, & l'appuie par derriere au dehors avec des pierres & des crasses ; il ferme les deux côtés par deux autres plaques de fonte de fer des mêmes dimensions, lesquelles s'appuient contre la plaque de fer, & sont soutenues de même au dehors par des pierres & des crasses. Il ferme le côté du soufflage avec des pieces de fonte échancrées, de façon qu'elles embrassent la tuyere qui est composée d'une plaque de fer battu, roulée en cône, dont le sommet forme la bouche, d'un pouce de diametre, & se prolonge de trois pouces dans le foyer jusqu'à l'affleurement du bout du mur de fonte qui laisse un intervalle de pareil distance dans l'étendue du fourneau du côté de la tuyere ; alors il lutte, avec du mortier d'herbue & de crotin, tout l'extérieur de son fourneau, & particuliérement le côté de la tuyere, pour que la chaleur n'endommage pas les soufflets. Il a ménagé, à l'angle du contrevent à droite, à fleur des bords de la poche qui est le creuset, un trou d'environ deux pouces de diametre pour l'écoulement des scories & pour passer un fourgon afin d'aider le travail du fourneau, qui est construit d'une forme cubique d'un pied de dimension. Après avoir rempli le vuide intérieur avec des charbons menus qu'il range à la main, il en forme au-dessus un comble. Son compagnon alors fait agir deux soufflets de cuir de trois pieds de longueur sur dix-huit pouces de largeur, établis solidement sur un chassis. La manœuvre, pour le mouvement de ces soufflets, est des plus simples ; car le souffleur, au moyen de deux manches de bois attachés après la table supérieure de chaque soufflet, les éleve & les comprime alternativement ; & lorsque le fourneau commence à s'échauffer, qu'il faut donner plus d'activité au feu, le Fondeur aide son compagnon ; ils font alors agir chacun un soufflet, observant l'alternative nécessaire pour que le vent soit égal & ne se

coupe

coupe pas. Il a foin, pendant l'opération, de remplacer le charbon à mefure qu'il fe confomme, de déboucher le trou des laitiers pour faciliter leur écoulement, & d'entretenir fa tuyere brillante. Au bout d'une heure environ, lorfqu'il voit que toute fa fonte eft en bain, il démolit le fourneau en enlevant les plaques de fer & de fonte qui en délimitent l'extérieur : il écume avec un rable de bois le bain, & enleve promptement la poche pour jetter en moule les différentes pieces qu'il a préparées, ou il fait de la dragée à l'eau au moyen d'un ballet compofé de jeunes brins d'ofier qu'il tourne & agite avec vîteffe pour divifer en grenaille le jet de fonte qu'il verfe deffus, & qui eft reçue dans un tonneau rempli d'eau. Ce dernier travail, qui eft prohibé par l'Ordonnance, eft un des plus lucratifs de cet ouvrier , parceque dans ce pays qui eft très montueux & couvert de bois, le gibier y eft très abondant, & conféquemment les braconiers. Mais les dangers que l'on court à manger du gibier tué avec de la ferraille, & la dévaftation des chaffes, font des caufes qui devroient réveiller l'attention du Miniftere public fur un art auffi deftructif que celui du Fondeur en dragées de fer. Si j'en fais quelquefois à mon fourneau, c'eft pour divifer de la fonte en de très petites parties, pour des expériences. On en fait auffi, en répandant fur la terre couverte d'une légere couche de fable, de la fonte de fer très fluide. Il faut que l'ouvrier qui la verfe ne craigne pas la brûlure, qu'il la jette de fort haut pour que le choc qu'elle reçoit fur le fol la divife & l'éparpille. Cette opération eft très agréable à voir faire dans l'obfcurité : c'eft le fpectacle d'un joli feu d'artifice dont la matiere ne fe confomme pas en pure perte, comme la compofition de toutes les petarades de nos Artificiers.

L'on a fait une fouille fur le territoire d'Is en Baffigny, près de Montigny-le-Roi, de laquelle on a tiré une pierre fchifteufe, teffulaire, de couleur d'ardoife. Quoique cette pierre contienne quelques parties calcaires, elle m'a paru être le chapeau d'une ardoifiere. L'on fait que les bancs de la meil-

X x

leure ardoife font couverts, même fouvent traverfés d'un *chat* & d'un *feuilletis* reſſemblant à cette pierre d'Is. Je fuis d'autant plus perfuadé que ce territoire recele des carrieres d'ardoife, que j'ai trouvé, 1°. dans plufieurs lieues d'étendue de ce pays, des pierres & des pétrifications d'animaux du même caractere & des mêmes familles que celles que l'on remarque dans les environs des carrieres d'ardoife de cette province; 2°. que le territoire d'Is eſt en tête des fources de la Meufe, riviere qui baigne, dans prefque toute fon étendue, un terrein riche en ardoife, telle celle que l'on tire près de Meziers, Charles-Ville en Champagne, & de Fumay en Flandre, qui font trois villes fituées fur les bords de la Meufe.

Il feroit avantageux, pour la partie fupérieure de la province de Champagne, particuliérement pour les villes de Langres, Chaumont & Bourbonne, qui forment un triangle dont Is eſt le centre, de tirer de cette carriere de l'ardoife pour couvrir les maifons & les édifices qui font furchargés par des montagnes de laves entaffées fans agrément, ou par de mauvaifes tuiles. Il eſt toujours avantageux pour l'Etat d'employer les matieres premieres qui ne demandent, pour leur préparation, que la main-d'œuvre. Une carriere d'ardoife eſt un fond de richeffe réelle & inépuifable; & pour la mettre en valeur, il ne faut que des bras dont l'action eſt le germe de la population. Il n'en eſt pas de même des différents métaux, tel le cuivre, la fonte de fer, la tôle de fer, le plomb & le zinc que l'on emploie à la couverture des grands édifices; car outre que ces couvertures font très difpendieufes, la préparation de ces métaux, que nous tirons en partie de l'étranger, abforbe une très grande portion du produit des forêts qui s'épuifent par l'emploi abufif que l'on en fait, malgré les efforts de la Nature. La tuile, quoique bien inférieure en prix aux matieres métalliques, exige de même une cuiffon qui confomme beaucoup de bois; & cette confommation eſt d'autant plus énorme, qu'il faut renouveller fouvent les couvertures en tuile, particuliérement celles en tuile courbe qui devroit être profcrite. La défectuofité de la tuile procede de deux caufes; la premiere & la plus effentielle, eft le défaut de préparation de la terre , dont la pâte eft compofée. Les Tuiliers ne fe donnent pas la peine de purger leur terre des pierres calcaires, des pyrites & des grumeaux de minerai de fer qui fe trouvent confondus avec certaines glaifes qui font employées dans les briqueteries. La pierre calcaire réduite en chaux par le feu qui cuit la tuile ou la brique, expofée enfuite à la pluie, abforbe avec avidité l'eau qui tranfpire à travers les cloifons qui l'environnent; elle s'échauffe & eft dilatée par une force expanfive à laquelle nulle puiffance ne peut réfifter; la tuile éclate, & eft hors de fervice. Les pyrites & les grumeaux de minerai de fer fe fondent pendant la cuiffon de la tuile ; leur fubftance devenue fluide pénetre la maffe poreufe de la tuile, & laiffe vuide la place qu'ils occupoient dans la pâte de la tuile. Ces abus mériteroient l'attention du Gouvernement; & il eft étonnant qu'on laiffe entrer dans Paris une quantite immenfe de tuiles qui fe fabriquent en Bourgogne, lefquelles font criblées de trous faute d'avoir été préparées avec les foins les plus communs & les plus indifpenfables. La feconde caufe de la défectuofité de la tuile, procede de la cuiffon. Le trop de cuiffon rend la tuile vitreufe & fragile ; une cuiffon trop foible la rend gelife, de façon qu'elle fe feuillete & fe décompofe lorfqu'elle eft expofée à la gelée.

Je ne dois pas quitter cet article fans revenir à l'ardoifiere d'Is; en affurant que les travaux que l'on feroit pour l'approfondir ne feroient point infructueux; que le giffement du terrein eft favorable pour faire une percée latérale au flanc du côteau, pour éconduire hors des galeries les eaux fouterraines, ce qui éviteroit en partie la dépenfe des pompes; que fi l'on apporte de l'attention, de l'intelligence & de la perfévérance , on découvrira, à peu de profondeur, une carriere abondante d'ardoife qui fera la richeffe & l'ornement du pays.

Les pierres qui continuent d'être calcaires fur les territoires de la Neuville-aux-Bois & de Laneque, où l'on voit

X x ij

des rochers coupés perpendiculairement, dont les angles ont été émouffés, & les furfaces ufées par les flots & les vagues de la mer, deviennent pyriteufes fur le territoire de Mandre & de Montigny-le-Roi; elles font pêtries d'une grande quantité de belemnites, de cames, d'huîtres & de vis. L'on y trouve des pierres globuleufes alongées ou parfaitement fphériques depuis fix pouces jufqu'à deux pieds de diametre; les unes font compofées d'un fable fin uni à une glaife grife; d'autres font des efpeces de grès nommés pierres de fables : en defcendant, l'on rencontre beaucoup de *ludus helmontii* de diverfes groffeurs. Il y en a qui ont jufqu'à trois pieds de diametre. L'on apperçoit des cryftallifations de fpath, terminées par des pyramides triedres dont chaque face eft un pentagone. A mefure que l'on avance, l'on voit changer les familles de coquillages dont les pierres font remplies : il y en a qui ne font compofées que de nautiles empâtées dans de l'argille & du fable uni par un *gluten* fpatique. Ces nautiles ont un pouce de face fur deux pouces de longueur. Nous avons trouvé quelques aftroïtes empâtées dans du grès rouge qui s'égrife aifément & qui contient en outre des vertebres de poiffons, beaucoup de crapaudines dont nous avons une qui n'a qu'une ligne de diametre, beaucoup de gloffopetres très petits, bruns & luifants, qui ne font que des dents de poiffon. Nous avons trouvé un bout de mâchoire d'un petit requin, qui étoit garnie de fix dents de même forme & grandeur que les gloffopetres répandus dans le refte de la pierre. M. l'Abbé Blanchard, Curé de Serqueux, a une de ces dents qui a trois pouces & demi de longueur, & deux pouces neuf lignes de largeur à fa racine. Tout le territoire de ces cantons reffemble beaucoup à celui des environs de Carignan, pays du Luxembourg François; car j'y ai trouvé les mêmes pierres, les mêmes pyrites & les mêmes pétrifications.

A Montigny-le-Roi l'on fait ufage, dans la conftruction des bâtiments, d'une pierre anguleufe qui fe tire des carrieres qui font fituées entre ce village & celui de Meufe, où la riviere qui porte ce nom prend sa source. Ces pierres forment des rhombes réguliers & de dimensions variées ; il y en a qui ont jusqu'à cinq pieds de face sur douze & dix-huit pouces d'épaisseur, & sept à huit pieds de diametre d'un angle aigu à l'autre. Cette pierre est très dure, & participe du grès rouge. Cette forme rhomboïdale est observée dans le système général de toutes les pierres de différentes nature & qualité, jusqu'à Bourbonne & au-delà. Nous y reviendrons lorsque nous détaillerons le physique de Bourbonne.

Depuis Dammarin jusqu'au territoire de Bourdon, les pierres en général sont composées d'un grès ferrugineux. Avant d'arriver à Bourbonne, l'on traverse le bois de Bourdon dans lequel on découvre, dans le massif des terres qui bordent le rempant de la colline, ainsi que dans les vignes qui sont plantées du côté de Coefi au Nord-Est, sur le pendant des côteaux qui forment le bassin au milieu duquel Bourbonne est situé, différentes couches d'un gyps très beau, dont une partie a à l'extérieur le coup-d'œil du sel ammoniac ; l'autre celui du crystal minéral ; enfin la pierre séléniteuse des bancs inférieurs ressemble à du marbre.

Sous la terre végétale, qui a peu de profondeur, est un banc de sable mêlé de pierres triturées, qui couvre un autre banc fort épais, composé d'une terre noire, schisteuse, qui tombe en efflorescence, & contient de l'alun. Cette terre est découpée en tous sens, & ses fentes sont remplies d'une sélénite crystallisée en petits prismes transparents & d'une grande blancheur ; elle est fort différente de celle de Montmartre, près Paris ; elle ressemble beaucoup à celle que l'on tire près de Neuf-Château en Lorraine, & à celle de Berken en Alsace. Celle que j'ai dit ressembler à du marbre est un alabastrite qui se fouille à une plus grande profondeur ; il est opaque, veiné de gris, de jaune & lavé de brun : il a presque la dureté du marbre : il en a la propriété pour la sculpture. Le retable d'autel, les balustres, les colonnades, l'arbre de la croix du Christ de l'Eglise de Bourbonne, ainsi que les tombeaux des

anciens Seigneurs du pays en ont été faits. On pourroit tirer
un très grand parti de cette carriere d'alabaftrite, fi elle étoit
exploitée ; mais elle eft entiérement négligée.

Bourbonne eft fitué au fond d'un entonnoir dont le pavillon évafé eft formé par des côteaux d'environ cent huit
toifes d'élévation, d'un riant afpect. Leur fommet eft couvert de bois. Leur pendant, expofé à l'Eft-Oueft, Oueft, &
Oueft-Sud, eft garni de vignes. Les parties fituées à l'autre expofition au Nord-Eft, font en terres labourables dans lefquelles
on trouve une terre à foulon, *fmectris*, d'une couleur grife,
veinée de blanc, très onctueufe. Cette terre eft employée
par les foulons du pays pour dégraiffer les étoffes : il s'en
fait une exportation confidérable : les foldats en font des
pierres à détacher. Le banc de cette terre n'a que fept à huit
pouces d'épaiffeur, & fe fouille a deux pieds & demi de
de profondeur. La petite riviere d'Apance, qui arrofe le
pays, eft formée de deux ruiffeaux qui fortent de deux gorges
fort ferrées, & après avoir traverfée le territoire, va porter
fes eaux, d'une couleur rembrunie, dans la Saone.

En parcourant la campagne & les ravins des environs de
Bourbonne, nous avons reconnu que toutes les pierres qui
en compofent le maffif, affectent toutes une forme rhomboïdale ; que la plus grande partie forme des rhombes parfaits
comme la pierre de Montigny ; qu'en brifant ces pierres leurs
fragment font des rhombes ou des éléments de rhombes :
enforte qu'en parcourant les ravins creufés par les eaux dans
des maffifs de carrieres, les pierres qui en forment les parois
coupées à pic préfentent un angle aigu & faillant dirigé
obliquement au ravin. Ce n'eft pas feulement la pierre trouée
& calcaire qui affecte cette forme ; les pierres argilleufes &
les grès femblent être des cryftallifations opaques, figurées
en rhombes dans une étendue d'environ quarante lieues
quarrées de pays. J'ai rapporté un morceau de grès de trois
pouces & demi de longueur, & de deux pouces & demi d'é-
paiffeur, qui forme un rhombe parfait en tous fens ; c'eft un
hexaedre-tetragone. M. Romé de l'Ifle poffede, dans fa

précieufe collection, un grouppe de cryftaux rhomboïdaux qui fe font trouvés dans le centre d'un bloc de grès à Fontainebleau, & qui eft la feconde preuve de la cryftallifation du grès, en prenant le morceau dont je viens de parler pour la premiere qui ait été connue ; car perfonne avant nous n'avoit obfervé ce phénomene, & ne l'avoir décrit. Il eft donc poffible que des corps opaques, tels que les pierres dont je viens de parler, qui n'ont point été formées par une cryftallifation compofée de parties homogenes diffoutes primordialement par un diffolvant quelconque qui leur foit analogue, puiffent prendre une forme fymétrique qui leur eft propre, lorfque leurs parties, par une force attractive d'affinité, ont pu fe rapprocher en fe précipitant des fluides qui tenoient leurs parties flottantes & fufpendues par le feul mouvement.

Je dois obferver que prefque toutes les terres & les pierres des environs de Bourbonne, quoique de nature calcaire, font peu d'effervefcence avec les acides ; que la chaux que l'on en compofe en les calcinant, après avoir été fondue, ne forme pas une maffe onctueufe & butireufe comme celle de toutes les pierres calcaires en général, mais elle prend en très peu de temps de la confiftance ; enforte qu'un Procureur des Bénédictins de l'endroit ne connoiffant point la propriété finguliere que cette chaux a de fe durcir promptement, fit fondre une grande quantité de chaux, plufieurs mois avant de commencer un bâtiment auquel il la deftinoit. Mais il fut bien étonné, lorfqu'il voulut découvrir fa chaux fondue, pour en compofer des mortiers, de ne trouver qu'une maffe folide & dure propre à faire du moîlon comme les plâtras defféchés. Il fe repentit alors de n'avoir pas fuivi les confeils d'une perfonne éclairée qui lui avoit fait part de ce qu'elle avoit éprouvé elle-même. Il paroît que cette propriété particuliere de la chaux, faite avec les pierres des environs de Bourbonne, procede d'un principe gypfeux, combiné avec le fluor-fpathique, qui liaifonnent de concert les parties conftitutives des pierres. Nous avons vu une carriere où l'on avoit pratiqué un trou profond, dans lequel on avoit fondu de la chaux qui y avoit été oubliée peut-être depuis plusieurs siecles ; cette chaux qui n'avoit pu se desfécher parceque son humidité avoit été entretenue par celle qui l'environnoit, avoit conservé sa consistance butireuse & sa qualité ; car on s'en sert avec succès dans les bâtiments. Il faut donc conclure que cette derniere chaux ne contenoit que des parties purement calcaires, & que celle de Bourbonne est imprégnée d'un principe gypseux répandu plus ou moins dans ce canton.

Nous avons remarqué sur des pierres de différente qualité répandues à la surface du sol de Bourbonne, de petits fongus noirs, durs & très adhérents à la surface des pierres. Ce phénomene est commun à presque toutes les pierres qui sont exposées long-temps à l'air libre. Ce sont ces fongus qui colorent les faces extérieures des bâtiments & les pierres qui séjournent à la surface de la terre. Ces fongus affectent différentes couleurs, tel que le rouge, le brun, le noir & le gris ; j'en ai remarqué même sur le fer dont la surface se décompose par la rouille. Il croît plus communément sur ce métal exposé plus long-temps au Sud-Nord des *lichen* de couleur verte & orangée. Nous remarquerons une particularité sur les fongus que nous avons observés sur les pierres de Bourbonne ; c'est qu'ils forment un disque bien circonscrit par un cercle plus ou moins régulier. Le champs est sémé indistinctement de ces fongus, qui forment des ponctuations isolées ; mais il reste une bande entre ceux du disque & ceux du cercle, sur laquelle il n'y en a aucuns d'implantés. Cet ordre circulaire, qu'observe ce fongus, ne lui est pas particulier. Nous avons observé depuis long-temps, que les champignons qui croissent abondamment dans les forêts & dans les pâturages, forment des cercles souvent d'une étendue prodigieuse, dont aucun corps ne dérange l'orbite. J'ai vu de ces cercles qui avoient plus de six toiles de diametre ; il étoit décrit par une suite de champignons qui étoient plus ou moins serrés les uns contre les

autres,

autres. Si de gros arbres fe trouvoient plantés dans la ligne circulaire qu'ils décrivoient, elle étoit alors feulement interrompue dans cet endroit, mais elle fe continuoit fur le même centre des deux côtés des arbres. J'ai quelquefois, par curiofité, fur la fin de l'Eté & le commencement de l'Automne, parcouru des cantons confidérables dans différentes forêts; j'ai toujours vu le même phénomene pour ces champignons fauvages & vénéneux; même j'ai remarqué plufieurs de ces cercles qui anticipoient les uns fur les autres, & fe faifoient mutuellement des fections. Les champignons que l'on mange & qui croiffent à la campagne dans les pacages où les troupeaux vont pâturer, ne décrivent pas des cercles fi réguliers; mais on peut obferver, comme je l'ai fait, dans ces pâturages, de diftance à autre, des places délimitées par un cercle, & dont le champ eft couvert d'une herbe plus vivace & plus verdoyante que les parties intermédiaires ; & c'eft dans ces endroits que l'on eft fûr de trouver les champignons. J'ai queftionné les Payfans qui, au point du jour & le foir, en vont faire la cueillette. Leur expérience leur avoit appris ce que je tenois de mon obfervation. Pourquoi les champignons de différentes efpeces croiffent-ils dans un efpace délimité circulairement par un cordon d'autres champignons? Eft-ce parceque le premier champignon qui a crû fur le centre de ce difque qui n'a pris que fucceffivement de l'étendue, a abforbé, de la terre qu'il couvroit, tous les principes qui pouvoient feconder fa végétation, & que fa femence tombant de fes bords circulaires, n'a développé fes germes que dans la terre neuve qui l'environnoit, ainfi de fuite? que d'année à autre, ce difque a pris une étendue excentrique, & que la terre du centre recevant dans la fuite des principes qui étoient propres à la végétation du champignon, a reçu des femences qui ont pu pulluler ultérieurement pour repeupler le centre? Les conjectures font difficiles à étayer fur cet accident qui n'en eft pas moins vrai, quoique nous n'en connoiffions pas la caufe.

Y y

J'ai amaſſé dans les environs de Bourbonne des cailloux d'une forme ronde plus ou moins parfaite ; ils ſont preſque tous encroûtés d'une couche en décompoſition. Ils préſentent, tant à l'extérieur qu'à l'intérieur, différents phénomenes remarquables. La ſurface des uns eſt liſſe ; on voit des mamelons qui hériſſent celle des autres ; enfin il y en a qui préſentent des enfoncements d'une forme réguliere. Tous les cailloux de cette eſpece que j'ai caſſés, ſont veinés de lignes rouges concentriques, tracées circulairement plus ou moins réguliérement ou comme des guillochis. Dans la coupe d'un que j'ai fait polir, on voit que ces linéaments ſont d'une couleur rouge vive, que la ſubſtance intermédiaire eſt un ſilex qui eſt à demi tranſparent, laiteux dans des endroits, rembruni dans d'autres, & l'on apperçoit dans des cantons des parties de fer en décompoſition. Il y a lieu de préſumer que la couleur de ces zônes, d'un rouge vif, eſt due à des parties de fer décompoſé, qui ont été diſſoutes par le fluide qui a formé le caillou qui reſſemble en partie à l'agathe-onix, & qui a beaucoup de rapport avec le caillou d'Egypte, dont il n'a pas l'opacité.

Il eſt naturel de penſer que ces cailloux ont été formés par des couches additionelles : mais une ſingularité remarquable, c'eſt que l'on apperçoit, tant à l'extérieur qu'à l'intérieur de pluſieurs de ces cailloux, une partie de ces lignes rouges circulaires, qui forment des ordres diſtincts & ſéparés, ayant chacune un centre particulier, en ſorte que ces centres ſont ou collatéraux, ou en oppoſition, ou inclinés l'un ſur l'autre, quoiqu'ils concourent tous à former une maſſe commune, ce qui ſembleroit indiquer que dans leur principe tous ces centres étoient particuliers à des cailloux diſtincts & ſéparés qui avoient leurs éléments propres, mais qu'ils ont été réunis & confondus ſous une enveloppe commune.

Les enfoncements réguliers que l'on apperçoit à la ſurface de quelques-uns de ces cailloux, ſe préſentent de façon que l'on y reconnoît les alvéoles de pluſieurscryſtaux qui ſont détachés, lefquels étoient grouppés ou ifolés & pofés en toutes fortes de fens. Ces cryftaux formoient des cubes, ou des parallélipipedes déprimés ou réguliers, ou des prifmes; les uns y étoient implantés de champ, d'autres fur leur bafe, d'autres fur leurs angles. Il ne refte dans les alvéoles formées par l'impreffion de ces cryftaux, aucun veftige de leurs parties conftituantes; leur fubftance a cédé à l'action des diffolvants qui ont pu les attaquer, ou à des frottements qui les ont détruits; leur impreffion feule eft reftée dans le vif des cailloux fur lefquels ils étoient grouppés, & qui a feul réfifté aux agents. L'on ne peut prononcer avec certitude fur la nature de ces cryftaux; je ne penfe pas que ce foient des pyrités qui fe foient décompofées : il eft plus probable de croire que c'étoient des cryftallifations d'un fpath cubique qui n'avoit pu former une union intime avec le caillou, &, n'ayant pas la denfité & la réfiftance du caillou, a cédé à l'action des caufes qui ont eu quelque prife fur lui. Si ces cryftaux euffent été du quartz, ils n'auroient pas laiffé des impreffions cubiques, parceque cette fubftance cryftallife ordinairement en prifmes hexagônes, terminés par des pyramides hexaedres; d'ailleurs le quartz ayant la dureté du filex, il eut réfifté comme lui à l'effort de la puiffance qui les a détachés : on peut donc préfumer avec fondement que ces cryftaux parafites, dont les grouppes hériffoient ces cailloux, étoient du fpath cubique.

La forme globuleufe de ces cailloux n'a pu leur être imprimée par le balottement des eaux, puifque plufieurs font hériffés de mamelons qui n'ont fouffert aucun frottement; que les angles extérieurs des alvéoles des cryftaux, qui fe font détachés de leur furface, ne font point émouffés : d'ailleurs les zônes rouges concentriques dont ils font traverfés, prouvent qu'ils ont été d'une forme arrondie dans leur principe.

En parcourant les bois des environs de Bourbonne, nous avons vifité particuliérement le canton en réferve dépendant des bois communaux de ce bourg. Ce bois étoit en

Y y ij

exploitation, le defaut de débouchés, de chemins & l'éloignement des ports des rivieres navigables, avoit fait négliger depuis long-temps la coupe des futaies de cette partie de bois : enforte que nous y avons obfervé des arbres d'une groffeur monftrueufe. L'on y voyoit communément des chênes de trente-cinq & quarante pieds de tour, qui n'étoient pas d'une élévation proportionnée à leur groffeur ; les hêtres furpaffoient les chênes en hauteur, mais étoient inférieurs en groffeur : les plus gros avoit feize à dix-fept pieds de tour fur quatre-vingts pieds d'élévation des tiges. Ces hêtres fe débitoient en fabot, & les chênes en merrain & bardeau feulement. Ce bois trop tendre n'étoit pas propre à faire de bon merrain, parcequ'il n'avoit pas affez de reffort : mais l'on en eût fait du fciage auffi beau que celui de Hollande, parceque ces arbres avoient le grain fin, bien ouvert & maillé. L'on n'apportoit pas affez d'intelligence dans cette exploitation majeure. Une grande partie des chênes fur le retour étoient affectés du pourri rouge. L'abondance du bois & le défaut de débouché faifoient négliger & donner à vil prix les débris des arbres, ce qui fait que l'on ne tire aucun ufage d'une tourbiere qui eft fituée au pied du côteau du côté du village de Serrequeux.

Nous avons remarqué, dans le jardin de l'Hôpital de Bourbonne, un phénomene affez fingulier. C'eft un poirier fort & vigoureux qui fleurit annuellement & porte fon fruit, lequel, au lieu de devenir bon à manger en mûriffant, prend la confiftance & le tiffu du bois ; il pouffe du centre du calice une branche garnie de feuilles : c'eft ainfi que cet arbre, en fruftant l'efpérance du gourmet fenfuel, offre au Naturalifte un fujet de méditation. Je crois que fi l'on retranchoit à cet arbre une partie de fes racines, on parviendroit à lui faire porter un fruit édule, parcequ'une trop grande abondance de feve, dont la partie la plus fluide tranfpire à travers les pores de la peau du fruit encore tendre, peut déterminer la métamorphofe de fa partie pulpeufe en fibres ligneufes.

J'ai vu dans mon jardin un rosier copier en partie ce poirier; car il a poussé une rose bien double qui sortoit du centre d'une autre rose, ayant l'une & l'autre de l'éclat, de l'odeur, & tous les avantages que cette fleur a sur tant d'autres. La végétation offre tous les jours à l'œil observateur des phénomenes dont il est difficile de deviner la cause. En voici encore un dans ce genre. La route qui conduit de S. Dizier à Joinville, est garnie de part & d'autre de files d'arbres dont la plus grande partie sont des noyers. Un de ces noyers, qui a été pris dans la même pepiniere que les autres, planté en même-temps, dans le même sol, sous le même aspect, ne pousse ses feuilles que sur la fin de Juin : & lorsque les fruits de ses voisins (à trente pieds de distance) sont en parfaite maturité, les siens ne sont encore remplis que d'eau mucilagineuse : cependant ils mûrissent parfaitement, mais il n'ont acquis leur entiere maturité que vers la fin d'Octobre. Ils ont la même grosseur, la même qualité de ceux des autres arbres. Ce noyer ressemble à ces hommes dont les organes de l'intelligence ont été assoupis long-temps dans une enfance prolongée au-delà du terme ordinaire. Leurs talents tardifs ne sont pas moins précieux à la société que ceux de ces génies prématurés qui succombent à trente ans sous les efforts de la nature, épuisés par les prodiges de leur enfance. La Nature a ses écarts dans toutes ses especes de productions.

Nous finirons nos observations sur Bourbonne par ses eaux thermales qui sont très fréquentées. Leurs vertus pour guérir les paralysies, les suites des fractures, les obstructions & généralement toutes les maladies qui procedent d'un défaut de circulation des humeurs engorgées, leur ont mérité la réputation dont elles jouissent depuis des temps très reculés. Les Romains ayant conquis les Gaules porterent leur attention sur les termes qu'ils y trouverent, particuliérement sur ceux de Bourbonne. Ils y construisirent des bains qui ont été détruits, ce qui s'est confirmé par une inscription que l'on a trouvée en creusant près de la principale source; elle est conçue en ces termes, quoique plusieurs lettres soient mutilées.

> NORVONICO, MONÆ. C. IA. TINIVS.
> ROMANVS. IN G. PRO SALVTE. CONCILIÆ.
> HIC EX VOTO.

Les Romains appelloient les peuples de ce canton *VERVONNES*, au rapport d'Aimoin. Ce pays rentré sous la domination de la France, les Rois l'affectionnerent. Theodebert & Thierry y firent bâtir le château dont on voit encore des vestiges sur la croupe d'un des côteaux qui environnent cet endroit situé au quarante-septieme degré cinquante-cinq minutes de latitude, & au vingt-troisieme degré vingt-trois secondes de longitude.

La principale source est couverte d'un petit bâtiment quarré fermant à clef; elle sort d'un trou fait en maçonnerie de trente-six sur trente pouces en quarré, & d'environ cinq pieds de profondeur : elle fournit par heure quinze pieds & demi cubes d'eau dont la chaleur a fait monter mon thermometre de mercure à cinquante-deux degrés , quoiqu'en général on lui donne cinquante-cinq degrés du thermometre de M. de Réaumur, sur les principes duquel le mien est gradué. L'on ne peut y tenir la main ni la boire en la puisant dans la source. Une grenouille jettée dedans y est périe à l'instant. Un crapaud s'y est agité fortement, & au bout de cinquante secondes y est péri en expirant beaucoup d'air. Lorsqu'il fut tiré de l'eau sa peau se détacha ; son cœur conserva encore près de cinq minutes son mouvement, & celui des intestins ne finit qu'au bout de trois minutes.

L'eau de cette source fournit toujours le même volume d'eau sous le même degré de chaleur. On n'a jamais observé de variation dans ces deux propriétés. Elle conserve très long-temps sa chaleur, transportée chez les Baigneurs, ce qu'elle a de commun avec toutes les eaux qui tiennent des fels en diffolution : c'eft fur ce principe que les chapeliers chargent de lie de vin, qui contient beaucoup de tartre, l'eau de leur foulerie, pour en augmenter la chaleur qui, en crifpant les poils & les laines, en facilite le feutrage.

Il s'éleve continuellement, au-deffus de la furface de cette fource, de petites bulles d'air ; mais réguliérement, de cinq minutes en cinq minutes, il en fort une plus grande quantité qui, s'élevant avec précipitation, foulevent quelquefois la boue que fes eaux dépofent au fond du baffin, & viennent crever à la furface, en élevant de petits jets d'eau accompagnés de crépitements qui fe font entendre à quinze pieds à la ronde. L'air qui forme ce bouillonnement périodique & ifochrone eft fans doute un air fixe mis en liberté au centre du foyer qui communique à ces eaux fa chaleur. En calculant la vîteffe du mouvement d'afcenfion de cet air, ayant égard à l'accélération graduée qui augmente à mefure qu'il approche de la furface de l'eau par la raifon inverfe de l'accélération de la chûte des corps folides, on pourroit trouver l'éloignement ou la profondeur du foyer qui échauffe ces thermes.

Le grand bain qui eft public fe remplit de l'eau que pouffent différentes fources, diftribuées par la Nature dans l'étendue du parallélogramme de fon baffin : ces fources ont le même degré de chaleur que celle dont nous avons parlé ; mais la furface du bain n'a que quarante-huit degrés. Ces fources réunies dans ce baffin, donnent par heure cinquante-quatre pieds cubes d'eau. Près de ces fources chaudes, il en jaillit une d'eau froide qui eft bonne à boire, quoiqu'elle foit féléniteufe : elle donne feulement deux pieds cubes d'eau par vingt-quatre heures. Les eaux du bain particulier n'ont que quarante-neuf degrés de chaleur à leur fource.

Plufieurs Savants, qui demeurent fur les lieux, ou que la curiofité y a conduits, ont fait l'analyfe de ces eaux : mais comme le réfultat de leurs opérations ne cadre point avec la mienne, je vais rendre compte de mon analyfe & du produit.

Lorfqu'on refpire les vapeurs qu'exhalent les eaux chaudes de Bourbonne, on eft affecté d'une odeur de foie de foufre; leur faveur eft falée & légérement nauféabonde : elles dépofent dans leurs fources une boue noire, ayant l'odeur d'œuf pourri. Ces eaux puifées à leurs fources & confervées pendant plufieurs années bien bouchées , ne fe corrompent point, & ne dépofent aucun fédiment; elles conservent leur limpidité. Leur poids fpécifique eft en raifon avec l'eau, comme fix mille huit cents foixante-onze eft à fix mille huit cents quarante-cinq, & pefent par pinte foixante-dix grains plus que l'eau commune. Plufieurs perfonnes qui les ont pefées chaudes & mife en comparaifon avec l'eau commune froide, n'ont trouvé que deux grains d'excédent. Mais ils n'ont pas fait attention que l'eau chaude contient plus de volume que l'eau froide; conféquemment leur rapport étoit en raifon de la concentration de l'eau froide, & de la raréfaction de l'eau chaude de Bourbonne. J'ai fait la comparaifon au même degré de la température : mon aréometre fe plonge de dix degrés dans les eaux de Bourbonne, & de neuf degrés & demi dans l'eau commune.

Les vapeurs des eaux de Bourbonne corrodent le fer très promptement; ce qui a été éprouvé par la prompte deftruction de l'armure d'une pompe que l'on avoit placée au-deffus de la principale fource pour en tirer l'eau & l'exporter chez les Baigneurs.

L'alkali fixe trouble l'eau de Bourbonne. Les diffolutions métalliques y occafionnent un précipité blanc. La teinture de noix de galle ne les colore pas. Le fyrop de violette n'y fouffre aucune altération. Les acides minéraux n'en changent pas fenfiblement la couleur. Après le réfultat de leur analyfe, nous connoîtrons la caufe de ces différents phénomenes.

J'ai pris foixante-dix livres d'eau que j'ai mife à plufieurs reprifes dans un grand vafe de verre expofé à un bain-marie & couvert d'un linge, obfervant de remplacer avec de nouvelle eau, celle qui fe confommoit jufqu'à la concurrence

des

des soixante-dix livres, & de tenir toujours le vase rempli
au plus aux deux tiers, parceque la liqueur, en s'évaporant,
dépose aux parois du vaisseau un sel qui, en crystallisant,
forme une croûte spongieuse qui attire la surface de la liqueur, laquelle montant insensiblement, va porter au dehors du vase une partie du produit de l'analyse. Cette précaution est donc nécessaire pour éviter les erreurs. Lorsque
la liqueur a été concentrée sous le volume d'une pinte de Paris, je l'ai laissée réfroidir, & l'ai mise dans une bouteille pour
l'emporter, afin d'achever chez moi plus commodément mon
opération. Cette pinte de liqueur concentrée pesoit deux
livres cinq onces.

De retour à la maison, j'ai fait évaporer cette liqueur,
presqu'à siccité, dans un vase de faïance au Bain-Marie ; la
masse qui en est résultée étoit d'un gris sale, grumeleuse,
d'une saveur très salée, ayant des grains qui résistoient plus
que les autres sous la dent. J'ai ensuite redissous le tout dans
une livre & demie d'eau de Bourbonne que j'avois rap-
portée. J'ai laissé réfroidir la liqueur qui étoit trouble ; elle
s'est éclaircie promptement ; il s'est déposé au fond du vase
deux substances, l'une grenue & blanche, l'autre brune &
onctueuse. J'ai décanté & filtré ; j'ai lavé ensuite le précipité
plusieurs fois avec demi-livre d'eau de Bourbonne qui a completté les soixante-douze livres, & en agitant le vase, j'ai
versé sur le filtre tout ce qui a suivi l'impulsion de la liqueur.
J'ai lavé avec de l'eau commune le résidu, & l'ai fait sécher.

Il s'en est trouvé une once un gros deux scrupules dix-
huit grains & demi : c'est une sélénite. La matiere grise &
onctueuse qui étoit restée sur le filtre étant sechée sous une
forme pulvérulente, étoit d'une couleur gris-perlé, douce
au toucher, insipide, & pesoit trois gros deux scrupules,
treize grains & demi. C'est une terre absorbante.

J'ai fait évaporer la liqueur filtrée jusqu'à ce qu'elle ait
bien grainé son sel qui crystallisoit à sa surface, & lorsque la
liqueur a été réduite de plus des trois quarts, je l'ai dé-
cantée dans une assiette de faïance que j'ai portée à la cave

Z z

pour tenter une cryftallifation, en cas que cette eau-mere contînt un fel cryftallifable à la fraîcheur. Le fel grainé a été expofé au foleil & enfuite à une chaleur douce pour le fécher entiérement, il pefoit cinq onces fix gros deux fcrupules fix grains. C'étoit un fel marin à bafe terreufe.

La liqueur mife à la cave n'avoit donné aucuns cryftaux; pendant la nuit elle avoit dépofé un fédiment grumeleux & grisâtre. J'ai décanté la liqueur claire, & l'ai fait évaporer fur le feu; elle a donné quatre gros un fcrupule trois grains de fel un peu moins blanc que le premier. Le fédiment bien lavé, il s'en eft féparé une partie comme dans la premiere opération qui a été entraînée par l'eau, & qui, expofée fur un filtre, enfuite féchée, a pefé douze grains; enfin la partie grenue & blanche pefoit treize grains. En réuniffant les trois produits de chaque opération, j'ai retiré de foixante-douze livres d'eau de Bourbonne, fix onces trois gros neuf grains de fel marin à bafe terreufe, une once deux gros fept grains & demi de félénite, & quatre gros un grain & demi de terre abforbante. Enforte qu'en répartiffant ces quantités de différentes fubftances fur chaque livre d'eau, il paroît que les eaux chaudes de Bourbonne contiennent par livre cinquante & un grains un huitieme de fel marin à bafe terreufe, dix grains un dixieme & un cent quarante-quatrieme de grain de félénite, & quatre grains un quarante-huitieme de terre abforbante.

J'ai dit que le fel marin que contiennent les eaux de Bourbonne eft à bafe terreufe, c'eft que l'alkali fixe en liqueur, verfé fur le fel fondu dans de l'eau, le décompofe, parceque la terre abforbante a moins de rapport avec l'acide marin qu'avec l'alkali fixe. La félénite, que contiennent les eaux, fe connoît parceque cette fubftance eft inattaquable aux acides, qu'elle cryftallife en grains & en feuillets rhomboïdaux, & qu'elle fe diffout en très petite quantité dans beaucoup d'eau bouillante. La terre qui eft la troifieme fubftance que l'on tire des eaux de Bourbonne eft en plus grande partie foluble dans les acides, conféquemment eft abforbante. Une petite portion de cette terre, qui n'eſt point attaquée par les acides, peut être conſidérée comme une portion de ſélénite qui y eſt unie.

Dans les temps que les eaux de Bourbonne ne ſont point fréquentées, l'on voit fleurir ſur le ſol & ſur la ſurface des murs qui environnent les ſources & les bains, un ſel blanc que l'on ramaſſe comme le ſalpêtre de houſſage; mais il n'eſt pas poſſible de l'enlever pur; il eſt toujours ſali par les parties terreuſes ſéléniteuſes qui ſe détachent des murs & du terrein ſur lequel on l'amaſſe, en ſorte que ce ſel brut eſt brun : il a outre la ſaveur du ſel marin un peu d'amertume; il attire l'humidité de l'air, & ſe réſout en liqueur. J'ai recueilli pluſieurs onces de ce ſel; j'en ai jetté ſur des charbons ardents; une partie a décrépité, l'autre s'eſt calcinée & je n'ai apperçu aucunement qu'il en ait fuſé comme le ſalpêtre. J'en ai fondu dans de l'eau; après avoir filtré la liqueur, je l'ai fait évaporer en plus grande partie; le ſel marin a grainé confuſément avec de la ſélénite. Comme la liqueur mere avoit une ſaveur plus amere, j'ai cru qu'elle pourroit contenir du ſel de Glaubert ou d'Epſom; mais le peu de ſel que j'ai obtenu par la cryſtalliſation étoit du ſel marin à baſe terreuſe, & pour m'en rendre ſûr, j'en ai fait fondre dans de l'eau chaude; je l'ai précipité avec une diſſolution de mercure dans l'acide nitreux; j'ai verſé à pluſieurs repriſes, ſur le précipité blanc, de l'eau bouillante, il n'a point changé de couleur : & pour m'aſſurer plus particuliérement que ce ſel ne participoit en rien de l'acide vitriolique, j'ai fait un eſſai de comparaiſon en faiſant fondre du ſel d'Epſom dans de l'eau tiede; puis l'ayant précipité avec la ſolution de mercure, & édulcoré avec l'eau bouillante, le précipité du mercure, fait par le ſel d'Epſom, a pris, dès la premiere édulcoration à l'eau bouillante, la couleur jaune du turbith minéral. Il faut donc conclure que les eaux de Bourbonne ne contiennent d'autre ſel que de la ſélénite & du ſel marin à baſe terreuſe, combiné avec une terre abſorbante qui peut provenir de la décompoſition de ces ſels.

J'ai dit que les eaux de Bourbonne dépoſoient une boue

Z z ij

noire dont on fait des bains & des embrocations pour ranimer des membres paralyſés. Cette boue ſeſépare de l'eau dans les baſſins de ſes ſources : auſſi-tôt qu'elle communique avec l'air libre, elle eſt noire & a une légere odeur de foie de ſoufre : en ſe ſéchant, elle perd cette odeur & ſa couleur, elle conſerve une légere odeur muriatique & une couleur griſe ; elle paroît homogene : dans des cantons qui happent à la langue, on y remarque des points blancs, des brillants & des noirs. Si on calcine cette terre entre des charbons ardents, elle exhale une odeur déſagréable de tourbe & devient noire ; alors en la pulvériſant l'on ſent des parties qui réſiſtent plus que d'autres, ce ſont des grains de ſélénite & de fer. En paſſant ſur cette poudre l'aimant, on en enleve beaucoup de particules de fer qui n'ont aucune forme réguliere. Si on pouſſe cette terre au feu, elle prend diverſes couleurs cantonnées ; on y voit des parties ſalines & ſéléniteuſes qui ſont blanches, des parties griſes, d'autres qui ont pris une teinte rouge colorée par le fer, d'autres enfin de la couleur du colcotar qui ſont les parties nues du fer calciné, même quelques particules charbonneuſes. Quelques Chymiſtes ont dit avoir tiré du ſoufre de ces boues ; cependant en les calcinant dans un fourneau approprié, j'ai expoſé à la vapeur qui s'en exhaloit le baſſin d'une grande cuiller d'argent avivé, je n'y ai pas apperçu l'impreſſion du ſoufre : ce qui eſt contraire à ce qui eſt rapporté dans l'*Hiſtoire de l'Académie des Sciences*, année 1724.

Si l'on jette de la poudre de ces boues deſſéchées dans les acides minéraux, elle préſente différents phénomenes. L'acide vitriolique l'attaque avec une vive efferveſcence, il s'en éleve dans l'inſtant des vapeurs pénétrantes d'eſprit de ſel ; & ſur la fin on reſpire une odeur vineuſe. Le ſel marin que contiennent ces boues eſt décompoſé par l'acide vitriolique à raiſon de ſon moindre rapport avec ſa baſe terreuſe, c'eſt ce qui donne les vapeurs d'eſprit de ſel. La combinaiſon de l'acide vitriolique avec la matiere graſſe, donne l'odeur vineuſe. L'acide marin n'occaſionne pas une ſi grande effervefcence, parcequ'il n'attaque que la terre libre. L'acide nitreux fait une diſſolution dont l'effervefcence eſt encore moins tumultueufe, mais elle eſt périodique, c'eſt-à-dire que de temps en temps le mêlange fe trouble, puis s'éclaircit pour fe troubler de nouveau. Ces trois acides ne diſſolvent pas entiérement ces boues; il reſte un réfidu qui eſt compofé de félénite & de fable.

D'après cette analyſe, on peut dire que le fer, que contiennent les eaux de Bourbonne, y eſt avec fon phlogiſtique; que ne fe trouvant aucun acide furabondant, il n'eſt point vitriolifé; conféquemment lorfque les eaux ont fait leur dépôt, elles ne contiennent aucune particule ferrugineufe; que le foufre n'y eſt apparent que par une légere odeur de foie de foufre que l'on refpire au-deſſus des fources, & qui peut leur provenir d'une combinaifon d'un acide gafeux combiné avec du phlogiſtique qui, enfemble, volatilifent la portion d'alkali qui leur eſt uni pour former le foie de foufre dont l'odeur fe fait fentir. Que l'acide vitriolique qu'elles contiennent eſt combiné avec la terre dans la félénite, fans que l'on en apperçoive aucune partie libre ou unie à la bafe du fel marin. Que la terre que l'on trouve dans les boues, & celle que l'on retire par l'évaporation des eaux éclaircies, peut provenir de la décompofition du fel marin & de la félénite dans l'évaporation naturelle ou artificielle; car en diſſolvant nombre de fois, & faifant évaporer fucceſſivement ces fels, on parvient à les décompofer en partie. La Nature d'ailleurs emploie un procédé dans la compofition de ces eaux qui nous eſt inconnu, & qu'il me paroît impoſſible d'imiter par l'art. Je donnerai quelques conjectures fur la chaleur de ces eaux en parlant de celles de Bains, de Plombieres, de Luxeuil, de Remiremont, & d'après un coup-d'œil fur le maſſif des montagnes des Vôges.

L'on ne peut douter que les fources de ces eaux traverfent, dans l'intérieur de la terre, des bancs de fel gemme qui lui communiquent fa falure; & cette préfomption eſt d'autant mieux fondée, qu'un particulier faifant une excavation il y a environ quarante ans, dans l'intérieur de cet endroit, pour conſtruire un puits, étant parvenu à un banc de glaiſe, il parut une ſource d'eau douce très peu abondante. Mais à peine les ouvriers eurent-ils percé le banc de glaiſe, que l'eau jaillit avec tant d'impétuoſité qu'elle rompit la couche, & s'éleva ſi ſubitement, quils coururent le plus grand danger de leur vie. Le propriétaire ayant goûté cette eau, la trouva ſi fort chargée de ſel, qu'elle en étoit âcre & amere, & craignant que cette ſource fourniſſant l'idée de rétablir des ſalines qu'autrefois les Romains y avoient conſtruites, on ne lui prît ſa maiſon pour les bâtir, il combla le trou. Une crainte auſſi contraire au bien public prive l'Etat de la jouiſſance des mines de charbon de terre, que l'on a recouvertes, crainte que cette matiere ne fît baiſſer le prix des bois des environs.

En deſcendant la riviere d'Apence par Freſſe & Châtillon où elle conflue avec la Saone, l'on trouve des maſſes de rochers d'un grès rouge talqueux, qui s'égriſe aſſez facilement. Il ſe tire en bloc depuis quinze juſqu'à trente pieds de longueur, ſur huit à dix pieds de largeur, & de deux à quatre pieds d'épaiſſeur : c'eſt de cette pierre que l'on conſtruit les édifices de Bourbonne & des environs; elle ſouffre les moulures, mais ne ſe polit pas bien à cauſe du peu d'adhérence de ſes molécules. L'on trouve dans l'intérieur de ces pierres des empreintes de roſeaux & de bois, ce qui prouve que ce grès n'eſt qu'un amas de ſable formé par les eaux & dont les grains ſont ſoudés par un fluor quartzeux.

Dans les environs de Vauviliers & du Pont de Bois, l'on remarque une très grande quantité de cailloux roulés de toutes ſortes de couleurs, comme dans la plaine de S. Nicolas en Lorraine. Ce ſont des fragments de quartz uſés par le roulis des eaux, & qui ont formé autrefois les graves de la mer. L'on voit auſſi beaucoup de bancs de grès de couleur rouge rembrunie, d'un grain ſerré : on en fait des meules à émoudre, dont il ſe fait une grande exportation.

La forge du Pont de Bois est composée de quatre affineries en renardieres, & du fourneau de fonderie; il s'y fabrique six à huit cents milliers de fer très cassant, mal fabriqué, qui s'exporte dans les fenderies du Dauphiné. Le
fourneau use des mines de Jussey qui sont en grosses pierres
que l'on brise à la main, & on la traite au fourneau sans la
la laver. On n'emploie point de castine, parceque ce minerai
contient une très grande quantité de spath; c'est ce qui rend
le laitier-vitreux du fourneau si laiteux, & l'on ne peut
imputer la mauvaise qualité du fer qui s'y fabrique qu'à un
principe séléniteux contenu dans le minerai. L'on charge
le fourneau à la grande charge, c'est-à-dire que l'on compose chaque charge de douze rasses de charbon, & de vingt-
quatre conges de minerai; ce qui est un très grand abus,
comme je l'ai démontré.

En remontant la petite riviere du Coney dont les eaux
sont brunes, je suis parvenu à la forge des bains érigée en
1733 par Lettres-Patentes de François III, Duc de Lorraine.
Elle est située à l'extrémité d'une grande forêt sur un ruisseau qui est une des sources du Coney, à peu de distance
du Bourg de Bains. Cette forge est une Manufacture complette de fer blanc dont nous avons examiné le travail avec
satisfaction, parcequ'il regne beaucoup d'ordre dans les manipulations des différents atteliers, & une grande intelligence dans les opérations des machines nombreuses qui la
composent. Le Directeur qui y préside est instruit, complai-
sant & honnête.

Les fontes que l'on emploie dans cette ferblanterie se
tirent des forges de Franche-Comté, particuliérement de
celle de Vreux & de Montheureux qui fournissent d'excellents fers. Ces fontes sont affinées dans une forge voisine
de la Manufacture & dans deux renardieres qui en font
partie; on les convertit en fer plat de vingt-sept à vingt-
huit lignes de largeur, sur huit à neuf lignes d'épaisseur. Ce
fer brut est remis à des ouvriers qui le chauffent de nouveau
dans une petite chaufferie & l'étirent sous un martinet très

tranchant, ainſi que ſon enclume, & réduiſent ces barres à trois lignes d'épaiſſeur ſur trente-deux à trente-trois lignes de largeur, les coupent enſuite par bouts de dix-huit pouces de longueur, & les plient en deux parties qui ſont réduites à neuf pouces, & leur opération eſt finie.

D'autres ouvriers ſe ſaiſiſſent de ces doublons ou de ces plis (c'eſt ainſi qu'ils les nomment), les paſſent au feu d'une petite chaufferie, & les étendent ſur ſix à ſept pouces de largeur, entre un martinet & une enclume dont les aires ſont planes : alors ces plis prennent le nom de ſemelles. On en raſſemble trente en un paquet compoſé de ſoixante feuilles, que l'on aſſujettit avec un crochet de fer, & on les plonge dans un bache contenant une terre bolaire dé-layée avec de l'eau en conſiſtance de ſyrop. Cette opération a pour but de couvrir les ſurfaces du fer d'une couche de terre réfractaire, qui, d'un côté, empêche que le feu ne décompoſe la ſurface du fer, de l'autre, que les feuilles ne ſe ſoudent enſemble dans les opérations ſubſéquentes. Les paquets en cet état ſont introduits dans un four de reverbere, chauffé à un haut degré avec du bois. La voûte de ce four eſt conſtruite de vouſſoirs de pierre de grès gris qui abonde dans le canton. Cette pierre réſiſte puiſſamment à l'action du feu ; cependant moins que les briques réfrac-taires que je compoſe pour mon fourneau : ce grès prend une couleur blanche & éclatante lorſqu'il eſt embraſé. L'on pourroit, par des vues économiques, chauffer ce four avec des fagots formés des cimaux des bois taillis & des futaies, au lieu de ſe ſervir de bois de corde.

Lorſque les paquets de ſemelles ſont chauffés preſque à blanc, le Chauffeur, chargé de la manœuvre du four, les retire avec une longue tenaille ; le Marteleur alors, avec une tenaille plus facile à manœuvrer, les ſaiſit d'une main, de l'autre il détache le crampon qui les aſſujettiſſoit, les arrime de façon que les paquets ſoient unis en tous ſens, & les porte promptement ſous un marteau du poids de ſept à huit cent. Ce marteau eſt acéré & taillé circulairement, en-

ſorte

forte que fon aire au lieu d'être plat comme tous les gros marteaux de forges, prend au contraire d'un angle à l'autre du bloc, la coupe d'une portion d'ellipfe du côté d'un des petits diametres. L'enclume fur laquelle frappe le marteau, eft plate, large & acérée : c'eft une efpece de *tas* de Planeur en métaux. Le marteau frappe affez lentement, c'eft-à-dire environ quarante coups par minute fur toute l'étendue du paquet de femelles dont le Marteleur préfente fucceffivement toutes les parties des furfaces à la percuffion du marteau. Ces femelles s'amincifīent avec une vîteffe & une facilité furprenante ; car il femble voir du plomb obéir docilement fous l'impreffion du marteau. Cependant une feule chaude ne fuffit pas pour pouvoir leur donner leurs dimenfions en épaiffeur & en étendue ; il faut les paffer plufieurs fois au feu de reverbere & fous le marteau pour completter leur forme ; & lorfqu'elles font réduites fous les dimenfions néceffaires, elles prennent le nom de fer noir ; elles ne paffent plus par les opérations de la forge, & c'eft alors que commence la ferblanterie.

Un ouvrier eft chargé de vifiter le fer noir & d'en faire le triage ; il fait trois lots ; les feuilles les plus dégradées & les plus défectueufes font mifes au rebut total ; celles qui ont des défauts qui ne permettent pas de prendre bien le *tain*, font mifes à part & paffent dans le commerce fous le nom de fer noir. Les plus parfaites enfin font féparées pour être mifes au tain ; mais elles doivent y être préparées par plufieurs opérations fucceffives, qui font le rognage, le décapage & l'écurage.

Le Rogneur prend les plis les uns après les autres ; il les préfente à une cifaille mue par l'eau, pour les équarrir fur des dimenfions juftes & auxquelles il donne de la précifion par le moyen d'un chaffis qu'il applique deffus & autour duquel il dirige l'incifion. Les feuilles deftinées pour paffer dans le commerce en fer noir, font équarries de même. Les rognures & les feuilles en rebut total, font mifes en place pour être paffées à la chaufferie, pour en faire des

A a a

loupes d'étoffe, qui est le fer de meilleur qualité , & qui est préparé de même que le fer fait immédiatement avec la fonte, pour servir à faire d'autres semelles.

Les feuilles ainsi équarries, sont portées à l'étuve où on les fait tremper pendant plusieurs jours dans des eaux sûres. Ces eaux sont composées avec de la grosse farine de seigle que l'on a fait germer & sécher avant de le moudre, comme on fait le malt avec l'orge pour la biere. On délaie la farine de seigle dans une quantité suffisante d'eau chaude ; on y fait fondre de l'alun pour accélérer la fermentation acéteuse. Chaque ouvrier a sa composition pour son eau sûre. Ces eaux acéteuses ont la saveur stiptique de l'alun & l'acide d'un mauvais vinaigre de biere un peu éventé ; l'odeur en est aigre & fade comme celle des cuves de l'Amidonnier. La chaleur de l'étuve est soutenue à un degré suffisant pour entretenir une continuelle fermentation, & pour aider l'action de l'acide de ces eaux sur le fer. Le but de cette opération est d'enlever des surfaces des feuilles de fer les parties en destruction, le laitier que le fer a sué pendant les dernieres chauffes, afin d'aviver les surfaces du fer, pour qu'il puisse saisir le tain. Cette opération se nomme *décaper* ; elle se rapporte à l'effet du grattoir de l'Etameur en cuivre. Ces eaux sûres n'ont point d'action sur la crasse qui couvre les feuilles de fer ; mais en s'insinuant entre le fer & la croûte légere qu'elle forme, leur acide attaque légérement le fer & le sépare de la crasse qui, n'ayant plus de point d'appui, se détache du fer. Les feuilles qui paroissent les plus galleuses, sont fortement écurées avec du gros sablon avant d'être portées à l'étuve pour y être décapées.

Les feuilles suffisamment décapées sont livrées aux Blanchisseuses. Ce sont des femmes & des filles qui gagnent peu & font un travail très pénible. Leur occupation est d'écurer les feuilles sur les deux faces avec du sablon & des torches de paille ou de foin. Elles y emploient de la force & de l'activité, parcequ'elles sont à leur compte. Les feuilles étant bien blanchies, font plongées dans de grandes auges remplies d'eau, dans lesquelles on les agite pour les dépouiller du fable qui a fervi à les écurer & pour les empêcher de rouiller : on les tire de l'eau pour les faire fécher à l'étuve & les porter à l'étamoir.

L'opération de l'étamage eft la plus délicate & la plus effentielle de cette Manufacture. L'étamoir eft un grand hangard fermé de murs, fous lequel il y a deux fourneaux, l'un pour étamer, l'autre pour féparer les égouttures. Sur le plus grand de ces fourneaux eft pofée une caiffe de fonte de fer, compofée à-peu-près comme le trempoir du Chandelier à la baguette. Cette caiffe eft fcellée dans le fond d'une efpece de trémie formée par quatre plaques de fonte de fer, inclinées à-peu-près comme le fouloir du Chapelier. Cette caiffe contient quinze à dix-huit cents livres d'étain, que l'on entretient fondu plufieurs heures avant d'y plonger les feuilles. Comme l'étain fe réduit aifément en potée, lorfque fondu, la furface de fon bain eft expofée à l'air libre, celui qui eft dans cette caiffe eft toujours couvert d'une couche de fuif de plufieurs pouces d'épaiffeur. Chaque art a fon fecret particulier, même chaque Artifte affectionne certaine pratique myftérieufe, l'Etameur a auffi les fiennes. Son fecret confifte à mettre dans l'étain une certaine quantité de cuivre par quintal d'étain, & de la fuie graffe de cheminée dans le fuif. Le cuivre donne du corps à l'étain, le rend moins fluide & le fait mieux mordre fur le fer. La dofe doit varier fuivant la qualité de l'étain. La fuie, qui eft une efpece de réfine qui approche de l'état charbonneux, donne de la confiftance au fuif, l'empêche de fe diffiper fi promptement & rend du phlogiftique à la furface du bain. Cette couche graffe de matieres combinées, imbibe la furface des feuilles de fer, en enleve ce qui pourroit y être encore adhérent, d'étranger, &, comme la réfine, elle aide la foudure de l'étain au fer. Quoiqu'il y ait un peu de routine & de caprice dans les dofes de ces différents mélanges, on peut les réduire à des principes qu'une pratique confommée fuit fouvent fans s'en appercevoir. Le fuif qui fume continuellement fur la furface de l'étain, répand dans l'attelier une odeur qui n'eft fupportable que par la force de l'habitude.

Lorfque l'étain eft dans fon degré de chaleur, l'Etameur prend avec une tenette les feuilles de fer les unes après les autres, les plonge à plat dans l'étain, les retourne plufieurs fois avant de les tirer, puis il les met égoutter fur des barres de fer divifées par des féparations qui foutiennent les feuilles perpendiculaires & de champ au-deffus de la trémie qui reçoit les égouttures; un fecond ouvrier les reprend avec une pareille tenaille, les replonge perpendiculairement dans l'étain & les remet égoutter toujours au-deffus de la trémie dans d'autres crochets de fer pour éviter les erreurs. Un troifieme ouvrier s'empare de ces feuilles, les vifite & en fait un triage; il met de côté celles qui ont bien pris l'étamage pour les paffer à un quatrieme chargé de les achever; celles auxquelles il remarque quelques défauts, comme des grumeaux, des endroits où l'étain n'a pas pris, il gratte les places avec un outil tranchant, les rend au fecond ouvrier qui les replonge dans l'étain, & les met égoutter.

Les feuilles au fortir de l'étamoir, confervent affez de chaleur, pour que l'étain furabondant ait encore affez de fluidité pour fe précipiter à la marge inférieure qui eft toujours celle d'un des grands côtés du quarré-long que forment ces feuilles; mais l'étain avant que de parvenir jufqu'à la partie la plus baffe, perd de fa fluidité & fe fige en partie avant que d'arriver jufqu'au bord où il fe forme des égouttures; un quatrieme ouvrier eft chargé d'enlever cet étain fuperflu, qui, d'un côté, feroit une perte pour l'entrepreneur, d'un autre formeroit un défaut à la feuille qui auroit plus d'épaiffeur en cet endroit que dans le furplus de l'étendue. Pour parer à ces défauts le quatrieme ouvrier qui eft affis devant une autre caiffe de fonte de fer moins confidérable que la premiere pofée fur un fecond fourneau, prend les feuilles étamées l'une après l'autre & les plonge à la main d'environ un pouce de profondeur dans l'étain fondu fous la couche de fuif & les retire. Cette troifieme immerfion des feuilles de fer dans l'étain, laifferoit encore des bavures ou des égouttures aux bords de la marge qui a été plongée : pour les empêcher, l'ouvrier tient de la main gauche la feuille fufpendue en la tirant de l'étain fondu ; de la main droite il tient une poignée de mouffe fine entre le pouce & l'index dont il faifit le bas de la feuille & coule la main de droite à gauche dans un fens incliné en la comprimant avec les doigts ; par cette opération il emporte tout l'étain fuperflu, mais il trace des lignes qui reftent imprimées à la furface des feuilles fur un des côtés. Alors les feuilles étamées touchent à leur perfection ; il ne faut plus que les dégraiffer, & redreffer celles qui ont befoin de l'être.

Les feuilles étamées font remifes à des femmes qui les frottent avec des torches de foin & du fon pour enlever le peu de fuif qu'elles ont retenu en fortant de l'étamage & les remettent à des ouvriers qui les battent fur des blocs de bois pofés de bout, avec des maillets pour effacer les ondes & les volutes que ces feuilles ont pris à l'étamage ; alors elles font finies ; on les emballe dans des bariques tarées, cottées & numérotées, de diverfes grandeurs, pour paffer dans le commerce.

Le fer blanc de la Manufacture de Bains, nous a paru d'une très bonne qualité & d'une belle fabrique. Nous avons remarqué que les machines font bien compofées & bien économifées, que la dépenfe de l'eau eft diftribuée avec tout l'avantage qui réfulte d'une belle chûte d'eau, de beaucoup de dépenfe & d'intelligence. La huche qui porte l'eau fur les roues eft remarquable par fon étendue, fa conftruction & le nombre des roues qui en tirent l'eau par le moyen des clapets. Il y a dans cette ferblanterie quatre marteaux battants & leurs feux fous le même halage avec le reverberes deux autres ordons de marteaux avec leurs chaufferies fou; un autre hangard : il s'y fabrique par jour pour mille livres de fer-blanc.

Nous croyons qu'il manque cependant, outre ce que nous avons obfervé plus haut, deux points d'économie & de perfection dans cette Manufacture. Ce font des cylindres pour préparer les femelles & pour polir le fer-blanc fini. Car quoique le marteleur, dans le travail extenfeur, ait foin de changer de place, les femelles qui compofent chaque trouffe ou paquet formé de foixante feuilles, afin que celles qui ont reçu immédiatement les impreffions des coups de marteau, en rentrant dans l'intérieur de la trouffe, fe planent pour ainfi dire, il refte toujours des inégalités; d'ailleurs les chaudes multipliées que l'on eft obligé, par les procedés ufités, de faire fubir aux feuilles, les ufent, même les dégradent fans que le travail s'accélere : au lieu que fi l'on paffoit les femelles entre des cylindres acérés ou d'acier fondu, le travail extenfeur doubleroit en vîteffe & en perfection. Les feuilles au fortir de l'étamage ne font pas unies, leurs furfaces font inégales ainfi que leur épaiffeur : fi au fortir de l'étamage on les paffoit au cylindre, elles en fortiroient planées & unies. Ces opérations de perfection n'ont point échappé aux Anglois, auffi leur fer-blanc eft-il plus recherché que le national par les ouvriers qui ont à exécuter des pieces dont la propreté & la précifion font les qualités effentielles.

Le Bourg de Bains tire probablement fon nom des bains d'eaux thermales que l'on y prend depuis un temps immémorial. Les Romains qui ne portoient pas de linge, faifoient un très grand ufage du bain par néceffité, pour caufe de fanté, & par molleffe; ils y conftruifirent des bains publics, principalement fous les Empereurs Vefpafien, Tite & Domitien : car en 1754, lorfque l'on reconftruifit le grand bain, l'on trouva une très grande quantité de médailles de ces Empereurs.

La petite riviere de Bagnerol, dont les eaux font rouffes, traverfe cet endroit affez négligé, qui eft dans le fond d'une gorge fermée par deux côteaux fort élevés. Il y a plufieurs fources d'eau chaude & une de froide ; cette derniere eft très favoneufe, auffi les bonnes ménageres en font-elles usage avec beaucoup de succès pour blanchir le linge : les sources d'eau chaude ne sont pas du même degré de température, l'un est à quarante-cinq degrés, l'autre est à trente-neuf, & la troisieme, qui est réservée pour les buveurs & le bain des honnêtes gens, est à trente-trois degrés & demi. La chaleur de ce dernier bain est si analogue à celle du corps humain, qu'en entrant dans le bain on ne sent pas l'eau toucher la peau. Nous n'avons pas fait l'analyse de ces eaux qui sont à dix degrés un quart de mon aréometre : l'alkali fixe ne les trouble pas : elles font peu d'impreffion sur la langue : on dit qu'elles ne contiennent que cinq grains de sel neutre par livre ; que ce sel est du sel marin & de Glaubert, & que pendant l'hiver il s'amasse, à la surface du sol & sur les murs, des effloreffences salines. L'eau du grand bain dépose une boue blanchâtre qui a une légere odeur de foie de soufre.

Le Médecin de l'endroit prétend que les eaux de Bains font si salubres, que leur qualité influe sur la couleur blonde des cheveux de tous les enfants. Nous avons bien remarqué cette couleur prédominante des cheveux ; mais nous ne prétendons pas attribuer entiérement cet accident à la qualité des eaux du pays.

Dans les environs de Bains & de la route qui conduit à S. Loup on remarque beaucoup de grès rouge & de gros cailloux roulés de toutes couleurs, uniformes & de veinés, ce font des graves anciennes de la mer.

Avant d'arriver à S. Loup, nous trouvâmes en pleine campagne un four à chaux qui est perpétuellement en feu. C'est une tour quarrée adoffée à une monticule ; sa base est percée de trois ouvertures, tant pour le paffage de l'air que pour en tirer la chaux à mefure qu'elle est cuite. L'intérieur de ce fourneau est d'une forme circulaire, se rétréciffant par le bas & fort évafé par le haut, comme une cloche renverfée, de quinze pieds de profondeur, sur douze pieds de diametre dans son plus grand évafement. Lorfque l'on charge ce fourneau pour la premiere fois, on l'emplit de charbon de terre & de pierres concaſſées, rangées lits par lits. Lorſqu'il eſt comblé, on met le feu par les trois ouvertures inférieures. A meſure que le feu gagne la partie ſupérieure du fourneau, la pierre du fond eſt calcinée, & l'on en tire la chaux, ce qui fait ſurbaiſſer le maſſif des matieres que l'on remplace preſque continuellement en chargeant le haut d'une couche de charbon couvert d'un lit de pierres, & cette manœuvre ſe perpétue tant que s'étend le beſoin ou la proviſion de matieres. L'on a ſoin de percer le maſſif des matieres embraſées avec de grands ringards, dans les endroits où le feu paroît ſe rallentir, afin d'y attirer ſon activité en diviſant les maſſes, & d'entretenir un embraſement général & uniforme.

Le charbon que l'on y conſomme ſe tire des mines qui ſont aux environs de Befort, qui en eſt éloigné de douze lieues. Ce charbon eſt de trois qualités, l'un feuilleté & léger, traverſé de veines ferrugineuſes : c'eſt celui qui a moins de chaleur. La ſeconde eſpece eſt d'un tiſſu ſerré, peſant, noir, luiſant, & coloré d'iris : c'eſt celui dont le feu a le plus d'activité : il ſe tire des bancs les plus profonds. La troiſieme eſpece eſt très pyriteuſe ; c'eſt le moins propre à cette opération, parceque le ſoufre qu'il contient diminue la qualité & la quantité de la chaux.

La pierre que l'on emploie ſe tire d'une carriere ſituée à quelques pas du fourneau ; elle eſt argilleuſe, d'un tiſſu ſerré, & n'eſt que médiocrement propre à cet uſage.

Nous avons trouvé un défaut eſſentiel dans les proportions intérieures de ce fourneau, d'où il réſulte deux grands inconvénients. Le premier eſt que ſon grand évaſement à ſa partie ſupérieure dérange & affoiblit la colonne d'air qui doit toujours être preſſée par une ſortie plus étroite que celle de ſon entrée, d'où il réſulte moins d'activité dans le foyer. Le ſecond, c'eſt que dans les orages, la ſurface trop étendue reçoit une trop grande quantité d'eau & de bouraſque de vent, ce qui cauſe un ralentiſſement de chaleur & un trouble fâcheux dans le foyer. Le propriétaire

eſt

est convenu de ces défauts, & promit, lors de la reconf-truction de ce fourneau, qu'il le rebâtiroit fur les dimen-fions que nous lui proposâmes, qui font de donner aux par-ties intérieures de ce fourneau la forme d'un œuf tronqué aux deux tiers de fa hauteur du côté de la pointe.

Ce fourneau produit tous les jours deux cents pieds cu-bes de chaux, qui équivalent à trente poinçons qui fe vendent trente fols aux cultivateurs qui l'exportent à dix lieues à la ronde, pour l'engrais des terres. Quoique cet ufage ne foit pas adopté dans la partie de la Champagne que nous habitons, nous en avons éprouvé plufieurs fois un très grand fuccès dans les terres matérielles, argilleufes & glaifeufes, en y faifant répandre les déblais du fourneau, avant que j'aie pris l'ufage de le conftruire en briques ré-fractaires.

Saint-Loup eft un gros village fitué dans un baffin de deux lieues de diametre, qui eft limité par des côteaux bien boifés. Il y a apparence que ce baffin a été couvert par une étendue d'eau fort agitée; car le fond eft couvert d'une grande quantité de cailloux roulés : auffi le fol eft-il très ftérile. L'on n'y cultive que du feigle, du farrazin, peu d'orge & de la garence. Le vallon eft traverfé par la riviere de Sainte-Mouffe, qui vient du ru de Plombieres & de celui de Fougerol; elle fe jette dans l'Engrogne pour re-joindre la Lanterne; les eaux de ces petites rivieres font rouffes.

En entrant dans S. Loup, nous apperçûmes dans un gros bloc de grès, d'une couleur grife rembrunie, beaucoup de feuilles & de tiges de l'iris de marais ( *iris lutea paluftris* ). Ce grès avoit été tiré d'une carriere au-deffus d'un marais voifin. Il étoit adoffé à la boutique d'un Taillandier qui faifoit des lames d'étrilles de Palfrenier dont il formoit les dents avec un emporte-piece qu'il faifoit agir par une baf-cule & un contrepoids avec autant d'adreffe que de célérité.

Nous remarquâmes fur la foire qui fe tenoit ce jour-là, que l'immenfe quantité de bêtes à cornes qui y étoient expo-

B b b

fées, étoient d'une haute branche, bien conformées & de couleur rousse. Dans la suite nous avons observé en général que dans les pays montueux les bœufs sont de couleur rousse-fauve ; que dans les plaines ils sont noirs, & dans les pays intermédiaires ils sont chamarés ou tiquetés. Il y a de légeres exceptions à cette regle. Ceux qui sont gris-éléphant & blancs-zains, sont rares & d'une mauvaise qualité. La dépouille des noirs est la plus estimée à la tannerie, parceque le cuir que l'on prépare est plus souple, plus nerveux & moins creux que celui des autres poils. Il y a donc une cause physique relative à la couleur & à la force des animaux en général. Les chevaux noirs sont plus forts & plus courageux que les bais qui sont ardents & délicats.

Il y a à S. Loup un fourneau à fer de fonderie ; il est construit sur 25 pieds d'élévation, ce qui est très avantageux. L'on y charge à la grande mesure, abus qui est presque généralement suivi en Franche-Comté. L'on ne fait dans ce fourneau que des marmites & des chauderons. L'on y traite deux especes de minerai, l'un en roche & l'autre en feves. La premiere se tire de Conflans en Lorraine, en grosses pierres d'un grain serré, d'une couleur brune tannée. Il est rempli de crystallisations de spath, & est composé en plus grande partie de bélemnites & de cornes d'ammon, de disproportions si différentes, que j'en ai vu de ces derniers du poids depuis un gros jusqu'à deux cents livres, avec toutes les fractions intermédiaires ; c'est-à-dire qu'il y en a qui sont 25,600 fois plus grosses les unes que les autres. Ce minerai est très riche & d'une bonne qualité. L'autre minerai en feves est moins riche que celle en roche ; mais il ne lui cede rien en qualité ; & sa combinaison avec le premier qui lui sert de fondant, produit une fonte très propre aux ouvrages de poterie auxquels on l'emploie.

En sortant de S. Loup pour gagner Luxeuil, nous traversâmes le Village de Charme, où nous remarquâmes une grande quantité de petits fours à potier, d'une forme assez singuliere. Ce sont des berceaux de voûte serrés & allongés fur un plan incliné d'environ vingt-deux degrés ; du côté inférieur eft une ouverture pour la chauffe ; au côté oppofé eft une autre ouverture par laquelle on introduit les pieces de poterie : on rebouche en partie cette derniere ouverture, ne laiffant d'efpace vuide que ce qu'il en faut pour le paffage de la flamme, & on la démolit lorfque l'opération de la cuiffon eft finie pour défourner.

Luxeuil eft fitué dans une plaine arrofée par la riviere du Brunchin dont les eaux font rouffes. Cette Ville ancienne tire fon nom de *Lixivium* à caufe de la chaleur de fes eaux que l'on compare à la leffive. Les Romains augmenterent là célébrité des Thermes de Luxeuil, particuliérement fous Jules Céfar, en y faifant conftruire des bâtiments confidérables & des baffins dont un taillé dans une feule pierre fubfifte, des canaux fouterrains remarquables par leur étendue & leur folidité qui braveront encore les fiecles futurs. L'époque des monuments que les Romains éleverent pour les embelliffements des Thermes de Luxeuil eft fixée par deux infcriptions que l'on a trouvées dans les ruines & que nous avons copiées ici.

LIXOVII. THERM. REPAR. LABIENUS. IUSSU. IUL. CAES. IMP.

LIXIVIO ET BRIXIAE C. IUL. FIRMAR. IUSSU. V. S. L. M.

On fe propofoit de replacer ces deux infcriptions fur les nouveaux bâtiments que la Ville de Luxeuil a fait élever fur fes Thermes par les foins de Mᵉ. Pinet, Maire de la Ville, au zele duquel l'humanité eft redevable de ces fecours. Ce Savant, d'une complaifance & d'une affabilité finguliere, nous a fait voir un grand nombre de médailles Romaines, particuliérement du Bas-Empire & des fragments de vafes de poterie qui ont été retirés des fouilles qu'il a fait faire dans l'emplacement des nouveaux édifices. Parmi ces vafes, nous en avons beaucoup reconnu d'analogues à ceux que nous retirons

des fouilles de la ville Romaine que nous avons découvert
sur la petite montagne de Châtelet en Champagne, entre S.
Dizier & Joinville; sur d'autres, nous avons remarqué dans
les ornements dont ils font chargés, des figures qui carac-
térisoient les mœurs les plus diffolues du siecle.

Attila, ce Roi barbare, qui arma le fanatisme & la su-
perstition pour assouvir son ambition & sa cruauté, couvrit
les Gaules dans le cinquieme siecle de sang & de ruines.
Les édifices que les Romains avoient construits pour l'em-
bellissement & l'utilité des Thermes de Luxeuil, furent éga-
lés au sol. Colomban, dans le sixieme siecle, éleva sur ces
ruines le Couvent qui subsiste encore aujourd'hui; nous
avons remarqué sur les murs du cimetiere de cette Abbaye
une lanterne de pierre, dans laquelle on allumoit pendant
la nuit un fanal, pour éclairer les moines qui rentroient à
toutes heures : ce fanal s'est éteint avec le scandal. Nous
trouvâmes dans le même cimetiere un crapaud femelle qui
avoit quatre pouces & demi de largeur ; sa peau, très rude
au toucher, étoit couverte de tubercules dont on exprimoit
une liqueur laiteuse : nous en avons parlé dans notre observation sur le crapaud.

Le nouveau bâtiment des Thermes de Luxeuil est bâti en
grès gris & brun : il est divisé en trois parties; le corps principal, en face de l'escalier, renferme les sources principales;
les deux autres font détachés & forment des aîles: le comble de ces bâtiments est couvert en fer blanc suivant l'usage
de la province. On desireroit que l'on eût évité la bigarrure
qui naît de la disparité de la couleur de la pierre, & que
les corridors de ces bâtiments magnifiques, fussent plus spacieux.

Trois sources d'eau chaude font distribuées dans ces Thermes: elles ont différents degrés de chaleur; celle des étuves
est à quarante-deux degrés du thermometre & à dix de l'a-
réometre. La seconde source, appellée celle des Capucins
ou des petits bains, est à trente-cinq degrés du thermometre
& dix de l'aréometre. Enfin la troisieme est à trente-deux

degrés du thermometre & neuf de l'aréometre. Ces eaux font analogues à celles de Bains : leur plus grande vertu eft une chaleur douce & pénétrante. Outre les fources chaudes, ces bâtiments renferment deux fources d'eau froide ; l'une favonneufe, l'autre ferrugineufe. La fontaine d'eau favonneufe étoit fi fort infectée des égoûts des mortiers des bâtiments neufs, que nous ne pûmes en faire même la déguftation : l'eau ferrugineufe eft à neuf degrés & demi de l'aréometre. L'alkali fixe la trouble & la noix de galle lui communique très promptement une couleur noire, ce qui prouve que cette eau eft fort chargée de félénite & de fer vitriolifé.

Nous fûmes invités à porter du fecours à une fille qui portoit un cancer ulcéré : nous obfervâmes que ce cancer avoit pris naiffance dans les glandes mammaires ; il avoit fait des progrès fi terribles, qu'il lui couvroit toute la poitrine jufqu'aux clavicules, les parties axillaires, hypochondriaques & lombaires, l'abdomen, le bras & l'avant-bras droit, & s'arrêtoit à la racine de l'ongle du pouce : nous fûmes faifis de l'odeur cadavéreufe qu'exhaloit cette plaie effrayante, & ne pûmes confeiller à la malade que quelques topiques adouciffants, & une patience dont le terme devoit être une mort prochaine.

L'on nous a affuré qu'il y avoit dans les environs de Luxeuil des mines métalliques & de charbon de terre qui n'étoient point traitées ni ouvertes, ce qui ne nous a pas permis de les vifiter.

Le long du chemin de Luxeuil à Plombieres, par Fougerol, on trouve beaucoup de pierres quartzeufes, de grès pur, de grès ferrugineux & de micacé. Avant d'arriver à Plombieres, on paffe fur une montagne fort efcarpée dont le flanc, du côté de la filerie, eft couvert d'une très grande quantité de pierres culbutées dans le plus grand défordre ; accident qui eft fans doute l'effet d'une explofion ou d'un torrent confidérable.

La filerie à fer de Plombieres n'a rien de remarquable ni qui lui foit particulier ; elle eft compofée d'une petite chaufferie; de deux bâtiments qui renferment quinze paires de tenailles, d’une tréfilerie & d’un four à recuire : le fil en eft de bonne qualité, mais il feroit à défirer que l’on n’apperçût pas les impreffions des mors des tenailles fur les fils. Il me femble que l’on pourroit remédier à cet accident pour les fils déliés qui ne fe tirent pas au touret, en remplaçant les tenailles par un cylindre de fonte de fer poli, mu par l’effet d’une roue.

Il y a plufieurs fources d’eau chaude à Plombieres de différents degrés de température; elles font très abondantes puifque celles qui fe réuniffent dans le bain public donnent treize cents quatre-vingt-fix pieds deux tiers cubes par heure, ce qui fuffit pour faire tourner un moulin fous dix pieds de chûte. La fource des buveurs eft appellée communément la fontaine du Crucifix, parcequ’elle eft enfermée dans un endroit voûté où il y a un Crucifix accompagné de deux infcriptions où l’art & le génie n’ont eu aucune part. L’eau de cette fource eft à quarante-fept degrés du thermometre & à onze degrés de l’aréometre.

L’une des fources qui eft reçue dans le grand bain, qui eft un grand baffin découvert au milieu de la rue, eft à foixante & un degrés du thermometre & à douze degrés de l’aréometre; cette fource eft la chaudiere publique, où les cuifinieres viennent échauder les langues, les têtes de veau, les cochons de lait & les volailles; pour cet ufage il y a un filet d’eau qui communique au dehors, & eft éloigné du baffin qui a vint-fix toifes deux tiers de longueur, fur fix toifes & demie de largeur; & comme il occupe plus que la largeur de la rue, fes parties latérales font recouvertes par des galeries pratiquées fous les maifons où les baigneurs fe fouftraient aux yeux des curieux.

Le bain des Dames eft un endroit fermé dont l’eau fort d’une fource de quarante degrés de chaleur : celui que l’on appelle des Capucins, parcequ’il avoifine l’hofpice de ces Moines, eft des mieux approprié. L’eau de quarante-neuf degrés de chaleur fort de trois fources diftribuées dans l’étendue du baffin, particuliérement d’un trou rond de fept pouces de diametre, percé dans une pierre de vingt pouces d'épaisseur, posée par les Romains qui porterent une attention férieufe dans les constructions qu'ils firent pour fe procurer l'utilité de ces Thermes. La vapeur qu'exhale ce trou est en très grand crédit dans l'efprit des femmes stériles, qui vont le couver pendant la nuit pour féconder le preffant defir qu'elles ont d'être meres : mais les vapeurs & l'écume des eaux, ni les étincelles du feu, ne font plus naître des Dieux. Il fubfifte encore un canal très confidérable, voûté avec art, pavé folidement, que les Romains conftruifirent pour l'écoulement de la riviere d'Engrogne qui y coule avec beaucoup de rapidité à caufe de la proclivité du terrein. Près de ce canal coule la fource la plus chaude, elle fournit peu d'eau qui fort de deux tubes de fer; & quoique l'on affure que fa chaleur aille jufqu'à quatre-vingts degrés, qui égalent celui de l'eau bouillante, nous n'en avons reconnu que cinquante-neuf : mais il est vrai qu'elle coule fi lentement, que l'air & l'évaporation doivent diminuer beaucoup fa chaleur : elle est à douze degrés de l'aréometre.

Outre ces fources il y en a beaucoup d'autres fur lefquelles on a pratiqué, près des maifons, des étuves dont la chaleur est exceffive, & fi la raréfaction de l'air, occafionnée par la chaleur, n'étoit modérée par les vapeurs aqueufes; il ne feroit pas poffible d'y refpirer. Il est furprenant d'y voir des femmes d'un tempéramment très délicat & fort délabré, foutenir une heure, même deux, cette chaleur. Il faut que la Nature ait bien des torts, ou que nous l'ayons fort offenfée pour être condamné à un pareil fupplice.

Outre les fources chaudes, il y en a de froides ou d'un degré au-deffus de la température ordinaire de l'eau. Parmi ces dernieres, il y en a de favonneufes, l'une dans le jardin des Capucins, l'autre fur la rue. La premiere est une grotte tapiffée de plufieurs plantes, particuliérement d'un lichen ( *lichen five hepatica fontana* ) d'un beau verd qui produit un effet agréable; & quoique les jeunes gens dégradent de temps en temps la verdure de ce beau tapis naturel, la plante vigoureufe qui le forme, répare ces torts en très peu de temps. L'autre source, qui tire son origine de la premiere & lui est analogue, est fermée. L'alkali fixe en trouble l'eau, & lui fait déposer un sédiment blanc qui est le principe minéral de ces eaux. L'on nous a assuré que, lorsque l'on a reconstruit cette fontaine, l'on a tiré des environs de sa source des masses considérables d'une terre molle, blanche, douce au toucher; enfin ayant l'extérieur & une partie des propriétés du savon : & en effet ayant fait ouvrir la fontaine, nous en avons tiré, au moyen d'un outil de fer, du fonds de son bassin, un morceau de cette substance savonneuse qui est très blanche : elle a la consistance d'un savon qui n'est pas bien affermi, elle en a le *glissant*, elle adhere aux dents, ne fait aucune effervescence avec les acides & ressemble à du quartz mol & opaque; c'est un smectris pur qui ne participe aucunement du fer & qui n'est point mélangé de matieres hétérogenes. Cette terre est le dépôt que ces eaux ont fait des principes savonneux qu'elles ont dissous dans l'intérieur de la terre.

Quoique les eaux du ruisseau de Plombieres soient roussâtres, accident commun à toutes les petites rivieres des environs, cependant le papier qui se fabrique avec cette eau au bout du promenoir est assez beau.

A une demi lieue de Plombieres est une mine abandonnée, parceque le minerai en a été reconnu pauvre & réfractaire : c'est une blende ressemblante à la mine de plomb, dite galene ; elle est crystallisée en lames paralleles dont les grouppes sont séparés par des couches d'une substance blanche quartzeuse. Il y en a aussi une espece qui est rouge, qui est la fausse blende rouge. Ce minerai se brise facilement, ressemble au mica ferrugineux, n'est point soluble dans les acides. Cette blende, d'après l'essai que j'en ai fait, contient du fer, du soufre, de l'arsénic, & du zinc. L'on trouve aussi dans les environs de Plombieres, dans différents cantons, du quartz phosphorique, qui donne une lueur de différentes couleurs.

En traversant les montagnes pour aller à Remiremont, l'on

l'on trouve beaucoup de grès graniteux, enfuite des granits micacés; plus on avance & plus les maffes de granit font confidérables. Avant d'arriver à Remiremont, l'on rencontre des poudingues rouges, gris & jaunes, ils font d'une très grande dureté & fufceptibles d'un poli éclatant. On defcend par gradation dans une vallée dans laquelle les fluctuations de la mer font fenfiblement rendues par des amas de gros cailloux roulés, tels on en voit fur les graves de la mer. Ces amas recouverts de terre végétale, forment des bandes tranfverfales de figure prifmatique qui barent toute la vallée feche qui rejoint celle de la Mozelle, en tirant à Epinal.

Près de Remiremont, les forêts de fapin commencent à couvrir la cime des montagnes. Nous avons vu dans ce canton trois fortes d'arbres d'une forme & d'un caractere bien difparates qui garniffoient le pendant d'une montagne expofée au couchant. La cime étoit hériffée de fapins qui s'élevoient avec fiéreté pyramidalement à une hauteur qui fembloit excéder celle des nues; fur le flanc, des bouleaux, dont les rameaux grêles, trop foibles pour porter leurs feuillages épais, s'inclinoient mollement, ce qui leur donnoit un air de nonchalance & de triftesse. Au pied du mont, régnoit un cordon de chênes dont les membres robuftes fe foutenoient horifontalement malgré leur poids énorme.

Remiremont, ville fituée fur la Mozelle, tire fon nom de Romaric qui fonda en ce lieu, dont il étoit propriétaire & Seigneur, un Couvent pour les deux fexes : indépendamment de cette étymologie, cette ville pourroit tirer fon nom de fa fituation, car de tous les côtés elle regarde les montagnes, *mirans montes*; elle eft bâtie en pierres de grès, de granit, de poudingue, & d'une autre, rouge tachetée de blanc : cette derniere reffemble beaucoup à une terre cuite, telle la brique; nous fommes même perfuadés que cette pierre eft une terre argilleufe dont la partie rouge eft ferrugineufe, qui a reçu fa folidité du feu d'un volcan.

Sur le mont Saint, qui eft une montagne fort élevée, qui

commande la ville, est une très bonne mine de cuivre, à l'exploitation de laquelle s'opposent les Bénédictins, dont le couvent, fondé par Romaric, occupe partie de la surface de la miniere ; toutes les autres montagnes qui environnent la ville sont composées de granit dépouillé & aride, d'un accès très pénible : quelques-unes même sont si escarpées qu'elles sont inaccessibles.

En remontant la vallée de la Mozelle, à une lieue au-dessus de Remiremont, l'on trouve dans la plaine, au pied de la montagne, une source d'eau chaude, que l'on nomme *chaude fontaine.* Ses eaux sont négligées, elles sont de la qualité de celles de Plombieres. Dans les bois de Rupt, avant d'arriver à Roche, il y a une fontaine acidule ferrugineuse. Cette vallée est une gorge fort serrée par de très hautes montagnes, dont les unes ne font que des rochers chenus & arides, d'autres sont couverts, sur le haut, de forêts de sapins & autres essences de bois ; l'on n'y voit pas, sur plus de douze lieues d'étendue un seul noyer, parcequ'il y fait trop froid ; l'on y cultive une espece de seigle qui se seme au Printemps. Roche est un village qui tire son nom de monstrueux bancs de rochers qui traversent la vallée dans cet endroit. L'on voit sur la route, à Vauviliers, une percée sur le flanc de la montagne ; c'est l'ancienne galerie d'une mine de cuivre qui est abandonnée, & son état en ruine ne nous a pas permis de la visiter.

L'on rencontre le long de ce vallon beaucoup de troupeaux de chevres que des jeunes gens conduisent sur les montagnes où elles se disperfent sur les rochers, dans les buissons qui les couvrent, pour y chercher leur pâture. Si ces jeunes pâtres s'apperçoivent que quelques-unes de leurs chevres se soient trop écartées du centre du troupeau, ils les rassemblent, crainte que les plus volages ne deviennent la proie des loups, & lorsqu'ils veulent les reconduire à la ville, ils donnent le signal de la retraite, en frappant avec des pierres sur une boîte, en forme de tambour de quatre à cinq pouces de diametre, qui pend à leur ceinture ; au bruit de cette boîte de fapin, on voit accourir de toute part les chevres qui viennent environner leur conducteur; alors il ouvre fa boîte & leur diftribue une partie d'un mêlange de fon & de fel qu'elle contient & dont elles font fort friandes. C'eft le plaifir de ce petit régal qui les raffemble au bruit qui en eft le fignal : nous ne pûmes nous éclaircir de la caufe & de l'effet, que lorfque nous fûmes arrivés au village ; mais dans nos courfes ultérieures ayant rencontré fur un rocher un troupeau de chevres, éparfes fans conducteurs, nous frappâmes avec une clef fur une tabatiere de racine de buis, dans l'inftant toutes les chevres accoururent en cabriolant & fautant de roche en roche, elles vinrent nous entourrer dans des attitudes pittorefques : leur erreur établit notre certitude.

Nous ftationâmes au village de l'Eftrey, parceque nous apprîmes qu'il y avoit dans les environs beaucoup de mines, dont quelques-unes étoient exploitées. Nous paffâmes la Mozelle dont les fables & les graves font fpathiques, graniteux & quartzeux, d'une grande beauté par leur éclat & la variété de leur couleur. Nous traverfâmes, en graviffant la montagne, les bois de Remonchamp qui font peuplés d'une feule effence de bois qui eft le hêtre, de même que quelques autres petites forêts voifines qui font fituées fur le genou de la montagne. Le terrein entre les arbres, eft couvert de mirtilles ou airelles, qui étoient partie en fleurs & partie chargées de fruits que les enfants mangent. Il fe fait cependant une exportation de ces baies fechées, dans les vignobles, pour charger la couleur des vins. Il feroit à fouhaiter que les taverniers ne frélataffent pas leurs vins avec des chofes plus nuifibles à la fanté.

Arrivés au haut de la montagne, nous la traverfâmes, en pénétrant dans le territoire de la Franche-Comté. Parvenus fur la croupe qui regarde de front la vallée de l'Ognon qui defcend à Lure, nous trouvâmes l'entrée de la galerie de la mine de Body, fes déblais, la trompe & la cabanne des mineurs. Il eft néceffaire de donner un détail de cette mine.

C c c ij

Au midi de la montagne, sur le pendant, à six cents pieds plus bas que son sommet, la mine est ouverte par une galerie de six pieds de hauteur & de quatre pieds environ de largeur. N’ayant point de lumiere pour y entrer, nous ouvrîmes inutilement la chambre des mineurs, mais le sergent arriva avec une lampe & deux jeunes gens qui poussoient chacun un chariot chargé de minerai & de déblais. Nous étions alors six personnes, ces trois ouvriers, notre conducteur, mon fils & moi; une lampe ne peut éclairer qu’une personne, je la fis prendre à mon fils que je mis en troisieme; j’ouvris la marche, je saisis un chariot vuide & le poussai pour me diriger dans ma route : mais pour entendre ceci, il faut connoître le chariot & sa manœuvre.

Le chariot qui sert à transporter les décombres de la galerie, est une caisse de bois de sapin de douze pouces de largeur, de quatorze à quinze pouces de hauteur devant, & de dix-sept à dix-huit pouces derriere : cette caisse est supportée sur deux petits aissieux de fer traversant quatre roulettes de quatre pouces de diametre. Au centre de l’aissieu de devant, descend une broche pendante dont le bout inférieur se prolonge de deux pouces plus bas que la base des roues : cette broche sert à diriger la course du chariot en suivant l’espace vuide d’environ un pouce & demi de largeur que forment deux madriers posés horisontalement sur le sol de la galerie à côté l’un de l’autre, & qui sont multipliés bout à bout dans la direction de toute son étendue; enforte qu’en appuyant plus ou moins fortement les deux mains sur le derriere du chariot, on lui imprime un mouvement progressif, dont la vîtesse se mesure sur la marche de celui qui le conduit, & le poids de la puissance, par l’ouverture de l’angle formé par les mains, les pieds & la courbure du corps du moteur; le train de devant du chariot est mobile en tous sens pour pouvoir le braquer dans les retours des galeries, alors les roues de devant passent sous la caisse du chariot.

Je pris donc un chariot vuide, & je pénétrai le premier

dans l’intérieur de la mine, ayant en suite les autres personnes ; nous marchâmes dans l’obscurité la plus profonde
sur une ligne de deux cents toises, au milieu du bruit des
chariots, répété mille fois par la voûte de la galerie : ce
petit voyage nous parut très long. L’attitude penible, les
gouttes d’eau froide qui nous tomboient d’espace à autre,
de la voûte, sur le corps, & le défaut d’habitude de parcourir cette route ténébreuse, nous faisoit écarter des madriers & porter à droite & à gauche les pieds dans les courants d’eau qui s’échappent au dehors ; une respiration pénible dans un air stagnant, toutes ces choses nous faisoient
désirer d’arriver à l’atelier : enfin nous atteignîmes la croisée de la galerie. Là nous trouvâmes un filon qui coupoit
le principal à angle droit ; nous suivîmes celui sur la droite
sur la longueur de quinze toises, & nous trouvâmes un mineur qui détachoit la roche, la gangue & le minerai. Le
filon de la mine avoit en cet endroit neuf pouces de largeur
sur trois pieds de hauteur. Le filon à gauche, opposé au
précédent, étoit poursuivi par un autre mineur & étoit à-
peu-près des mêmes dimensions que celui sur la droite. Le
filon principal étoit attaqué par le sergent en ligne droite
sur dix toises de profondeur depuis la croisée ; il étoit près
du bouillon qui est l’endroit le plus riche du filon, & sous
deux cents pieds du massif de la montagne.

Beaucoup de quartz compose une partie de la gangue de
cette mine ; du fer crystallisé en dodécaedre en forme le
chapeau ; elle est encadrée de verd de gris & de roche vitreuse ou fondue ; l’on y trouve du quartz contenant du cuivre, du quartz tenant du plomb pur, du plomb tenant argent, enfin du spath feuilleté. On ne peut rien détacher
que par le moyen de la poudre à canon dont l’explosion
fait retentir ces cavernes d’un bruit épouventable qui se
propage dans l’étendue de la galerie, capable de saisir d’effroi : mais notre curiosité nous avoit armé contre tout événement inattendu.

Après avoir bien examiné le fond des mines, nous nous

munîmes chacun d'une lampe garnie de fa meche & de fuif pour nous éclairer dans le retour & pour pouvoir remarquer les différents accidents des galeries. Nous obfervâmes dans différentes parties de l'étendue, des branches de filons qui n'étoient point attaquées ; elles coupoient tranfverfalement. Nous remarquerons ici que tout le maffif de la roche vive, eft une matiere vitreufe fondue : ce que nous rapellerons dans nos réflexions phyfiques fur les différentes parties de ce mémoire.

Le fond des galeries eft rempli d'un air fi rarefié, qu'il ne feroit pas poffible aux ouvriers d'y refpirer ni d'y conferver des lampes allumées. Pour remédier à cet inconvénient, on a imaginé deux moyens pour y porter un air pur & nouveau qui facilite non feulement la refpiration des ouvriers & l'inflammation des lampes, mais encore qui preffe la maffe d'air appauvri & chargé des vapeurs minérales, à fortir hors des galeries. Cette opération fe fait par le moyen des trompes ou d'un ventilateur. La trompe dont nous avons parlé dans le *Mémoire fur les foufflets des forges*, eft le moyen le plus fimple & le plus utile pour adminiftrer l'air, puifque l'on y emploie les eaux qui font éconduites des galeries par une pente infenfible, & portées par un cheneau dans l'entonnoir de la trompe ; lorfque les eaux des galeries ne font pas fuffifantes, on en raffemble de la furface de la montagne que l'on détermine par des rigoles à fe réunir dans le baffin d'une trompe placée dans un puits de trente pieds de profondeur percé à côté de la galerie & qui y communique par fa bafe. Mais lorfqu'après de longues féchereffes, les fources intérieures ou des furfaces ne produifent pas affez d'eau, on emploie le ventilateur qui eft placé dans une excavation pratiquée à l'un des côtés de la galerie. Ce ventilateur eft un arbre garni de plufieurs aîles formées de planches minces, enfermé dans une grande caiffe percée de trous. Deux hommes, au moyen de deux manivelles, mettent ces aîles en mouvement ; elles attirent l'air extérieur & le forcent de paffer par un tuyau de bois qui fe prolonge à mesure que la galerie prend de l'accroissement. Malgré ces secours, nombre de personnes éprouvent dans le fond de ces mines des respirations laborieuses & des défaillances. Mon fils & notre conducteur souffrirent de ces accidents : nous n'en fûmes nullement affectés.

Tout ce que l'on détache de la mine est guerché dans les chariots, conduit confusément hors des galeries, & précipité en un monceau, d'où on le transporte dans des voitures à la fonderie. Les morceaux les plus riches & qui ont un mérite distingué, sont portés au Directeur. Nous nous en procurâmes quelques-uns par les voies ordinaires. Le filon de la mine de Body est perpendiculaire ou de midi ; car on distingue la situation des filons par les heures du jour. Un filon de midi est dirigé au méridien. Un de six heures du matin tourne à l'Est-Sud. Celui qui est dirigé à l'Est-Sud-Est, se nomme un filon de neuf heures. Celui qui regarde le Sud-Sud-Ouest, est de trois heures : ainsi de suite. Ils les dénomment aussi par *perpendiculaires*, *obliques*, *plats* & *horisontaux*. En parcourant la surface aride de la montagne, nous en découvrîmes un qui étoit oblique & de six heures. Ce filon n'est point attaqué ; c'est la suite de quelques-uns qui s'élevent. Il est bien plus commode d'attaquer ces filons par le flanc de la montagne que par la cime, parceque les épuisements d'eau, la conduite des déblais, le jeu des machines & la manœuvre en générale est plus expéditive, plus facile, moins dangereuse & moins dispendieuse.

Nous parvînmes à la cime de la montagne à travers les rochers parmi lesquels il y a de petits étangs remplis de truites & de carpes. Sur le lieu le plus élevé, on a arboré trois croix de bois sur les ruines du Château-Lambert, qui a donné le nom au Village situé à mi-Montagne, où nous arrivâmes à vol d'oiseau par des précipices fort fâcheux. Ce Village est entouré de hautes montagnes riches en mines. C'est la retraite de tous les Mineurs du pays qui exploitent les mines des environs. Le ruisseau qui le traverfe & qui eft la fource de l'Ognon, fait mouvoir deux ufines; l'une fert à faire du tan pendant une partie de l'année, & au Printemps à pêtrir de la glu d'écorce de houx, *aquifolium*. L'autre eft un bocard ou bocambre, qui fert à concaffer les mines des environs. Cette machine, compofée de trois piles, à trois pilons chacune, n'eft pas conftruite avec intelligence, & eft fort négligée.

Toutes les montagnes qui environnent Château-Lambert, ont été percées de galeries, même par les Romains, pour en tirer les mines de cuivre & de plomb, riches d'argent, qu'elles recelent. Les décombres que l'on en a tirés, forment de nouvelles montagnes confidérables. Ces mines font en partie abandonnées & affez mal-à-propos; car il nous a paru qu'il feroit avantageux de traiter les déblais de ces mines qui font le rebut de ce que l'on a trié pour être exploité autrefois. Nous avons trouvé dans ces décombres de beaux morceaux de mine de plomb cubique, de mine jaune de cuivre, tenant argent, & beaucoup de mines de fer cryftallifées.

Un Mineur, de Château-Lambert, fort curieux & intelligent, nous a conduits dans les mines de Tillot où nous avons parcouru beaucoup de galeries pratiquées dans l'intérieur de la montagne, pour tirer le minerai de cuivre des filons obliques horifontaux de ces mines, dans les déblais defquel nous avons trouvé des morceaux de mifpikkel, qui a été fort recherché pour purifier le verre des verreries des environs.

Nous nous fommes procuré des échantillons des mines de Gyromagny, qui contient du plomb riche d'argent; de cuivre & de charbon de terre, de Campanés; de cuivre tenant argent, de Frefe; de plomb riche d'argent, de Pont-de-Saux, parceque nous n'avons pu en vifiter les minieres.

En defcendant la montagne, nous fommes entrés dans une huilerie fur la Mozelle, dont tout le travail fe fait par la puiffance de l'eau. Là meule, le baffin, les empoefes de tous les tourillons font de granit.

Toute

Toute la vallée depuis Remiremont jusqu'au village de Leftrey, eft remplie de granit gris, rouge, jaune & noir, de quelques poudingues ; même une partie des rochers des montagnes en font compofés, excepté la plûpart des roches qui contiennent des mines ; celles-ci font brunes, tranf-parentes ou opaques, tranchantes & très compactes ; elles reffemblent au fable vitrifié de nos fourneaux de fonde-ries des forges. Nous nous permettrons quelques réflexions fur ces objets intéreffants, à la fin de ce Mémoire.

En remontant la vallée de la Mozelle, au Pont du Lait, près S. Maurice, il y a une mine fort riche en cuivre te-nant argent ; elle eft abandonnée ainfi que celle de Buffan qui contient du cuivre, du plomb & de l'argent. Près du village de Buffan eft une fource d'eau acidule, fort célé-bre : nous l'avons examinée avec d'autant plus d'attention, que fon ufage nous avoit été confeillé.

La fontaine de Buffan eft divifée en deux fources prin-cipales qui font enfermées dans une grande chambre fer-mant à clef, & dont l'eau fe diftribue fous l'infpection & au profit d'un Médecin, réfident ordinairement fur les lieux. La fource, la plus en réputation, donne feulement deux lignes d'eau ; elle fort d'un grand coffre de pierre, couvert, qui en forme le baffin ; on la tire dans des bou-teilles comme d'un tonneau, par le moyen d'une anche. L'eau laiffe fur la pierre fur laquelle elle fuinte, un dé-pôt ochral de couleur vive aurore. Elle eft à fept degrés de l'aréometre. Elle fait une très vive fenfation fur les orga-nes du goût, en la buvant à fa fource, telle une liqueur vineufe en fermentation. La noix de galle rapée la colore en un inftant d'une belle couleur pourpre très exaltée. La feconde fource n'eft pas plus abondante que la première. La couleur que la noix de galle lui communique, eft rem-brunie ; elle picote beaucoup moins les organes du goût : elle eft à huit degrés de l'aréometre. Ces eaux perdent beaucoup de leurs vertus dans le tranfport, ainfi que nous le prouverons par les réfultats de l'analyfe.

D dd

Dans les environs de cette fontaine il sort plusieurs autres sources qui n'ont pas les qualités des premieres ; les unes sont négligées & s'écoulent dans la Mozelle ; d'autres sont employées à des usages économiques ; une, particuliérement, est introduite dans la cuisine du Médecin par un petit canal dont le bout est mobile ; au besoin on le dirige sur une petite roue à godets de fer blanc, dont le mouvement se communique par une chaîne à une poulie de renvoi qui fait tourner la broche.

Les eaux minérales de Bussan s'envoient dans des bouteilles de terre dans une partie de l'Alsace, pour l'usage de la table, tant parcequ'elles sont saines & agréables à boire seules, que parcequ'elles réveillent les vins foibles & vieux. On les envoie plus communément dans le reste du royaume pour l'usage médical, dans des bouteilles d'un verre brun, soufflées dans les verreries des environs, & qui sont d'une qualité bien supérieure à celles qui viennent des verreries du Clermontois. Les bouteilles contiennent communément deux livres d'eau, se vendent vingt-sept livres dix sols le cent, bouchées, goudronnées & encaissées sur le lieu.

L'analyse de ces eaux nous ayant présenté différents phénomenes qui ont pu échapper à ceux qui l'ont faite avant nous, nous allons en rendre compte. L'eau de Bussan est en proportion de poids avec l'eau commune, comme 18450 est à 18467 ; conséquemment elle pese 22 grains par pinte de plus. Lorsque l'on débouche une bouteille nouvellement arrivée, & dont le bouchon est bien conditionné, il se fait une explosion, & il sort du goulot une vapeur légere formée par des jets nombreux. Versée de haut dans un verre conique, elle éleve une mousse qui tire promptement le rideau. Les bords de la surface de l'eau se garnissent de globules perlées, qui se dissipent insensiblement ; & il s'éleve du fond du centre une chaîne de globules qui se multiplient & se succedent sans interruption jusqu'à ce que l'air soit dissipé en plus grande partie. Si l'on jette dans le

verre quelques petits fragments d'un corps étranger plus
pesant que l'eau, on voit une bulle d'eau s'attacher à chaque parcelle, l'élever à la surface; alors la bulle, en communiquant avec l'air extérieur, se creve & laisse retomber
le corps qu'elle avoit soulevé, & qui est bientôt ressaisi par
une autre bulle ou petit balon qui lui prête des ailes; ce qui
se renouvelle à la satisfaction de l'Observateur jusqu'à ce
que l'air soit dissipé presque totalement.

L'eau de Bussan la mieux bouchée, après un transport
de trente à quarante lieues, a perdu au moins un tiers de
sa saveur. Si une bouteille a pris l'air par le défaut du bouchon, après un temps très court, l'eau est insipide. Une
singularité plus remarquable, est que cette eau, après le
transport, ne donne pas le moindre signe de la présence
du fer par l'intermede de la noix de galle. Si l'on y en met,
elle reste plusieurs jours sans changer de couleur; ensuite
elle devient roussâtre, dépose ensuite un léger sédiment
gris-jaunâtre : cette couleur n'est due qu'à la partie ex-
tractive de la noix de galle, & à un peu de fer en état
d'ochre. L'alkali fixe rend laiteuse l'eau de Bussan, & en
précipite une terre blanche. Lorsqu'on boit ces eaux dans
leur état de perfection, la chaleur de l'estomac en développe l'air avec si grande abondance, qu'elle donne des renvois, des hoquets & des crochets dans le nez, comme
font la bierre & le vin mousseux de Champagne, mais
avec moins de violence : enfin ces eaux nouvelles sont dans
l'état d'une liqueur en fermentation, comme toutes les
eaux minérales appellées spiritueuses.

Six livres d'eau de Bussan, soumise à une évaporation
lente, n'ont donné que vingt-six grains de ces résidus al-
kalins & terreux. Le premier degré de chaleur occasionne
une grande agitation dans la liqueur, par la dilatation de
l'air que cette eau contient. Lorsque l'air, qui lui étoit
uni, est dissipé, la liqueur s'évapore tranquillement, en se
couvrant continuellement d'une légere pellicule qui se
brise & se précipite au fond du vase ; sur la fin de l'évapo-

D d d ij

ration, on apperçoit une matiere saline qui s'attache aux parois du vase. Le résidu est d'un gris salé un peu jaune : il contient du fer en état d'ochre, du sel alkali minéral, & une espece de substance calcaire.

Ayant examiné une bouteille contenant environ deux livres d'eau de Bussan, que je gardois depuis six ans dans la collection de mon cabinet, je crus appercevoir à la surface de la liqueur une couche de moisissure; j'inclinai la bouteille; cette couche se détacha; & au lieu de flotter, elle se précipita dans le fond de la bouteille. Lorsque je la redressai, j'apperçus que cette couche avoit laissé un cordon autour de l'intérieur du col de la bouteille. En examinant cette substance qui s'étoit précipitée sous une forme circulaire sans s'être rompue, je vis qu'elle réfléchissoit la lumiere; alors je survuidai l'eau dans une autre bouteille; & cette substance, sans se rompre, vint se rendre dans le col & ne pouvoit en sortir; j'introduisis une pointe de porc-épic pour la rompre & la tirer dehors. Lorsqu'elle fut séchée sur un papier gris, j'examinai cette crystallisation dont je rapatronai les morceaux pour connoître l'étendue & la disposition de cette croûte blanche, saliforme. Elle avoit seize lignes deux tiers de diametre, un dixieme de ligne d'épaisseur, & ses bords se relevoient de trois quarts de ligne; ensorte qu'elle formoit une petite capsule plane dans sa plus grande partie; la surface étoit lisse & resplendissante; le dessous, qui touchoit l'eau lorsqu'elle le surnageoit, étoit légérement hérissée de petits crystaux prismatiques quadrangulaires, terminés par une pyramide quadrangulaire dont les faces étoient inégales : elle pesoit en total cinq grains un quart. Cette croûte s'étoit formée sur la surface de la liqueur, & avoit pris la courbure que les fluides prennent lorsqu'ils sont dans des tubes dont les parois, qui excedent la surface des liqueurs, en élevent les contours au-dessus du niveau du centre; au lieu que si une liqueur est contenue dans un tube ou un vaisseau dont elle excede les bords, alors l'excédant, plus élevé, s'ap-

platit dans le centre, & le contour prend en bas une courbure qui regagne la surface des bords du vase qui se trouvent au-dessous du fluide. En examinant l'intérieur de la
bouteille, j'y apperçus trois petits grouppes de crystaux,
l'un fixé sur la partie déclive du pont, à moitié de sa hauteur ; le second, au bas du premier, mais dans les replis
de la base de la bouteille ; le troisieme enfin dans la même
partie, mais presque en opposition. J'essayai avec le tuyau
d'une plume de détacher un de ces grouppes de crystaux,
je trouvai de la résistance ; & craignant, en forçant avec
quelque corps dur, de briser leur arrangement symétrique,
je pris le parti de couper la bouteille ; ce qui me procura
la connoissance de deux phénomenes également instructifs.
Le premier est un dépôt adhérent à la surface intérieur de
la bouteille dans toutes ses parties. Ce dépôt ne se détache
qu'en appuyant le doigt assez fortement, & le coulant sur
la surface du verre. On le retire chargé d'une poussiere
très fine de couleur d'ochre : c'est la partie ferrugineuse que
les eaux contiennent, qui ne se dépose qu'à mesure que
le gaz de cette eau se dissipe. Le second est cette crystallisation dont on appercevoit, outre les trois plus gros
grouppes, d'autres petits crystaux disseminés sur les surfaces du verre.

En examinant avec la louppe ces crystaux, j'ai reconnu
parfaitement qu'ils formoient des rhombes, dont un particuliérement est fort considérable, ayant une ligne & démie
de diagonale. Toutes ses surfaces sont mamelonnées d'autres crystaux de même forme. Très indécis sur la nature
de cette singuliere crystallisation faite à la surface & dans
le fond d'un fluide si volumineux par rapport au peu de résidu que m'avoit donné l'analyse par l'évaporation de cette
eau, j'en portai sous la dent ; les lames de la pellicule se
briserent avec la résistance des fragments d'une coquille
d'œuf : la langue n'y découvrit rien de salin. J'en jettai
dans de l'acide nitreux & dans de l'acide marin. A peine
y fût-elle précipitée, qu'elle fut dissoute entiérement avec

la plus grande effervescence. Dans l'acide du vinaigre, la dissolution fut lente, mais totale. Il n'en est pas de même de l'action que l'acide vitriolique a sur cette substance. Lorsqu'on la présente à cet acide, il se fait dans l'instant un léger mouvement d'effervescence; ensuite elle tombe au fond du verre, y reste dans son entier, même en graduant les degrés de concentration de l'acide à froid, qui ne dissout cette substance totalement qu'en le faisant bouillir. Si l'on verse sur cette dissolution, faite par l'acide vitriolique sur le feu, de l'alkali fixe dissous, on obtient un sédiment qui se précipite par floccons gélatineux. Des parcelles des cryftaux que j'ai détachées de ceux qui s'étoient formés dans le fond de la bouteille, m'ont préfenté les mêmes phénomenes que cette croûte cryftalline qui bouchoit la bouteille d'eau de Buffan, comme l'opercule dont le limaçon fcelle l'entrée de fa maifon aux approches de l'hiver.

Quelle peut-être cette substance finguliere dont la cryftallifation ne s'opere que par une fuite de plufieurs années, qui cryftallife à la furface & dans la liqueur qui la tient en diffolution? Ce n'est point une félénite puifqu'elle fe diffout facilement dans les acides nitreux, marin & végétal, & dans l'acide vitriolique en le chauffant. Ce n'est point une terre abforbante, une terre calcaire pure, puifque l'acide vitriolique a fi peu de prife fur elle. C'est donc un fpath. Et en effet j'ai pris du fpath, des ftalactites des Grottes d'Aufel en Franche-Comté, je l'ai préfenté aux mêmes acides, & il en est réfulté les mêmes phénomenes.

Il faut conclure de l'analyfe des eaux de Buffan, qu'elles contiennent de l'air, de l'acide volatil, du fer, du fel alkali minéral & du fpath; que l'union combinée de ces fubftances est fi foible, qu'elle fe rompt d'elle-même fans aucun agent. L'air est abondant; il fe manifefte par le bouillonnement; il s'échappe promptement lorfque l'eau est expofée à l'air libre: cet air lui a été uni par la décompofition de quelques fubftances dans des opérations fouterraines de la Nature. L'acide se manifeste par la saveur pongeante que ces eaux impriment sur tous les organes du goût, lorsqu'on la boit, particuliérement à sa source. Cet acide est combiné avec l'air & le phlogistique du fer. Ce sont trois substances volatiles qui composent ce gaz incoercible dont parle Vanhelmont. Le fer, qui se trouve combiné avec l'air & l'acide volatil dans les eaux de Bussan à leur source, bientôt privé de son phlogistique & de l'acide volatil qui le tenoit en dissolution, se précipite sous une forme d'ochre pulvérulente; & la preuve que cette séparation s'opere à mesure que l'air & l'acide l'abandonnent, est que chaque molécule ferrugineuse s'attache à la partie du vaisseau qu'elle touche au moment de cette séparation, puisque les bouteilles qui contiennent de l'eau de Bussan décomposée, sont enduites dans tous les points de leur surface intérieure d'une couche légere d'une poudre ochrale.

L'alkali minéral que j'ai retiré par l'évaporation des eaux de Bussan, étoit combiné avec une portion de cet acide volatil qu'elles contiennent. Il ne se dépose pas dans la bouteille, parcequ'il reste dissout & uni à la liqueur devenue vapide. Le spath, qui crystallise à grande eau, s'est réuni en une croûte à la surface de la liqueur, & en grouppe de crystaux en différentes parties du fluide; accident que j'ai observé dans la vaste Grotte d'Ausel, où l'on voit des millions de stalactites suspendues aux voûtes immenses de ces cavernes, des incrustations qui en tapissent les piliers & les lambris; elles sont formées de ce spath qui crystallise dans l'air comme la croûte spathique des eaux de Bussan. On voit dans les vastes bassins de cette Grotte magnifique les plus beaux grouppes mamelonnés de spath rhomboïdal tessulaire, sous plusieurs pieds d'eau. J'en ai retiré qui tiennent un rang distingué dans ma collection par leur volume, par leur ordre symétrique & par les détails de leur crystallisation. Les crystaux spathiques des eaux de Bussan sont donc des especes de stalagmites que l'on doit rapporter à la claſſe des ſpaths cryſtalliſés dans les baſſins de la Grotte d'Auſel.

Combien de fois des opérations commencées & négligées ; des choſes conſervées à deſſein par une prévoyance & une patience ſi néceſſaires à faire des découvertes, d'autres entiérement oubliées, nous ont fourni des découvertes utiles : celle-ci eſt du nombre. Si ma carriere n'eſt point trop bornée, je me propoſe de dépoſer dans un lieu ſûr & à l'écart différentes eaux, particuliérement de Buſſan, pour répéter des opérations pour leſquelles il faut une longue ſuite d'années. Preſque toutes les opérations de la Nature n'obtiennent leur degré de perfection que de la lenteur & de la durée de ſes procédés.

La cryſtalliſation des eaux de Buſſan m'a fait faire des recherches dans ma collection d'eaux minérales, & autres que je conſerve. Je n'ai rien découvert de ſemblable que dans de l'eau de chaux de quatre ans. Une bouteille, ſimplement bouchée d'un cône de papier, m'a préſenté à-peuprès le même phénomene que l'eau de Buſſan. Il s'étoit formé à la ſurface une croûte, quoique beaucoup plus mince, qui étoit aſſez continue & adhérente aux ſurfaces du verre pour empêcher de paſſer l'eau. Je l'ai rompue. Elle s'eſt précipitée avec d'autres lames qui s'étoient formées auparavant & qui s'étoient dépoſées au fond de la bouteille. Après l'avoir ſéparé de l'eau, je l'ai fait ſécher, & j'en ai mis dans les trois acides minéraux & dans le vinaigre diſtillé : elle s'eſt diſſoute avec la plus grande efferveſcence dans les acides nitreux & marin. La liqueur de l'acide nitreux étoit claire. Dans l'acide marin, un nuage blanc a pris le fond du verre. En mêlant les deux liqueurs il s'en eſt formé une eau régale limpide, le nuage de l'acide marin ayant diſparu. En verſant de l'alkali fixe en liqueur, il s'eſt formé un dépôt blanc & onctueux. L'acide du vinaigre a diſſout cette ſubſtance plus rapidement que celle des eaux de Buſſan ; mais elle a préſenté avec l'acide vitriolique le même accident, c'eſt-à-dire que cette croûte

ſaliforme

ſaliforme de l'eau de chaux a commencé par faire une vive
efferveſcence, & puis s'eſt précipitée au fond du vaſe ſans
ſe diſſoudre à froid; il n'y a eu que l'ébullition qui l'a entiérement diſſoute comme celle des eaux de Buſſan. On peut
donc regarder ces deux ſubſtances comme analogues ; quoiqu'avec le ſecours d'une excellente loupe , je n'aie pu découvrir la forme de la cryſtalliſation à cauſe de l'exiguité
des cryſtaux de l'eau de chaux , & qu'elle n'eſt pas auſſi
blanche que celle des eaux de Buſſan.

On pourroit compoſer une eau analogue à-peu-près à
celle de Buſſan, en mettant un peu d'alkali minéral & de
limaille de fer dans de l'eau de chaux nouvelle, & y intro-
duiſant de l'acide volatil & de l'air fixe par le moyen de
l'alkali fixe & de l'acide vitriolique en efferveſcence , ſuivant les procédés connus. Par cette opération on imiteroit
celle dont la Nature ſe ſert dans l'intérieur de la terre
pour compoſer la plûpart de ces eaux aigrelettes, gazeuſes
ou ſpiritueuſes.

L'une des ſources de la Mozelle ſort des rochers de granit qui compoſent les montagnes des environs de Buſſan ;
l'on trouve en remontant quelques pierres qui participent
du principe calcaire ; & lorſque l'on eſt paſſé le pas de la
hauteur, on voit de toutes parts des précipices au milieu des
rochers les plus eſcarpés, entre leſquels ſortent les ſources
de la Thur, qui coule en Alſace par la colline d'Orbeil,
qui eſt le premier village de cette province de ce côté, &
en tête duquel on voit les reſtes d'un ancien bocard, d'un
lavoir & d'une fonderie, qui ont ſervi juſqu'en 1761 à
traiter les mines de cuivre qui ſont très riches & très abondantes dans les montagnes des environs. L'on prétend
même qu'une de ces mines contient de l'or , & qu'une autre
eſt riche d'argent. Nous n'avons pu viſiter ces mines parceque l'on nous a aſſuré qu'il y avoit un très grand danger
de pénétrer dans les galeries abandonnées. Nous avons
ſeulement examiné les montagnes énormes de déblais qui
en ont été tirés, & parmi leſquels nous avons trouvé, 1º.

E e e

la roche vitreuſe fondue, comme à Body, Tillot, Château-Lambert, S. Maurice, Buſſan & autres ; mais cette roche affecte particuliérement dans ſa caſſure une forme rhomboïdale dont les angles aigus ſont très vifs ; 2°. des mines de fer ſervant de chapeau aux mines de cuivre ; le fer y eſt reſſemblant à de la ſuie, à des ſcories de volcan, cryſtalliſé en grappes, en tubercules, en ſtalactites, ſur du ſpath, ſur du quartz, ou ſur la gangue, & reſſemble à du mica. Le minerai de cuivre le plus riche & le plus abondant de ces minieres, eſt la mine jaune.

J'obſerverai que ſur toutes les montagnes dont j'ai parlé juſqu'alors, je n'ai rencontré aucun autre reptile qu'un aſpic, près Château-Lambert ; que toute la roche, qu'environnent les filons des mines, & qui compoſent le maſſif de l'intérieur des montagnes de tous ces cantons, eſt une ſubſtance vitreuſe, ſe caſſant en tous ſens, de couleur rouge-brune, quelquefois d'un gris-blanc & verdâtre en certains cantons ; que la roche qui approche le plus près du filon qui lui ſert de ſalbande & en compoſe en partie la gangue, eſt remplie de parcelles de cuivre, de verdet, de lames de blende ou de cryſtaux de plomb cubiques ; que les petits interſtices, qui ne ſont point remplis de matieres métalliques, ſont occupés par des cryſtalliſations de ſpath ou de quartz ; que les ſubſtances ferrugineuſes occupent la partie ſupérieure du filon, & lui ſervent de chapeau ; que le filon principal ſe diſtribue en différentes branches, qui ont pour centre de tendance le bouillon, qui eſt l'endroit le plus dilaté, le plus riche de la mine ; que les filons principaux ſont traverſés par d'autres filons inférieurs qui ſe diſtribuent ſous différentes inclinaiſons, qu'ils ſont ou interrompus, où ſe ſuivent juſqu'à de grandes profondeurs, ou s'élevent à la ſurface de la montagne ; que cette roche vitreuſe qui accompagne les filons eſt abſolument ſemblable aux laitiers vitreux recuits des fourneaux de fonderie à fer ; enfin que cette roche vitreuſe, pilée par les bocards, & dépoſée ſur les tables des lavoirs des fonderies en cuivre, reſſemble entiérement à du verre pilé. Nous reviendrons ſur ces obſervations dans nos concluſions.

En deſcendant la vallée d'Orbeil, nous avons viſité la forge de Virh, compoſée de deux renardieres, ayant un bel ordon de marteau à drôme & une carrillonnerie à double martinet ſur le même arbre. L'on y fabrique des fers en barre & quarrés, bandelettes, carrillons, verges crénelées, cercles, fers de charrues, coutres & enrayages de la plus belle fabrication & d'une excellente qualité. Cette forge étoit en chômage, parcequ'on eſt dans l'uſage de fermer le ſamedi à midi, pour raccommoder les outils. L'on n'uſe que du charbon des corps des ſapins. L'on ne fait point d'uſage des branches. Deux bœufs, d'une haute branche, qui ont les pieds ferrés, deſcendent les charbons des montagnes dans des bannes contenant dix-huit à vingt poinçons, environ 200 pieds cubes. Ces bannes ſont compoſées de brancard dont les fuſeaux ſont enlacés de petits ais minces de ſapin; elles ſe déchargent par des vanteaux qui s'ouvrent en-deſſous. Cette forge tire ſes fontes du fourneau de Picheville, qui eſt ſitué une demi-lieue au-deſſous.

Le fourneau de Picheville ne conſomme que des charbons de ſapin comme la forge de Virh. Il fond deux eſpeces de minerai qui ſe tire des mines en galeries dans les montagnes des environs. Ces deux minerais, quoique tirés de la même miniere, ſont très différents entre eux. L'un eſt blanc, & d'autant plus eſtimé qu'il eſt plus brillant; l'autre eſt noir : il y en a de ce dernier qui reſſemble à de la ſuie, d'autre qui imite le jais à ſa caſſure, d'autre enfin eſt ſtrié. L'on ne lave ni ne bocarde point ces minerais; on les concaſſe ſeulement à la main. La charge de ce fourneau eſt compoſée de neuf raſes de charbon, de dix-huit conges de minerai & de quatre de caſtine, qui rendent deux cents cinquante livres de fonte très bonne : mais c'eſt un foible produit. Le laitier de ces minerais eſt très bleu, ce qui donne lieu de ſoupçonner qu'il y a du cobalt dans la

mine. L’on n’ufe point d’herbu dans ce fourneau. La caftine, qui y eft employée, eft une pierre calcaire qui fe tire
des montagnes en groffe roche très dure, que l’on brife
fous les pilons d’un bocard. Un courant d’eau, comme dans
nos bocards à mine, pouffe la caftine brifée à travers les barreaux d’une grille; & l’eau bourbeufe qui en fort eft reçue
dans de grands réfervoirs, où elle dépofe la pierre délayée.
Ce dépôt eft enlevé & féché pour être employé avec la caftine concaffée. Cette manipulation eft abufive; il faudroit
feulement brifer la pierre à fec, comme on pile la brique
pour faire le ciment; on s’épargneroit beaucoup de peine
& d’embarras.

En pénétrant dans la haute Alface par Rufach & Ifen-
heim, nous avons retrouvé des noyers, & nous avons reconnu dans cette plaine la même température que dans
les plaines de Châlons en Champagne, quoiqu’il y ait trois
degrés de latitude orientale de différence. Nous en avons
ainfi jugé, parcequ’en très peu de temps nous avons vifité
ces deux contrées où nous avons trouvé les mêmes productions au même degré de maturité; quoiqu’elles foient
plus tardives dans d’autres parties plus méridionales : ce
qui vient des courants d’air déterminés par les montagnes.

Nous fommes entrés dans la gorge de Sainte-Marie dont
les montagnes, compofées de rochers de granit, font très
élevées, & fi ferrées, qu’à peine laiffent-elles en certains
endroits le paffage au Leber, petite riviere qui traverfe
Sainte-Marie, & fépare les provinces de Lorraine & d’Alface. Ces montagnes contiennent des mines très riches en
différents métaux & autres minéraux. L’on y trouve des
mines d’argent pur, de plomb riche d’argent, de cuivre, &
de plomb tenant argent, de plomb feul, de cuivre de cobalt d’arfenic, de feret d’Efpagne & de fer, des cryftallifations de fpath, de quartz & métalliques d’une grande
beauté.

Les mines de Sainte-Marie, quoique très riches, ne font
pas traitées avec beaucoup d’activité. Il y en a cependant plu-

fieurs ouvertes & en exercice. La premiere, qui eft une mine de plomb, eft fituée au midi, au tiers de la hauteur de la montagne. La galerie eft percée horifontalement, mais avec plufieurs finuofités, fur deux cents toifes environ d'étendue, fous environ trente-fix toifes de maffif. Le filon eft coupé à plufieurs endroits par des branches qui ont été épuifées, & par d'autres qui n'ont point encore été attaquées. La galerie a fix pieds de hauteur fur cinq pieds de largeur : l'on y refpire facilement : l'on y trouve des cryftallifations de quartz hexaedres & de fpath dodecaedre. Le plomb de cette mine contient quelques onces d'argent par quintal. Le filon a pour chapeau, & quelquefois pour compagnon, une mine de fer cryftallifée. Dans cette galerie, qui eft très difficile à pratiquer à caufe des différentes inclinaifons du filon & de l'égoût des eaux, nous avons remarqué des fuintements ferrugineux qui dépofent fur la roche vitreufe, qui en forme les côtés, un fédiment ochral, & au toît de la galerie des ftalactites de fer minéralifé, lefquelles par la fuite des temps pourront remplir cette galerie d'un nouveau métal.

La mine d'argent fe fouille dans la montagne oppofée fous différentes formes, & eft différemment mêlangée. Il y a du minerai qui eft uni au plomb, au cuivre, à l'arfénic, au cobalt. Le filon a toujours le fer pour chapeau. L'on y trouve l'argent vierge en cryftaux, en cheveux ; l'argent corné, la mine d'argent rouge, la mine d'argent grife, & la galene. Cette mine eft ouverte par trois galeries, une haute extérieure, une moyenne intérieure & une baffe, ayant communication avec la haute extérieure par la moyenne. L'on y entre moins difficilement par la plus élevée, qui eft percée à plus de moitié de la hauteur de la montagne, & eft fuivie horifontalement fur une ligne fort tortueufe de deux cents vingt toifes de longueur fous cent toifes de maffif. Le filon, à cette profondeur, s'incline à différents endroits de cinquante à quatre-vingts degrés ; puis il s'enfonce perpendiculairement de cent pieds de profondeur fur quinze à feize pieds de largeur & d'un pied ou un pied & demi d'épaiſſeur. Nous ſommes deſcendus par ce ſoupirail avec beaucoup de peine, comme font les ramonneurs de cheminées, aidés cependant d'échelles perpendiculaires; mais nous nous froiſſions ſouvent les genoux & le dos. Nous ſommes deſcendus à la moyenne galerie, & en avons reconnu diverſes autres anciennes qui ont été percées pour épuiſer des rameaux du filon, & qui ſont actuellement impraticables. Après avoir parcouru environ trente toiſes dans cette ſeconde galerie, l'on deſcend de vingt pieds; puis un peu plus loin de douze pieds; & enfin après avoir ſuivi le filon ſur vingt toiſes de longueur dans une attitude des plus pénibles, à cauſe de l'inclinaiſon de la percée qui ſuit le filon, on ſe rend à un puits perpendiculaire où l'on jette tout le minerai que l'on a détaché des diverſes galeries adjacentes, pour le précipiter dans la galerie inférieure, d'où on l'exporte avec les petits charriots hors de l'intérieur de la montagne.

Ces voyages ſouterrains ſont très pénibles & effrayants pour tous ceux qui n'ont pas le courage qu'inſpire le véritable deſir de s'inſtruire. Ces antres profonds forment le ſanctuaire de la Nature. C'eſt là qu'elle rend ſes oracles. Pour la conſulter il faut y pénétrer. Mais les puſillanimes n'y ont point d'accès. Il faut pour parcourir ces ſentiers tortueux & ténébreux, être muni d'une lampe garnie de ſuif, d'un double chapeau ravalé, & d'habits qui puiſſent garantir des eaux qui découlent des toîts des galeries. Ceux dont ſe ſervent les mineurs, & leur tablier clunaire, ſont très propres pour pratiquer ces minieres.

Le minerai, détaché par le moyen de la poudre, mêlé confuſément avec les déblais, eſt conduit hors de la galerie avec les charriots, comme à Body; enſuite tranſporté avec des voitures ſous les hangards où ſont les bocards. Là on fait un triage. Le minerai pur eſt ſéparé pour être rôti & fondu ſans être pilé ni lavé. Tous les autres morceaux ſont viſités, caſſés à la main ſur un tas avec un marteau de fer ; les plus gros morceaux font paffés fous les bocards, & enfuite reçoivent le lavage , les autres préparations & la fonte. Il rend depuis fept jufqu'à neuf onces de fin par quintal. Il s'attache au couvercle du fourneau à purifier l'argent, une matiere blanche arfénicale dont on fe fert dans le pays pour faire mourir les rats.

La mine de cuivre fe traite à Sainte-Marie par grillage , fondage & purification. Lorfque le cuivre eft purifié par une refonte, on le fait couler dans une efpece de jatte pour former le pain de rofette. Les mines de cuivre font en prifmes feuilletés , en maffes jaunes & en verdet.

Les mines de plomb de Sainte-Marie font auffi de différentes efpeces. Il y en a de cubiques, de feuilletées, de vertes cryftallifées , de blanches & de violettes.

Les mines de fer , qui fervent de chapeau à tous les filons des mines de Sainte-Marie, font en houppes, en mamelons , en feret d'Efpagne, en hématites , en ftalactites , en herborifations, en incruftations & en grappes ; quelques-unes font adhérentes à la roche fous le filon , & lui fervent de falbande , même de cadre.

J'ai trouvé dans les ravins des montagnes de Sainte-Marie, à des hauteurs confidérables, des laves de volcans de différentes efpeces, des granits contenant du mica noir participant du fer & de la blende, du gris, du blanc, du rouge, du verd, du violet & du brun. Ces granits compofent en partie les dehors , & la roche vitreufe l'intérieur de toutes ces montagnes, jufqu'à S. Diey, où elles commencent à diminuer confidérablement en maffe & en hauteur. L'empiétement des côteaux au midi de cette ville, eft compofé d'une terre rouge délayable ; & la plaine de la riviere de Meurtre, qui y paffe, eft fort fablonneufe.

En fortant de Raon-l'Étape, où finiffent les montagnes avant d'arriver à Baccarat, l'on apperçoit fur la droite des rochers antiques, giffés en couches horifontales, rongés par le frottement des vagues des eaux, ce qui prouve qu'ils ont fait autrefois partie des falaifes de la mer, lorfqu’elle couvroit le pays, & que les montagnes citérieures formoient les rochers & les ifles de cette partie de mer. Des circonftances bien frappantes viennent à l’appui de ces conjectures; c’eft que dans toutes les montagnes dont j’ai parlé, je n’ai point trouvé de coquilles ni de pétrifications, fi ce n’eft dans un ravin très profond de Sainte-Marie, où j’ai trouvé une pierre pyriteufe, pêtrie d’entroques & de bélemnites; qu’à S. Diey l’on commence feulement à appercevoir des maffes de terre dans l’empiétement des montagnes; que dans la vallée où font fituées les villes de S. Diey, Raon, Baccarat & Luneville, & dans les monticules adjacentes, on trouve une quantité prodigieufe de graves de mer en cailloux roulés d’une groffeur confidérable, & des fables qui ont été le jouet des fluctuations des eaux, ainfi que nous en avons remarqué dans la plaine de S. Loup, les environs de Luxeuil, de Bains, & dans tous les cantons adjacents.

J’ai vu employer à la Verrerie de Baccarat, pour la compofition d’un verre d’une belle eau & d’une bonne qualité, un fable très fin & très blanc, qui m’a paru être lui-même un verre atténué, qui a été autrefois préparé par la Nature en grandes maffes compactes dans le fein des montagnes, brifé enfuite par des crifes, atténué par des frottements, amoncelé par des fluctuations, & contenu dans des dépôts.

L’intérieur des fours de cette Verrerie eft conftruit avec des briques compofées d’une terre blanche qui fe tire du territoire de Briele, près de Troyes en Champagne. Cette terre, mêlée avec du fable blanc, prend une femi-vitrification comme la porcelaine, & réfifte puiffamment au feu. Les pots à verre font compofés avec la même terre, mais préparés avec plus de précautions. Les vieux pots, ainfi que les briques qui proviennent de la démolition des fours, font pilés fous une meule verticale pour rentrer dans les compofitions nouvelles.

Nous avons vu dans cette Verrerie une manœuvre bien

abufive,

abusive; ce sont des fours uniquement occupés à sécher du bois, & dans lesquels on en consomme une cinquieme partie pour sécher les quatre autres, tandis qu'il y a tant d'espace sur les fours pour en faire sécher immensément sans consommation.

L'on a construit nouvellement à Azerailles un fourneau & un martinet. L'on y traite deux especes de mines quartzeuses; l'une en feve, & l'autre en roche, qui donnent un foible produit, parceque ces mines sont mal préparées. L'Entrepreneur ne connoît pas les premiers éléments des forges.

## Résumé des principales Observations contenues en ce Mémoire.

J'ai supprimé dans ce Mémoire la description des lieux & des travaux des mines d'une infinité de Manufactures, & toute la partie géographique qui n'avoit point de trait à mon but, ainsi que la partie de mon voyage dans la plaine d'Alface, ne voulant pas rompre la chaîne des montagnes des Vôges Lorraines, Francomtoises & Alsaciennes, que j'ai quittée en rentrant dans la Lorraine Françoise. Il est nécessaire actuellement de résumer les principaux faits contenus en ce Mémoire, de rapprocher mes observations, & de terminer, par l'exposition des idées qu'elles m'ont fait naître, par les réflexions qui en sont des suites, & par les conjectures que j'en ai tirées.

J'ai observé, 1°. que toute la vallée de Marne, depuis Bayard jusqu'à Chaumont, étoit bornée par des côteaux dont le massif étoit composé de pierres calcaires formées par dépôt en couches horifontales; que le parallélisme de ces couches étoit interrompu, particuliérement près de Joinville, par une catastrophe qui avoit causé un affondrement qui avoit précipité le massif du côteau, & qui sembloit annoncer des charbons de terre. Je dois ajouter que depuis

F ff

Bayard, en defcendant la Marne, jufques vers Château-Thiery où commencent les grès, les maffifs des côteaux font auffi calcaires, même cretacés.

2°. Qu'en tirant fur la gauche à l'Eft vers les fources de la Meufe, les pierres font pyriteufes & pêtries de coquilles. En général, le paffage des terres calcaires aux apyres eft toujours une pierre fufible, telle le filex ou la pyrite. Au levant de la Champagne, c'eft la pyrite; & à l'extrémité de la province, au couchant, c'eft le filex.

3°. Qu'à Bourbonne & fes environs, le fyftême général des pierres & des eaux participe d'un principe féléniteux qui y forme différentes couches de félénite pure & d'alabaftrite; que les eaux chaudes de cet endroit pouffent réguliérement des bulles d'air qui foulevent les eaux & crevent avec bruit dans des efpaces périodiques de temps de cinq minutes de durée. J'ai donné le poids & la chaleur fpécifique de ces eaux, ainfi que les produits de leur analyfe.

4°. Qu'en fuivant du côté de Bains, on trouve beaucoup de grès homogenes, de grès talqueux, mêlés de plantes pétrifiées; des cailloux roulés quartzeux.

5°. Qu'en tirant à Plombieres, & en gagnant enfuite les montagnes, on commence à rencontrer les granits & les roches vitreufes.

6°. Que les eaux de toutes les rivieres qui coulent des montagnes, à une lieue defquelles font fitués les Thermes de Bourbonne, Bains, Luxeuil & Plombieres, font d'une couleur rouffe ou rembrunie.

7°. Que les rochers qui compofent la charpente des hautes montagnes, foit de granits foit de roche fondue, n'ont aucune pofition réguliere; que leurs maffes énormes n'obfervent aucune correfpondance avec l'horifon; que ces pierres fe brifent en tous fens; que les fentes qui les traverfent dans toutes fortes de directions, font ou l'effet de la retraite de la matiere fondue en fe réfroidiffant, ou des fractures occafionnées par des fecouffes violentes, comme par des tremblements de terre.

8°. Que les matieres minérales qui rempliffent les fentes des rochers y font comme ayant été fondues, elles s'y trouvent auffi en forme de dépôt ou cryftallifées.

9°. Que les métaux ne font point feuls dans leurs minieres, puifque le cuivre, le plomb, l'argent, le fer, l'arfénic, le cobalt, font fouvent confondus; tantôt ils font minéralifés, tantôt diffous & cryftallifés; enfin fous leur forme métallique, tels que l'argent & le cuivre.

10°. Que les granits contiennent des micas qui font teints des couleurs qui appartiennent aux fubftances métalliques dont les mines font dans les environs.

11°. Enfin que les eaux qui diftillent dans les galeries des mines de haut en bas, foit par le toît, foit par les parties latérales, forment fouvent des courants confidérables; qu'en général ces eaux abondent plus après des temps de pluies qu'après les féchereffes, & ce fous cent & deux cents toifes de maffif.

D'après le réfumé de ces obfervations, je penfe que la vallée de la Marne & les parties limitrophes jufqu'à l'empiétement des hautes montagnes, ont été long-temps couvertes par les eaux de la mer qui y ont dépofé fucceffivement leur limon, qui a compofé les bancs de pierre calcaires de différente épaiffeur & qualité; qu'en tirant du côté de Nogent & Montigny - le - Roi, vers les fources de la Meufe, les nombreux coquillages que l'on y rencontre annoncent une grande deftruction d'animaux dont la partie muqueufe s'étant développée & changée en acide, s'eft jointe à la partie phlogiftique, d'où il eft réfulté une combinaifon fulfureufe qui a déterminé la formation des pyrites; que ces pyrites, en fe décompofant dans des terres calcaires mêlées de parties vitrefcibles très atténuées, ont formé le gyps que l'on trouve à Bourbonne & dans les environs; que les grès que l'on rencontre en fuivant font le produit des roches fondues qui ont été brifées & amoncelées, enfuite réunies en des maffes folides & dures, par la pénétration de l'eau qui charioit des par-

F ff ij

ticules de cette même subſtance très atténuée, même diſſoute; que les granits micacés ſont des fragments de quartz
briſé, qui ont été entraînés confuſément avec des particules talqueuſes, colorés par les métaux dont ils ont été
extraits par la fuſion; peut-être même ces micas talqueux
contiennent-ils des parties élémentaires de ces mêmes métaux, telle la limaille de nos fourneaux à fer, qui eſt un
micas noir ferrugineux; que les roches vitreuſes de diverſes couleurs ne ſont que des matieres vitrifiées par le feu des
Volcans qui a opéré, ſoit la métalliſation de diverſes ſubſtances métalliques qui étoient unies confuſément aux matieres de la compoſition de ces roches, ſoit ſeulement une fuſion de pluſieurs ſubſtances métalliques de différentes eſpeces
combinées, leſquelles ſe ſont rapprochées ſuivant leur affinité
& leur rapport reſpectif, & ſe ſont logées dans les intervalles que la matiere en ébullition leur a permis d'occuper;
que le fer occupe toujours la partie ſupérieure des filons des
mines métalliques, parcequ'il eſt décompoſé & forme, à
proprement dire, la ſcorie de cette fuſion ſouterraine, laquelle ſcorie, tant par le rapport du poids ſpécifique du fer
avec les autres métaux, que par la raréfaction de la ſubſtance ſcorifiée, devient plus légere; enfin que la ſubſtance,
que l'on appelle roche pourie, eſt formée par des matieres
qui n'ont point ſubi la vitrification dans le temps de la criſe
générale & locale.

J'ai remarqué que toutes les directions que prennent les
filons métalliques dans les entrailles de la terre, étant une
ſuite des opérations du feu, ſont imitées par nos fourneaux de fonderies des forges. Le loup, ou cette maſſe
de matieres vitrifiées & métalliques, dont j'ai donné la deſcription dans le *Mémoire ſur l'Amiante ferrugineux*, eſt
une des preuves de ce que j'avance, preuves mille & mille
fois répétées, c'eſt-à-dire, toutes les fois que l'on veut jetter
les yeux ſur ces ſortes de maſſes qui réſultent de la vitrification des matieres employées à faire le creuſet des fourneaux de fonderies, dans leſquelles on diſtingue une ma-

tiere vitreufe, brune, jaune, blanche ou verdâtre, qui eft
ou tranfparente ou opaque, fe brifant en tous fens fans affecter de forme réguliere, & qui eft abfolument analogue
à ces roches vitreufes qui enveloppent les métaux dans le
fein des montagnes.

Dans ces maffes qui fe trouvent au fond des fourneaux
à fer après un fondage d'une certaine durée, fur-tout fi
on a employé, pour faire le creufet, un fable fufible mêlé
d'argille, on trouve comme dans le maffif des montagnes,
tantôt une couche horifontale de métal, tantôt un bouillon qui n'a de communication avec un autre que par un
filet délié, ou par une feuille très mince. Ici le fer eft
logé dans les fentes de cette matiere vitreufe, fans obferver d'autre direction que celle que le hafard ou les circonftances ont déterminée. Toutes ces obfervations particulieres me déterminent à croire, que toute cette chaîne de
montagnes, qui renferment dans leur fein tant de filons de
mines métalliques, ont été embrafées par des volcans; ce
qui eft attefté par les laves que j'ai trouvées dans les ravins
élevés des montagnes de Sainte Marie, & par la fubftance
vitreufe des roches; que ces volcans font de l'antiquité la
plus reculée; que la mer a fuccedé à leur embrafement, &
en couvrant ces contrées d'un élément plus puiffant que le
feu par fon volume, a fait ceffer la plus grande partie de l'embrafement; que le principe qui a allumé ces volcans dans
leur origine n'étant pas détruit radicalement, il fubfifte encore dans la bafe de ces montagnes un foyer qui communique fa chaleur à des eaux fouterraines qui filtrent dans
fon voifinage, principe qui eft celui de la chaleur des Thermes de Bourbonne, de Bains, de Luxeuil, de Plombieres &
de Chaude Fontaine, au-deffus de Remiremont.

L'on ne peut douter que la couleur rouffe qui s'obferve
conftamment dans les eaux de toutes les rivieres qui circu-
lent autour de ces eaux chaudes, a pour caufe des mines de
charbon de terre, délayées dans les fources de ces rivieres
qui ne tiennent point leur couleur de la réflexion de celle

des substances qui composent leur lit & leurs bords, ni des matieres qu'elles charient dans leur débordement; car elles conservent constamment cette couleur, lorsqu'elles sont les plus limpides & puisées dans des vases sans couleur. Ce sont sans doute ces mines de charbon dont plusieurs branches paroissent au dehors de la terre près de Luxeuil, & de Befort, qui alimentent le foyer de ces eaux.

Je suis persuadé que le système qui admet des courants d'eaux chaudes, circulant comme des zônes dans l'intérieur de la terre, est démontré faux par la position de tous les Thermes de l'Europe, qui suivent plutôt le gissement des chaînes des montagnes, qu'une direction réguliere. C'est une erreur grossiere d'assurer que les eaux des pluies ne pénetrent pas plus de trois pieds de profondeur dans l'intérieur de la terre, & qu'en conséquence les sources des fontaines ne proviennent point des eaux pluviales qui s'amassent dans les cavernes des montagnes; qu'aucontraire les sources ont pour principe des eaux élémentaires de l'essence de la composition du globe, renfermées dans l'intérieur de la terre, lesquelles sont poussées à sa surface par une force centrifuge imprimée ou par la chaleur centrale, ou par le mouvement de rotation. Pour détruire ce sentiment, qui a encore quelques partisans, il suffit de faire quelques voyages dans l'intérieur de la terre; l'on y voit des suintements & des courants d'eau qui se précipitent de la surface du globe, & y remontent par les loix de l'hydrostatique; courants qui ne sont formés que par les eaux pluviales & par les neiges fondues qui, filtrant à travers les premieres couches de la terre, s'insinuent dans les fentes des rochers, & se rassemblent dans des cavernes souvent immenses. J'en ai parcouru d'une demi-lieue d'étendue, dont le plafond, formé par des bancs de rochers énormes, inclinés les uns sur les autres, transsudoient continuement une eau limpide-spathique dont la partie pierreuse se congeloit en crystallisations magnifiques; & les portions, purement aqueuses, se rendoient dans un antre profond, comme dans un magasin immense qui fournit sans doute plusieurs sources dans les vallées voisines.

J'ai remarqué en général que fur les montagnes, les angles de toutes les productions font plus aigus que de celles des plaines où les formes s'arrondiffent. Les hommes montagnards ont les traits faillants, prononcés fortement ; les mufcles marqués, la peau épaiffe, grenue, le tein brun ; leurs femmes font fveltes ; elles ont les membres grêles, les os des épaules, du menton, des pomettes & des hanches, faillants. Les feuilles des arbres & des plantes des montagnes font plus découpées que celles qui croiffent dans les vallées profondes & les plaines. En général toutes les parties extérieures des productions des montagnes tendent à former des angles, tandis que dans les plaines elles concourent à former des arcs ; parceque les angles s'émouffent.

Je finis par des réflexions fur les avantages que l'on retire de la fréquentation des montagnes.

A mefure que l'on s'éleve fur le rempant des montagnes, & que l'on gagne la cime de ces grouppes immenfes de rochers qui atteftent l'antique exiftence de la terre, & femblent élever leur tête orgueilleufe dans la haute région des airs, on fent fon ame s'aggrandir par la contemplation de la Nature qui fe multiplie fous nos yeux : avide de fcruter toutes les merveilles que l'on découvre, on devient malgré foi Aftronome, Géographe & Naturalifte. Le Ciel, entiérement découvert, déploie de toute part le fpectacle majeftueux de tous les corps céleftes, dont la vive lumiere embellit les objets qu'elle frappe, & nous en tranfmet l'idée par un fentiment dont elle eft le principe ; leur marche conftante & leur révolution périodique, en divifant les parties du temps, reglent le cours de nos opérations. Elevé fur ces colonnes de l'Univers, l'on découvre l'hémifphere prefque entier, comme une famille immenfe compofée de Villes, de Bourgs & d'une multitude de lieux habités que l'on réunit fous un point de vue enchanteur. L'on juge la fituation de ces fociétés, l'on diftingue leur diftance fictive, réelle & refpective, leur alignement & leur correfpondance. De toute part l'on entend jaillir des fources qui forment ici

des cataráctes qui précipitent leurs ondes écumeuses & fu-
mantes du haut des roches dans des antres si profonds,
qu'une partie est repompée par l'air avant que le reste de
leur colonne ait achevé sa chûte; là ce sont des cascades
qui semblent animer les rochers par les mouvements accé-
lérés de leur course entrecoupée, & par le bruit de leurs
eaux, répété mille fois par des échos éternels. Ces eaux
se réunissent pour former des lacs, des rivieres, des fleuves
distribués sur la surface de la terre pour perpétuer sa fécondité & fournir à nos besoins. La Nature déploie à nos
yeux ses richesses aussi variées qu'inépuisables; elle est toujours prête à nous initier dans ses mysteres, lorsque nous la
consultons avec circonspection, & que nous l'écoutons avec
attention & sans prévention.

Qui est l'homme, lorsqu'il est parvenu sur le sommet
d'une très haute montagne, qui ne sent pas tout à coup s'é-
vanouir, la fatigue telle qu'elle puisse être, qu'il a ressentie
pendant la route pénible qu'il a fallu gravir pour y arriver?
Au spectacle magnifique qui se présente, il reste immobile;
toutes ses facultés intellectuelles sont suspendues, & il ne
sort de cet engourdissement que par l'effet de l'enthousiasme
qui naît de l'impression que le sublime fait toujours sur les
ames sensibles; alors il réveille tous ses organes, développe
toutes ses facultés, & leur service est toujours au-dessous de
ses desirs.

L'homme, foible molécule organisée, lorsque suspendu,
pour ainsi dire, entre le ciel & la terre, sur la pointe escar-
pée d'un rocher, il contemple une partie de l'Univers,
l'homme, dis-je, sent alors toute l'importance & la digni-
té de son état, & le néant de son individu; il est persuadé
que toutes les choses qu'il découvre au loin & au-dessous
de lui, sont de son domaine; il ne desire rien, parcequ'il
ressent le plaisir de la domination & de la propriété : il voit
l'orage se former sous ses pieds, la foudre briser les nues
qui obscurcissent & inondent les plaines, & y portent la
frayeur, la mort & la désolation, tandis qu'il jouit de la
sérénité

férénité d'une lumiere pure, & que les vents temperent l'ardeur des rayons du foleil qui prolonge fon cours pour augmenter la durée de fa jouiffance & de fa fatisfaction.

C'eft fur les montagnes, que doivent habiter les Phyfi-ciens, les Poetes, les Peintres, les Muficiens, les Légifla-teurs, enfin tous ceux dont les productions émanent du gé-nie, & qui doivent exprimer fortement les chofes; ou du moins ils doivent les fréquenter fouvent, pour en rapporter le feu du génie, le germe des talents, & des connoiffances utiles.

# OBSERVATION
## SUR LA VIPERE.

Sous les climats brûlants de l'Afrique & de l'Amérique, la claffe des ferpents eft auffi nombreufe qu'elle eft redoutable par la force, la voracité & le venin mortel de leurs différentes efpeces. Sous le Ciel tempéré de l'Europe, nous n'en connoiffons que quatre fortes, qui font la vipere ordinaire, l'afpic des Modernes, l'orvet & la couleuvre. La feule vipere eft venimeufe, encore n'emploie-t-elle fes armes offenfives que pour faifir la proie néceffaire à fa nourriture, & pour défendre fon exiftence. L'afpic eft méchant pour défendre fa vie & fa liberté; il mord à plufieurs reprifes jufqu'au fang celui qui veut la lui ravir; mais il n'injecte dans les bleffures qu'il fait, aucune liqueur dangereufe; il ne réfulte jamais de fa morfure plus grand mal que celui d'une piquure d'épingle. L'orvet eft un joli petit ferpent qui ne peut mordre, parcequ'à peine fes dents furpaffent fes gencives; qu'il a la gueule très petite; qu'il eft d'une humeur douce & fufceptible d'être apprivoifé. La couleuvre mord rarement; encore plus rarement peut-elle bleffer jufqu'au fang, parceque fes dents font très petites & recourbées en arriere.

La terreur qu'infpire la feule idée de ces reptiles, n'eft donc pas fondée; elle ne prend fa fource que dans le vice d'une mauvaife éducation qui infpire des préjugés, & fomente des erreurs dont l'homme eft fi fouvent le jouet & la victime. Nous pouvons, par notre propre expérience, raffurer les efprits prévenus fur les prétendus rifques que l'on court en s'approchant de ces ferpents, particuliérement l'afpic, l'orvet & la couleuvre, & indiquer un remede prompt & affuré, que l'on peut fe procurer foi-même dans le cas où l'on feroit mordu par une vipere dans l'inftant de l'accident.

L'afpic que nous connoiffons n'eft pas probablement celui des Anciens, qui étoit fi redoutable. Les defcriptions que l'on nous en a laiffées ne conviennent point à l'efpece de notre climat. Celui qui fe rencontre fur nos côteaux & fur nos montagnes eft grêle, de dix-huit à vingt pouces de longueur, d'environ dix lignes de diametre, d'une couleur grife verdâtre, plus uniforme que celle de la vipere & de la couleuvre, quoique légérement tictée de points rembrunis. J'en ai attrapé plufieurs, & en ai été mordu plus de dix fois, même jufqu'au fang, fans que la plaie m'ait caufé d'autre douleur que celle d'une piquure d'épingle; elle n'a jamais été fuivie d'enflure locale, & s'eft guérie fans aucun topique. C'eft donc inutilement qu'un Curé, dans les papiers publics, a publié un remede fpécifique contre la morfure de ce ferpent. Et peut-être ce Pafteur ne connoît-il ni la vertu du remede, ni l'afpic; c'eft entretenir mal-à-propos le public prévenu & inftruit, dans l'idée d'un mal qui n'exifte pas, en lui indiquant un remede pour le guérir.

L'orvet ou orvert, ou ferpent aveugle, eft fi doux qu'il carreffe celui qui l'attrappe; il le leche avec fa langue à trois filets; il s'entortille autour de fa main; & fi on le force dans fes replis, il fe caffe net; il eft ordinairement de neuf à douze pouces de longueur, de fept à huit lignes de diametre, de forme prefque cylindrique, ayant la tête peu dégagée du refte du corps, les yeux petits, mais très clairvoyants, quoiqu'il ait été appellé aveugle par ceux qui ne fe donnent pas la peine d'examiner les chofes; car quoique bien moins volumineux que la taupe à tous égards, il a les yeux auffi grands; fa robe eft de couleur vineufe, tiquetée de gris & de blanc, moins foncée fous le ventre que fur le dos, comme tous les ferpents; fa queue eft obtufe, & l'on en trouve beaucoup qui l'ont tronquée, parcequ'ils en ont perdu une partie. Il n'eft point de fable que le menu peuple n'ait débitée gratuitement fur ce joli petit ferpent, jufqu'à dire qu'il eft capable de défarçonner un cavalier quoiqu'il foit aveugle. Il faut être foi-même bien aveugle pour fe

G gg ij

repaître de pareilles chimeres. J'ai fait ce que j'ai pû pour me faire mordre par l'orvet, jamais je n'y ai réuſſi.

La couleuvre eſt le plus gros de nos ſerpents d'Europe. J'en ai vu qui avoient juſqu'à cinq pieds de longueur, & un pouce & demi de diametre; elles fuient devant l'homme en ſiflant; toutes traverſent les rivieres, ayant la tête élevée en formant des ſpires multipliés avec leur corps; cependant il y en a qui habitent plus particuliérement les eaux. J'en ai trouvé qui dormoient dans un ruiſſeau clair au ſoleil ſous un pied d'eau, & les en ai tirées à la main. Elles ſe plaiſent beaucoup dans les endroits humides & chauds; elles ſont très communes dans les forges à fer; elles ſe fourrent dans les paillaſſes des couchetes des ouvriers, en ſortent pour dormir à côté d'eux ou ſur eux-mêmes, montent ſur les toitures des halles, nichent près des foyers. En détruiſant un pont conſ-truit en bois, recouvert de beaucoup de terre près d'une affinerie, j'ai trouvé, dans le printemps, plus de quinze cents œufs de couleuvre, attachés les uns aux autres par pelottons : j'en ai trouvé une pareille quantité dans un rem-blais du terre-plein d'un fourneau, entre la bure & les ba-tailles. Quoique l'habitude de voir fréquemment ces rep-tiles aguériſſe quelques-uns de nos ouvriers, pluſieurs en ont de grande frayeur, & les font rôtir quand ils en peu-vent attrapper; cependant la grande facilité avec laquelle ils voient que je ſaiſis les couleuvres vivantes, en en pre-nant pluſieurs à la fois, les familiariſe avec ces reptiles, & les guérit d'une peur qui eſt toujours une maladie qui peut avoir des ſuites, quoiqu'elle ne ſoit pas fondée. Je me ſuis fait mordre cent & cent fois par de groſſes couleuvres, ſans qu'il ſoit ſorti du ſang, & que j'en ai ſouffert le moin-dre mal. Les couleuvres à collier, dans le printemps & l'automne, répandent une odeur ſi forte & ſi déſagréable, qu'elles ſe font ſentir à trente pas à la ronde. On devroit faire la chaſſe aux couleuvres pour les manger; car lorſ-qu'elles ſont cuites en matelotte, elles font un mets qui n'eſt point déſagréable & qui eſt ſain.

La vipere eſt un ſerpent de moyenne grandeur; il en eſt peu qui ſurpaſſent vingt-quatre à trente pouces de longueur & un pouce de diametre. Comme leur morſure peut avoir des ſuites dangereuſes, il faut les connoître pour les diſtinguer des autres ſerpents, & ſavoir quels ſont les remedes les plus ſimples, les plus faciles & les plus prompts à adminiſtrer pour guérir ſa morſure. La vipere ſe diſtingue de la couleuvre & des autres ſerpents, en ce qu'elle eſt plus courte que la couleuvre, plus ramaſſée, qu'elle a la queue plus pointue, & le bout du muſeau tronqué & relevé; que ſon corps eſt chamaré de taches qui ſont diſpoſées en chevrons briſés, bien plus rembrunies que le fond de la couleur de leur robe, qui eſt quelquefois blanchâtre, plus ordinairement d'un gris verd ſombre rembruni.

La vipere rarement mord l'homme qui l'apperçoit, car elle fuit. J'ai vu un homme en apporter trois groſſes dans ſes mains nues à la maiſon; il les remit à une perſonne qui les reçut de même, & les tint très long-temps juſqu'à ce que j'arrivaſſe. J'avoue que je fus ſaiſi d'effroi lors que j'apperçus ces viperes, reſpectant, pour ainſi dire, l'imprudente confiance de ceux qui leur prodiguoient des carreſſes; & j'eus beſoin de toute la prudence poſſible pour ne pas faire appercevoir d'un côté le danger, & de l'autre pour ne pas le rendre effectif.

J'ai fait, pendant deux ans, une exploitation dans un bois ſitué ſur le pendant d'un côteau élevé, expoſé au midi près de Joinville en Champagne. Il y avoit dans le côteau une ſi grande quantité de viperes, que j'en ai vu ſortir pluſieurs fois trois & quatre, des braſſées de bois à charbon que le charbonnier prenoit dans les cordes pour le poſer dans ſa brouette. Aucun ouvrier, employé à l'exploitation de ce bois, ni leurs chiens, n'ont eu aucun accident.

Il ne faut pas conclure de ces faits que les viperes de ces cantons ne ſont pas venimeuſes; car j'ai fait des expériences ſur des chiens qui m'ont prouvé qu'étant irritées, elles mordoient, & que leurs morſures ont eu les ſuites les plus tragiques & les plus complettes.

La vipere emploie particuliérement ſes armes & ſon venin pour faire mourir la proie qu’elle eſt obligée de chaſ-
ſer pour ſa ſubſiſtance. J’ai vu dans un bois, ſur une place
à fourneau, une vipere s’élancer ſur un oiſeau (le pinçon,
fringilla), le ſaiſir par la tête. Dans l’inſtant je tuai la vipere, en la coupant avec une hachette; mais l’oiſeau étoit
déja mort; la vipere lui avoit paſſé ſes deux dents à crochet
par les yeux. S’il paroît étonnant qu’un oiſeau qui a tant
d’avantage pour s’élever rapidement dans les airs, pour ſe
ſouſtraire à la pourſuite d’un reptile qui ne peut quitter la
terre, en devienne la proie, il doit l’être encore plus de voir
un poiſſon, une anguille, pourſuivre & ſaiſir un oiſeau. J’ai
trouvé dans le ventre d’une un martin - pêcheur qui a le vol
aſſez rapide; mais apparemment que l’anguille l’avoit guetté
au moment où cet oiſeau vole à la ſurface de l’eau pour pêcher les petits poiſſons qui s’élevent quelquefois hors de l’eau.

J’ai vu une petite vipere attraper une ſouris peſant un
tiers plus qu’elle. Je ſaiſis les deux petits animaux par le
bout de la queue, & j’eſſayai inutilement de les ſéparer; la
ſouris mourut, & la petite vipere ne lâcha pas priſe.

Lorſque la vipere eſt chaſſée, & qu’elle ne peut échapper
aux pourſuites qu’on lui fait, ſur-tout ſi elle ſe ſent bleſſée,
alors elle entre en colere, & ſe jette ſur ſon ennemi, lui
imprime une morſure profonde, dans laquelle elle diſtille
un venin d’autant plus terrible, que le ſujet qui le reçoit a
les fibres & le ſyſtême nerveux irritable, & le ſang diſpoſé
à la coagulation.

Si le ſéjour de la campagne eſt favorable à l’Obſervateur
qui veut ſe livrer à de profondes méditations, il lui offre, dans
l’économie ruſtique, des occaſions de diſſipations utiles &
néceſſaires pour relâcher, de temps en temps, les fibres tendues par une étude trop continuelle. J’allai un jour, en 1757,
viſiter mes moiſſonneurs, & partager la gaieté qu’inſpire
une bonne récolte : c’étoit ſur le plat d’un côteau bordé d’un
côté par un boſquet, & d’un autre par un terrein inculte
où il croît des génievres. J’excitai les jeunes gens de la

Bande à me régaler de quelques chansons champêtres : bientôt le chœur cessa, & je vis s'élever du trouble dans le centre. J'y courus : c'étoit une vipere qui, en s'échappant de dessous la faucille, avoit effrayé deux jeunes paysannes, desquelles une l'avoit voulu tuer avec son sabot. Je tâchai de saisir la vipere près de la tête ; mais elle s'élança sur ma main, & me mordit fortement.

Le crochet droit de la mâchoire supérieure de la vipere me fit à nud une ponction perpendiculaire de deux lignes de profondeur dans le milieu de la seconde phalange de l'index de la main droite du côté du pouce : il en sortit sur le champ du sang abondamment. La nature du reptile, & les suites fâcheuses que sa morsure pouvoit avoir, me firent faire dans l'instant mille réflexions. Isolé dans la campagne, je me décidai à faire une ligature au bas du doigt avec un brin de paille d'avoine, qui fut la premiere chose qui s'offrit. Je suçai la plaie fortement, appuyant de part & d'autre avec les dents incisives pour exprimer tout le sang & la lymphe, espérant qu'ils serviroient de véhicule pour pousser au dehors le venin. De retour à la maison, je renouvellai la ligature avec un fil de soie. Le sang extravasé dans la piquure m'en fit connoître la situation. Je fis de bas en haut, avec la pointe d'une lancette, une légere incision pour dilater la plaie, & faciliter l'issue des humeurs. Il s'étoit élevé, à la partie supérieure du doigt, deux ampoulles, telles celles qu'occasionne l'application des cantharides. Je les ouvris ; il en sortit une eau rousse : je sentis aussi des bouilles à la partie antérieure de la voûte du palais : elles étoient, de même que celles du doigt, l'effet de la forte succion, & non du venin de la vipere. Comme dans ma petite pharmacie je ne trouvai plus d'alkali d'aucune espece, j'appliquai sur la plaie de la cendre ; je l'y laissai contenue avec un linge pendant le temps de mon dîner ; la douleur du palais se passa en mangeant, parceque la mastication des aliments creverent les bouilles. J'eus, pendant le reste du jour, la tête embarrassée ; mais sentant qu'il ne survenoit aucun accident, je lavai la plaie,

& ne mis plus deſſus aucune choſe : elle s'eſt réunie ſans aucun topique.

Je me ſervis de cendres, n'ayant pas ſous la main aucune autre matiere qui contînt de l'alkali fixe, & avec d'autant plus de confiance que la lymphe animale volatiliſe l'alkali fixe; que le venin de la vipere eſt une eſpece d'acide qui coagule; & que les alkalis, ſur-tout le volatil, parcequ'il eſt plus pénétrant que le fixe, eſt un ſpécifique aſſuré contre l'effet du venin de la vipere, & les accidents de ſa morſure. J'en avois acquis une connoiſſance théori-pratique, par les nombreuſes expériences que j'avois faites en 1745, ſur un homme qui avoit été mordu à la jambe, & en 1743 & 1744, ſur plus de vingt chiens que j'avois ſoumis à des expériences déciſives qui prouvoient que le venin agiſſoit très prompte-ment, leur cauſoit des ſtupeurs, des vomiſſements, des abcès qu'ils rendoient par les narrines, des convulſions, & enfin la mort ſi on ne leur donnoit aucuns ſecours; que ſi on met-toit un intervalle entre la morſure & le remede qui étoit l'alkali volatil en liqueur pure ou unie à l'huile de ſuccin dans l'eau de Luce, les accidents s'aggravoient; que ſi dans l'inſtant on leur verſoit ſur la plaie de l'eau de Luce, & qu'on leur en fit prendre intérieurement à pluſieurs repriſes, il ne leur arrivoit ſouvent aucun accident.

J'ai vu des hypochondriaques, des gens vaporeux mordus par des viperes, & malgré des ſecours prompts & bien ad-miniſtrés, en reſſentir des accidents très graves qui les ont réduits aux dernieres extrémités. Je crois que s'ils avoient eu le courage (quoiqu'il en faille bien peu) de ſucer leurs plaies fortement, le venin de la vipere n'auroit pas eu le temps de communiquer à la maſſe du ſang, d'y porter l'é-paiſſiſſement & le trouble dans tout le ſyſtême nerveux. Ce remede, ſi ſimple, ſi facile à s'adminiſtrer, ou par ſoi, ou par d'autres lorſque la bouche ne peut ſe porter ſur la partie offenſée, eſt un remede des plus ſûrs & du plus grand effet. La dilatation de la plaie n'eſt peut-être pas indiſpenſable : elle peut être utile; & ceux qui n'ont point de lancette, ont

des

des canifs, des ciſeaux, des aiguilles avec leſquelles on peut faire la même opération; par-tout il y a de la cendre, qui, peut-être non plus, n'eſt pas néceſſaire après une forte ſuccion. Il n'eſt donc perſonne qui ne puiſſe éviter les ſuites fâcheuſes de la morſure de la vipere.

Comme tous les animaux, & en général comme toutes les productions de la Nature, la vipere eſt ſujette à produire des monſtres : j'ai vu une jeune vipere de huit pouces de longueur, qui avoit une ſeule queue d'où ſortoit deux corps ayant chacun une tête; le tout étoit bien conformé & bien proportionné. La queue ſeulement étoit un peu plus forte à la jonction des deux troncs.

L'on ſait combien les eſprits animaux de la vipere conſervent une eſpece de vie après la ſéparation de la tête du reſte du corps. J'ai vu des têtes enfilées avoir encore, après vingt-quatre heures de ſéparation, le mouvement d'oſcillation de la mâchoire, & mordre les corps qu'on leur préſentoit.

La vipere tire ſon nom, qu'elle a commun avec beaucoup d'autres ſerpents, tel le boccininga, de ce que, comme eux, elle produit ſes petits vivants. J'en ai beaucoup ouvert de pleines : je n'ai jamais trouvé plus de quinze vipereaux dans leur ventre; cependant on dit que la vipere en porte juſqu'à trente.

H hh

# MÉMOIRE
# D'ARTILLERIE,
## SUR UNE NOUVELLE FABRIQUE
## DE CANONS DE FONTE ÉPURÉE,
## OU DE RÉGULE DE FER.

*Ferrea Lodoïci victricia fulgura fundam.*

1. Depuis l'invention de la poudre, l'Artillerie est devenue la partie la plus essentielle de l'art de la guerre. Elle forme aujourd'hui une science divisée en deux parties ; l'une s'occupe de l'art de composer les pieces que l'on nomme *bouches à feu* ; l'autre s'étudie à en diriger l'effet. Cette derniere n'est point de mon objet : je ne m'occuperai dans ce Mémoire que de la fonte des canons.

2. Les bouches à feu les plus ordinaires sont de deux sortes, qui sont les canons & les mortiers : ces pieces sont composées de différents métaux ; l'on en fait de cuivre de rosette, de laiton, de bronze, de fonte de fer, de fer battu, mariés ensemble. Le cuivre de rosette est un métal mou, très ductile & peu dense ; les pieces qui en sont composées se déforment promptement par l'effet du tir, tant par l'explosion de la poudre, que par l'effort du boulet ; & lorsqu'une batterie de ces canons est exposée aux coups de l'ennemi, les boulets qui les choquent les dégradent bientôt au point d'être hors de service. L'on a remédié à cet inconvénient, en composant un alliage de plusieurs métaux combinés, tels le cuivre, le zinc & l'étain, lesquels se péné-

trant l'un l'autre, forment une masse plus dense, plus dure, conséquemment capable de résister à de plus violents efforts. Mais l'étain, mêlé dans la composition du bronze, cede facilement à l'impression d'une vive chaleur; il se détruit, & entraîne la dégradation des autres métaux auxquels il est allié; d'où il arrive que le calibre des pieces s'élargit, que la charge se chambre, & que la lumiere se dilate & se déchire après très peu de service. On remédie bien actuellement au dernier inconvénient, en forant une lumiere dans une masse de rosette scellée à vis dans le vif de la piece : mais on ne peut corriger la qualité aigre que donne l'étain à tous les métaux auxquels il est uni, tant à cause de la partie arsénicale qu'il contient, que parcequ'il désunit l'aggrégation des molécules des autres métaux, en s'interposant entre elles sans faire une liaison intime en raison de son peu d'affinité. C'est un corps hétérogene qui affoiblit la liaison, ce qui rend les pieces de bronze promptes à crever. Ces considérations ont fait supprimer, dans quelques fonderies, l'usage de l'étain; & l'on y coule les pieces avec du laiton. Cet alliage, en proportion différentes, paroît être la plus solide & la plus propre des matieres pour la composition des canons, parceque jusqu'alors on n'a pas connu l'art d'en fabriquer avec du fer battu, qui réunissent toutes les propriétés dont ils sont susceptibles, lesquelles sont nécessaires pour le service & pour la sûreté. Ce seroit donc rendre un service important à l'Etat, que de trouver les moyens de composer des canons de fer qui aient toutes les perfections que l'on pourroit desirer; & ce service seroit d'autant plus avantageux, que le cuivre & le zinc, avec lesquels on compose le laiton, sont deux métaux qui nous sont, pour ainsi dire, étrangers. Car quoique nous ayons nombre de mines de cuivre en France, leur produit ne peut fournir à nos besoins; & nous sommes obligés de tirer de l'étranger la majeure partie du cuivre employé dans nos arts. Le zinc est encore moins connu en France, quoiqu'il soit possible d'en tirer beaucoup de nos mines de fer, ainsi que je l'ai détaillé dans mon *Mémoire sur la découverte de la Cadmie des forges.* Mais nous avons du fer en abondance, & susceptible de la meilleure qualité, en employant des procédés analogues aux caracteres des différentes mines, ce que j'ai prouvé dans mon *Mémoire sur l'Unité du fer.*

3. La disette du cuivre, son grand prix, les dangers fréquents de la mer, ont fait recourir à la fonte de fer, particuliérement pour l'Artillerie marine, pour en fondre des canons & des mortiers; mais on a porté si peu de précaution dans le choix des mines & dans l'art de les fondre, pour détruire, autant qu'il est possible, la qualité aigre & fragile du demi-métal qui en résulte, que l'on en compose des canons qui sont tarrés de tous les vices de la matiere dont ils sont composés. Aussi crevent-ils bientôt, & tuent ou mutilent les hommes employés à leurs services, quand même on multiplieroit la résistance par les masses. Je vais analyser les défauts de ces pieces, & ensuite chercher les moyens de les éviter, & de fondre des canons de fonte de fer, susceptibles de résister aux plus violents efforts.

4. Pour exprimer les choses par des noms qui leurs soient propres, & ne pas les confondre, j'appellerai *matte de fer,* la fonte crue & blanche; *fonte de fer,* la fonte grise qui est plus épurée; *régule de fer,* la fonte de fer qui a été épurée par une nouvelle fusion & par la macération; enfin *fer,* le fer battu. Je rejette l'expression de *fer fondu,* parcequ'elle répugne. J'ai détaillé les raisons physiques de ces dénominations dans mon *Mémoire sur les Métamorphoses du fer.*

5. Toutes les mines de fer peuvent donner, il est vrai, un fer de bonne qualité; mais ce n'est pas par un premier travail ordinaire, que l'on en obtient de tel des mines aigres: il faut préparer les minerais, les combiner après en avoir étudié le caractere, leur joindre des fondants & des correctifs, & les affiner une ou plusieurs fois, suivant qu'ils sont plus ou moins impurs, & relativement à la qualité du charbon que l'on emploie.

6. La fonte de fer, produite des mêmes mines, & par les mêmes procédés, n'est jamais de la même qualité dans toute la durée d'un fondage ; elle varie du blanc au noir, & du doux à l'aigre, par toutes les nuances intermédiaires, suivant la juste proportion du degré de chaleur avec la quantité de minerai employé, indépendamment des accidents du travail, & de ceux amenés par les circonstances qui naissent, & qu'il n'est pas toujours au pouvoir des hommes les plus experts & les plus attentifs d'éviter. Je dis plus : une masse de fonte de plusieurs milliers en bain n'est pas, dans sa totalité, de la même qualité. Que l'on se rappelle que la réduction de la mine de fer ne se fait point par partie séparée, mais par une continuité d'action. Le bain reçoit continuement, pendant douze ou vingt-quatre heures, la fonte à mesure qu'elle y tombe, au-dessous de la tuyere ; ensorte que lorsque l'on perce le fourneau pour couler, celle du fond du bain a séjourné depuis la derniere coulée jusqu'à ce moment ; au lieu que celle de la surface ne fait que d'y arriver. Elle n'a donc pû, en si peu de temps, s'épurer des parties hétérogenes : au contraire, celles qui se séparent de la fonte qui occupe le fond du creuset, en s'élevant à la surface en raison de leur plus grande légéreté, augmentent la masse des impuretés de celle qui occupe le dessus du bain. Cette fonte n'est donc ordinairement que de la matte, parcequ'elle n'a point acquis le degré de perfection nécessaire. Cet accident est prouvé lorsque l'on coule des enclumes pour les forges. Ces enclumes sont des tas d'environ dix-huit pouces de face, & du poids de deux mille deux à quatre cents : la partie inférieure est bien plus douce & plus tendre que la partie supérieure ; conséquemment la masse totale de la fonte d'un bain n'est point homogene. Cet accident est encore très sensible lorsque l'on coule sur le sable des plaques de fonte. Celles qui sont coulées les premieres avec la surface du bain sont très souvent plus fragiles ; elles fleurissent, levent la croûte ; tandis que celles qui sont coulées avec le fond du bain épuisé avec les cuillers, sont d'un grain plus serré, plus fin, & d'une très grande solidité.

7. Un fourneau de fonderie de forges, conſtruit ſur les dimenſions ordinaires, ne contient que deux mille cinq cents de fonte en bain au plus ; encore n’eſt-ce que lorſque l’ouvrage ou le creuſet a été entamé & qu’il s’eſt déformé en s’élargiſſant. Conſéquemment pour couler de groſſes pieces d’artillerie, un fourneau de cette eſpece eſt inſuffiſant, & d’autant plus que toute la maſſe du bain ne peut entrer dans le moule, puiſque les rigoles, les jets, les évents & la maſſelote, en abſorbent pluſieurs quintaux. On eſt donc forcé de conſtruire pluſieurs fourneaux qui, fondant ſéparément des maſſes de fonte diſtinctes, fourniſſent en commun la quantité de matiere néceſſaire pour couler un canon. Le ſeul avantage qui réſulte de ce moyen eſt d’avoir une quantité ſuffiſante de fonte : mais les pieces qui en ſont fondues ſont-elles d’une qualité requiſe ? J’affirme que non, & qu’il eſt phyſiquement impoſſible qu’elles le ſoient, parceque la matiere de cette compoſition, premiérement n’eſt pas épurée ſuffiſamment dans chaque fourneau, comme je l’ai démontré ; ſecondement parcequ’il eſt auſſi phyſiquement impoſſible que la fonte de chacun des fourneaux employés à fournir leur contingent reſpectif, ſoit abſolument de même qualité. Il réſulte de ce mêlange une maſſe de fonte compoſée de parties diſſemblables hétérogenes, qui ne peuvent former une liaiſon intime, principe néceſſaire à la réſiſtance que les canons doivent oppoſer à la force de l’exploſion & des frottements, qui ont d’autant plus de priſe ſur ces pieces, que dans le tir les coups ſont répétés à quelques ſecondes de diſtance, principalement ſur mer.

8. L’hétérogénéité de la matiere des canons coulés avec la fonte de pluſieurs fourneaux, a été reconnue en en faiſant ſcier par tronçons ; on y voyoit diſtinctement les colonnes ſéparées, formées par chaque eſpece de fonte ; la liaiſon n’en étoit que par juxta poſition, par engraînage ; & ce défaut, qui fait crever les canons, eſt dans l’ordre des choſes. Revenons ſur les cauſes.

Nous avons vu plus haut qu’un fourneau ne peut fournir,

pendant un fondage, une fonte d'une qualité toujours égale : des veines de minerai, quoique tiré des mêmes minieres, font fouvent de qualité variante ; les minerais font plus ou moins exactement purifiés par le lavage : les charbons qui different par leur effence, leur qualité, leur fituation ; le jeu des foufflets accéléré ou rallenti par les accidents de la puiffance ou des machines ; quelque négligence dans la manœuvre des ouvriers employés à l'adminiftration des charges & du travail ; la dégradation des ouvrages plus ou moins accélérée, enfin la fituation de l'atmofphere ; toutes ces caufes, que j'ai développées dans mon *Mémoire fur l'Art de fondre les mines de fer avec économie*, occafionnent des accidents différents à chacun de ces fourneaux, dans des temps diftincts, qui rendent leurs produits diffemblables entre eux. J'ai fuivi le travail de deux fourneaux unis dans la même tour, chargés l'un & l'autre avec les mêmes matériaux mefurés en poids & quantité, également conduits par les mêmes ouvriers ; cependant ils donnoient conftamment un produit diffemblable en qualité & quantité ; on ne pouvoit apporter plus de précaution. Le mal eft donc inévitable.

9. Les défauts des canons coulés en fonte de fer provenante de plufieurs fourneaux, étant connus, ainfi que leurs caufes, on s'eft déterminé à conftruire, dans quelques fonderies, des fourneaux fur des dimenfions plus grandes que les fourneaux ordinaires, pour que le creufet pût contenir une plus grande quantité de matiere, afin de couler d'une feule goutte la piece entiere. Il fembloit que ce moyen devoit porter dans le travail la perfection defirée ; mais non, il fubfifte toujours, dans les pieces qui en proviennent, un vice que ce moyen ne pourra détruire, parceque la fonte, produite avec la mine immédiatement, non feulement ne peut-être continuement d'une qualité égale, mais encore, comme je l'ai démontré, la maffe d'un même bain n'eft jamais homogene, & la fonte provenant d'un fondage avec la mine immédiate, n'a pas affez de folidité. D'ailleurs ces fourneaux immenfes font de grands confommateurs, dont il eft très

difficile de bien régler le régime, & de prévenir les accidents.

10. En vain a-t-on voulu augmenter la réfiftance de la fonte, en compofant l'ame des pieces avec du fer, & en formant, autour de la chemife de fonte, des cordons de fer placés à ce deffein dans le moule avant de les couler : le fer & fa fonte font deux matieres qui n'ont pas affez de rapport pour s'unir. Ces fubftances métalliques font dans des fituations fi différentes, qu'elles font inalliables ; on ne peut, par aucun moyen, les fouder parfaitement enfemble. M. de Jonville, Officier de marine, a cru y avoir réuffi par l'intermede *du foie de foufre* ; mais cette fubftance eft l'agent le plus deftructif du fer, il ne peut fe fouder à la fonte qu'en détruifant fon nerf, & en le réduifant lui-même à l'état de fer minéralifé : alors fes parties ont moins de liaifon & moins de confiftance que la fonte. Qui eft-ce qui ne connoît pas l'effet de l'action du foufre combiné avec le fer ? Au furplus le fer qui eft placé dans le moule pour être enveloppé de fonte, repouffe celle qui vient pour s'appliquer deffus pendant la coulée ; & la retraite refpective & différente de ces deux fubftances, les défunit & les écarte dans le réfroidiffement, ce qui fait qu'elles n'ont pas feulement une union par contiguïté : d'ailleurs la fonte aigrit le fer & l'approche de l'acier ainfi que le cuivre ; car il y a certains fers qui s'acerent en les trempant plufieurs fois dans de la fonte de fer ; & j'ai trouvé dans des maffes de cuivre des grains de fer qui avoient reçu, pendant la fufion du cuivre, une trempe fi dure, que les meilleures limes n'y avoient aucune prife, au contraire ils les rayoient. Ces faits d'obfervations fuffifent pour faire rejetter l'ufage peu réfléchi & dangereux, de couler des canons de fonte alliée avec du fer.

11. Je n'entrerai point dans le détail de l'avantage des différentes formes de canons : je dirai feulement que c'eft un abus, défavoué par la phyfique & l'expérience, de compofer les canons de plufieurs parties différentes & féparées, puifqu'il eft de principe que la force de la réfiftance

dépend

dépend de l'unité de l'ensemble, & que plus les bouches à feu font compofées & compliquées, plus elles font foibles & dangereufes dans le fervice. Je reviens au moyen de donner à la fonte toute la denfité & la cohérence poffibles, afin d'en compofer des bouches à feu capables de foutenir les plus violents efforts. Il n'en eft qu'un feul : c'eft de la faire paffer à l'état de régule.

12. Dans mes autres Mémoires j'ai défini la fonte de fer, une fubftance pefante, argentine, fonore & fragile, qui a l'aigreur des demi-métaux. Cette fragilité lui vient des parties hétérogenes qu'elle contient, qui font interpofées entre les molécules du fer, defquelles elle peut être purgée graduellement par l'affinage, au point de lui donner l'état métallique. Nous ne connoiffons pas encore la nature de toutes les fubftances hétérogenes qui font unies dans la fonte : nous favons feulement qu'elle contient quelquefois de l'or, du cuivre, toujours du foufre & du zinc, ce que j'ai démontré dans les expériences détaillées dans mon *Mémoire fur la Cadmie des forges*; j'y foupçonne de l'antimoine que je n'ai pu encore parvenir à démontrer. Mais un principe certain, c'eft que les parties métalliques qui font confondues avec l'élément du fer dans fa matte, font en fi grande quantité, que, dans l'affinage, cette matte perd près de quatre dixiemes de fon poids, malgré la grande diminution du poids de la mine pour la réduire en matte; enforte qu'il faut trois cents quatre-vingts livres de mine préparée, qui rendent cent quarante livres de matte à quelque fraction près, pour produire un quintal de fer poids de marc. Ce réfultat eft d'après les dernieres expériences que j'ai faites avec les mines en grains & tapées de Champagne fur des maffes confidérables. Tout ce déchet de la matte convertie en fer ne doit pas être imputé totalement aux matieres étrangeres, car les fcories de nos forges contiennent beaucoup de parties élémentaires du fer, qui ont été entraînées dans le départ de l'affinage, mais c'eft la moindre quantité de la fouftraction.

13. Il eft un moyen de départir & d'affiner la fonte fans

lui enlever la propriété d'être fluide, en la faifant paffer à l'état de régule par la macération. Cette efpece de purification, dont les vues & les procédés font analogues à ceux que la chymie emploie pour réduire l'antimoine en régule, & encore plus à la purification du cuivre noir, ou matte de cuivre pour la réduire en rofette, s'opere par une feconde fufion : on laiffe alors la fonte en bain jufqu'à ce qu'elle ne donne prefque plus de fcories noires qui furnagent & s'écoulent, au fur & à mefure qu'elles fe forment, par une iffue pratiquée à ce deffein. Ce moyen eft employé avec fuccès dans les travaux des aciéries & carillonneries. C'eft par cette opération, que l'on parvient en France à fabriquer un fer nerveux, confiftant & très ductile, avec des mines qui ne donnent, par l'affinage ordinaire, qu'un fer rouverain & intraitable. La fonte perd, par la macération qui la réduit en régule, fon état grenu d'un tiffu lâche, & la propriété de cryftallifer en arbriffeaux formés par des pyramides compofées de rhombes articulés, pofés les uns fur les autres : alors le régule forme des cryftaux qui font des tétradécaedres dont les éléments font des cubes, des rhombes & des fegments de rhombes, ou il cryftallife en parallelipipedes ou en cubes. Ces cryftaux font formés par des lames très déliées, preffées les unes fur les autres, d'une couleur blanche argentine, & en des maffes fouvent très confidérables. Cette couleur blanche a fait dire à M. de Réaumur que la fonte blanche étoit celle de la meilleure qualité : il péchoit feulement dans l'expreffion, parcequ'il ne connoiffoit pas le régule de fer ; car la fonte blanche que j'appelle matte de fer eft la plus mauvaife de toutes les efpeces. Le régule differe de la matte & de la fonte, 1°. par la configuration de fes cryftaux ; la matte cryftallife en rayons convergents comme la pyrite martiale ; 2°. par fa couleur, qui eft plus éclatante, parceque fon tiffu eft plus ferré ; 3°. par fon poids fpécifique, qui augmente en raifon de fa proximité à l'état de fer ; 4°. parcequ'il eft plus traitable à la lime & au cifeau, & qu'il a un commencement de ductilité ; 5°. enfin parcequ'il eſt très difficile, lorſqu'il a acquis ſon état régulin parfait, de le refondre; car alors il devient fer lorſqu'on le préſente au feu : c'eſt ce que les ouvriers qui refondent la matte de fer pour en faire de menus ouvrages, appellent *fonte enragée*, parcequ'ils ne peuvent venir à bout de la refondre. C'eſt ce régule de fer qu'il faut employer à fondre des canons de bonne qualité, capables de réſiſter aux épreuves. Je vais entrer dans le détail néceſſaire pour y parvenir avec ſuccès & avec peu de frais.

14. Malgré les précautions dont j'ai prévenu, & celles que je vais indiquer, il faut, pour réuſſir à faire de bons canons, choiſir les mines de la meilleure qualité : telles celles qui ont un principe calcaire, celles qui ſont unies à une terre douce & onctueuſe. Il eſt de ces dernieres eſpeces en roches, en piſolithes, en oolithes, même en hématites, qui ſont d'un très bon caractere, en Lorraine, en Alſace, en Franche-Comté, dans les Pirennées, le Comté de Foix, la Bourgogne, le Berri, le Nivernois, la Normandie, le Poitou & autres provinces. Il faut rejetter les mines pyriteuſes & les quartzeuſes, celles qui participent du grès, de la calamine, & celles qui ſont unies à des ſables vitrifiables, ſurtout lorſque ces ſubſtances aigres ſont les baſes, auxquelles elles ſont unies, ſans pouvoir en être exactement ſéparées par le bocard, le patouillet, le crible & le grillage.

15. Il eſt très avantageux de griller les minerais avant de les ſoumettre à la fonderie : cette opération préliminaire ouvre les minerais, les dépouille des parties volatiles & nuiſibles, & des grappes trop adhérentes. C'eſt par le ſecours du grillage, que les Suédois préparent de très bon fer avec des mines aigres & réfractaires.

16. L'on traitera à l'ordinaire le minerai dans des fourneaux elliptiques, tel celui dont je fais uſage & dont j'ai donné les dimenſions dans mon *Mémoire ſur l'Art de fondre les mines de fer*. On aura attention d'entretenir la proportion de la mine & du charbon, de façon que le produit ſoit une fonte griſe très fluide ſans limaille; de ne pas trop

furcharger le charbon de mine, parceque la fonte qui en réfulteroit ne feroit qu'une matte ou fonte crue qui feroit plus difficile à purifier, & donneroit un trop gros déchet. Dans mon travail, la proportion de la mine avec le charbon eft comme 4050 eft à 2484, ce qui donne 1798 liv. de fonte. Chaque coulée de neuf charges & de douze heures de durée produiront de dix-huit cents à deux mille au plus, fi ces mines font très riches. Pendant le fondage, l'on aura foin d'agiter la fonte en bain avec le croard & le ringard, pour la mettre en mouvement afin de la faire épurer. L'on ne moulera point la fonte en gueufes, qui font de longs prifmes triangulaires ; mais on la fubmergera dans une grande cuve conique traverfée par un courant d'eau, afin de la réduire en groffes grenailles, telle qu'on la divife dans les fourneaux fitués près des montagnes fur lefquelles font bâties les forges, pour l'affinage defquelles ces fontes font deftinées, & auxquelles on ne peut tranfporter les matériaux qu'à dos de mulet, parceque les chemins font inacceffibles aux voitures.

17. L'on aura plufieurs fourneaux en feu à la fois pour produire la quantité de fonte néceffaire : ou fi la fonderie n'eft pas confidérable, l'on amaffera la fonte d'un ou plufieurs fondage d'un feul fourneau : on mêlera exactement tout le produit, pour qu'il en réfulte une maffe de la même qualité. Cette fonte, obtenue par une premiere fufion, fera portée dans un fourneau de macération pour y recevoir fon degré de perfection, & y être réduite en régule, enfuite être coulée dans les moules qui feront enterrés dans des foffes ciculaires conftruites en face & près du fourneau de macération.

18. Le fourneau dans lequel on purifiera la fonte pour la réduire en régule, fera une tour quarrée de vingt pieds de diametre bâtie en groffes pierres. On pratiquera des canaux expiratoires dans la maçonnerie pour le paffage des vapeurs des mortiers : on laiffera au centre un efpace vuide de huit pieds en quarré, pour conftruire les parois intérieures de l'ouvrage. Cette tour aura dix pieds de hauteur : fur fa platte forme,

on élevera au pourtour un mur de deux pieds d'épaisseur & de cinq pieds de hauteur : sur ces murs on établira un comble avec sa couverture : au centre de ce comble on laissera une ouverture pour le tuyau d'une cheminée qu'on élevera au-dessus de la bure du foyer supérieur du fourneau. La marâtre antérieure, ou la poitrine du fourneau, sera coupée en encorbellement, formant une demi-voûte de huit pieds de hauteur : au centre de cette voûte, dans l'épaisseur des voussoirs, on pratiquera une ouverture en forme de cheminée pour le passage des vapeurs, des fumées & des étincelles qui sortiront par les tympes : la marâtre de la tuyere, ou l'œil du fourneau, sera ouverte de même que celle du côté des tympes, mais il n'y aura point de cheminée. L'intérieur du fourneau sera composé de trois parties ; savoir, du foyer supérieur, des étalages ou grand foyer, & du creuset ou foyer inférieur. Le foyer supérieur, composé de briques réfractaires, formera un cône elliptique de la hauteur de cinq pieds ; sa base aura aussi cinq pieds d'ouverture dans son grand diametre, dans la direction de la rustine aux tympes, & quatre pieds deux pouces dans son petit axe : son sommet sera coupé par une ellipse de vingt-cinq pouces sur trente, les axes se correspondant par leurs rapports avec ceux de la base. Les étalages seront construits avec des briques ou des pierres ou des sables réfractaires : ils auront trois pieds de hauteur perpendiculaire, & formeront une trémie ou cône renversé, elliptique, dont la partie supérieure aura les dimensions de la base du grand foyer, & sa partie inférieure qui posera sur le creuset aura les dimensions de l'ouverture de la bure. Ce creuset, ou l'ouvrage, aura vingt-quatre pouces de hauteur, formant un parallelipipede irrégulier de vingt-cinq pouces de largeur, & de quatre pieds six pouces de longueur, parcequ'il se prolongera sous l'étalage du devant, pour parvenir jusqu'à la dame qui occupera le centre de l'ouvrage en dehors entre deux espaces qui seront réservés pour deux coulées. Toute la maçonnerie, tant de la partie intérieure du fourneau, que des fosses à couler, sera fondée sur des voûtes, pour éviter toutes fraîcheurs : on construira deux fosses à couler, afin d'y laisser plus long-temps les pieces s'y réfroidir en plus grande partie ; par ce moyen on en aura toujours une libre.

19. On aura soin de bien échauffer le fourneau, sur-tout le creuset, avant que de charger en fonte : alors on proportionnera graduellement le charbon, à raison de vingt-cinq livres par quintal de fonte. L'on chargera du côté de la tuyere, lorsque le fourneau sera baissé par la bure de quinze pouces : on emploiera par charge deux paniers de charbon pesant ensemble cent livres. Après avoir bien enrimé les charbons, on inclinera la charge de quatre à cinq pouces du côté du contrevent, & alors, sur ce côté seul, on posera doucement quatre cents de grenailles de fonte. L'on en emploiera une quantité suffisante pour couler une piece, c'est-à-dire deux cinquiemes en sus de son poids pour remplacer le déchet du départ, le poids des coulées, évents, jets & masselotte, & pour parer à quelques accidents, ensorte que pour une piece de quatre milliers, il faudra employer environ cinq mille six cents de grenailles & bocages de fonte. Lorsque l'on aura employé la quantité nécessaire de grenaille pour une fondée, on laissera baisser le fourneau d'une charge que l'on fera en charbon seulement ; & ensuite, pour les charges suivantes, on emploiera la fonte & le charbon dans les proportions ci-dessus, qui pourront souffrir quelques légeres variétés suivant le degré de force des charbons dont on se servira : l'usage apprendra la regle qu'il faudra suivre.

20. Pendant que la fonte sera en bain, on aura soin de faciliter l'écoulement des scories dont elle se dépouillera : on travaillera le bain en l'agitant avec des ringards & des croards de fonte & non de fer ; on en fera provision, parcequ'on en usera beaucoup qui n'occasionneront aucune dépense ; on pourra même y suppléer en partie avec des perches de bois verd : le crochet & la truelle, pour le service de la tuyere, seront aussi de fonte. Je recommande expressé-

ment de n'employer aucun outil de fer battu pour ce travail, parceque la moindre parcelle de fer qui s'échapperoit dans le régule seroit capable de déterminer des parties considérables à passer à l'état de *fer de nature*, ce qui causeroit des embarras fâcheux & la ruine du fourneau. Cette propriété que le fer battu a de faire passer le régule à l'état de *fer de nature*, est aussi sensible & aussi prompte, que l'effet de la presure dans le lait; c'est un point de physique que je n'ai pas encore pu approfondir.

21. Il sera nécessaire, en trois temps différents, c'est-à-dire lorsque le bain sera à demi, aux trois quarts & entiérement plein, d'y introduire un tube de bois emmanché au bout d'un ringard de fonte, lequel tube contiendra du salpêtre purifié de son sel marin & exempt d'humidité. On promenera ce tube dans toutes les parties du bain, pour qu'il y occasionne une effervescence vive par la déflagration du salpêtre. Cette opération, 1°. privera la fonte d'une portion du principe sulphureux surabondant qui approche la fonte de l'acier & duquel elle tire en partie son état de fragilité: 2°. elle enlevera le peu de zinc qui ne se seroit pas sublimé: 3°. elle occasionnera un mouvement intestin dans toute la masse du bain qui s'épurera des matieres hétérogenes les plus légeres, & rapprochera les parties similaires régulines; 4°. enfin le fondant que produira l'alkalisation du nitre, donnera plus de fluidité aux scories, & favorisera leur vitrification dont il résultera un départ d'autant plus exact. Je suis bien éloigné d'adopter le secret des Fondeurs en bronze, qui introduisent dans le bain environ deux onces, par quintal de métal, d'une poudre dont la composition est l'extrême de leur ignorance & de l'inconséquence de leurs opérations. Cette poudre est composée de racine de raifort, de poix noire, d'antimoine, de mercure sublimé corrosif, de bol, d'un peu de nitre: sur cette poudre, ils versent une certaine quantité d'une eau régule, aussi monstrueusement composée que leur poudre: car quel effet peuvent produire le bol, la poix, la racine de raifort, en si petite quantité? L'acide marin du sublimé

corrosif ne détruit-il pas l'étain du bronze en le volatilisant?
L'antimoine augmente la quantité des matieres hétérogenes,
& le peu d'acide détruit une portion du phlogistique qu'ils
cherchent à augmenter par la poix. C'est sans doute avec ce
beau secret, qu'un Anglois s'est vanté, sans preuve, de purifier la fonte de fer. Les propriétés du salpêtre dans la purification des métaux sont connues de tous les bons Métallurgiftes, c'est pourquoi j'en recommande l'usage dans la macération de la fonte de fer : l'expérience en fixera la dose relativement à la qualité des fontes: huit onces par quintal sont
suffisantes pour les fontes de bonne qualité.

22. Lorsque la fonte sera à son degré de macération,
qu'elle aura acquis son état régulin, ce qui se connoîtra par
la diminution des scories, on débouchera le fourneau par
la coulée correspondante à la fosse ; on fera enterrer le
moule du canon solidement affermi ; le régule sera introduit,
premiérement, par deux conduits qui le porteront dans la
base du moule où sera la culasse ; & lorsque la matiere sera à
la hauteur des tourillons, on débouchera deux autres conduits
d'un moindre diametre que les premiers, qui apporteront aussi
concurremment avec les autres la matiere en fusion dans le
moule par les tourillons, pour éviter la chûte trop précipitée
de la fonte, la trop grande raréfaction de l'air qui cause des
soufflures, des écartements & souvent l'explosion de la piece ;
pour que la surface de la fonte qui entrera dans le moule
soit continuellement dépouillée de la pellicule qui se forme
par le contact de l'air, accident qui empêche le vif des
moulures : enfin la piece sera coulée massive, & surmontée
d'une chambre conique pour contenir le régule de la masselotte qui sera d'un vingtieme du poids de la piece, afin
qu'elle puisse fournir, 1°. au remplacement du régule que la
retraite de la matiere absorbe; 2°. à celui que l'écartement
accidentel de la chappe exige pour ne pas manquer la
piece; 3°. enfin pour comprimer les parties métalliques. Je
la prescris conique pour avoir plus de facilité de la séparer
de la piece. Il faut consulter, pour l'intelligence de la

manœuvre

manœuvre, les Planches XI & XII avec leurs explications, page 444 & suivantes.

23. Lorsque le moule sera plein, on nettoyera l'issue de la coulée; on visitera l'ouvrage, & on enlevera ce qui pourroit causer de l'embarras; on rebouchera le fourneau, & l'on affermira le bouchage par une plaque de fonte solidement établie; on redonnera de l'action aux soufflets dont le jeu aura été interrompu pendant le temps employé à couler; & le travail recommencera comme avant.

24. On laissera dans la fosse la piece coulée, jusqu'à ce que l'on soit obligé de la tirer pour y placer le moule d'un autre canon : alors on l'enlevera promptement; on détachera toutes les parties de la chappe & de son armure; on coupera les jets, coulées & masselote; on l'introduira encore chaude dans un four de réverbere à nasse, où elle subira un recuit d'un feu de bois qui la tiendra rougie seulement pendant douze heures : on cessera alors le feu du tocage; on bouchera toutes les issues du fourneau pour y laisser réfroidir la piece : alors on la tirera du four pour la porter à l'alezoir, & ensuite au forêt pour y recevoir sa perfection des mains des ouvriers de ces atteliers. Les pieces auxquelles on desirera donner une plus grande netteté, seront tournées à l'eau pour en polir les champs, vuider les gorges, & aviver les angles des différents ornements.

25. L'on ne mêlera point aux grenailles de fonte, destinées à être portées au fourneau de macération, le régule qui sera provenu des coulées, rigoles, jets, évents, masselottes, ni les copeaux du tour, & la limaille du foret. On pourra seulement en introduire quelques parties dans le bain, une heure avant la coulée, mais avec beaucoup de prudence, ce que l'usage apprendra, parceque le régule devient souvent fer de nature à la refonte, ce qui feroit manquer des coulées, & embarrasseroit l'ouvrage. On emploiera avec plus davantage ces parties de régule pour en faire de très bon fer propre à la fabrique des essieux d'Artillerie, des ancres & autres pieces qui exigent un fer doux, nerveux & solide.                                              K k k

26. Le régule de fer ainsi préparé est la matiere la plus denfe, la plus folide & la plus propre à couler des canons en ce genre, même des mortiers, pétards, boîtes d'artifice, & autres machines de guerre. Les boulets qui ont fouffert un feu violent pour les tourner de calibre, ont acquis un recuit avantageux qui les rend dans l'état mitoyen entre la fonte & le régule de fer. En affinant le régule de fer, on en compoferoit un fer très propre à fabriquer des canons fupérieurs à tous autres coulés de différentes matieres, furtout fi on les fabriquoit de fer contourné : je ferai part dans un autre Mémoire de mes obfervations fur cet objet.

27. Il eft néceffaire que le fourneau de macération foit placé fur un terrein fort élevé, pour que l'on puiffe approfondir les foffes à moule fans courir les rifques qu'elles foient humeétées par les filtrations des magafins d'eau, ou des pluies, ou des fources : cette précaution eft indifpenfable. On ne doit point être embarraffé de l'action des foufflets, parceque, par le moyen des lanternes & des hériffons, on éleve le mouvement à la hauteur qu'on le juge à propos : d'ailleurs on peut fubftituer à la puiffance de l'eau employée plus communément à la compreffion des foufflets, toute machine qui peut faire agir un corps de pompe, tel qu'un pilori avec une roue en rochet ou un pendule ; on peut enfin, comme je l'ai décrit dans mon Mémoire couronné à l'Académie Royale de Bifcaye, appliquer à cet effet, & ce fans autre dépenfe que la conftruction de la machine, la pompe à feu. On placeroit alors la chaudiere dans le mur du fourneau ; enforte qu'un de fes flancs formât la partie correfpondante de l'intérieur du fourneau dont elle recevroit affez de chaleur pour entretenir l'eau bouillante : il y auroit alors action & réaction de la puiffance fur l'effet, & de l'effet fur la puiffance, parceque la chaleur du fourneau feroit agir les foufflets, & que les foufflets entretiendroient la chaleur du fourneau.

28. L'art de couler des canons, des mortiers & autres machines de guerre avec le régule de fer, n'a fans doute

encore été pratiqué en aucun lieu & imaginé par perfonne; c'eft le fruit de mes expériences dans les travaux des
forges depuis vingt-cinq ans. J'aurai touché à mon but, fi
en préfentant à l'Académie une invention qui mérite fon
approbation & l'aveu du Miniftere, j'ai pu concourir à conferver la vie à ces hommes utiles à l'Etat, voués à la pro-
feffion périlleufe du fervice des batteries. Si le Gouvernement adoptoit mes principes, & s'il vouloit former un établiffement de cette nouvelle Artillerie, je me foumets d'en
diriger les opérations fous fa protection.

# EXPLICATION

## DE LA PLANCHE XI.

**A.** Foyer inférieur, ou creuset, formé de sable battu.

**B.** Grand foyer formé par les étalages composés de sable battu.

**C.** Foyer supérieur composé de briques réfractaires.

**D.** Tuyere.

**2, 2.** Contre-parois élevées en pierres ou en briques.

**3, 3.** Parois ou chemise du fourneau; elles sont composées de briques réfractaires sur des lignes elliptiques.

**4, 4.** Massif de l'ouvrage, ou creuset du fourneau; il se construit en sable battu, ou en pierre de grès ou autre réfractaire.

**E.** Bure ou gueulard; c'est l'orifice supérieur par lequel on introduit les matieres dans le fourneau; il est terminé par une plaque de fonte de fer scellée dans le massif du fourneau.

**F, F, F, F.** Quatre piliers de fonte de fer, qui supportent la cheminée.

**G, G.** Longrines de fonte de fer, qui assujettissent les piliers de la cheminée.

**H.** Cheminée qui termine l'édifice total du fourneau.

**I, I.** Toiture qui couvre toute la tour du fourneau, & la garentit des pluies & des bourasques des vents.

**L, L, L, L.** Murs qui composent les batailles du fourneau.

**M, M.** Cordon de l'entablement.

**N.** Voussoirs de l'encorbellement de la marâtre des tympes.

**O.** Mur du pilier de retour des tympes.

**P.** Mur de la tour du côté de la rustine.

**Q.** Fond de l'ouvrage ou du creuset; il se compose en sable ou en pierre de grès.

**R, R.** Fondation de la tour.

S. Voûte sous l'ouvrage du fourneau pour éviter les fraîcheurs.

T. Dame. Piece de fonte de fer sur laquelle coulent les scories.

V. Taqueret, composé d'une plaque de fonte de fer pour soutenir la poitrine du fourneau.

X. Longrine de fonte de fer pour porter la naissance des contre-parois 2, 2, des parois 3, & de l'encorbellement des tympes : il y en a une pareille du côté de la tuyere.

Y. Tympe composée d'un parallélipipede de fer battu.

Z. Canal par lequel le régule fondu, en sortant par la coulée du fourneau, est conduit dans le moule du canon *a*.

*a*. Moule du canon placé au centre d'une des fosses à couler.

*b*, *b*. Canaux des coulées qui apportent le régule par les tourillons.

*c*. Canal de la coulée qui apporte le régule par la culasse du canon qui est au fond de la fosse à couler; il y a un pareil canal au côté opposé.

*d*. Fond du moule du canon où est sa culasse.

*e*, *e*. Mur circulaire qui forme les fosses à couler.

*f*. Fond de la fosse à couler.

*g*. Voûte pratiquée sous les fosses à couler.

## EXPLICATION DE LA PLANCHE XII.

A, A. Ellipse qui forme l'ouverture du gueulard ou du foyer supérieur.

B, B, B. Ellipse qui forme la base du grand foyer à la hauteur des étalages.

C, C. Fond du creuset du fourneau où le régule est mis en bain.

D. Naissance de l'étalage de la tympe.

E. Dame. Grosse plaque de fonte de fer sur laquelle coulent les scories; elle se place en face du fourneau entre les deux coulées.

F, F. Deux frayeux. Ce sont des plaques de fonte de fer, pofées perpendiculairement & obliquement pour délimiter les coulées.

G. Plaque de fonte de fer pour foutenir le bouchage, crainte que le poids du régule en bain ne le pouffe cette piece fe place après que l'on a coulé.

H. Canal de la coulée pour conduire le régule dans le moule du canon : il fe forme chaque fois que l'on veut couler.

I. Ligne ponctuée qui défigne l'emplacement de la coulée de la foffe, de laquelle on a tiré le canon qui y a été coulé.

K. Évent pratiqué au-deffus de la maffelotte pour évacuer l'air raréfié du moule.

L, L. Trous des coulées qui correfpondent aux tourillons : on ne les débouche que lorfque le régule eft à la hauteur des tourillons dans le moule.

M, M. Trous des coulées qui correfpondent à la culaffe du canon. C'eft par ces coulées que l'on introduit d'abord le régule dans le moule : on double chaque coulée pour parer aux accidents des engorgements.

N, N. Maffif de fable qui remplit les foffes à couler.

O, O. Maffif des murs des foffes à couler.

P, P. Soufflets de bois où l'on voit les chappes, les bouts des baffe-contes & les trous des modérateurs.

Q. Maffif du pilier de cœur.

R. Pilier de retour des tympes.

S. Pilier de retour de la tuyere.

T. Angle de la tour quarrée du fourneau.

V. Maffif de fable du creufet ou de l'ouvrage.

X. Bafe des parois & contre-parois.

Y. Canaux expiratoires pratiqués dans la maçonnerie du mole du fourneau.

Z. Rempliffage en moîlons entre les parements en pierres équarries.

H
I
I
K
L
M
M
E
N
B
D
A
O
Z
c
C
R
R
g
Echelle de   1  2  3  4  5  6  7  8  9  10. Pieds
Grignon Lincov.
C.ne Haussard Sculp.

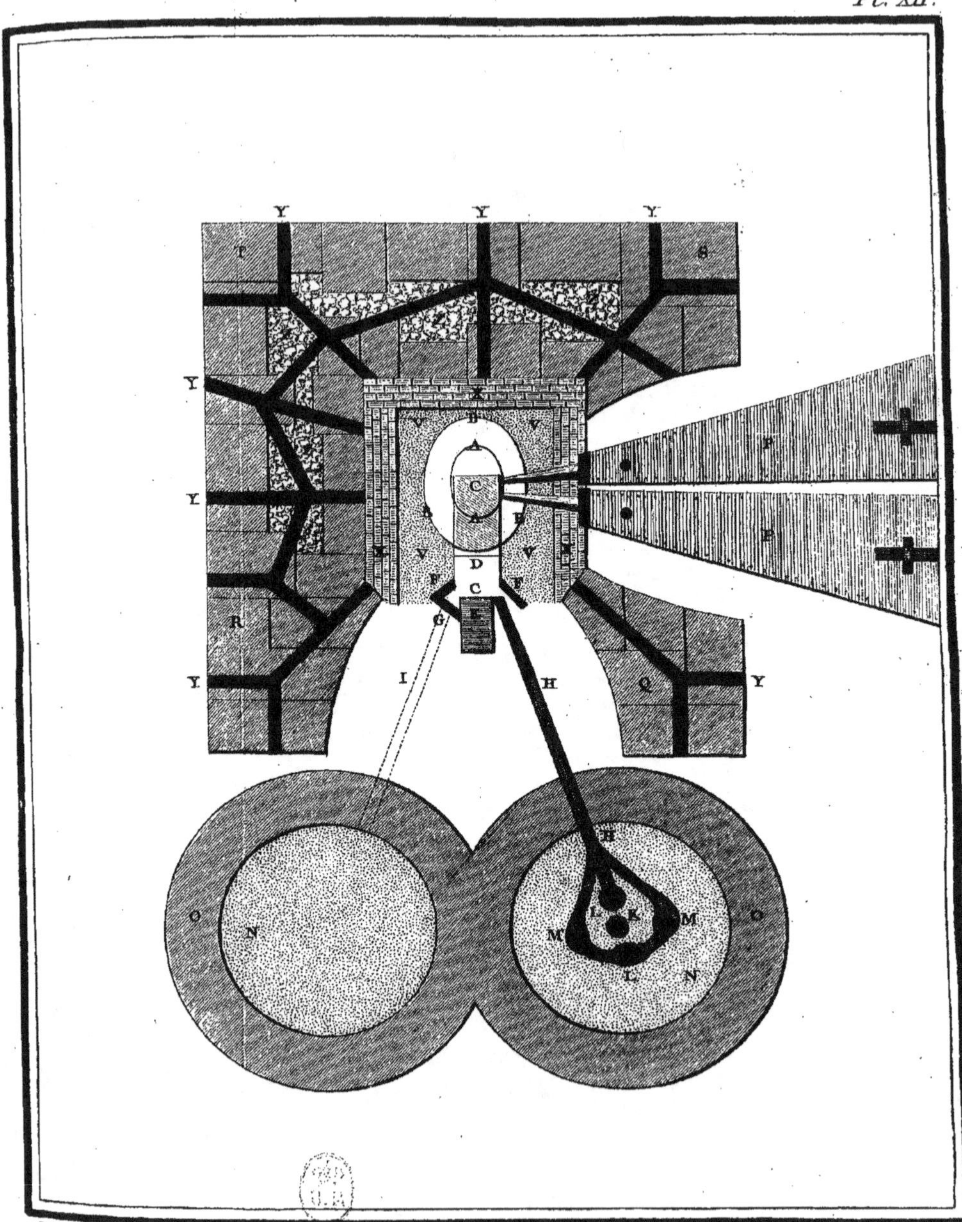


Grignon del.
C.ne Haussard Sculp.

# ESSAI

## D'UNE THÉORIE D'ARTILLERIE

### DE FER CONTOURNÉ OU A RUBANS.



Depuis la naiſſance de l'Artillerie pyrique, l'on cherche les moyens de perfectionner la compoſition des métaux dont on fond les bouches à feu. L'on a tenté différents procédés pour ſuppléer, au cuivre ſeul ou combiné, un métal plus ſolide, plus durable & moins coûteux : l'on a tenté de marier des maſſes de cuivre & de fer pour en former des canons: l'on en a même forgé de fer ; mais l'on n'a pas encore atteint le point de perfection du travail. La marche des connoiſſances humaines eſt lente ; il faut des ſiecles pour perfectionner une opération dont on a ſpéculé la théorie, & dont on a apperçu la poſſibilité de la réuſſite. Pluſieurs Grands Hommes ſe ſont occupés de la matiere importante que je traite. M. le Chevalier d'Arcy, dans ſa *Théorie d'Artillerie*, a développé les vues les plus étendues ſur la néceſſité de perfectionner la compoſition des bouches à feu. Ce Savant ne laiſſe rien à deſirer ſur la poſſibilité d'en diminuer les maſſes ; répond victorieuſement à toutes les objections que pourroit faire le préjugé ; fait connoître tous les avantages d'une Artillerie légere, tant pour le ſervice de terre que pour celui de mer, & fait ſentir combien il ſeroit important pour l'État de pouvoir fabriquer des canons de fer battu. Animé du même zele, je viens ſur les pas de ce Savant propoſer un moyen de remplir ſes vues & celles de tous les Artilleurs. J'aurai rempli mon vœu si mes réflexions, qui sont fondées sur une longue expérience dans l'art de forger le fer, méritent l'attention du Gouvernement & l'approbation des Savants & des Artistes.

J'ai développé dans le *Mémoire d'Artillerie sur une nouvelle fabrique de canons de régule de fer*, les différents accidents qui concourent à la destruction des canons d'Artillerie composés de cuivre de rosette, de bronze, de laiton & de fonte de fer. Ces matieres fondues n'ont pas la densité d'un métal forgé; elles conservent l'aigreur que communique aux parties métalliques la fusion qui ne peut lier les parties que par juxtaposition. Pour augmenter la résistance nécessaire aux efforts que les canons doivent subir, on est forcé d'accumuler les masses, encore crevent-ils malgré cette précaution qui triple la dépense du travail, de la matiere, & multiplie les obstacles du transport & de la manœuvre.

Le fer est susceptible de recevoir de l'Art un degré de perfection qui lui donne sur tous les autres métaux, une supériorité qui doit lui mériter la préférence dans la fabrique des canons d'Artillerie, parceque les parties constituantes de ce métal sont roides, dures, & ont entre elles une liaison capable de résister aux plus violents efforts sans se rompre; d'ailleurs ce métal est abondant en France & à bas prix; il est donc possible & avantageux de fabriquer des canons d'Artillerie de fer battu, qui réuniront toutes les qualités que l'on exige dans les bouches à feu.

Quoique l'essence du fer soit la même par-tout l'Univers, cependant celui du commerce varie en qualité. L'on sait que chaque mine, chaque pays, chaque fabrique, disons plus, chaque affineur, produisent du fer qui varie du doux à l'aigre, du mou au ferme, par toutes les nuances intermédiaires, ce qui procede uniquement des différentes manipulations usitées dans les Manufactures, où le minerai du fer ne reçoit pas toujours un traitement analogue à son caractere.

D'après les principes que j'ai établis dans mes Mémoires
précédents,

précédents, sur la nature du fer, il est démontré qu'il est possible d'amener au même degré de perfection le fer produit des diverses sortes de minerai. C'est ce fer, dans son degré de pureté, qu'il faut employer pour composer des canons d'Artillerie, qui réuniront la résistance de la matiere à la légéreté des masses. Ces deux qualités essentielles du fer sont connues par l'usage des canons de Mousquetterie.

Il est de fait qu'un fusil qui n'a souvent que deux lignes & demie d'épaisseur au tonnere, & qui, diminuant dans sa longueur, n'a qu'un tiers de ligne à la bouche, résiste sans accident, lorsqu'il est de bon fer, à l'effort du tir le plus multiplié. Si l'on composoit les canons de Mousquetterie avec de la rosette, du laiton ou du bronze, ils creveroient à demi-charge au premier coup. Il faut donc conclure que le fer oppose à l'effort une résistance incomparable à celle dont les autres métaux, employés dans l'Artillerie, sont susceptibles.

Puisque toute la Mousquetterie est composée de fer, & qu'autrefois l'on en forgeoit de petits canons d'une demi-livre de balle dont on conserve encore plusieurs dans de vieux Châteaux & dans divers Arsenaux; pourquoi n'emploieroit-on pas aujourd'hui ce métal pour en composer des pieces de rempart, de campagne & de marine?

Pour employer le fer avec succès dans l'Artillerie, il suffit de réunir, dans la fabrique des pieces, les moyens qui doivent concourir à la perfection des canons, qui consistent en trois choses principales: 1°. il faut se procurer le meilleur fer possible; 2°. augmenter la résistance du fer par la combinaison de ses parties nerveuses; 3°. en souder exactement toutes les parties, afin que les pieces qui en seront composées ne soient tarées d'aucuns vices intérieurs, & d'aucuns défauts à l'extérieur.

Les défauts que l'on reproche au fer, sont l'aigreur, les pailles, les gersures, les fendilles ou éventures, les travers, les grillots, les chambres, enfin la rouille. Analysons ces défauts afin d'en connoître les causes: j'indiquerai ensuite des procédés pour les éviter & pour forger des canons d'Artillerie, auxquels non-feulement, on ne puiffe remarquer ces défauts, mais même qui réuniffent toute la force & la perfection que le fer eft fufceptible de recevoir par un travail éclairé par la phyfique.

L'aigreur d'un métal eft toujours un accident qui trouble l'ordre, l'arrangement & la contexture de fes parties féparées par un corps interpofé. L'aigreur du fer n'eft point une imperfection qui lui foit propre; elle lui eft toujours communiquée par d'autres fubftances minérales & métalliques qui, étant difleminées entre fes molécules, rompent l'aggrégation de fes parties conftitutives. J'indiquerai, dans l'ordre des opérations néceffaires pour fabriquer des canons de fer, des procédés capables d'opérer le départ des matieres étrangeres unies au minerai du fer, & de fe procurer le fer de la meilleure qualité.

Les pailles font des parties de fer, féparées en plus grandes parties des maffes auxquelles elles ne font adhérentes que par quelques points. Ce font des portions grumeleufes de la loupe, lefquelles fe font réfroidies à l'extérieur avant d'être foudées par la percuffion du marteau. Les furfaces en décompofition de ces grumeaux n'étant plus dans un état de fluidité, n'ont pu fuer la fcorie qui s'eft oppofée à la foudure. Les pailles font des défauts accidentels dans la fabrique: j'indiquerai non feulement les moyens de les éviter, mais encore de les réparer.

Les gerfures font des ouvertures finueufes peu dilatées; elles pénetrent profondément dans l'épaiffeur des maffes. Ces défauts font au fer ce que la roulure eft au bois: ils font occafionnés par un corps intermédiaire qui fait une folution de continuité entre les parties mufculeufes du fer. Ce vice de fabrication eft dans l'épaiffeur des maffes ce que les pailles font aux furfaces; il eft occafionné par des fubftances minérales, terreufes, ou pierreufes, lefquelles font mêlées avec les charbons par le défaut d'attention du charbonnier qui les a cuits, ou des ouvriers chargés du foin des magazins, qui n'ont pas arqués fuffifamment les charbons pour les nettoyer des parties des couvertures des fourneaux & du fol fur lequel ils ont été cuits. Les fers que l'on caftine trop font fujets aux gerçures, parceque la partie calcaire de la caftine, qui n'a pas été vitrifiée à l'aide des fcories, refte interpofée entre les maffes des loupes, & empêche les furfaces de leurs parties intérieures de fe réunir & de fe fouder. Les fers nerveux font plus fréquemment gerçés que les rouverains, parceque ces derniers contiennent beaucoup de laitier qui vitrifie les fubftances hétérogenes qui peuvent être confondues avec les charbons dans les foyers. On évite en plus grande partie les gerfures, en plongeant dans l'eau les charbons chargés de pierres, de mine ou de terre, avant de les employer dans les affineries, & en arrofant le feu avec du lait de chaux , au lieu de fe fervir de pierres calcaires crues ( de la caftine ) pour aider le départ des fubftances quartzeufes & fulfureufes combinées avec les différents minerais du fer.

Les fendilles ou éventures font des ouvertures plus dilatées que les gerfures; elles font dirigées dans la longueur des maffes de fer, & n'ont ordinairement pour caufe qu'un vice de fabrication dans le forgeage. Lorfque l'enclume eft creufée dans la longueur de fon aire, ce qui arrive lorfqu'elle eft compofée d'une fonte trop douce, & que l'on a forgé de fuite beaucoup de petits quarrés, ou de bandes de petit échantillon, qui n'occupent, dans le dreffage & le parage, que le centre de l'aire de l'enclume & du marteau, il arrive alors en dreffant, & plus encore en parant des bandes larges, qu'une partie de l'eau que l'on fait couler fur l'enclume pour dépouiller le fer du laitier, fe trouvant comprimée dans cet enfoncement, eft dilatée avec tant de violence par la chaleur & par les efforts des coups redoublés du marteau, qu'elle agit comme une multitude de coins qui attaquent la furface de la barre de fer, s'y introduifent en écartant les parties qui font difpofées à fe gerfer par la courbure de l'enclume. Les fendilles ne procedent point d'un vice du fer, mais des défauts de fabrication : on les évite en dreffant exactement l'aire de l'enclume à mefure qu'il

L ll ij

se creuse par le forgeage. Un second feu répare les fendilles. Les fers nerveux y sont plus sujets que les fers aigres & rouverains, qui cassent en travers & se fendent rarement.

Les travers sont des crevasses qui coupent transversalement les fibres du fer. Ces défauts notables proviennent de quelques parties de fer pamé par une chaude forcée, ou de portions de matte de fer qui n'a point été affinée, & se trouve confondue dans la louppe, mais plus ordinairement de parties de cuivre mêlées au fer, soit naturellement soit accidentellement. Les travers sont plus fréquents dans les grosses pieces de fer qui se travaillent par mises, c'est-à-dire par parties additionnelles soudées les unes sur les autres en grandes mises, comme gros marteaux de forges, tas, enclumes, ancres de vaisseaux, tiers-points & manivelles de grosses machines. Ces défauts, qui sont souvent imperceptibles immédiatement après la fabrication, se découvrent dans la suite, sur-tout lorsque les pieces qui en sont affectées souffrent de violents efforts de percussion & de chaleur. L'air & l'eau qui se sont insinués dans ces ouvertures par une force expansive que le feu leur imprime, font dilater & prolonger ces ouvertures.

Le cuivre est uni au fer naturellement dans les mines des hautes montagnes, mais plus ordinairement dans celles qui sont disposées en filons; il y est mêlé accidentellement lorsque, par la mal-adresse d'un ouvrier, le museau d'une tuyere se brûle & tombe dans l'ouvrage de l'affinerie, ou que l'on use de vieilles ferrailles parmi lesquelles il se trouve quelques mitrailles. Ces deux accidents portent dans les masses de fer des portions de cuivre qui s'opposent à la réunion des molécules du fer, & y occasionnent une solution de continuité. Il sembleroit que le cuivre, à l'égard du fer, ait deux propriétés contraires; savoir, celle de réunir à feu doux deux masses de fer séparées par une cassure, ce que l'on appelle brâser; & celle de rendre le fer dur & rouverain, c'est-à-dire cassant à chaud lorsqu'il est pêtri avec le fer dans le travail de l'affinage. Dans la premiere opération, le cuivre n'est

qu'interposé entre les masses du fer; c'est un corps médiateur
dont les surfaces, simplement adhérentes à celles du fer qui
leur sont voisines, les accrochent l'une à l'autre: au lieu que
dans l'affinage le cuivre se trouve disseminé entre les molécules du fer, & les empêche de se rallier & de former une
union intime d'où il puisse résulter un corps homogene.
Cette propriété du cuivre à l'égard du fer est analogue à celle
de l'étain à l'égard du cuivre. L'étain sert à souder les
masses de cuivre; mais lorsqu'il y est mêlé par la fusion, il
le rend aigre, dur & cassant. J'ai mêlé du cuivre & du fer
en proportions différentes; je leur ai donné différent degré
de chaleur jusqu'au feu le plus vif; jamais je n'ai pu réussir
à former de ces deux métaux combinés une masse homogene
& ductile. Il faut donc rejetter les fers cuivreux dans les fabriques des canons & pour tous les ouvrages qui demandent
un fer souple, ductile & nerveux. On évitera aussi les travers
en ne surchauffant point les fers.

Les grillots sont des enfoncements multipliés & canton-
nés, que l'on apperçoit à la surface d'un fer qui paroît grenu;
en l'examinant à la louppe, on apperçoit dans ces endroits
une infinité de petits grumeaux sans liaison. Cet accident
auquel les fers aigres, sulfureux, sont plus sujets que les
autres, a pour cause la négligence du chauffeur qui n'a pas
soin de présenter alternativement au centre du foyer, les
différentes faces des pieces de fer qu'il chauffe : alors le feu,
poussé trop vivement & trop continuement par le vent de
la tuyere dans un seul point de la masse de fer qui lui est
présentée, agit avec trop d'énergie; il attaque la substance
du fer, en change l'organisation, en fond des portions qui
se décomposent au point de ne pouvoir plus former de
liaison. On connoît dans le travail, qu'une piece est gril-
lottée, lorsque l'ouvrier retire sa chaude du feu; on apperçoit des cantons où il y a perte de substance, qui brillent
& lancent avec une sorte de fulguration des étincelles éclatantes. Cet accident est rarement bien réparé par l'effet de
la percussion du marteau qui pêtrit & soude l'étoffe du fer.

L'ouvrier tâche de réparer fa négligence ou en plongeant fa chaude fuante & prefque fondante dans l'eau pour en raffermir les parties, ou en faupoudrant le grillot avec des menus laitiers, pour ranimer les parties pâmées du fer ; mais c'eft prefque toujours fans fuccès. Lorfque l'effence du fer eft altérée, il reprend difficilement fon état naturel, fi ce n'eft par une nouvelle opération d'affinage, en employant des matieres capables de le ranimer.

Les chambres font de petits efpaces vuides dirigés en tous fens dans l'intérieur des groffes pieces qui fe fabriquent par couches additionnelles. Ces défauts procedent de plufieurs caufes. Une chaude incomplette ou forcée ne fe foude qu'imparfaitement. Les parties qui n'ont pu contracter de liaifon laiffent entre elles des efpaces vuides plus ou moins étendus. Si les ouvriers laiffent introduire entre les mifes des parties de fer en deftruction, du pouffier de charbon, ce font des corps étrangers qui forment une folution de continuité ; s'ils foudent les bords des mifes avant le centre , le laitier que fue la piece fe réunit au centre & fe cantonne; & comme il eft dans un état de bouillonnement, il contient de l'air qui fouleve les parties, les empêche de fe rapprocher & de fe fouder. Ces défauts, qui ruineroient bientôt des canons d'artillerie, n'auront pas lieu fi l'on obferve les précautions que j'indiquerai plus bas dans le manuel des opérations.

La rouille enfin eft le défaut le plus général dont le fer eft fufceptible ; mais la rouille n'attaque que les furfaces expofées à un agent quelconque qui a prife les parties du fer & les réduit en chaux. L'on a cherché une infinité de moyens de préferver le fer de la rouille, fans beaucoup de fuccès. Les vernis réfineux ne font pas fuffifants, parcequ'ils fe décompofent à l'air. Les vernis gras charbonneux, tel celui dont on enduit les épingles noires, & tout le meuble de deuil qui appartient au fer, font plus durables; mais outre que ces vernis s'écaillent & fe détachent par une fuite de temps, ils ne conviennent pas à toutes efpeces de ferrements; d'ailleurs les grandes pieces ne font pas fufceptibles de le recevoir, à caufe de la manipulation néceffaire pour l'appliquer. La chaux conferve le fer & le préferve de la rouille. J'ai retiré des ruines de Châtelet beaucoup de ferremens qui, depuis environ quatorze cents ans, étoient enfouis dans des décombres humides; ceux qui fe font trouvés enveloppés de chaux, n'étoient nullement dégradés par la rouille; ils avoient toute la fraîcheur du neuf, tandis que ceux qui n'étoient éloignés des premiers que de quelques pieds, & n'avoient point été entourés de chaux, avoient été fi fortement attaqués par la rouille que l'humidité des eaux pluviales avoit occafionnée, qu'ils étoient totalement ou en plus grande partie décompofés. La chaux qui eft un moyen de préferver de la rouille une infinité de ferremens qui ne doivent pas recevoir de mouvement, n'y être expofés à aucun frottement ni à l'air, n'eft pas praticable pour les canons. Mais il eft deux autres moyens fûrs de préferver le fer de la rouille, au moins d'empêcher qu'elle n'y occafionne des dégradations notables; l'un eft naturel & l'autre artificiel: mais pour que leur effet foit plus certain, il faut que le fer foit pur & poli. Le moyen de préferver le fer de la rouille par l'art, eft de lui donner un recuit fuffifant qui le couvre d'un vernis bleu plus ou moins foncé. Ce vernis n'eft formé que par les parties des furfaces du fer converties en une efpece de vitrification brillante. Le moyen naturel eft une roüille fondue, pour ainfi dire, qui fe forme lentement à la furface du fer expofé à l'humidité de l'atmofphere. Ce vernis brun, fouvent luifant, reffemble par fa contexture au vernis précieux des bronzes antiques; c'eft une couche d'hématite dure, fur laquelle l'humidité & les acides n'ont point de prife; & quoique la couleur en foit obfcure, elle a une forte d'agrément par le poli dont ce vernis eft fufceptible; mais il n'y a que le bon fer & l'acier qui s'en couvrent à la longue. Tous les fers vitrioliques & combinés d'autres parties métalliques hétérogenes, fe décompofent lorfqu'ils font expofés à l'humidité qui les couvre d'une rouille pulvérulente qui les détruit radicalement en attaquant de préférence les parties les plus impures ainſi que je l'ai démontré dans mon mémoire ſur les métamorphoſes du fer. Le vernis brun de la rouille fondue naturellement eſt un préſervatif aſſuré contre les progrès d'une rouille ultérieure, pour toutes les pieces de fer qui en ſont couvertes, particuliérement pour toutes les pieces d'artillerie : pour prouver ce fait je vais en citer un exemple dans l'eſpece:

Dans un préau du Château de S. Dizier en Champagne, on voit un pierrier énorme qui y eſt reſté depuis le dernier ſiege que cette ancienne for253tereſſe a ſoutenu en 1544, contre l'armée combinée de l'Empereur Charles-Quint. Cette piece eſt dans ſon genre un chef-d'œuvre d'artillerie, remarquable à pluſieurs égards, tant pour ſa forme que pour les différentes parties dont elle eſt artiſtement compoſée : ce qui m'engage à en donner ici la deſcription.

Le pierrier de S. Dizier a retenu l'ancien nom de *bombarde* qui fut le premier que l'on donna aux bouches à feu. Sa longueur totale eſt de huit pieds deux pouces, ſa bouche a vingt pouces trois quarts d'ouverture. Je me ſouviens que dans ma jeuneſſe, je me ſuis fouré, moi troiſieme, dans l'ame de cette piece. Ce pierrier eſt non-ſeulement compoſé de beaucoup de parties jointes étroitement enſemble, mais encore de matieres différentes. Toute la volée eſt compoſée de fer battu, & la charge qui compoſe le maſſif de la chambre & de la culaſſe eſt de fonte de fer. Cette derniere partie eſt un cylindre de trente-ſix pouces & demi de longueur dont on ne voit que trente-deux & demi. Il a dix-huit pouces de diametre à l'extrémité qui eſt coupée à angle droit, & vingt pouces à la jonction de la partie inférieure de la volée, près du premier renfort. Ce cylindre peut être conſidéré comme compoſé de trois parties, ſçavoir le fond de la culaſſe, le vif de la charge & la chambre. La culaſſe a ſix pouces & demi d'épaiſſeur; le vif de la chambre, de cinq deux tiers à ſept

pouces;

pouces ; il eſt percé, à ſept pouces de diſtance de l'extrémité, d'un trou perpendiculaire de ſix lignes de diametre,
qui forme la lumiere, laquelle eſt évaſée à ſon orifice en
forme de cul d'œuf. La chambre eſt une ouverture cylindrique de ſix pouces deux tiers de diametre & de trente pouces de profondeur. Il falloit unir cette partie, qui forme
la culaſſe & le tonnerre, à la volée, & les aſſujettir l'une
à l'autre par une union capable de la plus grande réſiſtance.
Pour y parvenir, l'on a commencé par poſer, à chaud, ſur
les bords de la piece de fonte de fer, un cercle de fer
battu de quatre pouces de largeur & d'un pouce d'épaiſſeur. On avoit ſans doute pratiqué ſous l'emplacement de ce
cercle une gorge pour en recevoir une portion qui pût faire
la baſe de l'aſſemblage. Cette précaution ne peut être que
préſumée, parceque l'état des choſes ne permet pas de la
découvrir. Sur ce lien l'on a ſoudé ſucceſſivement dix-neuf
douves de fer battu d'un pouce d'épaiſſeur, dont l'autre extrémité a été ſoudée ſur la ſurface intérieure d'un grand
cercle de fer de vingt-deux pouces trois quarts de diametre,
de trois pouces de hauteur & de dix-huit lignes d'épaiſſeur,
lequel forme la couronne du pierrier. Les douves bien
dreſſées, avant que d'être ſoudées, ont été jointes exactement entre elles, & enſuite contenues, recouvertes & fortifiées, par trente-deux liens & cordons de différentes épaiſ-
ſeurs & largeurs, dont les uns doublent les autres & forment
les renforts, plattes-bandes & aſtragales. On remarque ſur
ces liens différents ornements qui y ont été imprimés ; les
uns ſont l'écu de France pluſieurs fois répété ; les fleurs-
de-lys ſont maigres & allongées ; d'autres ſont de doubles
roſettes eſpacées entre les armes de France : l'on y remarque auſſi des monogrammes gothiques difficiles à déchif-
frer.

J'eſtime que ce pierrier peſe environ ſix mille huit cents
trente & une livres ; que ſa charge eſt de quarante-huit
livres de poudre, & qu'il pouvoit lancer huit pieds cubes
de pierres à deux cents toiſes de longueur, en diminuant

M m m

environ un tiers de la capacité intérieure de l'ame de fa
volée, pour les vuides que l'on ne peut éviter dans l'entaf-
fement des pierres dont on le chargeoit.

La conftruction de cette énorme piece a exigé beaucoup
plus de connoiffances, d'intelligence & de peines, qu'il
n'en faudra employer pour fabriquer les canons que je propofe. En perfectionnant les opérations & les procédés de
fa fabrique, nous fommes en état de forger des canons
qui feront d'une feule piece & d'un feul calibre dans chaque groffeur; au lieu que la chambre de ce pierrier n'a que
le tiers du diametre du calibre de la volée.

Pour rapprocher nos idées fur les effets de la rouille,
je ferai obferver que les furfaces extérieures de la bombarde
de S. Dizier, qui paroît avoir été fabriquée dès la naiffance
de l'Artillerie pyrique, fe font couvertes d'un vernis brun
fondu, qui a intercepté toute communication à l'eau, &
par ce moyen a empêché la dégradation des parties qu'il
recouvre, quoique ce pierrier foit refté expofé à toutes les
influences de l'air. Les feules parties extérieures qui touchent la terre & les intérieures fur lefquelles l'eau a féjour-
né, font légérement dégradées. Trois des douves de fa
volée qui n'ont pas été préparées avec le même foin que
les autres, ont pouffé en dedans des louppes qui font produites par des portions d'un fer impur qui s'eft décompofé:
accident qu'il eft aifé de prévenir, 1°. en préparant un fer
homogene, 2°. en ne laiffant point féjourner d'eau dans
les bouches à feu, 3°. en les élevant fur des affûts pour
qu'elles ne touchent pas la terre.

Pour parvenir à fabriquer des canons de fer d'une bonne
qualité, il faut y procéder par différentes opérations qui
doivent fe fuccéder, & que l'on peut divifer en trois efpeces principales. La premiere eft la préparation de l'étoffe
dont le canon doit être compofé; par la feconde on par-
viendra à réunir & à fouder fucceffivement plufieurs parties qui conftitueront un canon maffif & brut; enfin la
troifieme donnera l'ame & le poli. Ces trois opérations fe

subdivisent en d'autres secondaires dont nous verrons le détail dans l'analyse du travail que je vais décrire.

Dans mes Mémoires précédents j'ai indiqué les moyens d'obtenir d'un minerai de fer quelconque un bon fer. Je les rappellerai ici sommairement, & je donnerai des moyens de pratique dans l'affinage, le départ & le forgeage, qui sont les seuls par lesquels on puisse obtenir un fer fort, nerveux, homogene & bien corroyé.

Quoique ce soit un principe certain qu'il est possible de préparer un excellent fer avec les minerais les plus ingrats, les plus refractaires & les plus chargés de substances métalliques & minérales étrangeres, il est avantageux, pour économiser le travail, la dépense & les matériaux, de choisir les minerais les plus purs & les plus ouverts ; tels sont ceux que l'on tire des mines par dépôt, qui sont seuls ou mêlangés avec du spath calcaire, des terres bolaires & calcaires, des mines en roche calcaires, brunes ou rouges.

Il est rare que les minerais tirés des entrailles de la terre ne soient mêlangés ou encroûtés d'une terre étrangere qui n'est point métallique, ou qu'ils n'en contiennent intérieurement. Il est nécessaire de les en dépouiller par le lavage, & de les briser en morceaux dont les plus gros n'excedent pas un pouce cube. Je ne répéterai pas ici ce que j'ai dit sur l'art de bocarder & de laver les minerais. On peut consulter la troisieme section du troisieme Chapitre du Mémoire sur les moyens de laver & fondre les mines de fer, page 157.

Le grillage est une préparation qui est avantageuse aux minerais les plus purs, & qui est indispensable pour tous ceux qui contiennent des principes volatils étrangers, même des parties spathiques trop abondantes. Il faut donc soumettre au grillage tout minerai de fer destiné à la fabrique des canons, soit avant, soit après qu'ils auront été bocardés & lavés, soit entre ces deux opérations. Les minerais qui contiennent une terre argilleuse capable de se durcir au feu, doivent être lavés avant d'être grillés. Je ne confidere pas comme indifférente la matiere du feu du grillage préparatoire. Je préfere le bois au charbon , & le charbon végétal au charbon minéral; parceque ce feu préliminaire doit être doux & non de fufion. Le caractere du minerai doit en fixer l'intenfité & la durée.

Si l'on a des minerais en pierre d'une qualité douce, on pourra les traiter par la liquation , c'eft-à-dire en fabriquer le fer immédiatement avec le minerai dans une affinerie appropriée à ce travail avec des charbons provenant de bois réfineux, ainfi qu'il fe pratique dans le Dauphiné, dans la Catalogne, l'Isle de Corfe, & une partie de la Navarre & de l'Efpagne. On obfervera de féparer exactement l'acier qui fe trouve ordinairement dans l'intérieur des loupes faites par liquation. On procédera pour le forgeage avec les précautions que j'indiquerai pour les fers fabriqués dans les renardieres, afin d'en lier & d'en fouder exactement toutes les parties.

Les minerais qu'il eft néceffaire ou avantageux de traiter par la fufion pour les réduire en matte ou fonte de fer ( telles les mines en pouffiere, les minettes, celles en pifolithes, & celles de marais ), feront fondus dans des fourneaux elliptiques avec les attentions que j'ai indiquées dans le Mémoire cité ci-devant. L'on aura foin d'entretenir le fondage, de façon qu'il ne produife que des fontes grifes d'un grain fin & ferré, parceque cette efpece de fonte eft la plus pure. La blanche étant trop chargée d'alliage, donne un gros déchet à la refonte. La fonte noire contient des parties en deftruction qui operent une diminution de produit. La fonte fera moulée en gueufe, ou en guife ou en floff, fuivant les ufages locaux. Je préfere cependant la forme prifmatique des gueufes. On réduira la fonte en régule dans un petit fourneau de macération, dans lequel, par une refonte, on l'épurera de tout ce qu'elle peut contenir d'hétérogene. On pourra employer le falpêtre pour accélérer le départ; on écouvillonnera le feu avec du lait de chaux; l'on emploiera à cette opération des charbons d'essence mêlée. Lorsque l'on s'appercevra que les scories qui couvrent le régule en bain, diminueront en quantité, & qu'elles cesseront de couler, ce qui est une preuve que la dépuration de la matte est achevée, on lâchera, par le chio, le régule qui se moulera en une table d'un pouce & demi d'épaisseur, dans un moule formé avec un rable de bois, dans des frasins que l'on approvisionnera en face du foyer, au-dessous du niveau du fond du creuset. On divisera le régule par des traces profondes tirées transversalement avec la pointe d'un morceau de bois qui sert à bouger le feu, & de suite on jettera plusieurs seaux d'eau sur ce régule encore mou, pour faire détacher de sa surface les scories qui seront coulées avec lui. Lorsque la plaque de régule sera consolidée, on l'enlevera, on la divisera à coups de masse en gâteaux d'environ quinze pouces de longueur sur huit à neuf de largeur, qui se sépareront dans la direction des lignes que l'on y aura tracées, lorsqu'il étoit encore presque fluide : ces gâteaux se nomment fer macéré & par corruption *mazeré*.

Le fer macéré sera affiné & réduit en fer dans une renardiere bien laitineuse ; l'on emploiera dans cette opération des charbons doux qui ne soient pas mélangés de terre, de pierre ou de mine ; le feu sera écouvillonné avec du lait de chaux ; on donnera de la fluidité au laitier avec de l'herbu en poudre ; l'on rafraîchira le fer avec du laitier riche qui provient du sthoc, avec les copeaux du tour & la limaille du foret qui proviendront des canons finis par des opérations précédentes. L'affineur aura l'attention d'avaler le fer à mesure que les gâteaux de régule s'amoliront ; de le piquer fortement en poussant son ringard dans la piece, du chio à la haire ; de relever au vent tout ce qui pourroit s'écarter dans les angles du creuset ; de ne lâcher le laitier par le chio, que lorsqu'il sera trop abondant, ensorte qu'il pourroit gêner le vent, en remontant dans la tuyere ; d'entretenir le feu serré & non creux ; & lorsque sa loupe sera faite, de la lever promptement de crainte qu'elle ne soit brû-

lée par un feu trop continu, afin qu'un autre ouvrier lui fuc-
cede incontinent pour recommencer la même opération & que le travail ne languiffe pas.

La loupe, fortie du foyer, fera refoulée fur toutes fes parties extérieures, avec une maffe platte, que l'on nomme communément *bocard*, elle fera portée chaude fous le marteau. Il eft avantageux d'avoir dans les forges bien montées de petits marteaux d'ordon du poids de quatre à cinq cents, pour cingler les loupes. (Ces marteaux tirent de leur ufage le nom de cinglars.) Dans les forges où il n'y a qu'un marteau du poids de huit à douze cents, on eft forcé, pour cingler les pieces, de rallentir fa vîteffe, & de ne pas le faire relever jufqu'au rabat, crainte qu'il n'écrafe la loupe, qui n'a pas encore affez de confiftance pour réfifter aux efforts multipliés par la vîteffe de la roue, par l'élévation du marteau & par la réaction du reffort ou rabat. La loupe fera cinglée fur toutes fes faces fous une forme ovoïde, & enfuite fous celle d'un renard taillé à huit pans inégaux, dont quatre plus grands & quatre plus petits, égaux entr'eux, d'une longueur qui triple fon diametre.

Le renard, après fa premiere ébauche, fera reporté au feu pour y être chauffé à blanc, & être enfuite cinglé de nouveau; l'on aura attention de refouler les bouts du renard avec des maffes à bras, en l'affujetiffant fur l'enclume par le poids du gros marteau ; enfuite il recevra fur toutes fes faces l'impreffion des coups du marteau, pour en fouder exactement toutes les parties tant intérieures qu'extérieures, & il tiercera de longueur aux dépens de fon épaiffeur : alors il prendra le nom de piece recinglée.

Dans les travaux ordinaires des forges, pour préparer un fer brut pour le commerce, on ne recingle pas ordinairement les pieces : c'eft toujours un accident fâcheux qui oblige de répéter cette opération, qui retarde prefque toujours le travail de l'affinerie. L'on y eft forcé dans les forges fituées fur de petits ruiffeaux qui, dans des temps de fechereffe, ne fourniffent pas un volume d'eau fuffifant pour donner aux machines affez de mouvement; enforte que la loupe fe réfroidit & fe durcit avant que le marteau, qui frappe trop lentement, ait pu en raffembler & fouder toutes les parties. Le même accident arrive lorfque l'affineur a rompu fa piece fous le marteau, pour l'avoir voulu cingler trop vîte, trop chaude, ou trop dure, ou enfin lorfqu'elle contient intérieurement de la fonte crue, ce qui l'oblige d'en ramaffer les morceaux, de les entaffer les uns fur les autres, pour les réunir en une maffe informe qui fe durcit au point de ne pouvoir plus faire de liaifon : dans ces deux cas on eft obligé de reporter au feu la loupe qui n'eft qu'un renard informe, pour lui donner une feconde chaude capable de l'amolir au point que le marteau puiffe en exprimer les fcories, & en lier toutes les parties tant intérieures qu'extérieures.

Si je prefcris ici la néceffité de recingler toutes les pieces, pour préparer un fer capable d'entrer dans la fabrique des canons, c'eft que de cette opération dépend la liaifon de toutes les parties conftituantes du fer : en recinglant les pieces, on évite les chambres, les travers & les pailles. Une piece mal cinglée donne toujours une barre défectueufe ; & l'on ne peut apporter trop de précaution pour avoir un fer plein, bien corroyé & uni, pour être employé dans des ouvrages d'une auffi grande importance.

La piece recinglée fera reportée, fuivant l'ufage, au feu pour y être chauffée au-deffus du vent, plus dans fon milieu que dans fes extrémités; on en ébauchera enfuite fous le marteau l'échantillon, en lui donnant la forme d'une barre méplate de dix-huit lignes de largeur, fur douze d'épaiffeur : on continuera, par des chaudes fucceffives & par l'effet du marteau, de lui donner les mêmes dimenfions dans toute l'étendue que pourra fournir la maffe. On obfervera de baigner les chaudes dans le laitier; de les forger fuantes fans grillots; d'en ramaffer les maffes fous le marteau avant de trancher; de faire ratiffer le laitier qui s'attache au collet de la chaude, pour éviter les gravures; de ne pas trancher

profondément & inégalement, pour éviter les crans ; de
dreſſer chaud & de parer à l’eau avec juſteſſe, pour que
la barre ſoit dreſſée ſur des lignes bien paralleles, & qu’elle
ſoit bien dépouillée. L’on aura un grand ſoin que l’aire de
l’enclume & celle du marteau ſoient bien dreſſées, pour ne
pas faire tordre les barres ; que l’enclume ne ſoit pas creuſe,
crainte de faire fendre le fer ; que le marteau ne pince pas,
mais qu’il talonne légérement ; & pour conſerver au fer
toute ſa ſoupleſſe, on laiſſera réfroidir naturellement le fer,
ſans plonger les barres dans le bac, pas même les maquettes.

Lorſque les barres feront entierement réfroidies, on s’aſ-
ſurera de la qualité du fer en les ſoumettant à deux épreuves. La premiere ſera de les couper aux deux bouts, pour en
ſéparer ce qui pourroit être reſté d’écru, & en reconnoître
le grain ; pour ce, on entamera les ſurfaces, avec une tranche, ſur des lignes correſpondantes, puis on achevera de
ſéparer les bouts, en les rompant à coups de maſſe : l’on
examinera le fer à la caſſure, s’il eſt charnu ou grenu, s’il
s’arrache ou ſe rompt : le plus nerveux ſera mis en un lot,
& le grenu dans l’autre ; & ſi dans le nerveux il s’en trouve
d’un grain trop ſombre, on le mettra dans le lot du grenu,
pour compoſer celui de la deuxieme qualité. Le lot de la
premiere qualité ſera compoſé du fer dont le nerf ſera
long, bien charnu, d’un grain cendré argentin bien tor-
dant.

Cette premiere épreuve ne ſuffira pas pour s’aſſurer de
la qualité du fer dans toute l’étendue de la barre : on lui
en fera ſubir une autre, qui eſt celle du tour & du détour.
Pour y procéder, on établira ſolidement un cabeſtan vertical ou horiſontal, dont la fuſée, de fonte de fer, aura huit
à neuf pouces de diametre & environ quatre pieds de longueur. A un de ſes bouts prolongé hors de l’épaiſſeur de
ſes jumelles, on appliquera une puiſſance motrice quelconque ; on pratiquera ſur une des extrémités du corps du treuil
une lumiere qui pénetrera ſon diametre, laquelle ſera de
dimenſion ſuffiſante ſeulement, pour recevoir le bout des
barres :

barres : on affujettira contre les jumelles du treuil une forte
piece de fonte de fer percée dans fon étendue, d'une ouverture de dix-huit lignes de largeur dont les angles extérieurs feront abattus & qui correfpondra au centre du treuil.

Lorfque l'on voudra opérer, on commencera par plier légerement le bout de la barre, fur une longueur de trois à
quatre pouces ; on la paffera par la couliffe de la piece de
fonte de fer, pour l'introduire dans la lumiere du treuil ;
alors on fera agir la puiffance, qui imprimera au treuil un
mouvement de rotation, qui attirera la barre & la forcera
de s'appliquer en fpires fur fa furface; elle fera dirigée par
les bords de la couliffe, par laquelle elle filera. Lorfque la
barre fera prefqu'entierement paffée, on imprimera à la machine un mouvement contraire, qui fera dévider la barre
de deffus le tour, laquelle fe redreffera en paffant par la
couliffe. Si le fer fort de cette épreuve fans fe rompre, on
eft affuré qu'il eft de la qualité requife. Toutes les barres
fubiront cette épreuve. Celles auxquelles on remarquera
quelques défauts feront mifes à part, & prendront le nom
de *fer de noyau ;* & celles qui réfifteront à l'épreuve feront
féparées, & s'appelleront *fer de mife.* Ces deux qualités auront chacune leur emploi particulier dans la compofition du
canon, dont je vais détailler la manœuvre.

Toutes les expériences que l'on a faites pour reconnoître
d'où procédoit la force du fer, ont prouvé, que plus un fer
étoit compofé de fibres nerveufes rangées par faifceaux plus
ou moins finueux, dirigés dans la longueur des maffes ; plus
le fer étoit fufceptible de réfifter aux plus violents efforts :
que la force de fes fibres ne procédoit pas de leur adhérence latérale, puifqu'ils peuvent fe défunir ; mais de la
liaifon intime de leurs parties conftitutives qui font accro-
chées les unes aux autres, par continuité, comme les fibres du bois, les mailles d'une chaîne, ou les filaments des
cordages. Puifque plus un fer eft nerveux plus il a de force ;
que la force de tous les corps fibreux & nerveux réfide dans
leur étendue, & qu'elle fe multiplie par le nombre des ré-

N n n

volutions qu'on leur fait faire : il faut donc dans les maffes du canon, diriger les fibres du fer dans le fens où elles peuvent oppofer la plus grande réfiftance. Il n'eft point de moyen plus avantageux que de les contourner en fpirale, pour en former des canons d'artillerie de fer contourné, à-peu-près comme on en fait de moufquetterie. Pour éviter les répétitions & les ambiguités, je vais procéder pour un canon de douze livres de balle.

L'on commencera par monter une feconde chaufferie munie de deux bons foufflets de bois, mus par l'eau. Le creufet des foyers fera élevé de deux pieds au-deffus du fol; la partie antérieure de la cheminée & les côtés feront foutenus par des potences de fonte de fer qui s'appuieront contre la bafe du mur de la tuyere, afin que rien ne gêne la manœuvre. On établira des potences tournantes garnies de leurs poulies & de leurs crémailleres, pour retirer de la chaufferie, porter fous le marteau, & pour reporter au feu, les pieces qu'il n'eft pas poffible de faifir à la tenaille, à caufe de leur volume & de leur poids; l'ordon du gros marteau fera à bafcule, garni d'un reffort placé fous la queue du manche; l'aire de l'enclume & celle du marteau auront fix pouces de largeur fur quinze pouces de longueur : l'on aura un nombre fuffifant d'ouvriers pour alimenter le feu, le bouger, foigner les chaudes & pour toutes les manœuvre du forgeage.

Toutes chofes étant difpofées, on prendra des barres de noyau que l'on coupera de dix pieds de longueur; on en affemblera fept en une trouffe, contenues par trois liens pliés à chaud comme ceux des bottes de fenderie; on en placera un au centre & les deux autres à un pied près des extrémités. Ces barres feront rangées dans la trouffe de façon que les trois centrales foient pofées, de champ, fur deux mifes de plat, & recouvertes par deux autres rangées dans le même fens; par ce moyen les joints feront recouverts comme les liaifons de la maçonnerie. On chauffera cette trouffe par partie, en commançant par le milieu :

lorſqu’elle ſera chauffée ſuante, ou la portera, au moyen
des machines, ſous le gros marteau, pour ſouder les barres
enſemble; & l’on ébauchera ainſi un cylindre de trois pouces
de diametre en refoulant les angles. On continuera à chauffer
& à forger de ſuite un bout entiérement, juſqu’à ce qu’il
ſoit fini, avant de recommencer l’autre, en partant du milieu qui aura été chauffé & forgé le premier. Lorſque ce cylindre ſera fini ſur le même échantillon dans toute la longueur de la trouſſe, il aura augmenté environ d’un quart
ſur ſa longueur. L’on ſoudera ſur chaque bout une croſſe,
dont la tige aura deux pouces de groſſeur, & qui ſera terminée par un œil pour y paſſer un levier; on obſervera de
fixer les deux croſſes de façon que les deux leviers faſſent
la croiſée, afin d’avoir quatre points d’appui pour tourner
le noyau dans les différentes opérations de la manœuvre:
même il eſt avantageux de percer la tige de chaque croſſe
d’un ſecond œil, pour que l’on puiſſe manœuvrer avec un
plus grand nombre de leviers, à meſure que la piece prendra plus de volume & qu’elle exigera, en conſéquence, plus
de force pour la mouvoir.

Lorſque le noyau ſera fini, on ſe préparera à le charger:
pour cette opération, il faut une petite chaufferie, devant
laquelle on placera, très près du creuſet, deux ſupports de
fonte de fer: le haut de ces ſupports mobiles, que je nomme
*chambrieres*, ſera coupé en forme de croiſſant, formant un
demi cercle de dix pouces de diametre, lequel aura un pouce
d’épaiſſeur; leurs cornes tronquées ſeront échancrées en dehors, ſur des lignes elliptiques: en ſe réuniſſant à leur baſe
elles ſe termineront en une tige de quatre pouces de hauteur & de quatre pouces de diametre: cette tige s’élevera
ſur une eſpece de ſocle de dix pouces en quarré & de ſix pouces d’épaiſſeur, les côtés ſeront coupés en chanfrein, ſur la
moitié de leur hauteur. Ces chambrieres ſeront poſées à
huit pieds de diſtance l’une de l’autre, dans un enfoncement
d’un pouce de profondeur, pratiqué dans l’épaiſſeur d’un fort
madrier de bois porté ſur deux petits rouleaux.

N nn ij

On divifera le noyau en trois parties, le corps & les deux bouts : le corps aura dix pieds trois pouces de longueur pris dans le centre. On le délimitera par deux petits crans faits à la tranche. Les bouts prendront les noms des parties du canon, auxquelles ils correfpondront; l'un fe nommera le bout de la bouche, & l'autre du bouton.

On commencera par fouder le bout d'une barre de fer de mife, fur le cran du bout de la bouche : on pofera enfuite le noyau fur les chambrieres, de façon que la foudure de la barre foit en deffus. Sa direction avec le noyau fera oblique; enforte qu'elle ne décline de la perpendiculaire du côté du bouton, que de fon épaiffeur, pour qu'elle puiffe former des hélices autour du noyau. On aura foin que la barre traverfe le foyer dans fon grand diametre; qu'elle foit placée dans le feu à trois pouces de la tuyere, un peu au-deffus du vent, qui fera rendu divergent par l'applatiffement de la bouche de la tuyere : alors on fera agir mollement les foufflets. A mefure que la barre rougira au feu, des ouvriers tourneront le noyau au moyen des leviers paffés dans les tiges des deux croffes; un autre ouvrier, avec un marteau à main, frappera fur les révolutions que fera la barre autour du noyau, pour empêcher qu'elles n'occafionnent des chambres en formant des ondes, ou en mordant fur leurs voifines, & pour les forcer de s'appliquer exactement fur le noyau, & de fe ferrer de très près. L'extrémité de la barre, qui fera oppofée au cylindre, fera fixée à une maffe mobile du poids d'environ deux cents livres, qui, faifant effort contre les révolutions du cylindre, forcera la barre de s'appliquer fur le noyau avec plus d'exactitude. Ce poids produira l'effet du chariot du Cordier, lorfqu'il commet plufieurs torons enfemble. A mefure que la barre fera des révolutions fur le noyau, un ouvrier aura foin d'imprimer un mouvement progreffif au madrier qui fupporte les chambrieres, pour que la barre de mife foit toujours dans la même pofition dans le foyer.

Comme à la forge on ne pourra donner une longueur

fuffifante aux barres, pour qu'une feule puiffe envelopper le noyau dans toute l'étendue néceffaire, on amorcera en bifeau les bouts de ces barres; on les percera d'un trou au centre du bifeau, & on les affujettira enfemble avec une goupille à mefure qu'il en fera befoin. On fera enforte que les bouts de ces barres n'excedent pas à leur jonction leurs dimenfions. Lorfque la derniere révolution de la barre fera parvenue au cran du bouton, on la coupera avec une tranche; on fera ceffer l'action des foufflets, & le noyau fera couvert de fa premiere charge.

Les révolutions de la barre de mife n'auront pu fe fouder, parceque dans l'opération de la charge le fer aura reçu une chaleur douce, capable feulement de le faire plier. Il fera néceffaire de procéder à la foudure par une feconde opération; elle fe fera dans la grande chaufferie où l'on tranfportera le noyau chargé; il fera fupporté fur deux chambrieres pareilles aux deux que j'ai décrites précédemment; mais elles feront pofées dans un fens contraire: l'une fera en face du chio, & l'autre derriere la haire. Ces deux pieces du creufet feront échancrées hemicirculairement fous l'emplacement du noyau, afin que les chaudes puiffent baigner dans le laitier, qui ne fe lâchera que lorfqu'il gênera la tuyere. On commencera à chauffer par le bout de la tulipe; on tournera le noyau dans le feu afin de le faire chauffer également fans le brûler, autour d'une portée d'environ douze pouces de longueur. On faupoudrera le feu de temps en temps avec de l'herbu & du laitier; & lorfque l'on s'appercevra, par la couleur de la flamme, que le fer fera chaud, on enlevera la piece du feu au moyen des machines, pour la porter fur l'enclume, & l'on fera agir le marteau; on roulera la chaude d'un bout à l'autre de l'aire de l'enclume; on avancera & on reculera la chaude pour la préfenter dans toutes fes parties aux coups redoublés du marteau. Cette opération demande beaucoup de célérité. Lorfque l'on verra que les fers feront bien foudés, on en applanira les furfaces. Cette opération finie., on reportera la piece au feu pour lui donner une feconde chaude en fuivant la premiere, ainfi fuccef-fivement jufqu'à ce que la premiere charge foit entiérement foudée : alors le noyau fera revêtu de fa chemife. Il s'a-gira de le couvrir d'une deuxieme charge, pour laquelle on procédera comme pour la premiere, en obfervant de la commencer par le bout de la culaffe, afin que les fecondes révolutions de la barre de mife croifent celles de la pre-miere charge. L'on continuera à charger & à fouder juf-qu'à ce que la piece forme un cylindre d'un diametre plus fort d'un demi-pouce que celui que le canon maffif doit avoir dans la partie la plus foible de la volée : on s'affu-rera des épaiffeurs avec le compas à branches courbes.

Si le cylindre étoit la forme d'un canon, fa maffe feroit complette après ces opérations ; mais l'expérience a dé-montré qu'un canon devoit avoir une forme pyramidale compofée de plufieurs cônes tronqués, de dimenfions diffé-rentes, unis enfemble bout à bout, pour donner plus d'é-paiffeur à fes diverfes parties, en raifon de la réfiftance qu'elles doivent oppofer à l'effort de l'explofion, du frot-tement & du choc : c'eft pourquoi il faut continuer de charger le noyau fucceffivement dans les différentes par-ties des renforts. On commencera par la culaffe ; on pro-longera la premiere charge des renforts jufqu'à moitié de la volée, pour donner plus d'épaiffeur à cette partie qui commence au bout du fecond renfort. L'on continuera de charger & de fouder jufqu'à ce que le premier & le fecond renfort aient une épaiffeur refpective qui excédera d'un quart de pouce celle qu'ils doivent avoir après le travail complet. L'on obfervera à chaque charge de croifer les volutes des bandes de mife, pour lier d'autant mieux les parties nerveufes du fer.

Lorfque le canon aura acquis en groffeur fes différentes dimenfions, on roulera des bandes de mife en forme d'an-neau fur l'emplacement de la platte-bande & de la moulure de la culaffe, de l'aftragale de la lumiere, des plattes-bandes

& des moulures du premier & du deuxieme renfort, de l'aftragale de la ceinture, de celui du colet, de la tulipe & de la couronne. Lorfque tous ces ornements feront foudés, on examinera exactement les furfaces de la piece, pour voir fi l'on n'y obferve point de défaut : s'il y en paroiffoit quelques-uns, on chaufferoit la piece dans l'endroit où il y en auroit, pour y fouder un bout de bande de mife. L'on procédera enfuite à placer les tourillons près de la platte bande du deuxieme renfort. Les tourillons feront formés de tronçons des noyaux des canons qui auront été forgés auparavant : ils auront un diametre & demi en longueur, parcequ'en les foudant ils feront refoulés : on leur donnera, ainfi qu'aux emplacements de la piece, qui doivent les recevoir fucceffivement, une chaude fuante, & on les foudera avec des marteaux à main. Lorfque cette opération fera finie, on laiffera refroidir le canon.

Le canon, au fortir des mains des Forgerons, ne fera encore qu'une maffe brute & adhérente aux bouts du noyau & aux croffes. Il fera porté dans cet état à l'alezoir, pour y recevoir les formes extérieures. Les ouvriers de cet attelier commenceront par en féparer, par la fcie, les bouts du noyau, qui feront coupés, l'un où doit fe terminer la couronne, & l'autre à l'extrémité du bouton, ce qui donnera au canon une longueur de dix pieds. Les bouts de noyau feront remis aux Forgerons pour en féparer, à la tranche à chaud, les croffes auxquelles on fera les réparations néceffaires. L'on montera le canon fur un tour à l'eau, pour y recevoir le poli & le fini extérieur. L'on y brafera enfuite les anfes, des plaques & des banderoles, pour y fculpter des armes & des devifes fi on le juge à propos.

La piece dans cet état fera foumife à la machine du foret pour former l'ame, avec une fuite de quarrés d'un excellent acier & de groffeur graduée, jufqu'à quatre pouces quatre lignes que doit avoir de calibre une piece de douze livres de balle, pour recevoir un boulet de quatre pouces deux lignes, afin qu'il ait fuffifamment de vent pour la chaffe. L'on forera auſſi la lumiere, qui pourra dans la ſuite, être ouverte dans une maſſe de fer battu, ſcellée au vif de la piece par vis & écrous, quand la premiere lumiere qui aura été faite, ſe ſera déformée par un long uſage.

Lorſque le canon ſera complet dans toutes ſes formes, on le fera rougir légérement dans toute ſon étendue. Cette opération remplira deux vues. Le premier avantage que l'on en tirera, ſera de le couvrir d'un vernis bronzé qui ſortira de ſa propre ſubſtance, lequel le garantira de la rouille. Le ſecond ſera une des meilleures épreuves que l'on puiſſe faire ſubir à un canon, parceque s'il eſt taré de quelques défauts, la chaleur, en dilatant les parties qui ne ſeroient pas ſoudées exactement, les feroit paroître, tant au dehors par la ſeule inſpection, qu'au dedans par le moyen du miroir en y réfléchiſſant les rayons du ſoleil, & en y paſſant la griffe. Après l'épreuve du feu, lorſque le canon ſera refroidi, il ſubira celle du tir à double charge, à charge & demie & à charge ordinaire avec le boulet, avant d'être placé dans le parc.

En ſuivant les procédés que j'ai indiqués dans ce Mémoire; en confiant les opérations à des ouvriers intelligents, travaillants ſous les yeux d'un Inſpecteur qui ſoit exercé dans les travaux du fer, j'oſe aſſurer que l'État ſe procureroit des canons, d'Artillerie & de mer, de fer contourné, qui réuniroient tous les avantages que l'on deſire ſe procurer depuis long-temps. Pour s'en convaincre, il ſuffit de faire quelques réflexions ſur les accidents qui rendent notre Artillerie actuelle dangereuſe & de peu de durée.

Tous nos canons d'Artillerie, & généralement toutes les bouches à feu, ſont compoſés de métaux fondus, ſeuls ou combinés. Il eſt de principe reçu en Métallurgie, que la fuſion aigrit en général les métaux, & que le forgeage leur donne du corps & de la denſité. La fonte de fer eſt une des ſubſtances les plus aigres. Dans le Mémoire précédent, j'ai donné un moyen de lui donner de la liaiſon, & d'en augmenter la réſiſtance en la purifiant par la macération pour la

réduire

réduire à l'état de régule, qui l'approche de celui du fer : mais le régule n'a pas la force & la tenacité du fer battu, qui, de tous les métaux, eft celui dont les parties font les plus roides & les mieux liées les unes aux autres.

Tous les métaux fondus, en fe refroidiffant, deviennent criblés d'une infinité de petits vuides irréguliers. Ces vuides font formés par la retraite refpective de chaque molécule métallique, qui prend une configuration qui lui eft naturelle, & refte ifolée. Les métaux forgés, au contraire, font leur retraite, qui eft beaucoup moins fenfible, dans la totalité de leur maffe, parceque leurs parties plus liées fe touchent toutes, ce qui conftitue leur denfité. La liqueur corrofive, que produit la poudre enflammée, ne peut les pénétrer ; elle tranfpire au contraire à travers les maffes des canons de cuivre fondu, les corrode, & les met hors de fervice en peu de temps. Les canons de fer forgé contourné ne donneront pas la même prife à la liqueur corrofive de la poudre : elle endommagera au plus légérement leurs furfaces intérieures. Elle ne pourra pénétrer dans l'intérieur des maffes, parceque le tiffu de l'étoffe eft ferré & continu. Ces canons ne creveront pas lorfqu'ils feront exécutés avec les attentions néceffaires, parcequ'ils oppoferont à l'effort du tir une réfiftance dix fois plus forte que les canons de fonte cuivreufe, même fous un volume beaucoup inférieur.

De la faculté que l'on aura de diminuer l'épaiffeur du vif des bouches à feu, en les compofant de fer contourné, il réfultera une foule d'avantages inappréciables pour la célérité de la manœuvre, & la facilité du tranfport. Une Artillerie légere diminue immenfément la dépenfe, parceque fon fervice exige moins d'hommes & de vivres; moins de chevaux, de fourrages & d'équipages. Une Artillerie lourde ne permet pas l'exécution des opérations qu'exigent des circonftances imprévues, dans une affaire dont la réuffite dépend de la promptitude de l'exécution. Combien de batailles perdues, par la difficulté de faire arriver l'Artillerie dans ces moments critiques qui décident du fort des Nations. Les avantages d'une Artillerie légere ne font pas moins précieux fur mer que fur le continent. Combien d'accidents funeftes & d'inconvénients n'ont d'autre caufe que le poids énorme de l'Artillerie marine, qui force de diminuer le nombre des bouches à feu dont un vaiffeau pourroit être armé; de jetter à la mer une partie de l'Artillerie, lorfque des voies d'eau ne peuvent être arrêtées qu'en allégeant le vaiffeau, parcequ'il eft entr'ouvert près de la furface de l'eau. En armant nos vaiffeaux avec des canons de fer battu & contourné, qui feront d'un tiers plus légers, & dix fois plus réfiftants, non feulement ces inconvénients ne fubfifteront plus, mais auffi l'on évitera les accidents fi ordinaires avec les canons dont on fait ufage actuellement, & qui crevent fi fréquemment.

L'on ne manquera pas de faire, contre cette nouvelle théorie d'Artillerie de fer forgé contourné, les objections fuivantes : 1°. que l'on n'a pu réuffir jufqu'à préfent à forger des canons de fer qui aient les qualités requifes; 2°. que les canons de fer feront fujets à la rouille; 3°. que ces canons étant plus légers, leur recul fera plus fort, conféquemment leur portée plus foible; 4°. que lorfque les canons de fer feront hors de fervice, leur matiere fera en pure perte. Il eft néceffaire de détruire ces objections.

Si l'on n'a pû parvenir jufqu'à ce jour à fabriquer des canons de fer battu, qui réuniffent toutes les perfections exigibles dans les bouches à feu, il eft probable que l'on n'a pas apporté, dans la fabrication, toutes les précautions néceffaires, 1°. pour fe procurer un fer exempt de matieres étrangeres; 2°. pour en lier exactement toutes les parties; 3°. pour en augmenter la force par la contexture de fes fibres contournés comme les torons des cables, & pour ainfi dire, ruftés les uns fur les autres. On réuffit en petit pour la moufquetterie. Pour obtenir en grand le même fuccès, il ne faut que de l'expérience, de l'activité dans le travail, & de la précifion dans les opérations.

La rouille qui attaquera plus particuliérement les furfaces de l'ame des canons de fer forgé contourné, n'eft pas un argument invincible, puisqu'il est constant que la liqueur corrosive de la poudre enflammée, de laquelle on a le plus à craindre, aura moins de prise sur les canons de fer forgé contourné, qu'elle n'en a sur ceux de cuivre, & à deux égards, puisque le cuivre cede plus facilement que le fer à cet agent corrosif, & que le cuivre fondu est non-seulement poreux par la contexture de ses parties propres, mais encore parceque les parties métalliques qu'on lui unit, tel le zinc & l'étain, l'abandonnent souvent, & ne laissent qu'un squelette métallique, à travers lequel la liqueur corrosive pénetre comme dans une éponge, ce qui fait suer les pieces. La densité du fer bien corroyé opposera une résistance invincible à la liqueur de la poudre, qui ne pourra pénétrer les canons qui en seront composés; & pour empêcher qu'elle ne fasse des progrès sur les surfaces, il suffira d'apporter de l'attention & de la propreté pour laver les bouches à feu après leur service.

S'il arrivoit que l'ame des canons de fer forgé contourné, par l'effet d'un long service, vînt à s'élargir, il seroit possible de tirer avantage de cet accident, attendu la solidité de la matiere. On augmenteroit alors le poids des boulets, que l'on pourroit graduer plus foiblement qu'il n'est d'usage, comme de livre en livre; enforte qu'un canon du calibre de douze livres de balles, dont l'ame se feroit élargie par un long service, feroit chargé avec un boulet de treize, pour qu'il n'ait que le vent nécessaire à sa chasse; ensuite de quatorze, de quinze & de seize. Dans le cas où il feroit besoin de réparer des inégalités, des rayures occasionnées par le frottement des boulets mal calibrés, il feroit facile de faire cette réparation au moyen du foret, d'un calibre auquel on estimeroit que le canon pourroit être porté. N'a-t-on pas, dans les dernieres guerres, foré avec succès des canons de fonte de cuivre de huit livres, sur le calibre de dix, même de douze; d'autres de dix-huit sur celui de vingt-quatre? Cet expédient n'est donc point un paradoxe; & puisqu'il a été pratiqué pour des canons de cuivre, il peut l'être, à plus forte raison, pour

des canons de fer forgé contourné, dont les maffes oppoferont
une réfiftance bien fupérieure à celle du cuivre fondu, fur-
tout avec le zinc & l’étain. Le prétendu accident de la
rouille ne peut donc donner au fer battu l’exclufion pour
en fabriquer des canons.

Si l’on objecte que les canons de fer battu étant plus légers , ils feront d’autant plus fujets à reculer , parceque la
vîteffe du recul eft en raifon du poids du canon, conféquemment que la portée du boulet fera moins longue; je répondrai, 1°. que l’action de la poudre étant une puiffance qui
agit entre deux points qui oppofent chacun une réfiftance
proportionnée à leur maffe, le poids du canon fera toujours
fi fupérieur à celui du boulet, quand même on diminueroit
d’un quart le poids du canon, que fa force d’inertie réagiffant
fur le boulet par fa réfiftance à l’effort de la poudre, en raifon de la fupériorité de fa maffe, rendra le recul prefque nul;
2°. que la réfiftance du canon à l’effort du recul étant augmentée par le poids de l’affut, parceque les tourillons du
canon appuyant exactement fur l’affut, fa maffe devient une
fomme de réfiftance additionnelle à celle du canon, & que
dans le cas où ces deux maffes combinées du canon &
de fon affut, ne fuffiroient pas pour annéantir l’effet du
recul, l’on pourra charger les flafques de l’affut d’un poids
quelconque , qui fera égal ou plus fort que celui dont on
aura diminué la maffe du canon de fer; alors le recul n’aura
plus d’effet, & l’objection fera fans fondement.

J’obferve que pour les pieces de rempart, il feroit avantageux de leur donner l’épaiffeur que l’ordonnance exige
pour les canons de cuivre, appellés canons de fonte, par la
raifon que j’ai déduite plus haut, parceque fucceffivement on
leur donneroit différents calibres, à mefure que le long fervice en déformeroit l’ame.

Les canons de fer forgé contourné, lorfqu’ils feront entiérement hors de fervice par un très long ufage, ne feront point
des maffes inutiles en pure perte, à charge à l’Etat. On les
fciera par tronçons, pour être forgés & réduits en barres

pour servir dans le commerce : on pourroit même le faire servir à la fabrique de nouvelles bouches à feu, en ranimant le fer avec du laitier riche dans une bonne chaufferie.

Le fer battu n'est pas seulement propre à faire des canons d'Artillerie, il peut être employé à faire des boulets d'un meilleur service que ceux de fonte de fer : la Russie en fait forger. Ces boulets ont plus de vîtesse en raison de la densité de leur masse qui, sous un moindre volume, a un poids égal à celui de la fonte : la proportion de leur poids spécifique est comme 528 est à 580. D'ailleurs le fer battu ayant plus de souplesse que la fonte, le boulet de fer pénetre plus avant dans les corps qu'il atteint : de même qu'une balle de plomb passe à travers une plaque de fer mobile, suspendue, qui repousse une balle de fonte du même poids, tirée avec la même charge de poudre.

Il n'est pas difficile de forger des boulets de fer entre une enclume & un marteau, dans chacun desquels on pratique un enfoncement hemi-sphérique, bien correspondant & du calibre du canon, pour que le boulet y reçoive les dimensions de son diametre. Les boulets de fer se finissent par la seule opération du forgeage, parceque le mouvement du marteau & le trémoussement de l'enclume les retournent en tous sens. Ils reçoivent un poli suffisant pour ne pas rayer l'ame des canons; au lieu que pour finir les boulets de fonte de fer, quoiqu'ils aient été bien ébarbés, il faut les tourner après les avoir fait rougir au feu : il y en a beaucoup qui périssent dans cette opération.

Il est aussi très facile de faire des balles de mousqueterie avec du fer forgé. Pour réussir, il faut forger de petits cylindre de fer doux, les ébaucher sous un martinet dont l'aire & celle de son enclume soient planes, & les finir sous un autre martinet dans lequel il y ait, comme dans l'enclume, un goulot creusé dans le travers de l'aire. On peut encore les finir en les faisant passer par une grosse filiere. Ces cylindres seront coupés à froid, au moyen d'une forte cisaille muë à l'eau, d'une mesure déterminée qui ad-

mette les proportions du cylindre à la sphere, qui font comme
113 eſt à 144. L'on commencera par ébaucher la rondeur
des tronçons, entre deux mandrins, à coups de marteaux, &
on finira les balles à froid fous un fort balancier femblable
à celui des monnoies, dans deux coquilles d'acier très dures
& bien correfpondantes. On fait que l'on fait juſqu'à foixante pieces de monnoie par minute, ainſi cette opération
fe fera avec prefque la même célérité.

Les observations contenues dans ce Mémoire préfentent pluſieurs moyens d'employer avantageuſement le fer,
qui eſt un métal abondant en France; celui de tirer un plus
grand avantage des pieces d'Artillerie qui en feront fabri-
quées, en les rendant plus légeres, plus durables & moins
dangereufes dans le fervice; de fupprimer le cuivre, le zinc
& l'étain, que nous tirons en plus grande partie de l'Etran-
ger, & dont on a fait ufage juſqu'alors pour la compoſition
du métal combiné dont on fond les bouches à feu; enfin de
remplir les vues d'utilité, d'économie & de perfection que
l'on defire fe procurer depuis long-temps.

L'on fait de grandes chofes quand on veut fe dépouiller
des préjugés fi contraires à l'avancement des Arts, & quand
on eſt fortement paffionné du defir de la perfection. Un Etat
ne doit point négliger les projets des Savants & des Ar-
tiſtes. Il eſt au contraire de fon intérêt de faire exécuter
ceux qui préfentent des avantages auffi réels que celui que
je propofe, ayant fondé la théorie de cette nouvelle Artillerie fur une expérience acquife par un grand nombre d'années dans les travaux en grand du fer. Je ne m'occupe jamais de la fabrication de ce métal fans beaucoup d'intérêt.

　　　Eſt Deus in nobis, agitante calefcimus ipfo.

# MÉMOIRE

## SUR DES

## CRYSTALLISATIONS MÉTALLIQUES,

### PYRITEUSES ET VITREUSES ARTIFICIELLES,

### FORMÉES PAR LE MOYEN DU FEU.

1. Un Auteur (1), estimable par ses nombreuses connoissances, a publié l'an passé, „ que l'on peut établir pour
„ principe, que l'eau tenue dans son état de fluidité & ai-
„ dée du secours de l'air, est le principal & peut-être l'uni-
„ que instrument de la Nature dans la formation des crys-
„ taux métalliques : qu'on ne peut attribuer la génération
„ des crystaux métalliques à des fusions violentes qui s'o-
„ perent dans le sein de la terre au moyen des feux sou-
„ terrains que l'on y suppose : qu'inutilement on tenteroit
„ d'imiter ces crystaux dans nos Laboratoires *par le se-*
„ *cours du feu ou par la voie seche*, plutôt que par la voie
„ humide : qu'il ne faut pas confondre les figures ébau-
„ chées par l'art avec les vraies formes crystallines, qui
„ sont le produit d'une opération lente de la Nature par
„ *l'intermede de l'eau* ".

2. Je vais demontrer par des faits, que ce principe
établi ne doit être considéré que comme une conjecture
fondée sur les connoissances acquises jusqu'alors par l'Auteur, & que l'art peut faire paroître les métaux, les minéraux & les substances vitreuses, sous des formes de crystaux parfaitement réguliers.

3. Dans mon Mémoire sur les métamorphoses du fer,

_______________________

(1) M. Delisle, *Cryftallographie*, pages 321 & 322.

j'ai ébauché cette matiere, j'y ai décrit la configurattion des cryſtaux de la fonte de fer & de ſon régule ; mais je n'a-vois pas encore découvert des cryſtalliſations ſi parfaites de la fonte de fer, que celles dont je m'occupe dans ce Mémoi-re. C'eſt un morceau qui s'eſt trouvé niché dans une maſſe de fonte & de laitier, qui eſt reſtée en fuſion pendant plu-ſieurs jours, & dont le refroidiſſement a été prolongé pen-dant plus de quinze dans mon fourneau ; en ſorte que les ſubſtances environantes ont eu le temps de faire leur re-traite, & les molécules de la fonte, celui de prendre leur for-me cryſtalline réguliere. Ce morceau eſt irrégulier dans ſon enſemble ; ſa baſe eſt encore adhérente à des parties de lai-tiers qui forment une gangue artificielle. L'on y apperçoit deux cryſtaux cubiques de régule de fer : la partie du milieu s'éleve comme une crête percée à jour ; elle eſt formée d'une multitude de cryſtaux de fonte de fer. Chaque cryſ-tal eſt compoſé de pluſieurs autres, grouppés réguliérement. Le premier élément eſt un rhombe qui eſt ſurmonté en ligne perpendiculaire d'autres rhombes articulés, qui vont toujours en décroiſſant, juſqu'à former une pyramide à baſe rhom-boïdale. Sur les quatre côtés de cette pyramide principale & centrale, ſont implantées à angle droit, depuis la baſe juſqu'au ſommet, d'autres pyramides de même forme, & qui décroiſſent en groſſeur & longueur ſelon le rang qu'elles y occupent ; en ſorte que la coupe d'un cryſtal compoſé eſt une étoile quadrangulaire, & dans le profil de ſon éléva-tion, il préſente des arbriſſeaux reſſemblants à de petits ſapins à branches quaternes oppoſées. Quelques-uns de ces cryſtaux ſont ſurcompoſés à l'infini, c'eſt-à-dire, que ce ſont des grouppes de cryſtaux réguliers & complets implantés ſur des pyramides latérales du premier cryſtal. Ces cryſtaux ſont tous abſolument ſemblables, ils ſont réguliers dans toutes leurs parties ; & s'il y en a qui different entre eux, ce n'eſt que par leur volume : ils ſont donc parfaits (1).

-----

(1) Voyez les Planches XI & XIII.

4. L'eau n'a eu aucune part à la génération des cryſtaux que je viens de décrire. La diviſion primordiale de la matiere dont ils ſont compoſés, a été opérée par le feu qui a réduit la ſubſtance métallique dans une fuſion parfaite; les autres agents n'y ont pas concouru : l'art les a conduits à leur perfection, en procurant à la matiere le degré de feu le plus violent, & le refroidiſſement le plus lent : donc l'art peut parvenir à la génération des cryſtaux métalliques, en employant des moyens convenables. Je conçois que ces opérations ne peuvent réuſſir que très difficilement dans nos Laboratoires de Chymie : car leurs feux ſont foibles en comparaiſon des feux de nos fourneaux à fondre le fer, & leur refroidiſſement eſt trop prompt, les maſſes n'étant que des minicules relativement aux travaux en grand de la Sidérotechnie : cependant les Chymiſtes ſont parvenus à obtenir des cryſtaux par la voie ſeche, & par celle de l'amalgame (1).

5. En obſervant les mêmes attentions & les mêmes précautions par leſquelles j'ai obtenu des cryſtaux de fonte, je me ſuis procuré des cryſtaux de régule de fer, qui ſont des tétraédres, ou des cubes ou des parallelipipedes. Ces cryſtaux ſont abſolument ſemblables à ceux des mines de fer & des pyrites qui affectent ces formes; ils n'en different que par la couleur : ceux de régule ſont d'une couleur blanche argentine, les pyrites ſont jaunes, & les mines de fer ordinairement ſont d'un brun plus ou moins foncé. Voyez, planche XIII.

6. Les fourneaux de fonderie des forges, ſont les inſtruments avec leſquels l'art peut approcher le plus près des opérations de la Nature pour imiter les produits des volcans. Si nos fourneaux ne peuvent pas embraſſer des maſſes énormes de matieres, j'oſe dire qu'ils donnent à celles qui leur ſont ſoumiſes le dernier degré de chaleur poſſible, puiſque les corps les plus réfractaires s'y fondent, s'y décompoſent & ſe combinent, tant par l'effet de la chaleur

(1) MM. Rouelle & Sage.

pouffée au dernier degré par le métal en fufion, & par la continuité de l'action, que par le mélange des corps différents qui fe fervent les uns aux autres de fondants. Il fort de nos fourneaux des laves de toutes les efpeces, des vapeurs, des fumées, des fublimations de différente qualité, & qui varient par leur odeur & leur couleur. L'œil exercé d'un obfervateur attentif découvre dans tous ces objets des chofes dignes de fes recherches, & qui lui indiquent la marche de la Nature. Si l'on introduifoit dans nos fourneaux, en qualité proportionnée à leur puiffance, toutes les efpeces de matieres qui fe précipitent dans les gouffres des volcans, il en réfulteroit les mêmes produits; les faits fuivants en font une premiere démonftration.

7. Les laitiers, qui font le produit des fubftances étrangeres unies au minerai, lefquelles en font féparées par la fufion en fe combinant avec les cendres produites des charbons & avec les débris des parties qui compofent le creufet du fourneau, fe changent en des corps qui ont le coup-d'œil extérieur des gangues & du quartz opaque; & lorfqu'ils font plus épurés, ils forment des cryftallifations de différentes fortes, telles que celles que j'ai tirées de mon fourneau. J'en poffede un morceau intéreffant par fa nature & par fes formes; il eft chargé de cryftaux teffulaires à demi-tranfparents, d'une couleur d'un brun jaune, formant des prifmes hexaédres à deux grandes faces & quatre petites. Il y a plufieurs de ces cryftaux qui ne font que les éléments des autres; ceux-ci forment des prifmes quadrangulaires, dont la bafe eft un trapeze. Quelques-uns de ces prifmes font terminés par une pyramide quadrangulaire tronquée, qui forme un pentaédre rhomboïdal: deux de ces prifmes réunis par leurs grandes faces forment des prifmes hexagones. On voit quelques-uns de ces cryftaux complets, dont la bafe eft coupée à angle droit, qui reffemblent à des topazes par la forme & la couleur.

8. Ces cryftaux ont un éclat vitreux à leur caffure, ils font feu avec le briquet, font infolubles dans les acides, ne décrépitent point dans le feu, ils y perdent leur tranf-

parence & s'y fondent à la maniere des grenats ; le verre qui
en réfulte eft brun, couvert d'un vernis martial chatoyant : ils
n'attirent point les cendres comme la tourmaline ; leurs
propriétés fembleroient avoir quelque rapport avec les fubftances mommées fchorl par MM. Delifle & Sage , d'autant
plus que ce dernier définit le fchorl une fubftance participant d'un métal, particuliérement du fer , combiné avec un
principe falin & phofphorique. Mais il vaut mieux , avant de
prononcer fur la nature de ces cryftaux, attendre qu'un examen
plus réfléchi ait répandu plus de jour fur cette cryftallifation & fur le fchorl : peut-être que cette cryftallifation artificielle eft l'effet d'une combinaifon qui fait un corps particulier formé dans l'élément du feu, contre le fentiment de
ceux qui refufent la génération d'une infinité de fubftances
aux volcans , & qui foumettent toutes les opérations de la
Nature à l'empire de l'eau. Le feu & l'eau donnent à-peu-
près les mêmes produits par des procédés différents , avec
des fubftances qui peuvent fe modifier également par ces
deux agents. Mais l'eau, qui peut diffoudre & cryftallifer les
fels , charier & faciliter la condenfation d'un métal minéralifé , ou en état de décompofition, élever la charpente des
corps organiques, ne peut concourir à donner à aucun métal, en fon état de métallité parfaite, une forme réguliere,
le cryftallifer enfin, puifque l'on généralife cette expreffion. C'eft au feu, l'agent le plus actif, le plus puiffant de
la Nature , que font réfervées ces importantes opérations :
le feu acheve en des inftants très courts le réfultat de ces
opérations ; au lieu que l'eau y emploie une longue fuite de
fiecles. Voyez , planche XIII.

9. Je poffede auffi une cryftallifation d'une couleur &
d'une configuration un peu différente ; c'eft une craffe
de chaufferie de forge qui contient beaucoup de fer décompofé , & qui eft reftée long-temps à refroidir dans le foyer.
La furface intérieure de cette maffe eft hériffée de cryftaux
teffulaires , d'une couleur rouge rembrunie qui tire à celle
du grenat ; leur forme réguliere & complette eft un prifme

O o o ij

déprimé décaëdre, composé de deux pyramides tronquées & très déprimées, unies par leur base, en sorte que les quatre grands pans de chacune forment des trapezes alongés. Tous les cryftaux de ces morceaux ne sont pas complets. L'on voit des cubes déprimés, des prismes quadrangulaires & triangulaires isolés, qui sont les éléments des cryftaux complets & réguliers. La subftance de ces cryftaux présente les mêmes phénomenes que ceux dont j'ai parlé plus haut; ils en different par une couleur plus exaltée, parceque sans doute ils contiennent plus de chaux de fer vitrifiée. Les formes sont à-peu-près les mêmes, puisque dans ces deux cryftallisations on y remarque également des prismes quadrangulaires à base trapézoïdale; c'est pourquoi je considere ces deux subftances comme analogues. Ces cryftallisations pourront donner lieu à fonder une nouvelle théorie de la génération de la plupart de certains cryftaux gemmes.

10. Une cryftallisation cubique de couleur d'or, que j'ai recueillie parmi les produits de mon fourneau, n'eft pas moins intéreffante que les précédentes : ces cryftaux sont semés à l'intérieur & à la surface des morceaux d'une subftance vitreufe & ferrugineufe; ils sont infiniment petits, ayant au plus la deuxieme partie d'une ligne de face; mais ils forment, tous, des cubes abfolument réguliers. J'avois obtenu, il y a quelques années, un cryftal de la même nature, qui s'étoit formé sur un charbon, il avoit une ligne & demie de face; il avoit donc 5832 fois le volume de ceux-ci. Mais il s'eft éclipfé dans les mains des curieux qui ont vifité mon cabinet.

11. Dans les fourneaux où l'on exploite les mines en grain de Champagne, on apperçoit fouvent à la surface des pieces qui en font coulées, & sur les gueufes, un vernis de couleur d'or, même cuivreux; les cryftaux dont il s'agit sont compofés de la subftance qui forme ce vernis. Ces cryftaux sont fort adhérents à la matiere vitreufe, sur laquelle ils se sont formés, en sorte qu'il eft très difficile de les en détacher : ils sont attirables à l'aimant; ils n'ont point de ductilité, ils se brifent sous le marteau. J'en ai jetté dans les trois

acides minéraux & dans l'eau régale, ils y sont restés in-
tacts ; le mercure ne les attaque point, non plus que l'alkali
volatil : leur couleur n'est pas seulement superficielle, elle
est aussi intrinseque, & elle n'est point altérée par le feu,
en ayant fait rougir pendant plusieurs minutes à la flamme
d'une lampe.

12. Il m'a paru d'abord difficile de fixer la nature de la
substance de ces cryftaux cubiques jaunes ; ils ne sont point
d'or, puisqu'ils sont durs & friables quoiqu'ils se brisent
avec résistance ; que l'eau régale ne les attaque point, &
qu'ils n'entrent point en amalgame avec le mercure. Cette
substance n'est point du cuivre, puisque l'acide nitreux ne la
dissout pas, & que l'alkali volatil n'en extrait aucune couleur bleue ; ou si elle contient du cuivre, c'est en très
petite quantité, & il y est absolument masqué. Mais comme ces cryftaux sont attirables à l'aimant, il est nécessaire
de les rapporter au fer, & de les considérer comme des pyrites cubiques formées dans l'élément du feu. Je sens que
l'on peut objecter qu'il est de l'essence des pyrites & des
marcassites de contenir du soufre inflammable ; qu'elles sont
dissolubles en plus grande partie dans l'acide nitreux ; que
ces cryftaux factices ne le sont point, & qu'ils ne se décomposent ni à l'air ni au feu. Et comment, dira-t-on, peut-
on supposer que des pyrites qui se sont formées dans le feu
puissent contenir du soufre ?

13. Pour répondre à ces objections, je dirai : 1°. qu'il y
a des pyrites & marcassites qui sont attirables à l'aimant.
2°. Je rappellerai l'altération des pyrites martiales qui perdent, par le contact de l'air, tout le soufre surabondant
qu'elles contenoient, sans que leur forme soit altérée. Leur
couleur, il est vrai, change en passant du jaune au brun,
qui est la couleur la plus ordinaire du fer décomposé & qui
a perdu son phlogiftique : ces pyrites ainsi désoufrées ne
sont plus dissolubles dans les acides ; de même que ces petits
cryftaux pyriteux factices. 3°. Que la fonte de fer contient
du soufre & est attirable à l'aimant : que ce soufre combiné,
avec les molécules de fer dans la fonte, est si fort engagé par

une union intime, que la violence du feu qui lui a donné l'e-
xiftence n'a pu lui faire lâcher prife. D'où je conclus que les
pyrites cubiques jaunes, que j'ai obtenues par la violence
du feu, font des pyrites martiales ou marcaffites attirables
à l'aimant, qui font colorées en jaune par une petite portion
de foufre qui eft intimement uni au fer qu'elles contiennent.

14. Toutes ces cryftallifations artificielles que j'ai obtenues
des opérations de mon fourneau, ne doivent point être attribuées au hafard feul. Perfuadé, par l'expérience, de la puiffance de l'action du feu fur les corps, & des modifications
qu'ils reçoivent de fes impreffions, j'ai fecondé la réuffite de
fes opérations par des mefures convenables, toutes les fois
que j'ai mis mon fourneau hors du feu, lorfque les befoins
de la forge n'exigeoient pas un prompt rétabliffement. Pour
réuffir avec plus de certitude, je fais charger avec du charbon feul après la derniere charge, je fais agir les foufflets
après la derniere coulée, afin de fondre toutes les ftalactites & amas de fonte de fer & de laitier qui s'attachent aux
furfaces de l'ouvrage. Je bouche enfuite avec une plaque
de fonte la bure du fourneau, fans ceffer le jeu des foufflets, afin de concentrer la chaleur fur les matieres. Lorfque
je m'apperçois qu'il ne refte plus de charbon que ce qu'il en
faut pour couvrir ce qui eft fondu, je ceffe de fouffler, je
bouche la tuyere & toutes les iffues du fourneau, avec du
fable & du mortier d'argile : je laiffe enfuite écouler quinze
à vingt jours, toutes chofes en cet état, pour réfroidir lentement tout ce que le fourneau contient ; alors je fais travailler à la démolition ; & quand on eft parvenu au creufet,
j'en examine la fituation, les furfaces, & je parcours d'un
œil attentif tous les morceaux qui proviennent de fes débris.

15. Il feroit bien intéreffant pour les progrès de la Phyfique, que tous les hommes qui emploient le feu en grand
comme l'inftrument des arts, portaffent dans leurs travaux
des vues d'obfervation & d'analyfe : nous verrions bientôt
groffir la maffe des connoiffances, & diminuer le nombre des
fyftêmes *hydrogeneres.*

# EXPLICATION

## DES FIGURES DE LA PLANCHE XIII.

**L**A *figure premiere* repréfente une cryftallifation de fonte de fer, d'une grande beauté. On y voit dans la partie fupérieure A,A,A, & fur la furface de la maffe, comme dans les cavités, une infinité de cryftaux grouppés réguliérement, & fimples comme ceux repréfentés dans la Planche II. L'on y en reconnoît d'autres furcompofés, comme les figures C,D.

A,A,A. Cryftaux réguliers & grouppés, de fonte de fer.

B. Cryftal cubique de régule de fer, niché dans la gangue artificielle, qui eft adhérente à la fonte de fer.

C. Cryftal de fonte de fer, furcompofé. Il eft incliné pour en faire voir la difpofition cruciale de l'implantation des cryftaux grouppés fur les pyramides principales & fur les fubordonnées, qui font toutes quadrangulaires par leur bafe & par la difpofition des grouppes des cryftaux additionnels.

D. Cryftal de fonte de fer, furcompofé. On l'a repréfenté feulement fur deux parties oppofées de la colonne principale, avec les cryftaux additionnels implantés fur les colonnes latérales. On voit que les pyramides fubordonnées du milieu, font les feules qui foient garnies de part & d'autres de cryftaux additionnels. Les autres, qui vont en décroiffant jufqu'au fommet, ne font hériffées de ces cryftaux que du côté qui regarde la pointe. L'on peut obferver que tous les cryftaux dans toute l'étendue de la diftribution de leurs différentes parties, forment des lofanges dans leur coupe, & leur maffe des rhombes, figures des éléments de ces cryftaux articulés les uns fur les autres.

*La figure 2* repréfente une cryftallifation vitreufe d'une

lave ferrugineufe d'un fourneau à fondre les mines de
fer. Ces groupes de cryftaux font implantés fur une
maffe de gangue artificielle, qui contient du régule de
fer cryftallifé en cube G, & réduit en amianthe en F :
la forme des cryftaux vitreux eft développée dans les
figures H, I, R, L, M.

H. Cryftal vitreux régulier. C'eft un prifme hexaédre qui
a quatre petites faces & deux grandes : il reffemble à
ceux de la topaze.

I. Le même cryftal, divifé par le milieu, ce qui le fait paroître compofé de deux cryftaux K, tétraédre, dont la
bafe eft un trapeze.

K. Cryftal vitreux dont la forme eft un prifme tétraédre
à bafe trapézoïdale : c'eft un élément des cryftaux H
& I.

L. Cryftal vitreux en forme de prifme tetraédre, comme
le précédent, & terminé par une pyramide tronquée.

M. Le même cryftal vu dans un fens différent.

N. Cryftal d'un verre ferrugineux, formé fur du laitier
de chaufferie : c'eft un decaédre formé par deux pyramides unies bafe à bafe.

O. Cryftal de même fubftance, dont la forme eft un cube
déprimé qui eft un élément du cryftal précédent, N.

P. Cryftal de même fubftance, dont la forme eft un prifme triédre : c'eft un élément du cryftal complet, N.

R. Cryftal de même fubftance, dont la forme eft un prifme tetraédre régulier, formé de plufieurs cubes : c'eft
encore un élément du cryftal, N.

S. Cryftal complet, comme celui N. Il paroît décompofé
par des lignes pour en faire connoître la compofition par
les cryftaux O, P, R, qui en font les éléments, & qui y
font apperçus.

T. Cryftal octangulaire de cuivre jaune ou de laiton. La
bafe de chaque colonne eft un octogone, & fur chaque
face font implántées d'autres colonnes octaédres ou te-
traédres, grouppées à-peu-près comme celles de la fonte
de fer.                                                  V.

V. Cryſtal de laiton grouppé quadrangulairement & vu de profil.

X. Cryſtal de laiton, grouppé ſur trois faces ſeulement de la colonne principale, & tronqué ſur l'autre face. L'on y voit ſeulement un élément de cryſtal ſimple, qui eſt ordinairement un octaédre adhérent par ſa baſe à une des faces de la pyramide principale.

Y. Cryſtal de laiton, ſurcompoſé.

*Nota.* J'ai deſſiné les figures des cryſtaux iſolés, groſſis conſidérablement à la louppe, afin de rendre plus ſenſibles leur forme & leur compoſition. Les ſeuls morceaux des figures 1 & 2, ont été deſſinés de grandeur naturelle.

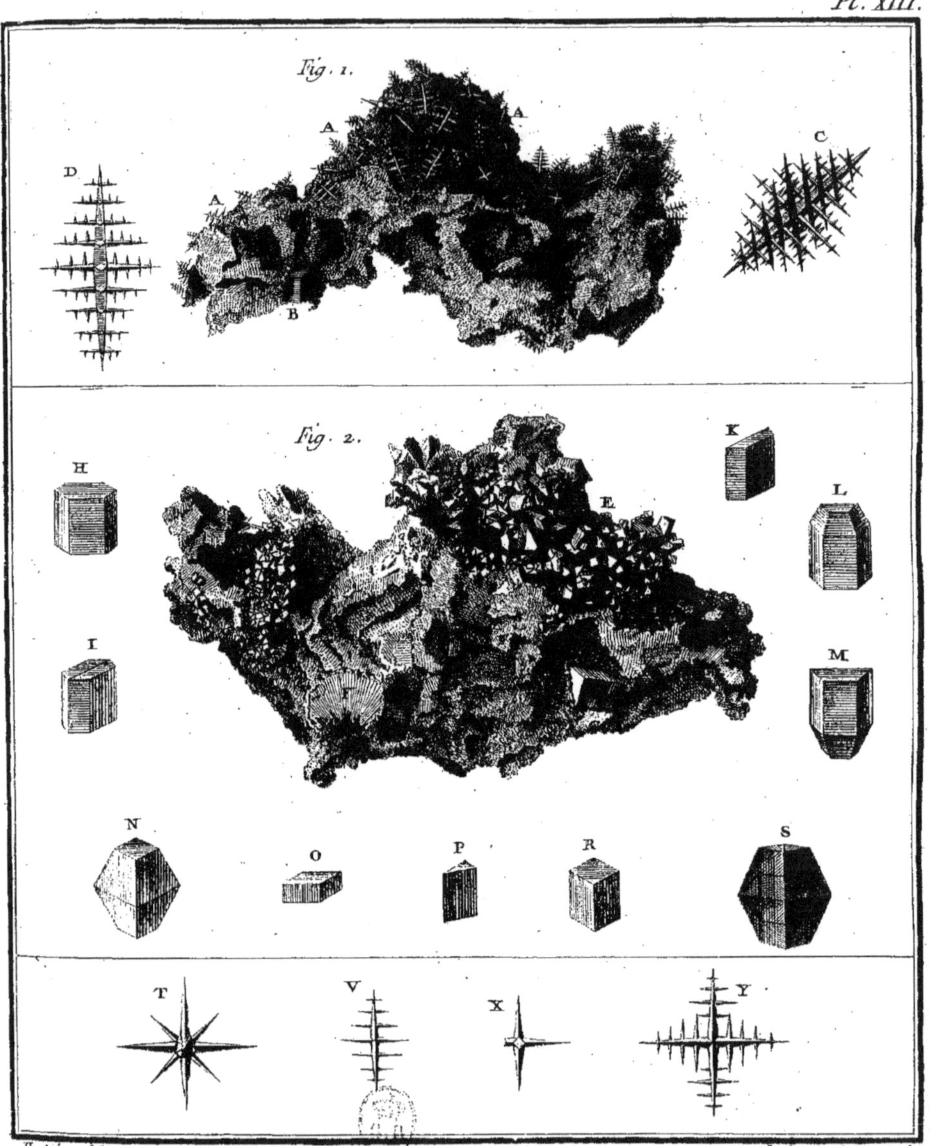

Pl. XIII.
Fig. 1.
Fig. 2.
A
A
B
C
D
E
H
I
K
L
M
N
O
P
R
S
T
V
X
Y
Fontaine del.
de la Gardette Sculp.

# OBSERVATIONS

## SUR LE VINAIGRE FRELATÉ.

*Deterrere nefas aliquis ex omnibus audet.* O v i d.
*Et per aperta latens deprehendere figna venenum.* M a n t.

$L$ A Chymie a donné l'exiftence aux Arts qui emploient le feu comme inftrument, comme agent, & comme principe. La Chymie fe fert du feu comme inftrument, lorfqu'elle l'adminiftre par des corps étrangers embrafés, pour communiquer un degré de chaleur plus ou moins violent aux fubftances foumifes à fes analyfes, comme dans la Métallurgie. Elle l'emploie comme agent, lorfqu'elle applique le feu par la déflagration & l'inflammation des corps mêmes qu'elle veut réduire à leurs parties élémentaires. Enfin le feu principe vient feconder fes opérations, lorfque la chaleur procede de l'action des parties des fubftances qui fubiffent une altération tendante à leur perfection ou à la formation de nouveaux compofés, telles celles en fermentation, comme les fucs mucides ou fucrés. Ces dernieres opérations font du reffort de la Zymotechnie : c'eft fur cette partie de la Chymie que nous fixerons notre attention.

A mefure que la Chymie a fait des progrès, que la fphere de fes découvertes utiles s'eft aggrandie, elle s'eft déchargée des foins d'une opération particuliere, généralifée pour les befoins de la Société ; & elle l'a confiée à une claffe d'hommes qui en a fait fon occupation particuliere, tels font les Vinaigriers, &c. Mais elle s'eft réfervée le droit de les furveiller, afin de les contenir dans la pratique des principes fur lefquels elle a fondé leurs travaux, foit pour la qualité des matériaux qu'ils doivent employer, foit pour le manuel qu'ils

doivent obferver, foit enfin concernant les vaiffeaux dont
ils doivent faire ufage.

La Zymotechnie eft l'art de faire fermenter les fucs mucides; foit que ces liqueurs foient extraites par expreffion
des plantes ou de leurs fruits fucculents, gelatineux, fyru-
peux ou pulpeux; foit que les principes fufceptibles de fermentation, contenus dans les graines farineufes, légumi-
neufes ou autres parties des plantes féculentes, foient dé-
layés dans un fluide ou un menftrue approprié. Ces liqueurs
expofées à l'air libre fubiffent par gradation trois degrés d'altération qui les rendent ou vineufes, ou acides, ou putrides. L'opération qui les conftitue telles, fe nomme fermentation. Son méchanifme s'opere par un mouvement inteftin,
qui reçoit de l'atmofphere la premiere impulfion, laquelle
excite une chaleur dont l'action fe communique aux parties
élémentaires atténuées fous une forme fluide; défunit leur
aggrégation, les décompofe & en forme, par un nouvel arrangement, de nouveaux compofés qui fe perfectionnent par la
continuité de l'action. Les liqueurs vineufes font le premier
produit de la fermentation. Les acides font le deuxieme ;
c'eft-à-dire que les liqueurs vineufes, expofées à une chaleur
de vingt-trois à vingt-cinq degrés, fubiffent une décompofition : alors l'huile douce du vin quitte en partie l'acide qui
fe montre à nud : cet acide n'ayant point comme le tartre
une bafe qui puiffe favorifer fa cryftallifation, refte flottant
dans le fluide, uni à la partie colorante huileufe qui lui
donne de la volatilité. Je paffe fous filence les liqueurs
putrides, troifieme produit de la fermentation continuée.
Je ne m'occuperai plus des liqueurs vineufes : je m'arrêterai
aux acides, au vinaigre, comme mon but principal & l'unique objet de ce Mémoire.

Le vinaigre eft une liqueur qui contient un acide végétal
agréable à prefque tous les hommes : il eft employé dans une
infinité d'opérations des Arts ; la Médecine en fait un fréquent ufage ; la fenfualité & la propreté de la toilette en ont
multiplié les fortes & les ufages : mais il eft fpécialement

employé dans l'apprêt des aliments des hommes de toutes les claſſes & de tous les ordres. Il eſt donc inconteſtable que la connoiſſance des choſes qui peuvent perfectionner le vinaigre ou en altérer l'eſſence, a le droit d'intéreſſer la Société entiere; notre vœu eſt de lui être utile.

Je ne donnerai pas ici de regles & de préceptes pour faire le vinaigre, parceque je ne pourrois que répéter ce que nombre de Savants ont publié ſur cet objet. Je dirai ſeulement que les liqueurs les plus parfaites dans chaque eſpece donnent les meilleurs vinaigres; que ceux qui ſont produits des ſucs végétaux exprimés, ſont ſupérieurs à ceux que l'on compoſe avec les liqueurs vineuſes préparées avec les graines farineuſes; parceque le feu néceſſaire à la préparation de ces dernieres liqueurs, altere toujours les points de contact des parties conſtituantes. Il faut un degré de chaleur plus conſidérable pour faire le vinaigre, que pour le vin. Il eſt avantageux, dans les opérations en grand, d'interrompre la fermentation. Enfin il eſt néceſſaire de bien boucher le vinaigre lorſqu'il a acquis ſon degré de perfection, pour lui conſerver ſon acide qui eſt volatil.

C'eſt mal-à-propos que ceux dont la profeſſion eſt de faire & diſtribuer du vinaigre, font chacun un myſtere de leurs procédés. Celui qui poſſede un talent utile à la Société, & ne le lui communique pas, eſt un traître & un ingrat envers la Patrie (a). Les Vinaigriers, qui ne dérobent aux yeux du Public le manuel de leurs opérations, que pour compoſer un vinaigre ſain & généreux, ſont les moins répréhenſibles. Mais ceux qui s'enfoncent dans les ténebres pour compoſer des liqueurs pernicieuſes, en mêlant à leurs vinaigres des

_____________

(a) Un fait d'obſervation conſtante, eſt que dans toutes les claſſes des hommes, les plus myſtérieux ſont les plus ignorants. Les Prêtres du Polythéiſme ne couvroient d'un voile impénétrable leur prétendu commerce avec les Dieux, que pour tromper les malheureuſes victimes de leur cupidité, de leurs débauches & de leur ignorance.

ſubſtances étrangeres & nuiſibles, ſont des homicides contre leſquels les loix ont prononcé des Arrêts dont ils doivent ſubir la rigueur.

Pluſieurs Savants (a) ont publié différents ouvrages pour dévoiler l'infidélité des Marchands de vin qui frelatent les vins avec des ſubſtances vénéneuſes pour les rendre potables, & par-là remplir les vues de leur cupidité. Je viens de montrer que les Vinaigriers ſont auſſi répréhenſibles, en mêlant dans leur vinaigre des liqueurs pernicieuſes qui en augmente l'acidité ; & que ce poiſon eſt d'autant plus perfide, qu'il eſt caché ſous des fleurs. Je commencerai par rendre compte de l'accident qui m'a fait découvrir l'altération d'un vinaigre deſtiné pour l'uſage de la table. Je ferai connoître enſuite la matiere avec laquelle il eſt altéré ; les moyens de la découvrir facilement ; le lucre que les Vinaigriers retirent de leur prévarication ; les ſuites funeſtes d'un abus auſſi répréhenſible ; enfin les moyens d'augmenter l'acide du vinaigre, ſans en altérer l'eſſence.

En Janvier 1770, je fus attaqué d'une fievre violente continue, procédant d'un engorgement dans la tête. J'étois menacé d'un dépôt dans cette partie. Je ne vis mon ſalut que dans le nombre des ſaignées promptement répétées. Je m'en fis moi-même huit tant au bras qu'au pied en ſoixante heures. Après la derniere, je voulus me baiſſer pour ramaſſer mon mouchoir ; je me trouvai mal : une diete auſtere, & l'évacuation d'environ ſix livres de ſang, m'occaſionnerent une ſyncope. Mes yeux s'éteignirent : une ſueur froide, & le bourdonnement des oreilles, ſembloient annoncer l'eſſor de mon ame. Les eaux ſpiritueuſes & odorantes ne m'avoient procuré aucun ſecours, lorſque l'on m'apporta un linge imbibé de vinaigre commun. Cette liqueur, par ſon acide balſamique & volatil, fixa mes ſens, en criſpant les fibres du cerveau, de la trachée artere & du poulmon, leur donna du

_____________

(a) Entre autres M. Sage, de l'Académie des Sciences.

ton, & raccordant toutes les parties, les força, par une nouvelle impulfion, à recommencer infenfiblement leurs fonctions. A mefure que je refpirois ce vinaigre vivifiant, je fentois pour ainfi dire les morceaux de ma charpente fe rem-
mancher, les fluides rentrer dans leur cours, les vuides fe
remplir, enfin chaque partie reprendre fa place & fon action.
Je demandai du vinaigre plus fort, comptant fur un fecours
plus prompt & plus complet. L’on m’apporta du vinaigre
furard dont on fait ufage pour la table dans toutes les bonnes
maifons de la Champagne où il fe compofe. Ce vinaigre a
ufurpé la préférence fur le commun, par l’odeur de fon aro-
mat, fa couleur ambrée & fa limpidité; mais encore plus
par la force de fon acide concentrée fous un petit volume.
Je refpirai à plufieurs reprifes & avec précipitation, fur le
linge imbu de ce vinaigre. Mais quelle fut mon erreur & ma
furprife! au lieu de recevoir le fecours que j’en efpérois, je
ne fentis que l’odeur étrangere du parfum qui lui étoit uni :
mes fens ne favourerent pas ce chatouillement voluptueux
& bienfaifant qu’opéroit le vinaigre commun. Je les flairois
alternativement : le premier ne ceffoit de m’être agréable.
J’allois jetter au loin le linge imbu de vinaigre furard, lorfque le portant au nez pour la derniere fois, je fus frappé
d’une légere odeur d’alumette, c’eft-à-dire d’acide fulfureux
volatil : tel un homme ivre qui eft faifi fubitement d’une
frayeur, ou qui eft frappé tout-à-coup d’un grand froid, recouvre dans l’inftant l’ufage de fa raifon ; de même cette
odeur fulfureufe produifit une fi vive fenfation, que je fortis
de mon anéantiffement, & je raifonnai.

Je me perfuadai que l’odeur fulfureufe que je fentois ne
pouvoit procéder que de l’union de l’acide vitriolique avec
le phlogiftique. Je foupçonnai avec une forte de certitude
la préfence de l’acide vitriolique dans ce vinaigre, parceque
cet acide étant fixe, il n’a point d’odeur, ou plutôt il n’exhale
point de particules acides au degré de la chaleur de l’atmofphere, & ce vinaigre n’en exhaloit que très peu. La matiere

huileufe du peu de vinaigre, ou plutôt des matieres colorantes & odorantes unies à cet acide, fourniffoit du phlogiftique : il devoit donc néceffairement réfulter de cette
combinaifon l'odeur d'acide fulfureux volatil que je fentois,
& cette odeur fe développoit & croiffoit à mefure que je
maniois le linge imbu de ce vinaigre, & que l'humidité fe
diffipoit. L'on me vit occupé de ce linge, on me l'ôta. Mais
on ne put m'enlever la faculté de penfer : bien fuprême dont
l'homme jouit en toute propriété.

Je penfai, 1°. qu'il étoit bien difficile, fans le fecours de
l'évaporation ou de la congellation, de pouvoir concentrer
l'acide végétal du vinaigre au point d'acidité que le vinaigre
furard imprimoit fur la langue ; & j'avois lieu de préfumer
qu'il n'avoit pas reçu ces préparations. 2°. Je me rappellai
que chaque fois que j'avois fait ufage de ce vinaigre, foit
en boiffon, foit en falade, qu'il m'avoit fait une impreffion
âcre & mordicante au pharynx, action qui ne pouvoit être
produite par les aromats incififs que l'on a coutume de
mêler avec les vinaigres, impreffion que ne fait point le vinaigre commun. 3°. Qu'ayant fait du fyrop avec le vinaigre
de Châlons, & ayant voulu l'aromatifer avec de l'efprit ardent de framboifes, dans l'inftant du mêlange il s'étoit fait
une vive efferve fcence & un bouillonnement confidérable
qui devoit réfulter de l'action de l'acide vitriolique fur l'huile
éthérée de cet efprit ardent. Je fus forcé de fixer ici mes
réflexions, & d'attendre le retour de ma fanté, & que mes
affaires me permiffent de me livrer aux expériences qui devoient établir ma conviction.

Je me fuis procuré des vinaigres de différentes efpeces
& de divers cantons, tous pour l'ufage de la table, comme
des vinaigres rouges & blancs communs du pays, de l'Orléanois, du vinaigre blanc commeftible du Vinaigrier de Paris
le plus en réputation ; du vinaigre blanc commun & furard
de Châlons en Champagne, pour en faire l'analyfe que j'ai
commencée par la déguftation.

Le

Le vinaigre rouge a une faveur acide végétale, un léger arriere-goût auftere, une odeur balfamique pénétrante & légerement vineufe.

Le vinaigre blanc commun a une faveur acide plus développée, un arriere-goût moins auftere que le rouge; fon odeur eft plus aromatique, moins balfamique & plus pénétrante.

Le vinaigre blanc de Châlons a une faveur acide mordicante qui fait une impreffion tranchante fur les organes du goût; elle participe de la pyrethre, n'a pas une odeur forte de vinaigre; mais quelque chofe de fubtil & de fulfureux.

Le vinaigre furard de Châlons a la même faveur, même plus forte que le précédent; il exhale de même une odeur fulfureufe, combinée avec le parfum des fleurs de fureau.

Le vinaigre blanc de Paris fait fur la langue une impreffion moins tranchante que le vinaigre blanc de Châlons : fon acide eft moins pénétrant & moins pongeant. L'on diftingue dans fa faveur plus âcre, ce qu'il emprunte de la racine de pyrethre, du poivre long ou *macropiper*, du poivre d'inde ou *capficum*, lefquels laiffent dans la bouche une impreffion de feu qui dégorge abondamment les glandes falivaires.

J'ai procédé enfuite, par des expériences de ftatique & d'hydrométrie, fur différentes liqueurs comparées avec diverfes fortes de vinaigre : pour y apporter de l'exactitude, je me fuis enfermé dans mon cabinet; j'ai fupprimé tout courant d'air. Le thermometre de M. de Réaumur étoit à foixante un degré, & le mercure du barometre à vingt-huit pouces trois lignes. Je me fuis fervi pour ces expériences d'un grand flacon de cryftal garni de fon bouchon de même matiere fermant exactement; & après l'avoir taré, je l'ai empli fucceffivement des diverfes liqueurs, du poids defquelles j'ai tenu regiftre pour en former le Tableau de comparaifon qui fuit, qui préfente fous un point de vue beaucoup de combinaifons.

Q q q

Pour l'intelligence de ce Tableau, il faut obferver que dans la colonne cottée A eft le poids de chaque liqueur que contenoit le flacon; ce poids total eft réduit en grains dans la colonne B: dans la colonne C eft marqué l'excédent de poids d'une liqueur fous le même volume que la liqueur du n° précédent. Le nombre de grains marqué dans la colonne D eft le poids excédent de la liqueur du n°. correfpondant avec celle du n° 1, enforte que le flacon contenoit n° 3 vin de Bourgogne, A, 11 onces, fix gros, 1 fcrupule & 16 grains. Ce poids reduit en grains dans la colonne B fait un total de 6808 grains qui excede de 591 grains le poids de l'efprit de vin n° 2, & de 699 grains celui de l'eſſence de térébenthine n° 1, laquelle peze 108 grains moins que l'ef-prit de vin rectifié. La colonne E donne le poids d'une pinte de Paris de chaque liqueur, réduit en grains, lequel eft di-vifé en livres, onces, gros, fcrupules & grains, dans la co-lonne F. La colonne G fait connoître la différence de poids d'une pinte de la liqueur précédente. Dans la co-lonne H cette différence eft marquée pour une pinte de chaque liqueur avec celle n° 1 : enfin dans la colonne I qui eft la derniere, on voit fucceffivement combien une pinte de vinaigre furard de Châlons n° 15 peze plus que chaque liqueur des n° correfpondants : conféquemment la pinte de vin de Bourgogne peze, A, 18332 grains, ou F 1 livre, 15 onces, 6 gros, un fcrupule 20 grains; ce qui fait, G, 14 gros 7 grains plus que l'efprit de vin n° 2, & 2 onces, 2 gros 10 grains plus que l'eſſence de térébenthine n° 1, & peze 1 once, 2 fcrupules, colonne I, moins que le vi-naigre furard de Châlons n° 15.

J'ai vérifié, par leur confiftance, le poids de toutes les li-queurs raportées dans le tableau ci-contre, au moyen de l'hy-drometre, lequel m'a donné par fon enfoncement plus ou moins profond, une graduation abfolument conforme aux raports prouvés par les opérations de ftatique précédentes : conféquemment l'on peut conclure que les vinaigres blancs de Champagne étant beaucoup plus pefants que ceux des

# TABLEAU D'HYDROSTATIQUE,

Qui présente la différence, les rapports & la comparaison de diverses Liqueurs ; leur poids spécifique & respectif dans un même vaisseau & par pinte de Paris.

| LIQUEURS — Par ordre de pesanteur spécifique. | A — Poids de chacune dans un flacon. Onces. | A Gros. | A Scrup. | A Grains. | B — Poids réduits en Grains. | C — Différence successive. Grains. | D — totale. Grains. | E — Poids de la pinte en grains. Grains. | F — Réduit en. Livres. | F Onces. | F Gros. | F Scrup. | F Grains. | G — Différence graduelle. Gros. | G Scrup. | G Grains. | H — Différence totale. Onces. | H Gros. | H Scrup. | H Grains. | I — Différence du vinaigre surard par pinte avec les autres liqueurs. Onces. | I Gros. | I Scrup. | I Grains. |
|---|---|---|---|---|---|---|---|---|---|---|---|---|---|---|---|---|---|---|---|---|---|---|---|
| Nos |
| 1 ESSENCE de térébenthine. . . . . | 10 | 4 | 2 | 13 | 6109 | ·· | ·· | 16450 | 1 | 12 | 4 | 1 | 10 | ·· | ·· | ·· | ·· | ·· | ·· | ·· | 4 | 2 | 2 | 10 |
| 2 Esprit-de-vin rectifié. . . . . . . | 10 | 6 | 1 | 1 | 6217 | 108 | 108 | 16741 | 1 | 13 | ·· | 1 | 13 | 4 | ·· | 3 | ·· | 4 | ·· | 3 | 3 | 6 | 2 | 7 |
| 3 Vin rouge de Bourgogne. . . . . . | 11 | 6 | 1 | 16 | 6808 | 591 | 699 | 18332 | 1 | 15 | 6 | 1 | 20 | 14 | ·· | 7 | 2 | 2 | ·· | 10 | 1 | ·· | 2 | ·· |
| 4 Vin rouge de Bar-le-Duc. . . . . . | 11 | 6 | 2 | 16 | 6832 | 24 | 723 | 18397 | 1 | 15 | 7 | 1 | 13 | ·· | 2 | 17 | 2 | 3 | ·· | 3 | ·· | 7 | 2 | 7 |
| 5 Eau de source pure. | 11 | 7 | ·· | 5 | 6845 | 13 | 736 | 18432 | 2 | ·· | ·· | ·· | ·· | ·· | 1 | 11 | 2 | 3 | 1 | 14 | ·· | 7 | ·· | 10 |
| 6 Eaux minérales de Buslan. . . . . . | 11 | 7 | ·· | 12 | 6852 | 7 | 743 | 18450 | 2 | ·· | ·· | ·· | 18 | ·· | ·· | 18 | 2 | 3 | 2 | 8 | ·· | 7 | ·· | 2 |
| 7 Vinaigre rouge commun. . . . . . . | 11 | 7 | ·· | 18 | 6858 | 6 | 749 | 18467 | 2 | ·· | ·· | 1 | 11 | ·· | ·· | 17 | 2 | 4 | ·· | 1 | ·· | 6 | 2 | 9 |
| 8 Vin blanc de Champagne. . . . . . | 11 | 7 | 1 | 3 | 6867 | 9 | 758 | 18491 | 2 | ·· | ·· | 2 | 11 | ·· | 1 | ·· | 2 | 4 | 1 | 1 | ·· | 6 | 1 | 9 |
| 9 Eau minérale de Bourbonne. . . . | 11 | 7 | 1 | 9 | 6871 | 6 | 764 | 18502 | 2 | ·· | ·· | 2 | 22 | ·· | ·· | 11 | 2 | 4 | 1 | 12 | ·· | 6 | ·· | 22 |
| 10 Vinaigre blanc commestible de Paris. | 12 | ·· | 2 | 1 | 6961 | 94 | 852 | 18744 | 2 | ·· | 4 | 1 | ·· | 5 | 1 | 2 | 2 | 7 | 2 | 14 | ·· | 2 | 2 | 10 |
| 11 Vinaigre blanc à dissoudre de Paris. | 12 | ·· | 2 | 4 | 6964 | 3 | 855 | 18752 | 2 | ·· | 4 | 1 | 8 | ·· | ·· | 8 | 2 | 7 | 2 | 22 | ·· | 2 | 2 | 12 |
| 12 Eau de mer de la Manche près Diepe. | 12 | 1 | ·· | 12 | 6996 | 32 | 887 | 18838 | 2 | ·· | 5 | 2 | 8 | 1 | 1 | ·· | 3 | 1 | ·· | ·· | ·· | 1 | 1 | 12 |
| 13 Vinaigre blanc de Champagne. . . | 12 | 1 | ·· | 18 | 7002 | 6 | 893 | 18854 | 2 | ·· | 6 | ·· | ·· | 1 | ·· | 16 | 3 | 2 | ·· | 16 | ·· | 1 | ·· | 20 |
| 14 Bierre de Dieuloir. | 12 | 1 | 2 | 1 | 7033 | 31 | 924 | 18938 | 2 | ·· | 7 | ·· | 12 | 1 | ·· | 12 | 3 | 3 | 1 | 4 | ·· | ·· | ·· | 8 |
| 15 Vinaigre surard de Châlons. . . . . | 12 | 1 | 2 | 4 | 7036 | 3 | 927 | 18946 | 2 | ·· | 7 | ·· | 20 | ·· | ·· | 8 | 3 | 3 | 1 | 12 | ·· | ·· | ·· | ·· |

différents pays, ils contiennent une matiere étrangere &
furabondante. Ceft ainfi qu'en pefant l'eau de la mer on
connoît par l'excédent de fon poids, comparé avec celui de
l'eau commune, la quantité de fel qu'elle contient. L'opération dont le tableau précédent préfente le réfultat, prouvé
que la pinte d'eau de mer de la Manche entre Dieppe &
S. Vallery pefe cinq gros, deux fcrupules, huit grains plus
que l'eau commune : cette différence de poids donne donc
la quantité de fel, à peu de chofe près, que contient cette
pinte d'eau de mer. Puifque le vinaigre furard de Châlons
pefe par pinte deux gros, deux fcrupules vingt grains plus
que le vinaigre blanc comeftible de Paris, il contient donc
une fubftance étrangere faline, égale à cet excédent de poids,
qui n'eft point de l'effence du vinaigre. Je reviendrai fur
cette matiere lorfque, par d'autres expériences, j'aurai démontré fa nature & fes propriétés.

Soupçonnant avec fondement que cette matiere furabondante, que contient le vinaigre furard de Châlons, étoit de
l'acide vitriolique, j'ai voulu en établir la démonftration :
c'eft pour quoi j'ai dirigé toutes mes opérations chymiques
vers ce but.

J'ai commencé par verfer de ce vinaigre fur de la terre
foliée de tartre très blanche : d'abord l'acide du vinaigre
concentré dans cette terre foliée, s'eft fait fentir un peu
plus fortement que dans le vinaigre feul. Alors j'ai fait quatre liqueurs de comparaifon. Celle fous le n° 1 étoit du vinaigre de Châlons feul; le n° 2 étoit ce vinaigre tenant en
diffolution de la terre foliée de tartre. Du flegme d'acide
vitriolique tenant en diffolution de la terre foliée de tartre
compofoit le n° 3; enfin j'ai formé celle n° 4 avec du vinaigre & du flegme de vitriol tenant en diffolution de la
terre foliée de tartre. Voici ce que j'ai obfervé.

Le vinaigre de Châlons feul n° 1 exhaloit peu d'acide
végétal; celui n° 2 uni à la terre foliée de tartre, exhaloit un acide plus fort & plus fulphureux que le vinaigre
feul du n° 1, mais moins pénétrant que la liqueur n° 3 qui

étoit de la terre foliée difloute dans du flegme de vitriol. Celle n° 4 qui étoit du flegme de vitriol uni à du vinaigre tenant en diffolution de la terre foliée, n'exhaloit prefque pas plus d'acide que le vinaigre n° 2 qui tenoit feul en diffolution la terre foliée. Cette action fi foible du vinaigre n° 2 fur la terre foliée, m'avoit prefque diftrait de l'idée de la préfence de l'acide vitriolique dans ce vinaigre, parce que je le voyois agir fi foiblement en comparaifon du n° 3 qui étoit le flegme du vitriol : mais ayant mêlé à ce vinaigre du flegme de vitriol, & m'appercevant qu'il n'agiffoit pas plus fur la terre foliée, j'ai jugé que les parties huileufes & tartareufes qui font flottantes dans le vinaigre étoient des milieux qui éloignoient l'action de l'acide minéral ; ce qui faifoit moins fentir l'acide végétal : cependant on faififfoit l'effet de l'acide vitriolique fur la terre foliée, par l'intenfité de l'odeur qui étoit plus forte dans le vinaigre qui tenoit en diffolution la terre foliée. Cette décompofition de la terre foliée, qui n'eft que de l'alkali fixe neutralifé par l'acide végétal, opérée par le vinaigre blanc de Châlons, ne peut être attribuée qu'à l'acide vitriolique qu'il contient ; puifque l'acide végétal de la terre foliée n'en peut être chaffé que par un acide plus puiffant, c'eft ce qu'opere l'acide minéral vitriolique.

J'ai fait évaporer, dans un vaiffeau de verre, du vinaigre de Châlons ; je l'ai goûté lorfqu'il a été réduit au tiers, je l'ai trouvé plus acide. J'en ai verfé fur de la terre foliée: il l'a décompofée plus exactement ; & alors il s'eft précipité un fédiment blanc au fond de la liqueur, ce qui arrive lorfque l'on y verfe de l'acide vitriolique. J'ai pouffé l'évaporation du furplus du vinaigre & l'ai concentré jufqu'à la confiftance de fyrop, même de *rob* ; alors l'odeur fulphureufe s'eft développée au point d'exciter la toux en la refpirant légerement. Cette odeur ne peut procéder que de la combinaifon de l'acide vitriolique concentré avec les matieres graffes & extractives du vinaigre.

J'ai faturé de l'alkali fixe de tartre avec du vinaigre de

Châlons. J'ai obtenu, par l'évaporation & la cryſtalliſation de la liqueur, un ſel amer, en cryſtaux hexaédres, durs, noyés dans une matiere graſſe, fétide : ces cryſtaux ſont devenus blancs après avoir été lavés. Ce ſel étoit analogue au *ſel de duobus* ou tartre vitriolé, qui eſt le réſultat de la combinaiſon de l'acide vitriolique avec l'alkali fixe végétal, par quelque voie que l'on parvienne à unir ces deux ſubſtances. La matiere graſſe, ou l'eau mere de cette cryſtalliſation, étoit une eſpece de terre foliée formée de l'acide végétal de ce vinaigre uni à une portion de l'alkali fixe que j'avois employé, & diſſoute dans l'huile empireumatique du vinaigre. Il réſulte de cette expérience, que le vinaigre de Châlons contenoit de l'acide vitriolique qui a été ſaiſi par l'alkali fixe, & dont il a réſulté un ſel analogue au tartre vitriolé.

J'ai diſſous du mercure dans l'acide nitreux : je l'ai ſuperſaturé. J'ai étendu cette diſſolution avec de l'eau de neige, & j'en ai verſé ſur le vinaigre de Châlons. Alors la liqueur s'eſt troublée, s'eſt épaiſſie & a formé un grand dépôt. J'ai filtré; le dépôt eſt reſté ſur le filtre; le vinaigre eſt paſſé clair ſans que ſa couleur fût altérée. J'ai verſé de nouvelle diſſolution de mercure, & j'ai filtré alternativement juſqu'à ce que la liqueur ne parût plus ſe troubler ni dépoſer. Par ces procédés, j'ai obtenu un précipité très volumineux. Ayant laiſſé ces liqueurs tranquilles, j'ai apperçu que, quoiqu'elles fuſſent ſorties très limpides du filtre, elles ſe troubloient à meſure que la matiere graſſe ſe ſéparoit & laiſſoit priſe à l'acide vitriolique ſur le mercure. Ce précipité, que le vinaigre de Châlons opere ſur la diſſolution de mercure, eſt onctueux & léger; il n'eſt pas blanc, ne ſe dépoſe pas auſſi promptement & auſſi exactement que lorſque l'on précipite le mercure par le flegme de vitriol : même en édulcorant ce précipité avec l'eau bouillante, il ne prend point la couleur jaune verdâtre du turbith minéral fait par l'acide vitriolique pur, parceque la matiere graſſe & huileuſe du vinaigre empêche que l'acide vitriolique qui lui eſt uni n'attaque le mercure à nud & auſſi exactement; leurs molécules huileuſes, interpoſées entre celles de l'acide qu'elles émouſ-ſent, & celles du mercure qu'elles ſoulevent, empêchent un effet auſſi prompt & auſſi exact. C'eſt pourquoi le mercure précipité par le vinaigre vitrioliſé eſt gras, onctueux & léger: il reſte bruni par les matieres colorantes. L'on m'ob-jectera peut-être que ce raiſonnement eſt ſpecieux; que puiſ-que le vinaigre dont eſt queſtion ne précipite point le mercu-re diſſout dans l'acide nitreux, ſous la forme & la couleur du turbith minéral, c'eſt que ce vinaigre ne contient point d'a-cide vitriolique qui précipite toujours le mercure ſous la forme d'une poudre blanche peſante, laquelle devient jaune par l'effet des lotions avec l'eau bouillante. A ce raiſonne-ment, j'oppoſe les conſéquences des deux expériences ſui-vantes.

J'ai, 1°. mêlé de l'acide nitreux avec ce vinaigre; ce mé-lange n'a ni troublé ni changé de couleur. Ce n'eſt donc point une décompoſition du vinaigre, qu'opere la diſſolu-tion du mercure avec l'acide nitreux dans les expériences précédentes. 2°. J'ai verſé de l'acide vitriolique ſur du vi-naigre que j'étois aſſuré n'en point contenir. Sur ce mê-lange j'ai verſé de la diſſolution de mercure. Les acci-dents & les réſultats de cette nouvelle combinaiſon ont été abſolument les mêmes que dans l'opération faite avec le vinaigre de Châlons, c'eſt-à-dire que le mercure ſéparé de l'acide nitreux a été diviſé à l'infini; rediſſout même en partie par l'acide du vinaigre, a flotté long-temps dans la liqueur avant de dépoſer, & a laiſſé ſur le filtre un ſédiment gras & onctueux, qui n'a point pris la couleur du turbith minéral, lorſqu'il a été édulcoré avec l'eau bouillante.

De ces deux expériences & des précédentes, on doit con-clure que le vinaigre de Châlons contient de l'acide vitrio-lique, puiſqu'il précipite le mercure diſſout dans l'acide ni-treux; parceque l'acide vitriolique ayant plus d'affinité avec le mercure que l'acide nitreux, il fait lâcher priſe à ce dernier qui reſte flottant dans la liqueur, tandis que l'acide vitrio-lique

lique, uni au mercure fous une forme faline, fe précipite au fond de la liqueur.

J'ai faturé de l'alkali volatil de fel ammoniac avec du vinaigre de Châlons : j'ai obtenu, par une évaporation lente de la liqueur, des cryftaux de fel ammoniac de Glaubert, que j'ai enfuite décompofés par l'alkali fixe, ce qui prouve que ce vinaigre contenoit de l'acide vitriolique.

Enfin j'ai verfé des gouttes de ce vinaigre, de vinaigre ordinaire & de flegme de vitriol, fur des fpaths, des pierres calcaires, des marnes & autres terres analogues. J'ai toujours vu que l'effervefcence, caufée par le vinaigre de Châlons, a été plus forte & plus durable que celle du vinaigre ordinaire & du vinaigre de Paris; que les bulles étoient plus multipliées & plus preffées; cependant moins vives & moins abondantes que celles produites par le flegme de vitriol.

J'ai répété toutes les expériences, dont je viens de rendre compte, avec des vinaigres rouges ordinaires. Je n'y ai découvert aucun indice certain qu'ils continffent de l'acide vitriolique. J'ai cru que les Vinaigriers ne frelatoient pas leur vinaigre rouge avec l'acide vitriolique crainte de leur enlever la couleur ; mais je me fuis convaincu du contraire par le mêlange que j'en ai fait. Depuis que j'ai communiqué ce Mémoire, quelques perfonnes ont fait des recherches qui leur ont prouvé, comme à moi, que quelques vinaigres blancs de l'Orléanois étoient fophiftiqués auffi avec l'acide vitriolique.

De toutes les expériences que j'ai faites, il réfulte la conviction de la préfence de l'acide vitriolique uni au vinaigre blanc & furard qui fe fait à Châlons; que les Vinaigriers y mêlent cet acide minéral pour donner plus de force & d'intenfité à l'acide du vinaigre, afin de pouvoir compofer, avec des vins foibles & vapides, des vinaigres prétendus plus forts. Ils achetent des vins plats & gatés à deux fols la pinte, qu'ils vendent vingt-cinq & trente, quand ils y ont mis pour deux fols d'huile de vitriol. C'eft une fraude & une contra-

R r r

vention qui, d'un côté, favorise leur cupidité; d'un autre communique à ces vinaigres frelatés une qualité nuisible & contraire à tous les objets de sa consommation. Jettons un coup-d'œil sur les différents usages auxquels on emploie le vinaigre dans la Société; l'avantage que l'on se propose d'en retirer, & les accidents qui peuvent résulter de l'usage d'un vinaigre vitriolisé.

L'acide du vinaigre ne ressemble point à l'acide naturel des végétaux, tels les sucs d'oseille, de citron, de verjus, de groseille, d'épine-vinette & autres semblables : ces sucs acides font l'ouvrage de la Nature. Celui du vinaigre est le produit de l'Art par le moyen de la fermentation : c'est un acide spiritueux qui monte dans les vaisseaux distillatoires; au lieu que celui des sucs par expression ne donne que du flegme insipide. L'acide du vinaigre ne se montre nulle part dans la Nature, si l'on en excepte celui que donne la fourmi, qui a beaucoup d'analogie avec celui du vinaigre. D'après plusieurs Auteurs, M. Margraff nous a démontré l'acide végétal dans le regne animal; & je pense que cet acide végétal que donne la fourmi, est le résultat d'une fermentation digestive des sucs des plantes dont se nourrit cet insecte.

Le vinaigre est employé intérieurement par les Médecins comme tonique, stomachique, incisif, aperitif, sudorifique & calmant : il calme l'ivresse, les accès de la rage & les accidents de la peste. Il est employé extérieurement comme astringent, vulnéraire, répercussif, & comme parfum pour détruire les miasmes putrides qui flottent dans un atmosphere contagieux. Si dans tous ces cas on employoit du vinaigre qui contint de l'acide vitriolique, à combien de dangers n'exposeroit-t-on pas les malades auxquels on l'administreroit, loin de leur porter les secours que l'acide végétal du vinaigre peut seul procurer.

Les jeunes filles qui n'ont pas encore ressenti, au temps prescrit par la Nature, les effets des secretions nécessaires à leur maturité, font un grand usage du vinaigre qu'elles boivent en cachette : elles en tirent un soulagement apparent contre la langueur qui les accable & qui leur fufcite des apétits capricieux & furnaturels. Ce n'eft pas feulement contre le chlorofis qu'elles en font ufage ; elles en boivent auffi pour fe rendre plus fveltes. J'ai connu une jeune perfonne qui jouiffoit de la fanté la plus brillante : elle tiroit un fi grand avantage du peu d'aliment qu'elle prenoit, qu'un embonpoint général fembloit lui annoncer qu'elle deviendroit trop puiffante : fon fein fur-tout prenoit un volume immenfe. Elle eut defiré, qu'à l'exemple des Amazones, on lui eut brûlé les germes de ces réfervoirs précieux auxquels l'homme, encore pour ainfi dire embryon, refte après fa naiffance attaché par la fuccion, comme une plante l'eft à la terre principe de fon exiftence. Le defir de grandir & de plaire fit prendre à cette jeune fille une réfolution conftante de faire diminuer fon embonpoint par toutes fortes de moyens. Le vinaigre lui parut le plus facile à employer pour repouffer l'exuberance de la Nature. Elle en but fi affidument, & fi abondamment, que bientôt une grêle de boutons effacerent l'éclat de fon tein ; fon fein fe rida, toutes les parties charnues perdirent leur ton & s'affaifferent : elle maigrit fi fort qu'elle feroit tombée dans le marafme fi, cédant enfin à des avis falutaires, elle n'eut quitté l'ufage immodéré du vinaigre. Alors fa fanté fe rétablit par les fecours de la jeuneffe, qui réparerent les torts de fes vues imprudentes. Si le vinaigre, dont cette jeune perfonne fit ufage avec tant d'abondance, eut été vitriolifé, elle eut fans doute fuccombé fous les effets du poifon qu'elle avaloit à longs traits comme un remede qui flattoit fes fens & fes préjugés.

Le vinaigre eft ordonné en topique aux femmes travaillées par des pertes furnaturelles ; d'autres l'emploient pour donner du reffort & rendre le ton à des mufcles trop diftendus par des efforts violents & paffagers, ou qui font affaiffés par les excès de la volupté ou par le poids des années : dans prefque tous ces cas, le vinaigre vitriolifé, par une crifpation trop forte, tariroit, fans doute, les fources de l'humanité ; dans l'autre cas il produiroit l'effet contraire

R r r ij

des cosmétiques que les femmes emploient pour prolonger la durée des avantages de la jeuneſſe.

L'Art de faire la Porcelaine, la Teinture, la Peinture, la Pharmacie, la Chymie & une infinité d'autres Arts emploient le vinaigre dans leurs opérations & dans les préparations dont ils font uſage; ſi le vinaigre qu'ils emploient étoit vitriolifé, ils commettroient des erreurs, & manqueroient le but de leurs opérations. Quelle ſource de déſordres dans l'économie animale ne découleroit pas de l'uſage du vinaigre vitriolifé dans la préparation des aliments; puiſque l'acide vitriolique attaque & diſſout tous les métaux dont on fabrique nos uſtenſiles de cuiſine, même l'émail de la faïance & les couleurs dont elle eſt ornée & qui ſont compoſées, la plûpart, de ſubſtances venéneuſes & mortelles. Il eſt donc néceſſaire d'attaquer dans ſon principe l'abus des vinaigres vitriolifés, & pour l'anéantir, d'impoſer des peines & des châtiments rigoureux à ceux qui les compoſent.

Il eſt facile de rendre le vinaigre violent, en augmentant ſon acide ſous un moindre volume; les moyens d'y parvenir n'ont rien de nuiſible, puiſqu'il ne faut que concourir à multiplier l'acide végétal du vinaigre. On parvient à faire un vinaigre puiſſant & généreux, en mêlant au vin deſtiné à faire le vinaigre, dans le temps qu'il ſubit l'effet de la ſeconde fermentation, des matieres qui contiennent la ſubſtance ſucrée, ſeule ſuſceptible de la fermentation vineuſe & acéteuſe; ou de l'eſprit de vin : ce dernier augmente ſi puiſſamment la force du vinaigre, que deux pintes d'eſprit de vin bien rectifié, mêlées à un tonneau de vinaigre, ſuffiſent pour le rendre très violent. Les bons Economes qui font des ratafiats domeſtiques, jettent dans leur mere-vinaigre les marcs de leurs liqueurs qui contiennent & la matiere ſucrée & la partie ſpiritueuſe; ils en augmentent par ce mélange l'acidité : ces deux moyens s'emploient très efficacement ſur-tout lorſque les vins dont on ſe ſert pour faire le vinaigre ſont peu ſpiritueux.

La diſtillation n'eſt pas un moyen avantageux pour augmenter l'acide des vinaigres comeftibles; cette opération le diminue fenfiblement, même elle en altere l'effence en le dépouillant d'une partie huileufe, & en lui communiquant ordinairement un goût de feu défagréable. Mais il eft un moyen connu & pas affez employé pour concentrer le vinaigre à un point d'acidité très violent : on y procede en expofant au grand froid le vinaigre dans des vaiffeaux qui préfentent beaucoup de furface. Le froid fait glacer la partie flegmatique; & l'acéteufe refte en liqueur entre les lames que forment les glaçons : on la fépare par la décantation. On peut procéder à cette concentration par un froid artificiel, lorfque la faifon ne procure pas le moyen de la faire naturellement. On obtienr par ce procédé un vinaigre des plus violents qui ne contient d'autre acide que le végétal, qui exhale un parfum agréable, & qui eft un fpécifique contre toutes les maladies putrides contagieufes, que l'air qui en eft le véhicule, porte d'une partie de l'univers à l'autre, en y femant les germes de la dépopulation.

L'on peut diftinguer un vinaigre vitriolifé d'avec un vinaigre naturel, par le goût & par l'odorat. On le reconnoît par le goût, fi en avalant du vinaigre on fent une impreffion tranchante qui ne tienne point des aromats acres que l'on y mêle quelquefois, & qui differe de la fenfation qu'imprime l'acide végétal du vinaigre ordinaire : on doit conclure que ce vinaigre contient un acide étranger. On s'en affurera encore plus parfaitement par l'odorat, en imbibant un linge de vinaigre que l'on chauffera légérement; fi en le refpirant on ne fent pas une odeur pénétrante, en raifon de fon acidité, & s'il répand une odeur fulphureufe plus ou moins forte, qui ne manquera pas de fe développer à mefure que le linge fe fechera, on doit être affuré que ce vinaigre contient de l'acide vitriolique. Si en verfant du vinaigre fur une pelle à feu rougie légérement au feu, on ne fent pas le parfum de l'acide végétal fe développer en raifon de la concentration de fon acide; qu'au contraire on foit faifi d'une odeur fulphureufe, on ne pourra fe refufer

d'être perfuadé que ce vinaigre contient de l'acide vitriolique. A toutes ces preuves on pourra ajouter l'effai à l'efprit
de vin. Si en verfant de l'efprit de vin dans du vinaigre
chaud, il fe fait une effervefcence, elle ne peut être que le
réfultat de la combinaifon de l'acide vitriolique contenu
dans le vinaigre, avec l'efprit de vin que l'on y ajoute.

L'acide vitriolique a pu être uni au vinaigre de Châlons
de plufieurs manieres & avec diverfes fubftances qui le contiennent, foit en mêlant au vinaigre fait, de l'huile de vitriol en dofe plus ou moins fuivant le degré d'acidité que
le vinaigrier veut lui donner, & en raifon du degré de force
des vins avec lefquels il l'a compofé. 2°. Le vinaigre a pu
retenir une portion d'acide vitriolique de la décompofition
du foufre que l'on fait brûler dans les tonneaux que l'on
deftine à contenir des vins que l'on confidere comme trop
liquoreux. Le foufre n'eft pas la feule fubftance minérale
qui contienne l'acide vitriolique, & que l'on emploie mal-
à-propos dans la Zymotechnie. L'alun eft un fel vitriolique
à bas prix, que les Vinaigriers peuvent imprudemment, ou
plutôt méchamment employer pour augmenter l'acide de
leur vinaigre; il peut même fe faire que cet alun provien-
ne des vins qui auroient manqué la mouffe & qu'ils auroient achetés pour faire du vinaigre, lefquels vins auroient été frelatés avec l'alun : car il n'eft plus permis d'igno-
rer les procédés pernicieux avec lefquels on prépare les
vins mouffeux de Champagne, fur-tout ceux que l'on
foupçonne qui feront rebelles. Si les vins que l'on deftine à
faire mouffer font gras & trop doucereux, l'on y fait fondre de l'alun pour fournir un acide qui, agiffant continuellement fur la partie mucide, renouvelle le mouvement de fermentation, lorfque la liqueur aura communication avec l'air extérieur : fi au contraire le vin eft trop
acide, l'on y ajoute du fucre candi pour adminiftrer une
matiere graffe mucide, fur laquelle l'acide furabondant
ait prife & puiffe prolonger la fermentation. Il feroit bien
à defirer que ce fût avec ce feul dernier moyen que l'on

frélatât feulement le vin moufleux, liqueur perfide que la
cupidité fournit à la volupté, & qui n'a d'autre mérite que
d'imprimer fur les premiers organes une fenfation fi vive,
qu'elle eft fouvent douloureufe ; de deffécher & d'altérer,
loin de rafraîchir. La pétulance de ce vin gazeux plaît infiniment aux femmes qui le fablent voluptueufement.

Nous avons vu dans ce Mémoire, que l'art du Vinaigrier,
comme une infinité d'autres arts, eft forti du fein de la
Chymie qui veille continuellement à ce qu'ils ne s'écartent
point des principes qu'elle leur a donnés : qu'une circonf-
tance critique amenée par le hafard, auteur de prefque
toutes les découvertes phyfiques, m'a fourni l'occafion de
connoître qu'il y avoit des vinaigres frélatés : que mes pré-
fomptions fur la nature de l'acide minéral uni à celui du
vinaigre , fe font fortifiées à mefure que j'y ai prêté de
l'attention , & qu'elles font devenues des convictions, par le
réfultat de toutes les expériences chymiques par lefquelles
j'ai analyfé le vinaigre que j'ai foupçonné contenir un acide
minéral : que la quantité d'acide vitriolique , qui eft uni
au vinaigre de Châlons, eft très confidérable , puifque par
des expériences d'hydroftatique, j'ai prouvé que ce vinaigre eft plus pefant que le vinaigre blanc de Paris de deux
gros deux fcrupules vingt grains par pinte, ce qui donne
par muid de trois cents pintes de Paris un excédent de fix
livres quatorze onces trois gros douze grains, qui eft la
quantité d'acide vitriolique que le Vinaigrier a mêlé à fon
vinaigre pour en augmenter l'acidité : que cet acide a pu
être mêlé au vinaigre par divers moyens, fubftances & procédés , foit par l'huile de vitriol, foit par le foufre, foit par
l'alun. J'ai jetté un coup-d'œil rapide fur les différents
ufages auxquels le vinaigre eft employé ; fur les abus que
les jeunes filles en font en boiffon ; fur les avantages que
la Médecine en tire, tant pour la guérifon des maladies,
que pour purifier l'air contagieux ; fur l'utilité dont il eft
dans les arts, enfin fur la néceffité de fon emploi dans l'apprêt des aliments. J'ai pefé fur les dangers d'employer pour

tous ces ufages des vinaigres vitriolifés; & pour ne pas être trompé lorfque l'on fait emplette de vinaigre, j'ai indiqué les moyens les plus fimples de reconnoître la fraude. J'ai rappellé des procédés connus pour augmenter l'acide du vinaigre, foit par l'addition des matieres analogues qui contiennent l'acide du vinaigre, foit par la fouftraction d'une partie de fon phlegme par la concentration par le froid : j'ai fait fentir combien il étoit important de réprimer la cupidité pernicieufe des Vinaigriers qui frelatent leur vinaigre avec l'acide vitriolique combiné. Le Miniftere public eft intéreffé à prévenir & à punir des contraventions qui peuvent avoir des fuites auffi funeftes.

En jettant un coup-d'œil attentif fur le tableau de comparaifon du poids des différentes liqueurs, l'on verra, contre l'opinion reçue, qu'il y a des vins plus pefants que l'eau commune, puifque le vin blanc de Champagne pefe par pinte un gros trente-cinq grains plus que l'eau. Les vins rouges de Bourgogne & de Bar font plus légers que l'eau. Tous les vinaigres, même la bierre font plus pefants. Depuis que j'ai prouvé par ces expériences qu'il y avoit des vins plus pefants que l'eau, l'académie de Stockolm en a confirmé l'authenticité par le réfultat des expériences de M. Fagot.

MÉMOIRE

# MÉMOIRE

SUR la nécessité & la facilité de rétablir la navigation sur la Riviere de Marne, en remontant vers sa source, depuis Saint-Dizier jusqu'au-dessus de Joinville.

> Fluminis intrastis ripas, portuque sedetis;
> Ne fugite *auxilium*.　　　　VIRG. *Enéid.*

LA CHAMPAGNE, cette Province si considérable & si florissante, à laquelle on pourroit appliquer ce que Virgile disoit de l'Isle d'Elbe, *Insula inexhaustis chalybum generosa metallis*, à cause de l'abondance de ses mines de fer, n'est pas moins riche en bois de la meilleure qualité, sur-tout dans sa partie supérieure. Ces deux matieres, après avoir fourni aux besoins & à l'industrie de ses habitants, alimentent encore les deux branches les plus importantes du Commerce d'exportation de cette Province & même du Royaume.

La Champagne peut se diviser en inférieure & en supérieure. L'inférieure est blanche & crétacée ; les cantons de cette derniere où le crayon est plus superficiel, sont stériles ; ceux où une certaine quantité de terre végétale couvre le crayon, sont riches en vins délicieux, & ils ont des parties boisées, sans mines de fer. Mais la Champagne supérieure qui commence au-dessus du Pertois, s'étend au nord dans l'Argonne, se replie au nord-est sur le Barrois,

S s s

cotoie la Lorraine, s'appuie au levant fur la Franche-Comté, s'entrelace au midi avec une grande partie de la Bourgogne, comprend tout le Vallage, le Baffigny & le Bar-fur-Aubois, arrofés par la Marne, l'Aube, la Blaife, & autres rivieres. Ces pays font couverts de beaucoup de forêts confidérables & d'une infinité de bofquets. La mine de fer y eft généralement répandue par-tout avec plus ou moins d'abondance depuis la furface de la terre jufqu'à des profondeurs inacceffibles, fuivant les accidents qui l'ont raffemblée ou difperfée : cette partie eft remplie de forges à fer.

Les bois de conftruction du crû de la Champagne ne font pas réputés les meilleurs du Royaume pour le fervice de la Marine quant à leur durée, ceux de nos Provinces méridionales font préférés : mais la Champagne fournit les bois les plus longs & les plus droits qui font propres aux plançons pour les bordages, les iloirs & les vaigres. On ne laiffe pas que de tirer de cette Province une très grande quantité de bois de gabari de toutes les efpeces, propres au fervice de la Marine du Roi. Les fers de la Champagne fe diftinguent généralement en communs & en roches ; les premiers fe fabriquent fur la Blaife & fur la Marne ; les roches qui font ceux de la meilleure qualité, fe tirent des forges fituées fur le Rongeant, le Rognon & autres ruiffeaux y affluants : ces derniers remplacent les fers de Berry lorfqu'ils font bien fabriqués, mais ils font encore inférieurs en qualité aux meilleurs de la Franche-Comté & du Dauphiné.

Il eft inutile de démontrer qu'un objet de commerce devient d'autant plus avantageux, qu'il peut être exporté au plus loin avec les moindres frais poffibles ; que la navigation eft de tous les moyens employés pour le tranfport des productions de la nature & des arts, le moins couteux, conféquemment le plus avantageux. Ces principes font connus de toutes les nations & de tous les hommes ; les contefter, c'eft fe refufer à l'évidence ; & la perfuafion de cette vérité arma d'audace le cœur du premier pilote, qui confia aux vents & à la mer fa vie & fa fortune.

Horace souhaitant une navigation prospere à Virgile qui partoit pour Athènes ; fâché de perdre un ami qu'il regardoit comme une partie de lui-même, fait une vive sortie contre le premier Nautonier :

Illi robur & æs triplex
   Circa pectus erat, qui fragilem truci
Commisit pelago ratem
   Primus.

Si Horace eût été Commerçant, il eût célébré par un Poëme héroïque la navigation, & eût adressé une Ode au premier Pilote. Nos besoins déterminent nos affections.

L'avantage que procure la navigation est si considérable pour le transport des marchandises, qu'elle économise souvent quatorze quinziemes ; puisque le prix moyen de la voiture par eau d'un mille pesant depuis S. Dizier jusqu'à Paris, est de dix livres par bateau, sur quoi il y a encore des droits à payer ; que l'Entrepreneur du Carosse public prend cent cinquante livres, & les Rouliers soixante-dix, pour le même poids & le même trajet. Cette économie est encore bien plus frappante pour la voiture qui se fait par flotte, laquelle ne coûte que le quart du prix du bateau, puisque cent toises de bois de sciage, appellé *Bois Français*, qui pesent communément quatre milliers, ne coûtent que dix livres de transport de Saint-Dizier à Paris ; ce qui rend la proportion avec le prix des voitures publiques comme dix à six cents, & avec celui des Rouliers comme dix à deux cents quatre-vingt. Je ne parle point de la navigation maritime dont les frais du fret sont encore bien plus modiques, puisque pour quelques deniers pour livre pesant, l'on transporte des marchandises d'un hémisphere à l'autre.

L'avantage qu'une Province peut tirer de ses productions premieres, se multiplie par gradations au centuple & au-delà, en raison des facilités d'enlever ces productions du lieu de leur crû & de les exporter à moindres frais. C'est pourquoi si les rivieres de cette Province étoient navigables plus près de leurs sources, elles pourroient fournir à l'intérieur du Royaume, à la Capitale, & aux autres Provinces maritimes, ses fers à un prix assez modique, pour les empêcher de faire avec l'étranger, sur-tout avec la Suede & la Sibérie, un commerce d'importation, qui énerve le nôtre, diminue le produit de l'industrie & anéantit la population (1); il en est de même des bois de construction, tant en charpente qu'en sciage & en fenderie.

Paris, cette ville superbe & si considérable par le nombre de ses habitants, fait une consommation, qui peut être comparée avec celle du reste du Royaume (2). La celébrité de ses Artistes, l'industrie de ses Artisans, ont acquis à leurs productions, une réputation imposante, qui fait monter leurs ouvrages à un prix qui excede la perfection avec laquelle ils les finissent. Tout ce qui est à Paris est beau; tout ce qui vient de Paris est parfait; rien n'est bon s'il ne vient de Paris, dit le vulgaire : plus d'un Sage pense que ces dis-

---

(1) L'importation des fers étrangers en France a fait tomber depuis quelques années les fers nationaux dans un si grand discrédit, que de cent soixante livres, leur prix est réduit à cent quarante : triste échec qui rallentit beaucoup les travaux de nos manufactures, porte une atteinte funeste à l'industrie, affoiblit les ressorts de l'Etat, & enrichit nos voisins de nos dépouilles.

(2) Paris, dit-on, affame les provinces ; cette Ville est un gouffre qui engloutit tout, & si on ne resserre pas ses limites dans des bornes plus étroites, cette Capitale absorbera toute la substance de l'Etat. J'ose ne pas penser de même, & je regarde ces discours comme une déclamation des membres contre l'estomac : car n'est-il pas vrai que le chyle préparé par ce viscere renouvelle la masse des humeurs, répare les forces abattues des membres, leur procure des sucs nourriciers qui entretiennent leur em-bonpoint : il en est de même du reflet de Paris sur les Provinces. Paris n'est pas la Ville la plus considérable de l'Univers ; quand le nombre de ses habitants doubleroit, elle n'approcheroit pas encore de la grandeur de ces Villes anciennes qui se sont entiérement ensevelies sous leurs ruines : plus Paris s'aggrandira en surface, en nombre, en luxe & en besoin, plus la Province deviendra opulente, par la facilité de vendre bien cher ses productions. L'on doit dans cette Ville étaler tous les prodiges des arts pour y attirer un concours considérable d'étrangers qui contribuent à entretenir sa splendeur & à augmenter son opulence. La magnificence de cette Ville produira naturellement l'effet que diverses loix ont eu pour principe, tel le pélerinage du Caire, de la Mecque, les foires d'Alexandrie, les jeux des Grecs, & les fêtes de Jérusalem & de Rome.

cours populaires, indépendamment de l'opinion, ne font quelquefois que trop bien fondés; ces idées qui affectent le plus grand nombre, décident les uns à faire exécuter dans cette Capitale des ouvrages en fer qui doivent fervir à l'embelliffement des Eglifes ou des Châteaux, qui en font éloignés de plus de cent lieues. D'autres font travailler des lambris fomptueux, des ftalles magnifiques pour décorer des Palais & des Cloîtres dans des Provinces reculées.

Le chœur & le fanctuaire des anciennes Eglifes Cathédrales étoient autrefois claquemurés à caufe des Offices nocturnes; aujourd'hui on démolit ces fortifications jadis néceffaires contre la fraîcheur de la nuit, & on les remplace ainfi que les jubés, par des grilles fomptueufes que l'on fait exécuter prefque toujours à Paris: celle de Saint Germainl'Auxerrois de cette ville, eft un chef-d'œuvre ineftimable, elle a pour rivale celles de l'efcalier du Palais Royal, de la chaire de S. Roch, & celle de la Cathédrale de Strasbourg dans un genre différent; les grilles de S. Etienne de Châlons, ont été prefque toutes faites à Paris, ainfi que les ftalles de l'Abbaye de Trois-Fontaines près S. Dizier: il en eft de même des autres Provinces.

Ce retour dans les Provinces des matieres fur lefquelles les Parifiens ont exercé leur induftrie, double la confommation de cette ville immenfe; & cette confommation eft fi prodigieufe, que les Magiftrats, qui en adminiftrent les approvifionnements, & qui font chargés d'y entretenir l'abondance, font dans la perplexité, lorfque le volume d'eau des rivieres affluentes eft abforbé par la féchereffe, ou que les rigueurs d'un trop long hiver interceptent toute communication par eau. Les accroiffements de cette ville & de fon luxe ont multiplié fes befoins; pour les fatisfaire, on a épuifé les parties des Provinces les plus limitrophes des ports fréquentés. Quelques bois de charpente, peu de pierre, beaucoup de plâtre & de briques compofoient autrefois la maffe des matériaux dont les Architectes conftruifoient les maifons parifiennes: mais le goût des efcaliers maffifs en

bois, des planchers, des parquets au lieu de carrelage, &
fur-tout des lambris & des ameublements en menuiferie &
marqueterie, ayant prédominé, l'on a été néceffité à forcer
les coupes des bois de futaie, d'avancer les révolutions des
forêts voifines des ports fitués fur les rivieres navigables qui
affluoient à Paris, particuliérement fur la Marne. Les main-
mortables & toutes les Communautés Religieufes ont obtenu divers Arrêts, qui leur ont permis de ne laiffer dans
leurs forêts que certain nombre d'arbres par arpent, & de
faire couper le furplus : bientôt tous leurs bois qui avoient
été jufqu'alors refpectés comme les bois confacrés autrefois
aux Divinités à caufe de la majefté de leur futaie, ces bois,
dis-je, ont été dévaftés, & dans les révolutions actuelles l'on
ne trouve plus d'arbres bien venants & bien conftitués de
l'âge requis, en affez grand nombre, pour compofer les ré-
ferves ordonnées.

Il feroit bien à défirer que le goût ancien des peintures à
frefque fe renouvellât de nos jours pour diminuer la confommation des bois employés pour les lambris. La difette
d'une chofe donne fouvent de l'induftrie pour la remplacer ;
les Architectes de Paris s'appercevant de la difficulté de fe
procurer des poutres confidérables, fur-tout depuis que le
Miniftere fait choifir, dans toutes les adjudications des bois
du Royaume, les pieces que l'on juge être propres à la conftruction de la Marine du Roi ; les uns ont imaginé de conftruire des bâtiments fans bois, telle la nouvelle halle aux
grains édifiée dans l'emplacement de l'ancien hôtel de Soif-
fons, & à laquelle on ne peut défirer qu'une plus grande
étendue ; d'autres Architectes ont fubftitué les voûtes aux
planchers jufques dans les maifons particulieres ; mais fur-
tout dans les palais & les édifices publics. Le temps nous
amenera d'autres ufages.

La néceffité de fournir à la Métropole des bois propres
aux lambris, fit paffer des Négociants dans le fond de la
Lorraine Allemande, & fur les confins de l'Alface, dans les
montagnes des Vôges, où il fe trouvoit des forêts qui

avoient vieilli avec les fiecles dans le filence, & que la coignée n'avoit point profanées :

Lucus erat, longo nunquam violatus ab ævo.

Les arbres de ces forêts croiſſoient & ſubſiſtoient juſqu'à leur décrépitude : alors leur ſeve deſſéchée ne fourniſſant plus à leur entretien, ils tomboient en pourriture, & leurs parties cadavéreuſes dépoſées ſur le rocher, y formoient une terre féconde, qui enrichiſſoit la végétation des jeunes arbres voiſins. Là ſe bornoit, pour ainſi dire, le produit de la majeure partie de ces arbres antiques (1). Ce fut vers l'an mil ſept cent trente, que les ſieurs Mathieu & Leblanc, Négociants de Saint-Dizier, & le ſieur Suard, de Paris, pouſſerent leurs ſpéculations dans le fond de ces forêts; ils ne furent point effrayés de la longueur du trajet, pour conduire par terre ces bois depuis les montagnes juſqu'à Saint-Dizier : inconnus dans ces déſerts, ils y porterent de l'or & des préſents. Conduite bien oppoſée à celle de ces cruels Marchands Eſpagnols qui égorgerent les Péruviens pour s'emparer des productions de leur pays (2). Les dépenſes conſidérables que ces Négociants firent pour ſe procurer les bois de la premiere qualité, tant pour le prix de l'achat, que pour les frais de ſciage & de tranſport; d'ailleurs la beauté du grain, l'éclat de la maille, & la richeſſe de la

---

(1) Il ſe trouve encore dans les forêts reculées des montagnes de la Vôge des parties qui ſont encore en non-valeur. En viſitant les mines de cuivre des environs d'Orbeil en Alſace, nous avons vu au-deſſus des ſources de la Mozelle ſur les hautes montagnes qui bordent cette vallée qui conduit à Rufac & Dannemarin, des cantons de forêts dont les ſapins affoiblis par la vieilleſſe, briſés par les vents, tombent du haut des rochers dans des précipices où ils s'anéantiſſent par la pourriture. L'immenſe quantité de ces arbres ou plutôt de leurs cadavres entaſſés, forme un ſpectacle hideux que ne peut voir ſans émotion le voyageur curieux de découvrir les beautés & les richeſſes de la Nature.

(2) Qui peut lire l'Hiſtoire de la conquête du Pérou, ſans frémir des horreurs commiſes par Narbaez, Cortez, Salamanque & autres, & ſans verſer des larmes ſur le ſort de tant d'Incas & de leurs ſujets !

. . . . . . Quis, talia fando,
Temperet à lacrymis.

couleur de ces planches de chêne si tendre, les déterminerent à traiter ces bois avec beaucoup de ménagement ;
ils craignirent de les altérer en les flottant ; ils prirent le
parti de les faire conduire dans des bateaux, ce qui multi-
plia beaucoup les dépenses du fret ; ils s'y déterminerent
avec d'autant plus de raison, que l'on s'est apperçu que l'eau
de quelques rivieres noircissoit le bois de sciage de chêne
que l'on faisoit flotter sur leur cours ; ce qui vient des
sels vitrioliques qu'elles tiennent en dissolution, parcequ'elles lavent des terres pyriteuses ; alors la seve stiptique
du bois de chêne précipite le fer qui s'attache à sa fibre &
le noircit : c'est l'effet de la noix de galle, qui est une pro-
duction du chêne sur le fer contenu dans la couperose, matieres qui sont la base de la composition de l'encre & des
teintures noires. La riviere d'Ornin qui vient de Gondrecourt à Bar, & rejoint la Saux à Etrepi, produit particuliérement cet accident ; ce qui détermina nos Marchands à ne
pas courir les mêmes risques sur la Marne ; cette derniere
riviere coule sur un lit entiérement pyriteux sur le territoire
& banlieue de Saint-Dizier.

Ces bois furent reçus à Paris avec acclamation & ravis-
sement. Ils furent enlevés à l'instant par les Marchands &
les Ouvriers, pour être employés aux ouvrages de distinc-
tion : on ne connoissoit alors à Paris de beau bois de sciage,
que le bois d'Hollande, qui est de la même qualité que celui de la Vôge, & qui en est tiré en plus grande partie ;
ce bois est scié sur sa maille par les Hollandois qui nous le
revendent bien cher. La satisfaction des Parisiens, leur em-
pressement à demander des bois de cette qualité, soutinrent
l'ardeur de nos Négocians, qui retournerent dans les montagnes : ils y firent de grosses acquisitions, & construisirent
des scies sur tous les filets d'eau qui tomboient des rochers.
Dans la suite, ils ont été imités par d'autres Marchands ;
j'ai même été initié dans ces spéculations. Le peu d'étendue
de ces forêts des Vôges, la ferveur avec laquelle on a
poussé cette branche de commerce, & l'ardeur des proprié-

taires

taires de ces bois, à tirer un produit confidérable de leurs fonds, auparavant fi négligés, ont caufé l'épuifement de cette partie, au point que l'on ne peut efpérer actuellement de tirer, de ces cantons, que des bois d'une qualité bien inférieure au premier, & en bien moindre quantité.

L'épuifement des bois de Vôge, a fait recourir à divers expédients pour s'en procurer d'une qualité approchante. Où il s'eft trouvé des parties confidérables en exploitation, comme à Fontainebleau, & où le bois a été jugé d'une qualité fupérieure, on a conftruit des fcies à eau, pour débiter les bois à la façon de Vôge & de Hollande. Le fieur Noël, Marchand de bois a Paris, qui joint aux connoiffances de l'art du Charpentier, les talents d'un Commerçant bon fpéculateur, & beaucoup de fagacité, a fait conftruire à Moret, fur la riviere de Loing, une fcie compofée de douze lames, mifes en mouvement par l'effet d'une feule roue. Cette machine exécute avec beaucoup de facilité & de juftefse fes opérations, elle économife beaucoup de bois, & le débite fous une forme très avantageufe (1). En fecond lieu, l'on a reculé tant que l'on a pu les limites des importations, à mefure que les bois les plus proches ont été ufés : tout le Barrois a été mis à contribution, les coupes de fes forêts ordinaires qui faifoient efpérer de fournir des bois de fciage, en fuffifance, font révolues, il n'y a plus qu'à glaner dans ce canton.

Dans quelques années, à peine fe trouvera-t-il dans le Barrois des chênes en fuffifance pour fournir les bâtons & merrains néceffaires à fes vignobles immenfes & magnifi-

---

(a) La fcie du fieur Noël à Moret eft modelée fur celle des Hollandois, & ne leur cede rien en perfection ; les lames de cette machine font très-minces: l'arbre de fer à tiers point qui éleve les trois chaffis des fcies eft très-bien imaginé, & exécuté fupérieurement : toutes les fcies que nous avons vues en Franche-Comté, en Lorraine & en Alface font bien inferieures au mérite de celle de M. Noël, 1°. parce que la plupart ne font compofées que d'une lame : 2°. que ces lames font trois fois plus épaiffes que celles de la fcie de Moret, inconvénient qui triple & le travail de la machine par la réfiftance d'une furface trois fois plus grande, & la perte du bois par une voie trois fois plus forte.

ques qui font les principales sources de la richesse du pays.
Une partie des petites forêts de la principauté de Joinville
sont aussi épuisées ; enfin l'on est forcé de remonter vers
les sources de la Meuse & de la Marne.

Dans les forêts régies par les Maîtrises de Neuf-Château
& de Chaumont, il se trouve de gros arbres qui donnent
des sciages d'une grande beauté : il seroit à désirer qu'on fît
débiter ces arbres par des scies à moulin, au lieu de les abandonner à la discrétion de ces Scieurs qui viennent du Lyonnois, du Dauphiné, du Limosin & de l'Auvergne ; car ces
Ouvriers font ordinairement de très mauvais ouvrage, au
préjudice des Marchands & de l'État, parceque 1°. ils travaillent trois par fer, ce qui le fait vaciller dans des lignes
obliques & inclinées, tandis que la scie doit monter & des-
cendre par des lignes bien perpendiculaires. 2°. Ils se pressent trop, & négligent une infinité de soins, desquels dépend la perfection de l'ouvrage. 3°. Enfin ils travaillent
avant & après le jour, d'où il résulte beaucoup de défauts
très préjudiciables.

Le bois de sciage est une matiere volumineuse & pesante, conséquemment elle exige de grands frais, lorsque
l'on est obligé de la transporter à force d'hommes, de voitures & de chevaux. Puisqu'un cent de toises de sciage de
bois français assortis de battans, de membrures, de bois double, de pouce, de pouce & demi & de chevron, contient
soixante-six pieds cubes de bois, & pese au sortir de la scie
environ cinq mille ; & lorsqu'il a été empilé à l'air, il est
réduit à quatre mille, suivant le temps qu'il a séché & suivant la qualité du bois ; car plus il est tendre ( tels les bois
crus sur la pierre, le sable, exposés au nord, & dans des
forêts épaisses que l'on ne coupe qu'après de très longues
révolutions ), plus ce bois est léger ; mais plus il est gras &
rustique ( tels les bois qui croissent au midi, dans des terreins herbus, substanciels, & dans des cantons isolés ), plus
ils font matériels & pesants : ces derniers doivent être réservés pour la charpente ; mais bien des circonstances obligent

d'en faire fcier beaucoup de cette derniere qualité. La valeur
courante du bois de fciage dans le commerce, ne comporte
pas de gros frais de manutention; puifque fon prix actuel
aux ports de Paris eft de quatre-vingt deux livres le cent. En
établiffant le bois brut à deux cents livres le cent de folives,
il en entre pour quarante-cinq livres dans un cent de fciage
lequel coûte d'ailleurs quinze livres pour façon, à caufe des
rebuts & fournitures, plus onze livres de voiture par eau
depuis Saint-Dizier jufqu'à Paris ; ce qui fait au total foixante-onze livres, lefquelles fouftraites de quatre-vingt-
deux livres, refte onze livres (1) pour les frais de tranfport,
depuis la forêt jufqu'au port, & pour le bénéfice du Commerçant & les aventures ; & cette fomme eft entiérement
abforbée fi l'on eft obligé de tirer ces fciages de quatre
lieues par la traverfe, & de fix lieues par les routes ; car c'eft
le prix courant actuel de la voiture de Joinville à S. Dizier.
Enfin comme l'on eft forcé de tirer ces fciages de huit, dix
& douze lieues plus loin, le déchet eft plus confidérable, &
en établiffant le prix de la voiture & des dépôts des fciages
de ces douze lieues à trente livres, & cinq livres de bénéfice pour le Négociant; il faudroit donc précompter trente-
cinq livres fur le prix de la quantité de bois néceffaire pour
faire un cent de fciage, ce qui le réduiroit à dix livres ou à
quarante-huit livres le cent de folives, compofé de trois cent
pieds cubes. Quel eft le propriétaire qui fe déterminera à ne
tirer de fes fonds que ce prix modique? & cet aviliffement
de prix tendroit à anéantir le produit des forêts, à tarir les
fources du commerce, priver l'Etat, & fur-tout la Capitale,
d'une matiere indifpenfable, & de la jouiffance de fes propres
richeffes. Pour parer à tant d'inconvénients, il faut d'un
côté entretenir des routes qui traverfent les forêts, & com-

---

(1) Le calcul de produit & de dépenfe
d'un cent de bois de fciage eft le réfultat de nos obfervations depuis vingt-
cinq années d'expériences dans des exploitations majeures, où il eft toujours
précieux de porter un efprit d'analyfe &
de détail.

muniquent aux ports ; c'eſt l'eſprit de l'Ordonnance des Eaux & Foréts de mil ſix cent ſoixante-neuf ; d'un autre côté, rendre les rivieres navigables preſque juſqu'à leurs ſources, pour éviter les frais de tranſport, & accélérer la traite des marchandiſes qui périclitent toujours dans les retards qu'elles eſſuient, & les fréquents dépôts qui ſont très déſavantageux au commerce des bois de ſciage ; car d'un côté les planches qui ſont fragiles ſont ſujettes à être fendues, caſſées & écornées par les frottements & les chocs ; d'un autre, l'ardeur du ſoleil auquel elles ſont expoſées d'une face, & l'humidité de l'autre, les coffine & les voile ; d'ailleurs à chaque dépôt il faut un Commiſſionnaire : toutes ces choſes multiplient conſidérablement les frais, diminuent la qualité & ſouvent la quantité par la négligence des dépoſitaires & la rapacité des payſans avides & peu délicats. Il faudroit toujours que le bois de ſciage fût conduit de la forêt au port flottable, ſans être déchargé en route.

La riviere de Marne qui eſt la plus conſidérable de la champagne, & qui ne traverſe aucune autre Province, ſinon une partie de l'Iſle de Francs où elle va confluer avec la Seine ſous Charenton, prend ſa ſource au-deſſus de Langres, dans le point le plus élevé de notre continent ; puiſque diverſes rivieres qui tirent leur ſource des réſervoirs de ce pays montueux, vont porter aux deux mers leurs eaux par des rayons divergents dans tous les points de l'horiſon. Les principales rivieres qui tirent leurs ſources des environs de Langres ſont la Meuſe qui coule au nord, la Vingeanne au midi, l'Armançon au levant, la Seine & l'Aube au couchant, la Marne au nord-eſt, la Saone au ſud-eſt, l'Aujon à l'oueſt-nord, le Rognon au nord ; enſuite une infinité de petites rivieres qui ſe jettent dans les principales ; toutes ſe replient reſpectivement ſous les différentes ſinuoſités des terreins pour couler dans les directions principales des courants de notre continent dirigés toujours par la chaîne des montagnes. La Marne devient déja conſidérable ſous Chaumont où elle reçoit la Suize ; la vallée

qu'elle arrofe au-deffous, eft creufée entre des côteaux four-
cilleux, qui concourent à fon augmentation. Elle fait mouvoir dans fon cours plufieurs forges, moulins & autres ufines : mais elle eft bien plus volumineufe à Joinville après
avoir reçu le Rognon & le Rongeant, ce qui la rend navigable en tout temps, en s'accommodant au local & aux aux
circonftances.

Le Rognon eft une riviere qui tire fes fources principales
d'Is en Baffigny, d'Orqueveau & d'Eco ; elle eft confidérable
par fon volume & par fon utilité, parcequ'elle fait tourner treize forges fur environ fept lieues de cours : elle vient
confluer avec la Marne fous Donjeu. L'on a conftruit une
route le long de la vallée de cette riviere pour la facilité
du commerce du canton : par cette route qui vient s'embran-
cher avec celle de Joinville à Chaumont, on defcend les
fers des forges de cette vallée & tous les bois de fciage qui
fe débitent annuellement dans les forêts qui couvrent la
maffe des terres au-deffus des fources de cette riviere, entre
celles de la Meufe & de la Marne. Cette branche confidérable eft apportée en dépôt à Joinville.

Le Rongeant eft un ruiffeau qui tire fon nom de l'effet
de la rapidité de fes eaux qui rongent les terreins fur lefquels elles coulent, à caufe de la proclivité de la vallée qui
les contient : cette pente confidérable eft favorable aux ufines qu'il fait mouvoir. Il tire fes fources fous Broutiere,
& n'a que trois lieues & demie de cours. On a auffi ouvert
une route le long de fa vallée, qui communique au Pays-
haut du côté de Grand ; cette route eft très utile pour defcendre à Tonance les bois de fciage, qui fe débitent abondamment dans le maffif des terreins entre les Vautons, Ber-
tilléville, Denville, Brochainville, ainfi que pour tous les
cantons d'alentour qui font couverts de bois jufqu'à Grand
& fes environs, où l'on voit encore beaucoup de ruines,
entr'autres celles d'un amphithéâtre Romain, qui prouve
que cet endroit fut autrefois véritablement grand.

Pour rétablir la navigation de la Marne, au-deffus de
S. Dizier & de Joinville, il faudroit que le Miniftere fe-

condât & protégeât l'exécution de ce projet qui devient
auffi néceffaire qu'il eft d'une facile exécution. Je vais effayer de le démontrer.

Depuis que le commerce de bois & de fer a pris une
grande faveur dans cette portion de la Champagne (1); que
les limites des importations du commerce des bois ont été
reculées; que la Marne a été rendue navigable à S. Dizier (2), enfin que la Province a été percée de routes, il
s'eft formé un port, c'eft-à-dire un dépôt de près de trois
cents mille toifes de fciage par an fur le bord de la Marne, à Joinville & à Tonance, particuliérement à ce dernier endroit, qui eft chef-lieu de la Pairie attachée à
l'Evêché de Châlons, & depuis long-temps un dépôt confidérable de bois de fciage. La route qui vient de Joinville
traverfe ce village, va fe rendre à Gondrecourt & s'em-
branche avec celle de Vaucouleurs & de Neuf-Château.

---

(1) L'époque de l'établiffement du
commerce d'exportation dans cette partie de la Province de Champagne, peut
être fixée vers le commencement du dernier fiecle. Auparavant il y avoit très-
peu de commerce : on laiffoit croître
les bois; leur révolution n'étoit point
fixée exactement; les forges fabriquoient
peu de fer, au-delà de la confommation
du pays : mais infenfiblement le nombre de ces Manufactures s'eft accru, &
elles ont augmenté leurs travaux, en
raifon des quantités immenfes des coupes de bois, que les révolutions des
quarts en réferve des bois des Communautés ont fournis; & cette fabrication a été portée à un fi haut degré,
que le feul débouché de S. Dizier, a
fourni annuellement pendant plufieurs
années jufqu'à dix-huit millions de fer,
qui a été exporté en plus grande partie
de cette portion de la Champagne, &
d'une partie du Barrois.

(2) Saint-Dizier eft la premiere Ville
actuellement où la riviere de Marne
commence à porter des bateaux & des
flottes. Cette Capitale du Valage eft fi-

tuée entre le Pertois, le Barrois, le Baffigny & le Bar-fur-au-bois, dans le commencement d'un baffin magnifique ouvert de trois vallées, percé de fix routes, arrofé de deux rivieres, & bordé
de côteaux qui forment un rideau au
levant, au nord & au midi; ces côteaux font couverts de bois qui communiquent aux forêts les plus confidérables
de la Champagne. Cette Ville eft un
chantier fameux où fe conftruifent tous
les bateaux Marnois, lefquels fe diftinguent par leur forme arrondie & par
leur tinglage : il s'en conftruit une prodigieufe quantité. Parmi les plus grands,
ceux qui fe nomment cul-de-chalant,
portent jufqu'à cent vingt tonneaux, ou
deux cents quarante milliers fur cette riviere, & plus fur celles qui ont plus
de volume. Tous les bateaux qui fe
conftruifent à Saint-Dizier fervent à
conduire à Paris, les fers, les grains,
les vins, les ouvrages en verre & autres
productions de la Province : ils font
vendus enfuite pour fervir à différents
ufages fur toutes les rivieres qui confluent avec la Seine,

C'eſt par cette route, que deſcendent tous les bois de ſciage provenants des forêts des environs, depuis Bonet, même au-deſſus. Tous ceux du canton qui avoiſine Vaucouleurs, vont à Ligny, les uns par la route de S. Aubin, les autres par celle de Gondrecourt, pour ſe rendre enſuite à Bar-le-Duc. La route que l'on conſtruit actuellement de Ligny à S. Dizier, abrégera de trois lieues la traite de ces marchandiſes; ce qui évitera un dépôt & des dépenſes: mais ſi l'on flottoit à Tonance, tous les ſciages provenants des environs de Vaucouleurs & de Neuf-Château, même des terres adjacentes, y tomberoient néceſſairement, attirés par la facilité & l'économie.

Toutes les forges au-deſſus de Joinville, au nombre de vingt-cinq, viennent dépoſer annuellement, dans les magaſins de cette ville, environ huit à dix millions de fer. Autrefois, c'eſt-à-dire juſqu'en mil ſept cent vingt-cinq, avant que M. de Leſcalopier, alors Intendant de Champagne, eût fait ouvrir & conſolider la route de S. Dizier à Joinville, tous ces fers & ceux des forges ſituées au-deſſous, deſcendoient à S. Dizier dans des batelets ſur la riviere de Marne. Il eſt encore pluſieurs hommes vivants qui ont été occupés dans leur jeuneſſe à cette navigation; & l'on voit à la forge de Bayard, la plus ancienne de la Marne, les traces du frottement des barres ſur l'appui de la fenêtre du magaſin, par laquelle on introduiſoit les fers dans le bateau: d'ailleurs la navigation de la Marne en cette partie a été agitée & prouvée au Parlement de Paris, dans l'affaire contentieuſe du Pertuis de décharge de la forge de Eurville: ce n'eſt donc point un établiſſement à faire; mais ſeulement une nouvelle forme à donner à la navigation de la Marne, au-deſſus de S. Dizier, en remontant vers ſa ſource.

Les Pêcheurs de Joinville, de Vecqueville, des deux Autigny, de Chatonrupt, de Breuil, de Ragecourt, de Gourzon, de la Neuville-à-Bayard & de Roche, étoient tous occupés de la conduite par eau des fers; ils chargeoient de deux mille cinq cents à trois milliers dans leurs batelets; ils étoient payés à raison de deux à trois livres par mille, & ils employoient deux jours à faire le trajet. Il n'y avoit pas beaucoup d'économie sur le prix de la voiture, parceque les obstacles multipliés augmentoient les peines & les frais, & qu'ils ne pouvoient se servir que de batelets qu'on pût porter au besoin : mais ces Pêcheurs mariniers ne consommoient ni chevaux ni fourrage, leur seule dépense particuliere prélevée, le surplus étoit un bénéfice réel & sûr; alors les Laboureurs du pays étoient entiérement occupés de leurs charrues, & le bénéfice qu'ils font aujourd'hui n'est qu'idéal & négatif.

Les fers & les bois déposés à Joinville & sous Tonance, occupent annuellement huit à neuf mille voitures, pour la traite desquelles il faut huit à neuf cents chevaux & trois cents hommes censés occupés un quart de l'année continuement; ce qui consomme une quantité prodigieuse de fourrage, & détériore les routes. L'argent comptant que le Laboureur se procure par le charroi, est un appas qui lui fait abandonner sa charrue; les terres des environs restent ou incultes ou mal préparées; ils ne recueillent que très peu de chose.

Les Laboureurs de Gourzon, de Ragecourt, de Breuil, de Chatonrupt, qui sont les plus empressés de la vallée à faire la traite des bois de sciage & des fers déposés à Joinville & à Tonance pour les rendre à S. Dizier, sont tous pauvres, parcequ'ils préferent le roulage à leurs charrues; leur finage à peine est-il semé, lorsque les Laboureurs des autres villages se préparent à recueillir; un tiers de leurs terres reste en friche, conséquemment en non valeur; un tiers ne rapporte pas la semence, les façons sont en pure perte; l'autre tiers ne produit que des grains de mauvais acabit, parcequ'elles ne sont pas cultivées suffisamment & en des temps propices; qu'elles ne reçoivent point d'engrais, par la raison que leurs chevaux, toujours hors de l'écurie, soit pour le roulage, soit pour la pâture,

ne

ne font point de fumiers, feul moyen de fertilifer : cet
abus eft des plus préjudiciables à l'agriculture, fi florif-
fante dans d'autres cantons, fur-tout depuis que le commerce de grains jouit de la liberté de l'exportation. Cet
abus, qui caufe leur ruine & celle de l'agriculture, eft très
préjudiciable aux Commerçants, & les conftitue annuellement en une dépenfe de la fomme de foixante à foixante-
dix mille livres pour les charrois ; au lieu que fi ces objets
de commerce étoient voiturés par eau, la dépenfe qu'ils oc-
cafionneroient iroit au plus à dix mille livres ; il y auroit
donc annuellement une économie de foixante mille livres,
& cette économie eft d'autant plus fenfible, qu'il eft vrai
de dire qu'il en coûte autant pour conduire par terre un
cent de planches de Joinville à S. Dizier, comme pour le
conduire de S. Dizier à Paris par eau. Cette étonnante difproportion eft dans la raifon de 6 à 55.

La proportion du prix de la voiture par terre & par eau,
eft encore bien plus grande relativement au trajet de Joinville à S. Dizier & de S. Dizier à Paris ; fi l'on confidere
que, quoique de S. Dizier à Paris, il n'y a par terre que
cinquante-cinq lieues, même trente-huit à vol d'oifeau ; il
y a cependant au moins cent lieues de trajet par le cours
de la riviere : il faut aux Navigateurs quinze jours ; pour le
faire dans les temps favorables, trois femaines communément, & dans les temps fâcheux il n'y a de terme que la
ceffation des vents, de la gelée, le rétabliffement des eaux
dans leur lit, ou un rafraîchiffement néceffaire pour pouvoir avaler.

L'on ne manquera pas de m'oppofer fans doute 1°. que la
navigation de la Marne eft impraticable au-deffus de S.
Dizier, puifqu'elle n'a pas lieu actuellement.

2°. Que la conduite des fers, qui fe faifoit autrefois par
batelets, même en mil fept cent vingt-cinq, n'étoit point,
à proprement dire, une navigation, mais un cabotage
fans fuccès & fans fuite.

3°. Que plufieurs perfonnes inftruites ont cherché il y

V v v

a déja long-temps les moyens de rendre cette partie de la
riviere de Marne navigable, & que leur projet est resté
sans exécution.

4°. Que sans doute les causes qui ont empêché jusqu'a-
lors d'exécuter ce projet si utile & si desiré, sont le peu
de volume d'eau, les écueils dont le lit de cette riviere
est hérissé, & les barrieres multipliées par les usines qui y
sont construites.

5°. Enfin, que les dépenses nécessaires pour l'exécution
de ce projet, excéderoient le bénéfice, & que le dérangement qui en résulteroit pour quelques particuliers, ne seroit pas compensé par le bien général que le Public pourroit en retirer.

Je cite ici au tribunal de la raison & de l'impartialité,
ceux qui formeroient de semblables oppositions ; je vais les
reprendre l'une après l'autre pour les détruire.

Je réponds à la premiere, qu'elle est un lieu commun de la foiblesse & de l'ignorance. Si des ames généreuses, qui se dévouent au bien de la Patrie, n'avoient
fait beaucoup d'expériences & de sacrifices pour faire éclorre les arts & les conduire à leur perfection, les hommes
seroient encore des sauvages, vivants des fruits cruds de
la nature agreste, & les disputant aux bêtes fauves ; &
peut-on conclure qu'une chose est impossible parcequ'elle
n'existe pas, ou qu'elle n'est pas pratiquée ( 1 ) ? Il y a
vingt ans que l'on ne navigeoit point sur l'Aube à Arcis.
Cette ville est devenue depuis un port très fréquenté. L'in-
dolence, qui étouffe les germes de la fécondité, a été le
seul obstacle que de zélés Patriotes aient eu à surmonter
pour établir sur cette riviere une florissante navigation.

---

(a) Il est aussi difficile de persuader
aux personnes subjuguées par le préjugé,
l'existence des choses sur lesquelles ils
ne veulent pas réfléchir, qu'aux Myops,
celle des objets dont ils sont éloignés :
les uns & les autres nient non-seulement
l'existence, mais même la possibilité de
tout ce qui est au-delà de la sphère de
leur connoissance.

L'on dit que la conduite des fers, qui se faisoit autre-fois par batelets de Joinville à S. Dizier, n'étoit qu'un cabotage sans succès & sans suite. Je réponds à ces objec-tions : puisque les Pêcheurs conduisoient les fers dans leurs batelets à S. Dizier, la fréquentation de la Marne étoit donc possible. Il ne s'agissoit alors que de donner plus d'é-tendue à cette navigation, & de l'appliquer à divers objets de consommation. Les établissements dans leur naissance, ne se présentent pas avec un grand appareil, & la somme des avantages qui en résultent dans leurs principes, ne peut être égale à celle que l'on en retire lorsqu'ils ont été conduits à leur perfection par une longue habitude & l'ex-périence de plusieurs siecles. D'ailleurs ces premiers navi-gateurs, n'étant point autorisés à demander l'ouverture des vanages des usines situées sur cette riviere, étoient obligés dans l'aval, lorsqu'ils rencontroient un obstacle, comme une écluse, de vuider leurs batelets sur la berge pour al-léger, & de sauter les écluses à vuide pour recharger en-suite au-dessous : & en amont, ils étoient forcés de tirer à bord leurs batelets, de les traîner sur terre, même de les porter, pour regagner le canal au-dessus de chaque écluse, ce qui les obligeoit d'aller toujours plusieurs de conserve, pour s'entr'aider dans un travail aussi pénible. L'on a vu même de ces Pêcheurs sur la Marne, si adroits & si fami-liers avec les dangers, sauter avec leurs batelets chargés, des écluses de sept à huit pieds de hauteur, lorsqu'une crue fournissoit une lame d'eau suffisante pour soutenir le bate-let dans le moment de sa chûte.

C'est ainsi en comparant les petites choses aux grandes, que les peuples de l'Abissinie & de la Nubie, qui navi-geoient sur le Nil, étoient obligés, soit en descendant soit en remontant ce fleuve, de tirer à bord leurs barques, & de les porter sur leurs épaules, ainsi que les marchan-dises qu'ils descendoient en Egypte, pour éviter les cata-ractes terribles de ce fleuve impétueux, avant que leurs ca-ravannes aient trouvé un chemin plus court à travers les

V v v ij

déferts de l'Arabie. Les Sauvages du Canada font obligés aujourd'hui à la même manœuvre fur le Miffiffipi, pour éviter les précipices de ce fleuve fameux de l'Amérique. Les Pêcheurs qui conduifoient les fers de Joinville à S. Dizier, avoient fept éclufes à fauter dans cet intervalle : ils étoient très heureux quand les crues d'eau avoient fait à quelqu'une de ces éclufes des breches, ce qui leur fervoit de vanage & leur diminuoit beaucoup de la fatigue, ils y paffoient à l'envi.

Si le Miniftere n'eût point fait ouvrir une route de Saint Dizier à Joinville, nous verrions encore des Pêcheurs defcendre les fers avec les batelets ; ou plutôt l'augmentation du commerce auroit exigé que le Miniftere prît des mefures pour établir dans ce canton une navigation libre & fûre.

La navigation a toujours paru à tous les peuples de la terre, un moyen fi fupérieur à tout autre, pour étendre, diftribuer & réunir avantageufement les diverfes branches du commerce, que les Souverains qui ont voulu illuftrer leur regne, procurer à leurs fujets les agréments & les fecours qui naiffent de l'abondance, & rendre leurs Royaumes floriffants, n'ont rien épargné pour faciliter la navigation : les uns ont fait coùper des ifthmes, d'autres ont fait percer des montagnes par des canaux de communication : combien les Chinois, les Egyptiens, les Grecs, les Romains, les Turcs n'en ont-ils pas ouvert pour communiquer d'un fleuve, d'un lac à un autre, & réunir le commerce des différentes mers ? Les Hollandois, même les Polonois ne les ont-ils pas imités ? Les François ont exécuté divers projets pour joindre la Seine à la Loire, par les canaux de Briare & d'Orléans, & l'Océan à la Méditerranée, par le fameux canal du Languedoc, achevé fous le regne de Louis XV, par les foins de Philippe d'Orléans, Prince dont les lumieres éclairoient les fciences & les arts qu'il protégeoit : les dépenfes immenfes que tous ces travaux ont coûté, prouvent les avantages inappréciables de la navigation, que l'on doit fe procurer par toutes fortes de moyens. Il ne s'agit point

ici d'ouvrir un canal, il eſt tout formé; il ne faut que vouloir perfectionner ce qui a déja eu lieu : que l'on ne vienne
donc point oppoſer de frivoles moyens d'impoſſibilité.

Nil mortalibus arduum eſt :

Cœlum ipſum petimus. . . . . . .

Je ſais que pluſieurs perſonnes ont réfléchi ſur les moyens
de rendre la riviere de Marne navigable même beaucoup
au-deſſus de Joinville. Leurs vues étoient très étendues,
puiſqu'ils avoient deſſein d'ouvrir un nouveau canal pour
verſer dans la Marne par le Rognon une portion des eaux de
la Meuſe, & par ce moyen joindre le commerce de ces deux
rivieres ; de creuſer un ſecond canal le long de la vallée de
la Marne, pour contenir une colomne d'eau ſuffiſante à la
navigation, le ſurplus du volume de la riviere devant ſuivre
ſon cours naturel pour le mouvemement des uſines, afin que
la navigation n'interrompît pas leurs travaux, & reſpectivement qu'elles ne gênaſſent pas la navigation. Ce projet étoit
vaſte, ſans doute ; mais le local le rend impraticable dans
toute ſon étendue : la vallée de la Marne eſt fort ſerrée en
pluſieurs endroits, enſorte que la partie du terrein intermédiaire qui auroit ſéparé ces deux canaux n'auroit pas eu de
maſſe pour ſe ſoutenir, ſans craindre que ces deux canaux
dans les débordements ne ſe rejoigniſſent & ne ſe détério-
raſſent au point de n'en plus former qu'un ; accident qui auroit laiſſé à ſec tantôt le canal des uſines, tantôt celui de la
navigation. Un Militaire & un Moine eſſayerent de concert
de tracer le plan de ce projet ; ils ne réuſſirent point dans
leur opération, ils couperent le nœud en imputant leur erreur au défaut de juſteſſe de leur inſtrument ; peut-être que
le Gouvernement craignit que ce nouveau canal de communication n'abſorbât toutes les eaux de la Meuſe ſupérieure,
ainſi que Trajan dans une opération bien plus importante.
Cet Empereur, ſur la permiſſion que lui demanda Pline ſon
favori & ſon Miniſtre, de joindre le lac de Nicomédie à la

mer de Marmora, lui prescrivit de ne pas entreprendre cette jonction, qu'il ne fût assuré par des Niveleurs que les eaux du lac ne pourroient s'écouler en entier dans la mer par le nouveau canal.

La jonction du lac de Nicomédie, avec la mer de Marmora, avoit déja été entreprise par les Egyptiens. Il étoit réservé aux Romains de reprendre cet ouvrage, & de le conduire à sa perfection. Un Empereur tel que Trajan, aidé d'un Ministre comme Pline, pouvoit tout entreprendre, & s'assurer du succès : quand on lit les lettres respectives de ces deux grands hommes, on se peint l'amitié tendre & respectueuse de Sully pour son Maître, & l'attachement plein de bonté de Henri IV pour son Ministre.

Il n'est pas difficile de détruire les moyens employés dans la quatrieme objection : le premier est le peu de volume d'eau que l'on suppose dans la Marne. Les bateaux & les flottes que l'on construira seront d'une forme proportionnée au volume d'eau de cette riviere, à son étiage & à la quantité de marchandises qui peuvent abonder sur ses ports. Parcequ'il est impossible d'approcher les sources de la Seine avec les navires qui remontent cette riviere du Havre-de-Grace à Rouen, peut-on inférer qu'elle n'est pas navigable à Troies & au-dessus ? Et de même, parceque la Marne porte à Châlons, en raison de son plus grand volume, des bateaux qui tirent de trente jusqu'à quarante pouces d'eau, il ne s'ensuit pas qu'elle soit impraticable à Saint Dizier & au-dessus ; & je suis persuadé qu'il est plus facile de la fréquenter depuis Joinville jusqu'à Saint Dizier, que depuis cette derniere Ville jusqu'à Vitry, parce qu'au-dessus de Saint Dizier elle coule dans une vallée serrée qui contient ses bords, ce qui ne permet pas à ses eaux de se répandre, au lieu que sous la pointe du promotoire de Hauteville au confluent de la Blaise, il y a plusieurs lieues de terrein plat composé de graviers mouvans qui dérangent continuellement la route, & sur lesquels les eaux s'épanouissent ; accident qui ne se rencontre pas au-dessus de Saint Dizier.

Lorsqu'une sécheresse trop opiniâtre aura absorbé presque le volume d'eau de la riviere de Marne dans cette partie ; l'on suspendra comme sur toutes les autres, la navigation, pour attendre un eau favorable. Dans les eaux ordinaires, il y aura toujours au moins douze pouces d'eau dans les endroits les plus critiques. Cette riviere ne sera pas la seule sur laquelle on soit obligé d'attendre quelque petite crûe pour flotter plus avantageusement ; combien de ports sur l'Océan ne sont accessibles aux navires, que dans les temps de la haute marée. A plus forte raison, &c.

Le canton de la riviere de Marne, depuis Haute-Fontaine jusqu'à Bignicourt même Frignicourt, est le plus fâcheux pour la navigation : il n'y a jamais de chemin marqué sur ces graviers, qui cedent à la moindre impression des eaux ; & cet inconvénient est si grand, que souvent le trajet de Saint Dizier à Vitry est ruineux pour les Navigateurs, qui y emploient autant de temps, que pour la plus grande partie du reste de la route. Il est vrai que sur une belle eau, à la suite ou au commencement d'une crue, un jour suffit pour faire cette route. Il n'est pas possible de parer à ces inconvéniens par des ouvrages ; la nature du terrein ne permet pas de fonder solidement : d'ailleurs, l'étendue des ouvrages qu'il conviendroit faire, & dont le succès seroit très douteux est effrayante, il en coûteroit peut-être moins de creuser à la riviere un nouveau canal dans la masse des terreins au Nord, du moins le succès en seroit assuré. Ce n'est pas ici le lieu de nous occuper de cet objet important, sur lequel nous avons déjà communiqué au Ministere quelques-unes de nos idées sur cette grande entreprise.

Il s'en faut bien que les rivieres de Saulx & de l'Ornin soient aussi considérables que la Marne l'est à Joinville ; cependant sur ces rivieres nous flottons des bois de marine, de charpente & de sciage en flottes qui sont d'autant plus considérables, qu'elles se construisent plus près de l'embouchure de ces rivieres. A Bar-le-Duc on flotte sur l'Ornin en radeaux aîlés comme sur la Sarre, qui va porter dans le Rhin les bois de la Lorraine Allemande, après s'être réunie à la Mozelle : c'est ainsi que l'on approprie les travaux de la navigation à la constitution des rivieres, & que l'on se prête aux circonstances.

On flotte à Bar-le-Duc, en petits trains d'Allemands, parceque l'Ornin est peu considérable, & qu'il est très affoibli par l'étendue de ses eaux sur un terrein très plat, sur lequel il descend au port de Lageot sous Sermaise : là cette riviere prend du volume par l'union d'une partie de la Chée ; alors elle suffit dans les crues pour flotter les bois de marine, de charpente & de sciage, qui sont déposés abondamment sur le port de cette riviere qui conflue à Etrepy avec la Saulx, & vont ensemble grossir la Marne sous Vitri-le-François : cependant ces rivieres réunies ne sont pas si considérables que la Marne l'est au-dessus de Joinville.

Les bateaux qui remontent la Seine depuis Rouen jusqu'au port St. Nicolas à Paris, sont de la plus grande force & d'une grandeur étonnante, parcequ'ils sont proportionnés à la puissance du fleuve qui les porte, & à la tranquillité de sa navigation. Il y a de ces bateaux qui chargent jusqu'à sept cents cinquante tonneaux, poids qu'à peine les plus gros navires peuvent fréter. Les bateaux sur la Saone qui descendent de Gray à Lyon, sont étroits, longs & hauts de bords, parcequ'ils peuvent tirer beaucoup d'eau, & que le canal de la riviere est large. Ceux qui flottent sur les petites rivieres qui ne roulent qu'une lame d'eau, sont larges, bas de bords & courts : les bateaux qui viennent, par le canal de Briare & la riviere de Loing, amener à Paris les pommes de la Limagne d'Auvergne, sont composés de planches de sapin si mauvaises, si minces & si mal assemblées, qu'il semble que ces esquifs aient été cousu d'après le modele que les Poëtes ont figuré de la barque sur laquelle Caron passoit les ames, trop chargée du poids d'un Héros,

Gemit sub pondere cymba
Sutilis, & multam accepit rimosa paludem,

Tour

Tout doit être proportionné aux usages & se plier aux circonstances.

Puisque la Marne à Joinville & au-dessus est bien plus
considérable que l'Ornin sur laquelle il y a plusieurs moulins
construits, & qui est navigable, conséquemment l'on peut
rendre la riviere de Marne navigable en cet endroit.

La Marne à Joinville a au moins le double de volume que
l'Ornin & la Chée réunies à Lageot, qui est, comme je l'ai
dit, un port très fréquenté, & où il se flotte des bois de
toutes grosseurs : nous y avons vu construire aussi des bateaux pour conduire à Paris le poisson des étangs nombreux
des environs, sur-tout d'une partie de l'Argonne. L'état
fâcheux du pertuis près les moulins de Vitri-le-brûlé est,
sans doute, cause que l'on n'a pas continué d'y en construire.

Le deuxieme moyen de la quatrieme objection sont les
prétendus écueils dont on dit que le lit de la Marne est jon-
ché au-dessus de Saint Dizier. Rien n'est plus facile que de
détruire la terreur qu'inspire ces écueils, qui n'en sont
qu'aux yeux des pusillanimes. Sous le Couvent des Corde-
liers de Saint Amme, au-dessous du confluent du Rongeant, est un banc de rocher qui forme le fond du lit de la
riviere : comme l'eau se porte en cet endroit pour tourner
l'angle, il y en a suffisamment pour empêcher que le pavé
n'offense les trains & les bateaux en les rencontrant. Au-
dessous de cet endroit, le lit de la riviere est assez uni jusqu'à la Neuville-à-Bayard, où un torrent d'eau, descendant
de la montagne par un ravin considérable, emporta dans le
canal de la riviere les matériaux d'un pont construit dessus.
Il est très aisé d'éviter ce passage en suivant le canal de la
Forge ; d'ailleurs, il seroit facile d'enlever ces pierres, elles
ne sont point adhérentes au lit ; c'est un léger curement à
faire, & non un ouvrage à construire ; il en est de même, une
demie lieue au-dessous, à l'endroit où jadis il y eut une
écluse au Village de Pré, pour un moulin qui y étoit construit, lequel ne subsiste plus ; c'est de même un petit endroit

à curer. L'écluse du moulin de Gué emportée plusieurs fois par les débordements, a éparpillé dans le lit de la riviere de cet endroit des pierres que l'on peut enlever facilement ; il est même étonnant que l'on n'ait point tiré ces pierres de l'eau pour servir aux réparations. Sous la Forge du Clos-mortier il y a aussi quelques pierres à enlever ; elles proviennent des dégradations des anciennes éclufes. L'on pourroit encore trouver dans plusieurs endroits du lit de la riviere quelques pierres isolées qui ont été précipitées des côteaux qui la bordent de part & d'autre (1). Voilà donc tous ces écueils ! s'il est permis de se servir de ce terme : mais ces accidents, si faciles à détruire ne méritent aucune attention ; je passe à des objets plus sérieux.

Le troifieme moyen est fondé sur les barrieres multipliéese sur la riviere de Marne, par les écluses nombreuses des usines qui sont conftruites dessus. Je pense que ces obstacles ne sont point insurmontables, le bien public étant préférable au bien particulier ; ces barrieres doivent cesser d'être un obstacle à la navigation : je m'étendrai plus au long sur cet objet en parlant des moyens de rétablir la navigation sur la Marne.

La cinquieme objection enfin, est que la dépense nécessaire pour l'exécution de ce projet excéderoit le bénéfice, & que le dérangement qui en résulteroit pour quelques parti-

---

(1) L'objection fur les prétendus écueils de la riviere de Marne entre Joinville & S. Dizier, ne peut être faite que par des personnes qui n'ont vu naviger que fur des étangs ou fur les canaux de la Flandre. Si on fe privoit des fecours de la navigation fur les fleuves & les rivieres rapides dont les eaux fouvent blanchiffent par leur choc contre les pierres & les rochers dont leur lit eft hériffé, les pays montueux feroient bien à plaindre ; car toutes les rivieres dans les gorges des montagnes font rapides ; on ne laiffe pas cependant de les fréquen- ter. Nous avons examiné le cours du Daim en Franche-Comté ; cette riviere a des fauts & des cataractes ; cependant on s'en fert avantageufement au-deffous du Pont-de Poëte, pour conduire à Lyon les fapins qui croiffent fur le mont Jura dans les parties qui avoifinent cette riviere ; & la poffibilité d'y établir une navigation avantageufe nous avoit fait fpéculer une exploitation confidérable fur ces montagnes, à la réuffite de laquelle des circonftances étrangeres fe font oppofées.

culiers ne feroit pas compenfé par le bien général que le Public pourroit en tirer. Moyen foible & illufoire.

Un établiffement qui doit procurer un bien réel pour le préfent, & pour la poftérité, n'a point de prix. Le bien du particulier n'eft que momentané & précaire, il ne peut foutenir de comparaifon avec le bien public; tout doit plier & fe prêter aux befoins de l'Etat.

Quoi ! l'enlevement de quelques pierres éparfes dans le lit de cette riviere ou amoncelées dans un coin par la chûte des eaux d'un ravin, formeroit-il donc un obftacle infurmontable ? Non, fans doute, une légere contribution de la part des Navigateurs fuffira à cette dépenfe.

Quand la navigation exige des ouvrages confidérables, comme les canaux de Briare, de Languedoc, & autres qui font d'une dépenfe immenfe, tant pour l'établiffement que pour l'entretien, & fans lefquels le commerce ne pouvoit jouir des avantages de la navigation; il eft d'ufage alors d'établir des droits pour dédommager l'Etat; mais ici une légere dépenfe premiere fuffira, & ne chargera pas la navigation d'un droit permanent.

Quel tort ce rétabliffement de la navigation fur la Marne pourra-t-il donc faire aux particuliers, fi ce n'eft aux propriétaires des ufines fituées fur cette riviere? Il eft facile de démontrer que ces prétendus dommages font de peu de conféquence en eux-mêmes, & tels qu'ils foient, ils ne peuvent être de nulle confidération aux yeux du Public. J'en parlerai plus bas avec plus de détail.

Ces objections font les plus fortes que l'on puiffe faire; elles font détruites par principe, par l'état des lieux, les ufages & les loix: il n'en fubfifte donc plus; & cette affertion eft fi vraie, que je m'obligerois avec deux ou trois perfonnes du nombre de celles qui font auffi perfuadées que moi de la facilité de l'exécution de mon projet, de rendre à Saint-Dizier l'aviron à la main, la premiere flotte fans faire aucun autre ouvrage, que de livrer paffage à travers les éclufes.

La navigation de la Marne, établie anciennement entre Saint-Dizier & Joinville & au-deſſus, peut être prouvée indépendamment des témoins oculaires encore vivants, par des monuments anciens. Les Templiers acquirent, dans le treizieme ſiecle, des Religieuſes du Val-d'Oſne près Joinville, réunies actuellement à celles de Charenton, un moulin ſitué à Bayard ſur un ruiſſeau formé par les eaux des ſources qui couloient du Village de Fontaine qui en tiroit ſon nom. Quelques anciens Géographes déſignent ce Village ſous le nom de Fontaine-à-Bayard. Ces Religieux obtinrent des Seigneurs de Joinville la permiſſion de détourner l'eau de la riviere de Marne, vis-à-vis ce Village, pour la conduire au moulin par un canal qu'ils élargirent : ils réédifierent le moulin, y joignirent des foulons, & pour ne point géner la navigation, ils conſtruiſirent un grand pertuis en pierres de taille qui ſubſiſte encore ; ils le placerent entre les deux empallements de travail. Dans la ſuite, en quinze cents treize, les Chevaliers de Malthe qui leur avoient ſuccédé bâtirent à côté de ce pertuis la Forge qui exiſte aujourdh'ui, ſur la permiſſion qu'ils obtinrent de la Reine de Sicile, Dame de Joinville, confirmée en quinze cent quarante-deux par ſon fils Claude de Lorraine, Baron de cette ville, érigée depuis en Principauté par Henri II, en faveur de François de Lorraine, Duc de Guiſe, en 1551 (1).

Les Bernardins de l'Abbaye d'Ecurey obtinrent la même permiſſion pour conſtruire la Forge de Ragecourt, à trois quarts de lieue au-deſſus de Bayard. Cette forge & le four-

------

(1) Le Château de Joinville fut bâti par Etienne de Véaux, Seigneur de Joinville, ſur un côteau pyramidal adoſſé à d'autres plus élevés, leſquels ſont couverts de bois, qui tiennent à diverſes forêts plus ou moins conſidérables, & qui fourniſſent annuellement des bois de ſciage, dont la traite va être d'autant plus facile, que l'on ouvre actuellement une route venant de Waſſy, laquelle traverſe une partie de ces bois ou les avoiſine, & vient deſcendre à Joinville ; cette Principauté eſt paſſée de la maiſon de Guiſe à celle d'Orléans.

neau dont nous avons confommé des fontes, provenant de leur démolition ultérieure, ne fubfiftent plus, mais feulement un moulin & une huilerie fitués de part & d'autre d'un pertuis conftruit dans le même goût & même maçonnerie que celui de Bayard. Si nous remontons au-deffus de Joinville, nous y voyons une éclufe confidérable pour conduire l'eau aux moulins de cette ville, & cette éclufe eft terminée à chacun de fes bouts par un pertuis fpacieux conftruit en groffes pierres de taille.

L'éclufe des moulins de Joinville fut bâtie dans fon principe avec beaucoup d'attention : elle a effuyé depuis beaucoup d'échecs par l'effet des débordements de la riviere & du choc des glaces, lefquels y ont caufé des dégradations immenfes, on a changé la conftitution primordiale dans les différentes réparations que l'on y a faites. Le fond du lit de la riviere eft compofé dans cet endroit d'un rocher fchifteux qui s'exfolie, ce qui donne lieu à des excavations qui ont caufé des brèches confidérables : on vient de reconftruire cette éclufe en pierres de taille pofées fur un mole de moilons entaffés à pierre perdue fans ordre, fans liaifon ni mortier. Le fuccès n'a pas répondu à la réputation de l'Auteur de ce projet : nous avions fourni un plan & un devis pour la conftruire d'une forme plus avantageufe, plus durable & plus économique.

Joignant les moulins de St. Dizier, il y avoit un moyen pertuis fous un pont de pierre : nous avons vu fubfifter l'empallement qui le fermoit. Cet ouvrage eft entiérement encombré ; il ne fut pas conftruit pour décharger l'eau furabondante, puifque ces moulins font accompagnés de leurs vannes de décharge ; mais pour fervir de paffage à la navigation.

Le canal qui communiquoit fous le pont de pierre près les moulins des Saint-Dizier pour aller au pertuis, eft encombré & remplacé par le jardin du Meûnier ; ce pont de pierre n'eft plus d'aucun ufage, & celui qui eft joignant fur le biez des moulins, & qui eft un paffage de la route la plus fréquentée, eſt conſtruit en bois dans un pays où la pierre eſt abondante. Ce pont eſt dans un ſi grand déſordre, qu'il y a lieu de craindre les accidents les plus fâcheux qui ſont très imminents : on en projette la reconſtruction.

On nous a aſſuré qu'indépendamment du paſſage près les moulins de Saint-Dizier, il y avoit, joignant l'iſle des Dévotes, au-deſſus du biez de l'ancienne forge de Marne, un autre paſſage pour la navigation qui répondoit à un canal qui ſervoit également à détourner l'eau ſuperflue à la forge, que ce canal venoit aboutir à la premiere arche du grand pont ſur la droite ; on apperçoit encore quelques veſtiges de cet ancien canal.

M. Baudeſſon (1), Maire de la ville de Saint-Dizier, ayant obtenu de Henri IV, lors de ſon paſſage en cette ville, l'an 1604, la permiſſion de conſtruire la forge de Marnaval ; il fut obligé d'édifier au centre de l'écluſe un pertuis dont il exiſte encore les veſtiges de ſes fondations.

Jean de Joinville fit en 1728 un traité avec Jean Sire de Dampiere & de Saint-Dizier pour ſe procurer la faculté de faire paſſer par le territoire de Saint-Dizier ſur la riviere de Marne les flottes compoſées des bois du cru de la Principauté de Joinville, francs & quittes de droits, & pour ce, il engagea la mouvance de ſa terre de Chancenai.

L'on doit inférer de tous ces monuments, qu'il n'a jamais été permis de conſtruire ſur la riviere de Marne au-deſſus de Saint-Dizier, aucunes uſines qui n'aient un pertuis pour laiſſer un libre cours à la navigation.

---

(1) M. Baudeſſon reſſembloit ſi fort à Henri IV, que la Garde, voyant deſcendre ce Magiſtrat après avoir complimenté le Roi, battit au champ : Henri mit la tête à la fenêtre & dit, ſommes-nous donc deux Rois ici ? Ses Courtiſans lui répondirent que la grande reſſemblance de la figure de Baudeſſon avec les traits de Sa Majeſté, avoit induit la Garde en erreur. Le Roi fit rappeller le Maire, & trouvant effectivement une reſſemblance frappante de ſes traits, il lui dit : Eſt-ce que votre mere a été dans le Béarn ? Non, Sire, répliqua Baudeſſon, mais mon pere y a demeuré. Ventre-ſaint-gris, dit ce bon Roi facétieux, *je ſuis payé* : & lui ayant demandé quelle grace il déſiroit ; Baudeſſon demanda la permiſſion de conſtruire la Forge de Marnaval, ce qui lui fut octroyé.

Il me reste à tracer la route que tiendront les Navigateurs, à indiquer les principaux ouvrages qu'il conviendroit faire pour assurer la navigation entre Saint-Dizier & Joinville ; détruire les préjugés, & concilier les intérêts des particuliers avec ceux de l'Etat & du Public.

L'on pourra flotter sous Donjeu, village situé à deux lieues au-dessus de Joinville au Confluent du Rognon, là se déposeroient les sciages venants des environs de Chaumont, de Clémont, & des cantons sur la gauche de Vignori, au-dessus des sources de la Blaise, qui se rendent à grands frais sur le port de Valcourt sous Saint-Dizier ; alors il faudroit pratiquer un pertuis soit à l'écluse des moulins de Saint-Urbain, soit joignant lesdits moulins, réédifier le pont (1),

(1) L'Abbaye de Saint-Urbain possede sur la riviere de Marne un moulin qui est bannal aux villages de Saint-Urbain & de Fronville, qui sont distants d'une demi-lieue & séparés par cette riviere, laquelle a fait des efforts pour se former un canal dans l'alignement de son cours supérieur. Comme autrefois ses eaux formoient une anse en cet endroit, & se portoient par une ligne oblique du côté de Saint-Urbain, les moulins y furent construits. Des Ingénieurs peu intelligents sur l'effet & la puissance des eaux, ont conseillé d'opposer aux efforts de cette riviere une barriere dans une ligne formant un angle droit avec son cours ; en conséquence l'on a construit il y a quatre à cinq ans un mole de maçonnerie en pierres de taille qui est déja en ruine, pareeque cette espece de jettée péche contre toutes les regles de l'Architecture hydraulique. Si nous étions propriétaires de ces moulins, nous les porterions près l'arche droite du pont, nous détruirions radicalement l'écluse, & laisserions arriver au pont les eaux de la riviere par toutes les routes qu'elles se sont frayées & qui sont conséquentes au terrein : persuadé que quelque divisées qu'elles puissent être au-dessus, le pont seroit toujours leur point de réunion totale, ce qui assureroit un travail uniforme & continu des moulins auxquels on renverroit l'eau par une écluse en face & au-dessus du pont, tirée obliquement au cours de la riviere ; il seroit possible même de construire le pont sur l'écluse, dont une des arches serviroit de canal & de biez. Ce pont est enfin ruiné totalement ; il y a longtemps que sa réconstruction est méditée, même que l'on a déposé des fonds, amassés des matériaux déja surannés ; cependant toute communication est interceptée, & la riviere brise ses eaux contre les ruines. Il est très-intéressant & des plus urgents de le reconstruire pour rétablir le commerce des vins de ce pays, & rendre praticable le cours de cette riviere. L'Abbaye de Saint-Urbain est la partie la plus intéressée à cause de ses vins & de ses mines ; elle a des fonds provenants de la réserve de Mezieres qui sont dans l'inaction & sans objet : & de plus, la totalité du prix de son quart de réserve dépérissant à Fontaine en spéculation, ne vaudroit il pas mieux que ces fonds, qui appartiennent à l'Etat, fussent employés en ouvrages nécessaires à entretenir la communication libre dans le commerce & la société, que d'être dans l'inaction, ou réservés pour élever des Palais immenses & magnisiques pour cloîtrer quelques Religieux ?

& ouvrir une des parties de l'écluse de Joinville où les flottes descendront le canal des moulins de Joinville, & il leur seroit donné un passage au-dessus ou à côté de ces moulins, indépendamment, l'on flotteroit sous Joinville & sous Tonance, près des dépôts actuels. L'on descendra ensuite deux lieues un quart sans trouver d'obstacles jusqu'au moulin de Ragecourt, l'on y passera par l'ancien pertuis ou par un nouveau plus spacieux ; l'écluse est de peu de considération : d'ailleurs, ce moulin n'est pas d'une grande utilité ; il rapporte peu aux Religieux de l'Abbaye d'Ecurey qui en sont propriétaires, lesquels tireroient un profit annuel des choses affermées avec le moulin presqu'aussi considérables en défalquant les frais d'entretien ; au surplus, les moulins de Bayard, de Chevillon, de Chatonrupt, peuvent suppléer au besoin des peuples, & il est peu d'endroits plus propres pour construire des moulins à vent sur les côteaux qui couvrent ce village. Au-dessous de Ragecourt on rencontre les écluses de Bayard (1) qui renvoient l'eau dans un canal d'environ treize cent toises de longueur pour le mouvement de la forge & de ses moulins ; on peut construire au milieu de cette écluse un passage pour les flottes & bateaux à très peu de frais, cette ouverture seroit très avantageuse pour dégorger dans les débordements le volume de l'eau surabondante & les graviers, & quoiqu'il seroit très facile de passer par le canal de la forge, & de se servir du pertuis qui y est cons-

---

(1) La forge de Bayard, la plus ancienne de la riviere de Marne, à plus de six pieds de tête d'eau, ce qui excede de beaucoup la chûte des autres de cette riviere ; elle appartient à l'Ordre de Malthe, dépend de la commanderie de Ruetz ; ses écluses au nombre de trois, ont trois cent cinquante-six toises d'étendue ; elles sont composées de chevalets, fascines & pierrailles, & sont sujettes à un gros entretien par leur rupture annuelle. S'il y avoit au centre de l'écluse principale un pertuis qui dégorgeât l'eau, & donnât une issue aux glaces, il est certain qu'il y arriveroit moins d'accidents ; le canal qui porte les eaux à cette usine, & qui est une portion de la riviere de Marne, même presque la totalité dans le temps de la sécheresse, coule sous Chatelet qui est un coteau formant un cône tronqué vers son milieu de deux cents pieds de hauteur, sur lequel les Romains avoient une forteresse *Castellum*, dont cette monticule a tiré son nom. Nous nous occupons actuellement des fouilles des ruines de cette ville par ordre du Roi, & sous la protection du Gouvernement.

truit,

truit, il feroit préférable d'ouvrir un paffage au centre de
l'éclufe du Javot, parceque la forge en fouffriroit moins
de retard. A trois quarts de lieue au-deffous de Bayard, font
les éclufes du fourneau de Bienville, où l'on a bâti depuis
peu une forge (1). Il faudra, en tête des éclufes de cette
ufine, conftruire un pertuis du côté de Pré, pour que les
Navigateurs fuivent plus aifément le cours naturel de la
riviere, & viennent fe rendre dans le biez d'Eurville (2) par
un très beau canal fur lequel eft conftruit un grand empallement qui fervira de pertuis pour la navigation en furbaiffant
le feuil, fans que le paffage arrête confidérablement le travail de la forge. Une lieue au-deffous d'Eurville, font fituées
les éclufes des moulins de Guë, dépendants du domaine
d'Ancerville (3). Ces éclufes, au lieu de ne former qu'un
biez, feroient beaucoup mieux fi elles en formoient deux
paralleles féparés par l'éclufe fituée en tête & en face de
la riviere, conftruite en chevron brifé, elle renverroit d'un
côté l'eau aux moulins, de l'autre au pertuis fur la rive gauche; l'on pourroit auffi paffer par les vanages de l'empallement actuel. Au-deffous eft un canal magnifique qui forme le
biez de la forge de Marnaval, qui tire fon nom de la riviere

---

(1) La faveur rapide des fers dès l'année mille fept cent foixante-quatre, mais
patticulierement en mil fept cent foixante-fept & mil fept cent foixante-huit,
a fait éclore des forges & des feux fans
nombre; le pays ne comporte pas affez
de bois pour alimenter tous les feux anciens & ceux nouvellement édifiés : cependant en voilà encore une fur chantier
qui aura trois à quatre pieds de chûte. Il
en fera fans doute de ces ufines comme
des animaux qui ont trop pullulé, une
épidémie détruit la partie trop luxurieu-
fe, & rétablit l'équilibre : les éclufes de
cette ufine font en chevalets, fafcines &
pierrailles; un pertuis ne pourra que prévenir & empêcher les dégradations que
les crues d'eau y occafionnent annuellement.

(2) La forge d'Eurville eft confidérable, les eaux font renvoyées par une
éclufe en charpente, remblayée de pierres, maçonnée en partie, couverte d'un
pavé; elle eft d'une très grande élévation; & cependant il n'y a que quatre
pieds de tête d'eau, ce qui provient d'une
conftruction vicieufe & mal entendue. Il
feroit poffible, en portant l'ufine fur la
droite, de lui donner plus de faut qu'à
aucune forge de cette riviere, on laifferoit dans la direction du canal un paffage
pour la navigation.

(3) Ce Bourg du Barois-Mouvant a
fait partie de la Principauté de Joinville.
Il fut cédé à Léopold, Duc de Lorraine
& de Bar.

de Marne dont elle avale les eaux. Autrefois c'étoit une
uſine des plus conſidérables ayant trois gros marteaux, ſix
feux & un fourneau de fonderie; aujourd'hui elle eſt réduite
à une forge ſimple avec une carillonnerie; ſon écluſe eſt
aſſez haute, conſtruite en chevalet à un ſeul pied, chargée de bois de faſcines & de pierres. Cette uſine eſt très
incommodée des inondations, qui lui cauſent de fréquents
chomages & des dégradations notables. Un pertuis, réta-
bli dans le milieu de ſes écluſes, vuidera les graviers qui rempliſſent le biez, donnera paſſage aux glaces & à la ſurabondance des eaux dans les débordements, ſur-tout dans le
moment de leur retraite; ce qui éloignera néceſſairement
les accidents fâcheux auxquels cette uſine eſt en but. Il
ſeroit poſſible de changer avantageuſement la conſtitution
de cette forge; ce ſont des points de vue qu'il ſeroit trop
long de diſcuter ici. En deſcendant le canal de cette forge
on paſſeroit par un grand empallement entre les deux forges, ſinon par un pertuis édifié dans l'écluſe ſur la gauche
pour ne pas détourner tout le volume d'eau de la forge &
du fourneau; l'on deſcendroit enſuite au Clos-mortier (1),
où l'on ſeroit obligé d'ouvrir l'écluſe ſur la droite pour procurer un paſſage qui conduiſît dans le canal des moulins de
Saint-Dizier, parceque le paſſage ſous le grand pont au-
deſſus de cette ville, ne ſeroit praticable que dans les temps
de crue, à moins d'y creuſer dans le rocher un canal qui
ſeroit trop coûteux: il ſeroit plus commode & moins diſ-
pendieux de ſuivre le canal des moulins ſur lequel il y a un
pont qui communique au fauxbourg de Gigny: ce pont eſt
en ruine au point d'être d'un uſage très dangereux; il porte
ſur la ſurface de l'eau: il ſera néceſſaire de le reconſtruire

---

(1) Le Clos-Mortier eſt une forge conſidérable avec une fenderie; elle eſt ſituée avantageuſement; ſon écluſe en
pierre de roche, a été conſtruite il y a environ quinze ans; il manque à ſa perfection de faire un arc contre la pouſſée
de l'eau, d'avoir deux à trois pieds de plus
d'épaiſſeur, & que la caſcade fût plus réguliere du côté de la chûte. Il faudroit
conſtruire un pertuis qui la ſoulageroit
dans les grandes crues & cureroit l'arrie-
re-biez.

& de le placer fur l'alignement du grand pont , de l'élever à la même hauteur, & , pour ce, de lui faire des culées.

Ce pont *Jumeré*, communiquant du grand pont de Saint-Dizier au fauxbourg de Gigny, pourroit être dirigé à fervir d'entrée à la ville, tant pour l'ancienne route de Joinville & celle de Vaſſy, que pour celle de Ligny & celles des carrieres de Chevillon & de Joinville au nord. Pour cet uſage, le pont du côté du midi feroit ceintré , pour qu'il puiſſe porter fur le canal fluant aux moulins, & fur celui d'Ornele venant des foſſés du château ; au nord , il feroit diviſé en deux parties pour fon entrée feulement du côté des routes , ce qui formeroit une eſpece d'enfourchement dont le bout réuni feroit dirigé à l'angle du cavalier de la vigne du château, lequel feroit raſé à un niveau convenable ; l'on ouvriroit les murs du château pour y conſtruire une porte ; l'on régaleroit les terreins fur une pente douce pour gagner la furface du pavé de la grande rue de la ville , ce qui procureroit une entrée plus agréable que celle de la porte des moulins qui ne laiſſeroit pas que de fubſiſter , & cette porte neuve , que l'on pourroit appeller la porte du pont-double, répondroit à quatre routes. On débouchera enſuite l'ancien pertuis des moulins de Saint-Dizier , près les taneries ; on l'élargira au befoin, & par ce dernier paſſage, les Navigateurs rentreront dans le baſſin du port principal de la navigation ordinaire pour fuivre de fuite leur route. Lors de la reconſtruction des moulins de Saint-Dizier qui font caducs, il feroit très avantageux de les porter au grand empallement de décharge, appellé vulgairement les fauſſes-palles, & laiſſer le canal des moulins libre pour la navigation , en extirpant les pieux & racinaux des fondations des anciens ouvrages.

Les moulins de Saint-Dizier ont été autrefois conſtruits environ vingt toiſes au-deſſous de leur emplacement actuel, où ils ont été rebâtis en 1747 ; les racinaux nombreux qui exiſtent prouvent ce fait : l'on peut actuellement juger quelle raiſon a obligé de les renfoncer dans leur biez, il en réfulte néceſſairement un inconvénient; c'eſt qu'ils ont moins de hauteur d'eau, & qu'ils ſont noyés dans les crues moyennes; ils ſont affectés d'un vice qui n'eſt pas moins conſidérable, c'eſt que tous les rouages ſont ſur les côtés, & les blutoirs dans le centre, ce qui empêche la manœuvre, & que ne pouvant mettre des roues verticales à deux de ſes moulins faute d'emplacement, l'on a été forcé d'en conſtruire deux à roue horizontale tournant dans un tonneau qui contient l'eau, & lui donne un mouvement circulaire corrompu par le poids de l'eau qui la précipite; ce qui lui fait décrire des ſpires. Cette eſpece de moulin, nommé populairement à cuvelot ou à radet, eſt très incommode, 1°. parcequ'une partie de la puiſſance eſt nulle, en ce qu'elle ſe précipite ſans appuyer ſur les rayons inclinés de la roue; 2°. en ce que le poids de l'eau ſur la même roue tend à détruire une partie de la vîteſſe ocaſionnée par la partie la plus agiſſante; enfin que le moindre corps étranger, glaçon, morceau de bois, ou autre choſe équivalente, introduit dans le cuvier, y porte néceſſairement du déſordre; ce qui rend cette eſpece de moulin en général, d'un bien mauvais ſervice. Quand on a vu les moulins du ſieur Manécy conſtruits à Corbeil avec tout l'art poſſible, on deſire voir reconſtruire ceux-là ſur le même modele, pour qu'ils ſoient plus conſéquents.

L'on oppoſera ſans doute que voilà beaucoup d'ouvrages indiqués, qu'ils coûteront des ſommes immenſes. Je réponds qu'ils coûteront beaucoup moins enſemble que les ſommes que la navigation épargnera dans un an; & que la riviere de Marne étant navigable, nulle perſonne n'a droit d'en altérer le cours: l'on peut conſulter l'Ordonnance de 1669, titre XXVII; tout y eſt prévu & réglé, même les dédommagements.

L'Article LXI déclare toutes les rivieres navigables faire partie des Domaines de la Couronne, excepté les droits de pêche, de moulin & de bac. L'article LX défend à toutes perſonnes d'enlever les ſables dans l'eſpace de ſix toiſes de

leurs bords. L'article XLII interdit à toutes perſonnes la liberté de faire aucuns amas, plantations & conſtructions nuiſibles à la navigation. L'article XLIII enjoint à tous & un
chacun qui voudront conſtruire des uſines ſur les rivieres
navigables, d'en obtenir la permiſſion ſous peine de démolition. Nul ne peut, au deſir de l'article XLIX, détourner
l'eau ni affoiblir le cours des rivieres navigables & flottables.
L'article XLV fixe le prix du chômage de chaque roue à
quarante ſols par vingt-quatre heures. Le titre XXVIII de
la même Ordonnance regle la police des chemins & marche-
pieds ſur le bord des rivieres navigables. Le titre XXIX
abolit les droits de péage , & regle ceux qui doivent ſub-
ſiſter.

La riviere de Marne, depuis Saint-Dizier juſqu'à Charenton, eſt couverte de diſtance à autre de moulins ſur pilotis; il n'eſt aucun de ces moulins qui n'ait un pertuis pour
laiſſer le cours libre à la navigation & ſans frais notables,
excepté ceux de Vitri-le-François , pour une cauſe particuliere dont voici l'époque.

L'Empereur Charles-Quint en 1544 , ayant perdu le
Prince d'Orange (1), tué par un Prêtre, ſes meilleurs Géne-
raux & l'élite de ſes troupes au ſiége de Saint-Dizier dans
les ſorties heureuſes & la défenſe opiniâtre de ſes braves
habitants, brûla Vitri-en-Pertois dont la garniſon lui coupoit la communication de ſes magaſins; cet Empereur ſur-
prit enſuite par la perfidie du Comte de Boſſus, la religion
de Sancere, Gouverneur de Saint-Dizier, lequel ſéduit par
des ordres ſuppoſés , capitula avec Charles-Quint à des
conditions honorables après ſix ſemaines de breche ouverte.
La ville de Vitri étoit ſituée ſur la riviere de Saulx près ſon
embouchure; elle avoit été précédemment & ſucceſſivement
ſaccagée par Louis le jeune & par Jean de Luxembourg;

(1) On éleva un cénotaphe avec une fut porté à Bar-le-Duc , dans l'Egliſe
croix dans le fauxbourg de la Noue , à Collégiale de S. Maxe où ſes cendres ré-
l'endroit où ce Prince fut tué ; ſon corps poſent.

son état déplorable ne permettant pas à ses habitants de la relever de ses ruines, François I offrit de leur faire bâtir une ville sur le territoire du village de Maucourt, dans un emplacement agréable, arrosé par la Marne. François conserva à cette nouvelle ville, percée réguliérement, le nom de celle que quittoit une partie de ces malheureux citoyens, y ajouta le sien, & y donna pour arme une salamandre, qui étoit l'emblême de sa devise. Maucourt appartenoit à l'Ordre de Malthe : le Commandeur titulaire y faisoit exercer la justice. François ne voulant pas qu'un Religieux fût Haut-Justicier dans une ville considérable qui portoit son nom, conserva au Commandeur la Jurisdiction au-delà de la riviere de Marne ; mais il s'attribua tous les droits de Souverain & de Seigneur sur le reste du territoire ; & pour dédommager le Commandeur, ce Prince lui accorda des Lettres-Patentes portant droit de percevoir un péage de cinq sols sur chaque toise de flottes & de bateaux qui avaleroient la Marne par le pertuis des moulins de Vitri, qui font partie des Domaines de la Commanderie qui a conservé le nom de Maucourt : ce droit subsiste & produit trois mille livres par an.

Si la navigation est si favorisée & jouit de tant de priviléges sur une partie de la riviere de Marne, pourquoi le commerce n'auroit-il pas droit aux mêmes avantages dans sa partie supérieure ? L'on dira sans doute que les forges mérirent des égards ; cette proposition est très vraie ; je suis le partisan de ces usines par état & parcequ'elles font utiles ; mais il ne faut pas que leur privilege soit exclusif sur la Marne seulement.

Que l'on jette un coup d'œil sur toutes les rivieres navigables sur lesquelles il y a des forges & autres usines tolérées ou permises, l'on verra qu'elles ne nuisent aucunement à la navigation, & qu'elles y sont subordonnées, ayant toutes des pertuis dans leurs écluses.

Dans les différentes voyages que nous avons faits dans les forges dans plusieurs provinces de ce Royaume pour notre instruction particuliere, nous avons vu que toutes les forges situées sur des rivieres navigables avoient des pertuis ; toutes celles sur la Saone en Franche-Comté ont chacune un pertuis pour le service de la navigation des bois, des grains, des fers & des fontes qui descendent dans le Lyonnois, le Dauphiné, nos Provinces méridionales, & pour le commerce de la Méditerranée avec l'étranger : il n'est donc pas plus extraordinaire de voir un pertuis près d'une forge qu'auprès d'un moulin : la farine & le fer sont d'une grande nécessité ; mais la farine est de nécessité absolue.

Je me propose, dans un Mémoire d'observations sur l'Histoire de la Champagne ferrugineuse, de démontrer combien les Maîtres des forges ont eu de torts de préférer les grosses rivieres aux petites & aux ruisseaux pour l'établissement de leurs forges ; que peu éclairés des principes de la Physique, de l'Hydraulique, de l'Hydrostatique & de la Méchanique, ceux qui nous ont précédés ont sacrifié leur intérêt & celui de la nation au faux éclat d'un grand appareil ruineux : il y a aujourd'hui cinq usines à fer établies sur la riviere de Marne, depuis Saint-Dizier jusqu'à Joinville, & il y en a sept de détruites sur les ruisseaux y affluants dans le même espace, qui étoient à Betancourt, au Pas-Saint-Martin, à Chevillon, à la Fontaine sous Ragecourt, à Curelle, à Osne & à Tonance, non compris la forge de Marne (1). La plupart de ces ruisseaux sont en état de faire mouvoir des machines qui produiroient plus d'effet qu'aucunes de celles construites sur la Marne, parceque cette riviere a au plus dans cette vallée une ligne de pente par toise, au lieu que la plupart de ces ruisseaux en ont de quatre à six ; il ne s'agit que d'approprier des machines bien conséquentes à la puissance : la dépense de la bâtisse & de l'entretien sont bien

---

(1) La forge de Marne existoit sous les murs de Saint Dizier au-dessous de l'écluse & sur le canal des moulins de cette Ville. Cette usine, la mieux située à tous égards de toutes celles de la Marne, a été la première détruite ; sa ruine fut la suite du délâbrement de la fortune de ses propriétaires : nous avons vu subsister une partie des cheminées de cette forge, qui fabriquoit encore il y a environ quatre-vingt dix ans.

moins confidérables, les accidents moins fréquents & les dangers moins imminents fur les ruiffeaux que fur les rivieres & les fleuves.

Le Ruiffeau de Chevilllon fuffiroit au mouvement de plufieurs forges; on vient de détruire radicalement le dernier fourneau qui étoit en très bon train de travail il y a trente-cinq ans pour le tranfporter au Chatelier fur la Blaife. Le ruiffeau venant d'Ofne à Curelle eft fort confidérable auffi; il a beaucoup de chûte, & fuffiroit au mouvement de plufieurs ufines. Celui de Chatonrupt nous a paru le plus propre à fournir à la dépenfe d'une forge, en élevant une barriere qui traverfât toute la vallée qui eft étroite , & formât un magafin dont l'eau s'éleveroit à une hauteur confidérable ; tel nous en avons vu dans le Luxembourg, enforte que quelques pouces d'eau font mouvoir de très groffes ufines. Celui de Tonance a un cours très rapide ; nous y avons fait conftruire un fourneau fur un plan neuf & conféquent à nos principes déduits dans les Mémoires diftribués dans ce volume.

Nous devons obferver que les ruiffeaux & les rivieres ont d'autant plus de pente, qu'ils font plus proches de leurs fources. La Marne dans la vallée de Joinville à Saint Dizier, a environ une ligne de pente par toife, & n'en a guere qu'une ligne par quatre toifes à fon embouchure. La puiffance de l'eau pour le mouvement des ufines provient de fon poids & de fa fluidité ; plus l'eau tombe de haut, plus elle a de force , c'eft-à-dire que fes forces font multipliées par l'accroiffement de leurs parties l'une fur l'autre qui fe preffent en raifon de l'élévation de leurs maffe totale : ainfi les ruiffeaux qui font toujours les fources des fleuves qui fortent des flancs & de l'empietement des montagnes , coulent fur leur bafe prolongée avec beaucoup de pente , & produifent par la hauteur de la chûte de leurs eaux en petite quantité, ce que les rivieres & les fleuves ne font que par l'étendue de leur maffe volumineufe , & conftituent toujours en d'autant plus de frais, qu'ils font plus confidérables. Si l'eau qui paffe

fous

fous la machine de Marly & preſſe ſur la ſurface des aubes des quatorze roues immenſes qui la compoſent, paſſoit ſur ces roues & tomboit dans des godets qui preſſaſſent les roues par leur poids en un ſens vertical, cette machine auroit aſſez de force pour enlever le volume entier de la riviere, & le porter ſur la montagne, tandis qu’elle n’en éleve qu’une partie ſi petite qu’elle n’a, pour ainſi dire, aucune proportion avec le tout.

Les écluſes, les réſervoirs, les empallements, les joyeres ſur les grandes rivieres ſont d’une dépenſe énorme, ſujets aux accidents qui ſont les ſuites inévitables des grands débordements, des débacles & des glaces. Les ruiſſeaux, au contraire, ne gelent point près de leurs ſources ; il conſervent la chaleur du ſein de la terre ; un vanage de décharge ſuffit pour éviter tous les accidents. Tel qui bâtit une forge ſur une groſſe riviere qui lui coûte ſoixante-dix à cent mille livres, en conſtruiroit une ſur un ruiſſeau avec trente à quarante mille livres, ſans courir les mêmes riſques : j’en connois dont la conſtruction n’a pas coûté dix mille livres. Nos peres étoient plus ſages que nous : beaucoup de provinces ſont encore attachées à ces principes ſolides, d’une économie éclairée & avantageuſe à l’Etat & aux particuliers.

Il n’eſt pas permis de douter que lorſque la riviere de Marne ſera rendue navigable juſqu’au-deſſus de Joinville, que toutes les communautés du Haut-Baſſigny, du Barrois, des environs de Montigny-le-Roi, qui ont beaucoup de bois, & dont ils ne tirent preſque aucun avantage, ſeront tentées de profiter de ce moyen pour tirer un parti avantageux de leurs chênes en les débitant en ſciage ; car tous les villages de ces cantons ſont jonchés de chênes en grume dont les payſans tirent des bouts de planches pour leur uſage particulier, le reſte périt ou eſt mis en bois de chauffage : d’ailleurs, tout le long de la vallée de la Marne entre Saint-Dizier & Joinville, il ſe fait des dépôts de bois de ſciage qui viennent des forêts de Morlaix, de Moutier-ſur-Saulx

Z z z

& autres adjacentes, dont quelques parties font pouſſées par une diagonale juſqu'au port de Saint-Dizier ; alors tous les bois feroient rendus le long de la vallée à différentes diſtances pour être flottés à leur dépôt ; ce qui économiferoit des frais de roulage confidérables.

Les bois de fciage & les fers ne font pas les feuls objets de roulage qui diſtraient les Laboureurs de leurs travaux agraires, les carrieres de Chevillon fourniſſent abondamment une pierre belle & très folide ; elle eſt recherchée & exportée à des diſtances confidérables & juſqu'aux limites de la Province : la quantité qui s'en eſt exportée depuis pluſieurs années pour les travaux du Roi & l'embelliſſement de diverſes villes de province, eſt inconcevable : fi la riviere de Marne étoit navigable, on pourroit la conduire par eau tout le long de la vallée de la Marne ; les Voituriers du pays ne feroient plus occupés que de la defcendre des carrieres fur le port de Ragecourt, ou de Sommeville, & il ne fe feroit pas une fi grande confommation de fourrage : les prairies de la vallée feroient plus que fuffifantes pour la nourriture des chevaux du pays ; mais il s'en faut beaucoup actuellement dans la poſition des chofes, malgré des prairies artificielles que quelques Cultivateurs entretiennent, & que les prairies naturelles de Chevillon, de Curelle & de Joinville foient très abondantes : il faut fe replier fur la Blaife & juſques fur la Saulx pour fournir à la dépenfe du pays.

Il eſt étonnant combien les bois de fciage perdent de leur beauté & de leur qualité dans les dépôts ; le bois de chêne qui eſt tendre eſt brifé, caſſé, fendu, voilé par la négligence des dépofitaires & par l'inattention & la ruſticité des Voituriers qui acculent leur voiture pour la débarder, au lieu de les décharger l'une après l'autre. Le bois de hêtre fouffre encore plus confidérablement, parceque fon eſſence eſt de bois blanc, & pour ainfi dire un aubier toujours rempli d'une feve prête à fermenter ; auſſi ce bois s'échauffe & blanchit intérieurement, tandis qu'il noircit & rougit à l'extérieur : alors il eſt fans confiſtance, & n'eſt plus propre à être mis en œuvre. Ce bois, si utile aux Ouvriers en meubles & en voitures, demanderoit à être rendu à Paris aussitôt qu'il est débité, & y être conduit par bateaux pour conserver sa qualité & sa beauté. Cette précaution est d'usage pour les bois de hêtre que l'on tire de la forêt de Villers-Cotterêts ; aussi se vend-il plus cher que celui de cette province, relativement à son échantillon plus foible. Si le bois de hêtre demande tant de célérité dans le transport, combien les dépôts, les retards & les mauvais traitements des Voituriers & Commis ne lui sont-ils pas préjudiciables : cette espece de bois demande cependant beaucoup d'attention, attendu le service que l'on en tire.

Après avoir prouvé que la riviere de Marne a été navigable depuis Joinville jusqu'à Saint-Dizier, tant par des faits que par des monuments, j'ai indiqué pour cause de l'interruption de cette navigation la route ouverte par M. de Lescalopier (1). Les usines multipliées mal à propos sur cette riviere ont aussi formé des obstacles à sa continuité, parceque cette partie de navigation ne se présentoit pas alors sous un dehors assez important pour jouir des privileges accordés par les Souverains ; j'ai fait voir que la nécessité de tirer beaucoup de bois de sciage des sources de la Marne & de la Meuse, occasionnoit des dépôts considérables à Joinville & sous Tonance, qui augmenteront encore nécessairement ; que le pays ne comporte pas un assez grand nombre de Voituriers pour faire la traite par terre de tant de marchandises, ce qui, d'un côté, ruine l'agriculture, de l'autre, rallentit la fourniture de Paris ; & les retards qui en résultent, font péricliter les bois, sur-tout les planches de hêtre, qui s'avarient & perdent l'œil de vente en très peu de temps.

Cette traite par terre occasionne d'ailleurs une consommation de fourrage étonnante qui les fait monter à un prix

---

(1) L'époque de l'ouverture de cette route est consignée dans deux inscriptions placées sur les murs des Eglises de Bertenay & de Fronville, qui sont bâties sur la marge de cette grande route.

exceffif très préjudiciable aux intérêts du Roi pour la nourriture des chevaux de fes régiments en garnifon dans les environs. J'ai démontré la facilité de fréquenter cette riviere
en enlevant quelques pierres de fon lit & en conftruifant
des pertuis dans les éclufes qui renvoient l'eau aux diverfes
ufines; que la dépenfe de ces ouvrages n'exigeroit pas toutes enfemble, la fomme que l'on épargneroit en un an, fur
le frêt des marchandifes conduites par la riviere, puifque ces
marchandifes, fur-tout en bois, coûtent autant à conduire
de Joinville à Saint-Dizier par terre, comme de Saint-Dizier à Paris par eau dans la proportion de fix à cinquante-
cinq; que l'avantage qui réfulteroit de l'exécution de ce projet ne peut foutenir la comparaifon des dépenfes que l'on
fera obligé de faire pour fa réuffite, dût-on reporter fur
les ruiffeaux voifins les ufines qui font établies fur la Marne,
abfolument néceffaires. J'ai cité la loi qui impofe à tout particulier, même engagifte, de laiffer le cours libre des rivieres
navigables, de n'apporter aucun retard, ni empêchement à
la navigation.

Par une fatalité attachée aux chofes humaines, nous
avons vu fouvent que l'on n'ouvre un œil impartial fur
les projets préfentés, qu'après la mort de leur Auteur.
Nous en avons un exemple récent en la perfonne de
M. de Parcieux, qui avoit démontré la poffibilité d'amener à Paris les eaux de l'Yvette. Ce vertueux citoyen n'a
pas eu la fatisfaction de voir ce projet fi utile & fi falutaire
adopté de fon vivant (1). Je defcendrois avec joie dans le
tombeau, fi ma mort devoit être l'époque de quelque établiffement utile à la gloire de mon Souverain & à la félicité
de ma patrie.

---

(1) Le projet de M. de Parcieux a été combattu par des Adverfaires peu éclai-rés; fon utilité & fa poffibilité ont triom-phé de l'ignorance & de l'envie, qui ont fuccombé fous le poids de l'Arrêt du Con-feil qui ordonne l'exécution de ce projet fi utile & fi fupérieur à tous ces établif-fements d'eau clarifiée.

## F I N

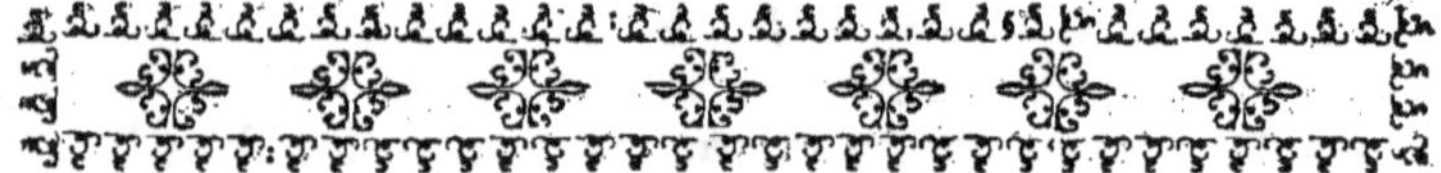

# TABLE ANALYTIQUE
## DES MATIERES,
### RÉDIGÉE EN FORME DE DICTIONNAIRE

*Pour l'intelligence des termes techniques répandus dans cet Ouvrage.*

## A

ABAT-JOUR. Coupe sur une ligne inclinée rentrante des marâtres des fourneaux de fonderie des forges ; dans lesquels on pose les parements de pierre sur des gueules, *pages* 98, 287.

Abattage. Terme forestier, pour exprimer l'opération d'abattre les arbres. Proposé être fait avec la scie, 306. Détail de cette opération, 309. La scie ne peut l'exécuter qu'avec perte, 310. La coignée est l'instrument le plus propre, 312.

—— à cul-noir, (Abattre) c'est abattre un arbre en séparant la base du tronc de ses racines, au-dessous de la surface du sol par le moyen de la coignée, ensorte que l'écorce de l'extrémité inférieure du tronc le fait paroître noir. Avantage de cette méthode, 312.

Abatteur, Ouvrier dont l'état est d'abattre les arbres de futaye, 309.

Abdomen du fourneau. Partie inférieure de la marâtre de la tympe d'un fourneau de fonderie entre la tympe & le gueusat, je l'appelle *Chapelle*, 289.

Accidents qui dérangent les fonctions d'un fourneau de fonderie, 141, 142.

Acide. Est une substance saline sous une forme fluide ou concrete, qui imprime sur la langue une brûlure lorsqu'il est très concentré, une saveur pongeante lorsqu'il l'est moins, & agréable lorsqu'il est foible & sans mélange ; on les divise en classes, genre & espece.

**Acide gazeux.** C'eſt un acide uni à un principe ſi volatil, qu'il n'eſt pas poſſible de le captiver ; on ne le ſaiſit que par le goût & par l'odorat, tel celui des eaux minérales ſpiritueuſes comme celles de Buſlan, 399, le vin de Champagne, 503 ; la bierre & autres liqueurs ſpiritueuſes mouſſeuſes.

**Acides minéraux.** Ce ſont les ſels acides que la chymie tire du régne minéral, tels l'acide marin, l'acide nitreux & l'acide vitriolique. Les terres & les pierres qui en contiennent dans leur compoſition, comme la ſélénite, le plâtre, ne ſont pas propre à ſervir de caſtine, 131.

**Acide marin,** eſt la liqueur acide que l'on tire du ſel de la mer & de ſes analogues. Il diſſout la cadmie ſans faire de gelée, 281. La diſſolution qu'il fait avec la fritte des forges, forme une gelée, laquelle, concentrée par l'évaporation, devient couleur de rubis, 300. Se fait ſentir lors de la miſe-hors d'un fourneau de fonderie, 276.

**Acide nitreux,** eſt celui que l'on tire du nitre ou ſalpêtre. Il n'attaque pas en même-temps toutes les parties des ſurfaces d'un morceau de fer qui eſt ſoumis à ſon action lorſque le fer n'eſt pas homogene, 49. Il ſe fait quelquefois ſentir lorſque l'on met le fourneau hors, 276. Il forme, avec la cadmie qu'il diſſout, une belle gelée tranſparente, 282. Il diſſout la fritte, 299, & la liqueur qui en réſulte étant concentrée, prend une belle couleur de ſoufre, 300. Ne détruit pas la couleur du vinaigre, 496.

**Acide vitriolique.** Il tire ſa dénomination du vitriol qui eſt un ſel métallique dont on le tire en plus grande abondance. L'alun & le ſoufre en fourniſſent beaucoup. Il eſt conſidéré par les Phyſiciens comme le générateur des deux autres acides minéraux : peut-être n'eſt-il lui-même que le produit des acides des animaux & des plantes modifiées dans les entrailles de la terre. Il durcit la cadmie en poudre lorſqu'il eſt concentré, & en forme une eſpece de pyrite, 280. Explication de ce phénomene, 291 ; étant affoibli, il diſſout la cadmie, 282. Il réſulte de leur union un *gilla vitrioli*, ou vitriol blanc. Diſſout la tuthie des forges, 286, & les grappes des affineries, 287 ; concentré, il n'attaque point la fritte des forges, 300. Lorſqu'il eſt étendu d'eau, il diſſout cette ſubſtance avec une chaleur étonnante, 301. La liqueur forme une gelée tranſparente & blanche, laquelle, évaporée au feu, donne des cryſtaux d'alun, *ibid.* 303. Il eſt employé par les Vinaigriers pour augmenter l'acide du vinaigre, 493. Preuve de cette falſification, 495 & ſuivantes. Le vinaigre ſurard de Châlons contient de l'acide vitriolique par pinte

deux gros foixante-huit grains, & par muid Paris fix livres quatorze onces trois gros douze grains, 503. Les vinaigres d'Orléans
en contiennent auffi, 497.

Acide végétal, eft de deux efpeces, l'un naturel & l'autre artificiel. Le
naturel eft celui contenu dans le fuc des plantes & de leurs fruits,
tels ceux d'ofeille, de verjus, de citrons & autres. Ces acides ne
montent point dans la diftillation, 498. L'artificiel eft le réfultat
de la fermentation acéteufe, tel celui du vinaigre, qui ne reffemble
point à l'acide végétal naturel. Il ne fe montre nulle part dans la
Nature, excepté dans la fourmi, 498.

Acier, eft un fer que l'on a dépouillé de toute matiere étrangere,
foit par grillage, liquation, affinage ou cémentation, & dont
on détruit le nerf par une furabondance de phlogiftique qui divife
fes parties & les réduit à l'état grenu de la fonte de fer la plus pure :
eft un fer dans une difpofition contraire à la naturelle, 81.

Acier fondu. Cet acier malléable paroît un être de raifon aux yeux
des Phyficiens éclairés. On fait des cylindres d'acier fondu, 81. C'eft
un métal combiné avec de l'acier deux parties, fer ductile une
partie, fonte de fer une partie fondues enfemble, dans le catin d'un
réverbere, avec un feu vif de charbon de terre. Il en réfulte une
fonte de fer homogene, pleine & d'une dureté extrême.

Acier par cémentation, fe fait en ftratifiant dans des caiffes de fer
ou des encaiffements de briques, des barres de bon fer avec de la
poudre de charbon. Ces caiffes bien fcelées font placées dans un
fourneau approprié, dans lequel on entretient, pendant un temps
fuffifant, un feu très vif. M. le Comte de Lauraguais & M. Jars,
ont donné le détail de ce travail, qui n'eft fuivi avec fuccès que
par les Anglois qui y emploient un fer de Suede d'une qualité particuliere. Cet acier eft très homogene, mais fe détruit par des
chaudes fucceffives : eft dépouillé de zinc, 81.

Aciéries, par corruption aceries, font des foyers de deux efpeces.
Celles qui méritent plus particuliérement ce nom font des foyers
dans lefquels on fabrique l'acier par liquation, ou par un double
affinage. Dans les autres, on ne fait point d'acier, mais feulement
du carillon & des bandelettes, qui font compofés d'un bon fer purifié par la macération, & forgé fous des échantillons qui approchent de ceux des petits aciers. On fe fert quelquefois pour ces feux
de foufflets en bois à vent continu, 210. On y emploie le régule
de fer, 434.

Aetites : voyez étites.

**Affineries**, font les foyers des forges dans lefquels on raffemble les
parties élémentaires du fer , éparfes dans fa mine , fa fonte
ou dans fon régule , & qui y font affociées avec une plus ou
moins grande quantité de matieres hétérogenes. Les affineries fe diftinguent en général en trois efpeces principales , qui
font celles par liquation, dans lefquelles on tire le fer immédiatement de la mine par une feule opération : les affineries proprement
dites , dans lefquelles on tire le fer de fa matte ou de fa fonte, ce
qui eft une deuxieme opération ; enfin celles par macération font
les affineries où l'on travaille le fer avec les gateaux de régule : ce
travail eft une troifieme opération. Il n'eft point de mon objet actuel d'entrer dans un plus grand détail fur les affineries. Je me propofe d'en donner un traité complet dans la *Phyfique des Forges*
dont cette table n'eft qu'un foible prélude. Le travail de l'affinerie
donne des qualités variantes au fer, 43. Exige un feu vif, 202.
Il ne faut pas que les gueufes foient trop larges de bafe , ni trop
hautes d'arrête pour qu'elles ne gênent pas le travail de l'affinerie,
138. Donnent un laitier pyriteux, 296.

**Affineur-Forgeron**, dont l'emploi eft d'affiner la fonte & d'en préparer
un fer brut. Dans chaque genre d'affinerie, il y a deux fortes d'Affineurs : le Maître & les Compagnons. Le Maître eft chargé de la
compofition & de l'entretien du creufet ou foyer, de l'adminiftration
du vent; de l'entretien des machines, des outils, & de faire fes pieces
& fon tour. Les Compagnons doivent aider le Maître dans fes diverfes opérations, & faire chacun leur piece à leur tour. Travail de
l'Affineur, 43, 461. Chaque Affineur, avec les mêmes matériaux,
fabrique un fer différent de celui des autres, 43.

**Affût de canon**. Arriere train d'une efpece de chariot pour fupporter
le canon en repos & en route. On diftingue dans l'affût trois chofes
principales; les flafques, l'effieu & les roues. Son poids ajoute à la
réfiftance du canon contre le recul, 474, *bis*.

**Agate-onix** ou onice, pierre fine. C'eft une efpece de caillou à demi-
tranfparent, veiné de bandes ou zônes colorées. Caillou de Bourbonne coloré par le fer reffemblant à l'agate-onix, 354.

**Agent** : tous corps qui a de la prife & qui l'exerce fur un autre corps.
Agents qui détruifent le fer, 47.

**Aigreur** en métallurgie, exprime la qualité fragile du métal dont les
molécules n'ont point une liaifon intime. L'aigreur du fer n'eft
point un défaut qui lui foit propre. D'où elle procede, 450.

**Aimant**, efpece de mine de fer qui a la propriété d'attirer le fer. Le
fer

fer devient lui-même par l'art un aimant artificiel, 81. Les ringards
s'aimantent : *Introduction*.

Air, est l'élément fluide qui nous environne & qui remplit les espaces. Ses parties constituantes nous sont inconnues : est l'agent le
plus propre à exciter l'activité du feu, 103. Son poids, son volume
& sa vitesse, 226 : magasin d'air, 226 : ne suffit pas seul au complé-
ment de la végétation, 340. La vivacité de l'air du Château de
Joinville fait tomber les ongles de ceux qui commencent à l'habiter,
& mourir les jeunes enfants, 337. L'air prend le nom de vent dans
les forges.

Air fixe, est l'air élémentaire qui concourt à la formation des corps
des trois règnes, & en fait partie constitutive. Il en sort & se manifeste plus ou moins lorsque l'on rompt l'aggrégation des parties
constituantes des substances qui le contiennent ; s'échappe de la
fonte de fer, 67 ; entre dans la composition du fer, 228 ; sort avec
bruit en des temps périodiques & isochrones de la source principale
des Thermes de Bourbonne, 359.

Aire, surface plane d'une chose quelconque. Aire du creuset du
fourneau, 110 ; sa composition, 117. Aires du marteau & de l'enclume. Elles doivent être bien dressées, 451, 464 ; lorsqu'elles
se creusent par le service, elles font tordre les barres, 464 : elles
occasionnent des fendilles, 451.

Airelle, ou myrtille. Plante abondante dans les montagnes de la vallée de la Mozelle dans les Vôges. Son fruit sert à colorer le vin en
rouge, 387.

Alabastrite. Pierre gypseuse plus ou moins transparente, qui ne fait
point effervescence avec les acides. Elle souffre le ciseau & reçoit le
poli. De Bourbonne, 349.

Alezan, couleur qui tire au roux. Cheval alezan, 262.

Alézoir. Attelier des arsenaux dans lesquels on finit au quarré, au ciseau & au tour, les parties extérieures du canon. L'on y transpor-
tera les canons de régule, lorsqu'ils seront recuits, 441, & ceux de
fer contourné, bruts, en sortant de la forge.

Alkali. Sel âcre & brûlant lorsqu'il est concentré, & qui a une saveur
& une odeur urineuse lorsqu'il est affoibli, & qui fait effervescence
avec les acides. Il est fixe lorsqu'il est combiné avec une terre, &
volatil lorsqu'il l'est avec un principe huileux. Ce dernier s'extrait
des végétaux & des animaux, par la distillation. Le premier se tire
plus particuliérement des cendres des végétaux par leur lessive.
L'alkali fixe précipite des dissolutions de la cadmie dans les acides

minéraux ; le zinc qui est contenu, 287, 288. L'alkali de la chaux
est un puissant destructeur du bois, 326.

Allemagne, patrie des machines, 199.

Alluchons. Piéces de bois composées d'une tête taillée en biseau, & d'une
tige cylindrique. Les Meûniers les nomment tapines. Les alluchons
font enfoncés & affermis dans l'anneau du roüet dans des distances
égales qui correspondent juste avec l'espace qui sépare les fuseaux
de la lanterne, pour que la tête d'un alluchon échappant l'un des fuseaux, l'autre appuie contre le fuseau suivant pour que le mouvement de renvoi soit égal & sans choc. Application de ce mouvement, 217.

Alsace, Province de France. Les laitiers de ses fourneaux font bleus,
275. La température des plaines de la haute Alsace est à-peu-près
égale à celle des environs de Châlons en Champagne, 404.

Alun. Sel minéral d'un goût doucereux & stiptique. Il a ses mines propres qui font rares. On le retire plus communément des terres
noires feuilletées, & des pyrites. Les argilles en contiennent. Ce
sel est composé d'acide vitriolique uni à une terre qui lui est propre.
La fritte des forges contient de l'alun, 301 & suivantes ; se trouve
dans les terres qui recouvrent le gyps de Bourbonne, 349 ; entre
dans la composition des eaux sures des ferblanteries, 370 ; est employé pour frelater les vins mousseux de Champagne, 502.

Alun de plume. Alun crystallisé en filaments soyeux. Se tire des volcans, 2.

Amalgame. Combinaison des métaux avec le mercure qui a la propriété de les humecter & de les pénétrer plus ou moins facilement
& avec différentes manipulations. On réussit à former des cryftaux
métalliques par la voie de l'amalgame, 477.

Ame, en physique, est le principe de vie & d'action de tout ce qui est
susceptible de ces facultés. Ame, souffle, vent, esprit, respiration,
pris synonimement, 188. Ame d'un soufflet ; soufflet sans ame, idem.
Ame d'un canon, 474.

Amiante naturel. Substance minérale disposée en filets susceptibles
d'être cardés, filés & tissus en toile qui est incombustible : on en fait
aussi du papier. Est le produit d'un fer décomposé par les Volcans, 2,
16 ; fondu avec le flux noir, le borax & la résine, donne un peu de
fer, 11. Définition, 12. Difficulté de revivifier le fer de l'amiante,
14.

Amiante ferrugineux, est le produit du fer décomposé dans les fourneaux de fonderie par un feu long-temps soutenu, 6, 11. Sa descrip-

tion, 6 ; ressemble à l'amiante naturel, 7 ; insoluble dans les acides ; indestructible au feu, 8. Expériences sur l'amiante ferrugineux, 9 ; ses propriétés, 16 ; trouvé dans les loups des fourneaux des forges de Champagne, Franche-Comté, Bourgogne, Luxembourg, pays de Foix, 18 ; dessiné planche III.

Amont, terme de rivière, est le côté vers la source. Il est opposé à aval.

Analyse. Opération par laquelle on décompose un corps en désunissant la liaison & l'aggrégation de ses parties élémentaires, pour en connoître la nature, l'ordre, le méchanisme & le rapport. Analyse des eaux de Bourbonne, 360 ; des boues des eaux de Bourbonne, 364 ; des eaux de Bussan, 394.

Ancre de fer de navire trouvée en Dalmatie, 46.

Animaux. Êtres qui s'engendrent, croissent, vivent & sentent : perdent leur férocité avec la liberté, 237.

Anneau de roue de moulin. C'est le cercle que décrit le solide des courbes d'une roue de moulin, qui s'assemblent avec les bras. Le rayon se mesure du centre de l'arbre à la surface extérieure de la courbe, 176.

Antimoine. Minéral métallique composé d'un demi métal combiné avec le soufre. Crystallise comme la pyrite martiale, 62 ; diffère de son régule comme la fonte diffère du fer, 60 ; soupçonné être uni aux mines de fer, 433.

Apense. Rivière dont les eaux sont brunes, 350, conflue avec la Saone, 366.

Aponeuvroses. Fibres tendineuses qui servent d'attache aux muscles des animaux. Plongent sous les tourbillons de poil, 269.

Apoplexie. Stagnation des humeurs par engorgements. Des arbres, 322.

Arabes ( les ), tiennent registre de la naissance de leurs chevaux, 267.

Arbres ( les ) composent la classe des plus grands végétaux ; ce sont des corps organiques qui naissent, croissent, vivent & ne sentent point : ils sont pour la plupart séculaires. Ils s'élevent coniquement, 332. Arbres d'une grosseur prodigieuse, 356. Nains qui s'élevent peu au dessus du sol, 307. Rabougris, arbres mal venants pour avoir été trop retaillés : l'abroutissement des bestiaux rend les arbres rabougris, 307. Baliveaux, ce sont des brins de l'âge du taillis ou demi-futaie que l'on laisse sur pied dans l'exploitation des ventes, 313. Cadets, sont les baliveaux de deux âges, 313. Pivotés, ces arbres enfoncent leurs racines perpendiculairement, 312. A grosses culottes, arbres crus sur souches, ou dont une maladie a fait gonfler la base du tronc, 315. Jumeaux, plusieurs brins ordinairement repouſſés d'une même ſouche ancienne, 315. En grume, ſont les arbres abattus dans les ventes, dépouillés ſeulement de leurs branches, 332. Roulés, ſont ceux dans leſquels on voit entre les couches coniques une ſolution de continuité occaſionnée par le froid, les ſecouſſes des grands vents, des pluies notables ou une ſeve altérée ou extravaſée, 330. Cadranés, ce ſont des arbres qui ont une ou pluſieurs roulures concentriques traverſées par différentes fentes en rayons divergents, 330. Les arbres ſur le retour ne végetent plus que foiblement par défaut de circulation de la ſeve & de l'air, leur ſubſtance s'altere, 226, 328, 330, 356. On les reconnoit, 330. Mort ſur pied, ibid.

Arbre, ſe dit auſſi pour exprimer les poutres cylindriques qui font mouvoir les machines. De bocard, 154, 176, 179. De patouillet, 178. De fourneau, 205.

Arc-en-ciel. Météore formé par la réflexion des rayons du ſoleil ſur les globules d'eau de la pluie ſous un angle d'environ 42 dégrés. L'eau qui s'éleve en globules extrèmement diviſés des cataractes, & par l'effet du trémouſſement de la roue du marteau, produit les iris de l'arc-en-ciel, & ſouvent un iris circulaire ſuivant la poſition du ſpectateur.

Architectes de Paris. Leur erreur ſur le temps propre à l'abattage des futaies, 328.

Arcueil, village de l'iſle de France. Ses conduites d'eau s'engorgent par des plantes qui y végetent ſans feuilles, 340.

Ardoiſe. Pierre bleue, griſe, noirâtre ou rouſſe, compoſée de couches minces d'argille qui ſe ſont entaſſées les unes ſur les autres ; près d'Is en Baſſigni, 346. Ses carrieres le long de la Meuſe, 346, 347.

Argent. Métal blanc, très ductile, malléable après la fuſion, fixe au feu. Le fer l'accompagne dans ſes mines, 274. Il cryſtalliſe preſque comme la fonte de fer, 280.

Argent vierge, ou argent natif de Sainte-Marie, 280, 405.

Argille. Terre compacte & peſante, compoſée de particules très déliées qui ont de l'adhérence entr'elles, ce qui lui donne la propriété de prendre toutes les formes ſous leſquelles on la moule. Je penſe qu'elle a pour principe la terre élémentaire des plantes & des animaux décompoſée ſans le contact de l'air. Propre à faire les briques pour les fourneaux, 116. Sert de fondant aux mines de fer, 131. L'argille trop chargée de ſable n'y eſt point propre, 132.

Arpent. Mesure géométrique des surfaces d'un terrein quelconque. L'Ordonnance de 1669 des Eaux & Forêts le fixe à cent perches quarrées, chacune de 22 pieds de Roi de longueur & largeur, 148.

Armure d'un moule. Est composée de bandes de fer posées longitudinalement sur la chappe d'un moule, lesquelles sont contenues avec plusieurs cercles & liens de fer pour empêcher que le poids du métal & l'expansion de la chaleur ne forcent la chappe à se rompre pendant que l'on introduit la fonte dans le moule, & jusqu'à ce qu'elle soit consolidée ; du moule du canon, 441.

Arrimer. Ranger avec ordre & mesure ; arrimer le doublon, 368.

Arsénic. Demi-métal qui a ses mines propres ; il est quelquefois uni au fer dans sa mine, 58. & avec les autres métaux & demi-métaux, 174.

Art du fer, (l') par syncope ; art de fabriquer le fer. C'est celui du Maître de forge : est, de tous les arts, celui qui fait un plus grand usage du feu, 184.

Art d'adoucir la fonte du fer (l'), est le même que de la convertir en régule, 85.

Artillerie. L'art de couler & de fabriquer des canons, des bombes & des boulets ; fait partie de l'Artillerie, 66, 426, & suiv. 447, & suiv.

Asbeste. Espece d'amiante plus roide, plus compacte & plus pesante. Voyez Amiante : est un produit de volcan, 2.

Aspic, serpent. Sa description ; sa morsure n'est point venimeuse ; inutilité des remedes contre sa morsure, 419.

Aspirations des soufflets, 191.

Astragale. Ornement emprunté de l'Architecture : c'est un cordon entre deux platte-bandes, appliqué aux buses des soufflets, 201. aux canons d'Artillerie, 470.

Astroïtes. Sont des coquilles fossiles sur lesquelles on distingue des figures d'étoiles, d'où leur vient le nom : dans du grès rouge, 348.

Attila, Roi des peuples barbares du Nord ; ruina les Gaules, 380.

Aval. Terme de riviere qui exprime le côté de la pente des eaux à leur confluent ou leur embouchure ; il est opposé à celui d'amont, 152, 156.

Avaler le fer. C'est une opération par laquelle l'affineur avec un ringard rassemble le fer à mesure qu'il tombe de la gueuse qui est dans l'affinerie, & le pousse du côté de la tuyere pour l'entretenir dans son état de mollesse, 43, 461.

Aubes. Ce font des bouts de planches plus ou moins longues & larges qui font attachées à angle droit fur les extrémités des bras & fur les bracons des roues hors le cercle de l'anneau. Ce font ces aubes que l'on nomme communément *herves*, qui reçoivent l'impulſion de l'eau qui eſt la puiſſance motrice des roues, 182.

Aubier. Bois imparfait placé dans les arbres entre le bois dur & l'écorce, 318. Les chênes qui ont le bois dur en ont beaucoup ; ceux qui l'ont tendre en ont moins, 331. Il faut en nettoyer les arbres, *ibid.*

Aulne. Eſt un arbre qui croît dans les marais, s'élève fort haut & droit ; ſon écorce, d'un verd rembruni & tiſté, ſert à la teinture ; ſon bois tendre & rouge eſt très propre à faire des ſoufflets, 223.

Aune de Dreſde contient 21 pouces de France.

Auge. Eſpece de petit baſſin anguleux de forme allongée, 176.

Aviron. Inſtrument de navigation d'eau douce, c'eſt une perche de 20 à 26 pieds de longueur, dont le gros bout eſt applati pour préſenter plus de ſurface à l'eau ; l'autre bout ſe termine pyramidalement en pointe pour que le Marinier puiſſe le ſaiſir de la main, 531.

Aurore boréale. Eſpece de nuée lumineuſe qui paroît quelquefois pendant la nuit du côté du Nord ; attribuée aux incendies des plantes du Nil, 276 ; imitée par la flamme des fourneaux lorſqu'on les met hors de feu pendant la nuit, quand l'atmoſphere eſt épaiſſie par un léger brouillard, 276.

## B.

**B** A C. *Voyez* Bache.

Baccarach. Bourg des Voges où il y a une belle verrerie, 498.

Bache. Eſt une auge de bois ou de fonte de fer de forme allongée, remplie d'eau, dans laquelle les ouvriers réfroidiſſent leurs ringards, les bouts de maquette, & dans lequel ils puiſent de l'eau avec l'écuelle à mouiller pour écouviſſonner le feu. Il ſe détache des ringards qu'on y plonge du menu laitier que l'on nomme hameſelach, 97. On y délaie de la terre argilleuſe dans les tôleries & les ferblanteries, 368.

Bagnerol. Riviere des Vôges, dont l'eau eſt rouſſe, 374.

Bain. On dit en métallurgie qu'un métal eſt en bain lorſqu'il eſt en

parfaite fufion dans un creufet. Il faut qu'il ne tombe rien d'étranger dans le bain, 120, 122. La fonte fe pâme dans fon bain lorfqu'un accident la refroidit, 122. Le laitier vitreux couvre le métal
en bain, 131. Bain de macération, 42. Purifier le régule en bain,
439.

Bains. Bourg de Lorraine. Sa ferblanterie, 367, & fuivantes. Ses
bains conftruits par les Romains. Ses eaux chaudes, froides, favonneufes, 374. Leur analyfe, leur boue. Couleur blonde des
cheveux des enfants de Bains, 375.

Bajoues des foufflets. Ce font les parties des côtés des caiffes fupérieures qui fe prolongent jufqu'à la moitié de la longueur de la té-
tiere, pour y être affujetties par une charniere qui eft le centre de
leur ofcillation : on appelle auffi bajoues ou joues les côtés rentrant des murs d'un biez près l'empallement.

Balancier. Eft en méchanique la partie d'une machine qui eft en équilibre au centre de fa maffe, fur un point d'où chacun de fes bouts
part dans les mouvements d'ofcillation : des foufflets en bois, 106 ;
des foufflets en cloche, 212, 217.

Balancier des monnoies, employé pour faire des balles de fer de mouf-
queterie, 475, bis.

Balles de fer forgé : façon de les faire, 475.

Banbelle. Eft une piece de bois qui a un mouvement horizontal ou
perpendiculaire d'aller & de venir, qui lui eft imprimé par une manivelle qui la reçoit d'une puiffance quelconque, & le communique par un renvoi à un autre piece de la machine ; tel un fil d'ar-
chal entre deux renvois de fonnette ; ou le morceau de bois qui,
d'un bout, embraffe le tourillon de la meule de l'Emouleur, & de
l'autre eft affujetti par une courroie à la pédale, 193, 210.

Banne. Eft un grand pannier, compofé de jeunes brins de bois nat-
tés enfemble, qui eft porté fur un charriot, & dans lequel on voiture le charbon : quelques-uns difent *Benne*, vulgairement *Vanne*.
La banne de Champagne, qui eft appellée banne & demie, ou
trois-quarts, doit contenir trente-fix feuillettes, ou cent vingt pieds
cubes, 148.

Bave de crapaud ; n'eft pas venimeufe ; mangée fur du pain fans accident, 242.

Bar-le-Duc. Ville capitale du Barois Mouvant, 161.

Barbouillage. Eft un accident du fourneau de fonderie. Lorfque les
charges culbutent, que le minerai tombe crud dans le bain ; l'air

fixe qui s'en dégage fait bouillir la fonte & bourfouffler le Laitier qui engorge la tuyere, & refroidit le bain. Cet accident eft très fâcheux, 143.

Barreau. Eft un prifme de fer allongé & quadrangulaire : on en compofe la grille du bocard : façon de les placer, 151, 152 : des huches du bocard : leur direction, 154 : ne fuffifent pas, 155.

Bafanne. Peau de mouton mégiffée dont on fe fert pour fceller les joints des planches des foufflets, 208.

Bafcules de foufflets. Efpece de levier : leur defcription, 205 : des cloches, 215.

Baffe-Conte, ou Salicorne. Eft une efpece de pelle de fer dont la queue a environ trois pieds & demi de longueur, fur trois pouces de largeur, & neuf à dix lignes d'épaiffeur : le palteau a fix à fept pouces de largeur, fur dix pouces de longueur, & eft légérement courbé à fon extrémité. Cette piece fe pofe fur le volant du foufflet, du côte du culeron, elle eft affermie fous le pont avec des coins de bois. Le palteau déborde l'enfonçure : c'eft fur cette partie que la camme de l'arbre de la roue vient appuyer, pour forcer la caiffe de s'abaiffer, & de chaffer dans le foyer par la bufe le vent contenu dans les flancs du foufflet, 205.

Baffin. Eft une efpece de cuve plate, de figure variée, dont les contours font formés par des madriers pofés de champ fur un plancher formé d'autres madriers cloués fur des loirs qui forment le fond du baffin. Les baffins pour nétoyer la mine prennent le nom de lavoirs, 150, 160. Il y en a de quarrés, 162, & de longs : ceux-ci fe nomment à grains d'orge, 153, 178 : des trompes 197 : des cloches, 214, 231 : du crible à l'eau, 162.

Batailles. Ce font les quatre murs unis entre eux par les angles qui s'élevent autour de la bure du fourneau de fonderie pour brifer le vent, & par-là empêcher que les ouvriers en chargeant le fourneau ne foient incommodés de la flamme, 98, 169, 437.

Bateaux Marnois. Leur forme ; leur tinglage ; leur ufage, 518 : de Rouen ; leur charge, 528 : de la Saone ; leur forme, 528 : d'Auvergne, comparés à la barque de Charon, 528.

Bâtiment conftruit fans bois, 510.

Battant. Morceau de bois de fciage de neuf à vingt-quatre pieds de longueur, douze à quinze pouces de largeur, & quatre à cinq pouces d'épaiffeur, 514.

Batteries.

Body. Canton de Franche Comté, qui recele des mines de plomb & de cuivre, riches d'argent, 387. Description des galleries des mine de Body, de ses trompes & ventilateurs, 389.

Bois, Forêt. Voyez Forêt.

Bois. La partie la plus solide des arbres & arbrisseaux. C'est une substance composée de fibres dures, élastiques & inflammables, de couleur, odeur, & densité variées, qui est indispensable aux besoins de la société. Les arbres abattus & travaillés dans les forêts suivant leur propriété, sont débités en objet de commerce de six espèces, tels les bois de chauffage, 307, à charbon, 320, de fenderie 307, de sciage 329, 507, 514, de charpente civile, 322, 323, 328, & hydraulique 323, de marine 328. Il y a des bois résineux, 44, 223, gommeux 44, durs 223, 514, doux 44, 223, aigres, salins 44, tendres 514. Les bois abattus en temps de seve sechent vîte 320. Les bois de tilleul, de tremble, de saule & d'orme, destinés à faire du charbon, poussent des jets au printemps, lorsqu'ils ont été coupés dans le mois de Janvier 230. Bois propres à faire des soufflets de forge 223; de hêtre, changé artificiellement en mine de fer, 31; usé, 129, 546; viciés, caducs, 317; pyriteux, 22, 32; vitriolisé, pétrifié, incrusté, 324. Les bois de sciage se divisent en bois de Hollande, 512; de Vôge, 514, 513; de hêtre, 547, & bois françois, 507. Calcul de la main-d'œuvre & de quantité de pieds cubes dont il est composé, 513, 515; son poids, 507, 514; son assortissement, 514; son prix, 515.

Bois double. C'est un madrier de 12 pouces, de largeur, sur 30 lignes d'épaisseur, & de 6 à 21 pieds de longueur. Bois de pouce, c'est une planche de 10 pouces de largeur, sur 16 à 18 lignes d'épaisseur, & de 6 à 21 pieds de longueur. Bois de pouce & demie, est une planche de 9 pouces de largeur, de 21 lignes d'épaisseur, & de 6 à 21 pieds de longueur, 514.

Bols. Argilles pures, de couleurs variées, qui hapent fortement à la langue: employés dans la ferblanterie, 368; entrent dans la poudre des Fondeurs en bronze, 439.

Bombarde de Saint-Dizier. Sa Description, son poids & sa puissance, 456 & suivantes.

Bonde de Bocard. C'est un morceau de bois quarré dans sa base, échancré circulairement en dessus, coupé de biais à un bout, & quarément de l'autre qui reçoit une longue queue pour le manier. Cette bonde sert à boucher l'issue par laquelle le minerai lavé sort de la huche du patouillet pour se rendre dans le lavoir, 155 ; 178.

Borax. Est un sel alkali, d'un genre particulier ; il est apporté brut des Indes : les Hollandois le purifient : les ouvriers l'emploient à la soudure des métaux, 304. L'origine & la nature de ce sel, que les uns croient naturel, & d'autres artificiel, nous sont encore inconnues. Plusieurs Chymistes, particuliément M. Cadet, de l'Académie des Sciences, ont fait des recherches très avantageuses sur ce sujet.

Bombes. Pieces d'artillerie. Ce sont des globes de fonte de fer, creux en dedans, ayant une lumiere qui pénetre à l'intérieur. Il y en a de différents diametres. Les plus fortes, dites Cominges, pesent cinq cents. Celles qui sont coulées d'une mauvaise fonte crevent en l'air, 66.

Bordages. Terme de Marine. Ce sont de longs madriers de diverses épaisseurs & largeurs, sciés dans des plançons, qui sont des poutres droites : on en forme les parties extérieures du vaisseau, 506.

Bouchage. Est un mortier composé d'argille sablonneuse, humectée d'eau, dont on se sert pour boucher l'issue de la coulée du fourneau, 137, 441 ; peut servir à l'usage de la chaufferie, 139.

Bouche (la) fut le premier soufflet dont l'homme se servit, 186 ; fut le modele des soufflets, 187.

Bouche à feu. L'on donne ce nom à toutes les pieces de grosse artillerie.

Bouché. Est une opération par laquelle on suspend le travail d'un fourneau, faute de matériaux ou d'eau, ou lorsque la roue est noyée dans les débordements, ou gelée pendant les grands froids, 144, 222 : précautions à prendre, 145.

Boues des eaux de Bourbonne, 360. Leur analyse, 364. Boues des eaux de Bains, 375.

Bouger le feu. C'est dans les feux d'Affinerie & d'extension, soigner le feu. Le goujard (1), qui est ordinairement un apprentif, ou quelquefois une fille, doit nourrir le feu de charbon, le relever à la pelle, rapprocher avec la couesse les charbons qui s'écartent, mouiller le

---

(1) Les Goujards sont les valets des Forgerons. Ils ne veulent pas être appellés *Goujats*, mais *Goujards*. Je veux bien employer ce terme en leur faveur, pour les distinguer des Goujats, dont les vils emplois inspirent le mépris.

feu avec l'écuelle, le faupoudrer d'herbu & de laitier pilé lorfqu'il en eft befoin.

Boulet de canon. Eft une fphere ordinairement de fonte de fer dont
on charge un canon d'artillerie : eft fujet à être creux lorfqu'il eft
coulé avec de mauvaife fonte dans des coquilles de fonte de fer, 66 :
comme il refroidit, 70 : coupé en deux hémifpheres, 88 : tourné
pour le rendre plus fphérique, & le polir, 442 : de fer battu, dont
la Ruffie fait ufage : procédé pour les faire : ont plus de vîteffe &
plus de force que ceux de fonte : expérience qui le prouve, 475.

Boulon. Piece de fer compofée de deux parties, d'une tige cylindrique, & d'une tête arrondie, & plus ou moins applattie : le bout
oppofé eft ordinairement ouvert, pour paffer une clavette de fer
pour empêcher le boulon de fortir du trou qui le reçoit. On s'en
fert pour les charnieres des foufflets, & pour les crémailleres,
205.

Bourbonnes-les-Bains. Ville de France en Champagne, célebre par
fes thermes, 346. Defcription du Phyfique & de fes environs :
fes pierres opaques cryftallifées en rhombes : fon gyps : fon alabaftrite, 349. Les pierres calcaires des environs font peu d'efferve scence
avec les acides : leur chaux fe durcit promptement 351 : fes pierres
de conftructions, 366 : fes bois, 356 : fes anciennes falines,
366 : fon château bâti par Théodebert & Thierry, 358 : fes bains
bâtis par les Romains, 358 : fes différents bains modernes, 359 :
fource principale ; fes vapeurs ; fon ébullition : analyfe de fes
eaux, 360 & fuivantes ; fes boues, 364.

Bourgoin. Mangeur de crapauds, 243.

Bouteille de verre, diffoute & amollie par l'eau forte, 302.

Boyau de cuir, fervant de porte-vent, 211, 216.

Bracons. Ce font de petits bras qui font affemblés deux à deux ordinairement aux courbes des roues & fur lefquels font fixées les aubes.

Branloire. Eft une bafcule ou balancier fixé fur un roulet qui fe meut
entre deux jumelles perpendiculaires. A chaque extrémité de la
branloire pend une chaîne, l'une eft attachée au volant d'un foufflet,
& l'autre eft terminée par une poignée ou une pédale au moyen
defquelles les Féroniers & autres ouvriers qui fe fervent du feu
excité par un foufflet, le mettent en mouvement, 195.

Bras-boutans. On emploie ce mot pour exprimer toute piece de
bois affemblée obliquement fur un angle d'environ 45 dégrés contre
une autre piece de charpente perpendiculaire pour la rendre folide,
182, 183.

Bras de roue. Ce font les pieces de bois qui font affemblées par leur milieu au centre de l'arbre, & qui fupportent l'anneau de la roue, 154, 182.

Briques. Maffes d'argille moulées fous certaines dimenfions variées fuivant l'emploi que l'on en veut faire, & qui font ordinairement durcies par la cuiffon ; il eft avantageux d'en compofer les parois intérieures des fourneaux : toutes efpeces n'y font pas propres, 114. Il faut qu'elles ne foient que féchées à l'air, 115. Action du feu fur les murs de briques, 115. Terre propre à compofer des briques réfractaires, 114. Moyens de l'imiter, 116. Réfiftent plus que le grès, 368. Briques naturelles compofées d'une terre cuitte par les volcans, que l'on équarrit au marteau, 385. Un Maître de forge a publié bonnement que c'étoit attenter aux droits de la Divinité, que de faire de la brique ; qu'il falloit employer des pierres : *rifum teneatis.*

Briquet. Inftrument de forme variée compofé de fonte de fer recuite & trempée, ou de fer trempé en paquet, ou d'acier trempé dur, avec lequel on tire des étincelles des pierres dures & vitrefcibles, 84.

Bronze. Métal combiné, compofé de cuivre, de zinc & d'étain, en proportion variée : on en coule les cloches, & autrefois des canons, 427.

Bucheron. Ouvrier dont l'état eft d'abattre les arbres de futaies & de demi-futaie, & de réduire ces derniers en bois de chauffage ou à charbon, 308. Accident qui réfulte de leur négligence dans l'abattage des futaies, 329.

Bufonite ou Crapaudine. Dent de dorade pétrifiée que l'on a cru longtemps être une pierre qui fe trouvoit dans la tête des gros crapauds, 239. Conjecture fur les crapaudines, & expérience qui la détruit, 240.

Bure. Ce mot exprime tout ce qui termine une excavation & en forme les parties extérieures de la bouche au deffus du fol. Bure de puits, de mines, de fourneau. La bure du fourneau eft la maffe quarrée, polygone, ronde ou ovale, qui termine le maffif du foyer fupérieur, elle s'éleve de quelques pieds au deffus du terre-plein délimité par les batailles, 99. Son ouverture forme le gueulard, 107. C'eft fur la bure que l'on éleve une cheminée, 437. *Voyez* Planche XI.

Bufes. Tuyau conique de cuivre, de fonte de fer, ou de fer battu, 101, qui termine les grands foufflets des forges, & par lequel le vent eft pouſſé dans le foyer : applattie pour diverger le vent, 468. Di-menſions de l'embouchure & calcul du vent qui y paſſe, 201, 226. Des ſoufflets en cloche, 216.

Buſſan. Village de Lorraine, ſes mines, ſes eaux gazeuſes, 393.

## C

CABESTAN. ( Méchanique ). Cylindre qui ſe meut ſur ſes tou-rillons, qui pénétrent l'aſſemblage d'un chaſſis, au moyen de qua-tre leviers diſpoſés en croix, ou par une autre puiſſance. Pour éprou-ver le fer, 464.

Cabotage. Petite navigation terre à terre avec des vaiſſeaux qui ne peuvent ſoutenir la pleine mer. De la riviere de marne, 521, 523.

Cadmie. Il y en a de deux eſpeces, l'une naturelle & l'autre artifi-cielle : la naturelle eſt la mine de zinc appellée communément calamine, pierre calaminaire : l'artificielle eſt un encroutement que le zinc contenu dans diverſes ſubſtances métalliques, forme en ſe ſublimant dans les cheminées des Fondeurs. Cadmie de forges, eſt de la ſeconde eſpece & lui eſt analogue : ſa découverte, 274. Sa deſcription, 279. Merde-d'oye, 279. Rouge, bleue, 294. Son poids ſpécifique. 280. Accidents qui réſultent de ſa diſſolution dans l'acide vitriolique, 280. Peut faire une branche de commerce : & façon de la recueillir en grand, 293.

Cadran. Vices des arbres qui ſont ſur le retour, 330. *Voyez* arbre.

Caillou. Pierre dure, de couleur variée, plus ou moins tranſparente, de forme globuleuſe, & mamellonnée ordinairement au dehors, ſouvent concave, & cryſtalliſée intérieurement, ſur-tout celle qui eſt en grande maſſe, qui a pour baſe une terre argilleuſe, mar-neuſe ou gypſeuſe unie à du ſoufre. Le caillou eſt vitreſcible au feu, & ſe décompoſe à l'air comme la pyrite, mais plus lentement ; c'eſt-à-dire que le ſoufre l'abandonne comme la pyrite, & qu'il ſe trouve couvert d'une couche plus ou moins épaiſſe de ſa terre élémentaire. J'en ai trouvé pluſieurs en Franche-Comté qui renfermoient beaucoup de ſoufre brûlant. Il ſe trouve abondamment dans les craies de Champagne, de Picardie & de Normandie, dans les marnes du Blaiſois ; dont on le tire pour la fabrique des pierres à fuſil. Lorſqu'il eſt coloré par des parties métalliques, il forme les différentes eſpeces d'Agate, de Calcédoine, de Cornaline & de

Jade. Cailloux remarquables des environs de Bourbonne : leur defcription, 354.

Caiſſe. Aſſemblage de planches qui délimitent de toutes parts un eſpace
quelconque. Caiſſe des foufflets, 135.

Calamine, ou pierre calaminaire. C'eſt la mine du zinc : elle eſt de
couleur variée, fuivant qu'elle contient plus ou moins de fer & de
plomb. Il y en a en Champagne. Elle ſe trouve combinée avec les
mines de fer, 292, 435.

Cales. Petits morceaux de bois pour foutenir les corps dans des difpo-
fitions régulieres & appropriées à leur ufage : pour féparer les barreaux de la grille mobile des bocards, 154.

Calibre, eſt la dimenfion de l'ame du canon coupé par le centre ; il
doit être plus grand que le diametre du boulet, 474.

Cambouis. Matiere graiſſeuſe, épaiſſie tant par la perte de fes parties
les plus fluides & les plus volatiles, que par les parcelles des pieces
des machines qui fe détachent par le frottement. Des foufflets, 208.

Cames ou camites. Coquilles bivalves foſſiles qui fe trouvent pêtrifiées
dans différentes pierres, & mêlées aux mines par dépôt, 348.

Cames (méchanique des forges) eſt une eſpece de main, d'alluchon, ou
de dent, qui eſt adhérente à un cylindre qui tourne fur fon axe par
l'effet d'une roue mife en mouvement par une puiſſance quelconque. Les cames font de fer ou de bois. Elles doivent être taillées en
épicycloïde, pour preſſer en échappant fur les corps qu'elles foulent.
Celles pour les foufflets font de bois. On en fait de fer pour les
boçards & les arbres de marteau d'ordon à baſſecule, 135, 151,
191, 205, 224. J'approfondirai la théorie des cames dans la *Phyfique des Forges.*

Canal (méchanique) eſt un long eſpace vuide de dimenfions diverfes,
délimité par des folides : Expiratoires des fourneaux, 169, 436.

Canal hydraulique, eſt une excavation faite dans les terres entre deux
lignes paralleles, pour réunir des fleuves, des lacs, des rivieres, des
bras de mer. De Briarre, de Languedoc, 524, 531, de Nicomédie,
526, 531 ; projetté de la Marne, 527.

Cancer. Tumeur qui dégénere en plaie rongeante & chronique, qui
prend fon origine dans les glandes : répandu fur prefque tout le
corps, 381,

Canons. Tube métallique, dont une des iſſues eſt fermée par une piece
de rapport ou par la maſſe même du métal. De moufquetterie de
fer réfiftent à l'effet du tir. S'ils étoient compofés de cuivre fondu,

ils

Cepée. Vulgairement *Trochée*. C'est plusieurs brins de bois qui sortent des racines réunies d'un même arbre. Cepée de taillis, 310.

Cerf-volant. Gros scarabée coléoptere, cornu, dont le ver ronge les arbres morts sur pied, 330.

Cervelet. Arriere partie du cerveau, qui en est séparé en haut par la dure-mere. C'est la source des sucs qui donnent le mouvement & la force aux nerfs des animaux. Le crapaud attaqué du ver ne meurt que lorsque l'insecte y est parvenu, 247.

Chaise méchanique. L'assemblage de plusieurs morceaux de charpentes destinés à supporter soit le plume-seuil d'un arbre, ou le bout des bascules des soufflets, se nomme en général Chaise, 135.

Chaleur. Effet du mouvement des parties de la matiere, qui se frottent; plus particuliérement par la cause du feu actif. Son action, 103. Sa réaction, 108.

Chambre. Espace circonscrit, & fermé par des murs ou par des parois. Pour recueillir la cadmie, 293. Du fer : ce dernier terme est métaphorique. Définition, 454.

Chambrieres. Support de fonte de fer pour soutenir les grosses pieces qui sont dans les foyers, 467. Il y en a de bois pour les barres.

Champagne. Province intérieure de la France, riche en mines de fer & en bois. Sa division. Sa situation, 405. Produit de beaux bois droits de construction, 406. Economie de ses bois, 148. Les laitiers de ses fourneaux sont verds, & gris de lin, 275.

Champignon. Plante dont la génération n'est pas encore bien connue. Des bois & des pâtis forment des cercles, 352.

Chape. C'est la partie extérieure des moules en terre, dans lesquels on veut couler des pieces de métal. Se fracture quelquefois par l'explosion de l'air raréfié par la chaleur 65. Du moule d'un canon, 440.

Chapeau ( méchanique ). Est une piece de bois, assemblée horizontalement sur un pan de charpente qu'il couronne. Chapeau de chaise, 135. D'empallement, 182.

Chapeau (minéralogie). Est la partie de la miniere qui couvre immédiatement le filon métallique, ou le banc d'une substance minérale. Le fer sert de chapeau aux mines des autres métaux, 274. D'ardoisiere, 345.

Chapelle du fourneau. Est la partie antérieure du fourneau, comprise au-dessus du creuset, entre la tympe & le gueusat. Comment on la forme, 121. S'y amasse des grappes de cadmie, 289.

Charbonnier. Ouvrier forestier, qui s'occupe de l'art de réduire le bois en charbon, par une cuisson appropriée. Le Charbonnier fait par routine une opération de Phyſique, que les Savants ne connoiſſent qu'imparfaitement par théorie, 128.

Charbon végétal. Eſt une ſubſtance noire, dure, légere, ſonore & fragile, qui eſt le ſquelette des végétaux qui ont été privés, par le feu concentré, de leurs parties fluides & huileuſes les plus volatiles ; enfin c'eſt la terre principe végétale unie au phlogiſtique ſans avoir perdu la contexture organique du bois. Il en eſt de durs ; de doux, 202 ; de violents, 51. Qualité différente de ceux de chêne, 51 : de ſapin, 403 : de différentes eſſences, 127. Lorſqu'ils ſont bien ou mal cuits, nouveaux, repoſés, menus, pourris, 127, 128, 129. Chauds, 143. Ceux des côteaux calcaires, 43 : des montagnes, 45. Repompent l'humidité de l'air, 129. Embraſés, s'éteignent ſi le feu n'eſt excité par un courant d'air, 185. Retirés des craſſes du fourneau, 140. Doivent être appliqués immédiatement au minerai pour en opérer la fuſion, 99. Economie du charbon par les juſtes proportions d'un fourneau, 148.

Charbon minéral. Bitume formé dans les entrailles de la terre, & qui tire probablement ſon origine des végétaux : peut être appliqué à la fuſion du minerai de fer, 101 : mais il faut qu'il ſoit préparé en coak par un deſſoufrement, 102. Les ouvriers l'emploient humecté, 129. Mine annoncée par des couches de pierres inclinées, 337. Employé à la cuiſſon de la chaux, 376.

Charge. C'eſt la quantité meſurée & combinée d'aliments que l'on introduit ſucceſſivement par le gueulard dans un fourneau de fonderie. Leur durée, 58. Leur compoſition, & l'ordre que l'on obſerve dans le ſervice, 130. Quantité & poids des matieres dont chaque charge eſt compoſée, 132. Doivent ſe conſommer en des temps égaux, 141. Culbutent, 143. Comparaiſon des charges pour des fourneaux quarrés avec celles pour un fourneau elliptique, 147. Grande charge, 367, 378. Fauſſe charge, eſt compoſée de charbon ſeul.

Charger un fourneau. C'eſt introduire par le gueulard une quantité meſurée de minerai, de charbon, de fondant & de correctif, avec les précautions néceſſaires, 125. Charger en mine, c'eſt commencer à donner de la mine à un fourneau après la miſe en feu, 125.

Chargeurs. Ouvriers dont la fonction particuliere eſt de préparer les charges, & de les introduire dans le fourneau. Doivent entretenir le fourneau plein de charbon avant de charger en mines, 126. Avertir par un carrillon, qu'ils vont charger, afin que le fondeur ſoit préſent à la charge, 133. Ordre de leur travail, 136.

C c c c ij

Chariot. est un assemblage quelconque posé sur deux essieux, & qui se meut au moyen de quatre roues. Description de celui des mines, 338. Du cordier, appliqué à la fabrique des canons à ruban, 468.

Charme. Arbre des forêts dont le fruit est osseux & ailé, son bois blanc, fort & tenace se décompose promptement. Ses souches poussent leur seve dans tous les points de leur surface, 318.

Chasse du boulet. Est le mouvement progressif que le boulet reçoit par l'explosion de la poudre enflammée dans la charge, & plus particuliérement le trajet du boulet dans l'ame du canon, 471.

Chassis-trainant. Est un assemblage de bois de charpente posé sur la terre pour porter & affermir les pieds des soufflets des foyers des forges, 209.

Charpente brute. L'on entend par ce terme les arbres équarris dans les forêts & qui sont destinés, soit pour la marine, soit pour les édifices civiles, 328. Les défauts des charpentes, 329.

Chat (zoologie.) Animal connu par ses rusés, sa perfidie & sa chasse. Monstrueux à deux faces; sa description, 250. Fortement electrique, 255. Faisant éclore des œufs d'oiseaux, 255.

Chat (minéralogie) est un minéral stérile & feuilleté. D'ardoisiere, 346.

Châtaignier. Arbre d'un beau port, dont la fleur a une odeur spermatique, & le fruit farineux un goût agréable. Son bois dur est propre à faire des gîtes & des fourures de soufflets, 223.

Château Lambert : Village de Franche-Comté dans les mines des Vôges, 391.

Châtelet. Monticule de Champagne, sur laquelle il exista jadis une ville bâtie par les Gaulois, conquise par les Romains sous Auguste, détruite par les Goths sous Constance, & des fouilles de laquelle nous nous occupons par les ordres du Roi, 536.

Chatel-Naudren. Mine de plomb en Bretagne, dans le traitement de laquelle on a employé pour la premiere fois en France les soufflets en cloches, 211.

Chatoyant. Terme de minéralogie, qui exprime le reflet qu'un corps brillant ou transparent fait des rayons de la lumiere qu'il colore diversement suivant les points de vue sous lesquels on le considere. Crystaux. Verre chatoyant, 478.

Chaude. C'est l'impression que le fer reçoit du feu auquel il est soumis chaque fois qu'on le place dans le foyer pour en amollir les parties, 374. On donne des chaudes pour forger, d'autres pour fouder. Chaude forcée, 79.

Chaude-fontaine. Source d'eau chaude négligée près de Remiremont en Lorraine, 386.

Chauderonnier. Artifan dont l'occupation eft de faire & de vendre des chauderons. Tombé dans une louvière, 237.

Chaufferie. Foyer des forges dans lequel on chauffe le fer brut, pour l'étirer enfuite fous le marteau, c'eft un feu extenfeur. On y emploié de l'herbu, 139. Demandent un vent mou, 202. Fourniffent des laitiers proprement dits, 296.

Chaufferie pour fabriquer des canons de fer à ruban, 466.

Chauffeur. Forgeron du fecond ordre, dont l'occupation eft de chauffer le fer dans le feu de la chaufferie, & de l'étirer en barres fous le gros marteau. Son travail ne diffère de celui du Marteleur qu'en ce que ce dernier eft fpécialement chargé de conftruire le foyer, de l'entretenir, ainfi que le harnois des foufflets & l'ordon du marteau, 368.

Chaumont. Ville moderne du Baffigny en Champagne. Phyfique de fes environs. Laves pour la couverture de fes maifons. Ses carrieres, 338, 339.

Chaux ordinaire. Eft le débris des différentes fortes de pierres calcaires qui ont perdu dans l'incandefcence l'eau & l'air de leur compofition, & ont acquis la propriété de s'échauffer fortement dans l'eau, de former avec elle une fubftance butireufe, d'attirer l'humidité de l'air qui la réduit en poudre, & différentes autres propriétés des fels alkalis fixes. Fondue, fe conferve long-temps, 352. Gypfeufe de Bourbonne fe durcit, 351. Faite avec le charbon de terre. Propre pour fertilifer la terre, 377. Préferve le fer de la rouille, 455. Unie aux laves de fourneaux, 297.

Chaux métallique (Chymie). Métaux réduits en poudre par la perte de la plus grande partie de leur phlogiftique dans le feu, ou par l'effet des acides. S'uniffent aux laves de fourneau, 297.

Cheminée. Tuyau afpiratoire que l'on éleve au-deffus de toute efpece de foyer pour le paffage des vapeurs de la fumée & du fuperflu de la flamme. De fourneau de fonderie, 169. Oblique, 169. Des fourneaux de macération, 437.

Chemife. Terme métaphorique, tiré du vêtement qui touche le corps immédiatement. Du noyau d'un canon de fer forgé à ruban, 470.

Chêne. Arbre que l'on peut nommer le Roi des forêts des climats tempérés : la majesté de son port, la beauté de ses feuilles, la qualité & l'utilité de son bois, la durée de son regne lui ont acquis la supériorité sur tous les autres arbres de l'Europe. Façon de les abattre, 309. Marche de la seve, 318. Son aubier & son bois dur, 318. Pelard, 320. Sur étau, 315. Mort sur pied, 319. Monstrueux, 356.

Chevalet. Est un chassis formé de deux pieds droits, assemblés d'un bout sur une semelle posée horizontalement sur le belfaire, & de l'autre dans un chapeau qui est fixé à la table du gite du soufflet, pour l'élever à la hauteur nécessaire, 209.

Cheval. Animal qui vit, pour ainsi dire, en société avec l'homme, des besoins duquel il est continuellement occupé, dont il partage les travaux & la gloire. Transplanté ; bégu ; alezan ; zain, 262. Portant le coup de lance, 263 & suivantes. Barbe ; Espagnol ; Turc, 264, 272. Tartare, 266, 272. Des pays chauds ont les os plus durs que ceux des climats tempérés, 270.

Chevre. Animal ordinairement cornu, qui aime les pâturages des montagnes. Appas & signal dont se servent leurs conducteurs pour les rassembler, 386.

Chevron. Morceau de bois de sciage, de six à quinze pieds de longueur, & de trois sur quatre pouces d'équarissage, 514.

Chien. Animal qui varie le plus dans ses especes, qui veille à la conservation de l'homme, dont il est l'ami & le fidele serviteur. Qui attrape les couleuvres & les crapauds, 243. Né sans queue, 270. Appliqué au mouvement des soufflets, 195.

Chio. Plaque antérieure des foyers d'affinerie & de chaufferie en général, laquelle est percée d'un trou rond par lequel les Forgerons font couler le laitier lorsqu'il remonte à la tuyere, ou le fer macéré, quand il est suffisamment purifié, 76. Le fer surchauffé se fond avec le laitier, & passe par le Chio, 79. On ne doit lâcher le laitier par le chio, que lorsqu'il est trop abondant, 461. Ce mot vient du mot trivial *chier*.

Chlorosis. Maladie des filles attaquées de légeres obstructions qui retardent l'époque de leur écoulement périodique : excite l'appétit du vinaigre, 499.

Cicatrice sans suture. Difformité humaine transmise dans la filiation, 271.

Cignole, ou cou de Cigne. Eſt une manivelle contournée en *S*, qui ſert de lévier circulaire pour faciliter la communication du mouvement appliqué aux ſoufflets, 193, 210.

Cils. Sont les poils qui bordent les paupieres de la plupart des animaux, brûlés par la flamme du fourneau, 276.

Cimaux. Menues branches des arbres qui n'entrent point dans les cordes de bois à charbon : doivent être employées à la chauffe des fours de reverberes des fenderies & autres, 368.

Ciment. Poudre plus ou moins fine tirée de l'argille cuite au feu, comme brique, tuile, pots, &c. pilés ; peut entrer dans la pâte des briques de fourneau, 116.

Cinglard. Marteau d'ordon du poids de trois à quatre cents qui ſert à cingler les loupes d'affinerie, 462.

Cingler. Premiere opération du martelage des forges. C'eſt ſoumettre à la percuſſion du marteau la loupe qui ſort ardente de l'affinerie ; en rapprocher & ſouder les parties du fer qui ſont ſéparées par des intervalles, par le laitier, & du frazin, que le marteau pouſſe au dehors par la compreſſion. Le Forgeron par cette premiere ébauche, donne à la loupe la forme d'un priſme quadrangulaire, dont les angles ſont légérement rabattus, & dont le bout, par lequel il le ſaiſit avec la tenaille, eſt un peu plus fort ſur deux faces. Après cette opération, la piece prend le nom de renard. Précaution à prendre, 44 ; de cette opération dépend l'uniformité & la beauté du fer, 462.

Cizailles. Gros cizeaux à mâchoires & à deux branches pour couper les feuilles de tôle & du fer noir de ferblanteries ; une de ſes branches eſt fixée & l'autre eſt mobile : cette derniere eſt mue par l'eau, 369.

Clapets. Eſpece de petite vanne qui repoſe horiſontalement ſur le fond des huches des forges pour boucher les trous qui fourniſſent l'eau aux différentes roues à cuvier, 373.

Clef. Nom que l'on donne dans les forges à toutes eſpeces de piece qui ſert à contenir & à fermer un aſſemblage : il y en a de bois & de fer. De bocard, 151.

Climat. Partie de la ſurface de la terre qui répond à un point particulier du ciel qui lui communique des influences propres ; ſes effets ſur les animaux, 271.

Cloches. (Métallurgie), ſont des pieces métalliques ſonores, ſous la forme de coupe renverſée, & ſurmontées d'un anneau ou d'une couronne pour les suspendre , & garnies en dedans d'une masse de fer mobile pour en tirer le son en heurtant alternativement leurs parties inférieures. La qualité du métal ; sa combinaison ; son état ; le volume & les formes concourent à donner aux cloches un son plus ou moins fort & plus ou plus moins harmonieux. De fonte de fer, 63. Accident qui concourt à la formation du son que rendent les cloches, 71. Monstrueuse de Pekin, 72.

Cloches ( art pneumatique), quatrieme espece de soufflets ; leur description, 211. Sont très dispendieuses & embarrassantes, 220. Gravées, planche X.

Clou à soufflet, sont de deux especes ; l'une a une tige courte & pointue, surmontée d'une tête étroite & très longue qui forme une double tête, 190 ; l'autre, plus petite que la premiere, a une tête ronde & large ; sa tige est courte & très pointue, 207.

*Coagulum.* Mot que la Chymie a emprunté du latin pour exprimer un dépôt onctueux dont les parties ont une foible adhérence, comme le lait caillé. De la cadmie, 281 & suivantes : de la fritte des forges, 287 & suivantes.

Coak. Mot Anglois qui exprime le charbon de terre, désoufré par une cuisson appropriée, 102.

Cobalt ou cobolt. Substance métallique qui a ses mines particulieres , que l'on croit être une combinaison du fer avec l'arsenic ; fondu avec du sable ou du caillou, & un sel alkali fixe, il donne le beau bleu d'azur, le *smalt.* Se trouve quelquefois uni aux mines de fer, 274 : dans les mines de Sainte-Marie, 403.

Coche. Ouverture faite au bord extérieur d'un morceau de bois quelconque. Pour placer les queues des pales, 176 ; les traverses des bocards, 183 ; pour écouler l'eau des trompes, 197.

Cognée, communément *hache.* Instrument de fer à un seul tranchant, dont se servent tous les ouvriers qui travaillent le bois. Sa forme varie suivant l'opération particuliere à laquelle elle est destinée. Appliquée à l'abattage des arbres de futaie, 309 : est l'instrument propre pour cette opération, 312 : préférable à la scie, 307, 313.

Colcotar. Chaux de fer dépouillé des principes qui lui donnent la ductilité & la malléabilité, & qui est réduit sous une forme pulvérulente de couleur brune ou rouge suivant les degrés de feu qu'il a subi, 83. Crystallisé, 478, *bis.* Les grappes des mureaux des affineries en contiennent, 288.

Colle.

Colle pour calfeutrer les jointures des parties qui compofent les foufflets, 208.

Collet du canon. C'eſt la partie qui touche le cordon de la tulipe.

Compagnon (Minéralogie). Subſtance minérale ou métallique qui
accompagne un filon dans une partie ou dans toute ſon étendue. Le
fer fouvent eſt le compagnon des mines de plomb & d'argent, 405.

Comparaiſon du produit d'un fourneau elliptique, avec celui d'un
fourneau quarré, 146. Des différentes eſpeces de foufflets, 218.

Cône, eſt la figure d'un ſolide régulier dont la baſe eſt circulaire, & qui
ſe termine en une pointe perpendiculaire à ſon axe. Les figures qui
approchent de cette forme ſe nomment *coniques*. Axe du cône d'un
fourneau, 110. Cône régulier des fourneaux de Saxe, 104. Elliptique, 104, 110 & fuivantes.

Coney. Riviere des Vôges dont les eaux ſont brunes, 367.

Conge. Vaiſſeau de bois, de cuivre ou de fer, qui ſert à porter le minerai dans le fourneau. Le fond en eſt plat, ou légérement circulaire : les côtés ſont droits & coupés obliquement, pour qu'ils aient
la hauteur du derriere qui eſt droit, & que l'ouvrier appuie ſur ſon
eſtomac, & ſe termine en pointe à la partie antérieure qui eſt ouverte. Il porte la conge au moyen de deux poignées fixées aux parties latérales. Quantité & poids de minerai, de caſtine & d'herbue
qu'elles contiennent, 132. Doivent ſe mettre en nombres égaux &
fixés avec des pierres, 133. Nombre des conges pour les grandes
charges, 367.

Conſommation abuſive des bois, 92.

Contre-fort. Troiſieme mur d'un fourneau de fonderie qui ſoutient la
pouſſée des parois & contre parois, 111, 168.

Contre-latte. Ouvrage de fenderie qui ſe fabrique dans les forêts. Elle
eſt plus étroite & plus épaiſſe que la latte volige, 307.

Contre-parois. Murs de brique ou de pierre qui s'élevent entre les con-
treforts & les parois d'un fourneau de fonderie, 111. Sont d'un meilleur ſervice lorſqu'elles ſont compoſées de briques féchées, 116.

Contrevent. Dans tous les foyers des forges, on nomme ainſi la partie
du creuſet qui eſt en oppoſition avec le côté de la tuyere, ainſi que
les pieces qui compoſent cette partie. De forme curviligne, 105.
Au-deſſous de l'axe d'un fourneau quarré, 107. Hauteur de celui
du creuſet d'un fourneau, 110. Façon de le conſtruire, 118.

Copeaux. Brins de bois de toutes formes, que l'équarriſſeur détache de
l'arbre en grume qu'il réduit au quarré, pour le deſtiner à l'uſage

de la charpenterie. Produit de 3000 pieds cubes de bois : cubage, & prix de la corde, 334.

Coquille. Subftance pierreufe animale, dont une claffe de poiffon & une famille de limaçons fe compofent une habitation ambulante. La mer en a cumulé dans des montagnes & des plages qu'elle a jadis formées, & dont elle s'eft depuis éloignée. Ces coquilles fe trouvent par couches avec les mines de fer, 25, 162. Peuvent fervir de caftine, 131.

Coquille à boulet. Eft une partie d'un moule de fonte de fer, cubique au dehors, creufée intérieurement en hémifphere, ayant un canal conique qui communique au-dehors pour la coulée. Les deux forment un moule complet, dont les moitiers fe rapatronnent par le moyen de trois boutons quadrangulaires, faillants à la furface interne d'une coquille, & rentrant dans des enfoncements pratiqués dans l'autre ; alors l'efpace intérieur eft une fphere, que l'on remplit de fonte de fer pour former le boulet. Il y en a de tous calibres. Blanchiffent & durciffent la fonte, 66.

Corne d'Ammon. Coquille foffile univalve, contournée en volute comme les cornes d'un belier. Changée en mine de fer, 378.

Corroyer le fer. C'eft chauffer enfemble plufieurs morceaux de fer au blanc, les biens pêtrir fous le marteau pour en fouder exactement les parties, en rendre la pâte homogene, & en faire une étoffe nerveufe, 45.

Coftiere. On fe fert de ce terme dans les forges pour exprimer généralement les côtés des parties qui conftituent un tour. D'un foyer, 165. D'un foufflet, 204, &c.

Cotiledon. Petit enfoncement ; foffette, 152, 162.

Coulage. Efpace pratiqué devant un fourneau pour couler les différentes pieces, 98.

Coulée. Ce terme a quatre acceptions dans les forges : il fignifie, 1°, L'efpace qui eft entre le frayeux & la dame, & qui communique au creufet pour couler la fonte dans le moule de la gueufe, 122. Double, 437. 2°. La pierre trapezoïdale que l'on pofe au niveau du fond de l'ouvrage, pour recevoir la fonte fortant du fourneau, 137, 166. 3°. L'opération par laquelle on coule la fonte dans les moules, 140, 141. 4°. Enfin le produit en poids & nombre de pieces coulées.

Couleuvre. Serpent le plus commun de l'Europe. N'eft point venimeufe. Eft bonne à manger. Quantité de fes œufs, 420. Mange les crapauds, 237.

Courant. Colonne plus ou moins volumineuse d'un fluide, dirigée sous différentes lignes & inclinaisons. D'air nécessaire pour animer l'activité du feu, 101. D'eau, pour la manœuvre des usines, 151.

Courbes de roues. Ce sont des morceaux de bois équarris, ou sciés sur des lignes qui sont des portions d'un même cercle, en sorte que plusieurs réunies forment un cercle complet, ou l'anneau d'une roue, 182. Je donnerai dans la Physique des forges la théorie des courbes, qui est une chose importante dans le méchanique de ses usines.

Coursier. Est un canal étroit, construit en charpente ou en maçonnerie, pour contenir la colonne d'eau qui est la puissance d'une roue qui tourne dans une partie de l'espace du coursier. D'une roue de bocard, 155.

Couronne d'un canon. Est la derniere moulure saillante entre la tulipe & la bouche du canon, 471.

Couverture. Ce terme pris particuliérement pour une partie des toîtures des maisons, est composé de divers matériaux, en cuivre, laves, fonte de fer, plomb, tôle, tuiles de terre cuite & zinc, 346.

Coup de lance. Accident naturel à certains chevaux, 261. Sa description, 263. Histoire du, 264. Sa cause, 270.

Crans. Défaut de fabrication d'un fer mal forgé, 464.

Crapaud : amphibie de la famille des grenouilles, dont il differe à beaucoup d'égard. D'une grosseur monstrueuse, 380. Rongés vivants par des vers, 233 & suivantes. Punais, leur nourriture, leur longévité, 236. Quittent leur peau : l'avalent, 238. Vivent sans prendre de nourriture, 240, 243. N'ont point de pierre. Trouvé dans des trous d'arbre, 241. Dans des blocs de pierres, 242. Mangé par un enfant, 243.

Crapaudine. Fossile, dent de dorade, 239. Plante, n'est pas la crapaudine ordinaire *sideritis*, mais une carline ou fleur de crapaud, sur laquelle la mouche bleue dépose ses œufs, y étant attirée par son odeur infecte, 236.

Crasse. Nom générique qui exprime tous les recréments des forges. Voyez Laitier, Laves. De forge à bras, 312. De chaufferie crystallisée, 478.

Craye. Pierre tendre calcaire qui est formée par le *detritus* des coquilles. Propre à servir de castine, 131.

D d d d ij

Cremaillere. Barre de fer, percée de trous espacés à distances égales, pour recevoir une goupille qui la suspend à différents points de hauteur ; elle est terminée en bas par un crochet, pour saisir la piece qu'elle doit supporter. Des soufflets, 135, 205.

Creuset, ou Ouvrage. Est la partie inférieure du fourneau qui reçoit la fonte en bain, & forme le foyer inférieur. Vice de construction, 107. Façon de le construire, 110, 117, 118.

Crible à l'eau pour les mines. Sur un plan incliné, 161. Conique horizontal, 162.

Croard. Est un outil de fer, composé de deux parties, de la tige & du crochet. La tige a 7 à 8 pieds de longueur, sur 12 à 15 lignes de grosseur, arrondie vers l'extrémité qui va en diminuant, & s'applatit sur environ deux pieds de longueur à l'autre bout, qui est recourbé de 3 à 4 pouces à angle droit. Cette partie a environ 30 lignes de largeur, sur 7 à 8 d'épaisseur : on s'en sert pour agiter la fonte de fer dans son bain, & faciliter l'évacuation de la lave qui la surnage, 105. De fonte de fer pour la préparation du régule de fer, 438. Il y en a de plus petits, emmanchés de bois, pour débarrasser la partie antérieure de l'Ouvrage.

Crochet. En général est un morceau de fer dont une partie est droite, & dont un bout est recourbé plus ou moins. Des soufflets, 205. De tuyere ; est un cylindre de fer de 6 à 7 lignes de grosseur, dont un bout est applati, & l'autre est recourbé en demi-cercle ; on s'en sert pour nettoyer la tuyere du fourneau, introduction, xxv.

Crosse. Est un gros barreau de fer dont les angles sont rabattus ; un de ses bouts se termine en œillet, pour y assujettir un double lévier : l'autre est applati & recourbé à angle droit, puis fait un retour qui se prolonge sur le même alignement que la tige. On soude ce dernier bout sur de gros morceaux de fer que l'on ne peut saisir à la tenaille, pour les porter au feu, les y retourner, & les en retirer pour les forger, 154, 467.

Crustacées. On appelle ainsi la famille des poissons qui ont une cuirasse pierreuse qu'ils renouvellent tous les ans ; comme les écrevisses, crâbes, &c, 239.

Crystal. Ce terme est propre pour exprimer une substance naturelle transparente qui a des formes régulieres qui sont de son essence ; tel le crystal de roche, & toutes les pierres précieuses. On le transporte aux sels simples ou combinés naturels, & à ceux que l'art tire des trois regnes, même à un verre formé de sable, de sel, de terre vitrifiable & métallique ; mais on l'a étendu encore à tous corps opaques, pierreux ou métalliques, qui prennent naturellement ou par l'art des formes régulieres naturelles; en sorte que ce terme, trop généralisé, porte de la confusion dans l'Histoire Naturelle, & dans la Métallurgie physique. Quelques Savants desireroient que l'on y substituât celui d'*information*, pour tous les corps opaques de formes régulieres ; mais cet expression a dans notre langue des acceptions qui présentent des idées si opposées à celles qu'on se propose de rappeler, qu'il paroît nécessaire d'adopter, ou de créer un autre terme. On pourroit se servir du mot *forme*, qui, dans la Physique, exprime la configuration de la matiere & des corps; mais pour plus de précision je préférerois celui de configuration. Dans cet ouvrage j'ai suivi l'usage ancien, & je me suis servi généralement du mot Crystal. Crystaux naturels, 70. Metis, 70, 82. De fonte de fer, 71, 88, 434. De régule de fer, 75, 89, 434, 477. De fer surchauffé, 79, 89. Vitreux; de lave ou de laitier du fourneau, 477. De colcotar ou de laitier de chaufferie, 478. Pyriteux artificiels, 479. De cuivre, 480. Complets, 477. Gemme, 478. De cadmie, 281. De fritte, 301. D'alun artificiel, 302, 304. De spath implanté sur des cailloux, 355.

Crystal minéral. Terme que les Chymistes appliquent très improprement à un nitre fondu dans une poele sur le feu, & saupoudré de fleur de soufre. C'est du nitre mêlé d'un peu de tartre vitriolé, & quelquefois de sel marin, lorsque le nitre n'a pas été suffisamment purifié. Comparé à la sélénite de Bourbonne, 349.

Crystallisation. Est une masse de matiere quelconque qui, après avoir été rendu fluide par l'eau ou par le feu, a pris en se refroidissant une forme concrete, réguliere, qui lui est propre. Métallique en général, 70, 79. De fleurs de zinc, 278. De fonte de fer; de régule de fer, 476 *bis* : vitreuse, 477 *bis* : Voyez Crystal.

Cube. Figure réguliere hexaédre octangulaire, qui a autant de hauteur que de largeur & de profondeur, 88, & autres.

Cuir. Peau de gros animaux, tannée & corroyée. Pour les soufflets, 190, 221. Creux. De taureau. De bœuf, 192. De vache, 195.

Cuivre. Métal mou, ductile & malléable, d'une couleur rougeâtre, qui se dissout aisément par tous les dissolvants. Les acides, l'huile & l'eau le couvrent d'une rouille verte, que les alkalis volatils changent en bleu. Se combine avec l'argent dans les minieres, 274. Rend le fer rouverin, 51, 452. Est minéralisé avec le fer dans certaines pyrites, 58. De rosette, 426. Mêlé avec l'étain pour le

### D.

Demi-métaux. Subſtances métalliques, éclatantes & fuſibles, qui diffèrent des métaux parcequ'il leur manque la fixité & la ductilité, 57.

Départ. Opération de métallurgie, par laquelle on ſépare d'un métal l'alliage métallique qui lui eſt uni. S'il ſe fait par les diſſolvants fluides, on le nomme par voie humide; & par voie ſeche ſi c'eſt par la fuſion. Le départ du fer ſe fait par une bonne fuſion de la fonte, 143 : par le feu d'affinerie & de macération, 438.

Dépenſe d'eau. C'eſt la quantité d'eau que conſomme une forge pour le mouvement de ſes machines, 175.

Diaphragme. Muſcle nerveux qui ſépare la poitrine du bas-ventre, & qui eſt dans un mouvement continu de contraction & de dilatation par l'action de la reſpiration. Ce terme ſe dit métaphoriquement de toutes les cloiſons intermédiaires des machines. Des ſoufflets à vent continu, 195, 210.

Diete d'un fourneau. C'eſt la quantité économique de matieres alimentaires que l'on adminiſtre à un fourneau, 124 & ſuivantes.

Digreſſion ſur la ſatisfaction & l'avantage que l'on retire des voyages ſur les montagnes, 415.

Dodécaédre, eſt un ſolide qui a douze faces régulieres, dont chacune forme un pentaédre.

Doigts humains fourchus, 258.

Donjeu. Forge & Village ſur le Rognon en Champagne, juſqu'où il eſt facile de faire remonter la navigation de la Marne, 517, 535. Cryſtaux de ſpath, couverts de pyrites cubiques, de Donjeu, 338.

Dorade. Poiſſon des Indes qui a, de la tête à la queue, une ligne couleur d'or, & des dents en forme de tubercules que l'on nomme crapaudines, dont on orne les bagues, 239.

Douelle. Petit canal conique orné ordinairement de moulures qui termine les petits ſoufflets à main, & qui ſert de paſſage & de conducteur au vent, 187.

Douvelle. Petit merrain de huit à quinze pouces de longueur, & de deux à trois pouces de largeur, qui ſe fabrique dans les forêts avec des recepes de peu de valeur ; elle s'aſſortit de fonds d'une ſeule piece. Elle eſt employée par les Boiſſeliers à faire des ſeaux cerclés de fer, ou de brins de bois, 307.

Douves. Ce ſont des ais de différents bois ſur des dimenſions variées, avec leſquelles les Tonneliers compoſent le contour du fût des tonneaux, des cuves & cuviers. Des huches de bocard, 152, & 158: des cuves des trompes, 196, des récipients des cloches, 211.

Dragée de fer. Fer granulé à l'eau ou fur le fable. Façon de la faire : doit être prohibée, 345.

Dreffage du fer, eft une opération du forgeage qu'exécute le marteleur ou le chauffeur qui le remplace. Après qu'il a étiré fa barre fur le travers de l'enclume, elle eft tortueufe, crenelée & rubanée. Alors il la redreffe en la foumettant aux coups de marteaux fur la grande direction de l'aire de l'enclume, avant de la parer à l'eau, 451.

Droit domanial, eft un impôt régal de la fomme de 4 liv. 7 f. 6 d. pour chaque mille de fonte de fer qu'un fourneau produit, qui a été fixé par l'Ordonnance de 1666, d'après la réunion à la Couronne que Charles VII a fait de la propriété des mines & minieres du Royaume. Ce droit eft très onéreux aux Maîtres de forge, & rapporte peu au Roi à caufe des frais de la régie faits par les Fermiers Généraux, 138, 147.

## E.

Eau. Elément fans couleur, odeur ni faveur, tranfparent, volatil & rarefcible, que le froid rend folide, & qu'un léger degré de chaleur rend fluide. Alors il a la propriété de mouiller tous les corps qui ne font pas imbus de graiffe fluide. L'eau n'eft pas ordinairement dans la Nature dans ce degré de pureté, parcequ'elle a la propriété de diffoudre toutes les autres fubftances, & de leur fervir de véhicule. Son poids fpécifique & fon rapport avec diverfes liqueurs, 491. C'eft la puiffance motrice ordinaire des machines des forges, 222 : diffout le fer, 82 : n'a aucune part à la génération des cryftaux de fonte, ni de régule de fer, 477 : ne peut cryftallifer un métal parfait : peut opérer les mêmes effets que le feu fur plufieurs fubftances, 478. L'eau des mortiers eft repompée par les poutres qui portent fur des murs neufs, 326. Elle fe cryftallife en prifmes hexadres.

Eau de mer de la Manche. Son poids fpécifique & fon rapport avec diverfes liqueurs, 491.

Eau minérale, 23, de Bourbonne, fon poids fpécifique & fon rapport avec diverfes liqueurs, 491. Son analyfe, 361 : de Luxeuil, 381, de Plombieres, 382, de Buffan. Son poids fpécifique & fon rapport avec diverfes liqueurs, 491 : fon analyfe, 393.

Eau de chaux, donne une cryftallifation, 401.

Eau.

E e e e

intérieure du fourneau, 110 : du Jardinier : maniere de la tracer, 112, figurée planche IV.

Email. Subſtance vitreuſe-laireuſe compoſée de chaux métalliques. Certaines laves de fourneaux ſont des eſpeces d'émaux, 298.

Empallement. Barrierre qui forme un magaſin d'eau comme d'un biez, d'un étang, & qui eſt garni de vannes avec leurs pales mobiles que l'on ouvre pour diſtribuer l'eau aux différentes roues d'une uſine, & pour en évacuer l'eau ſuperflue dans les temps d'abondance. Les empallements ſe conſtruiſent en bois entre les joyeres du biez. Du bocard, 156, 157, des balanciers des cloches, 214.

Empoëſe. Couſſinet qui a une échancrure demi-circulaire pour recevoir & ſoutenir le tourillon d'un arbre de roue qui tourne ſur ſon axe, dont les tourillons occupent le centre. Les empoëſes ſont de bois, de fonte de fer, de fer battu, de cuivre, de marbre, de granit ou autre pierre très dure. On les poſe dans une coche pratiquée dans les plumeſeuils : du bocard, 178 : des baſcules, 205.

Enclume. Gros tas de fonte de fer du poids de deux mille quatre à cinq cents, qui eſt cubique dans ſa baſe juſqu'à moitié de ſa hauteur : ſa partie ſupérieure eſt échancrée de deux côtés oppoſés ſur des lignes obliques qui s'approchent également du centre de l'aire, lequel a environ quatre pouces de largeur ſur toute ſa longueur, 368 : acérée, 369. Les enclumes ne ſont pas dans toute leur maſſe d'une fonte homogene, 429 : font tordre & fendre le fer lorſqu'elles ſont dégradées par le forgeage, 451 : creuſées pour forger des boulets, 475, *bis.*

Enclumiers. Forgerons qui ne s'occupent qu'à forger, acérer & raccommoder des enclumes de fer. Leurs ſoufflets, leur travail, 191. Rappellent les rudiments de l'art de fabriquer le fer, 192.

Encorbellement (architecture). Demi-voûte qui remplace les marâtres des fourneaux portés ſur des gueuſes, 170, 437.

Encrenée. Piece qui eſt la premiere ébauche d'une barre de fer. Elle eſt forgée dans ſon milieu ſur les dimenſions que doit avoir la barre dans ſa perfection. Les deux bouts reſtent bruts après cette ſeconde opération du forgeage, le renard cinglé étant la premiere.

Enerver les arbres (défaut d'abattage). Lorſque l'abatteur entaille également la baſe du tronc d'un arbre de futaie, ſur-tout des chênes, & qu'il ne pique pas au cœur de la ſouche l'arbre avec ſa cognée avant qu'il tombe, alors une partie du cœur reſte adhérente à la ſouche, & eſt arrachée du centre de l'arbre ſouvent de ſix à ſept pieds de longueur, 329.

tées, 488 : de vin rectifié : son poids spécifique & son rapport avec d'autres liqueurs, 491 : son effervescence avec le vinaigre de Châlons, 488.

Esprit de nitre. Acide tiré du nitre par l'intermede de l'acide vitriolique. Son action distinct sur du fer qui n'est point homogene, 49.

Essence de térébenthine. C'est une huile légere, très odorante & très inflammable, que l'on retire par la distillation de la térébenthine. Son poids spécifique, & son rapport avec diverses liqueurs, 491.

Estoquart. Brin de bois, de cinq à six pieds de longueur, & de deux pouces & demi de diametre, appointé par un bout, avec lequel le chargeur arrime le charbon de la charge du fourneau avant de verser le minerai, afin que les charbons étant serrés les uns contre les autres le minerai ne puisse pas cribler à travers, 131. C'est ce que l'on nomme estoquer, 133.

Estranguillon. Sommet de l'entonnoir des trompes, 196, 198.

Etain. Métal blanc, éclatant, léger, peu ductile : il se connoît particuliérement au cri qu'il rend lorsqu'on le plie. Trois pouces cubes d'étain pur pesent sans fraction une livre. Se calcine aisément, 371. On y mêle du cuivre pour étamer le fer, 371. Aigrit les métaux auxquels il est mêlangé, 427.

Etaux d'arbres. Souches des arbres de futaie abattus, 315.

Etamage du fer-blanc. Sa description, 371 & suivantes.

Etameur. Ouvrier qui étame le fer-blanc. Son travail, 372.

Etalages. Partie supérieure du creuset du fourneau qui compose le grand foyer, 99. Rapides, 61. Vice de construction, 108. Elevé sur des lignes elliptiques, 111. Leur massif achevé par un seul travail, & prolongé au dehors du fourneau, 120.

Ethiops martial. Fer réduit en une poudre noire, impalpable par un agent quelconque, qui ne l'a pas privé totalement de son phlogistique, 285.

Etiage. Terme de riviere. C'est la gradation journaliere du haussement & du baissement des eaux d'une riviere, 526.

Etincelle du briquet. Petite globule de fer enflammée, laquelle est détachée du briquet par le choc vif du caillou, 63. Du fourneau ; petites portions de charbon embrasé entraînées dans l'air par la force du vent, 98. Il s'en éleve des timpes en très grandes quantités lorsque l'on couvre de frasin la lave fluide, 290.

## E

Fendilles du fer ; ce que c'est, 451.

Fer. Métal le plus dur, le plus difficile à fondre, le plus commun &
le plus utile de tous les métaux ; sa définition complette, 86. Connoissance de sa qualité, 57. Epreuve pour en connoître la qualité,
464. Minéralisé, 57, Natif 6, fossile, 77, du Sénégal & d'Allemagne, 77 ; fondu, expression impropre, 60, d'étoffe, 44, 338,
de nature, 108, 136, 439, cristallisé, 389, macéré, 76, 461,
pamé, 452, rouverin, 63, 434, fuyard, dur, cassant, 63, régulin, 79, 89, cassant, du pont de bois ; des Celtibériens, du Japon, de la Chine, 46, de Suede, 40, d'Espagne, de Corse,
44, commun, de roche, de Berry, de Franche-Comté, du Dauphiné, 506 ; d'où dépend sa force, 465 ; sa contexture, 12, nerveux, 73, 76 : généreux, 80 : dans les plantes & dans les animaux,
20, 29, dans la pierre, 47 ; dans les eaux de Bourbonne, & dans
leur boue, 365. Effet de l'action du feu sur le fer, 4 : sa destruction, 82 : s'aigrit dans la fonte de fer : dans le cuivre fondu : y prend
un grain d'acier, 432 : de mulet, 44 : de noyau : de mise, 465 :
de chat feuilleté comme le talc, 75. Importation des fers de Suede
& de Sibérie, nuie aux Manufactures Françoises, 508.

Fer blanc. Fer battu très mince, & couvert d'une couche légere d'é-
tain. Description des opérations pratiquées à Bains pour le faire,
367, 373. Causes qui le dégradent, 49.

Fer noir. Dans les ferblanteries, on appelle ainsi les feuilles de fer
rognées avant d'être décapées, 369.

Ferailles (vieilles). L'on nomme ainsi toutes sortes de morceaux de
fer vieux & hors de service : chauffées à propos & corroyées, donnent un fer meilleur que celui dont elles procedent, 44.

Feret. Espece d'hematite ou mine de fer rouge disposée en aiguilles
comme le cinnabre, 407.

Fermentation. Sa définition & ses produits, 484.

Feu. Elément fluide que nous ne connoissons que par ses effets. C'est
le principe de la lumiere, de la chaleur & du mouvement. Il entre
dans la composition des corps comme partie élémentaire, & les vitrifie tous. C'est le principal instrument des forges. Il purifie le fer &
le détruit, 83 : son développement & son action sur le minerai, 99
& suivantes : cesse d'agir s'il n'est excité par un courant d'air, 185.
Creux est un feu sans grande chaleur, parceque le vent mal dirigé
souleve les laitiers & suspend les charbons, 461 : de réverbere :
agit par la courbure des rayons de la flamme dirigée sur le métal
par la forme des fourneaux, 369 : peut seul opérer la crystallisation

des métaux parfaits, 478 : des fourneaux de fonderie de fer sont les plus puissants de ceux des arts : approchent le plus de celui des Volcans, & sont bien supérieurs à ceux des Chymistes, 477.

Feuilleti. C'est un schist dont les couches n'ont point d'adhérence : elles s'exfolient à l'air : sert ordinairement de chapeau aux mines d'ardoise : 346.

Feuillette. Mesure conique sans fond, composée de douves contenues avec des cercles de fer, & garnie de deux poignées pour la porter : sert à livrer aux ouvriers & aux voitures, la mine & le charbon : celle des forges sur la riviere de Marne est le quart de la queue de Bar-sur-Aube, & doit contenir trois pieds un tiers cubes, 125.

Figures élémentaires des crystaux. Tous les corps qui prennent une forme réguliere en passant d'un état fluide au solide, ne se condensent pas toujours sous une forme absolument semblable, ayant le même nombre d'angles & de faces. La nature fait souvent des écarts dans les formes des plantes & des animaux, & peut aussi varier dans celles des mineraux, sans cependant que ses productions manquent de rapports immédiats. Deux cubes déprimés forment un cube complet : deux prismes triédres sont les élémens d'un hexagone : deux triangles le sont d'un trapeze & d'un rhombe. J'ai démontré ces crystaux élémentaires, 477 *bis*, & planches I, II, III & XIII.

Filles qui boivent du vinaigre pour se maigrir, & dans le chlorosis, 499.

Filon de mine. On nomme ainsi une veine métallique plus ou moins volumineuse, étendue, droite, sinueuse, isolée ou branchue & rameuse, qui contient dans les entrailles de la terre le minerai des métaux & des minéraux, 389. Situation & description de certains filons, 391.

Filtration. Passage lent d'un corps fluide à travers un corps poreux. Des eaux pluviales, 167.

Fibre nerveuse du fer, 80, 81.

Flamme. Sa définition, 99, 101. Son action, 127. Cause de sa couleur, 142. De fourneau, incommode les chargeurs, 169.

Flasques d'affut. Sont les deux pieces de bois chantournées qui posent sur l'aissieu, & supporte les tourillons du canon, 474, *bis*.

Flegme. Terme Chymique pour exprimer une substance aqueuse. De vitriol, est l'acide vitriolique étendu dans beaucoup d'eau, 424.

nellement à l'Obfervateur des découvertes intéreffantes pour la Phyfique, 17. Forges à bras en Champagne, 312. Sont moins, difpendieufes pour les particuliers, & plus avantageufes pour l'Etat, lorfqu'elles font fituées fur les ruiffeaux que fur les rivieres navigables,
543, 545. Détruites, 543. De nouvelle érection trop nombreufes, 537. En cuivre, 193.

Foffes à couler des canons, 438, 442.

Foffiles. L'on donne ce nom à tous les corps que l'on retire des entrailles de la terre, & qui n'y ont point pris leur exiftence ; tels les
coquillages, les bois pétrifiés, le fer battu, &c.

Fours. Ce terme au ftrict fignifie un petit efpace voûté, propre à recevoir les impreffions du feu ; & qui n'a qu'une iffue comme le four
de Boulanger. On a étendu ce terme aux fours à chaux, de verré-
rie, à faïance & à porcelaine, même à ceux de reverbere, qui ont
tous deux iffues principales. A chaux à feu continue fa defcription.
Ses défauts de conftruction. Son produit ; 375, 376. De fenderie,
doivent fe conftruire avec une terre réfractaire, analogue à celle du
Verd-Bois, près Saint Dizier, 115. De ferblanterie, conftruit en
grès, 368. De porcelaine, n'ont pas la chaleur des fourneaux de
fonderie, de verrerie, 2, 115 ; de réverbere à naffe. C'eft une efpece dont la voûte eft prolongée dans le fens oppofé à la bouche,
par un canal pour pouvoir introduire des pieces plus longues que le
diametre de la voûte principale, 441.

Fourca. Eft une groffe piece de charpente marine dont la tige fe divife
par le haut en deux parties, féparées par un efpace proportionné à
la force de la piece, 213.

Fourgon. Petit ringard dont fe fervent les Fondeurs à la poche pour
déboucher le trou de laitier de leur fourneau portatif, 344.

Fourneau de fonderie, appellé communément *haut fourneau*. Mauvaife fituation pour un fourneau, 95. Précaution à prendre pour éviter les fraîcheurs, 97. Forme avantageufe, 98. Matériaux qui y
font propres, 104. Forme intérieure ronde, quarrée vicienfes, 105.
Coupé, fur 8 pans, 106. Eft un fourneau à manche qui a rapport
à l'athanor, 108. Plus ils font haut, plus ils font favorables à la
fufion du minerai, 110. La forme elliptique eft la plus avantageufe, 107. Il ne doit y en avoir qu'une efpece, 109. Eft monoculaire, 135. Reffemble aux volcans, 3, 477. Comparé à l'eftomac, 61.

Fourneau de macération, 436, 442.

Foyer. Espace dans lequel on entretient du feu en action. Les creusets des forges prennent ce nom. L'intérieur du fourneau de fonderie se divise en trois foyers ; le foyer inférieur, le foyer supérieur & le grand foyer, 98.

Frasin, par corruption fasin. Nom générique que l'on donne dans les forges à tout poussier noirâtre. Le frasin, proprement dit, est du charbon réduit en poussier & en parcelles très minces, soit par trituration, soit par l'effet du feu, tel celui qui se retire des fourneaux à charbon qui est chargé de terre & de cendre ; celui du magasin qui est souvent mêlé de terre & de petites pierres ; enfin celui qui se forme dans les foyers. Le frasin pur se nomme brasque parmi les Minéralogistes : est une matiere nécessaire aux travaux des forges pour couvrir le fond des foyers : contenir le charbon autour des feux : couvrir la lave des fourneaux pour l'entretenir fluide, afin qu'elle coule d'elle même au pied de la dame, &c.

Frayeux, est une piece de fonte de fer qui sert de point d'appui aux ringards, lorsque les ouvriers sont obligés de les employer, comme lévier, pour détacher quelque corps, soit du fourneau, soit des affineries & chaufferies, 123, 166.

Frette. Lien de fer soudé que l'on fait entrer de force dans le bout des arbres des roues & du stoch, pour empêcher qu'ils ne soient dégradés, soit par le frottement, soit par la compression des coins avec lesquels on assujettit les tourillons des arbres, & le blocage du stoch.

Fritte des forges à fer. Sa définition, 298. Son analyse, 299. Les phénomenes qu'elle présente avec les acides minéraux, 303, 304 : ressemble aux frittes de verrerie, des faïanceries & des poteries en porcelaine, 305.

Fumée. Sa définition, 100.

Fumer un fourneau. C'est faire brûler du bois à feu étouffé dans l'intérieur d'un fourneau nouvellement construit pour sécher les mortiers, 124.

Fumeron, ou flameron, est un morceau de bois tiré d'un fourneau à charbon, qui n'a pas été cuit entiérement. Ce bois est privé de toute son humidité superflue, & en partie de l'eau de son essence. Il ne contient plus que quelques parties huileuses : dans cet état le bois est très léger, se brise facilement : il est noir, prend feu aisément. Il est tout voisin de l'état de charbon dont il differe parcequ'il répand encore une fumée d'une odeur très incommode qui affecte la tête, & qu'il flambe. Mêlés avec le charbon ils ne nuisent pas à l'activité du feu des fourneaux de fonderie, 102.

Fusion, est l'état de tout corps solide qui est tellement pénétré par le feu, que ses parties divisées à l'infini deviennent fluides. Donnent de l'aigreur aux métaux, 448, 472.

Futaie (arbre de). Ce sont les arbres réservés dans les coupes de taillis qui ont acquis l'âge de trois révolutions, ce qui fait soixante quinze ans de recrue : s'éclaircissent beaucoup dans les forêts, sur-tout celles de mains mortables, 344. Leur hauteur commune, 387 : de grosseur monstrueuse, 356.

---

## G

Gabarit. Contour des pieces de construction d'un vaisseau, 506.

Galene. Mine de plomb cubique sulfureuse, 405.

Galerie. Chemin souterrein, long & étroit. Des mines. C'est une percée qui suit la direction du filon, 388. De fourneau ; est un espace voûté entre le massif des terres & la tour du fourneau, pour épurer les eaux, & écarter toute l'humidité, 97.

Gangue. On emploie ce mot Allemand pour désigner tous les corps étrangers qui accompagnent une mine dans son filon, comme spath, quartz, roche vitreuse, schist ; c'est la matrice des métaux, 402. Il s'en forme dans nos fourneaux d'artificiel qui est analogue à plusieurs de ces substances, 476 *bis*.

Garde-feu. Plaque posée de champ, près & le long de la dame, pour empêcher la lave du fourneau de se porter dans le magasin de frasin, 122, 166.

Gardes-fourneaux, ou sous Fondeur. Dans les pays où les Fondeurs ne conduisent pas eux-mêmes le travail des fourneaux dont ils construisent les ouvrages, l'on se sert de gardes qui sont des ouvriers en sous-œuvre pour les remplacer : doivent être très soigneux, 133, 137.

Gâteaux de régule. Morceau long & étroit, percé de beaucoup de trous de régule de fer, 461.

Gelée prise pour le froid qui la produit, est l'abstraction de la chaleur répandue dans l'atmosphere, emportée par les vents, ou absorbée

Goupille. Cheville de fer qui sert de point de réunion de charnier, ou pour suspendre une cremaillere, 205.

Grains. Toute substance solide qui est divisée en petites parties, d'une étendue à peu près égale dans ses trois dimensions se nomment grains. Du fer, sont les parties constituantes de sa pâte qui ont plus ou moins d'adhérence entre-elles, & qui paroissent plus ou moins uniformes, & plus ou moins saillantes, suivant le degré de pureté du fer, 80.

Granit. Espece de roche fine, composée de petites parties de pierres très dures, liées intimément les unes avec les autres au moyen d'un ciment quartzeux, ou de la nature du silex, ou par un fluor spathique ; il y en a dans la composition desquels il entre un mica ou substance talqueuse de différentes couleurs, 385, 412.

Grappe ( Minéralogie ). L'on nomme grappe tous les corps globuleux conglomérés, tels les grains du raisin grouppés sur sa grappe. De cadmie, 287. Des affineries, 288.

Graves de la mer. C'est ainsi que l'on nomme le gros galet ou pierre roulée que les flots de la mer accumulent sur ses bords.

Gravier. Est un diminutif de graves. Ce sont les galets des rivieres, dont la nature est la même que celle des pierres du pays qu'arrosent les rivierres qui les roulent. Calcaire, sert de castine, 131. Le plus menu propre à former le moule de la gueuse, 138.

Grenouille. Amphibie, croassant, ovipare. Lance une liqueur par l'anus qui lui sert à humecter sa peau, 243. Histoire fabuleuse de la grenouille, 246.

Grès. Pierre composée de petits cryftaux vitrescibles, unis plus ou moins intimément par un ciment scintillant. Ferrugineux, 117, 349. Rouge, pêtri de coquilles, 348, 366. Rouge talqueux. A meule, 366. Cryftallifé en grands rhombes de 4 à 5 pieds, 348. En petits rhombes, de Bourbonne & de Fontaine-bleau, 349, 351. Remplis de l'iris nostras, 377. Employé aux voûtes des fours de réverbere, 368.

Grillage. Opération par laquelle on calcine le minerai en le plaçant dans un fourneau quarré & découvert lit sur lit, avec du bois ou du charbon, pour le dépouiller du soufre qu'il peut contenir, & en faire détacher les grappes qui lui sont adhérentes. Est avantageux, 40. Il est nécessaire pour les minerais sulphureux & quartzeux, 159. Il avance l'opération du lavage, 159. C'est au moyen du grillage que les Suédois fabriquent le bon fer avec des mines très aigres & réfractaires, 435.

Grille. Eft un efpace divifé par des barreaux plus ou moins gros, &
plus ou moins éloignés les uns des autres. Mobile de bocard, 151.
Façon de la compofer, 152. Fixe, 152. Remplacée par une planche percée, 160. De crible à l'eau, 161.

Grilles de fer célebres, 509.

Grilles de fourneau. Se font avec cinq à fix des plus grands ringards que
l'on pofe fur la dame, & que l'on pouffe à côté les uns des autres à
un pouce de diftance, jufqu'au pied de la ratine dans le creufet,
pendant le temps que l'on échauffe le fourneau par un feu préliminaire avant de charger en mine. Il faut en faire fréquemment pour
échauffer le fond de l'ouvrage, 125. Un, avant de tirer la pale, 126;
& lorfque l'on tire la pale fur un bouché, 145.

Grillot. Vice du fer, 453.

Grumillons du fer, 79.

Grotte. C'eft ainfi que l'on nomme les fouterrains caverneux formés
naturellement dans le maffif des montagnes. Plufieurs font admirables par les divers phénomenes qu'elles préfentent. L'on y voit des
abîmes, des torrents, des vapeurs, des cryftallifations, des ftalactites, des ftalagmites, &c. qui y attirent les Amateurs des prodiges
de la nature. D'Aufel en Franche-Comté, 340, 342, 399.

Grueries. Siéges des Officiers des Eaux & Forêts dans les Domaines
Seigneuriaux, 311.

Guercher la mine. C'eft apporter au dépôt le minerai dans des paniers
ou de petits charriots. Ce dépôt eft ou hors de la gallerie, ou au
bord d'un puits dans lequel on le précipite, pour être reçu dans
une gallerie inférieure, ou fous une percée perpendiculaire, par
où on l'enleve avec des machines, 391.

Gueulard. C'eft l'ouverture du foyer fupérieur d'un fourneau de fonderie qui eft terminé par la bure. Dimenfions des quarrés, 105.
Dimenfions de l'elliptique, 110. On connoît la fituation du fourneau,
par la couleur dont fe colorent les bords, 142, 290.

Gueule de brochet. Difformité de la bouche, 251, 270

Gueufat. En général c'eft une petite gueufe : voyez ce mot. Pris plus
particuliérement, c'eft la premiere gueufe du nombre de celles qui
foutiennent les parements des marâtres des fourneaux. Elle fupporte
la bafe des parois : eft comprife dans les mureaux ou le maffif de l'é-
talage de la tympe, & appuie le taqueret, 118.

Gueufe. Prifme triangulaire de fonte de fer de dix-huit à vingt-quatre pieds de longueur, qui eſt la forme la plus connue de mouler la fonte pour les affineries. Opérations de ſa coulée, 137. Obſervation ſur ſa forme, 138.

**Gurhs ferrugineux.** Ce ſont des pierres réfractaires qui contiennent un principe ferrugineux, condenſé entre leurs autres parties conſtituantes, 25.

**Guiſe.** Eſt une petite plaque de fonte de fer, de forme variée, ſous laquelle on moule la fonte dans les acieries d'Allemagne, pour la convertir en acier, 460.

**Gyps.** Pierre ſaturée, d'acide vitriolique, & cryſtalliſée plus ou moins régulièrement en rhombes ; c'eſt la ſélénite qui ne fait point d'efferveſcence avec les acides, calcinée au feu ne s'échauffe pas dans l'eau, & après avoir été calcinée, pulvériſée, & délayée dans l'eau, elle a la propriété de ſe durcir promptement. De Bourbonne, 349.

# H.

**Hæmatite**, ou Hématite. C'eſt un nom générique que l'on donne communément à toutes les mines de fer rouges, & aux brunes qui rougiſſent en les écraſant ; elles portent auſſi le nom de ſanguines, ce qui revient au même. Elles ſont ou amorphes, ou mamelonnées, ou cryſtalliſées en rhombes ; mais plus ordinairement en aiguilles ; tel le feret d'Eſpagne, 25, 407.

**Haire.** Plaque de fonte de fer, qui fait partie de celles qui compoſent les creuſets du foyer des forges. Elle a ordinairement vingt-huit à trente pouces de longueur, ſur dix-huit pouces de hauteur, & trois pouces d'épaiſſeur. Elle ſe poſe de champ ſur ſa longueur, & s'appuie contre les extrémités de la verme & du contre-vent, en ſorte qu'elle forme le derriere du creuſet, & répond à la ruſtine des fourneaux dont elle prend quelquefois le nom. C'eſt ſur la haire que poſe la gueuſe inclinée, qui eſt ſoumiſe au feu d'affinerie, 469.

**Haleter.** C'eſt reſpirer avec peine, précipitamment, & à courtes repriſes. Il ne faut pas que le vent des ſoufflets ſoit haletant ni tremblant, 194.

**Hamecelach.** Eſt un laitier en menus grains qui ſe détache des ringards, avec leſquels on pique la piece dans l'affinerie, ou que l'on introduit

dans

dans le trou du chio pour lâcher le laitier des chaufferies & des
affineries ; lorsque l'ouvrier les plonge rouges dans l'eau du bache
pour les refroidir. On se sert de cet hamecelach pour ranimer le fer
grillotté ; pour rendre les chaufferies laitineuses, & pour rafraîchir
les pieces un instant avant de les tirer des renardieres. Il est propre
à être mêlé avec la brique pilée pour faire un bon ciment, 97 ; à
entrer dans la pâte des briques réfractaires, 116. C'est aussi un excellent fondant lorsqu'il y a de l'embarras dans l'ouvrage d'un fourneau. Quelques Maîtres de forge en mêlent au minerai pour en tirer de la fonte.

Henri IV, comparé à Trajan, 526. Anecdote qui le concerne,
534.

Herbue. Terre argilleuse, de couleur jaune, ordinairement mêlée d'un
peu de sable ; elle est très propre à la végétation, ce qui lui a fait
donner ce nom. On s'en sert comme fondants pour les mines. Propre
à faire des briques pour les fausses parois, 116. Pour raccommoder la
tuyere du fourneau, 125. Sert de fondant aux matieres hétérogenes
des mines & à la castine, 131. Poids & quantité employée, 132.
On s'en sert pour souder le fer, comme on emploie la résine & le
borax pour les autres métaux, 55.

Hérisson. Roue de renvoi, garnie d'alluchons, qui sont fixés au dehors de l'anneau dans les courbes, dans une direction qui est perpendiculaire au plan. Le hérisson communique son mouvement ou
le reçoit par l'engrenage avec les fuseaux d'une lanterne. C'est un
moyen d'élever le soufflage, & de diminuer la hauteur de la roue,
97, 442 ; de donner du mouvement à plusieurs machines, par le
moyen d'une seule roue qui reçoit la premiere impulsion, 153.

Hêtre. Arbre très commun en France, dont l'écorce est unie, les feuilles luisantes en-dessus, & velues en-dessous, & d'une couleur tendre, d'un bel aspect, & dont l'ombrage très épais & frais fait languir
& périr les jeunes plants d'alentour. Son bois blanc & gommeux produit un très bon charbon ; ses souches poussent la seve dans tous
les points de leur surface, 318. Monstrueux, 356. Son bois, propre
à faire du sciage, s'échauffe, & périt promptement s'il n'est pas soi-
gné, 546.

Hexaédre. Solide qui a six faces. Le cube est un hexaédre. Le cristal
de roche est un prisme hexaédre.

Homme (l') mal constitué produit une génération vicieuse, 160.

Houpied. Terme forestier que l'on applique à toutes les branches des

Gggg

arbres de futaie qui ne font pas propres à faire de la charpente ni du fciage, 313.

Horniau. Terme trivial dont fe fervent les Fondeurs pour exprimer les groffes maffes de fonte de fer, de fer macéré, de laitier & de charbon, qui fe durciffent enfenmble au fond des fourneaux mal conftruits, ou auxquels il arrive un réfroidiffement par des fraîcheurs qui humectent le fond de l'ouvrage, 4.

Huche de bocard. Cuve hemi-circulaire qui reçoit le minerai au fortir de la grille du bocard, & dans laquelle il eft agité par des barreaux & des cuillers de fer pour en détacher les parties hétérogenes que l'eau délaie, fouleve & entraîne avec elle, par une goulette pratiquée à une hauteur convenable au caractere du minerai. Ses dimenfions, 152 & fuivantes : double, 156. Il ne faut pas les furcharger, 158.

Huche des roues, eft une grande caiffe de pierre ou de bois bien fcellée, fupportée fur une maçonnerie ou fur une charpente folide qui reçoit l'eau du biez par une grande vanne, pour la dépenfe d'une ou de plufieurs roues à cuvier, fur lefquelles elle la diftribue par de petites vannes avec leurs pales fituées fur les côtés, ou par des clapets qui ferment des ouvertures pratiquées fur différents points du fonds, qui répondent aux roues qui font fituées deffous. De Bains, 373. On s'en fert pour les trompes & pour les forges fituées fur des ruiffeaux & fur de petites rivieres qui ont beaucoup de pente & peu de volume.

Huile æthérée du vin. C'eft une fubftance très fluide, inflammable, d'une odeur agréable, d'une grande volatilité, & qui, étant combinée avec l'acide & une portion de flegme, compofe l'efprit-de-vin. Fait efferverfcence avec le vinaigre de Châlons, 488.

Huile d'olive. Huile graffe tirée par expreffion des olives ; eft très propre pour adoucir le frottement des foufflets de bois, 208 : fon effet, 222 : eft préférable pour cet ufage à l'huile de colfa & de lin, 208.

Huile de poiffon. Huile rouffe, épaiffe, gluante, & d'une odeur très fétide, tirée par liquéfaction du lard des poiffons cétacées. Propre pour nourrir & amollir le cuir des foufflets qui en font compofés, 221.

Huile de tartre. Nom impropre que les Chymiftes ont donné à la liqueur qui réfulte du fel alkali-fixe du tartre qui fe réfoud à l'humidité de l'air, 301.

Huile de vitriol. Nom impropre donné auffi par les Chymiftes à l'acide du vitriol très concentré ; forme une espece de pyrite avec la cadmie, 280. Ses différents effets sur la fritte, 300.

Huilerie à eau sur la Mozelle, 392.

Hydrogeneres. Terme propre pour exprimer les substances minérales qui doivent leur forme à la puissance de l'eau, 479, *bis*.

Hydrometrie. C'est l'art de mesurer les liqueurs. Tableau d'hydrometrie, 491.

Hydrostatique, est l'art de peser les liqueurs. Opération d'hydrostatique, 489. Tableau d'hydrostatique, 491.

Hygrometre. Instrument qui sert à mesurer les degrés d'humidité & de sécheresse de l'atmosphere & leur rapport, 302.

---

### I, J.

Jambes de force. Ce sont des pieces de charpente assemblées sur un angle de quarante-cinq degrés aux potilles, aux contres-potilles des empallements, ou contre des piloris, pieds droits ou autre piece de charpente perpendiculaire, pour les rendre stables & solides. 214.

Jantes. Pieces de charonnage & de charpenterie taillées sur la courbure d'un arc d'un cercle quelconque. Les roues de voiture en sont composées. Du quart de cercle du balancier des cloches, 213.

Jauge. Terme générique pour exprimer une mesure avec laquelle on connoît la capacité d'un vaisseau. Celle du fourneau est un baton de quarante pouces environ de longueur, suspendu à son manche qui a le double de longueur, comme l'est la batte d'un fléau au sien : par le moyen d'une charniere, ou qui lui est assemblé à angle droit. On la nomme aussi *becasse*. C'est avec cette jauge, que l'on connoît qu'il est temps de charger le fourneau lorsqu'elle y descend de sa hauteur par le gueulard, 132.

Jets. C'est le métal superflu d'une piece coulée qui a rempli le canal par lequel on a introduit la fonte dans le moule, 430.

Intermede. Substance qui sert à unir deux corps qui n'ont point d'affinité entre eux, 102.

Intumescence des laitiers. Lorsqu'un corps visqueux qui contient des principes chargés d'air fixe ou d'humidité, est soumis à l'action du feu, il souffre une expansion qui est en raison de la raréfaction de l'air &

Gggg ij

de l'eau qu'il contient. Lorſque les charges culebutent, & qu'il tombe de la mine crue dans le bain, cette mine, qui contient de l'air dont elle n'a point été dépouillée dans le grand foyer, ſouffre alors une demi-fuſion qui en dégage l'air, lequel ſouleve les laitiers qui ſe portent à la tuyere & l'obſtruent, 201.

Joinville. Ville & principauté en Champagne : ſon pavé de marbre brut: ſon Château & ſes mauſolées en albâtre : époque de ſon établiſſement, 537. De l'érection de la principauté, 532. Ses dépôts de bois de ſciage, 517 : de fer, 519 : ſes écluſes, 533.

Joyeres, ſont les deux murs qui terminent le biez d'une uſine du côté de l'empallement, & contre leſquels il eſt appuyé : on en fait en bois, compoſées de files de pieux aſſemblés à un chapeau garni en devant avec des fourrures & des palplanches. De bocard, 151.

Iris ou glayeul. Plante liliacée qui croît dans les marais. Trouvée pétrifiée dans du grès, 377.

Is. Village du Baſſigny. Le phyſique de ſes environs reſſemble à celui de Carignan, 345. Apparence d'une ardoiſiere, 347.

Jumelles. Pieces de charpente qui s'élevent perpendiculairement dans leur aſſemblage, & qui ſont ſéparées par un intervalle plus ou moins étendu entre deux lignes paralleles. Du bocard, 151, 179.

Jurer. On emploie ce mot pour exprimer le bruit que le minerai bien lavé fait ſur la pelle du Bocqueur, lorſqu'il l'enleve du baſſin pour le lancer au dépôt, 163.

---

**L**

**L**ACHE-FER, eſt un ringard de cinq pieds de longueur, pointu par le bout avec lequel le Fondeur perce le bouchage du fourneau pour faire couler la fonte dans le moule, 68.

Laine philoſophique. Nom alchymique donné aux fumées cotoneuſes du zinc, 289.

Lait de chaux. Eau qui tient des molécules de chaux ſuſpendues par leur ténuité & le mouvement, ce qui lui donne une couleur blanche. Employée pour mouiller le feu d'affinerie, 451, 460.

Laitier. Terme générique par lequel on exprime dans les forges tous les récréments qui ſortent de différents foyers. Diſtinctions des diverſes eſpeces, 296 : tranchants, 42 : pyriteux, 296 : paſſent par le

chio ,79 : attirables à l'aimant , 80. Des fenderies ,44 : reproduisent
du fer, 45 : brûlent les soufflets lorsque la tuyere renarde, 201, 207.
Leur analyse répandroit du jour sur les travaux du fer, 87. Les
laitiers vitreux sont les layes du fourneau, 297. Blanc, est un filtre,
131 : bleu, 403 : gris de lin, 142, 275 : laiteux , noir, 143 : verd,
275, qui percent, vériant, 141 : laiteux du pont de bois, 367 :
des semelles des ferblanteries, 370. N'est pas propre au moule de la
gueuse, 138.

Laiton. Métal combiné composé de cuivre de rosette & de zinc : c'est
ce que l'on nomme vulgairement cuivre jaune. Fait avec la cadmie
des forges & la rosette, 284, 293 : avec la cadmie, la rosette & la
poudre martiale ou la folle farine des forges, 285. Différentes
combinaisons du laiton, 285. On en fait des canons d'artillerie ,
426.

Langres. Ville très ancienne de Champagne. Lieu le plus élevé de notre continent. Preuve de ce fait, 516.

Lanterne (Economie). Ustensile composé d'un bâtis dont les intervalles sont à jour ou garnis d'une matiere transparente pour donner
passage aux rayons de la lumiere qu'elle renferme. De pierre, du couvent de Luxeuil, qui servoit de fanal, 380.

Lanterne (Méchanique), est une espece de pignon composé de deux
tourtes qui sont des pieces de bois rondes, de cinq à six pouces d'é-
paisseur, séparées par un certain nombre de fuseaux, assemblés par leur bout au bord des tourtes, & espacés de façon qu'ils
soient sur le pas des alluchons du rouet avec lequel elle s'engraine
pour recevoir ou communiquer le mouvement qui est imprimé par
une roue à aube ou à cuvier, 97, 154. On en fait de fonte de fer
d'une seule piece.

Lanterne (Pneumatique). Soufflets à lanterne, 194.

Lanterne. Riviere de Franche-Comté, dont les eaux sont rousses,
377.

Lavoir. Espece de cuve quarrée ou oblongue qui fait partie du bocard, 150 : à grains d'orge , 153.

Larme batavique. Goutte de verre en forme de larme, avec une queue
mince qui a été refroidie subitement dans l'eau. Si on casse le bout
de la queue , le reste se brise en miette avec éclat. Crépitement de
la fritte des forges, comparé avec l'effet de la larme batavique ,
299.

fique de la nature. Son concours est néceſſaire au développement des feuilles des plantes, 340, 341.

Lumiere du canon. Canal perpendiculaire & conique qui communique à la poudre quand il eſt chargé, & par lequel on y met le feu. Se déchire par le ſervice, 426. Réparation, *ibidem*. Du pierrier de Saint-Dizier, évaſée, 457.

Lunettes des ſoufflets. Double venteau avec leurs ventillons par où les ſoufflets aſpirent l'air. Mauvais uſage, 206.

Luxeuil. Ville ancienne de Franche-Comté. Ses bains conſtruits par les Romains, 379. Réparés par les ſoins de M. Pinet, 380. Ses fontaines thermales & froides, 381.

---

# M

MACÉRATION. Opération par laquelle on purifie la fonte de fer par une refonte. Deſcription de cette opération en grand, 434 & ſuivantes : en petit, 42, 76.

Magaſin d'air. Sa deſcription & ſon avantage, 225.

Magaſin à charbon. Grand hangard fermé de murs où l'on dépoſe les charbons à meſure qu'ils arrivent des forêts. Doivent être ſecs & aérés, 127. On les nomme communément halles à charbon.

Magiſtere. ( Terme Chymique ) qui exprime le dépôt d'une ſubſtance délayée dans un fluide, qui ſe précipite au fond du vaſe qui les contient, 27.

Mailles du bois, 321.

Mains difformes, perpétuées dans la filiation, 271.

Maîtriſe. Siége des Officiers des Eaux & Forêts du Roi, 311.

Maladies des fourneaux. Dérangements qui arrivent dans le travail d'un fourneau, ſoit par défaut de conſtruction, ſoit par négligences des Ouvriers, ſoit par des accidents imprévus. Moyen de les connoître, de les éviter & de les détruire, 141 & ſuivantes.

Malt de ſeigle pour les eaux ſures de ferblanteries, 370.

Manganeſe. Mine de fer pauvre & réfractaire, qui eſt noirâtre, dont le tiſſu eſt grenu ou ſtrié. Entre dans le vernis noir des Pottiers, & dans le verre pour le clarifier, 142, 297.

Manivelle. Piece de fer qui ſe replie deux fois à angle droit, dont un bout eſt fixé à la machine que l'on veut mettre en mouvement ; & l'autre eſt la poignée qui ſert à imprimer le mouvement, 162, 115.

Manigaux,

Manigaux. Terme ufité dans quelques forges, pour défigner les bafcules des foufflets, 205. Voyez Bafcule.

Manfarde. Coupe de toîture brifée, inventée par l'Architecte Man-
fard. Forme des étalages de certains fourneaux, 120.

Maquignons. Brocanteurs de chevaux, dont le principal but eft de fe
défaire avantageufement d'un mauvais cheval ; ils y parviennent en
mafquant leurs défauts, par des difcours frauduleux, & par beaucoup de faux fermens, qui font dans leur bouche des lieux communs, 162.

Maquette ou Marquette. C'eft une barre de fer qui n'eft achevée que
par un de fes bouts, l'autre n'étant encore qu'une maffe écrue, qui
eft reportée à la chaufferie pour y recevoir le degré de chaleur néceffaire pour en fouder les parties, & enfuite être étirée fous le
marteau. La maquette eft la quatrieme forme que reçoit le fer :
elle fe fait avec l'encrenée dont on étire le petit bout. On eft dans
l'ufage de tremper dans le bache la partie forgée de la maquette,
afin de pouvoir la manier dans le feu. Cette opération endurcit feulement la pâte, mais n'en altere pas effentiellement la qualité, parcequ'un fecond feu lui enleve l'aigre que la trempe lui a donné, en
remettant le fer dans fa difpofition naturelle, 464.

Marâtre. C'eft ainfi que l'on nomme la partie antérieure & renfoncée
des fourneaux de fonderie du côté des tympes & de la tuyere. Les
Métallurgiftes la nomment la poitrine du tourneau. Compofée avec
des gueufes, 16 : en encorbellement, 437 : il s'y attache du zinc
en forme de fuie grife qui eft un pompholix, 287, 290.

Marbre de la vallée de la Marne, 336.

Marly. Sa machine produit peu d'effet, 545.

Marne. Riviere la plus confidérable de la Champagne, 516. Fait mouvoir beaucoup de forges, 517 : preuve qu'elle étoit anciennement
navigable au-deffus de S. Dizier, 519. Projet ancien de la rendre
navigable, qui n'a pas eu de fuccès, 522, 525. Projet neuf, 505 &
fuivantes. Pente de fes eaux, 543.

Marteau de forges, ou gros marteaux d'ordon, principal opérateur
des forges. C'eft une maffe de fer ou de fonte de fer, taillée affez dans
les proportions de la tête d'un cheval. On y diftingue principalement
la tête, qui eft la partie fupérieure qui eft quarrée ; les manfelles
qui font des bandes plattes qui forment les côtés de l'œil ; le bloc
qui en eft la principale maffe ; l'aire, qui eft la partie étroite &
plane qui frappe fur le fer, & qui eft de même dimenfion que celle

H h h h

de l'enclume; enfin l'œil qui eſt une ouverture de ſix pouces de largeur ſur quinze à dix-huit de longueur, pour recevoir le manche. Toutes ces parties ſe ſubdiviſent en pluſieurs autres dont je donnerai le développement dans la *Phyſique des forges*. Les marteaux d'ordon ſont mus par la force de l'eau : ſervent non-ſeulement à forger le fer, mais encore à le purifier en exprimant le laitier en fuſion qui eſt épars dans la maſſe de la loupe, & les bouts d'encrenée. Aciéré, taillé circulairement, 368. On dit une forge à pluſieurs *marteaux battants*, 373.

Marteau de maîtriſes, eſt une marque caractériſtique propre à chaque maîtriſe, gravée en relief ſur l'aire de la tête d'un marteau, dont les Officiers des maîtriſes ſe ſervent pour marquer les arbres en délivrance, ou en réſerve, dans les coupes de bois, 311.

Marteleur. Principal ouvrier d'une forge. Il eſt chargé ſpécialement de monter les feux, d'entretenir les harnois des ſoufflets, l'ordon du marteau & les outils de ſon feu. En outre, il eſt obligé de travailler à la chaufferie comme ſes compagnons, & de forger à ſon tour les fers, ou qui s'affinent dans ſon feu, ſi c'eſt une renardiere, ou ceux que les affineries lui préparent, 368

Martinet, eſt un marteau d'ordon d'un poids beaucoup inférieur aux gros marteaux. Il y en a du poids depuis cent cinquante, juſqu'à quatre cents. Ils ſont employés à forger des fers ſous de petits échantillons, comme carrillon, bandelette, verge crenelée, fer rond, verge repaſſée, fers de fileries, &c. 367.

Martinet à bras. Quelques ouvriers ont des martinets du poids de quatre-vingts à cent livres, qu'ils font mouvoir dans leur attelier par le moyen d'une baſcule & d'une roue mue à bras au moyen d'une manivelle. Pour planer l'étain deſtiné à faire des tuyaux d'orgues, & pour les Taillandiers, 191.

Maſſelotte. Terme de fonderie de canon. Son uſage & ſa forme, 430.

Matte. C'eſt ainſi qu'en métallurgie on appelle les premieres fontes impures d'un minerai. De fer, 59 : eſt pyriteuſe, 60 : ſa définition, 62, 428 : contient des matieres étrangeres, 288 : du zinc, 295. Son déchet dans l'affinage, 288.

Médaillons de Louis XV coulés avec du laiton fait avec la cadmie des forges, 286.

*Medium*. Sa définition, 13.

Mélange des minerais. Avantageux, 41, 45.

Membrures. Pieces de bois de ſciage de ſix à vingt-quatre pieds de longueur, ſur trois pouces d'épaiſſeur, & ſix pouces de largeur, 200, 514.

Menftrue. Terme alchymique qui défigne tout corps qui a affez de prife
sur un autre pour en défunir les parties, & extraire celles avec lefquelles il a le plus d'affinité, ou pour réduire la totalité fous une
forme fluide, dans laquelle il eft lui-même confondu, 484.

Mentonnet de bocard, eft une petite piece de bois de cinq à fix pouces
d'équarriffage qui fe termine par une éguille, au moyen de laquelle il s'affemble au montant du bocard. C'eft le mentonnet qui
recevant la preffion de la came, souleve le montant qui retombe
par fon propre poids lors de l'échappement de la came, 151, 180.

Mentonnet de foufflet, 203, 210.

Mercure. Demi-métal, blanc, fluide en raifon de fa grande pefanteur,
volatil, qui mouille prefque tous les métaux, & en forme des amal-
games. Le fer eft celui avec lequel il a moins d'affinité. Expérience
avec fa diffolution dans l'acide nitreux fur le vinaigre vitriolifé,
495.

Merrain. Bois de fenderie qui fe fabrique dans les forèts. Ce font des
ais de diverfes longueurs, largeurs & épaiffeurs, fuivant les ufages
auxquels le merrain eft deftiné. On en fait pour la marine. Le grand
bois prend le nom de douelle, & le petit celui de fonçaille. Il eft
épais d'un pouce. Celui deftiné pour faire des tonneaux à vin eft plus
court & plus mince. Il faut qu'il foit net d'aubier & de défaut. On
en fait pour des tonneaux à brelle, c'eft-à-dire pour fervir à porter fur l'eau les trains & flottes, de fciage & de charpente. Tout
bois qui fend eft propre pour ce merrain; il fuffit que le tonneau ne
faffe point de voie d'eau en route. Enfin la quatrieme efpece eft
deftiné pour tingler les batteaux. Il eft plus grand que le merrain à
tonneaux & n'eft point fourni d'enfonçures ni de chanteaux comme
les précédents, 307.

Métamorphofes du fer. C'eft-à-dire les diverfes formes que le fer
affecte dans fes différents états, 56 & fuivantes.

Mica ferrugineux. Petite lame talqueufe, mince & noire, qui fe
trouve souvent dans certains granits & dans les mines de fer, 75.

Mines. Par ce terme trop généralement appliqué à divers objets,
on doit entendre particuliérement le dépôt minéral & métallique
contenu dans un efpace plus ou moins étendu dans le fein de la terre.
La miniere contient la mine : la gallerie conduit à la mine : le minerai eft contenu dans la mine. Les mines combinées prennent la
dénomination du métal le plus abondant, 274.

H h h h ij

Mine d'argent, de cuivre & de plomb de Body, 387 : de Buſſan, 393 : d'Orbeil, 401 : de Sainte-Marie, 404 & ſuivantes.

Mine de fer. Leur formation, 23 : minéraliſée en général, 57 : avec le ſoufre, le cuivre & l'arſenic, 58 : unie à l'or, *ibid.* Contient d'autres métaux, 275 : par éroſion, 40 : par dépôt, 76, 159 : pure, 149, 161 : ſulfureuſe, 159 : quartzeuſe, 149, 153 : ſpathique, terreuſe, 149 : argilleuſe, 163, ſablonneuſe, 33, 153, 163 : menue, 24, 149, 150, 162 : en grains, 130, 433 : en pierre, en roche en ſachée, 35, 149, 160, 290 : en roche en filons, 403 : en piſolithe, en oolithe, 34, 37 : en corne d'Ammon, en bélemnite, 378 : chaude, froide, 109, réfractaire, 109, 202 : fuſible, 41, 202 : régénérée, 30 : blanche, 26 : rouge, 23, 33 : d'Alſace, 290 : de Berry, 25 : de la Brie Champenoiſe, 25, 37 : de Bourgogne, de Champagne, de Franche-Comté, de Lorraine, de Luxembourg, 290 : d'Ancerville, 34 : de Bayard, 290, de Bétancourt, 34, 36 : de Juſſey, 367 : de Latrai, 37 : de la forêt de Waſſy, 34, de l'Iſle d'Elbe, 75 : de Maraux, 34 : de Montgerard, 34, 130, de Narcy, 32, 36, 130 : de Noncourt, de Poiſſon, 36, 338 : de S. Urbain, 338 : de Ville en Blaiſois, 34 : factice, 30 : dans les tuiles de Bourgogne, 347. Proportion de la mine avec le charbon : produit, 132, 433, 436.

Mine de zinc unie à celle du fer, 288.

Minerai, eſt le métal minéraliſé tiré de la mine. Il eſt plus ou moins riche & plus ou moins pur : ne ſe métalliſe que par la fécondation du phlogiſtique, 99 : peut ſe réduire dans des réverberes en le combinant avec du charbon de bois, & le chauffant avec du charbon de terre, 101. Combinaiſon des réfractaires avec les fuſibles, 130. Façon de connoître lorſqu'il eſt ſuffiſamment lavé, 163.

Minette. C'eſt ainſi que l'on nomme les minerais en pouſſiere, en petits grains & en oolithes, 150. Lavage approprié, 162.

Miniere. Etendue de terrein plus ou moins conſidérable, qui recelle des mines.

Miſe. Nom que l'on donne à des pieces méplattes de fer que l'on prépare pour ſouder ſur de plus groſſes, comme pour faire des enclumes, des marteaux, des ancres & des canons, 452. Fer de miſe eſt celui de meilleur qualité, 463.

Miſe en feu. C'eſt mettre le feu au fourneau pour commencer un fondage, 124 & ſuivantes.

Mise-hors. C'est finir le travail d'un fourneau, soit par défaut d'eau, de matériaux, par cause de gelées, d'embarras dans le fourneau, ou que l'on a suffisamment de fonte pour l'entretien de la forge. Quand un fourneau languit & donne un mauvais produit, il faut le mettre hors, 144. Précaution à apporter pour mettre hors de feu, 275.

Modérateur. Trou rond fermé d'une cheville de bois, qui se pratique à l'enfonçure des soufflets en bois, près de la têtiere. On s'en sert en le débouchant pour diminuer la force du vent, 207.

Molette. Epi qui est sur le front des chevaux, 270.

Montants de bocard. Piece de bois de hêtre, de charme ou autre bois, de cinq à six pouces d'équarrissage, & de cinq à six pieds de hauteur. Ils sont garnis de mentonnets, d'un équarrissage un peu plus foible, qui, faisant résistance à la pression des cames, souleve les montants qui retombent par leur propre poids, & brisent le minerai par leur bout inférieur qui est garni d'un pilon de fonte de fer, ou d'une plaque de fer battu, 150 & suivantes; 180.

Monstres. Tout ce que la Nature produit d'irrégulier dans ses formes. Leurs causes, 259.

Monstruosités qui se perpétuent dans les familles, 271.

Mouche bleue qui dépose ses œufs dans les narrines du crapaud, 236, 249. C'est la même qui les dépose sur la viande corrompue, dans les plaies négligées, & sur la fleur dite fleur de crapaud, 236.

Moule. Terme de fonderie. Creux taillé avec art dans une matiere solide, soit par le ciseau, soit par impastation avec de la terre, du plâtre ou autre matiere analogue, soit dans un sable humecté légèrement, lequel est destiné à recevoir un métal en fusion qui doit rendre, après son refroidissement, les formes & figures du modele que l'on s'est proposé d'imiter. De la gueuse : sa forme, 137. Précautions avec lesquelles il doit être fait. Matieres propres à le composer, 138 : d'un canon, 440.

Moules. Coquillages bivalves dont l'intérieur est perlé, & le dehors rembruni ou bleuâtre : se trouve minéralisé ou confondu dans les mines de fer, 33.

Moulin à rader, 540.

Mucide. C'est ainsi que l'on nomme le suc de toutes les parties des plantes, qui a un goût sucré, mielleux & doucereux. Il est seul susceptible de la fermentation vineuse & acéteuse, 484.

Mufles des foufflets. C'eft l'orifice des trous des bufes des foufflets qui portent le vent dans la tuyere, 105. Calcul de la bafe de leur ouverture & du vent qu'ils portent, 226.

Mureau. Eft un petit mur qui contient la tuyere des foyers des forges : il eft compris dans un petit efpace délimité de tous côtés par de fortes plaques de fonte de fer : il fe démolit & fe reconftruit chaque fois que l'on eft obligé de replacer la tuyere. Ce font les goujards qui font chargés de le conftruire avec des pierres à feu, ou des briques, ou des morceaux de plaques de fonte de fer, 288. Ce font auffi de petits pans de murs que l'on conftruit fur le devant de l'ouvrage d'un fourneau fous le gueufat, de part & d'autre de la tympe & du taqueret. Je les ai fupprimés, 120.

Mufeau de tuyere. C'eft le bout de la tuyere qui s'avance dans le feu hors de la verme ; fouvent il fe brûle lorfque la tuyere renarde : elle eft alors ardente : fi l'ouvrier la touche avec un ringard par maladreffe, elle fe mouche & tombe dans le foyer, 452. C'eft auffi une maffe de fer qui fe forme infenfiblement autour de l'orifice intérieur de la tuyere des fourneaux dans l'ouvrage. Ce mufeau eft un accident qui a lieu lorfque la tuyere eft difficile à gouverner, & qu'il y faut travailler fouvent avec le crochet qui eft de fer. Le frottement détache des parcelles de fer du crochet, qui détermine la fonte fur laquelle ce fer tombe à fe tourner en fer de nature. Souvent il y en a de monftrueux, 108.

Mufette. Inftrument champêtre à vent & à anche, dont les flageolets reçoivent le vent d'une veffie, qui eft un magafin d'air entretenu par un foufflet, ou par la bouche de celui qui en joue. A donné l'idée du magafin d'air pour les fourneaux, 225.

---

## N.

Nasse de four. C'eft un petit berceau de voûte, en forme de naffe à pêcher, que l'on pratique dans le fond d'un four de fenderie, en face de l'entrée, pour pouvoir y introduire des barres plus grandes que le diametre de la voûte principale, lorfque l'on veut faire du grand applati, 441.

Nautile. Coquillage univalve, oblong, en forme de gondole. Foffile dans du marbre, 336 ; dans des pierres de fable, & argilleufes, 348.

## O.

que ou métallique, formé par tranſſudation, en petites gouttes or-
biculaires qui en ſe deſſéchant, ont pris une forme concrete. Ce
ſentiment eſt fondé ſur ce que j'ai obſervé ſur la rouille du fer,
qui forme des gouttes ferrugineuſes de la même forme que les
oolithes, qui ſe durciſſent à la longue. Tout le ſyſtême des
pierres de taille calcaires & des mines de Champagne, eſt compoſé
d'oolithes ſur plus de quarante lieues d'étendue au nord, au
levant & au midi de cette Province, 24, 34, 339.

Œufs de poule d'eau, couvés par une chatte, 255.

Or. Le plus beau, le plus parfait, le plus peſant & le moins commun
des métaux. Les nations lui ont donné une valeur de convention
dans les rapports de la ſociété. Le philoſophe en apprécie les propriétés; le voluptueux en adore la puiſſance idéale & précaire;
l'avare le replonge dans le ſein de la terre, crainte qu'il ne lui
échappe; & le tyran lui ſacrifie le ſang de ſes ſujets. Il n'a pas le
mérite du fer, qui eſt employé pour tous nos beſoins & comme mé-
dicament. L'or ne peut pas même guérir de la ſoif des richeſſes. Ses
mines ſont mêlangées de mines de fer, 58. Les mines de fer contiennent de l'or, 275.

Ordon de marteau. C'eſt la machine complette qui fait mouvoir le
marteau, qui eſt compoſée du marteau, de ſon manche & de ſa
huraſſe; de l'enclume & de ſon ſtoch; du mortier, des jambes, des
boëtes, du pas d'écreviſſe, des clefs tirantes & montantes, du
tambourin, de la poupée ou court-carreau & du culard; du drôme,
de ſes attaches, de la taupe, des bras-boutants & du grand ſeuil;
de l'arbre du marteau, ſa roue, plume-ſeuil, empoeſes & arbriere;
enfin, de l'empallement du courcier & leurs dépendances. Les
ordons varient dans différentes provinces, pour la forme des pieces
qui les compoſent. Il y a en général deux eſpeces principales d'ordon. L'un à drôme, 403, l'autre à baſcule, 466.

Ordonnance des Eaux & Forêts; ce qu'elle preſcrit pour la police de
la navigation, 540 & ſuivantes.

Oreillers des ſoufflets. Leur forme & leur uſage, 203.

Orvert. Serpent d'Europe. Sa deſcription. N'eſt pas venimeux, 419.

Ourang-outang. Grande eſpece de ſinge, qui approche le plus de
l'homme, par l'habitude de ſon corps, par ſa ſociété & par la façon
de ſatisfaire à ſes beſoins, 186.

Ouvrage. On entend par ce mot, dans les forges, l'enſemble de toutes
les parties du creuſet des foyers. Du fourneau, 4. Façon de le
conſtruire en ſable, 117 & ſuivantes. En pierre, 124.

P.

### P.

**P**AGES de la tympe. Ce sont deux poids de cinquante, qui appuient les bouts de la tympe du côté extérieur de l'ouvrage, & qui servent aussi de points d'appui aux ringards, pour détacher des masses de laitier durci, qui bouchent quelquefois l'entrée du creuset, 119, 165.

Pailles. Défaut du fer. Définition, 450.

Pale. Est une espece de grande pelle, qui sert à boucher les vannes des usines hydrauliques. On leve les pales pour vuider les biez, ou pour donner de l'eau aux roues qui correspondent aux vannes que les pales bouchent: il y en a de toutes grandeurs. On leve les plus petites à la main, les moyennes avec des bascules, les grandes avec de grands leviers ou des fourches de charpente, au moyen d'un boulon qui traverse la queue de la pale, percée à distances égales pour le recevoir. On dit, tirer la pale au fourneau, lorsque l'on met en mouvement la roue des soufflets pour la premiere fois d'un fondage, 127. Façon de placer les queues des pales contre le chapeau de l'empalement, ou dans une lumiere percée dans son épaisseur, 175. Petite pale du lavoir, 153.

Papier. Eprouvé pour remplacer la basane pour sceller les soufflets, 108.

Parage du fer est la derniere opération du forgeage. Lorsqu'une barre de fer est dressée, l'ouvrier la passe dans tous ses sens sur l'enclume, pour en effacer, par la pression du marteau, les crans & les inégalités. Le goujard fait couler, d'un petit cheneau, contre le marteau, de l'eau, pour qu'elle vienne mouiller la barre de fer encore rouge. Cette eau fait détacher le laitier qu'a sué la barre, avive le fer, & lui donne un œil ardoisé, 451.

Paralysie des arbres, 312.

Parc à mine. Est l'emplacement où l'on dépose le minerai brut en arrivant de la miniere. Le parc est placé contre les lavoirs & les bocards. On en fait aussi près du fourneau, pour enmagasiner le minerai lavé. On mêle les mines de différents caracteres dans le parc, 164.

Parfondre. On entend par ce terme la fusion d'une couverte métallique sur un biscuit de porcelaine, ou des couleurs sur l'émail, sur le verre & sur la porcelaine. Cette fusion doit s'opérer de façon que la matiere de la couverte fasse corps avec la pâte, s'y incorpore sans faire une croûte simplement adhérente, comme est l'émail de la faiance, 194.

Iiii

Pédale, est la piece mobile d'un instrument ou d'une machine quelconque, que l'on met en mouvement en la comprimant avec le pied. D'un soufflet, 195.

Peinture à fresque. Couleurs en détrempe, qui s'appliquent sur des murs fraîchement enduits. Economise le bois, 510.

Pelle. Instrument manuel très multiplié dans les forges sous diverses formes, suivant l'usage auquel on les applique. A mouler, est une pelle de fer ronde, ayant une légere courbure à la jonction de la tige de la douelle avec le palteau. Elle est garnie d'un manche de bois, & sert à parer le moule de la gueuse, 137. De bocqueur. C'est une pelle de bois, enmanchée obliquement, avec laquelle le bocqueur manœuvre le minerai. *Voyez* planche VIII.

Pelore des chevaux. Tache blanche, naturelle ou artificielle, sur le front des chevaux. Signe estimé par les écuyers, & factice par les maquignons, 263. La peau est plus adhérente à l'os dans cet endroit que dans les autres parties, 269.

Pentaédre. Solide qui a cinq faces.

Pertuis. Grandes vannes construites sur les rivieres navigables, pour passer les bateaux & les flottes. C'est toujours un passage fâcheux. De Vitry-le brûlé, 529. De Marnaval, 534. De Bayard, de Ragecourt, 536. De Vitry-le François. Son droit, 542.

Pétrification. C'est ainsi que l'on nomme tous les corps fossiles du regne animal ou végétal, qui ont été ensevelis dans le sein de la terre très long temps, & qui par des circonstances particulieres, ont été convertis en pierres, sans que leur organisation soit entiérement altérée, 336.

Peuplier. Arbre résineux qui croît dans les lieux humides, dont le bois est blanc & doux, ce qui le rend propre à la construction des soufflets de forges, 223.

Phlogistique. Ame, principe vivifiant de la matiere, qui ne l'abandonne que lorsque son organisation se détruit à l'air libre. Il est susceptible de transmigration d'un corps dans un autre par des loix d'affinité & d'attraction, pourvu que ces deux corps se touchent immédiatement : c'est un être que l'on ne peut ni voir, ni sentir, ni saisir. Nous ne le connoissons que par ses effets, c'est lui qui donne de la liaison aux molécules de la matiere, qui est le principe de la fusibilité, de la ductilité & de la malléabilité des métaux. Il est le même dans tous les êtres : celui qui soutient l'organisation des plantes qui font partie constitutive des animaux, peut ranimer les cendres, la chaux d'un métal, lui rendre l'éclat & les autres propriétés métalliques, enfin l'exiſtence. C'eſt donc un être ſimple, inviſible, volatil & uniforme dans la nature, qui entre comme principe conſtitutif & abſolument néceſſaire dans la compoſition des corps vivants & fuſibles. Quelques philoſophes regardent l'expreſſion de phlogiſtique comme un mot vuide de ſens, & ſon exiſtence comme un être de raiſon, ils y ſubſtituent une combinaiſon de l'air & du feu. L'air & le feu combinés operent-ils les effets du phlogiſtique ? Non. Il y a apparence, 1°. que le phlogiſtique a pour principe générateur le ſoleil, qu'il a une très grande analogie avec celui de la lumiere, beaucoup de rapport avec la matiere électrique qui ſont des modifications du principe de la chaleur. 2°. Si le phlogiſtique étoit ſeulement une combinaiſon de l'air & du feu, il ſeroit ſuſceptible de paſſer à travers les creuſets, d'y faire fulgurer le ſalpêtre que l'on y tient en fuſion, il y revivifieroit les chaux métalliques, il ne ſeroit pas beſoin de flux noir réductif pour y fondre les eſſais des mines ; mais le contraire arrive. Les chaux métalliques ſeules, pouſſées au feu le plus violent & le plus continu dans des creuſets, y reſtent dans l'état de chaux ; le nitre s'y tient tranquillement en bain ; les minerais s'y calcinent, quoique l'air & le feu combinés, paſſent à travers les pores des creuſets ; mais ſi on mêle à ces ſubſtances une matiere charbonneuſe, qui eſt celle qui contient le plus de phlogiſtique concentré, & pour ainſi dire à nud, l'on voit le nitre ſe décompoſer avec une violente fulguration, les chaux métalliques ſe revivifier & les minerais entrer en fuſion. Le phlogiſtique eſt donc un être diſtinct dans la nature, qui eſt la baſe du ſyſtême de la métempſycoſe de la matiere. Le fer ne perd ſon phlogiſtique qu'à l'air libre, 47. Le minerai ne reçoit du charbon le phlogiſtique néceſſaire à ſa fuſion, que quand il le touche immédiatement, 99. On rend au fer le phlogiſtique qu'il a perdu. Introduction, xxix.

Piaffer. C'eſt le mouvement d'un cheval fier & impatient qui s'agite & frappe la terre alternativement avec ſes pieds, 267.

Piece, eſt la maſſe pâteuſe de fer brut qui ſe forme dans le foyer d'une affinerie par le travail du ringard, & qui prend le nom de loupe lorſqu'elle eſt achevée ; façon de la faire, 461.

Piece recinglée. C'eſt une loupe qui a été à demi-cinglée par une premiere opération, & que l'on reporte au feu pour en amollir toutes les parties extérieures qui ſe ſont durcies, & que l'on ſoumet de nouveau ſous les coups de marteau, pour en ſouder exactement l'intérieur & les ſurfaces, 462.

Piece. ( Artillerie ). C'est le nom que l'on donne aux canons. Une
piece de douze livres de bale , 466. de rempart , sont des canons de
plus gros calibre que celles de campagne , 476, *bis.* de fer à ruban ,
*idem.*

Pierre. Nom générique que l'on donne à des substances opaques ou
transparentes , d'une pesanteur , d'une consistance , d'une dureté &
d'une couleur variée. Elles sont composées de parties terreuses &
souvent métalliques qui sont endurcies & liées les unes aux autres ,
de façon à ne pouvoir plus se délayer dans l'eau. Le feu a donné
à quelques uns la forme & la consistance ; l'eau a été le véhicule
des parties constitutives des autres. Il paroît que les principes élémentaires des pierres en général tirent leur origine éloignée des
parties cadavéreuses des plantes & des animaux , même des métaux
qui les colorent. Ce sont des corps qui se forment tous les jours ,
& qui n'existoient pas lors de l'origine du globe terrestre.

Pierres apyres ou à feu. Ce sont celles qui résistent le plus à l'action
du feu sans se fondre , ni faire de chaux , sont propres à la construction du creuset des fourneaux , 117 , 123.

Pierres à détacher. C'est un smectris durci. De Bourbonne , 350.

Pierres argilleuses , elles ont l'argille pour base , 350.

Pierres calcaires. Celles qui se réduisent en chaux par la calcination.
On les connoît par l'effervescence qu'elles font avec les acides , &
ont pour base les détriments des coquilles. Sont employées mal-à-
propos pour construire les parois intérieures des fourneaux , 114 :
& les contre-parois , 116 : propres pour la coulée , 123 : servent de
castine , 131 : donnent de la qualité au fer , 338 : c'est un défaut
dans la tuile , 347 : crystallisées en rhombe , 350.

Pierres d'aigle. Mine de fer , 23. *Voyez* Etites.

Pierre de meuliere. Pierre trouée composée de quartz en masse crystallisée & mammelonée ; sa grande dureté la fait employer à moudre les grains , d'où lui vient le nom. Propre à la construction des
fourneaux , 98. Sa qualité connue par l'odorat. Introduction , x.

Pierres de taille. Sont des masses en gros blocs qui se trouvent en couches épaisses situées horisontalement dans le sein de la terre. Elles
se scient , se taillent & soutiennent le fardeau , elles sont ordinairement de la classe des calcaires , 98.

Pierre ollaire. Espece dont les surfaces sont glissantes & grasses au
toucher , elle est de couleur variée , ne fait point d'effervescence
avec les acides comme les argilles , elle prend de la dureté au feu ,

fouffre le tour & le poli pour en faire des vafes, d'où lui vient le nom. Introduction, x.

Pierre ponce. Pierre friable, blanche, poreufe & flottante, qui eft dans un état vitreux, formée dans le fein des volcans, 2 : a beaucoup de rapport à la lave des fourneaux que je nomme fritte des forges, 297, 305.

Pierres précieufes. Cryftaux naturels, fort pefants, de forme plus ou moins régulieres, tranfparentes, colorées différemment, d'une grande dureté, faifant feu avec le briquet, & prefque toutes infufibles, elles fe forment dans le fein de la terre par le fuintement des fluors qui contiennent les éléments de leur compofition ; peut être auffi par les opérations du feu, 478 *bis* ; participent d'un principe métallique, 69.

Pierre fchifteufe. Quelques-uns difent chiteufes, font formées par des couches additionnelles qui fe féparent à l'aide d'un outil tranchant, comme l'ardoife, quelquefois à la feule expofition de l'air, 345; Ne font pas propres à la conftruction des fourneaux, 98.

Pierres féléniteufes. Sont toutes les efpeces de gyps qui font compofées d'une terre calcaire faturée d'acide vitriolique, 349.

Pierre teffulaire. L'on donne cette épithete aux pierres qui font compofées de feuilles minces appliquées intimement les unes fur les autres, 345.

Pierrier (Artillerie) de St. Dizier. Sa defcription, 456 & fuiv.

Piliers. Maffe de pierre élevée fous une forme ronde ou quarrée, ordinairement ifolée à fa bafe & qui fert à fupporter la partie d'un édifice. Les piliers des fourneaux ne font point de ce genre ; ils font partie du mole quarré du fourneau, & font au nombre de quatre qui forment les quatre angles ; un mérite le plus le nom de pilier : c'eft celui que l'on nomme pilier de cœur, fa bafe eft un pentagone, il fupporte d'un côté le bout des gueufes ou longrines de fonte, ou les vouffoirs de l'encorbelement des marâtres des tympes, & de l'autre ceux de la marâtre de la tuyere, 166, 176. Le fecond pilier eft celui de retour qui fupporte les marâtres des tympes du côté par lequel il fait face au pilier de cœur, & de l'autre il fe confond avec la groffe maçonnerie du contour du fourneau, 167, 173. Le troifieme eft celui de la marâtre de la tuyere qui fupporte cette partie d'accord avec le pilier de cœur, & de l'autre côté fe confond avec la groffe maçonnerie, 173. Le pilier angulaire, qui eft le quatrieme, & qui eft l'extrémité de la diagonale tirée du pilier de cœur, compofe l'angle intermédiaire du maffif du fourneau entre le second & le troisieme pilier. Ces quatre piliers supportent l'entablement & les murs des batailles, 173 ; doivent être construits en grosse maçonnerie en bonne pierre avec des canaux expiratoires, & avoir quatre pouces de fruit par toises depuis la semelle jusqu'à l'entablement pour soutenir la poussée, 98.

Piliers de cheminée. Sont des prismes de fonte de fer que l'on établit solidement & perpendiculairement sur la bure du fourneau, pour porter les planches de fonte de fer sur lesquelles on éleve la cheminée au-dessus de la bure, 169.

Pilon de bocard. Est une masse de fonte de forme cubique, ayant une queue de fer battu que l'on enfonce dans le bout des montants du bocard pour leur donner de la pesanteur & pour qu'ils résistent plus long-temps à la trituration du minerai, 151.

Pilori. Pilier de bois, posé perpendiculairement, qui tourne à sa base sur un pivot, & supporté par le haut une roue à rochet horisontale, pour faire agir des soufflets à lanterne, 194.

Pipal. Crapaud d'Amérique, 244. Histoire de sa génération, 245, 247.

Pipe. Espece de gros tonneau long, & très bombé, qui sert de récipient à la trompe de Body, 199.

Pisolithes. Concrétions pierreuses ou métalliques, de forme sphérique, de la grosseur d'un pois, d'où leur vient le nom. Elles ont à peu près la même origine que les oolithes. Mine de fer en pisolithes, 37. Pierres en pisolithes, 339.

Planche. Est une piece de bois, sciée sur différentes dimensions, mais qui sont proportionnées de façon que l'épaisseur est beaucoup moindre que la largeur & que la longueur, qui est celle qui a le plus d'étendue. Planche percée de bocard pour remplacer la grille, 160.

Plantes (les) composent en général le regne végétal divisé par classes, familles, genres & especes : ont besoin du concours de la lumiere pour le développement de leurs feuilles. Leur sommeil : étiolées, 341.

Plaques. L'on appelle dans les forges en général plaques, toutes les pieces de fonte de fer unies ou figurées, qui ont beaucoup plus d'étendue que d'épaisseur. Ecoulement de l'air enflammé lorsqu'on coule de grosses plaques, 65. Destruction de celles que l'on nomme contre-cœur, 86 : de la bure. Ce sont celles que l'on pose sur la bure

pour contenir la maçonnerie, & pour délimiter l'ouverture du gueulard, 168 : de la tuyere, ses dimensions, 119 : use le bout des
soufflets, 101 : de bocard, 151, 157 : des montants de bocard ou
patins, 151, 180.

Plaques de fer battu ; pour garnir la base intérieure des jumelles du
bocard, 151 : percée par une balle de plomb, & résiste à une balle
de fonte de fer, 475.

Platine. Métal blanc, réfractaire, qui a presque le poids de l'or, infusi-
ble soupçonné être un alliage dans lequel le fer entre comme partie
constituante, mais dont la nature nous est encore entiérement incon-
nue, quoique de grands Chymistes aient tenté d'en faire l'analyse :
se fondroit dans nos fourneaux de fonderie, 3.

Plâtre. Chaux du gyps, ou le gyps brut lui-même, est une espece de
sélénite composée de l'acide vitriolique engagé dans une base calcaire & sablonneuse : n'est pas propre à servir de castine, 131.

Pli. Terme de ferblanterie. C'est une semelle repliée en deux pour être
étirée sous le marteau, appliquée l'une sur l'autre ; c'est ce que l'on
appelle *doublon* dans les tôleries, 368, 369.

Plomb, le plus mou de tous les métaux. Il entre en fusion avant de
rougir. Il est d'une couleur blanche-bleuâtre ; est un moyen de corriger la limaille de la fonte de fer, 74. Ses mines se trouvent souvent confondues avec celles de cuivre, d'argent, d'arsenic & de
cobalt, 174. Il s'en trouve dans la calamine, 292. Mines de plomb
de Body, Château-Lambert, Campanay & autres, 388 & suivantes.
De Sainte-Marie, 405, & suivantes.

Plombieres. Petite ville des Vôges, située dans une gorge très serrée entre deux montagnes fort escarpées, 381. Sa filerie, *ibid.* Ses eaux
thermales, ses bains, 382 ; ses eaux minérales froides, 383.

Plongeon (plancher). Est un glacis très incliné, qui commence au
bord du seuil de la vanne, & va aboutir sous le centre de la roue,
pour porter sur les aubes la colonne d'eau qui sort de la vanne,
153.

Plume-feuil. Gros morceau de bois, court, posé sur des courtiselles,
ou chantiers, ou sur une maçonnerie établie à chaque bout des arbres des roues pour supporter les empoëses sur lesquelles tournent
les tourillons des arbres, 176.

Poirier de Bourbonne dont le fruit au moment de la maturité devient
bois, & pousse une branche, 356.

Poisson

K k k k

Potaſſe. Sel alkali, tiré des cendres de bois brûlé en grand dans les forêts. L'on y emploie des bois défectueux & pourris, 322.

Porte-reſſorts. Partie du ſoufflet en bois. Deſcription, 203.

Porte vent. Eſt un tuyau de matiere ſolide, ou un boyau de cuir qui ſert de conducteur au vent entre le ſoufflet & la tuyere du fourneau. La buſe eſt une eſpece de porte-vent, 191. Des trompes, 197. Des ſoufflets en cloches, 212. Projet d'un porte-vent pour éloigner la ſoufflerie du fourneau, 225.

Potée. Chaux d'étain, 371.

Potilles ou Poutilles. Sont de groſſes pieces de charpente qui ſont partie de l'aſſemblage d'un empallement. Les potilles ſont aſſemblées à tenon & à mortaiſe à leur baſe, avec le ſeuil-bayard, ſur lequel elles s'élevent perpendiculairement, & ſont aſſemblées de même à leur extrêmité ſupérieure au chapeau. C'eſt entre les potilles que l'on fait les ouvertures des vannes & que les pales montent & deſcendent. Elles ſont garnies du côté du biez de fourrures, qui forment un lambris bien joint : du côté de l'aval elles ſont appuyées par des contre-potilles & des bras-boutants.

Poudingue. Pierre aggrégative, ainſi nommée par les Anglois. Elle eſt compoſée de galets, de ſilex ou de quartz, cimentés par un *gluten* qui tient du quartz. Cette pierre eſt très dure, reçoit un poli vif, & la variété des couleurs des différentes pierres & du ciment qui la compoſent, offrent à l'œil un ſpectacle agréable, 385.

Pouce. Le premier doigt de la main du côté du corps. Surnuméraire, 256, 257. Introduction, xxii.

Poudre martiale ou folle farine des forges, Attirable à l'aimant, 284. Sa définition, 285.

Poulmons. Viſcere caverneux & élaſtique, qui reçoit de l'extérieur l'air par l'inſpiration, & qui le repouſſe par l'expiration. Sont les ſoufflets du corps des animaux, 188.

Pourriture. Dégradation de l'organiſation & de la contexture des parties conſtituantes des corps. Du bois, 307, 310. Blanche. Rouge. Plume de geay. Leur cauſe, 321 & ſuivantes.

Poutres. Sont de groſſes pieces de Bois de charpente qui ſoutiennent le fardeau de l'intérieur des bâtiments. Cauſe de leur dépériſſement, 325, 328. Moyen de les conſerver ſaines, 330. Compoſées de madriers, 333. Polygones, 332.

Précipité. La chymie a adopté ce terme pour exprimer une matiere quelconque qui se sépare du dissolvant qui le tenoit suspendu dans un fluide limpide, & que l'on en dégage par une tierce substance, qui a plus d'affinité que le dissolvant, avec le premier corps dissou, lequel cede à l'action de l'intermede, & se dépose sous une forme ou mucilagineuse ou pulverulente au fond du vase qui contient la liqueur. Blanc de la cadmie. Bleu de la même substance, 288.

Prisme. Solide allongé, dont les plans sont rectilignes réguliers. Les prismes prennent leur dénomination du nombre des plans dont ils sont composés ; ils ne peuvent en avoir moins de trois, tels les triédres, les triangulaires, ainsi de suite jusqu'au polygone, 477 *bis*.

Productions anguleuses des montagnes, 415.

Produit du travail d'un fourneau de fonderies elliptique, comparé avec celui d'un fourneau quarré, 117. Poids & quantité des matieres employées, comparé avec le poids & le volume de la fonte, 228.

Puissance. Forces mouvantes propres à faire agir des soufflets, 223.

Purification de la fonte, 42. *Voyez* Régule.

Pyramide. Solide qui se termine en pointe, ayant plusieurs faces. Elle est moins affilée que l'obélisque, 476, *bis*.

Pyrethre. Racine d'une plante qui a la fleur comme la marguerite. Sa grande âcreté dégorge abondamment les glandes salivaires. Employé par les Vinaigriers, 489.

Pyrites. Substance minérale & métallique qui se forme journellement. Elle est composée de soufre, de terre & d'un métal seul ou combiné ; tel le fer, qui est le plus ordinaire, le cuivre, & souvent l'arsénic. Celles qui sont purement martiales se décomposent facilement à l'air, par l'action que le soufre a sur ce métal, sur-tout lorsqu'elle est aidée de l'humidité à l'air libre, 58. Crystallisent en aiguille comme la fonte blanche, 71. En gâteau, 21. Leur décomposition forme les mines de fer par dépôt, 23 & suivantes. Factice avec la cadmie des forges, 291. Cubique sur du spath, 338. dodécaédre de vignori, 338. Dans la tuile, 347. Artificielle dans le feu, 479.

Pyrophore. Matiere charbonneuse, composée avec de l'alun, de la farine & du miel calcinés ensemble dans un matras. Ce charbon salin, s'embrase aussitôt qu'on l'expose à l'air, 185.

Pyrotechnie. Est l'art de développer le feu, & de l'appliquer avec avantage & économie, 95, 108.

K k k k ij

## Q.

QUADRANGULAIRE. Solide qui a quatre angles.

Quart de cercle. Eſt une courbe qui fait la quatrieme partie d'un cercle, & dont les deux rayons qui la terminent font un angle de quatre-vingt-dix degrés. Du balancier des ſoufflets en cloches, 213.

Quartz. Subſtance très dure, de couleurs variées; d'un tiſſu feuilleté. Se briſant en tous ſens ſans affecter de forme réguliere à la caſſure, ayant un éclat vitreux, faiſant feu avec le briquet, infuſible ſeul. Il ſe forme journellement dans l'intérieur des montagnes, où l'on en trouve des maſſes immenſes, qui ſont de l'antiquité la plus reculée. Il contient ſouvent du métal. Il accompagne & traverſe les filons des mines; ce qui eſt d'un mauvais préſage. Quelques perſonnes prétendent qu'il s'en forme dans le bois, qui ſe décompoſe par la pourriture, & dans le tabac préparé, gardé long-temps. Il eſt uni ſouvent aux mines de fer, 159. Phoſphorique de Plombieres, 384.

Queue. Prolongation de la chaîne des vertebres lombaires des animaux ou du coccyx, laquelle ſe termine en pointe, 270. Chiens ſans queue, 270. Rats ſans queue, 271. Hommes à queue, *idem.*

Queue de pale. Eſt la tige de bois équarrie, au bas de laquelle eſt fixée une eſpece de table, compoſée de planches aſſemblées à plats, joints, ſoutenues par des battes bien chevillées; laquelle ſert à boucher la vanne d'un empallement. C'eſt par le moyen de la queue de la pale qu'on la leve, avec une baſcule ou toute autre méchanique, 175, 182.

Queue d'aronde. Terme de charpenterie & de menuiſerie. Eſt un tenon triangulaire & conique, dont le ſommet eſt adhérent à la piece qui le doit joindre à une autre taillée de même. C'eſt le plus fort aſſemblage, il exige beaucoup de juſteſſe de la part de l'ouvrier. Les quaiſes des volants des ſoufflets ſont jointes à queue d'aronde, 180, 204.

## R

Rabat d'ordon. Est un ressort formé d'un morceau de bois élastique, dont partie du corps passe à travers la lumiere de la poupée. La queue est assujettie dans la chapelle de la grande attache, sa tête s'avance au-dessus du manche du marteau près de l'enmanchure. Renvoye le marteau sur l'enclume, 462

Rable. Outil fort en usage dans les forges. Il y en a de bois & de fer. On l'appelle par corruption *rouale*. Cet outil est composé de trois parties ; l'une est large, taillée à sa base sur une ligne droite, & hémi-circulairement en-dessus ; au centre de la partie supérieure arrondie, est soudée une rige taillée en douelle, qui est recourbée sur un angle aigu, ensorte que le manche de bois qui est assujetti par un clou dans la douelle, est incliné au plan de la partie large, qui est une espece de ratissoire, 133. Pour laver la mine, 166. Triangulaire ou charue, pour former le moule dans la gueule, 137.

Radeaux aîlés. Petites flottes de bois de sciage, que l'on fait pour voiturer par eau les planches sur les petites rivieres. L'on fait sortir des nœuds collatéraux une planche qui flottant sur l'eau, soulève le train, 527.

Raifort. Plante à fleur en croix, à grande feuille, qui a un goût très piquant de moutarde, que l'on nomme pour ce, moutarde des Capucins, des Allemands. Employés par les Fondeurs en bronze, 439.

Rainures. Des quaises & des liteaux des soufflets, 208.

Rasles à charbon. Grands panniers, composés en forme de vans avec des brins d'ozier de viourne, ou des lames de bois de chêne, décorées, fendues sur le genou, que l'on nomme communément *aissignon*. Contenant environ une feuillette ou cinquante livres de charbon, 130, 147.

Rats nés sans queues. Cause de cet accident, 271.

Récepés. Sont des recoupes que l'on fait à la scie, pour séparer du tronc des arbres en grume, les parties qui sont tarées de quelques vices, 307,

Recingler. C'est cingler une seconde fois une piece qui ne l'a pas été suffisamment de la premiere chaude, & pour en mieux souder les parties, 463.

Récipient. L'on nomme ainsi tout vase destiné à recevoir dans sa capa-

cité intérieure une vapeur, une liqueur provenante d'un autre vaiſſeau, ou le vaiſſeau même. Des cloches à ſoufflets, 212, 215.

Récolement des ventes. Viſite & vérification que les Officiers des maîtriſes font dans les ventes exploitées, pour connoître ſi l'adjudicataire s'eſt conformé aux clauſes de ſon adjudication, 315.

Recrément des forges. Ce ſont toutes les matieres impures que le feu
ſépare du minerai dans la fuſion, dans l'affinage & dans les autres
opérations des forges. Telles les laves vitreuſes, les laitiers, les
ſcories, le hamecelach, la poudre martiale, la cadmie, &c. 87.

Recuit. Eſt un ſecond feu que l'on donne à différentes pieces de fonte
& de fer, pour leur enlever la qualité aigre qu'un trop prompt
réfroidiſſement auroit pu leur donner; pour en ſéparer des parties d'air qui ſe feroient cantonnées ſans faire corps, & pour en
reſſerrer le tiſſu. Des canons, 441.

Recul du canon. Définition & moyen d'y remédier, 474, bis.

Réduction. Terme foreſtier. C'eſt calculer le cubage d'un arbre par
ſa longueur & groſſeur, avant qu'il ſoit équarri, ou après, 308.

Réduction (métallurgie). En général c'eſt l'opération par laquelle on
parvient à convertir un mineral en métal, par le ſecours du feu,
à l'aide des fondants & des correctifs.

Refouler une loupe. C'eſt en reſſerrer à coups de maſſe les parties
extérieures pour réunir les portions trop écartées, afin de leur conſerver la chaleur, & de les diſpoſer à mieux ſe ſouder, 462.

Régule. On entend, en métallurgie, par ce terme, la partie métallique que l'on obtient par l'eſſai d'une mine.

Régule d'antimoine. C'eſt le demi-métal tiré de l'antimoine, auquel
on a enlevé le ſoufre qui le minéraliſoit, ſoit par la calcination,
ſoit par le nitre, 60.

Régule de fer : définition, 75. Introduction XII. Sa préparation. Differe du fer & de la fonte, 432. Produit de bon fer, 444. Propre à
couler des canons, 435. Précautions à apporter pour le faire en
grand, 436. Cryſtalliſe en rhombe, en cube, en parallélipipede,
en tétradécaédre, 476, bis. 477. Voyez planches II, III & XIII.

Relever le fourneau. C'eſt une opération par laquelle on détache &
on enleve de l'entrée du creuſet, après la troiſieme charge, le laitier qui s'amalgame avec le charbon & les craſſes que l'on y a mis
inçontinent après la coulée pour empêcher la chaleur de paſſer ſous
les tympes, afin de faciliter l'écoulement du laitier. Quand le
fourneau eſt chaud ſur le devant, il ſe releve de lui-même, 140.

Relever les soufflets. C'est enlever les volants de dessus les gîtes pour démonter entiérement les parties mobiles des soufflets, afin d'y faire les réparations nécessaires, & de les graisser, 206.

Renard, est la seconde forme que le fer reçoit dans l'affinage sous sa troisieme dénomination. C'est la piece cinglée. Il a la forme d'un prisme quadrangulaire irrégulier, dont les angles sont légérement rabattus, & une tête du côté que l'ouvrier le saisit avec la tenaille pour le cingler. Il a de quinze à vingt-deux pouces de longueur, sur quatre à cinq pouces de face, 43, 462. Cette dénomination lui vient des feux appellés renardieres.

Renardieres. Affineries du troisieme genre, dans lesquels on affine le fer, & on le chauffe pour finir les barres : ensorte que ce feu est extenseur ou chaufferie & affinerie en même-temps ; le travail en est plus parfait & moins coûteux que celui des affineries du second genre. Ces feux sont ainsi nommés, parcequ'ils sont très laitineux, & que souvent le laitier passe par la tuyere. Lorsque les ouvriers ne sont pas attentifs à le lâcher à propos, alors ils disent que la tuyere renarde comme les ivrognes, 43, 202, 461.

Renfort, est une augmentation de matiere qui forme une partie saillante à la surface d'une piece qui en exige. Des buses des soufflets, 201. Des canons, 471.

Requin, ou *requiem*. Poisson le plus vorace & le plus goulu de la mer, est un cetacé du genre des chiens de mer de la grande classe. Mâchoire & dents de requin, 348.

Ressort d'ordon : voyez rabat.

Ressort des soufflets, de diverses especes, 191, 203, 222.

Retraite. Le feu dilate tous les corps sur lesquels il agit. Il s'interpose entre les parties, les écarte & en augmente l'étendue. Les métaux en fusion sont intimement pénétrés de la matiere du feu qui en augmente le volume ; mais à mesure que ces parties de feu les abandonnent, qu'ils se réfroidissent, leurs parties se rapprochent, & alors leur tout occupe moins d'espace que lorsqu'il étoit en fusion. Cette diminution d'espace, que l'on reconnoît par le renfoncement des pieces de métal coulées, se nomme retraite, 432. Les métaux forgés en font une moindre, & en différents sens, 373.

Rhombe. Surface quadrangulaire-équilatérale qui a deux angles aigus, & deux obtus opposés entre eux, 69, Planches I & II.

Rhomboïdal. Qui a une forme approchante de celle du rhombe.

porte son impulsion : d'autres à cuvier sur lesquelles l'eau tombe, emplit les augets ou cuviers, & agit par sa pesanteur. D'autres à gorge de loup, qui sont des roues à cuvier du second genre, dans lesquelles l'eau ne tombe qu'à la hauteur du centre de la roue, &c.

Rouille. Dégradation d'un métal à l'air libre, soit par l'effet des huiles, des acides, de l'eau, de l'humidité de l'air, ou autres agents qui corrodent la surface des métaux. Ses effets sur le fer, 47 : fondue, 82. Il n'y a que les bons fers & aciers qui en soient susceptibles, 455.

Roulette (Fourneau de la), 194.

Roulures du bois. Sa définition : voyez arbres, 307, 310, 330.

Rubis. Pierre précieuse d'un beau rouge diaphane, & resplendissante, très dure, imitée par une crystallisation de laitier de chaufferie, 83.

Rudiment. Ce sont les premiers éléments de toutes choses. Des soufflets, 187. Du travail du fer, 191.

Ruster. C'est assembler plusieurs pieces ensemble, & que l'on assujettit par des cordes contournées avec effort en spirale autour de l'assemblage. Imitation de cette opération pour faire des canons de fer à ruban, 473 bis.

Rustine, est la partie inférieure du creuset d'un fourneau qui est en opposition avec les tympes, & qui donne sa dénomination à toute la partie de l'ouvrage qui y correspond. Son à plomb est éloigné de huit pouces du centre de l'intérieur du fourneau, 110. L'on charge du côté de la rustine, 132.

---

## S

Sable. Débris des pierres de tout genre, réduites en petites parcelles anguleuses, dures, opaques ou transparentes, calcaires ou vitressibles, pures ou mêlangées avec des terres de différents caractères. On donne aussi ce nom aux débris des coquilles fluviatiles & marines, amoncelées dans les terres d'alluvion ou dans les angles rentrantes des fleuves & rivieres, par l'effet du remoux : calcaire pour le fond de l'ouvrage, 138 : réfractaire pour composer l'ouvrage, 116, 168 : quartzeux, mêlé aux minerais, 138 ; 161, 162 : propre pour composer le moule de la gueue, 137, 138.

Safre. Verre bleu fait avec du cobalt, du caillou ou du sable, & un alkali-fixe. Ce verre fert dans la peinture au feu : mêlé aux laitiers des mines de fer en gallerie, 297.

Saint-Dizier. Ville moderne de la Champagne, capitale du Vallage. Sa defcription, fes chantiers, fes bateaux, 518, fon Siege, 541. L'on trouve dans fes environs une terre propre à faire des briques réfractaires, 115 : des crapaudines dans les pierres qui forment le lit de la Marne, 240. Enfants monftrueux nés à Saint-Dizier, 251. Dépôt de fer, 518.

Saint-Loup. Village de Franche-Comté, 377. Son fourneau, fes mines, 378.

Saint-Nicolas. Ville de Lorraine. Ses cailloux colorés, 366.

Sainte-Marie aux mines. Petite ville d'Alface & de Lorraine. Ses mines, 404. Leur defcription, 405 & fuivantes.

Sainte-Mouffe. Riviere de Franche-Comté dont les eaux font rouffes, 377.

Salbande. Couche de fubftance pierreufe, minérale & métallique, qui accompagne le filon des mines, & lui fervent de lifieres, 407.

Salicorne : voyez baffe-conte, 205.

Salieres du cheval. Définition : font de la compofition, de la ftructure du cheval, 266, 269.

Salines. Lieux où l'on extrait le fel des eaux des fontaines falantes, par l'évaporation à l'air & au feu, établie à Bourbonne par les Romains, 366.

Salpêtre. Sel qui fe forme à l'ombre dans les vieux murs, les platras & les terres abreuvées par les urnes des animaux. Les parties élémentaires de ce fel nous font encore inconnues ; fes conftituantes font un acide puiffant & paticulier engagé dans une bafe alkaline. Sa propriété particuliere eft de fulgurer fur les charbons ardents, & avec le foufre. Employé pour purifier la fonte de fer, 439.

Sanguine. Mine de fer pauvre, de couleur rouge, friable, qui fert à deffiner. C'eft une efpece d'hématite, 84.

Sapin. Arbre réfineux conifer qui s'éleve pyramidalement à une très grandehauteur, il fe plaît fur la cîme froide des montagnes. Son bois blanc & réfineux eft très propre à la conftruction des foufflets des forges, 223. Il y a beaucoup de forges qui font conftruites en bois de fapin, & qui n'ufent pas d'autre charbon que celui qui eft cuit avec le bois de cet arbre, 403. Il y a encore des parties de forêts dans les montagnes des Vôges où les fapins périffent fur pied, 511.

Sarrazin. Terme de mépris que les Forgerons donnent aux loups des fourneaux, 4. mêmes aux grappes qui s'attachent aux mérades des affinèries, 4. *Voyez* Loup, bête.

Saturne. Nom que les Chymistes ont donné au plomb, le sel de Saturne est une combinaison du plomb dissout par le vinaigre, 292.

Saule. Arbre aquatique à chatons, dont le bois est blanc, sa végétation sans feuille, 340.

Schiste. Pierre opaque argilleuse de diverses couleurs qui est composée de lames appliquées les unes sur les autres & qui peuvent se séparer, 349.

Schorl. Pierre qui se figure en crystáux assez gros, de couleur brune, grise ou rouge, dont on ne connoît pas encore exactement la nature; quelques Minéralogistes croient que c'est le basalthe des anciens, 478.

Scie. Lame de fer dentée qui sert à diviser la pierre & le bois pour les réduire en plus petites masses. Cet instrument ne coupe qu'en arrachant les parties qu'il frotte, 324. Proposé pour l'abattage des arbres de futaie, n'y est pas propre, 310 & suivantes; empêche de repousser les arbres, 314. Verticale pour scier les arbres dans leur longueur, 310 & suiv. à bras & à moulin, 311. De moret à douze lames, 513.

Scories. Terme chymique qui exprime la matiere pultasée qui surnage les métaux en bain, & qui est composée des matieres hétérogenes unies au minéral, & des flux réductifs employés. Ce terme est en usage aussi dans les forges, pour exprimer en général les différentes sortes de crasses & de laitier, 42. Proprement dites, 296. Contiennent du fer, 433.

Secret des Maîtres Etameurs des ferblanteries, 370.

Seigle. Plante graminée qui se plaît dans les terres légeres, & dont on fait du pain qui se tient long-temps frais. Sa farine entre dans les eaux sûres des ferblanteries, 370. Qui se feme au printemps, 386.

Sélénite. Est une pierre ou plutôt un sel gypseux composé d'acide vitriolique & d'une terre absorbante crystallisée : de Bourbonne, de Berken, de Montmartre, de Neufchâteau, 349. Contenu dans les eaux de Bourbonne, 361. Rend le fer du Pont-de-bois cassant, 367.

Sels. Principe des saveurs; ce sont des substances qui se tirent des trois regnes qui ont la faculté de se dissoudre dans l'eau, de s'en séparer par la crystallisation. Ils paroissent alors sous des formes qui leur

L 1 1 1 ij

sont propres, 69. Ils impriment tous sur la langue une saveur particuliere, qui est d'autant plus forte qu'ils sont plus développés & plus concentrés. Ils sont plus ou moins transparents, tous se réduisent en liqueur lorsqu'ils sont exposés au feu ; ils sont susceptibles entr'eux de combinaisons, & de s'associer des parties terreuses & métalliques, ce qui forme la classe des sels composés qui est infinie. Il y en a de naturels, tel le sel gemme, 365. le nitre, le natrum, le sel ammoniac, 349 : l'alun, 303 : le vitriol-fluor. On en tire des eaux souterraines, tel le sel marin, de glaubert, d'epsom, 363. Des plantes, par ébullition qui sont les sels essentiels, tel le sucre, celui d'oseil, &c. Par la crystallisation, des sucs, tel le tartre. Par incinération, qui sont les alkali fixes & les alkali volatils. Ces derniers se tirent plus particuliérement des animaux par la cornue. La Chymie multiplie les especes des sels combinés ou neutres par le mêlange en variant les bases qui sont l'alkali minéral & le végétal, les terres alkalines, absorbantes, les métaux, &c. Les sels entrent dans la minéralisation des métaux, 77. Tous attaquent & dissolvent le fer, 83. Sel marin à base terreuse des eaux de Borbonne, 362. Qui fleurit sur le sol des environs des sources, 363. La théorie en général des sels est immense, je n'en parle ici que très sommairement relativement à mon objet.

Semelle de bocard. C'est la base du bocard, elle est formée d'une piece de bois de douze pouces d'épaisseur & de vingt pouces de largeur posée à plat sur des loirs. Elle supporte les jumelles qui lui sont assemblées, & la plaque de fonte de fer sur laquelle les pilons brisent le minerai, 150. 180.

Semelle du fourneau. C'est la surface des fondations de tout le mole de la maçonnerie, 167.

Semelle. (terme de ferblanterie) Plaques minces de fer qui n'ont reçues qu'une seconde ébauche, 368.

Sensations. Impression des objets que les sens portent à l'ame. Altérées par le désordre des organes, 259.

Serge de bassin. Ce sont les planches droites ou courbes posées de champ, qui forment les côtés d'un bassin ou lavoir & en délimitent l'espace, 156, 181.

Seve des arbres. Humeur nourriciere que les arbres tirent de la terre par les racines & qui est portée dans toutes leurs parties par les loix de l'hydrostatique, pour fournir à leur aliment & à leur accroissement. Le sentiment, qui paroît s'accréditer, de ceux qui soutien-

ment que l'eau eſt le ſeul principe de la végétation, conſéquemment que la ſeve eſt une eau ſimple qui ſe modifie dans les organes des plantes, me répugne malgré l'autorité de ſes partiſants. Je
ne peut me refuſer à croire que les plantes ſe nourriſſent comme
les animaux, de ſubſtances capables de fournir à l'accroiſſement &
à l'entretien de leur propre ſubſtance ; que l'eau eſt le diſſolvant &
le véhicule de ces principes nourriciers, & que je parviendrois à
faire changer de ſentiment les partiſants les plus opiniâtres du ſyſtême purement hydraulique, ſi je les tenois enfermés pendant
ſeulement deux mois, & ne leur donnois pour toute nourriture
que de l'eau diſtillée, en les occupant d'un travail qui exige l'é-
nergie des nerfs & des muſcles. Conſéquemment une nourriture
qui puiſſe réparer les pertes ; leur ſtérilité & leur maigreur les feroit bientôt réclamer & abjurer leur erreur. Marche de la ſeve dans
certains arbres, 318, 319. Concourt à la deſtruction du bois abattu,
*idem.*

Sexe. Diſtinction des individus mâles & femelles des animaux qui
ont chacun une façon propre & différente de ſe propager, laquelle
eſt caractériſée par des ſignes extérieurs & des organes différents,
ſuſceptibles d'une attraction mutuelle, dont les mouvements ſont
ordonnés par l'impulſion de la nature. Déterminé par l'appétit plus
preſſant des animaux dans l'inſtant de l'acte générateur, 260.

Sexdigitaires. Hommes qui ont ſix doigts à l'une ou aux quatre extrémités du corps, 256, & ſuiv. Je n'ai point connu de femmes qui
aient été douées de cette exuberance de la nature.

Smectris. Terre ſavoneuſe de couleur variée qui eſt luiſante & qui ſe
poli, elle adhere aux dents, rend l'eau écumeuſe & ſert à dé-
graiſſer les laines. De Bourbonne, 350. Blanche de Plombiere,
384.

Someil des plantes. Etat d'apathie des plantes privées de la lumiere,
341.

Sornes. C'eſt ainſi que les Forgerons appellent la maſſe de laitier qui
reſte dans les foyers lorſque l'on en ceſſe le travail, laquelle occupe
en plus grande partie l'eſpace du fond du creuſet ou de l'ouvrage,
& en ſe réfroidiſſant, ſe condenſe ſous une forme anguleuſe un
peu arrondie par deſſous & creuſée en deſſus par l'impreſſion du
vent lorſque le laitier étoit encore fluide. Ces maſſes contiennent
du fraſin, des charbons, & ſouvent des grumeaux de fer ; il
s'en forme auſſi quelquefois pendant le travail, ſur-tout dans les-

affineries du second genre dans lesquelles on pique sur la forne, c'est-à-dire, qu'on laisse accumuler le laitier dans le fond du creuset pour nourrir le fer, & que l'on fait condenser, en refroidissant le fond du foyer avec de l'eau qui vient d'un petit bacheret ou cheneau, 296.

Souches. (terme forestier) Base du tronc d'un arbre, qui est adhérente aux racines, & est séparée de l'arbre par l'abattage à fleur de terre ; poussent des ruisseaux de seve, 318. Repoussent des brins, 314, 316.

Souffler. Est l'art d'administrer le vent & de poser la tuyere suivant les principes de la pyrotechnie pneumatique. A froid, c'est faire agir les soufflets d'un foyer où il n'y a plus de charbon, afin de le refroidir plus promptement, 74.

Soufflerie. C'est l'équipage complet de tout ce qui a rapport aux soufflets, & au vent, même l'espace qui les contient, 225.

Soufflet. Toute machine qui met l'air en mouvement & lui donne de l'activité en le comprimant, se nomme soufflet, on nomme soufflet de longs tuyaux qui ne servent que de canal à l'expirationde la poitrine, tels les tubes de roseau, même de bois & de fer, 186. Définition du mot soufflet, 188, 193. Les forges qui ne peuvent réussir dans leur opération que par un feu très actif, emploient diverses sortes de soufflets pour augmenter la chaleur de leurs foyers, 190. Premier soufflet naturel, 186. Premier soufflet artificiel ; rudiment des soufflets, 187. Composés de roseaux, de brins de bois, de canons de fusil, 186, 187 : d'Emailleur, 194 : de fourneau, 97, 200 : cessent pendant le temps de la coulée, 137.

Soufflets de cuirs. Premier genre, 103, 190, & suiv. leur dépense, 221 : premiere espece, 190 : à ressorts, seconde, 191 : quarrés, troisieme, 193 : cylindriques à lanterne, quatrieme, 193 : à vent continu, cinquieme & derniere espece, 194 : des bouchers, 191 : d'orgues, 193, 201, 206,

Soufflet en trompe. Deuxieme genre, 103, 195. *Voyez* Trompes.

Soufflet de bois. Troisieme genre inventé en 1626 : par un Evêque, 200. A vent simple, premiere espece, 103, 199. & suiv. sont les meilleurs, 229 : on peut en augmenter le nombre, 225 : à vent continu ou à deux ames, à deux vents, seconde espece, 210.

Soufflets en cloches. Quatrieme genre, 103, 210, & suivantes. *Voyez* Cloche.

Souffletier. Efpece de Menuifier qui s'occupe de la conftruction & des réparations des foufflets, 100, 206, 207.

Souffre. Efpece de bitume jaune qui fe forme journellement dans l'intérieur de la terre par les feux fouterreins : il eft compofé de l'acide vitriolique uni au phlogiftique : il brûle à l'air libre, & exhale une vapeur qui, lorfqu'elle eft légere, excite la toux, parcequ'elle pénetre avec l'air dans la trachée artere dont elle irrite les membranes, & elle fuffoque tout ce qui refpire lorfqu'elle eft abondante. Le foufre fe fond fur le feu, & s'y fublime en une pouffiere fubtile, jaune, que l'on nomme fleur de foufre, propriété qui le diftingue des bithumes huileux. Natif; eft celui que l'on retire des bouches des volcans, 2. Vif; celui qui eft confondu avec des matieres pierreufes & des laves, *ibid*. Minéralife le fer, & en forme des pyrites, 58. A beaucoup d'affinité avec le fer, & le fond très vîte, 83. Le grillage en dépouille les minerais, 40. La fonte de fer contient du foufre, 65. Factice avec la cadmie & l'huile de vitriol, 291. Lorfque l'on en a brûlé dans les tonneaux avant d'y introduire du vin, du vinaigre, ou autre liqueur, il leur fournit de l'acide vitriolique, 502.

Sou-glacis. Plancher que l'on conftruit au-deffous d'une chûte d'eau, pour empêcher qu'elle ne faffe des excavations, & pour en diriger la courfe, 176, 180.

Soupape ( méchanique ). En général eft une petite table mobile, de dimentions & de formes variées, de métal ou de bois, qui s'adapte fur l'orifice d'une ouverture pour la boucher & la fermer alternativement, afin de donner ou de fermer le paffage à l'air ou à l'eau dans différentes machines. De foufflet de cuir fimple, 191. Des foufflets à l'anterne, 194. Des foufflets de cuir à vent continu, 195. Des foufflets en bois, dit ventillons; double, 206. Servant d'épiglotte à l'entrée des bufes, 207. Des foufflets en cloches, 212.

Soupiraux. Sont des ouvertures pour laiffer un paffage libre à l'air & aux vapeurs raréfiées dans une efpace au-deffous de la furface du fol. L'on forme des foupiraux aux moules, dans lefquels on doit couler un métal en fufion, 65. L'air & les vapeurs de la voûte qui eft conftruite fous le creufet du fourneau s'échappent par trois foupiraux, 97, 166.

Spath. Il y a deux genres de fpath qui different entre-eux effentiellement; l'un eft calcaire, & c'eft le fpath proprement dit; l'autre

est fusible, & a des rapports au petunt-zé qui entre dans la porcelaine.
Pour éviter la confusion de la nomenclature, il seroit nécessaire de
créer un nom pour le spath fusible. Le spath, proprement dit, est une
pierre brillante, composée de feuillets, cryftallisée sous différentes
formes, qu'il conserve dans ses plus petites molécules ; il se brise
facilement ; il varie autant par son poids que par sa couleur, qui
font en raison des substances qui font entré dans sa composition. Il
se réduit par la calcination en une chaux pulvérulente, qui ne fait
point d'ébullition avec l'eau ; mais qui attire l'humidité de l'air dont
elle reste imbibée. Le spath est formé par des fluors dans le sein de
la terre, & sert de ciment aux molécules pierreuses du genre des
calcaires, pour en former des masses, 69, 337. Sa formation, 341.
Cryftallisé en prisme triédre, 348. Rhomboïdal, chargé de pyrites
cubiques, 338. Cubique cryftallisé sur des cailloux, 355. Dans
l'eau de Buffan, 399. Fusible de Vignori, 338.

Spatule. Petite palette terminant un long manche, que les Fondeurs
nomme *torchette* : ils s'en servent, pour réparer avec du mortier
d'herbue, l'ouverture de la tuyere du fourneau, 136.

Stalactites. Concrétions pierreuses d'une forme pyramidale, irréguliere, qui se forment aux voûtes des grottes, des cavernes & des
voûtes des terrasses & des ponts ; elles y font adhérentes par leur
base, qui prend du renflement en même temps que la pointe s'al-
longe par le desséchement de l'humeur pierreuse qui les imbibe, & se
condense sur les surfaces ; tel l'eau qui se glace au bord des toitures
lorsqu'un vent du Nord succede subitement à la pluie, ou que le
soleil fond la neige qui les couvre pendant le grand froid. Le tissu
des stalactites est ordinairement feuilleté : elles ont une demie transf-
parence, & font du genre des spaths, des albâtres & des marbres,
341, 342, 399. Par analogie des formes, je nomme stalactites les
égoûtures ferrugineuses qui se forment au-devant de la tuyere des
fourneaux, 136.

Stalagmites ( les ) ne different des stalactites que par la forme & par
les accidents de leur formation. Ce font des concrétions cryftallisées
qui se forment sur l'aire des grottes par l'instillation des humeurs
pierreuses qui y tombent, ou qui cryftallisent dans les bassins remplis
de cette eau, qui tient en dissolution des molécules pierreuses,
341, 342, 399.

Statique. Science qui traite de l'équilibre des corps, pour en connoître le poids & les rapports, 489.

Sthoc ( Méchanique des forges ). C'est une très grosse piece de bois, de
quarante

quarante pouces environ de diametre, & de sept à huit pieds de longueur ; composée d'un seul arbre, ou de plusieurs morceaux fortement assemblés par des goujons, & contenus par plusieurs liens de fer. Cette piece est fondée sur une bonne maçonnerie, ou sur le rocher ; elle est enfoncée dans la terre jusqu'au niveau du sol, & elle est solidement établie par des croisées de bois, & comprimée par des pierres, des crasses & de la terre battue. Dans sa partie supérieure, on creuse un mortier quarré, de 15 à 16 pouces de profondeur, & de vingt-quatre pouces de largeur en tous sens. Ce mortier est fait pour recevoir la base de l'enclume du gros marteau, que l'on y rend stable avec du blocage & des coins chassés à grands coups de masse ; & crainte que le haut du sthoc ne se fende par la pression des coings, il est garni à sa partie supérieure d'une forte frette de fer, outre plusieurs liens qui sont au-dessous, ou il est emprisonné dans un collier épais de fonte de fer : dans quelques forges, le haut du sthoc est composé d'une grosse pierre, 44, 121.

Sublimation. Terme Chymique, qui exprime les encroûtements que forment les vapeurs des substances volatiles exposées à l'action du feu, aux parois des vaisseaux qu'elles rencontrent dans leur expansion ; telle la suie des cheminées des appartements. De la cadmie, 277, 279.

Sublimé corrosif. Substance blanche, crystalline, d'un goût âcre & caustique, formée par la combinaison du mercure & de l'acide du sel marin surabondant ; sublimée dans des vaissaux appropriés. Employée par les Fondeurs en bronze, 439.

Svelte. Mot énergique, tiré de l'Italien *Svelto*, pour exprimer les formes bien détachées des corps, & prononcé avec autant de graces que de légereté, 499.

Suer. Un corps sue lorsqu'une chaleur accidentelle accélere la circulation des fluides, dilate les solides, & fait pousser au dehors une rosée qui transsude à travers les pores extérieurs. Les canons d'artillerie subissent le même effet, lorsqu'un tir multiplié les a si fort échauffés que leur contexture est dilatée, & laisse un passage à la liqueur corrosive de la poudre, qui a d'autant plus d'action, qu'elle est raréfiée à l'infini, & pressée par une force qui ne peut se calculer, 474. Ce n'est pas dans ce sens que les corps froids suent, lorsque l'air est chargé d'eau qui se condense à leur surface, tels les divinités de marbre & de bronze du polythéisme qui, au lieu de rendre par cette cause physique des oracles, dont leurs fourbes confidents tiroient un si grand avantage, n'étoient que des hygrometres qui annonçoient une pluie prochaine.

M m m m

Suer le fer. C'eſt lui donner une chaude complette, qui en amollit les parties intérieures, leur donne une couleur dorée, & fait ſortir au dehors une couche de laitier, ſoûs la forme d'un vernis fluide.

Suie. Définition, 100. Eſt employée pour mettre le fer au tain, 371. De zinc, 290, 294.

Suif. Subſtance graſſe & ſolide que l'on retire de preſque toutes les parties des animaux ruminants. L'on s'en ſert dans les forges pour diminuer le frottement des tourillons des arbres des roues. Pour graiſſer les ſoufflets, particuliérement ceux de cuir, 221. Il eſt employé dans la ferblanterie pour couvrir l'étain en bain dans le trempoir, 371, 372.

Surchauffer le fer. C'eſt lui donner une chaude forcée, qui le décompoſe ſouvent au point de le fondre & de le réduire en laitier, 453.

Sydérotechnie. Mot compoſé de σίδηρος, fer, & τέχνη, art. Par ſyncope art de traiter le fer.

Sydérurgie. Mot compoſé de σίδηρος, fer, & ἔργον, travail. Art de fabriquer le fer.

---

# T

**T**ABLEAU d'hydroſtatique, 491.

Tablier clunaire. Les Mineurs des mines en galerie, qui ſont preſque toujours aſſis ſur la roche humide, portent un grand tablier de cuir qui leur pend par derriere, au-deſſous du jarret, & ſur lequel ils s'aſſeyent pour les préſerver de l'humidité. Ils ne le quittent pas les jours fériés. Ils ſe parent avec des tabliers neufs bien noircis, qui compoſent une partie de leur uniforme, 406.

Tactique. Science qui traite de toutes les opérations qui ont rapport à la guerre, 426.

Tain. Couche légere d'étain, que l'on applique avec art ſur le fer dans les ferblanteries. Détail de cette opération, 369, 370.

Talc. Subſtance minérale de couleurs variées, gliſſante au toucher, & diſpoſée en lames minces, qui ſe détachent facilement. Le talc differe du ſpath & des gyps, en ce qu'il eſt réfractaire au feu, qui le rougit ſans altérer ſa couleur, ſa contexture ni ſa peſanteur. On en trouve de mêlé aux mines de fer. Il rend réfractaire le fable , avec lequel on compofe les creufets des fourneaux, 114.

Taqueret. Plaque de fonte de fer , de vingt à vingt-quatre pouces en quarré , & d'environ un pouce d'épaiffeur , que l'on pofe fur la tympe du fourneau , & que l'on appuie par le haut contre le gueu-fat , pour foutenir l'étalage qui lui eft adoffé , 173. Il s'y amaffe de la tuthie, 287. Supprimé, 120.

Tariere. Vers d'un fcarabé qui ronge le bois , 319.

Tartares. Peuples de l'ancienne Scythie , qui habitent les environs de la mer noire. Attention avec laquelle ils traitent leurs chevaux , 272.

Tartre. Sel effentiel du vin , qui cryftallife dans tous les points de la circonférence des vaiffeaux dans lefquels on conferve le vin. Il eft coloré en rouge ou en blanc gris-fale , par les matieres colorantes & extractives du mouft qui paffent dans le vin. Lorfqu'il eft purifié , il eft blanc ; & par la calcination on en tire un quart de fel alkali-fixe. Des expériences, que j'ai commencées, & que je publierai lorfqu'elles feront complettes , m'ont prouvé que le fel effentiel des bourgeons de la vigne, du verjus & du vin , font une feule & même fubftance. Que ce fel s'altere par la fermentation acéteufe , 303.

Tas. Maffe de fer ordinairement prifmatique , ou fous toute autre forme , qui a une aire plane , fans parties faillantes comme en ont les enclumes à bigorne, & fur laquelle les ouvriers forgent les métaux qu'ils travaillent. Les enclumes de forges font des efpeces de tas , 369.

Taupe. Petit quadrupede qui vit fous terre , où il fe pratique des fentiers pour fes amours & pour fa chaffe aux vers. Lorfqu'elle pouffe au dehors les débris de fes mines & contre-mines , elle imprime à la terre un mouvement périodique , que les Forgerons ont appliqué aux flux & reflux onduleux des laitiers vitreux du fourneau : mouvement qui leur eft imprimé par la preffion du vent des foufflets , lorfque la lave eft affez fluide pour y céder , c'eft un bon pronoftic du travail d'un fourneau , 142, 225. L'on donne auffi le nom de taupe à une piece de bois pofée horifontalement fur la direction du drôme de l'ordon du marteau , & dans laquelle on pratique une efpece de mortier qui reçoit le pied du bras-boutant qui appuie la grande attache, laquelle reçoit une fecouffe chaque fois que le marteau eft renvoyé dans fon élévation contre le rabat.

Ce mouvement communique à la taupe un trémouffement périodique ifochrone, qui la fait pouffer à chaque percuffion.

Taureau monftrueux, ayant trois yeux, quatre cornes & quatre narines, 254.

Terre. Ce mot exprime la planette que nous habitons, & les couches concentriques qui la recouvrent. Ces couches font compofées de la matiere modifiée différemment par des accidents, dont les époques nous font inconnues ; mais elles s'alterent, fe combinent & s'augmentent tous les jours par les débris de la deftruction des animaux & des végétaux qui ceffent de vivre, & par les minéraux qui fe décompofent. Ces *detritus*, variés à l'infini par les altérations qu'ils fubiffent, compofent une variété innombrable d'efpece de terre, que les méthodiftes rangent par claffe, par genre & par efpece, qui ont toutes pour bafe une terre vitrefcible. Terre d'alun, 304. Abforbante. Des eaux de Bourbonne, 361. Animale, 131. Argilleufe, à l'ufage des forges, 116. Blanche de Champagne pour les briques réfractaires & les pots de verre, 115. Bolaire, 159, 368. Glaifeufe, 116, 159. Réfractaire, 368. Végétale, 131. Vitriolique, 159.

Terre foliée de tartre ( chymie ). Combinaifon de l'alkali-fixe avec l'acide végétal du vinaigre, qui cryftallife en lames graffes & douces au toucher. Ce fel favonneux imprime une grande chaleur fur la langue, 199. Décompofée par l'acide vitriolique & par le vinaigre furard de Champagne, 493, 494.

Terre foliée de fritte. Eft une combinaifon de la fritte des forges avec l'acide du vinaigre. Son analogie avec la terre foliée de tartre, 303.

Teffulaires ( cryftaux ). Ce font des cryftaux compofés de lames extrêmement déliées, appliquées de façon qu'elles n'empêchent point leur trafparence, mais les font chatoyer, & fouvent doubler les objets.

Teftacées. Nom donné à la famille générale des animaux qui vivent enfermés dans une maifon étroite & folide qu'ils fe conftruifent, & promenent avec eux leurs coquilles. Servant de caftine, 131.

Tetard. Nymphe du crapaud. Définition, 244.

Tetiere. C'eft la maffe quarrée qui termine le fût d'un foufflet de forge, où eft le centre d'ofcillation, & d'où fort la bufe qui dégorge le vent, 210.

**Tiers-point.** Efpece de triple manivelle qui a douze plis, lefquels forment trois anfes qui font diftribuées à égale diftance l'une de l'autre, & du centre de fon axe, 452. 513. On dit aussi difpofer autour d'un cylindre des dents en tiers-points, comme les cames de bocard, 151. Celles des foufflets, 205.

**Tir** ( artillerie ). Eft l'effort de l'explofion de la poudre enflammée dans un canon pour chaffer le boulet : c'eft ce qu'on nomme communément coup de canon. Plufieurs coups du même canon eft un tir continué, 426.

**Tocage.** Eft la chauffe dans laquelle on jette le bois, dont la flamme eft pouffée par l'air extérieur dans le four des fenderies. Le tocage eft compofé d'un grand cendrier, ouvert & féparé du foyer par une grille, laquelle reçoit le bois, & laiffe paffer la menue braife & les cendres. Le foyer eft une petite tour quarrée, qui eft ouverte en deffus d'un trou circulaire ou quarré, pour recevoir le bois. Cette ouverture fe couvre auffitôt que le bois eft jetté dans le tocage, afin que la flamme foit afpirée dans la voûte du réverbere, par un canal latérale de communication. Dans les fours de porcelaine, le foyer fe nomme landier ; & dans les briqueries chauffe, 441.

**Toifé des bois**, eft la réduction des bois de charpente équarris dans les forêts, ou tranfportés fur les ports à une mefure matrice au pied cube, à la folive, à la piece, à la cheville, &c. car chaque pays a fa maniere. Les bois de marine fe toifent au pied cube, tel un morceau de vingt-quatre pieds de longueur, fur douze pouces d'équarriffage, porte vingt-quatre pieds cubes, huit folives, huit pieces. S'il avoit fur la même longueur treize pouces d'équarriffage, il ne porteroit que le même nombre de pieces, 308,310.

**Tôle.** Planche de fer mince de diverfes longueurs & largeurs, fur plus ou moins d'épaiffeur, qui n'excede pas une ligne. Elle fe forge ordinairement par doublons fous un gros marteau, après avoir été chauffée à un feu de charbon. Elle fert à faire des ferrures, des écuffons, des entrées de ferrures, des poëles, des garnitures ; on l'emboutit pour faire des ornements, des vafes, des batteries de cuifine. On la tourne en volute & en tube pour des tuyaux de poële. Les Suédois & les Anglois la traitent d'une façon bien fupérieure à celle de nos Manufactures Françoifes, parcequ'ils la chauffent au feu de flamme, qu'ils y emploient des fers plus doux, & qu'ils la poliffent au laminoir ou cylindre, 207

Tôleries. Petites forges, dans lesquelles on fabrique des tôles, avec des fers forgés dans de grosses forges, sous la forme de gros bout de bandage large, que l'on nomme *fasiots*.

Tombeaux. Ce sont les portes de l'éternité que l'on décore fastueusement de trophées funéraires, pour ajouter au triomphe de la mort qui, d'un coup égal, brise les sceptres & les houlettes. Des Princes de Joinville, en albâtre blanc, 337. Des Seigneurs de Bourbonne, en alabastrite, 350.

Tonance. Village de Champagne. Ses mines de fer. Dépôt de sciages. Le chef-lieu de la pairie de l'Evêque Diocésain, 518.

Tonnerre. Météore terrible capable de faire rentrer l'Univers dans le néant. Le feu est son élément : la moyenne région de l'air, son séjour ; il n'en descend qu'avec un bruit épouvantable qui fait frémir la Nature : la mort & la destruction marchent sur ses pas. La matiere électrique paroît être le principe de l'explosion du tonnerre, dont l'éclair est l'amorce enflammée par un frottement vif de deux nuages électriques. Ne tombe jamais sur les forges, 81. Ce phénomene, que j'ai vérifié, me paroît avoir pour cause, la propriété que le fer a d'absorber la matiere électrique.

Topaze. Pierre précieuse, diaphane, resplendissante, d'un beau poli, de figure hexagone communément ; qui tient sa couleur jaune du plomb qui entre dans sa composition, qui résiste au feu : imitée par des crystaux vitreux, 477, *bis*.

Torchette : voyez spatule, 136.

Tourillons. Pieces cylindriques de métal qui terminent l'axe des corps qui ont un mouvement de rotation ou de balancement, dont les tourillons sont le centre. Les tourillons des arbres des roues de forges & de moulins, sont de fonte de fer, ou de fer, fixés au centre des extrémités des arbres, & posent dans les coches des empoëses. Des arbres de bocard, 176 : des bassecules, 205 : des balanciers des soufflets en cloche, 212 : des canons de régule par lesquels le métal en fusion entre dans le moule, 440. Façon de souder ceux des canons de fer à ruban, 471.

Tourne broche mu à l'eau, 394.

Trachées des arbres. Petits canaux des plantes qui servent à la circulation de l'air, lequel opere, comme dans les pompes, l'ascension de la seve & le retour des différentes humeurs extrémentitielles des plantes. Composées d'un tissu dur qui forme la maille des beaux bois de sciages, 321

Tranche. C'est un ciseau acéré, trempé mou, en forme de coin aigu, avec lequel on coupe & l'on fend le fer chaud, 469.

Trancher le fer. C'est une opération du forgeage par laquelle on soumet la chaude sur l'enclume aux coups de marteau, dans la direction étroite de leurs aires. Comme la percussion n'appuie que sur peu d'espace, le poids & l'effort du marteau, le font entrer profondément dans la pâte du fer, & forme une barre inégale & souvent crenelée; défaut que le dressage & le parage subséquent réparent, 463.

Trapeze (Géométrie). Figure irréguliere quadrangulaire, dont les côtés opposés ne sont pas formés de lignes paralleles.

Travers (Définition des), 452.

Trémie. Caisse sans fond en forme de pyramide tronquée. Du crible à l'eau, 161.

Tremble, ou peuplier blanc. Arbre résineux, à chatons, qui se plaît dans les lieux humides des forêts. Le moindre zéphyr imprime un mouvement de palpitation à sa feuille charnue & pesante, parcequ'elle est attachée foiblement à un long pédicule, ce qui lui a fait donner le nom de tremble. Il s'eleve à une grande hauteur, & parvient vîte à une grosseur étonnante, tels ceux que Le nôtre a plantés par les ordres de Louis XIV, dans le parc de Versailles. Son bois doux est propre à faire des liteaux de soufflets, 223.

Trempoir. Caisse de bois, longue, haute & étroite, que le Chandelier à la baguette entretient pleine de suif fondu pour y plonger ses meches qui se couvrent à chaque immersion d'une couche de suif, jusqu'à ce que la chandelle ait pris sa grosseur. Comparée à la caisse de l'étamoir en fer blanc, 371.

Treuil ou cabestan (Méchanique). Cylindre garni de deux tourillons sur lesquels il roule horisontalement ou verticalement au moyen des léviers passés en croix dans des lumieres qui le pénetrent, ou par un autre méchanisme. De la bascule des bassins des soufflets en cloches, 215 : pour éprouver le fer, 464.

Triangle (Géométrie). Figure qui a trois angles sous une ouverture quelconque, ce qui fait diviser le triangle en plusieurs especes. Isocelle qui a deux côtés égaux. Figure des gueuses, 138 : scalene-oxygone qui a les trois côtés inégaux, ayant les angles aigus. Figure des soufflets, 200.

Triédre. Figure qui a trois faces.

Trait du Jardinier pour tracer une ellipse. Sa description, 112.

**Trimonie.** Réunion de trois propriétés inhérentes, indivisibles & distinctes en un seul individu : mot formé de τρεις & de μερος , trois choses en une seule, 69.

**Trompe.** Météore formé par un nuage comprimé par deux vents qui soufflent en opposition & qui lui donnent un mouvement de rotation , & ordinairement la forme d'un cône creux en dedans par la force centrifuge ; dont la base est en haut & l'axe perpendiculaire à la terre : on en voit plus fréquemment sur mer que sur terre, 198.

**Trompe (méchanique).** Espece de soufflet composé d'une chûte d'eau qui entraîne avec elle de l'air qui s'en dégage pour animer le feu. Leur invention , leur description , 196 , & suiv. Du Comté de Foix, du Dauphiné , des Pyrénées & des mines, 196,198. De Cassel , 199. Leur puissance , leur dépense , 216. Leur défaut , 219. Exigent plus d'eau que les roues de soufflets, 225.

**Trousse.** Est un paquet de plusieurs pieces de fer de même dimension réunies avec ordre & contenues par des liens. Des ferblanteries ; ce sont plusieurs femelles entassées les unes sur les autres & serrées dans une tenaille pour les chauffer & les forger ensemble , 374. Pour faire le noyau d'un canon, c'est un faisceau de barres méplates, rangées l'une sur l'autre , & contenues par des liens , 466.

**Truie.** C'est la même chose que horniau, loup & bête , *Voyez* ces mots.

**Tuile.** Plaque dont le parallélogramme est plus long que large, qui est composée d'argille cuite au feu, dont on se sert pour couvrir les toitures : il y en a de plates qui s'accrochent ou se clouent ; de courbes & de chantournées qui se posent par enchaînement, ce qui rend les toitures cannelées. Crevent lorsqu'elles contiennent de la chaux, 49 , ou de la mine de fer , 347. S'exfolient par l'effet de la gelée , *ibid.*

**Tulipe du canon.** Renflement près de la couronne ; elle est formée par plusieurs cordons, dont le premier est taillé en chanfrein, 469. Des buses de soufflets , 201.

**Turbith minéral ( Chymie ).** Précipité de mercure combiné avec l'acide vitriolique , & édulcoré avec de l'eau chaude qui lui donne une couleur jaune, 363, 495.

**Tuthie.** Substance grise qui s'attache aux parois des fourneaux des Fondeurs en cuivre jaune : c'est du zinc sublimé. Des forges , qui s'attache aux bords supérieurs du gueulard , 289.

Tuyere.

Tuyaux de conduite. Tube de fonte de fer de trois pieds & demi de longueur, fur différents diametres, terminés à chaque bout par un rebord que l'on nomme oreille, qui eft percée de plufieurs trous efpacés jufte pour que deux fe rapatronent réguliérement afin de les ferrer enfemble avec des vis & des écrous. Ils fervent à conduire des eaux d'un endroit à un autre. Ils ne doivent pas être coulés avec des fontes limailleufes, 74.

Tuyere. Inftrument de fonte de fer battu, plus ordinairement de cuivre, fort en ufage dans les forges. La forme de la tuyere ne ref-femble pas mal à celle de la hure d'un cochon : on y diftingue trois parties principales. Le pavillon qui eft hémi-circulaire en deffus & plat deffous, ou forme une pyramide irréguliere, tronquée, c'eft dans cette partie que font pofées les bufes des foufflets ; le gofier qui eft un canal court un peu conique, dont la bafe eft plate, les côtés droits & le deffus hémi-circulaire. Enfin la bouche compo-fée de la levre fupérieure taillée en bouche de carpe, & de la levre inférieure qui eft horifontale ; c'eft par ce trou qui a 17 à 18 lignes de largeur & 10 à 12 lignes de hauteur, que paffe le vent des fouf-flets dans le foyer des affineries & des chaufferies. Celles pour les acieries font de cuivre fondu ; elles ont la bouche ronde. Les tuye-res de fourneaux font ordinairement de fer battu ; elles font ou-vertes de quatre pouces de bafe fur trois de hauteur ; font formées d'une plaque de fer repliée des deux côtés & n'ont point de fond, lequel eft remplacé par la plaque de tuyere. Les oreilles s'élargif-fent afin de donner plus d'efpace pour placer les bufes & travailler aux réparations de l'embouchure. C'eft de la jufte pofition de la tuyere que dépend en plus grande partie la quantité du produit, l'économie des matériaux & la qualité du fer. Elle brûle lorfqu'elle eft trop avancée, 107. Façon de la pofer, 111, 119. Sa réparation, 136. Bouchée par le laitier, 144. Reflet du vent à la tuyere, 227. Des foufflets en trompe reçoivent le vent d'un porte-vent, 230.

Tympe. Eft un prifme de fer quadrangulaire de cinq pouces de face & de trente pouces de longueur, que l'on pofe en travers de l'ou-verture antérieure du creufet du fourneau au-deffous du gueufar, pour foutenir le taqueret & une partie de l'étalage qui lui répond. Elle fert auffi de point d'appui aux ringards avec lefquels on tra-vaille la fonte dans l'ouvrage, & quand on décraffe l'entrée du creufet. Sa bafe eft élevée de quinze pouces au-deffus du fond du creufet, & elle eft accompagnée de fes pages qui en affermiffent les bouts,

119. Quelques Fondeurs , fur-tout dans les endroits où l'on conftruit les ouvrages en pierre, en pofent une de pierre , derriere celle
de fer , 119.

---

## V.

Vache. Tirer la vache , terme de Ferronnier , 195.

Vaigres. ( marine ) longs madriers qui forment le revêtement intérieur d'un vaiſſeau , 506.

Van. Meſure uſitée en Bourgogne pour meſurer le charbon , il contient près de cinq pieds cubes , 125.

Vanne. Eſt une ouverture plus ou moins large pratiquée entre les
potilles d'un empallement, elle ſe ferme & ſe débouche au beſoin avec une pale , ou pour fournir de l'eau à une roue dont elle
eſt la puiſſance , on pourra évacuer l'eau d'un biez lorſqu'il y a
ſurabondance ; ou enfin pour paſſer les brelles & bateaux ſur les
rivieres navigables : ces dernieres ſe nomment pertuis ou gors.
*Voyez* pertuis. On appelle les ſecondes vannes de décharge , & les
premieres vannes de travail. De bocard : 175 , 180. Des balanciers
de cloches , 214.

Vapeurs. Subſtances fluides que le feu raréfie & rend plus légeres
que l'air de l'atmoſphere dans lequel elles s'élevent , ſont un volume infiniment plus étendu que leur maſſe naturelle. L'eau raréfiée en vapeurs acquiert une force qui ſe meſure ſur l'intenſité
de la chaleur qui l'occaſionne , & qui ne connoît point de réſiſtance
invincible. L'humidité qui ſe ramaſſe ſous les fourneaux de fonderie , raréfiée par la chaleur du fond du creuſet, feroit ſauter le mole
du fourneau , ſi on ne lui fourniſſoit des iſſues par des canaux expiratoires , 97.

Varloppe. Grand rabot de ſouffletier , dont il ſe ſert pour redreſſer les
liteaux & les caiſſes des ſoufflets , dans leſquelles il s'eſt formé des
rainures , 209.

Végétation ſans feuilles , par défaut du concours de la lumiere , 340.
Singuliere , 357. Animale , 256.

Vent. L'air comprimé par les ſoufflets, ſe nomme vent dans les forges.
Abſorbé par les flancs flaſques des ſoufflets de cuir , 193. Tremblant , entrecoupé , 220. Mou , 202, 225 : humide des trompes ,

219 : magasin de vent, 225 : sa dépense, 202 : n'est pas propre pour
servir de puissance motrice des machines des forges, 223 : son
poids, sa vîtesse, son rapport avec celui de l'atmosphere : quantité
administrée par les soufflets, 226 : son reflet, 227 : celui des soufflets n'entre point dans la composition du fer, 228.

Vent du boulet. Est la circulation de l'air qui a lieu au moment du tir
entre la surface du boulet, & celle de l'ame du canon, 471.

Venteau. Ouverture pratiquée à la table inférieure d'un soufflet pour
passer l'air dans le moment de l'inspiration,& qui est fermée pendant
l'expiration, par le ventillon qui s'adapte exactement sur cette ouverture, 191. A lunette, 206. Des soufflets en cloche, 212.

Ventilateur. Machine simple ou compliquée par lesquelles on force
l'air de l'atmosphere de passer avec rapidité d'un endroit à un autre,
par un canal plus étroit à son orifice qu'à son embouchure. Les ventilateurs simples ne sont que de grands cônes, & leurs effets procedent de l'inégalité des colonnes d'air, de la pression de la plus longue,
sur l'embouchure du ventilateur ; en sorte qu'une grande masse
d'air, pour passer en même-temps par une plus petite issue que
celle par laquelle elle est entrée, est forcée d'accélérer la vîtesse de
son mouvement, 101. Dans les ventilateurs composés, la vîtesse
de l'air est augmentée par une roue garnie d'aîles, que l'on met en
mouvement par une puissance quelconque, 390.

Ventillon. Soupape du venteau des soufflets. Sa description, 206.

Ventures. Défaut du bois qui forme une solution de continuité dans
les couches concentriques du bois, occasionnée par la tourmente
des vents, 307.

Vernis. Est une couche légere de matiere étrangere aux substances sur
lesquelles on l'applique, ou une destruction de la propre substance,
occasionnée par un agent quelconque. De couleur cuivreuse, dont la
fonte de fer est couverte quelquefois, 478 *bis* : bleu, dont le fer &
l'acier se couvrent par le recuit : charbonneux, appliqués sur le fer :
fondu de la rouille impénétrable, 455 : résineux n'empêchent pas
le fer de rouiller, 454 : font pourrir les bois qui ne sont pas secs, sur
lesquels on les applique trop-tôt, 328.

Ver. Premier développement des œufs d'une infinité d'insectes qui subissent des métamorphoses prodigieuses avant d'arriver au terme de
leur carriere. Le ver qui n'a point d'os & se traîne sur les surfaces, respire par des organes situés près de l'anus. C'est le fléau le plus terrible,
le plus destructeur & le plus inévitable de la nature ; excepté les mi-

néraux, les vers attaquent & rongent tout. Ils font à l'homme une guerre perpétuelle & fi cruelle, qu'ils lui rongent les entrailles, ruinent l'efpoir de fes moiffons, & dévorent fes récoltes : à foie de l'Amérique quittent leur peau , 239 : éclos dans les plaies, 236 : qui rongent les crapauds vivants ; leur defcription : leur métamorphofe , 234 & fuivantes.

Verd-bois. Petite forêt qui fépare la Lorraine de la Champagne , près Saint-Dizier. L'on y trouve une terre très propre à faire des briques réfractaires, 115

Vertèbres, font les charnieres qui s'engrenent avec beaucoup de juf-teffe , & qui compofent la colonne mobile qui foutient la charpente de prefque tous les animaux : foffiles de poiffon dans du grès, 348.

Verte-fraîche. Nom donné à une forte de cadmie de couleur verte , 289.

*Vervones.* Anciens peuples des environs de Bourbonne-les-Bains, 358.

Vignori. Bourgade de Champagne. Son phyfique , fpath fufible ; pyrite cryftallifé en décaédre en forme de tombeau. Epine vinette , 338.

Vin. Liqueur produite par la fermentation du fuc des raifins. Comparé au minerai du fer, 52 : rouge de Bourgogne, blanc de Champagne , de Bar-le-Duc ; leur poids fpécifique & leur rapport avec diverfes fubftances , 491 : moufleux de Champagne , frelaté avec l'alun & le fucre candi, 502 : plus pefant que l'eau , 491 , 504.

Vinaigre. Liqueur acide produite par du vin ou autre liqueur vineufe, par la fermentation acéteufe. Les meilleurs fe font avec les liqueurs vineufes les plus parfaites, 485 : blanc & furard de Châlons ; blanc à manger & à diffoudre de Paris : rouge ordinaire. Leur poids fpécifique & leur rapport avec diverfes liqueurs, 491. L'acide du vinaigre s'affoiblit par la diftillation, & fe concentre par la congellation , 501 ; ou en augmente la force par l'efprit-de-vin & la fubftance fucrée, 500. Le vinaigre eft agréable à prefque tous les hommes. Son emploi dans les Arts, la médecine, l'apprêt des aliments & la toilette, 484. Ses vertus, 498. Abus qu'en font les jeunes filles, 499 : vitriolifé, analyfé, 489 : pernicieux dans les Arts, & pour l'ufage commeftible , 500 : fe reconnoît, 501 : effet du vinaigre fur la cadmie, 282, 291.

Vinaigriers. Artifans occupés à compofer & à vendre du vinaigre. Myftere de leurs procédés. Leur falfification, 485 & fuivantes.

Vipere. Serpent venimeux. Sa defcription, 421 : ne mord que ceux qui l'irritent, & les animaux qu'elle chasse pour sa nourriture. Danger de sa morsure, 422 : guérie par la succion, 423. Vipere monstrueuse, 425.

## X

XULIFICATION. Mot compofé pour exprimer le paflage de la feve & de l'aubier à l'état de bois, 318.

## Z

ZAIN. Couleur uniforme d'un cheval, 262.

Zéolite. Pierre de diverfe couleur, qui a beaucoup de rapport pour la configuration avec les fpaths. Elle en differe en ce qu'elle forme avec les acides une gelée tranfparente, 292, 304.

Zinc, ou Toutenague des Indiens, eft un demi-métal d'un blanc tirant fur le bleu, qui brûle avec une flamme éclatante, & fe fublime en une fumée blanche, jaunâtre & cotonneufe. Il a un commencement de malléabilité. Ses mines, 292 : foupçonné être un demi-métal combiné, long-temps inconnu, 274 : contenu dans les mines & la fonte de fer, 287, 288 : fublimé, 279, 290 : revivifié de la cadmie, 284 : fe diffout avec effervefcence & totalement dans l'alkali-volatil qui eft dégagé par l'alkali-fixe & récent fuivant les expériences de M. de Laffone, qui pourfuit fes recherches fur ce demi-métal avec la fagacité qui le caractérife.

## F I N.

DE L'IMPRIMERIE DE DIDOT.

| Pages. | Lign. | Erreurs. | Lisez. |
|---|---|---|---|
| vii | 23 | Formes de, | Sortes de. |
| ibid. | 33 | A mes , | A des. |
| xxxj | 5 | Saint Bel, | Sainbel. |
| 3 | 25 | Qu'il ne s'y fige, | Qu'il s'y fige. |
| 12 | | Supprimez la note (b). | |
| 23 | note. | D'ognon, | Du rognon. |
| 32 | 17 | Le cément, | L'élément. |
| 58 | dern. | Des mines, | Les mines. |
| 78 | 19 | Fer, | Feu. |
| 104 | 12 | Sables mêlés, | Terres mêlées. |
| 109 | 2 | Ou l'équilibre, | Or, l'équilibre. |
| 115 | 31 | Paffible, | Paifible. |
| 132 | 12 | Et compofé, | Eft compofée. |
| ibid. | 28 | Enrimés, | Arrimés. |
| 142 | 26 | Variant, | Verriant. |
| 146 | 19 | Urville, | Eurville. |
| 154 | 30 | A l'affleureur, | Et l'affleurement. |
| 162 | 4 | Dont elle, | D'où elle. |
| 171 | 3 | Précédente, | Suivante. |
| 177 | 20 | Elles font recouvertes | Ils font recouverts. |
| 195 | n. (a). | Courroi, | Corroi. |
| 202 | 4 | Feu, | Vent. |
| 210 | 20 | Celui, | Celle. |
| 236 | 23 | Crapaudine, | Fleur de crapaud. |
| 240 | 6 | Dans fa, | Dans leur. |
| 271 | 3 | Lacérets, | Louffe. |
| 285 | 16 | De Cordon, | De l'Ordon. |
| 237 | 18 | Sur le pied, | Sur le plat. |
| 347 | 36 | Laneque, | Lanque. |
| 350 | 31 | Quarante, | Quatre. |
| 357 | 33 | Termes, | Thermes. |
| 395 | 2 | Une bulle d'eau, | Une Bulle d'air. |
| 432 | 14 | M. du Jonville, | M. de Souville. |
| 439 | 34 | Régule, | Régale. |
| 442 | 14 | A moule, | A mouler. |
| 454 | 27 | Prife les parties, | Prife fur les parties |
| 476 bis. | dern. | Planches XI & XIII. | Planches II & XIII. |
| 486 | 7 & 8 | Je viens de monter, | Je viens démontrer. |
| 534 | 18 | 1728 , | 1228. |
| 539 | 35 | L'on peut, | L'on ne peut. |
| 540 | 21 | Sieur Manecy, | Sieur Malicet. |
| 582 | 30 | Adapté, | Adopté. |
| 595 | 11 | Minéralogiftes, | Métallurgiftes. |
| 599 | 8 | Ratine, | Ruftine. |
| 619 | dern. | Qui font, | Qui fait. |
| 622 | 5 | A la lave. | Avec la lave. |
| 628 | 20 | Aplats, joints, | A plats-joints. |
| 629 | 25 | Décorées, | De corée. |
| 634 | ibid. | Urnes, | Urines. |
| 641 | 27 | Prononcé, | Prononcées. |

*EXTRAIT. des Registres de l'Académie Royale des Siences du 18 Février 1775.*

MESSIEURS Desmarets & Cadet qui avoient été nommés pour examiner un Ouvrage de M. GRIGNON, intitulé, *Mémoires de Physique sur l'Art de fabriquer le fer, d'en fondre & d'en forger des canons d'artillerie, sur l'Histoire Naturelle, & sur quelques objets d'Economie, &c.* qu'il desire publier & dédier à l'Académie, en ayant fait leur rapport, l'Académie a jugé cet ouvrage digne de l'impression, en a accepté la dédicace, & a permis à l'Auteur de le faire imprimer sous son privilege; sans cependant adopter aucune des assertions qui peuvent être contenues, ainsi que l'Auteur le déclare dans sa Préface; en foi de quoi j'ai signé le présent certificat. A Paris, le 18 Février, 1775. *Signé*, GRANDJEAN DE FOUCHY, Secrétaire perpétuel de l'Académie Royale des Sciences.

## PRIVILEGE DU ROI.

LOUIS, par la grace de Dieu, Roi de France & de Navarre : A nos amés & féaux Conseillers les Gens tenant nos Cours de Parlement, Maîtres des Requêtes ordinaires de notre Hôtel, Grand Conseil, Prévôt de Paris, Baillis, Sénéchaux, leurs Lieutenants Civils, & autres nos Juticiers qu'il appartiendra ; SALUT. Nos bien amés LES MEMBRES DE L'ACADÉMIE ROYALE DES SCIENCES de notre bonne Ville de Paris, Nous ont fait exposer qu'ils auroient besoin de nos Lettres de Privilege pour l'impression de leurs Ouvrages : A CES CAUSES, voulant favorablement traiter les Exposants, Nous leur avons permis & permettons par ces présentes, de faire imprimer par tel Imprimeur qu'ils voudront choisir, toutes les Recherches ou Observations journalieres, ou Relations annuelles de tout ce qui aura été fait dans les Assemblées de ladite Académie Royale des Sciences, les Ouvrages, Mémoires ou Traités de chacun des Particuliers qui la composent, & généralement tout ce que ladite Académie voudra faire paroître, après avoir fait examiner lesdits Ouvrages, & jugé qu'ils sont dignes de l'impression, en tel volume, marge, caracteres, conjointement ou séparément, & autant de fois que bon leur semblera, & de les faire vendre & débiter partout notre Royaume pendant le temps de vingt années consécutives, à compter du jour de la date des Présentes, sans toutefois qu'à l'occasion des Ouvrages ci-dessus spécifiés, il en puisse être imprimé d'autres qui ne soient pas de ladite Académie : Faisons défenses à toutes sortes de personnes, de quelque qualité & condition qu'elles soient, d'en introduire de réimpression étrangere dans aucun lieu de notre obéissance ; comme aussi à tous Libraires & Imprimeurs d'imprimer ou faire imprimer, vendre, faire vendre & débiter lesdits Ouvrages, en tout ou en partie, & d'en faire aucunes traductions ou extraits, sous quelque prétexte que ce puisse être, sans la permission expresse & par écrit desdits Exposants, ou de ceux qui auront droit d'eux, à peine de confiscation des Exemplaires contrefaits, de trois mille livres d'amende contre chacun des contrevenans, dont un tiers à Nous, un tiers à l'Hôtel Dieu de Paris, & l'autre tiers auxdits Exposants, ou à celui qui aura droit d'eux, & de tous dépens, dommages & intérêts ; à la charge que ces Présentes seront enregistrées tout au long sur le Registre de la Communauté des Libraires & Imprimeurs de Paris, dans trois mois de la date d'icelles ; que l'impression desdits Ouvrages sera faite dans notre Royaume, & non ailleurs, en bon papier & beaux caracteres, conformément aux Réglements de la Librairie, qu'avant de les exposer en vente, les manuscrits ou imprimés qui auront servi de copie à l'impression desdits Ouvrages, seront remis ès mains de notre très cher & féal Chevalier, le Sieur D'AGUESSEAU Chancelier de France, Commandeur de nos Ordres ; qu'il en sera ensuite remis deux Exemplaires dans notre Bibliotheque publique, un dans celle de notre Château du Louvre, & un dans celle de notre très cher & féal Chevalier, le sieur D'AGUESSEAU, Chancelier de France ; le tout à peine de nullité des Présentes du contenu desquelles vous mandons & enjoignons de faire jouir lesdits Exposants, & leurs ayants cause, pleinement & paisiblement, sans souffrir qu'il leur soit fait aucun trouble ou empêchement. Voulons que la copie des Présentes, qui sera imprimée tout au long, au commencement ou à la fin desdits Ouvrages, soit tenue pour duement signifiée, & qu'aux copies collationnées par l'un de nos amés & féaux Conseillers-Sécrétaires, foi soit ajoutée comme à l'original. Commandons au premier notre Huissier ou Sergent sur ce requis, de faire pour l'exécution d'icelles, tous actes requis & nécessaires sans demander autre permission, & nonobstant clameur de haro, charte normande, & lettres à ce contraires ; CAR tel est notre plaisir. DONNÉ à Paris, le onzieme jour du mois d'Août, l'an de grace mil sept cent cinquante, & de notre regne, le premier. Par le Roi en son Conseil. MOL.

*Registré sur le Registre XII de la Chambre Royale & Syndicale des Libraires & Imprimeurs de Paris, n°. 430, fol. 405, conformément au Réglement de 1723. qui fait défenses, article 4 à toutes personnes, de quelque qualité & condition qu'elles soient, autres que les Libraires & Imprimeurs, de vendre, débiter & faire afficher aucuns Livres pour les vendre, soit qu'ils s'en disent les Auteurs ou autrement ; à la charge de fournir à la susdite Chambre huit Exemplaires de chacun, prescrits par l'article 108 du même Réglement. A Paris le 5 Juin 1759.*

*Signé* LE GRAS, *Syndic.*

www.ingramcontent.com/pod-product-compliance
Lightning Source LLC
LaVergne TN
LVHW050442060726
842526LV00001B/19